U0240813

金属材料力学性能手册

第 2 版

主　编　刘胜新
副主编　路王珂　　于根杰　　王成铎
参　编　夏　力　　陈奕杞　　李亚敏　　夏　静　　苗晋琦
　　　　徐丽娟　　肖树龙　　刘鸣放　　宋月鹏　　李立里
　　　　孙为云　　霍方方　　陈　光　　翟德铭　　李书珍
　　　　王朋旭　　王鸿杰　　马超宁　　李宇佳　　张亚荣
　　　　孙华为　　赵　丹　　丛康丽　　颜新奇　　李　浩
　　　　隋方飞　　武倩倩　　杨　晗

机械工业出版社

本书全面系统地介绍了金属材料的各种力学性能测试方法，并归纳出了常用金属材料的力学性能数据。其主要内容包括：金属材料力学性能试验基础，金属材料的拉伸性能、硬度、冲击性能、扭转性能、剪切性能、压缩性能、弯曲性能、断裂性能、疲劳性能测试方法，以及铸铁和铸钢、结构钢，工模具钢，不锈钢和耐热钢，铝及铝合金，镁及镁合金，铜及铜合金，锌、钛、镍及其合金，特殊合金的力学性能数据。本书采用现行的相关国家标准和行业标准，内容系统全面，数据齐全可靠，查阅方便快捷，具有实用性、综合性、先进性、可靠性。

本书可供从事工程设计、材料研究、质量检测、材料营销等工作的技术人员参考，也可供相关专业的在校师生参考。

图书在版编目（CIP）数据

金属材料力学性能手册/刘胜新主编. —2 版. —北京：机械工业出版社，2018.7（2024.6 重印）

ISBN 978-7-111-60195-1

Ⅰ.①金…　Ⅱ.①刘…　Ⅲ.①金属材料-材料力学性质-技术手册

Ⅳ.①TG14-62

中国版本图书馆 CIP 数据核字（2018）第 128297 号

机械工业出版社（北京市百万庄大街 22 号　邮政编码 100037）

策划编辑：陈保华　责任编辑：陈保华　责任校对：张晓蓉

封面设计：马精明　责任印制：单爱军

北京虎彩文化传播有限公司印刷

2024 年 6 月第 2 版第 5 次印刷

184mm×260mm·37.75 印张·2 插页·933 千字

标准书号：ISBN 978-7-111-60195-1

定价：129.00 元

前　　言

　　为了帮助读者掌握金属材料各种力学性能的测试方法，并能快速、准确地查阅常用金属材料的力学性能数据，我们于2011年编写出版了《金属材料力学性能手册》。该书在工程设计、质量检测、金属材料研究及营销等方面为读者提供了技术支持，深受读者欢迎。

　　近年来，国家相关部门对大量的金属材料及其力学性能测试相关标准进行了修订，相应的测试方法也不断完善和更新，第1版的内容已经不能满足读者的需求。为了与时俱进，我们决定对《金属材料力学性能手册》进行修订再版。本次修订的主要内容如下：

　　1）根据新发布或修订的相关国家标准和行业标准，更新了相应的测试方法和金属材料的力学性能数据。

　　2）完善了力学性能测试的各种要求及试验步骤，通过系统地科学归纳整理，使本书力学性能测试部分的章节结构均符合实际测试过程中的应用程序（包括试样制备、试验设备要求、试验环境、试验详细步骤、试验中的注意事项、试验数据的处理及误差控制），并对各章节的内容进行了结构性调整，使之更便于读者查阅。

　　3）根据作者多年的实际工作经验，有选择地给出了部分试验的多种测试方法，包括公式法、图像法、静态法、动态法等，便于读者根据实际工作要求和所具备的试验条件进行选择。

　　4）修正了第1版中的错误和不妥之处。

　　本书从工业生产实际出发，以现行的相关国家标准和行业标准为依据，全面系统地介绍了金属材料的各种力学性能测试方法，并归纳出了常用金属材料的力学性能数据。其主要内容包括：金属材料力学性能试验基础，金属材料的拉伸性能、硬度、冲击性能、扭转性能、剪切性能、压缩性能、弯曲性能、断裂性能、疲劳性能测试方法，以及铸铁和铸钢，结构钢，工模具钢，不锈钢和耐热钢，铝及铝合金，镁及镁合金，铜及铜合金，锌、钛、镍及其合金，特殊合金的力学性能数据，共19章。本书可供从事工程设计、材料研究、质量检测、材料营销等工作的技术人员参考，也可供相关专业的在校师生参考。

　　本书由刘胜新任主编，路王珂、于根杰、王成铎任副主编，参加编写工作的还有：夏力、陈奕杞、李亚敏、夏静、苗晋琦、徐丽娟、肖树龙、刘鸣放、宋月鹏、李立里、孙为云、霍方方、陈光、翟德铭、李书珍、王朋旭、王鸿杰、马超宁、李宇佳、张亚荣、孙华为、赵丹、丛康丽、颜新奇、李浩、隋方飞、武倩倩、杨晗，汪大经教授对全书进行了认真审阅。

　　在本书的编写过程中，参考了国内外同行的大量文献资料和相关标准，谨向相关人员表示衷心的感谢！由于编者水平有限，不妥之处在所难免，敬请广大读者批评指正。

编　者

目　录

金属材料力学性能试验基础

1.1　金属材料力学性能试验的目的

　　金属材料的力学性能是指金属材料在不同环境（如温度、介质、湿度）下，承受各种外加载荷（拉伸、压缩、弯曲、扭转、冲击、交变应力等）时所表现出的力学特征。

　　金属材料力学性能是一门试验学科，它的基础就是对金属材料的各种力学性能指标进行测定，即力学性能试验。进行力学性能试验的目的是：

　　1）研究金属材料在给定条件下的力学性能变化规律。金属材料在内部因素和外部条件的作用下，其强度和变形的规律需要通过试验来测定。掌握这种规律，便可应用于设计、选材以及研究工作中，为结构件和零部件的设计提供材料的力学性能数据。

　　2）为金属材料的成分选择和热处理工艺的确定提供依据。根据金属材料制成的零部件的服役条件，确定考核金属材料性能的力学性能指标，然后以此为依据来调整材料的成分和选择热处理工艺，以便得到强度、塑性和韧性相配合的、综合性能最佳的材料和工艺。

1.2　金属材料力学性能试验的试样制备

1.2.1　相关术语和定义

　　（1）试验单元　根据产品标准或合同的要求，以在抽样产品上所进行的试验为依据，一次接收或拒收产品的数量或质量，称为试验单元，如图 1-1 所示。

　　（2）抽样产品　检验、试验时，在试验单元中抽取的部分（如一块板），称为抽样产品，如图 1-1 所示。

　　（3）试料　为了制备一个或几个试样，从抽样产品中切取足够量的材料，称为试料（在某些情况下，试料就是抽样产品），如图 1-1 所示。

　　（4）样坯　为了制备试样，经过机械处理或所需热处理后的试料，称为样坯，如图 1-1 所示。

　　（5）试样　经机加工或未经机加工后，具有合格尺寸且满足试验要求状态的样坯，称为试样（在某些状态下，试样可以是试料，也可以是样坯），如图 1-1 所示。

1.2.2　试料状态

　　试料状态分为交货状态和标准状态。

1. 交货状态

在交货状态下取样时，可从以下两种条件中选择：

1）产品成形和热处理完成之后取样。

2）如在热处理之前取样，试料应在与交货产品相同的条件下进行热处理。当需要矫直试料时，应在冷状态下进行。

2. 标准状态

在标准状态下取样时，应按产品标准或订货单规定的生产阶段取样。如果必须对试料矫直，则可在热处理之前进行热加工或冷加工。热加工的温度应低于最终热处理温度。

1.2.3 试样类型

1）从原材料上直接切取样坯，然后加工成标准规定的标准试样。例如型材、棒材、板材、管材和线材等，就是根据国家标准（或其他相关标准），在一定的部位取出一定尺寸的样坯，加工成所需的拉伸、弯曲和冲击等试验所需的试样。

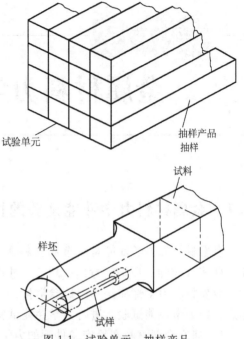

图 1-1　试验单元、抽样产品、试料、样坯及试样

2）从产品（结构或零部件）的一定部位（一般是最薄弱、最危险的部位）切取样坯，加工成一定尺寸的试样，进行相应的力学性能试验。它与试验应力分析相配合，可进一步校正设计计算的正确性，也可检验产品热处理及加工工艺等是否符合预期的要求。这在失效分析中具有重要作用。

3）把零部件或结构件作为样品，直接进行力学性能试验。例如弹簧、螺栓、齿轮、轴承、轴和连杆等，又如一台发动机、一辆汽车或一架飞机等，都可作为一个试样，用来做静载、动载等各项试验，以便测定其力学性能。这种试验代价比较大，但其试验结果反映了材料、热处理、机加工和连接配合等综合的效果，因此具有代表性。

1.2.4 样坯切取的原则和规定

1. 样坯切取的原则

1）取样部位要有代表性，对原材料而言，由于型材、棒材、板材、管材等各部位的性能不尽相同，因此应在特定的部位取样，才有代表性和可比性。对实际零部件而言，具有代表性的一般是最薄弱、最危险部位。代表性的另一含义是，切取何种试样样坯，应与零部件的服役条件相一致，否则就失去了意义。

2）样坯切取的部位、方向、尺寸和数值均应按有关标准、技术条件或技术协议进行。

2. 样坯切取的相关规定

按照 GB/T 2975—1998《钢及钢产品　力学性能试验取样位置及试样制备》的要求，样坯切取的规定是：

1）样坯应在外观及尺寸合格的钢材上切取。

2）取样时，应对抽样产品、试料、样坯和试样做出标记，以保证始终能识别取样的位置及方向。

3）切取样坯时，应防止受热、加工硬化及变形影响其力学及工艺性能。样坯的切取方法一般有火焰切割和冷剪两种。用火焰切割法切取样坯时，材料在火焰喷射下熔化，从而使样坯从整体中分离出来。在熔化区附近，材料所经受的局部高温将会引起材料性能的很大变化，因此从样坯切割线至试样边缘必须留有足够的余量。在试样加工时，把这一部分余量去掉，从而不影响试样的性能。这一余量的规定为：一般应不小于钢材的厚度或直径，但最小不得小于20mm。对厚度或直径大于60mm的钢材，其切割余量可适当减小。用冷剪法切取样坯时，在冷剪边缘会产生塑性变形，厚度或直径越大，塑性变形的范围也越大，因此必须留下足够的剪割余量。加工余量的规定见表1-1。

表1-1　加工余量的规定

钢材的厚度或直径/mm	加工余量/mm	钢材的厚度或直径/mm	加工余量/mm
≤4	4	>20~35	15
>4~10	厚度或直径	>35	20
>10~20	10		

1.2.5　取样方法

1. 型钢的取样

1）在型钢腿部宽度方向切取样坯的位置如图1-2所示。

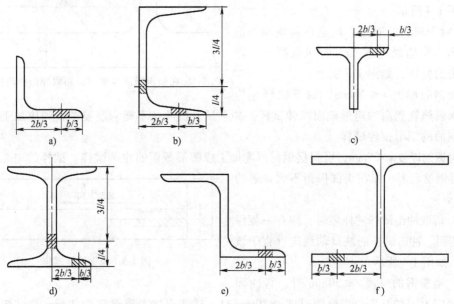

图1-2　在型钢腿部宽度方向切取样坯的位置

a）角钢　b）槽钢　c）T型钢　d）斜工字钢　e）Z型钢　f）平工字钢

2）在型钢腿部厚度方向切取拉伸样坯的位置如图1-3所示。

3）若型钢尺寸不能满足要求，可将取样位置向中部位移。对于腿部有斜度的型钢，可

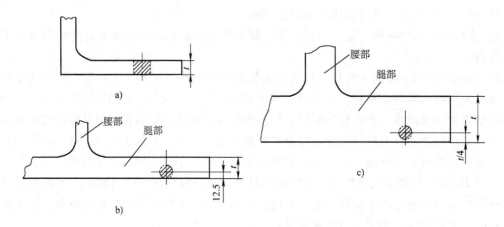

图 1-3 在型钢腿部厚度方向切取拉伸样坯的位置

a）$t \leqslant 50mm$ b）$t \leqslant 50mm$ 圆形试样 c）$t > 50mm$ 圆形试样

在腰部 1/4 处取样，也可从腿部取样进行机加工。

4）对于腿部长度不相等的角钢，可从任一腿部取样。

5）对于腿部厚度不大于 50mm 的型钢，当机加工和试验机能力允许时，应按图1-3a切取拉伸样坯。

6）对于腿部厚度不大于 50mm 的型钢，当切取圆形横截面拉伸样坯时，应按图1-3b切取。

7）对于腿部厚度大于 50mm 的型钢，当切取圆形横截面样坯时，应按图1-3c 切取。

8）在型钢腿部厚度方向切取冲击样坯的位置如图1-4 所示。

9）对于扁钢的取样，规定在扁钢端部沿轧制方向、距边缘宽度 1/3 处切取拉伸、弯曲和冲击的样坯，如图1-5 所示。

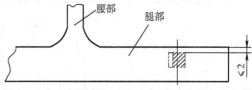

图 1-4 在型钢腿部厚度方向切取冲击样坯的位置

当扁钢的厚度 $t \leqslant 25mm$，取下的样坯应加工成保留原轧制面的矩形截面拉伸试样。如果试验机吨位不能满足要求，则应加工成保留一个轧制面的矩形拉伸试样。

当扁钢的厚度 $t > 25mm$，可根据钢材厚度加工成圆形截面的比例试样。试样的中心线应尽可能接近钢材表面，即在头部保留不太显著的氧化皮。

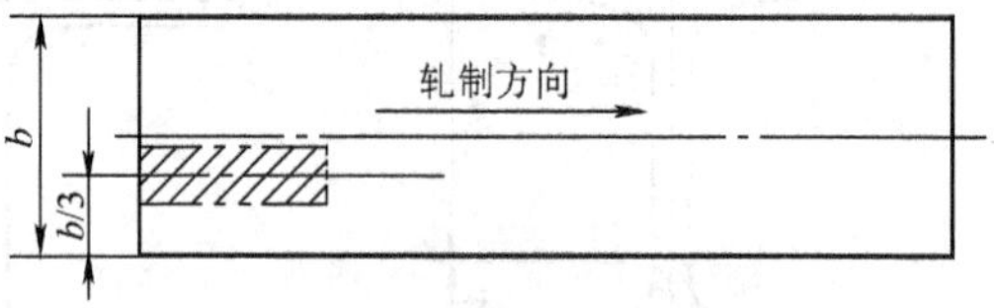

10）切取冲击试样的样坯时，应在一侧保留原轧制面。冲击试样的缺口轴线应垂直于该轧制面，如图1-6 所示。

11）当扁钢的厚度 $t \leqslant 30mm$ 时，弯曲样坯的厚度应为钢材厚度；当扁钢厚度 $t > 30mm$ 时，样坯应加工成厚度为 20mm 的试样，并保留一个轧制面。

图 1-5 扁钢取样部位

2. 条钢的取样

1）在圆钢上选取拉伸样坯的位置如图1-7所示，当机加工和试验机能力允许时，按图1-7a 取样。

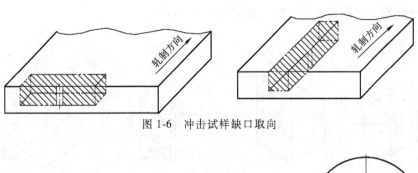

图 1-6 冲击试样缺口取向

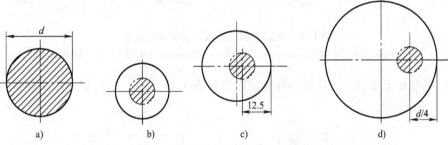

图 1-7 在圆钢上选取拉伸样坯的位置

a）全横截面 b）$d \leqslant 25mm$ c）$25mm < d \leqslant 50mm$ d）$d > 50mm$

2）在圆钢上选取冲击样坯的位置如图 1-8 所示。

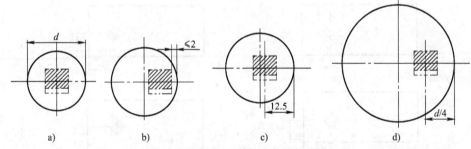

图 1-8 在圆钢上选取冲击样坯的位置

a）$d \leqslant 25mm$ b）$25mm < d \leqslant 50mm$ Ⅰ 类 c）$25mm < d \leqslant 50mm$ Ⅱ 类 d）$d > 50mm$

3）在六角钢上选取拉伸样坯的位置如图 1-9 所示，当机加工和试验机能力允许时，按图 1-9a 取样。

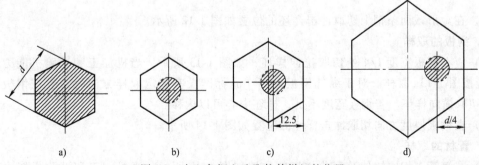

图 1-9 在六角钢上选取拉伸样坯的位置

a）全横截面 b）$d \leqslant 25mm$ c）$25mm < d \leqslant 50mm$ d）$d > 50mm$

4）在六角钢上选取冲击样坯的位置如图1-10所示。

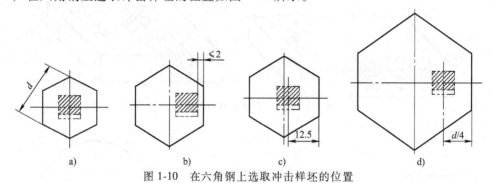

图1-10 在六角钢上选取冲击样坯的位置

a）$d \leqslant 25mm$　b）$25mm < d \leqslant 50mm$ Ⅰ 类　c）$25mm < d \leqslant 50mm$ Ⅱ 类　d）$d > 50mm$

5）在矩形截面条钢上切取拉伸样坯的位置如图1-11所示，当机加工和试验机能力允许时，按图1-11a取样。

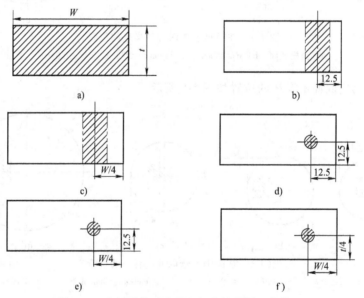

图1-11 在矩形截面条钢上切取拉伸样坯的位置

a）全横截面　b）$W \leqslant 50mm$　c）$W > 50mm$

d）$W \leqslant 50mm$ 且 $t \leqslant 50mm$　e）$W > 50mm$ 且 $t \leqslant 50mm$　f）$W > 50mm$ 且 $t > 50mm$

6）在矩形截面条钢上切取冲击样坯的位置如图1-12所示。

3. 钢板的取样

1）应在钢板宽度1/4处切取拉伸样坯，如图1-13所示，当机加工和试验机能力允许时，应按图1-13a取样。对于纵轧钢板，当产品标准没有规定取样方向时，应在钢板宽度1/4处切取横向样坯。若钢板宽度不足，样坯中心可以内移。

2）在钢板厚度方向切取冲击样坯的位置如图1-14所示。

4. 管材的取样

1）在钢管上切取拉伸及弯曲样坯的位置如图1-15所示，当机加工和试验机能力允许时，应按图1-15a取样。

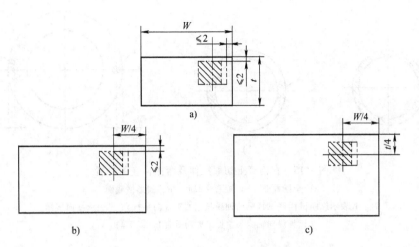

图 1-12　在矩形截面条钢上切取冲击样坯的位置

a）12mm≤W≤50mm 且 t≤50mm　b）W>50mm 且 t≤50mm　c）W>50mm 且 t>50mm

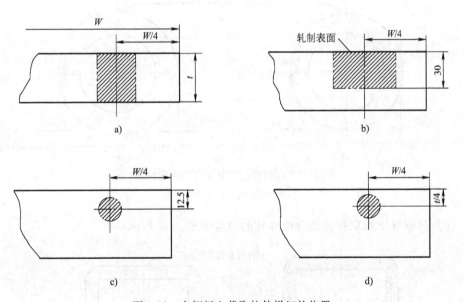

图 1-13　在钢板上截取拉伸样坯的位置

a）全厚度　b）t>30mm　c）25mm<t<50mm　d）t≥50mm

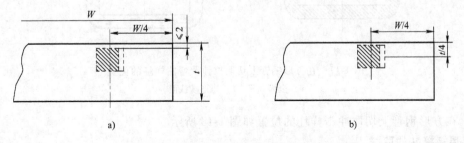

图 1-14　在钢板上切取冲击样坯的位置

a）全部 t 值　b）t>40mm

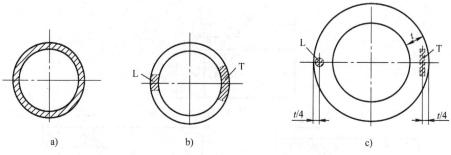

图 1-15　在钢管上切取拉伸及弯曲样坯的位置

a）全横截面　b）矩形横截面　c）圆形横截面

注：L 表示纵向试样（试样纵向轴线与主加工方向平行），T 表示横向试样（试样纵向轴线与主加工方向垂直），以下同。

2）在钢管上切取冲击样坯的位置如图 1-16 所示。

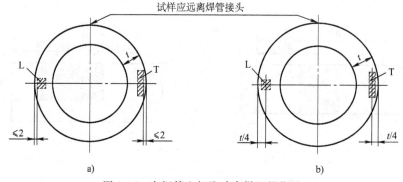

图 1-16　在钢管上切取冲击样坯的位置

a）$t \leqslant 40\text{mm}$　b）$t > 40\text{mm}$

3）在方形钢管上切取拉伸及弯曲样坯的位置如图 1-17 所示。

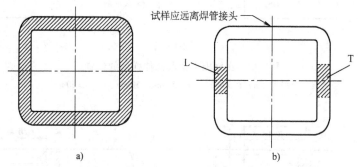

图 1-17　在方形钢管上切取拉伸及弯曲样坯的位置

a）全横截面　b）矩形横截面

4）在方形钢管上切取冲击样坯的位置如图 1-18 所示。

5. 焊接接头的取样

（1）焊接试板的制备　试板是模拟产品或构件的制造技术条件而焊制成的试验板或管

接头。力学试验用的试样样坯就是从专门焊接的试板或管接头中截取，在特殊情况下也可从结构件上直接截取。焊接前试板的截取方位应符合相应的产品制造技术条件或冶金产品技术条件的规定。试板用母材、焊接材料、焊接条件及焊后热处理均应与相应产品或构件的制造条件相同。对于熔焊和压焊的试板，其焊前厚度及每侧宽度应符合表 1-2 的规定。

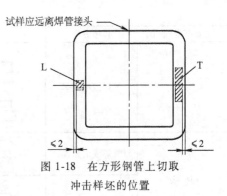

图 1-18　在方形钢管上切取
冲击样坯的位置

试板长度应根据样坯尺寸、数量、切口宽度、加工余量及两端不能利用的区段（如电弧焊的引弧端和收弧端）予以综合考虑。不能利用的区段长度应根据试板厚度和焊接工艺加以考虑，但不得小于 25mm。从结构件或试板上截取的样坯，一般都不允许矫直。如果焊后需正火或调质，则允许在热处理前进行矫直；如果焊后不进行热处理，则允许将已制备的试样在非受试验部分矫直。

表 1-2　试板厚度及每侧宽度　　　　　　　　（单位：mm）

试 板 厚 度	试板每侧宽度	试 板 厚 度	试板每侧宽度
≤10	≥80	>24~50	≥150
>10~24	≥100	>50	≥200

试板挠度 f（见图 1-19），在 200mm 长度内不应超过板（壁）厚的 10%，且不得大于 4mm。对接接头平板错位 h（见图 1-20），不应超过板厚的 15%，且不得大于 4mm。

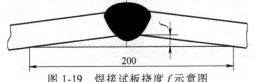

图 1-19　焊接试板挠度 f 示意图

图 1-20　对接接头平板错位 h 示意图

试板可用任意方法打上标记，但应在受试部分之外。

（2）样坯的截取　从试板中截取样坯时，一般采用机械切削方法，也可用剪板机、等离子或火焰切割的方法截取，但均应考虑其加工余量，保证受试部分金属性能不受影响。从结构件中截取的试板尺寸应根据试样数量和切口宽度来决定。如果直接从结构件中用火焰切割截取样坯时，除考虑加工余量外，还需保证试样上不得留有火焰切割的热影响区。各种试验的样坯截取方位应按下列规定进行：

1）焊缝金属拉伸样坯截取位置见表 1-3。多层焊缝的样坯截取方位如无特殊要求时，应尽量靠近焊缝表层截取。

表 1-3　焊缝金属拉伸样坯截取位置

试板厚度/mm	焊接方法	样 坯 方 位	说　　　明
焊缝直角边 大于 6×6	电弧焊		样坯位于焊缝中心

（续）

试板厚度/mm	焊接方法	样坯方位	说　明
5～16	气焊或电弧焊	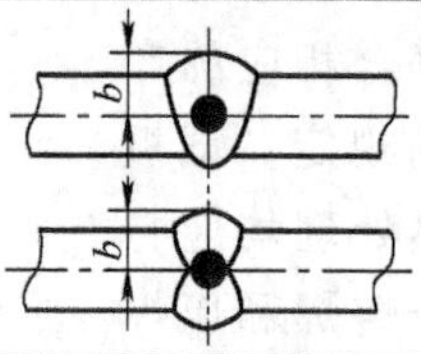	b 不大于 $\dfrac{D}{2}+2\text{mm}$
>16～36	气焊或电弧焊	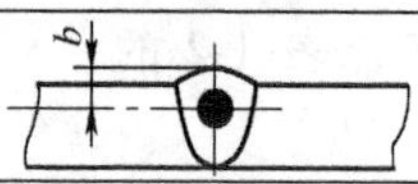	b 不大于 $\dfrac{D}{2}+2\text{mm}$
	电渣焊	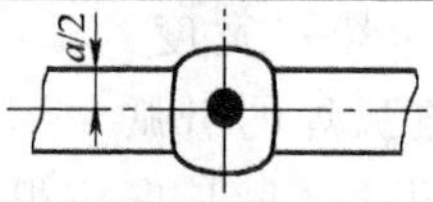	
>36～60	电弧焊	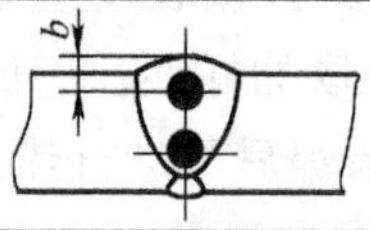	b 不大于 $\dfrac{D}{2}+2\text{mm}$
	电渣焊	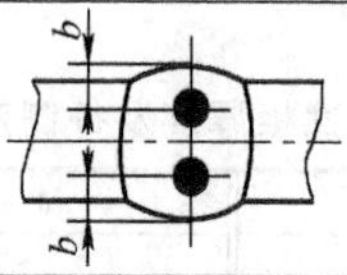	
H>36～60	电弧焊	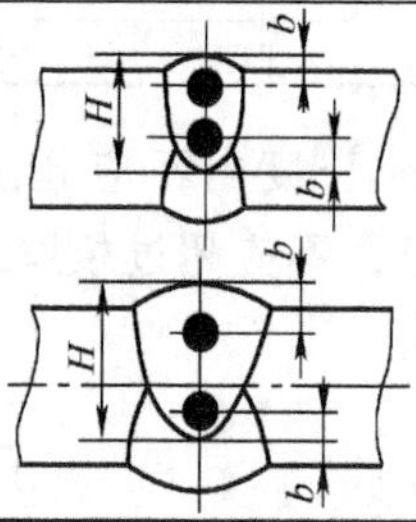	1）b 不大于 $\dfrac{D}{2}+2\text{mm}$ 2）样坯均从后焊一侧截取

注：a 是试板厚度；b 是从焊缝表面至样坯中心距离；D 是试样端头直径；H 是焊缝熔深。

2）焊接接头冲击样坯截取位置见表1-4。

表1-4　焊接接头冲击样坯截取位置

试板厚度/mm	焊接方法	样坯方位	说　明
5～16	压焊	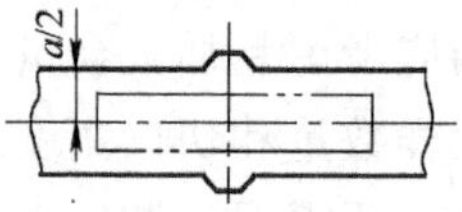	
	电弧焊或气焊	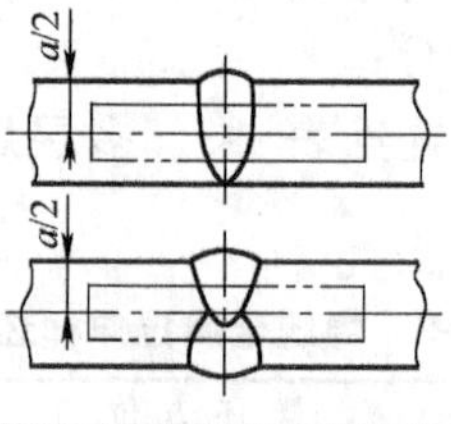	
>16～40	压焊	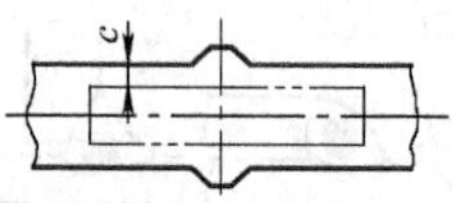	$c=1～3\text{mm}$

（续）

试板厚度/mm	焊接方法	样坯方位	说 明
>16~40	电弧焊	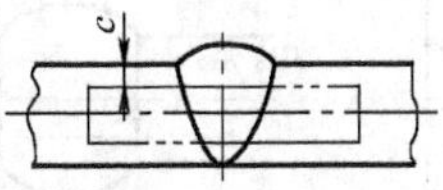	$c = 1 \sim 3mm$
>16~40	电渣焊	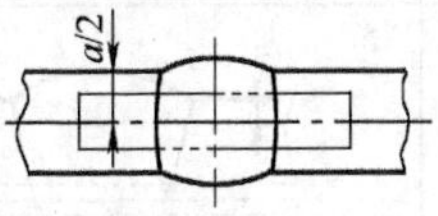	
>40~60	电弧焊	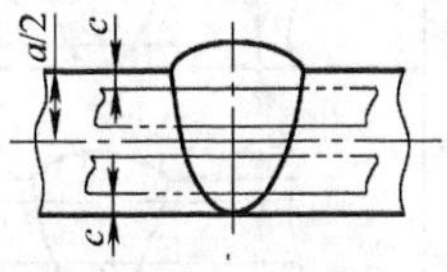	$c = 1 \sim 3mm$
>40~60	电渣焊	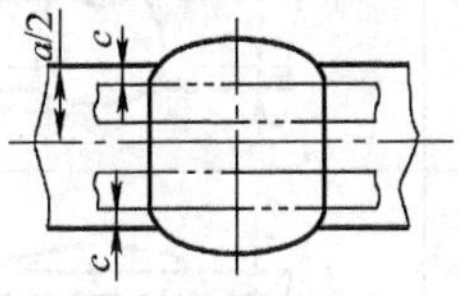	$c \geqslant 8mm$
>60~100	电弧焊	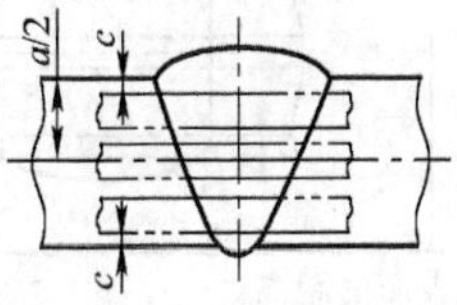	$c = 1 \sim 3mm$
>60~100	电渣焊	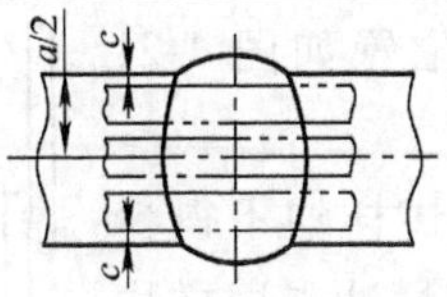	$c \geqslant 8mm$
$H = 18 \sim 40$	电弧焊	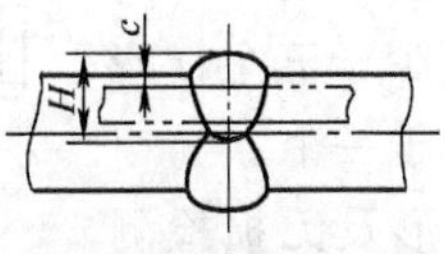	1）$c = 1 \sim 3mm$ 2）样坯均从后焊一侧截取
$H > 40 \sim 60$	电弧焊	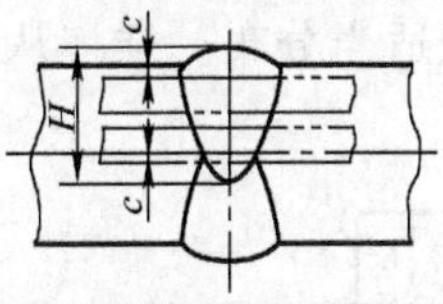	

注：a 是试板厚度；c 是试样表面至样坯表面的距离；H 是焊缝熔深。

3）焊接接头的拉伸、弯曲、疲劳样坯截取位置见表1-5。

表 1-5 焊接接头的拉伸、弯曲、疲劳样坯截取位置

试板厚度/mm	焊接方法	样坯方位	说 明
≤36	电弧焊	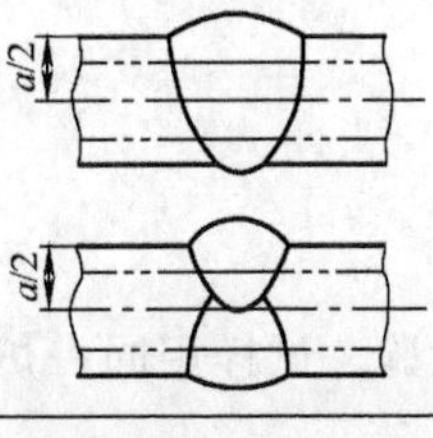	

（续）

试板厚度/mm	焊接方法	样坯方位	说　明
≤36	电渣焊	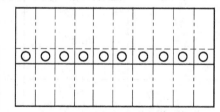	
>36~100	电弧焊		$c = 1 \sim 3mm$
	电渣焊		$c \geqslant 8mm$

注：a 是试板厚度；c 是试样表面至样坯表面的距离。

4）点焊接头剪切样坯截取位置如图 1-21 所示。

5）接头拉伸和焊缝金属拉伸试样均不得少于两个，接头冲击和冷作时效敏感性冲击试样均不少于三个；点焊接头剪切试样不少于五个；疲劳试样不少于六个；压扁试样不少于一个。

图 1-21　点焊接头剪切样坯截取位置

6）样坯截取位置根据焊缝外形及无损检测结果，在试板的有效利用长度内做适当分布。样坯从试板或管接头上的截取位置如图 1-22~图 1-24 所示。

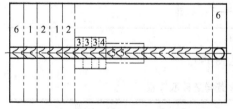

图 1-22　熔焊试板样坯截取位置

1—拉伸　2—弯曲　3—冲击
4—硬度　5—焊接拉伸　6—舍弃

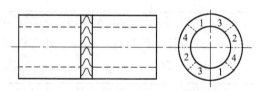

图 1-23　熔焊管接头样坯截取位置

1—拉伸　2—弯曲　3—冲击　4—硬度

6. 灰铸铁的取样

灰铸铁件的力学性能应分批检验。试样用同一炉次、同一牌号的铁液在干砂型内浇铸。

每组至少浇三个试样，采用立底浇注。

1）需要进行热处理的铸件，其试样应与铸件一起进行热处理。试样放置位置应考虑到与铸件热处理条件一致，但进行消除应力的时效处理时，试样可不预热处理。

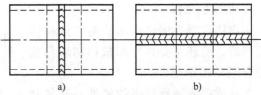

图1-24　熔焊管接头压扁样坯截取位置
a）环缝压扁　b）纵缝压扁

2）进行拉伸和弯曲试验时，一组用三个铸件试样。一般先进行弯曲试验，若三根中有两根合格，即认为该批铸件为合格。若弯曲性能不合格，则进行拉伸试验，同样若三根中有两根合格，则认为拉伸性能合格。一般拉伸试样用弯曲试验后的半段加工而成。

3）灰铸铁的弯曲试样一般取毛坯试样，不进行加工，其尺寸见表1-6，弯曲试验条件见表1-7。

表1-6　灰铸铁弯曲试样尺寸　　　　　　　　　　　　（单位：mm）

试样直径 d	直径允许偏差		长度 L	最大与最小直径偏差
	毛坯试样	加工试样		
13	±1.0	±0.1	160	0.4
20	±1.0	±0.2	240	0.6
30	±1.0	±0.2	340	0.9
45	±1.4	±0.2	500	1.3

表1-7　弯曲试验条件

试样直径 d/mm	支承跨距 l_0/mm	测量精度			初载荷/N
		直径/mm	载荷/N	挠度/mm	
13	130	0.1	49	0.1	59~98
20	200	0.1	98	0.1	196~294
30	300	0.1	196	0.2	294~490
45	450	0.2	490	0.3	294~490

4）灰铸铁的拉伸试样如图1-25所示，其尺寸见表1-8。

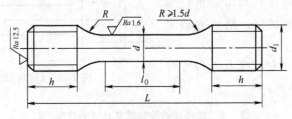

图1-25　灰铸铁的拉伸试样

表1-8　灰铸铁拉伸试样尺寸　　　　　　　　　　　　（单位：mm）

毛坯直径	试样直径 d	平行部分长度 l_0	螺纹直径 d_1	端部长度 h	总长 L
13	8±0.05	8	M12	16	54~56
20	13±0.05	13	M18	24	82~87
30	20±0.1	20	M28	36	126~132
45	30±0.2	30	M42	50	174~180

7. 铸钢的取样

铸钢件力学性能试验用的毛坯试样应单独浇铸，毛坯主要尺寸和试样切取位置应符合图1-26的要求。

毛坯试样要随所代表的铸件一起热处理。不同熔炼炉次但同牌号的一批铸件同炉热处理时，应按每一熔炼炉次检验；同一熔炼炉次的同一批铸件，在固定的热处理工艺条件和稳定热处理质量条件下，分炉热处理时允许抽检。

每次抽检一个拉伸试样和两个冲击试样。如果某项目有一个试样的性能不合格，则加倍取样；如果其中再有一个不合格，则应将所代表的铸件连同备用试样再次进行热处理，然后进行力学性能复验。

8. 球墨铸铁的取样

1）球墨铸铁的力学性能试验采用梅花试棒、基尔试棒和楔形试棒（即 Y 型试棒）。为了进行疲劳试验，三种试棒的长度应不小于 230mm，一般取 250~260mm。

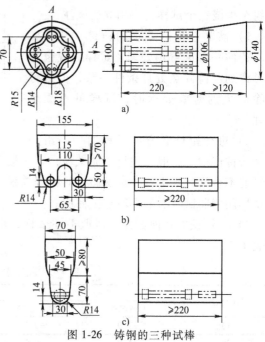

图 1-26　铸钢的三种试棒

a）梅花试棒　b）基尔试棒　c）楔形试棒

2）试棒应单独浇出，在干砂型或湿砂型中均可浇铸。

3）如果需进行冲击试验，则牌号为 QT400-10 及 QT450-5 的球墨铸铁可用 10mm×10mm×55mm 的无切口试样，其余牌号均用 20mm×20mm×120mm 的无切口试样。

4）浇铸时，每批铁液浇一组试棒。每批系指同一牌号、同一配料与同一生产工艺过程中生产的铸件。

5）试验时，一组应有三个试样，其中两个的拉伸强度和伸长率合格，则其所代表的铸件性能为合格。如果不合格，则其复验的方法（取样个数及评判标准）均由订货技术条件规定。如果试棒有缺陷，则试验结果作废。

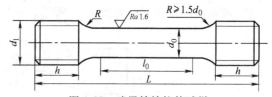

图 1-27　球墨铸铁拉伸试样

6）球墨铸铁的拉伸试样形状及尺寸分别如图 1-27 和表 1-9 所示。

表 1-9　球墨铸铁拉伸试样尺寸的选择

毛坯直径/mm	试样直径 d_0/mm	工作部分长度 l_0/mm	端部长度 h/mm	螺纹部分直径 d_1/mm	总长 L/mm
13	8±0.05	40	16	M12	90
18	10±0.05	50	20	M16	110
20	13±0.05	65	24	M18	140
30	20±0.10	100	36	M28	210
45	30±0.20	150	50	M42	310

1.3 数值修约规则

1.3.1 相关术语和定义

（1）数值修约 通过省略原数值的最后若干位数字，调整所保留的末位数字，使最后所得到的值最接近原数值的过程。经数值修约后的数值称为（原数值的）修约值。

（2）修约间隔 修约值的最小数值单位。修约间隔的数值一经确定，修约值即为该数值的整数倍。如指定修约间隔为 0.1，修约值应在 0.1 的整数倍中选取，相当于将数值修约到一位小数。如指定修约间隔为 100，修约值应在 100 的整数倍中选取，相当于将数值修约到"百"数位。

（3）极限数值 标准（或技术规范）中规定考核的以数量形式给出且符合该标准（或技术规范）要求的指标数值范围的界限值。

1.3.2 数值修约规则

1. 确定修约间隔

1）指定修约间隔为 10^{-n}（n 为正整数），或指明将数值修约到 n 位小数。

2）指定修约间隔为 1，或指明将数值修约到"个"数位。

3）指定修约间隔为 10^n（n 为正整数），或指明将数值修约到 10^n 数位，或指明将数值修约到"十""百""千"等数位。

2. 进舍规则

1）拟舍弃数字的最左一位数字小于 5，则舍去，保留其余各位数字不变。例如：将 12.1498 修约到个数位，得 12；将 12.1498 修约到一位小数，得 12.1。

2）拟舍弃数字的最左一位数字大于 5，则进一，即保留数字的末位数字加 1。例如：将 1268 修约到"百"数位，得 13×10^2（特定场合可写为 1300）。

3）拟舍弃数字的最左一位数字是 5，且其后有非 0 数字时进一，即保留数字的末位数字加 1。例如：将 10.5002 修约到个数位，得 11。

4）拟舍弃数字的最左一位数字为 5，且其后无数字或皆为 0 时，若所保留的末位数字为奇数（1，3，5，7，9）则进一，即保留数字的末位数字加 1；若所保留的末位数字为偶数（0，2，4，6，8），则舍去。例如：修约间隔为 0.1 时，拟修约数值 1.050 修约为 10×10^{-1}。

5）负数修约时，先将它的绝对值按 1）~4）的规定进行修约，然后在所得值前面加上负号。例如：将 -0.0365 修约到三位小数为 -36×10^{-3}。

6）不得多次连续修约。拟修约数字应在确定修约间隔或指定修约数位后一次修约获得结果，不得多次连续修约。例如：修约 97.46，修约间隔为 1。正确的做法：97.46→97；不正确的做法：97.46→97.5→98。

3. 修约程序

在具体实施中，有时测试与计算部门先将获得数值按指定的修约数位多一位或几位报出，而后由其他部门判定。为避免产生连续修约的错误，应按下述步骤进行。

1）报出数值最右的非零数字为 5 时，应在数值右上角加"＋"或加"－"或不加符号，分别表明已进行过舍、进或未舍未进。例如：16.50$^+$表示实际值大于 16.50，经修约舍弃为 16.50；16.50$^-$表示实际值小于 16.50，经修约进一为 16.50。

2）如对报出值需进行修约，当拟舍弃数字的最左一位数字为 5，且其后无数字或皆为 0 时，数值右上角有"＋"者进一，有"－"者舍去。数字修约到个数位示例见表 1-10。

表 1-10　数字修约到个数位示例

实测值	报出值	修约值	实测值	报出值	修约值
15.4546	15.5$^-$	15	−16.5203	−16.5$^+$	−17
−15.4546	−15.5$^-$	−15	17.5000	17.5	18
16.5203	16.5$^+$	17			

4. 0.5 单位修约与 0.2 单位修约

（1）0.5 单位修约（半个单位修约）　0.5 单位修约是指按指定修约间隔对拟修约的数值 0.5 单位进行的修约。0.5 单位修约方法如下：将拟修约数值 X 乘以 2，按指定修约间隔对 $2X$ 进行修约，所得数值（小于 $2X$ 修约值）再除以 2。按 0.5 单位修约到个位数示例见表 1-11。

表 1-11　按 0.5 单位修约到个位数示例

拟修约数值 X	$2X$	$2X$ 修约值	X 修约值
60.25	120.50	120	60.0
60.38	120.76	121	60.5
60.28	120.56	121	60.5
−60.75	−121.50	−122	−61.0

（2）0.2 单位修约　0.2 单位修约是指按指定修约间隔对拟修约的数值 0.2 单位进行的修约。0.2 单位修约方法如下：将拟修约数值 X 乘以 5，按指定修约间隔对 $5X$ 进行修约，所得数值（$5X$ 修约值）再除以 5。按 0.2 单位修约到百位数示例见表 1-12。

表 1-12　按 0.2 单位修约到百位数示例

拟修约数值 X	$5X$	$5X$ 修约值	X 修约值
830	4150	4200	840
842	4210	4200	840
832	4160	4200	840
−930	−4650	−4600	−920

1.3.3　极限数值的表示和判定

1. 书写极限数值的一般原则

1）规定考核的以数量形式给出的指标或参数等，应当规定极限数值。极限数值表示符合要求的数值范围的界限值，它通过给出最小极限值和（或）最大极限值，或给出基本数值与极限偏差值等方式表达。

2）极限数值的表示形式及书写位数应适当，其有效数字应全部写出。书写位数表示的精确程度，应能保证产品或其他对象应有的性能和质量。

2. 表示极限数值的用语

1）表达极限数值的基本用语及符号见表 1-13。

表 1-13　表达极限数值的基本用语及符号

基本用语	符号	特定情形下的基本用语		注
大于 A	$>A$		多于 A　高于 A	测定值或计算值恰好为 A 值时不符合要求
小于 A	$<A$		少于 A　低于 A	测定值或计算值恰好为 A 值时不符合要求
大于或等于 A	$\geq A$	不小于 A	不少于 A　不低于 A	测定值或计算值恰好为 A 值时符合要求
小于或等于 A	$\leq A$	不大于 A	不多于 A　不高于 A	测定值或计算值恰好为 A 值时符合要求

注：A 为极限数值。

2）基本用语可以组合使用表示极限值范围。

对特定的考核指标 X，允许采用表 1-14 中所列的用语和符号，同一技术文件中一般只应使用一种符号表示方式。

3）基本数值 A 带有绝对极限上偏差值 $+b_1$ 和绝对极限下偏差值 $-b_2$，指从 $A-b_2$ 到 $A+b_1$，符合要求，记为 $A^{+b_1}_{-b_2}$。当 $b_1=b_2=b$ 时，$A^{+b_1}_{-b_2}$ 可简记为 $A\pm b$。

表 1-14　对于特定的考核指标 X 允许采用的表达极限数值的组合用语及符号

组合基本用语	组合允许用语	符号		
		表示方式 Ⅰ	表示方式 Ⅱ	表示方式 Ⅲ
大于或等于 A 且小于或等于 B	从 A 到 B	$A\leq X\leq B$	$A\leq\cdot\leq B$	$A\sim B$
大于 A 且小于或等于 B	超过 A 到 B	$A<X\leq B$	$A<\cdot\leq B$	$>A\sim B$
大于或等于 A 且小于 B	至少 A 不足 B	$A\leq X<B$	$A\leq\cdot<B$	$A\sim<B$
大于 A 且小于 B	超过 A 不足 B	$A<X<B$	$A<\cdot<B$	

4）基本数值 A 带有相对上极限偏差值 $+b_1\%$ 和相对下极限偏差值 $-b_2\%$，指实测值或其计算值 R 对于 A 的相对偏差值 $[(R-A)/A]$ 从 $-b_2\%$ 到 $+b_1\%$ 符合要求，记为 $A^{+b_1}_{-b_2}\%$。当 $b_1=b_2=b$ 时，$A^{+b_1}_{-b_2}\%$ 可记为 $A(1\pm b\%)$。

5）对基本数值 A，若上极限偏差值 $+b_1$ 和（或）下极限偏差值 $-b_2$ 使得 $A+b_1$ 和（或）$A-b_2$ 不符合要求，则应附加括号，写成 $A^{+b_1}_{-b_2}$（不含 b_1 和 b_2）或 $A^{+b_1}_{-b_2}$（不含 b_1）、$A^{+b_1}_{-b_2}$（不含 b_2）。

3. 测定值或其计算值与规定的极限数值做比较的方法

在判定测定值或其计算值是否符合要求时，应将测试所得的测定值或其计算值与规定的极限数值做比较，比较的方法可采用全数值比较法或修约值比较法。

当有关文件中对极限数值（包括带有极限偏差值的数值）无特殊规定时，均应使用全数值比较法。如规定采用修约值比较法，应加以说明。若规定了使用其中一种比较方法时，一经确定，不得改动。

（1）全数值比较法　将测试所得的测定值或计算值不经修约处理（或虽经修约处理，但应标明它是经舍、进或未进未舍而得），用该数值与规定的极限数值做比较，只要超出极限数值规定的范围（不论超出程度大小），都判定为不符合要求。全数值比较法的示例见表 1-15。

（2）修约值比较法　将测定值或其计算值进行修约，修约数位应与规定的极限数值数位一致。

1）当测试或计算精度允许时，应先将获得的数值按指定的修约数位多一位或几位报出，然后按规定修约至规定的数位。

2）将修约后的数值与规定的极限数值进行比较，只要超出极限数值规定的范围（不论超出程度大小），都判定为不符合要求。修约值比较法的示例见表 1-15。

表 1-15　全数值比较法和修约值比较法的示例与比较

项　目	极限数值	测定值或其计算值	按全数值比较是否符合要求	修约值	按修约值比较是否符合要求
中碳钢抗拉强度/MPa	≥14×100	1349	不符合	13×100	不符合
		1351	不符合	14×100	符合
		1400	符合	14×100	符合
		1402	符合	14×100	符合
NaOH 的质量分数（%）	≥97.0	97.01	符合	97.0	符合
		97.00	符合	97.0	符合
		96.96	不符合	97.0	符合
		96.94	不符合	96.9	不符合
中碳钢的硅的质量分数（%）	≤0.5	0.452	符合	0.5	符合
		0.500	符合	0.5	符合
		0.549	不符合	0.5	符合
		0.551	不符合	0.6	不符合
中碳钢的锰的质量分数（%）	1.2~1.6	1.151	不符合	1.2	符合
		1.200	符合	1.2	符合
		1.649	不符合	1.6	符合
		1.651	不符合	1.7	不符合
盘条直径/mm	10.0±0.1	9.89	不符合	9.9	符合
		9.85	不符合	9.8	不符合
		10.10	符合	10.1	符合
		10.16	不符合	10.2	不符合
	10.0±0.1（不含±0.1）	9.94	符合	9.9	符合
		9.96	符合	10.0	符合
		10.06	符合	10.1	不符合
		10.05	符合	10.0	符合
	10.0±0.1（不含+0.1）	9.94	符合	9.9	符合
		9.86	不符合	9.9	符合
		10.06	符合	10.1	不符合
		10.05	符合	10.0	符合
	10.0±0.1（不含-0.1）	9.94	符合	9.9	不符合
		9.86	不符合	9.9	不符合
		10.06	符合	10.1	符合
		10.05	符合	10.0	符合

注：表中的示例并不表明这类极限数值都应采用全数值比较法或修约值比较法。

（3）两种判定方法的比较　对测定值或其计算值与规定的极限数值在不同情形用全数值比较法和修约值比较法的比较结果的示例见表 1-15。对同样的极限数值，若它本身符合要求，则全数值比较法比修约值比较法相对较严格。

1.4　试验数据的处理和误差分析

1.4.1　误差的定义和分类

1. 误差的定义

一个物体的尺寸或质量，一种材料的抗拉强度或弹性模量都存在一个客观真正的值，称

为真值。在对其进行测量时，得到的结果称为实测值。误差就定义为实测值与真值之差，即

$$\varepsilon = x - x_0$$

式中　ε——误差；

　x 和 x_0——实测值和真值。

1）在测量中，如果 x_0 代表某一物体的真实长度，x 代表某一次的实测值，则 $\varepsilon = x - x_0$ 就表示测量误差。由于真值 x_0 是未知的，在经过多次测量后，便可得到测量值的算术平均值 $\bar{x}$，用 $\bar{x}$ 代替 x_0，便可得 $\nu = x - \bar{x}$，称 ν 为测量的偏差（或离差）。有时，可用对偏差的分析来代替对误差的分析。

2）在生产上，产品的某项技术参数往往给定一个标称值，这时将其作为真值 x_0。误差 $\varepsilon = x - x_0$ 就表示某一实测值与标称值之差。

3）在计算中，某物体的运动速度为 $100m/s \pm 0.1m/s$，其中 $100m/s$ 代表真值 x_0，而 $\pm 0.1m/s$ 表示误差，称它为计算误差。

2. 真值和平均值

由于测量仪器、测量方法、环境、人的观察能力等条件的限制，真值往往是无法测得的。但当测量的次数不断增加时，根据随机的正误差和负误差出现的概率相等并抵消的原理，在没有系统误差的条件下，平均值会趋近于真值。基于这种思想，用平均值（即子样的平均值）来估计和推断真值（在一定的置信度下），并在条件许可的情况下，尽量增加测量次数。

（1）算术平均值　设一组观测值为 x_1，x_2，$\cdots$，x_n，n 是观测次数，则算术平均值 $\bar{x}$ 定义为

$$\bar{x} = \frac{1}{n}(x_1 + x_2 + \cdots + x_n) = \frac{1}{n}\sum_{i=1}^{n} x_i$$

假设观测值 x_i 服从正态分布，则可证明，在一组等精度的测量中算术平均值为最佳值。

（2）均方根平均值　这种方法来源于计算分子的平均动能，后推广用于误差的计算中，其定义为

$$\bar{x} = \frac{1}{\sqrt{n}}\sqrt{x_1^2 + x_2^2 + \cdots + x_n^2} = \sqrt{\frac{1}{n}\sum_{i=1}^{n} x_i^2}$$

（3）加权平均值　如对同一物理量用不同方法测定，或由不同的人员测定，则在计算平均值中常常对比较可靠的数据予以加权，然后再平均，称加权平均，其定义为

$$\bar{x} = \frac{w_1 x_1 + w_2 x_2 + \cdots + w_n x_n}{w_1 + w_2 + \cdots + w_n} = \sum_{i=1}^{n} w_i x_i / \sum_{i=1}^{n} w_i$$

式中　x_1，x_2，$\cdots$，x_n——一组观测值；

　w_1，w_2，$\cdots$，w_n——对应于各观测值的加权数。

（4）中位值　将一组观测值按从小到大（或从大到小）的次序排列，则处在最中间位置的值就称为中位值。如果观测次数 n 为奇数，则排列在中间的那个数就是中位值。如果 n 为偶数，则中位值就是位于中间两个数的平均值。中位值的最大优点是求法简单，且与两端数据的变化无关，在数理统计中应用很广。

（5）几何平均值　一组 n 个观测值连乘，然后再开 n 次方得到的值称为几何平均值，

其公式为

$$\bar{x} = \sqrt[n]{x_1 x_2 \cdots x_n}$$

上式两边取对数，则

$$\lg \bar{x} = \frac{1}{n}(\lg x_1 + \lg x_2 + \cdots + \lg x_n) = \frac{1}{n}\sum_{i=1}^{n}\lg x_i$$

上式说明，一组观测值取对数后的算术平均值，它的反对数就是这组观测值的几何平均值。

3. 误差的分类

在测量中，无论所用的仪器多么精密，方法多么完善，试验者多么细心，所得结果往往也不尽相同。在生产中，尽管工艺和加工方法均一致，最后产品的尺寸、质量或其他技术参数也会存在差异。在计算中，计算工具的精度不同或计算方法不同也会带来不同的舍弃误差。

误差可按不同的方法分类。按误差的绝对值和相对值，误差可分为绝对误差和相对误差；按误差的性质及其产生原因，误差可分为系统误差、偶然误差和过失误差。

（1）系统误差　系统误差是指在重复测量中，其值恒定不变或遵循一定规律变化的一类误差，又叫确定性误差或恒定误差。系统误差的来源主要有工具误差、装置误差、人身误差、外界误差和方法误差。

1）工具误差是指由测量工具、仪器等产生的误差，又称为仪差。它是由于测量工具或仪器不完善而产生的，例如刻度不准、砝码未校正等。

2）装置误差是指由于测量设备和仪器的电路、安装、布置和调整不恰当而造成的误差。

3）人身误差（个人误差或人差）是指由于测量人员的感觉器官不完善而引起，如某人在读数时视线总是偏向一边，从而造成的读数误差，这种误差往往因人而异。

4）外界误差（环境误差）是指由于周围环境，如温度、气压、湿度和电磁场等的影响而产生的误差。

5）方法误差（理论误差）是指由于测量方法本身所依据的理论、模型不完善所带来的误差。

系统误差的出现是有规律的，其产生的原因是可知的和能够找到的。对试验中所用的测量工具、仪器的精度进行鉴定，便可降低系统误差。对于不能消除的系统误差，要设法估计出其数值大小，以便进行修正。

（2）偶然误差（随机误差）　在消除了系统误差或降低系统误差至一定范围（例如拉力机载荷精度控制在±0.5%）后，对同一对象进行反复测量时，结果也会出现差异，这时产生的误差称为偶然误差。

偶然误差的特点是时大时小，时正时负，其产生原因是多方面的、不确知的，因而也是无法控制的。在同样条件下，对同一个物理量做重复测定，若测量次数足够多，则可发现偶然误差完全服从统计性规律。当测量次数无限增大时，偶然误差的算术平均值将趋近于零，因此多次测量结果的算术平均值将接近真值。

1.4.2　直接测定量的误差表示法

通过测量能直接得到结果的量称为直接测定量，如人的高度和质量、拉伸试样的载荷和伸长量等。通过几个量的测量后要经过计算才能得到的量，称为间接测定量，如物质的密度、材料的抗拉强度和断裂韧度等。

1. 误差的分布规律

在不致引起误会的情况下常把偶然误差简称为误差。误差的特点有：

1）绝对值相等的正误差和负误差，其出现的概率相同。

2）绝对值小的误差出现的概率大，而绝对值大的误差出现的概率小。

3）绝对值很大的误差出现的概率接近于零，即误差有一定的极限。

4）当测量次数 $n \to \infty$ 时，误差的算术平均值趋近于零，这是由于正负误差互相抵消的结果。

2. 误差的表示方法

（1）范围误差　范围误差是指一组测量值中最大值与最小值之差，它表示误差的变化范围。例如，对某钢材进行拉伸试验得到 10 个抗拉强度 R_m（单位为 MPa）的数据为 745、750、751、759、763、766、770、781、784、785，则其范围误差为（785 - 745）MPa = 40MPa。范围误差的优点是直观、简便，缺点是只取决于一组测量值的两个极端值，而与测量次数无关，与中间数据的大小无关，这显然与偶然误差和测量次数有关这一事实相违背。

（2）算术平均误差　算术平均误差是表示误差的较好方法，其定义为

$$\delta = \frac{1}{n} \sum_{i=1}^{n} |x_i - \bar{x}|$$

式中　δ——算术平均误差；

x_i——第 i 个观测值；

$\bar{x}$——n 个观测值的算术平均值；

$|x_i - \bar{x}|$——偏差的绝对值，因为偏差有正有负，所以取绝对值加以平均。

以上面 10 个 R_m 数据为例，其中 $\bar{x} = 765.4$MPa，计算得到 $\delta = 11.8$MPa。算术平均误差的优点是比范围误差精细，考虑了每一个 $|x_i - \bar{x}|$，其缺点是无法鉴别两组测量值间的偏差大小。例如有两组测量值，尽管其 δ 相等，但其偏差（$x_i - \bar{x}$）可以很分散。

（3）标准误差　标准误差也称均方根误差，其计算式为

$$\sigma = \sqrt{\frac{1}{n} \sum_{i=1}^{n} (x_i - \bar{x})^2}$$

在观测次数 n 较小时，标准误差常表示为

$$\sigma = \sqrt{\frac{1}{n-1} \sum_{i=1}^{n} (x_i - \bar{x})^2}$$

标准误差 σ 是各观测值 x_i 的函数，且对 x_i 的大小比较敏感，所以是表示精密度的一个较好的指标，已广泛用于误差分析中。

1.4.3　力学性能试验数据处理示例

1. 可疑观测值的取舍

处理力学性能试验结果时，特别是处理疲劳寿命试验结果时，常常会发现在一组数据中，某一观测值特别偏高或特别偏低，使人产生怀疑，称之为可疑观测值。对可疑观测值的取舍，不能采取随意的态度，而应科学严格地加以分析判别，然后决定取舍。

对可疑观测值的分析和判别可从物理本质方面进行分析和从概率的观点进行数学处理。例如，对偏低的疲劳寿命，要检查试样的断口是否有夹杂、气孔，在疲劳源附近是否有表面划伤、锈蚀或加工刀痕等，试验过程中试验机是否产生了横振，鼓轮的跳动量是否超差等。经过分析，确系上述诸因素之一引起该试样寿命值偏低，才能做出取舍的决定。

从物理本质方面进行详细的分析而仍然不得要领时，可疑观测值的取舍可用数学判别的方法。这种判别方法的基础是在同一试验条件下，取得过大或过小的观测值，均属于小概率事件。根据实际推断原理，小概率事件在一次试验中几乎是不可能出现的，从而建立起取舍的判别准则。

（1）拉依达准则　在相同条件下测得一组观测值 x_1，x_2，$\cdots$，x_n，计算出均值 $\bar{x}$ 和标准差 σ 为

$$\bar{x} = \frac{1}{n}\sum_{i=1}^{n} x_i$$

$$\sigma = \left[\frac{1}{n-1}\sum_{i=1}^{n}(x_i-\bar{x})^2\right]^{1/2} = \left\{\left[\sum_{i=1}^{n}x_i^2 - \frac{1}{n}(\sum_{i=1}^{n}x_i)^2\right]\bigg/(n-1)\right\}^{1/2}$$

如果 x_i 为可疑观测值，则计算偏差 $v_i = x_i - \bar{x}$，如果 $|v_i| = |x_i-\bar{x}| > 3\sigma$，则舍去 x_i，否则保留 x_i。上式又称为 3σ 准则。例如已知某物体的温度经15次测量，其测量结果及处理见表1-16，求决定 $x_8 = 20.30$℃ 的取舍。

表 1-16　测量结果及处理

i	x_i/℃	$y_i = x_i - 20.4$℃	y_i^2	i	x_i/℃	$y_i = x_i - 20.4$℃	y_i^2
1	20.42	0.02	0.0004	11	20.42	0.02	0.0004
2	20.43	0.03	0.0009	12	20.41	0.01	0.0001
3	20.40	0.00	0.00	13	20.39	-0.01	0.0001
4	20.43	0.03	0.0009	14	20.39	-0.01	0.0001
5	20.42	0.02	0.0004	15	20.40	0.00	0.00
6	20.43	0.03	0.0009	15个值的计算	总和	0.06	0.0152
7	20.39	-0.01	0.0001		平均值	0.004	
8	20.30	-0.10	0.0100	去掉第8个值后其余14个值的计算	总和	0.16	0.0052
9	20.40	0.00	0.00		平均值	0.011	
10	20.43	0.03	0.0009				

将15次测量的结果 x_i 及 $y_i = x_i - 20.4$℃ 和 y_i^2 均列于表1-16。在计算 x_i 的标准差时，由于 x_i 的数值太大，可用 $y_i = x_i - b$ 代替，这样由于 $y_i - \bar{y} = x_i - \bar{x} = v_i$，所以 y_i 的 σ 和 x_i 的 σ 是一样的，上例中，y_i 的 σ 为

$$\sigma = \left\{\left[\sum y_i^2 - \frac{1}{n}(\sum y_i)^2\right]\bigg/(n-1)\right\}^{1/2} = \left[\left(0.0152 - \frac{1}{15}\times0.06^2\right)\bigg/14\right]^{1/2} = 0.033$$

于是 $3\sigma = 3\times0.033 = 0.099$，偏差绝对值 $|v_i| = |x_8-20.404| = |-0.104| > 0.099$，所以应该舍去 $x_8 = 20.30$℃ 这个观测值。去掉 x_8 后，剩下的14个数据，做第2次计算，得 $\sigma = 0.016$，$3\sigma = 0.048$，偏差 $|x_i-20.411|$ 均小于 $3\sigma = 0.048$，均属有效。

（2）肖维奈准则　该准则是根据正态分布原理得到的。在一组测量值 x_1，x_2，$\cdots$，x_n 中，当可疑值 x_i 小于下限 a 或大于上限 b 时，则可舍去 x_i。而 a 和 b 两个点是根据小概率 $1/(2n)$ 来确定的。例如，设 $n=11$，则 $1/(2n) = 4.55\%$，a 点以下和 b 点以上的正态曲线

所包围的面积均为 4.55% 的一半即 2.28%，如图 1-28 所示。查标准正态分布表，即可得 $\dfrac{x_i-\bar{x}}{S}$ 的限度，列于表 1-17 中。对于一组观测值中的某一可疑值 x_i，只要其计算的绝对值 $\left|\dfrac{x_i-\bar{x}}{S}\right|$ 超过相应的限值，则应舍去，否则就应保留它。

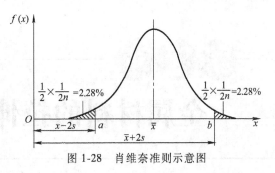

图 1-28　肖维奈准则示意图

上例中根据 $n=15$，查表 1-17 得限值 $\left|\dfrac{x_i-\bar{x}}{S}\right|=2.13$。$2.13\times0.033=0.07$，$\left|x_8-\bar{x}\right|=\left|20.30-20.404\right|=\left|-0.104\right|=0.104>0.07$，所以舍去 x_8。进一步计算：根据 $n=14$，查表 1-17 得限值为 2.10，则 $2.10\times0.016=0.034$，舍去 x_8 后，其余 x_i 的偏差绝对值均未超过 0.034，故均予以保留。

表 1-17　肖维奈准则中的限值

子样大小 n	$\left\|\dfrac{x_i-\bar{x}}{S}\right\|$	子样大小 n	$\dfrac{x_i-\bar{x}}{S}$	子样大小 n	$\dfrac{x_i-\bar{x}}{S}$
3	1.38	13	2.07	23	2.30
4	1.53	14	2.10	24	2.31
5	1.65	15	2.13	25	2.33
6	1.73	16	2.15	30	2.39
7	1.80	17	2.17	40	2.49
8	1.86	18	2.20	50	2.58
9	1.92	19	2.22	75	2.71
10	1.96	20	2.24	100	2.81
11	2.00	21	2.26	200	3.02
12	2.03	22	2.28	500	3.20

2. 对比试验结果的统计处理

力学性能试验往往会涉及两种工艺、两种配方和两种设计方案的比较，这时就要做对比试验。例如，将欲对比的两组试样（一组经过喷丸处理，另一组未经喷丸处理），在同一加载条件下进行疲劳试验，根据疲劳寿命（或强度）的观测值，判别其疲劳性能是否相同，或其中的一组优于另一组。

由于疲劳试验结果的分散性，即使完全相同的两组试样，在同一台试验机及同一加载条件下进行试验，也会发现这两组试样数据的平均值和标准差存在着一定差异。当然，这种差异是由偶然误差所引起的，因此这种差异是不显著的。如果这两组试样是来源于两种材料，或一种材料的两种热处理，或两种不同的喷丸工艺等，这时两组试验结果的差异中，不仅包含了偶然误差，而且还包含了系统误差。这就要求对比试验结果的统计处理方法，能鉴别出这两组试验结果之间的差异是显著的（存在系统误差），还是不显著的（仅仅存在偶然误差）。

在对比试验中，有时关心的是两组试样平均值之间的差异，但有时也对两组试样的分散性（标准差）感兴趣。因此，对比试验结果的统计处理方法必须提供对母体平均值做假设检验和对母体标准差做假设检验的不同方法。

第2章
金属材料的拉伸性能测试方法

2.1 相关术语和定义

1. 拉伸性能及拉伸试验的定义

材料的弹性、强度、塑性、应变硬化等许多重要的力学性能指标统称为拉伸性能，它是材料的基本力学性能。根据拉伸性能可预测材料的其他力学性能，如疲劳、断裂等。在工程应用中，拉伸性能是结构静强度设计的主要依据。

拉伸试验是标准拉伸试样在静态轴向拉伸力不断作用下以规定的拉伸速度拉至断裂，并在拉伸过程中连续记录力与伸长量，从而求出其强度判据和塑性判据的力学性能试验。

2. 拉伸试验常用术语

（1）标距（L） 测量伸长用的试样圆柱或棱柱部分的长度。

（2）原始标距（L_o） 室温下施力前的试样标距。

（3）断后标距（L_u） 在室温下将断后的两部分试样紧密地对接在一起，保证两部分的轴线位于同一条直线上，测量试样断裂后的标距。

（4）平行长度（L_c） 试样平行缩减部分的长度。

（5）伸长 试验期间任一时刻原始标距（L_o）的增量。

（6）伸长率 原始标距的伸长与原始标距（L_o）之比的百分率。

（7）残余伸长率 卸除指定的应力后，伸长相对于原始标距（L_o）的百分率。

（8）断后伸长率（A） 断后标距的残余伸长（$L_u - L_o$）与原始标距（L_o）之比的百分率。对于比例试样，若原始标距不为 $5.65\sqrt{S_o}$（S_o 为平行长度的原始横截面积），符号 A 应附以下角标说明所使用的比例系数，例如 $A_{11.3}$ 表示原始标距（L_o）为 $11.3\sqrt{S_o}$ 的断后伸长率。对于非比例试样，符号 A 应附以下角标说明所使用的原始标距，以毫米（mm）表示，例如 A_{80mm} 表示原始标距（L_o）为 80mm 的断后伸长率。

（9）引伸计标距（L_e） 用引伸计测量试样延伸时所使用引伸计起始标距长度。理想的 L_e 应大于 $L_o/2$ 但小于约 $0.9L_c$。这将保证引伸计检测到发生在试样上的全部屈服。测定最大力时或在最大力之后的性能时，推荐 L_e 等于 L_o 或近似等于 L_o，但测定断后伸长率时 L_e 应等于 L_o。

（10）延伸 试验期间任一给定时刻引伸计标距 L_e 的增量。

（11）延伸率 用引伸计标距 L_e 表示的延伸百分率。

（12）残余延伸率 试样施加并卸除应力后引伸计标距的增量与引伸计标距 L_e 之比的百分率。

（13）屈服点延伸率（A_e） 呈现明显屈服（不连续屈服）现象的金属材料，屈服开始至均匀加工硬化开始之间引伸计标距的延伸与引伸计标距 L_e 之比的百分率。

（14）最大力总延伸率（A_{gt}） 最大力时原始标距的总延伸（弹性延伸加塑性延伸）与引伸计标距 L_e 之比的百分率，如图 2-1 所示。在应力-延伸率曲线上不允许的不连续性示例如图 2-2 所示。

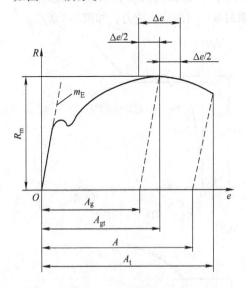

图 2-1 延伸的定义

A—断后伸长率 A_g—最大力塑性延伸率

A_{gt}—最大力总延伸率 A_t—断裂总延伸率

e—延伸率 m_E—应力-延伸率曲线上弹性

部分的斜率 R—应力 R_m—抗拉强度

Δe—平台范围

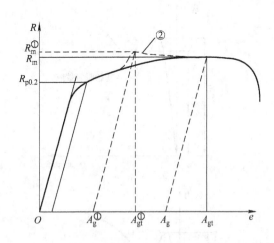

图 2-2 在应力-延伸率曲线上
不允许的不连续性示例

A_g—最大力塑性延伸率 A_{gt}—最大力总延伸率

e—延伸率 R—应力 R_m—抗拉强度

$R_{p0.2}$—规定塑性延伸强度

① 非真实值，产生了突然的应变速率增加。

② 应变速率突然增加时的应力-应变行为。

（15）最大力塑性延伸率（A_g） 最大力时原始标距的塑性延伸与引伸计标距 L_e 之比的百分率，如图 2-1 所示。

（16）断裂总延伸率（A_t） 断裂时刻原始标距的总延伸（弹性延伸加塑性延伸）与引伸计标距 L_e 之比的百分率，如图 2-1 所示。

（17）应变速率（$\dot{e}_{L_e}$） 用引伸计标距 L_e 测量时单位时间的应变增加值。

（18）平行长度应变速率的估计值（$\dot{e}_{L_c}$） 根据横梁位移速率和试样平行长度 L_c 计算的试样平行长度的应变单位时间内的增加值。

（19）横梁位移速率（v_c） 单位时间的横梁位移。

（20）应力速率（$\dot{R}$） 单位时间应力的增加。

（21）断面收缩率（Z） 断裂后试样横截面积的最大缩减量（$S_o - S_u$）与原始横截面积（S_o）比值的百分率。

（22）最大力（F_m） 对于无明显屈服（不连续屈服）的金属材料，为试验期间的最大力；对于有不连续屈服的金属材料，为在加工硬化开始之后试样所承受的最大力。

（23）应力（R） 试验期间任一时刻的力除以试样原始横截面积（S_o）之商。

（24）抗拉强度（R_m） 相应最大力（F_m）对应的应力。

（25）屈服强度 当金属材料呈现屈服现象时，在试验期间达到塑性变形发生而力不增加的应力点，应区分上屈服强度和下屈服强度。

（26）上屈服强度（R_{eH}） 试样发生屈服而力首次下降前的最大应力，如图 2-3 所示。

（27）下屈服强度（R_{eL}） 在屈服期间，不计初始瞬时效应时的最小应力，如图 2-3 所示。

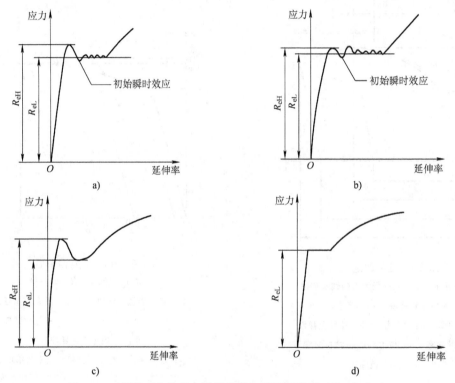

图 2-3 不同类型曲线的上屈服强度和下屈服强度（R_{eH} 和 R_{eL}）

a）Ⅰ类 b）Ⅱ类 c）Ⅲ类 d）Ⅳ类

（28）规定塑性延伸强度（R_p） 塑性延伸率等于规定的引伸计标距 L_e 百分率时对应的应力，如图 2-4 所示。使用的符号应附下角标说明所规定的塑性延伸率，例如 $R_{p0.2}$ 表示规定塑性延伸率为 0.2% 时的应力。

（29）规定总延伸强度（R_t） 总延伸率等于规定的引伸计标距 L_e 百分率时的应力，如图 2-5 所示。使用的符号应附以下角标说明所规定的总延伸率，例如 $R_{t0.5}$ 表示规定总延伸率为 0.5% 时的应力。

（30）规定残余延伸强度（R_r） 卸除应力后残余延伸率等于规定的原始标距 L_o 或引伸计标距 L_e 百分率时对应

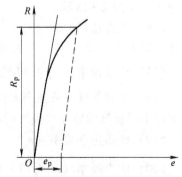

图 2-4 规定塑性延伸强度（R_p）

e—延伸率 e_p—规定的塑性延伸率
R—应力 R_p—规定塑性延伸强度

的应力，如图 2-6 所示。使用的符号应附以下角标说明所规定的残余延伸率，例如 $R_{r0.2}$ 表示规定残余延伸率为 0.2% 时的应力。

（31）断裂　当试样发生完全分离时的现象。

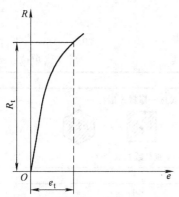

图 2-5　规定总延伸强度（R_t）

e—延伸率　e_t—规定的总延伸率

R—应力　R_t—规定总延伸强度

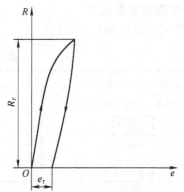

图 2-6　规定残余延伸强度（R_r）

e—延伸率　e_r—规定残余延伸率

R—应力　R_r—规定残余延伸强度

2.2　金属材料室温拉伸试验

金属材料室温拉伸试验按照 GB/T 228.1—2010《金属材料　拉伸试验　第 1 部分：室温试验方法》进行。

2.2.1　试样

试样的形状与尺寸取决于被检验金属制件的形状与尺寸。通常从产品、压制坯或铸锭切取样坯经机加工制成试样，但具有恒定横截面的产品（型材、棒材、线材等）和铸造试样可以不经机加工而进行试验。试样横截面可以为圆形、矩形、多边形、环形，特殊情况下可以为某些其他形状。

原始标距与原始横截面积有 $L_0 = k\sqrt{S_0}$ 关系者称为比例试样，国际上使用的比例系数 k 的值为 5.65。原始标距应不小于 15mm。当试样横截面积太小，以致采用比例系数 k 为 5.65 的值不能符合这一最小标距要求时，可以采用较高的值（优先采用 11.3 的值）或采用非比例试样。非比例试样的原始标距 L_0 与其原始横截面积 S_0 无关。

1. 机加工的试样

如果试样的夹持端与平行长度的尺寸不相同，它们之间应以过渡弧连接。此弧的过渡半径的尺寸可能很重要，如果对过渡半径未做规定时，建议应在相关产品标准中规定。

试样夹持端的形状应适合试验机的夹头，试样轴线应与力的作用线重合。

试样平行长度 L_c 或试样不具有过渡弧时夹头间的自由长度应大于原始标距 L_0。

2. 不经机加工的试样

如果试样为未经机加工的产品或试棒的一段长度，两夹头间的自由长度应足够，以使原始标距的标记与夹头有合理的距离。

铸造试样应在其夹持端和平行长度之间以过渡弧连接。此弧的过渡半径 r 的尺寸很重要，建议在相关产品标准中规定。试样夹持端的形状应适合于试验机的夹头。平行长度 L_c 应大于原始标距 L_o。

3. 试样的主要类型

试样的主要类型见表2-1。

表 2-1　试样的主要类型　　　　　　　　（单位：mm）

产品类型		
薄板—板材—扁材 厚度 t	线材—棒材—型材 直径或边长	
$0.1 \leqslant t < 3$	—	
—	< 4	
$t \geqslant 3$	$\geqslant 4$	
管　材		

4. 厚度在 0.1~<3mm 范围内的薄板和薄带使用的试样

（1）试样的形状　试样的夹持头部一般应比其平行长度部分宽，试样头部与平行长度之间应有过渡半径至少为 20mm 的过渡弧相连接，如图 2-7 所示。头部宽度应不小于 $1.2b_o$（b_o 为原始宽度）。通过协议，也可以使用不带头试样，对于宽度等于或小于 20mm 的产品，试样宽度可以与产品的宽度相同。

（2）试样的尺寸　试样的尺寸要求如下：

1）平行长度应不小于 $L_o + b_o/2$。

2）对于宽度等于或小于 20mm 的不带头试样，除非产品标准中另有规定，原始标距 L_o 应等于 50mm。对于这类试样，两夹头间的自由长度应等于 $L_o + 3b_o$。

3）矩形横截面比例试样的尺寸见表 2-2。

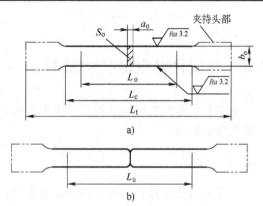

图 2-7　机加工的矩形横截面试样
（试样头部仅为示意性）
a）试验前　b）试验后

a_o—板试样原始厚度或管壁原始厚度　b_o—板试样平行长度的原始宽度　L_o—原始标距　L_c—平行长度　L_t—试样总长度　L_u—断后标距　S_o—平行长度的原始横截面积

表 2-2　矩形横截面比例试样的尺寸

b_o/mm	r/mm	$k=5.65$			$k=11.3$		
		L_o/mm	L_c/mm	试样编号	L_o/mm	L_c/mm	试样编号
10			$\geqslant L_o + b_o/2$	P1		$\geqslant L_o + b_o/2$	P01
12.5	$\geqslant 20$	$5.65\sqrt{S_o}$	仲裁试验：	P2	$11.3\sqrt{S_o}$	仲裁试验：	P02
15			$\geqslant 15$	P3		$\geqslant 15$	P03
20			$L_o + 2b_o$	P4		$L_o + 2b_o$	P04

注：1. 优先采用比例系数 $k=5.65$ 的比例试样。如果比例标距小于 15mm，建议采用表2-3的非比例试样。

　　2. 如果需要，厚度小于 0.5mm 的试样在其平行长度上可带小凸耳以便装夹引伸计。上下两凸耳宽度中心线间的距离为原始标距。

4）较广泛使用的三种矩形横截面非比例试样的尺寸见表 2-3。

表 2-3 矩形横截面非比例试样的尺寸

b_o/mm	r/mm	L_o/mm	L_c/mm		试样编号
			带头	不带头	
12.5		50	75	87.5	P5
20	≥20	80	120	140	P6
25		50①	100①	120①	P7

① 宽度 25mm 的试样其 L_c/b_o 和 L_o/b_o 与宽度 12.5mm 和 20mm 的试样相比非常低。这类试样得到的性能，尤其是断后伸长率（绝对值和分散范围），与其他两种类型试样不同。

5）当对每个试样测量尺寸时，应满足表 2-4 给出的试样宽度公差。

表 2-4 试样宽度公差 （单位：mm）

试样的名义宽度	尺寸公差①	几何公差②
12.5	±0.05	0.06
20	±0.10	0.12
25	±0.10	0.12

① 如果试样的宽度公差满足本表要求，原始横截面积可以用名义值，而不必通过实际测量再计算。
② 试样整个平行长度 L_c 范围内，宽度测量值的最大值与最小值之差。

（3）试样的制备 试样的制备方法如下：

1）制备试样应不影响其力学性能，应通过机加工方法去除由于剪切或冲切而产生的加工硬化部分材料。

2）这些试样优先从板材或带材上制备，应尽可能保留原轧制面。

3）通过冲切制备的试样，在材料性能方面会产生明显变化，尤其是屈服强度或规定延伸强度，会由于加工硬化而发生明显变化。对于呈现明显加工硬化的材料，通常通过铣削和磨削等手段加工。

4）对于十分薄的材料，建议将其切割成等宽度薄片并叠成一叠，薄片之间用油纸隔开，每叠两侧夹以较厚薄片，然后将整叠机加工至试样尺寸。

5）机加工试样的尺寸公差和几何公差应符合表 2-4 的要求。

（4）原始横截面积的测定 原始横截面积应根据试样的尺寸测量值计算得到。原始横截面积的测定应准确到 ±2%。当误差的主要部分是由于试样厚度的测量所引起的，宽度的测量误差不应超过 ±0.2%。

为了减小试验结果的测量不确定度，建议原始横截面积应准确至或优于 ±1%。对于薄片材料，需要采用特殊的测量技术。

5. 厚度 ≥3mm 的板材和扁材及直径或厚度 ≥4mm 的线材、棒材和型材使用的试样

（1）试样的形状 通常试样要进行机加工。平行长度和夹持头部之间应以过渡弧连接，试样头部形状应适合于试验机夹头的夹持，如图 2-8 所示。圆形横截面试样的夹持端和平行长度之间的过渡弧的半径应不小于 0.75d，其他试样的夹持端和平行长度之间的过渡弧的半径应不小于 12mm。

如果相关产品标准有规定，型材、棒材等可以采用不经机加工的试样进行试验。

试样原始横截面积可以为圆形、方形、矩形或特殊情况时为其他形状。对于矩形横截面试样，推荐其宽厚比不超过 8:1。

一般机加工的圆形横截面试样其平行长度的直径一般不应小于 3mm。

（2）试样的尺寸 试样的尺寸要求如下：

1）机械加工试样的平行长度 L_c 应至少等于：①圆形横截面试样，$L_o+d_o/2$；②其他形状试样，$L_o+1.5\sqrt{S_o}$；③对于仲裁试验，平行长度应为 L_o+2d_o 或 $L_o+2\sqrt{S_o}$。

2）对于不经机加工试样的平行长度，试验机两夹头间的自由长度应足够，以使试样原始标距的标记与最接近夹头间的距离不小于 $\sqrt{S_o}$。

3）通常使用比例试样时，原始标距 L_o 与原始横截面积 S_o 有以下关系：

$$L_o = k\sqrt{S_o}$$

其中比例系数 k 值通常取 5.65，也可以取 11.3。

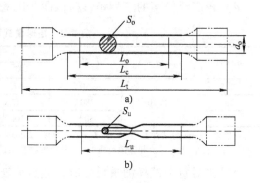

图 2-8 圆形横截面机加工试样
（试样头部仅为示意性）
a）试验前 b）试验后
d_o—圆试样平行长度的原始直径 L_o—原始标距
L_c—平行长度 L_t—试样总长度 L_u—断后标距
S_o—平行长度的原始横截面积 S_u—断后最小横截面积

圆形横截面比例试样和矩形横截面比例试样应优先采用表 2-5 和表 2-6 推荐的尺寸，在 L_o 大于 15mm 的前提下，应优先采用 $L_o=5d$ 的短比例试样；否则选用 $L_o=10d$ 的长比例试样，若有需要，也可采用定标距试样。

表 2-5 圆形横截面比例试样的尺寸

d_o/mm	r/mm	$k=5.65$			$k=11.3$		
		L_o/mm	L_c/mm	试样编号	L_o/mm	L_c/mm	试样类型编号
25				R1			R01
20				R2			R02
15			$\geq L_o+d_o/2$	R3		$\geq L_o+d_o/2$	R03
10	$\geq 0.75d_o$	$5d_o$	仲裁试验：	R4	$10d_o$	仲裁试验：	R04
8			L_o+2d	R5		L_o+2d_o	R05
6				R6			R06
5				R7			R07
3				R8			R08

注：1. 如果相关产品标准无具体规定，优先采用 R2、R4 或 R7 试样。
2. 试样总长度取决于夹持方法，原则上 $L_t>L_c+4d_o$。

表 2-6 矩形横截面比例试样的尺寸

b_o/mm	r/mm	$k=5.65$			$k=11.3$		
		L_o/mm	L_c/mm	试样编号	L_o/mm	L_c/mm	试样类型编号
12.5				P7			P07
15			$\geq L_o+1.5\sqrt{S_o}$	P8		$\geq L_o+1.5\sqrt{S_o}$	P08
20	≥ 12	$5.65\sqrt{S_o}$	仲裁试验：	P9	$11.3\sqrt{S_o}$	仲裁试验：	P09
25			$L_o+2\sqrt{S_o}$	P10		$L_o+2\sqrt{S_o}$	P010
30				P11			P011

注：如果相关产品标准无具体规定，优先采用比例系数 $k=5.65$ 的比例试样。

4）矩形横截面非比例试样的尺寸见表 2-7，如果相关的产品标准有规定，允许使用非比例试样。平行长度应不小于 $L_o+b_o/2$。对于仲裁试验，平行长度应为 $L_c=L_o+2b_o$。

表 2-7　矩形横截面非比例试样的尺寸

b_o/mm	r/mm	L_o/mm	L_c/mm	试样类型编号
12.5		50	$\geq L_o + 1.5\sqrt{S_o}$	P12
20		80		P13
25	≥ 20	50	仲裁试验	P14
38		50	$L_o + 2\sqrt{S_o}$	P15
40		200		P16

（3）试样的制备　试样的制备方法如下：

1）试样横向尺寸公差见表 2-8。

表 2-8　试样横向尺寸公差　　　　　　　　　　（单位：mm）

名　　称	名义横向尺寸	尺寸公差①	几何公差②
机加工的圆形横截面直径和四面机加工的矩形横截面试样横向尺寸	≥ 3 ≤ 6	±0.02	0.03
	> 6 ≤ 10	±0.03	0.04
	> 10 ≤ 18	±0.05	0.04
	> 18 ≤ 30	±0.10	0.05
相对两面机加工的矩形横截面试样横向尺寸	≥ 3 ≤ 6	±0.02	0.03
	> 6 ≤ 10	±0.03	0.04
	> 10 ≤ 18	±0.05	0.06
	> 18 ≤ 30	±0.10	0.12
	> 30 ≤ 50	±0.15	0.15

① 如果试样的公差满足本表，原始横截面积可以用名义值，而不必通过实际测量再计算；如果试样的公差不满足本表，就很有必要对每个试样的尺寸进行实际测量。

② 沿着试样整个平行长度，规定横向尺寸测量值的最大值与最小值之差。

2）对于表 2-8 给出的尺寸公差，例如对于名义直径 10mm 的试样，尺寸公差为 ±0.03mm，表示试样的直径不应超出下面两个值之间的尺寸范围：10mm + 0.03mm = 10.03mm，10mm−0.03mm = 9.97mm，尺寸范围为 9.97~10.03mm。

3）对于表 2-8 中规定的几何公差，例如对于满足上述机加工条件的名义直径 10mm 的试样，沿其平行长度最大直径与最小直径之差不应超过 0.04mm。因此，如果试样的最小直径为 9.99mm，它的最大直径不应超过：9.99mm+0.04mm = 10.03mm。

（4）原始横截面积的测定　对于圆形横截面和四面机加工的矩形横截面试样，如果试样的尺寸公差和几何公差均满足表 2-8 的要求，可以用名义尺寸计算原始横截面积。对于所有其他类型的试样，应根据测量的原始试样尺寸计算原始横截面积 S_o，测量每个尺寸应准确到 ±0.5%。

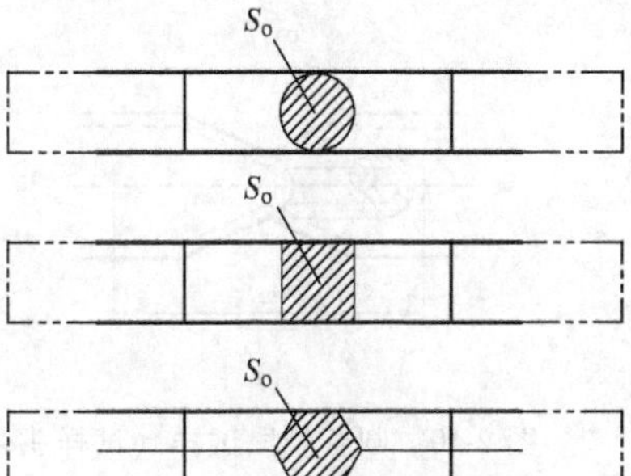

6. 直径或厚度<4mm 的线材、棒材和型材使用的试样

（1）试样的形状　试样通常为产品的一部分，不经机加工，如图 2-9 所示。

图 2-9　产品一部分不经机加工试样
（试样头部形状仅为示意性）
L_o—原始标距　S_o—平行长度的原始横截面积

（2）试样的尺寸　原始标距 L_o 应取 200mm±2mm 或 100mm±1mm。试验机两夹头之间的试样长度应至少等于 L_o+3b_o 或 L_o+3d_o，最小为 L_o+20mm，见表 2-9。

表 2-9　产品一部分不经机加工的非比例试样的尺寸

d_o 或 b_o/mm	L_o/mm	L_c/mm	试 样 编 号
≤4	100	≥120	R9
	200	≥220	R10

如果不测定断后伸长率，两夹头间的最小自由长度可以为 50mm。

（3）试样的制备　如果以盘卷交货的产品，可进行矫直。

（4）原始横截面积的测定　原始横截面积的测定应准确到±1%。对于圆形横截面的产品，应在两个相互垂直方向测量试样的直径，取其算术平均值计算横截面积。

可以根据测量的试样的总长度、质量和材料密度，按照下式确定其原始横截面积 S_o（单位为 mm）：

$$S_o = \frac{1000m}{\rho L_t}$$

式中　m——试样的质量，单位为 g；

　　　ρ——试样的材料密度，单位为 g/cm³；

　　　L_t——试样的总长度，单位为 mm。

7. 管材使用的试样

（1）试样的形状　试样可以为全壁厚纵向弧形试样、管段试样、全壁厚横向试样或从管壁厚度机加工的圆形横截面试样，如图 2-10 和图 2-11 所示。

（2）纵向弧形试样　纵向弧形试样的尺寸见表 2-10。相关产品标准可以规定不同于

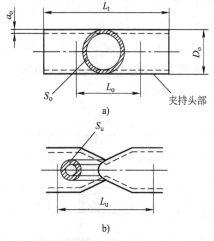

图 2-10　圆管管段试样（试样头部形状仅为示意性）

a）试验前　b）试验后

a_o—原始管壁厚度　D_o—原始管外直径
L_o—原始标距　L_t—试样总长度　L_u—断后标距
S_o—平行长度的原始横截面积
S_u—断后最小横截面积

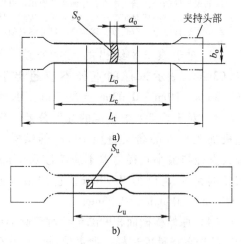

图 2-11　圆管的纵向弧形试样

a）试验前　b）试验后

a_o—原始管壁厚度　b_o—圆管纵向弧形试样原始宽度
L_o—原始标距　L_c—平行长度　L_t—试样总长度
L_u—断后标距　S_o—平行长度的原始横截面积
S_u—断后最小横截面积

表 2-10 的试样尺寸。纵向弧形试样一般适用于管壁厚度大于 0.5mm 的管材。为了在试验机上夹持，可以压平纵向弧形试棒的两头部，但不应将平行长度部分压平。不带头部的试样，两夹头间的自由长度应足够，以使试样原始标距的标记与最接近的夹头间的距离不少于 $1.5\sqrt{S_o}$。

表 2-10 纵向弧形试样的尺寸

D_o/mm	b_o/mm	a_o/mm	r/mm	$k=5.65$			$k=11.3$		试样类型编号
				L_o/mm	L_c/mm	试样编号	L_o/mm	L_c/mm	
30~50	10					S1			S01
>50~70	15				$\geq L_o+1.5\sqrt{S_o}$	S2		$\geq L_o+1.5\sqrt{S_o}$	S02
>70~100	20 和 19	原壁厚	≥ 12	$5.65\sqrt{S_o}$	仲裁试验：$L_o+2\sqrt{S_o}$	S3/S4	$11.3\sqrt{S_o}$	仲裁试验：$L_o+2\sqrt{S_o}$	S03
>100~200	25					S5			
>200	38					S6			

注：如果相关产品标准无具体规定，优先采用比例系数 $k=5.65$ 的比例试样。

（3）管段试样 管段试样的尺寸见表 2-11。应在试样两端加以塞头。塞头至最接近的标距标记的距离不应小于 $D_o/4$，只要材料足够，仲裁试验时此距离为 D_o。塞头相对于试验机夹头在标距方向伸出的长度不应超过 D_o，而其形状应不妨碍标距内的变形。允许压扁管段试样两夹持头部，加或不加扁块塞头后进行试验。仲裁试验不压扁，应加配塞头。

表 2-11 管段试样的尺寸

L_o/mm	L_c/mm	试样类型编号
$5.65\sqrt{S_o}$	$\geq L_o+D_o/2$ 仲裁试验：L_o+2D_o	S7
50	≥ 100	S8

（4）机加工的横向试样 机加工的横向矩形横截面试样，管壁厚度小于 3mm 时，采用表 2-2 或表 2-3 的试样尺寸；管壁厚度大于或等于 3mm 时，采用表 2-6 或表 2-7 的试样尺寸。不带头的试样，两夹头间的自由长度应足够，以使试样原始标距的标记与最接近的夹头间的距离不小于 $1.5b_o$。应采用特别措施矫直横向试样。

（5）管壁厚度加工的纵向圆形横截面试样 机加工的纵向圆形横截面试样应采用表 2-5 的试样尺寸。相关产品标准应根据管壁厚度规定圆形横截面尺寸，如果无具体规定，按表 2-12 选定。

表 2-12 管壁厚度机加工的纵向圆形横截面试样

a_o/mm	采用试样
8~13	R7
>13~16	R5
>16	R4

（6）原始横截面积的测定 试样原始横截面积的测定应准确到 ±1%。管段试样、不带头的纵向或横向试样的原始横截面积 S_o（单位为 mm）可以根据测量的试样的总长度、质量和材料密度，按照下式计算：

$$S_o = \frac{1000m}{\rho L_t}$$

式中　m——试样的质量，单位为 g；

ρ——试样的材料密度，单位为 g/cm^3；

L_t——试样的总长度，单位为 mm。

对于圆管纵向弧形试样，按照下式计算原始横截面积：

$$S_o = \frac{b_o}{4}(D_o^2 - b_o^2)^{1/2} + \frac{D_o^2}{4}\arcsin\left(\frac{b_o}{D_o}\right) - \frac{b_o}{4}\left[(D_o - 2a_o)^2 - b_o^2\right]^{1/2} - \left(\frac{D_o - 2a_o}{2}\right)^2 \arcsin\left(\frac{b_o}{D_o - 2a_o}\right)$$

式中　D_o——管的外径，单位为 mm；

a_o——管的壁厚，单位为 mm；

b_o——纵向弧形试样的平均宽度，$b_o < (D_o - 2a_o)$，单位为 mm。

下面两式为简化的公式，适用于纵向弧形试样：

1）当 $0.1 \leqslant b_o/D_o < 0.25$ 时：

$$S_o = a_o b_o \left[1 + \frac{b_o^2}{6D_o(D_o - 2a_o)}\right]$$

式中　D_o——管的外径，单位为 mm；

a_o——管的壁厚，单位为 mm；

b_o——纵向弧形试样的平均宽度，$b_o < (D_o - 2a_o)$，单位为 mm。

2）当 $b_o/D_o < 0.1$ 时：

$$S_o = a_o b_o$$

式中　a_o——管的壁厚，单位为 mm；

b_o——纵向弧形试样的平均宽度，$b_o < (D_o - 2a_o)$，单位为 mm。

对于管段试样，按照下式计算原始横截面积：

$$S_o = \pi a_o (D_o - a_o)$$

式中　a_o——管的壁厚，单位为 mm；

D_o——管的外径，单位为 mm。

2.2.2　试验设备

1. 电子万能试验机

电子万能试验机结构原理如图2-12所示，它由测量系统、中横梁驱动系统及载荷机架三个部分组成。

（1）测量系统　测量系统主要是用以检测材料的承受载荷大小、试样的变形量及中横梁位移多少等。载荷测量是通过应变式载荷传感器及其放大器来实现的。电子万能试验机的特点之一是载荷测量范围宽，小自几克，大至上百吨，都可以满足精度指标要求。它一方面是通过更换不同量程的载荷传感器，另一方面是改变高性能载荷放大器的放大倍数来实现的。放大倍数一般分为 1、2、5、10、20、50、100

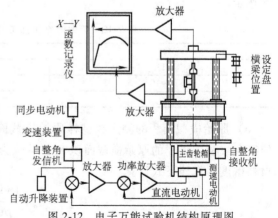

图 2-12　电子万能试验机结构原理图

等，前六档与不同量程的传感器配合实现整机载荷量程的覆盖，以满足全载荷试验量程的覆盖。以 100kN 机为例，只选用四个载荷传感器就可以达到全载荷试验量程的要求，见表 2-13。100kN 载荷传感器载荷范围为 2000～100000N，2000N 载荷传感器载荷范围为 40～2000N，50N 载荷传感器载荷范围为 1～50N，1N 载荷传感器载荷范围为 0.05～1N，这样就实现了 0.05～100000N 的全部试验载荷的覆盖。

表 2-13　力传感器容量与放大器档级的测量范围　　　　　　　　（单位：N）

传感器容量 /N	载荷放大器档级					
	1	2	5	10	20	50
100000	0～100000	0～50000	0～20000	0～10000	0～5000	0～2000
2000	0～2000	0～1000	0～400	0～200	0～100	0～40
50	0～50	0～25	0～10	0～5	0～2.5	0～1
1	0～1	0～0.5	0～0.2	0～0.1	0～0.05	—

电子载荷测量系统的特点是测量范围宽，精度高，响应快和操作方便。每次使用时，只要进行一次电气标定即可工作，传感器每年由计量部门检定一次。

试样变形的测量是通过引伸计及放大器构成应变测量系统实现的。引伸计规格齐全，其夹具有适应圆试样的，有适应板材试样的，还有适应线材、丝材、片材试样的。标距种类也很多，一般分为 100mm、50mm、25mm、12.5mm 等。为了扩大使用范围，通常用改变放大器的放大倍数来实现。一般放大器的放大倍数可分为 1、2、5、10 及 20 五个档级，从而减少了引伸计的规格种类。

（2）中横梁驱动系统　这一系统由速度设定单元、伺服放大器、功率放大器、速度与位置检测器、直流伺服电动机及传动机构组成。由直流伺服电动机驱动主齿轮箱，带动丝杠使中横梁上下移动，结果实现了拉伸、压缩和各种循环试验。速度设定单元主要是给出了与速度相对应的准确模拟电压值或数字量，要求精度高稳定可靠，并且范围宽。通常为 1：10000（0.05～500mm/min），1100 系列电子拉伸机速度范围最宽 1：20000（0.05～1000mm/min）。伺服放大器的作用实际上是一个将速度给定信号、速度检测信号、位置检测信号及功率放大器的电流大小汇总在一起，按要求运算后发出指令去驱动功率放大器，进而使直流伺服电动机按预先给定速度转动。这一伺服控制系统有三个环路，即通常所说的速度、位置及电流反馈。采用了光电编码器之类的解析器作为检测元件的位置反馈系统是速度控制精度高的基本保证。

（3）载荷机架　从图 2-12 中看到，电子万能试验机的载荷机架包括上横梁、中横梁、台面和丝杠副。有的试验机（如 1185 型机）用两根圆柱与上横梁和台面构成框架，这两根圆柱作为中横梁上下运动的导向柱；也有的用槽钢与上横梁和台面构成框架，这样既保证了机架的刚度又使机架结构匀称合理。传动载荷的一对丝杠，有的试验机选用梯形丝杠，有的则为了提高传动效率选用了滚珠丝杠，而且丝杠与中横梁啮合处采用了消隙结构。这样使试验机在做全反复试验时，大大减少了载荷换向间隙，从而提高了传动精度。

2. 试验机的技术要求

试验机的测力系统应按照 GB/T 16825.1 进行校准，并且其准确度应为 1 级或优于 1 级。为了保证试验结果准确可靠，拉伸试验机应满足如下要求：

1）加力和卸力应平稳、无冲击和颤动。

2）测力示值误差不大于±1%，达到试验机检定的 1 级精度。

3）在更换不同摆锤时，指针的变动不大于 0.1 个分度。

4）试验保持时间不应少于 30s，在 30s 内力的示值变动范围应小于 0.4%。

5）试验机及其夹持装置应保证试样轴向受力。

试验机的技术要求应由政府计量管理部门或本单位的计量管理人员按有关规程检定。凡未经检定或检定不合格的试验机，严禁在生产及科研中使用。

3. 引伸计的结构及选用

引伸计是测量拉伸试样的微量变形，或者研究构件在外力作用下的线性变形所采用的仪器。引伸计一般由以下三部分组成：

（1）感受变形部分　用来直接与试样表面接触，以感受试样的变形。

（2）传递和放大部分　把所感受的变形加以放大的机构。

（3）指示部分　指示或记录变形大小的机构，有机械式和光学式两种。

应变式位移传感器主要由粘贴有应变片的弹性元件组成。在小应变条件下，弹性元件上的应变与所受外力成正比，也与弹性元件的变形成正比。如果在弹性元件的合适部位粘贴上应变片，并接成电桥形式，则可将弹性元件所感受的变形转换成电参量输出，再通过放大、显示或记录仪器就可以把变形量显示或记录下来。这种传感器的特点是精度高、线性好、装卸方便，试样断裂时，弹性元件能自动脱落，可用来测定拉伸全曲线。

引伸计的准确度级别应符合 GB/T 12160 的要求。测定上屈服强度、下屈服强度、屈服点延伸率、规定塑性延伸强度、规定总延伸强度、规定残余延伸强度及规定残余延伸强度的验证试验，应使用不低于 1 级准确度的引伸计；测定其他具有较大延伸率的性能，例如抗拉强度、最大力总延伸率和最大力塑性延伸率、断裂总延伸率及断后伸长率，应使用不低于 2 级准确度的引伸计。

2.2.3　试验内容及结果表示

1. 设定试验力零点

在试验加载链装配完成后，试样两端被夹持之前，应设定力测量系统的零点。一旦设定了力值零点，在试验期间力测量系统不能再发生变化。

上述方法一方面是为了确保夹持系统的重量在测力时得到补偿，另一方面是为了保证夹持过程中产生的力不影响力值的测量。

2. 试样的夹持方法

应使用如楔形夹头、螺纹夹头、平推夹头、套环夹具等合适的夹具夹持试样。

应尽最大努力确保夹持的试样受轴向拉力的作用，尽量减小弯曲。这对试验脆性材料或测定规定塑性延伸强度、规定总延伸强度、规定残余延伸强度或屈服强度时尤为重要。

为了得到直的试样和确保试样与夹头对中，可以施加不超过规定强度或预期屈服强度的 5% 相应的预拉力。宜对预拉力的延伸影响进行修正。

3. 第 1 种应变速率控制的试验速率（方法 A）

（1）一般要求　第 1 种方法是为了减小测定应变速率敏感参数（性能）时的试验速率变化和试验结果的测量不确定度，包含两种不同类型的应变速率控制模式。第 1 种应变速率 $\dot{e}_{L_e}$ 是基于引伸计的反馈而得到的；第 2 种是根据平行长度估计的应变速率 $\dot{e}_{L_c}$，即通过控制平行长度与需要的应变速率相乘得到的横梁位移速率来实现。

如果材料显示出均匀变形能力，力值能保持名义的恒定，应变速率 $\dot{e}_{L_e}$ 和根据平行长度估计的应变速率 $\dot{e}_{L_c}$ 大致相等。如果材料展示出不连续屈服或锯齿状屈服或发生缩颈时，两种速率之间会存在不同。随着力值的增加，试验机的柔度可能会导致实际的应变速率明显低于应变速率的设定值。

试验速率应满足下列要求：

1）在直至测定 R_{eH}、R_p 或 R_t 的范围，应采用规定的应变速率 $\dot{e}_{L_e}$。这一范围需要在试样上装夹引伸计，消除拉伸试验机柔度的影响，以准确控制应变速率（对于不能进行应变速率控制的试验机，根据平行长度部分估计的应变速率 $\dot{e}_{L_c}$ 也可用）。

2）对于不连续屈服的材料，应选用根据平行长度部分估计的应变速率 $\dot{e}_{L_c}$。这种情况下是不可能用装夹在试样上的引伸计来控制应变速率的，因为局部的塑性变形可能发生在引伸计标距以外。在平行长度范围，利用恒定的横梁位移速率 v_c，根据下式计算得到的应变速率具有足够的准确度。

$$v_c = L_c \dot{e}_{L_c}$$

式中　L_c——平行长度，单位为 mm；

　　　$\dot{e}_{L_c}$——平行长度估计的应变速率，单位为 s^{-1}。

3）在测定 R_p、R_t 或屈服结束之后，应该使用 $\dot{e}_{L_e}$ 或 $\dot{e}_{L_c}$。为了避免由于缩颈发生在引伸计标距以外控制出现问题，推荐使用 $\dot{e}_{L_c}$。

在测定相关材料性能时，应保持规定的应变速率，如图 2-13 所示。

在进行应变速率或控制模式转换时，不应在应力-延伸率曲线上引入不连续性，而歪曲 R_m、A_g 或 A_{gt} 值（见图 2-2）。这种不连续效应可以通过降低转换速率得以减轻。

应力-延伸率曲线在加工硬化阶段的形状可能受应变速率的影响。采用的试验速率应通过技术文件来规定。

（2）上屈服强度 R_{eH} 或规定延伸强度 R_p、R_t 和 R_r 的测定　当测定上屈服强度 R_{eH} 或规定延伸强度 R_p、R_t 和 R_r 时，应变速率 $\dot{e}_{L_e}$ 应保持恒定。在测定这些性能时，$\dot{e}_{L_e}$ 应选用下面两个范围之一：

1）范围 1：$\dot{e} = 0.00007 s^{-1}$，相对误差 ±20%。

2）范围 2：$\dot{e} = 0.00025 s^{-1}$，相对误差 ±20%（如果没有其他规定，推荐选取该速率）。

如果试验机不能直接进行应变速率控制，应该采用通过平行长度估计的应变速率 $\dot{e}_{L_c}$，即恒定的横梁位移速率。该速率应用下式进行计算：

$$v_c = L_c \dot{e}_{L_c}$$

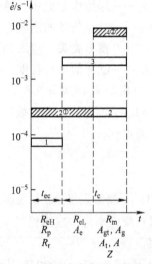

图 2-13　应变速率范围（方法 A）

$\dot{e}$—应变速率

t—拉伸试验时间进程　t_e—横梁控制时间

t_{ec}—引伸计控制时间或横梁控制时间

1—范围 1：$\dot{e} = 0.00007 s^{-1}$，相对误差 ±20%

2—范围 2：$\dot{e} = 0.00025 s^{-1}$，相对误差 ±20%

3—范围 3：$\dot{e} = 0.0025 s^{-1}$，相对误差 ±20%

4—范围 4：$\dot{e} = 0.0067 s^{-1}$，相对误差 ±20%

①推荐的。

②如果试验机不能测量或控制应变速率，可扩展至较低速率的范围。

式中 L_c——平行长度，单位为 mm；

$\dot{e}_{L_c}$——平行长度估计的应变速率，单位为 s^{-1}。

上式没有考虑试验装置（机架、力传感器、夹具等）的弹性变形。这意味着应将变形分为试验装置的弹性变形和试样的弹性变形。横梁位移速率只有一部分转移到了试样上。试样上产生的应变速率 $\dot{e}_m$ 由下式给定：

$$\dot{e}_m = v_c / \left(\frac{mS_o}{C_M} + L_c \right)$$

式中 v_c——横梁位移速率，单位为 mm/s；

m——给定时刻应力-延伸曲线的斜率（例如 $R_{p0.2}$ 附近点），单位为 MPa；

S_o——原始横截面积，单位为 mm^2；

C_M——试验装置的刚度，单位为 mm/N（在试验装置的刚度不是线性的情况下，比如楔形夹头，应取相关参数点例如 $R_{p0.2}$ 附近的刚度值）；

L_c——试样的平行长度，单位为 mm。

注：从应力-应变曲线弹性部分得到的 m 和 C_M 不能用。

$v_c = L_c \dot{e}_{L_c}$ 不能补偿柔度效应，试样上产生应变速率 $\dot{e}_m$ 所需近似横梁位移速率可以根据下式计算得到：

$$v_c = \dot{e}_m \left(\frac{mS_o}{C_M} + L_c \right)$$

（3）下屈服强度 R_{eL} 和屈服点延伸率 A_e 的测定 上屈服强度之后，在测定下屈服强度和屈服点延伸率时，应当保持下列两种范围之一的平行长度估计的应变速率 $\dot{e}_{L_c}$，直到不连续屈服。

1）范围2：$\dot{e} = 0.00025s^{-1}$，相对误差±20%（测定 R_{eL} 时推荐该速率）。

2）范围3：$\dot{e} = 0.0025s^{-1}$，相对误差±20%。

（4）抗拉强度 R_m、断后伸长率 A、最大力下的总延伸率 A_{gt}、最大力下的塑性延伸率 A_g 和断面收缩率 Z 的测定 在屈服强度或塑性延伸强度测定后，根据试样平行长度估计的应变速率 $\dot{e}_{L_c}$，应转换成下述规定范围之一的应变速率：

1）范围2：$\dot{e} = 0.00025s^{-1}$，相对误差±20%。

2）范围3：$\dot{e} = 0.0025s^{-1}$，相对误差±20%。

3）范围4：$\dot{e} = 0.0067s^{-1}$，相对误差±20%（如果没有其他规定，推荐选取该速率）。

如果拉伸试验仅仅是为了测定抗拉强度，根据范围3或范围4得到的平行长度估计的应变速率适用于整个试验。

4. 第2种应变速率控制的试验速率（方法B）

（1）一般要求 试验速率取决于材料特性并应符合下列要求。如果没有其他规定，在应力达到规定屈服强度的一半之前，可以采用任意的试验速率。在测定相关材料性能时，应保持规定的应变速率，如图 2-14 所示。

（2）上屈服强度 R_{eH} 在弹性范围和直至上屈服强度，试验机夹头的分离速率应尽可能保持恒定并在表 2-14 规定的应力速率范围内。弹性模量小于 150000MPa 的典型材料包括锰、铝合金、铜和钛。弹性模量大于 150000MPa 的典型材料包括铁、钢、钨和镍基合金。

表 2-14　应力速率

材料弹性模量 E/MPa	应力速率 $\dot{R}$/(MPa/s)	
	最小	最大
<150000	2	20
≥150000	6	60

（3）下屈服强度 R_{eL}　如果仅测定下屈服强度，在试样平行长度的屈服期间应变速率应在 0.00025～0.0025/s 之间。平行长度内的应变速率应尽可能保持恒定。如果不能直接调节这一应变速率，应通过调节屈服即将开始前的应力速率来调整，在屈服完成之前不再调节试验机的控制。

任何情况下，弹性范围内的应力速率不得超过表 2-14 规定的最大速率。

（4）规定塑性延伸强度 R_p、规定总延伸强度 R_t 和规定残余延伸强度 R_r　在弹性范围试验机的横梁位移速率应在表 2-14 规定的应力速率范围内，并尽可能保持恒定。

在塑性范围和直至规定强度（规定塑性延伸强度、规定总延伸强度和规定残余延伸强度）应变速率不应超过 0.0025/s。

（5）横梁位移速率　如果试验机无能力测量或控制应变速率，应采用等效于表2-14规定的应力速率的试验机横梁位移速率直至屈服完成。

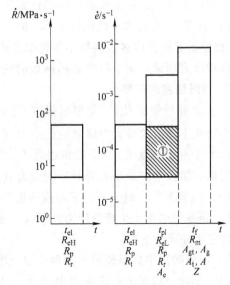

图 2-14　应变速率范围（方法 B）

$\dot{e}$—应变速率　$\dot{R}$—应力速率　t—拉伸试验时间进程

t_{el}—测定弹性性能参数的时间范围

t_f—测定通常到断裂的性能参数的时间范围

t_{pl}—测定塑性性能参数的时间范围

① 如果试验机不能测量或控制应变速率，可扩展至较低速率的范围。

（6）抗拉强度 R_m、断后伸长率 A、最大力总延伸率 A_{gt}、最大力塑性延伸率 A_g 和断面收缩率 Z　测定屈服强度或塑性延伸强度后，试验速率可以增加到不大于 $0.008s^{-1}$ 的应变速率（或等效的横梁分离速率）。

如果仅仅需要测定材料的抗拉强度，在整个试验过程中可以选取不超过 0.008/s 的单一试验速率。

5. 试验条件的表示

为了用缩略的形式报告试验控制模式和试验速率，可以使用下列缩写的表示形式：

GB/T 228.1Annn 或 GB/T 228.1Bn

这里 "A" 定义为使用方法 A（应变速率控制），"B" 定义为使用方法 B（应力速率控制）。三个字母的符号 "nnn" 是指每个试验阶段所用应变速率，如图 2-13 和图 2-14 中定义的。方法 B 中的符号 "n" 是指在弹性阶段所选取的应力速率。

示例 1：GB/T 228.1A224 表示试验为应变速率控制，不同阶段的试验速率范围分别为 2/s、2/s 和 4/s。

示例 2：GB/T 228.1B30 表示试验为应力速率控制，试验的名义应力速率为 30MPa/s。

示例 3：GB/T 228.1B 表示试验为应力速率控制，试验的名义应力速率符合表 2-14。

6. 原始标距的标记

应用小标记、细画线或细墨线标记原始标距，但不得用引起过早断裂的缺口做标记。

对于比例试样，如果原始标距的计算值与其标记值之差小于 $10\%L_0$，可将原始标距的计算值按 GB/T 8170 修约至最接近 5mm 的倍数。原始标距的标记应准确到 ±1%。如果平行长度 L_c 比原始标距长许多，例如不经机加工的试样，可以标记一系列套叠的原始标距。有时，可以在试样表面画一条平行于试样纵轴的线，并在此线上标记原始标距。

7. 屈服强度的测定

（1）上屈服强度 R_{eH}　　上屈服强度 R_{eH} 可以从力-延伸曲线图或峰值力显示器上测得，定义为力首次下降前的最大力值对应的应力（见图 2-3）。

（2）下屈服强度 R_{eL}　　下屈服强度 R_{eL} 可以从力-延伸曲线上测得，定义为不计初始瞬时效应时屈服阶段中的最小力所对应的应力（见图 2-3）。

（3）位置判定　　对于上、下屈服强度位置判定的基本原则如下：

1）屈服前的第 1 个峰值应力（第 1 个极大值应力）判为上屈服强度，不管其后的峰值应力比它大还是比它小。

2）屈服阶段中如呈现两个或两个以上的谷值应力，舍去第 1 个谷值应力（第 1 个极小值应力）不计，取其余谷值应力中之最小者判为下屈服强度。如果只呈现 1 个下降谷，此谷值应力判为下屈服强度。

3）屈服阶段中呈现屈服平台，平台应力判为下屈服强度。如果呈现多个而且后者高于前者的屈服平台，判第 1 个平台应力为下屈服强度。

4）正确的判定结果应是下屈服强度一定低于上屈服强度。

为提高试验效率，可以报告在上屈服强度之后延伸率为 0.25% 范围以内的最低应力为下屈服强度，不考虑任何初始瞬时效应。用此方法测定下屈服强度后，试验速率可以增加。试验报告应注明使用了此简捷方法。此规定仅仅适用于呈现明显屈服的材料和不测定屈服点延伸率的情况。

8. 抗拉强度的测定

对于呈现明显屈服（不连续屈服）现象的金属材料，从记录的力-延伸或力-位移曲线图，或从测力度盘读取过了屈服阶段之后的最大力，如图 2-15 所示。对于呈现无明显屈服（连续屈服）现象的金属材料，从记录的力-延伸或力-位移曲线图，或从测力度盘读取试验过程中的最大力 F_m。最大力除以试样原始横截面积（S_0）得到抗拉强度。

对于显示特殊屈服现象的材料，相应于上屈服点的应力可能高于此后任一应力值（第 2 个极大值，如图 2-16 所示）。如遇此种情况，需要选定两个极大值中之一作为抗拉强度。

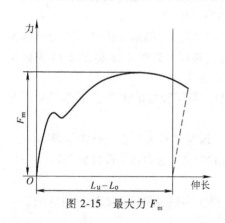

图 2-15　最大力 F_m

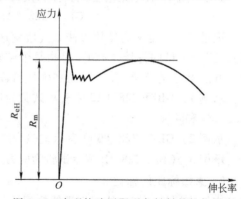

图 2-16　出现特殊屈服现象材料的抗拉强度

从应力-延伸率曲线测定抗拉强度 R_m 的几种不同类型如图 2-17 所示。

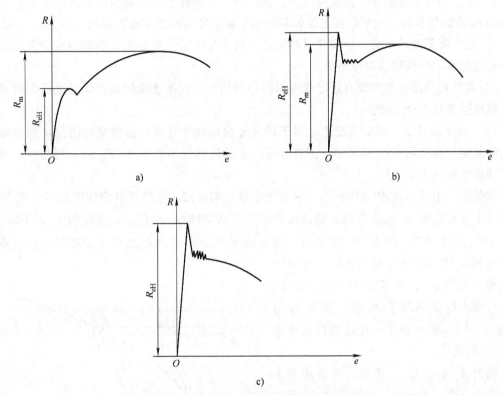

图 2-17　从应力-延伸率曲线测定抗拉强度

a）$R_{eH} < R_m$　b）$R_{eH} > R_m$　c）应力-延伸率状态的特殊情况

9. 规定塑性延伸强度的测定

（1）定义法　根据力-延伸曲线图测定规定塑性延伸强度 R_p。在曲线图上，做一条与曲线的弹性直线段部分平行，且在延伸轴上与此直线段的距离等效于规定塑性延伸率，例如 0.2% 的直线。此平行线与曲线的交截点给出相应于所求规定塑性延伸强度的力。此力除以试样原始横截面积 S_o 得到规定塑性延伸强度，如图 2-4 所示。

如力-延伸曲线图的弹性直线部分不能明确地确定，以致不能以足够的准确度做出这一平行线，推荐采用如下方法。

试验时，当已超过预期的规定塑性延伸强度后，将力降至约为已达到的力的 10%，然后再施加力直至超过原已达到的力。如图 2-18 所示，为了测定规定塑性延伸强度，过滞后环两端点画一直线，然后经过横轴上与曲线原点的距离等效于所规定塑性延伸率的点，做平行于此直线的平行线。平行线与曲线的交截点给出相应于规定塑性延伸强度的力。此力除以试样原始横截面积得

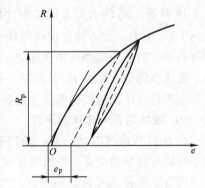

图 2-18　规定塑性延伸强度 R_p

e—延伸率　e_p—规定塑性延伸率

R—应力　R_p—规定塑性延伸强度

到规定塑性延伸强度。

1）可以用各种方法修正曲线的原点。做一条平行于滞后环所确定的直线的平行线并使其与力-延伸曲线相切，此平行线与延伸率轴的交截点即为曲线的修正原点。

2）在力降低开始点的塑性应变只略微高于规定塑性延伸强度 R_p。较高应变的开始点将会降低通过滞后环获得直线的斜率。

3）如果在产品标准中没有规定或得到客户的同意，在不连续屈服期间或之后测定规定塑性延伸强度是不合适的。

（2）逐步逼近法　逐步逼近法适用于具有无明显弹性直线段金属材料的规定塑性延伸强度的测定，也适用于力-延伸曲线图具有弹性直线段高度不低于 $0.5F_m$ 的金属材料，其塑性延伸强度的测定也适用。

试验时，记录力-延伸曲线图，至少直至超过预期的规定塑性延伸强度的范围。在力-延伸曲线上任意估取 A_0 点拟为规定塑性延伸率等于 0.2% 时的力 $F_{p0.2}^0$，在曲线上分别确定力为 $0.1F_{p0.2}^0$ 和 $0.5F_{p0.2}^0$ 的 B_1 和 D_1 两点，做直线 B_1D_1。从曲线原点 O（必要时进行原点修正）起截取 OC 段（$OC=0.2\%L_e n$，式中 n 为延伸放大倍数），过 C 点做平行于 B_1D_1 的平行线 CA_1 交曲线于 A_1 点。如果 A_1 与 A_0 重合，$F_{p0.2}^0$ 即为相应于规定塑性延伸率为 0.2% 时的力。

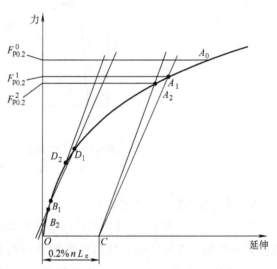

图 2-19　逐步逼近法测定规定塑性延伸强度 $R_{p0.2}$

如果 A_1 点未与 A_0 重合，需要按照上述步骤进行进一步逼近。此时，取 A_1 点的力 $F_{p0.2}^1$，在曲线上分别确定力为 $0.1F_{p0.2}^1$ 和 $0.5F_{p0.2}^1$ 的 B_2 和 D_2 两点，做直线 B_2D_2。过 C 点做平行于 B_2D_2 的平行线 CA_2 交曲线于 A_2 点。如此逐步逼近，直至最后一次得到的交点 A_n 与前一次的交点 A_{n-1} 重合，如图 2-19 所示。A_n 的力即为规定塑性延伸率达 0.2% 时的力。此力除以试样原始横截面积得到测定的规定塑性延伸强度 $R_{p0.2}$。

最终得到的直线 B_nD_n 的斜率，一般可以作为确定其他规定塑性延伸强度的基准斜率。逐步逼近法测定软铝等强度很低的材料的规定塑性延伸强度时显示出不适合性。

10. 规定总延伸强度的测定

在力-延伸曲线图上，做一条平行于力轴并与该轴的距离等效于规定总延伸率的平行线，此平行线与曲线的交截点给出相应于规定总延伸强度的力，此力除以试样原始横截面积 S_o 得到规定总延伸强度 R_t，如图 2-5 所示。

11. 规定残余延伸强度的验证和测定

（1）一般要求　试样施加相应于规定残余延伸强度的力，保持力 $10\sim12s$，卸除力后验证残余延伸率未超过规定百分率，如图 2-6 所示。

这是检查通过或未通过的试验，通常不作为拉伸试验的一部分。对试样施加应力，允许的残余延伸由相关产品标准（或试验委托方）来规定。例如：报告"$R_{r0.5}=750\text{MPa}$ 通过"意思是对试样施加 750MPa 的应力，产生的残余延伸小于等于 0.5%。

（2）卸力方法测定规定残余延伸强度 $R_{r0.2}$ 举例　示例如下：

1）试验材料：钢，预期的规定残余延伸强度 $R_{r0.2}\approx 800\text{MPa}$。

2）试样尺寸：$d=10.00\text{mm}$，$S_o=78.54\text{mm}^2$。

3）引伸计：表式引伸计，1级准确度，$L_e=50\text{mm}$，每一分度值为 0.01mm。

4）试验机：最大量程为 200kN，选用度盘为 100kN。

5）按照预期的规定残余延伸强度计算相应于应力值5%的预拉力为：

$F_o=R_{r0.2}S_o\times 5\%=6283.2\text{N}$，化整后取 6000N。此时，引伸计的条件零点为1分度。

6）使用的引伸计标距为50mm，测定规定残余延伸强度 $R_{r0.2}$ 所要达到的残余延伸应为：$50\text{mm}\times 0.2\%=0.1\text{mm}$。将其折合成引伸计的分度数为：（0.1÷0.01）分度＝10分度。

7）从 F_o 起第1次施加力直至试样在引伸计标距的长度上产生总延伸（相应于引伸计的分度数）应为：［10+（1~2）］分度＝11~12分度，由于条件零点为1分度，总计为13分度，保持力10~12s后，将力降至 F_o，引伸计读数为2.3分度，即残余延伸为1.3分度。

8）第2次施加力直至引伸计达到读数应为：在上一次读数13分度的基础上，加上规定残余延伸10分度与已得残余延伸1.3分度之差，再加上1~2分度，即［13+（10-1.3）+2］分度＝23.7分度。保持力10~20s，将力降至 F_o 后得到7.3分度的残余延伸读数。

9）第3次施加力直至引伸计达到的读数应为：［23.7+（10-7.3）+1］分度＝27.4分度。

10）试验直至残余延伸读数达到或稍微超过10分度为止。力-残余延伸数据记录见表2-15。

表 2-15　力-残余延伸数据记录

力/N	施加力引伸计读数/分度	预拉力引伸计读数/分度	残余延伸/分度
6000	1.0	—	—
41000	13.0	2.3	1.3
57000	23.7	8.3	7.3
61000	27.4	10.7	9.7
62000	28.7	11.5	10.5

11）规定残余延伸强度 $R_{r0.2}$ 计算如下：

由表2-15查出残余延伸读数最接近10分度的力值读数为61000N，即测定的规定残余延伸力应在61000和62000N之间。用线性内插法求得规定残余延伸力为

$$F_{r0.2}=\frac{(10.5-10)\times 61000+(10-9.7)\times 62000}{(10.5-9.7)}\text{N}=61375\text{N}$$

$$R_{r0.2}=\frac{61375}{78.54}\text{MPa}=781.4\text{MPa}$$

修约后结果为：$R_{r0.2}=781\text{MPa}$。

12. 屈服点延伸率的测定

对于不连续屈服的材料，从力-延伸图上均匀加工硬化开始点的延伸减去上屈服强度 R_{eH} 对应的延伸得到屈服点延伸 A_e。均匀加工硬化开始点的延伸通过在曲线图上，经过不连续屈服

阶段最后的最小值点做一条水平线或经过均匀加工硬化前屈服范围的回归线，与均匀加工硬化开始处曲线的最高斜率线相交点确定。屈服点延伸除以引伸计标距 L_e 得到屈服点延伸率，如图 2-20 所示。试验报告应注明确定均匀加工硬化开始点的方法。

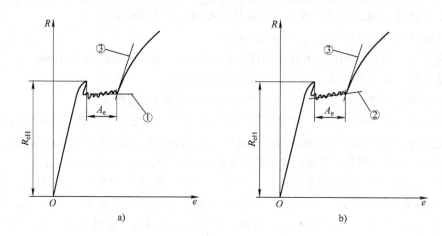

图 2-20 屈服点延伸率 A_e 的不同评估方法

a）水平线法 b）回归线法

A_e—屈服点延伸率 e—延伸率 R—应力 R_{eH}—上屈服强度

① 经过均匀加工硬化前最后最小值点的水平线。

② 经过均匀加工硬化前屈服范围的回归线。

③ 均匀加工硬化开始处曲线的最高斜率线。

13. 最大力塑性延伸率的测定

在用引伸计得到的力-延伸曲线图上，从最大力时的总延伸中扣除弹性延伸部分即得到最大力时的塑性延伸，将其除以引伸计标距得到最大力塑性延伸率。

最大力塑性延伸率按照下式进行计算：

$$A_g = \left(\frac{\Delta L_m}{L_e} - \frac{R_m}{E} \right) \times 100\%$$

式中　A_g——最大力塑性延伸率（%）；

　　ΔL_m——最大力下的延伸，单位为 mm；

　　L_e——引伸计标距，单位为 mm；

　　R_m——抗拉强度，单位为 MPa；

　　E——弹性模量，单位为 MPa。

有些材料在最大力时呈现一平台。当出现这种情况，取平台中点的最大力对应的塑性延伸率。

14. 最大力总延伸率的测定

在用引伸计得到的力-延伸曲线图上测定最大力总延伸。最大力总延伸率按照下式计算：

$$A_{gt} = \frac{\Delta L_m}{L_e} \times 100\%$$

式中　A_{gt}——最大力总延伸率（%）；

ΔL_m——最大力下的延伸，单位为 mm；

L_e——引伸计标距，单位为 mm。

有些材料在最大力时呈现一平台。当出现这种情况，取平台中点的最大力对应的总延伸率。

15. 断裂总延伸率的测定

在用引伸计得到的力-延伸曲线图上测定断裂总延伸。断裂总延伸率按照下式计算：

$$A_t = \frac{\Delta L_f}{L_e} \times 100\%$$

式中　A_t——断裂总延伸率（%）；

ΔL_f——断裂总延伸，单位为 mm；

L_e——引伸计标距，单位为 mm。

16. 断后伸长率的测定

（1）断后伸长率不小于5%的测定方法　测定方法如下：

1）为了测定断后伸长率，应将试样断裂的部分仔细地配接在一起使其轴线处于同一直线上，并采取特别措施确保试样断裂部分适当接触后测量试样断后标距。这对小横截面试样和低伸长率试样尤为重要。断后伸长率按下式计算：

$$A = \frac{L_u - L_o}{L_o} \times 100\%$$

式中　A——断后伸长率（%）；

L_u——断后标距，单位为 mm；

L_o——原始标距，单位为 mm。

应使用分辨力足够的量具或测量装置测定断后伸长量（$L_u - L_o$），并准确到±0.25mm。

2）如果规定的最小断后伸长率小于5%，建议采取特殊方法进行测定。原则上只有断裂处与最接近的标距标记的距离不小于原始标距的1/3情况方为有效。但断后伸长率大于或等于规定值，不管断裂位置处于何处测量均为有效。如果断裂处与最接近的标距标记的距离小于原始标距的1/3，可采用移位法测定断后伸长率。

3）能用引伸计测定断裂延伸的试验机，引伸计标距应等于试样原始标距，无须标出试样原始标距的标记。以断裂时的总延伸作为伸长测量时，为了得到断后伸长率，应从总延伸中扣除弹性延伸部分。为了得到与手工方法可比的结果，有一些额外的要求（如引伸计高的动态响应和频带宽度）。原则上，断裂发生在引伸计标距 L_e 以内方为有效，但断后伸长率等于或大于规定值，不管断裂位置处于何处测量均为有效。如果产品标准规定用一固定标距测定断后伸长率，引伸计标距应等于这一标距。

4）仅当标距或引伸计标距、横截面的形状和面积均相同时，或当比例系数 k 相同时，断后伸长率才具有可比性。

（2）断后伸长率小于5%的测定方法　在测定小于5%的断后伸长率时应加倍小心。一般采用的方法如下：

试验前在平行长度的两端处做一很小的标记。使用调节到标距的分规，分别以标记为圆心画一圆弧。拉断后，将断裂的试样置于一装置上，最好借助螺钉施加轴向力，以使其在测量时牢固地对接在一起。以最接近断裂的原圆心为圆心，以相同的半径画第2个圆弧，如图

2-21 所示。用工具显微镜或其他合适的仪器测量两个圆弧之间的距离即为断后伸长，准确到 ±0.02mm。为使画线清晰可见，试验前涂上一层染料。

（3）移位法测断后伸长率　测定方法如下：

1）试验前将原始标距细分为 5 ~ 10mm 的 N 等份。

2）试验后，以符号 X 表示断裂后试样短段的标距标记，以符号 Y 表示断裂试样长段的等分格标记，此标记与断裂处的距离最接近于断裂处至标距标记 X 的距离，X 与 Y 之间的分格数记为 n。

3）如 $N-n$ 为偶数，如图 2-22a 所示，测量 X 与 Y 之间的距离 l_{XY} 和测量从 Y 至距离为 $(N-n)/2$ 个分格的 Z 标记之间的距离。按照下式计算断后伸长率：

$$A = \frac{l_{XY} + 2l_{YZ} - L_o}{L_o} \times 100\%$$

式中　L_o——原始标距，单位为 mm。

4）如 $N-n$ 为奇数，如图 2-22b 所示，测量 X 与 Y 之间的距离和测量从 Y 至距离为 $(N-n-1)/2$ 和 $(N-n+1)/2$ 个分格的 Z' 和 Z'' 标记之间的距离 $l_{YZ'}$ 和 $l_{YZ''}$。按照下式计算断后伸长率：

$$A = \frac{l_{XY} + l_{YZ'} + l_{YZ''} - L_o}{L_o} \times 100\%$$

（4）棒材、线材和条材等长产品的无缩颈塑性伸长率 A_{wn} 的测定方法　该方法是测量已拉伸试验过的试样最长部分。

试验前，在标距上标出等分格标记，连续两个等分格标记之间的距离等于原始标距 L'_o 的约数。原始标距 L'_o 的标记应准确到 ±0.5mm 以内。断裂后，在试样的最长部分上测量断后标距 L'_u，准确到 ±0.5mm。

为使测量有效，应满足以下条件：

1）测量区的范围应处于距离断裂处至少 $5d_o$ 和距离夹头至少为 $2.5d_o$。如果试样横截面为不规则图形，d_o 为不规则截面外接圆的直径。

2）测量用的原始标距应至少等于产品标准中规定的值。

无缩颈塑性伸长率按下式计算：

$$A_{wn} = \frac{L'_u - L'_o}{L'_o} \times 100\%$$

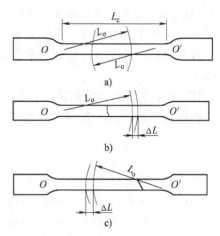

图 2-21　断后伸长率小于 5% 的测定方法
a）拉断前画弧　b）断裂后第 1 次画弧
c）断裂后第 2 次画弧

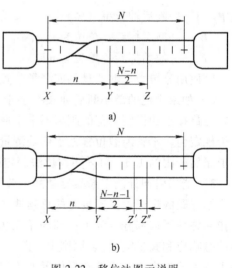

图 2-22　移位法图示说明
（试样头部仅为示意性）
a）$N-n$ 为偶数　b）$N-n$ 为奇数

式中 A_{wn}——无缩颈塑性伸长率（%）；

　　　L'_u——断后标距，单位为 mm；

　　　L'_o——原始标距，单位为 mm。

对于许多材料，最大力发生在缩颈开始的范围。这意味着对于这些材料 A_g 和 A_{wn} 基本相等。但是，对于有很大冷变形的材料诸如双面减薄的锡板、辐照过的结构钢或在高温下的试验，A_g 和 A_{wn} 之间有很大不同。

（5）断后伸长率的换算　断后伸长率的换算方法包括图像法和公式法。

1）采用图像法，可以在一固定标距上测定断后伸长率，然后将其换算成比例标距的断后伸长率。对于碳素钢和低合金钢，$5.65\sqrt{S_o}$ 与 50mm 定标距的断后伸长率的换算关系如图 2-23 所示，$5.65\sqrt{S_o}$ 与 200mm 定标距的断后伸长率的换算关系如图 2-24 所示，$4\sqrt{S_o}$ 与 50mm 定标距的断后伸长率的换算关系如图 2-25 所示，$4\sqrt{S_o}$ 与 200mm 定标距的断后伸长率的换算关系如图 2-26 所示。对于奥氏体钢，$5.65\sqrt{S_o}$ 与 50mm 定标距的断后伸长率的换算关系如图 2-27 所示，$5.65\sqrt{S_o}$ 与 200mm 定标距的断后伸长率的换算关系如图 2-28 所示，$4\sqrt{S_o}$ 与 50mm 定标距的断后伸长率的换算关系如图 2-29 所示，$4\sqrt{S_o}$ 与 200mm 定标距的断后伸长率的换算关系如图 2-30 所示。

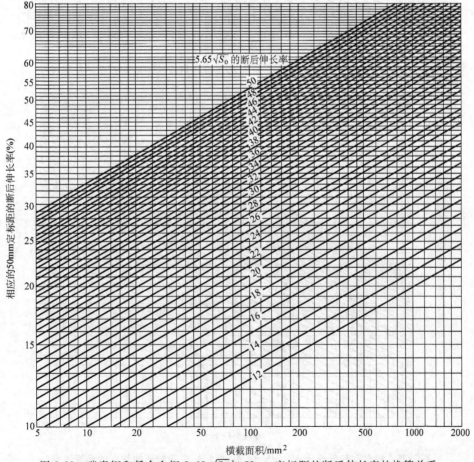

图 2-23　碳素钢和低合金钢 $5.65\sqrt{S_o}$ 与 50mm 定标距的断后伸长率的换算关系

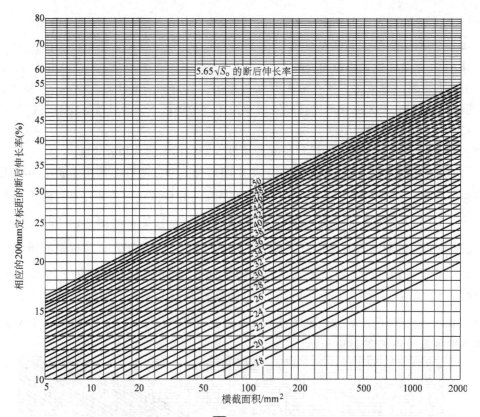

图 2-24 碳素钢和低合金钢 $5.65\sqrt{S_o}$ 与 200mm 定标距的断后伸长率的换算关系

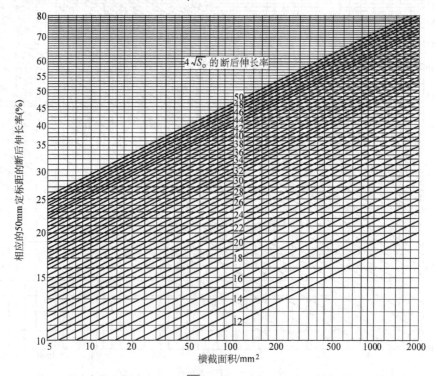

图 2-25 碳素钢和低合金钢 $4\sqrt{S_o}$ 与 50mm 定标距的断后伸长率的换算关系

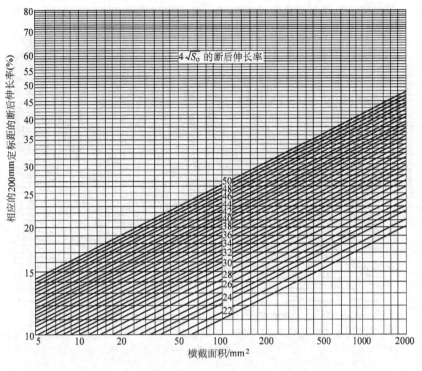

图 2-26　碳素钢和低合金钢 $4\sqrt{S_o}$ 与 200mm 定标距的断后伸长率的换算关系

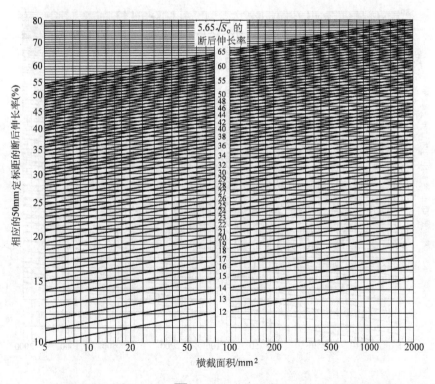

图 2-27　奥氏体钢 $5.65\sqrt{S_o}$ 与 50mm 定标距的断后伸长率的换算关系

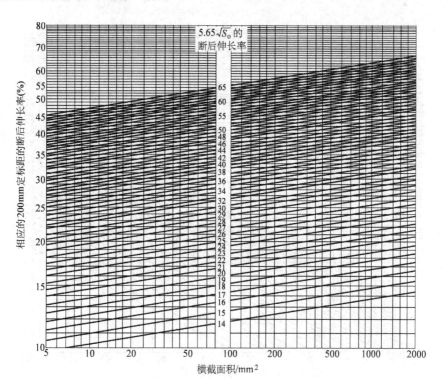

图 2-28　奥氏体钢 $5.65\sqrt{S_o}$ 与 200mm 定标距的断后伸长率的换算关系

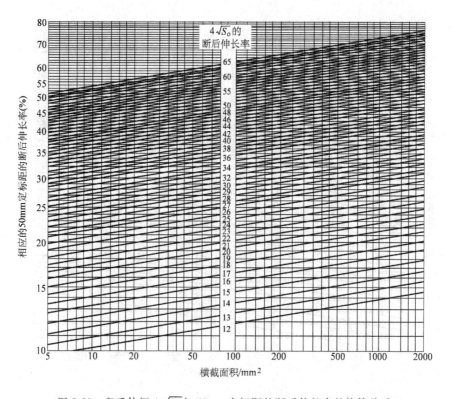

图 2-29　奥氏体钢 $4\sqrt{S_o}$ 与 50mm 定标距的断后伸长率的换算关系

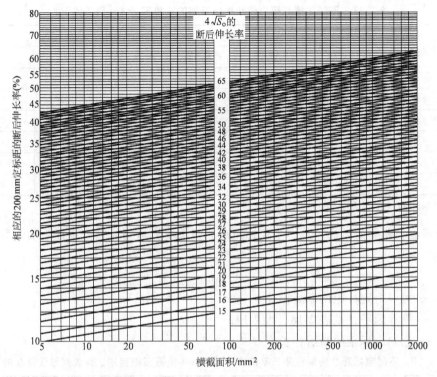

图 2-30 奥氏体钢 $4\sqrt{S_o}$ 与 200mm 定标距的断后伸长率的换算关系

2）采用公式法，可按以下三种情况进行：

① 由已知比例标距的断后伸长率换算到另一个比例标距的断后伸长率，按下式计算：

$$A_r = \lambda A$$

式中 A_r——另一个比例标距的断后伸长率（%）；

λ——换算因子，见表 2-16、表 2-17；

A——已知比例标距的断后伸长率（%）。

表 2-16 不同比例标距之间断后伸长率的换算因子 λ（碳素钢与低合金钢）

实测断后伸长率试样的原始标距 L_o	换算到下列比例标距的换算因子 λ					
	$4\sqrt{S_o}$	$5.65\sqrt{S_o}$	$8.16\sqrt{S_o}$	$11.3\sqrt{S_o}$	$4d_o$	$8d_o$
$4\sqrt{S_o}$	1.000	0.871	0.752	0.660	0.952	0.722
$5.65\sqrt{S_o}$	1.148	1.000	0.863	0.758	1.093	0.829
$8.16\sqrt{S_o}$	1.330	1.158	1.000	0.878	1.267	0.960
$11.3\sqrt{S_o}$	1.515	1.320	1.139	1.000	1.443	1.093
$4d_o$	1.050	0.915	0.790	0.693	1.000	0.758
$8d_o$	1.386	1.207	1.042	0.915	1.320	1.000

注：原始标距 $5d_o = 5.65\sqrt{S_o}$；$10d_o = 11.3\sqrt{S_o}$。

示例：已知碳素钢试样标距 $5.65\sqrt{S_o}$ 的断后伸长率为 25%，换算成标距 $11.3\sqrt{S_o}$ 的断后伸长率。查表 2-16，$\lambda = 0.758$，则 $A_r = 0.758 \times 25\% = 18.95\%$，修约到 19%。

表 2-17 不同比例标距之间断后伸长率的换算因子 λ（奥氏体钢）

实测断后伸长率试样的原始标距 L_o	换算到下列比例标距的换算因子 λ					
	$4\sqrt{S_o}$	$5.65\sqrt{S_o}$	$8.16\sqrt{S_o}$	$11.3\sqrt{S_o}$	$4d_o$	$8d_o$
$4\sqrt{S_o}$	1.000	0.957	0.913	0.876	0.985	0.902
$5.65\sqrt{S_o}$	1.045	1.000	0.954	0.916	1.029	0.942
$8.16\sqrt{S_o}$	1.095	1.048	1.000	0.959	1.078	0.987
$11.3\sqrt{S_o}$	1.141	1.092	1.042	1.000	1.124	1.029
$4d_o$	1.015	0.972	0.928	0.890	1.000	0.916
$8d_o$	1.109	1.061	1.013	0.972	1.092	1.000

注：原始标距 $5d_o = 5.65\sqrt{S_o}$；$10d_o = 11.3\sqrt{S_o}$。

② 横截面积相等的试样，从一个定标距断后伸长率换算到另一个定标距的断后伸长率，按下式计算：

$$A_r = \alpha A$$

式中　A_r——另一个定标距的断后伸长率（%）；

　　　α——换算因子，见表 2-18、表 2-19；

　　　A——已知定标距的断后伸长率（%）。

表 2-18 不同定标距之间断后伸长率的换算因子 α（横截面积相同，碳素钢与低合金钢）

实测断后伸长率试样的原始标距 L_o/mm	换算到下列定标距的换算因子 α			
	50mm	80mm	100mm	200mm
50	1.000	0.829	0.758	0.574
80	1.207	1.000	0.915	0.693
100	1.320	1.093	1.000	0.758
200	1.741	1.443	1.320	1.000

示例：已知碳素钢定标距为 200mm 试样的实测断后伸长率为 20%，换算到相同横截面积下，定标距为 100mm 的断后伸长率值，查表 2-18，得知 $\alpha = 1.320$，则 $A = 1.320 \times 20\% = 26.40\%$，修约到 26%。

表 2-19 不同定标距之间断后伸长率的换算因子 α（横截面积相同，奥氏体钢）

实测断后伸长率试样的原始标距 L_o/mm	换算到下列比列标距的换算因子 α			
	50mm	80mm	100mm	200mm
50	1.000	0.942	0.916	0.839
80	1.062	1.000	0.972	0.890
100	1.092	1.029	1.000	0.916
200	1.193	1.123	1.092	1.000

③ 由比例标距断后伸长率换算定标距的伸长率，按下式计算：

$$A_r = \beta A$$

式中　A_r——另一个定标距的断后伸长率（%）；

　　　A——已知定标距的断后伸长率（%）。

　　　β——换算因子，见表 2-20、表 2-21。

表 2-20 标距 $5.65\sqrt{S_o}$ 的伸长率与不同定标距断后伸长率的换算因子 β（碳素钢与低合金钢）

欲求断后伸长率试样的横截面积 S_o/mm²	由标距 $5.65\sqrt{S_o}$ 换算到下列定标距的换算因子 β			
	200mm	100mm	80mm	50mm
5	0.331	0.437	0.478	0.577
10	0.381	0.502	0.549	0.663
15	0.413	0.545	0.596	0.719
20	0.437	0.577	0.631	0.761
25	0.457	0.603	0.660	0.796
30	0.474	0.626	0.684	0.826
35	0.489	0.645	0.706	0.852
40	0.502	0.663	0.725	0.875
45	0.514	0.679	0.742	0.896
50	0.525	0.693	0.758	0.915
55	0.535	0.706	0.772	0.932
60	0.545	0.719	0.786	0.949
70	0.562	0.741	0.811	0.978
80	0.577	0.761	0.833	1.005
90	0.591	0.780	0.852	1.029
100	0.603	0.796	0.871	1.051
110	0.615	0.812	0.887	1.071
120	0.626	0.826	0.903	1.090
130	0.636	0.839	0.917	1.107
140	0.645	0.852	0.931	1.124
150	0.654	0.863	0.944	1.139
160	0.663	0.875	0.956	1.154
170	0.671	0.885	0.968	1.168
180	0.679	0.896	0.979	1.182
190	0.686	0.905	0.990	1.195
200	0.693	0.915	1.000	1.207
210	0.700	0.924	1.010	1.219
220	0.706	0.932	1.019	1.230
230	0.713	0.941	1.028	1.241
240	0.719	0.949	1.037	1.252
250	0.725	0.956	1.046	1.262
260	0.730	0.964	1.054	1.272
270	0.736	0.971	1.062	1.281
280	0.741	0.978	1.070	1.291
290	0.747	0.985	1.077	1.300
300	0.752	0.992	1.084	1.309
310	0.757	0.998	1.092	1.317
320	0.761	1.005	1.099	1.326
330	0.766	1.011	1.105	1.334
340	0.771	1.017	1.112	1.342
350	0.775	1.023	1.118	1.350
360	0.780	1.029	1.125	1.357
370	0.784	1.034	1.131	1.365
380	0.788	1.040	1.137	1.372
390	0.792	1.045	1.143	1.379
400	0.796	1.051	1.149	1.386
410	0.800	1.056	1.154	1.393

（续）

欲求断后伸长率试样的横截面积 S_o/mm^2	由标距 $5.65\sqrt{S_o}$ 换算到下列定标距的换算因子 β			
	200mm	100mm	80mm	50mm
420	0.804	1.061	1.160	1.400
430	0.808	1.066	1.165	1.406
440	0.812	1.071	1.171	1.413
450	0.815	1.076	1.176	1.419
460	0.819	1.080	1.181	1.426
470	0.822	1.085	1.186	1.432
480	0.826	1.090	1.191	1.438
490	0.829	1.094	1.196	1.444
500	0.833	1.099	1.201	1.450
550	0.849	1.120	1.224	1.477
600	0.863	1.139	1.246	1.503
650	0.877	1.158	1.266	1.528
700	0.891	1.175	1.285	1.550
750	0.903	1.191	1.303	1.572
800	0.915	1.207	1.320	1.592
850	0.926	1.222	1.336	1.612
900	0.936	1.236	1.351	1.630
950	0.947	1.249	1.366	1.648
1000	0.956	1.262	1.380	1.665
1050	0.966	1.274	1.393	1.681
1100	0.975	1.286	1.406	1.697
1150	0.983	1.298	1.419	1.712
1200	0.992	1.309	1.431	1.727
1250	1.000	1.320	1.443	1.741
1300	1.008	1.330	1.454	1.755
1350	1.016	1.340	1.465	1.768
1400	1.023	1.350	1.476	1.781
1450	1.030	1.359	1.486	1.794
1500	1.037	1.369	1.496	1.806
1550	1.044	1.378	1.506	1.818
1600	1.051	1.386	1.516	1.829
1650	1.057	1.395	1.525	1.841
1700	1.063	1.403	1.534	1.852
1750	1.070	1.411	1.543	1.862
1800	1.076	1.419	1.552	1.873
1850	1.082	1.427	1.560	1.883
1900	1.087	1.435	1.569	1.893
1950	1.093	1.442	1.577	1.903
2000	1.099	1.450	1.585	1.913
2050	1.104	1.457	1.593	1.922
2100	1.109	1.464	1.600	1.931
2150	1.115	1.471	1.608	1.941
2200	1.120	1.477	1.615	1.950
2250	1.125	1.484	1.623	1.958
2300	1.130	1.491	1.630	1.967
2350	1.135	1.497	1.637	1.975
2400	1.139	1.503	1.644	1.984
2450	1.144	1.510	1.651	1.992

（续）

欲求断后伸长率试样的横截面积 S_o/mm^2	由标距 $5.65\sqrt{S_o}$ 换算到下列定标距的换算因子 β			
	200mm	100mm	80mm	50mm
2500	1.149	1.516	1.657	2.000
2550	1.153	1.522	1.664	2.008
2600	1.158	1.528	1.670	2.016
2650	1.162	1.533	1.677	2.023
2700	1.167	1.539	1.683	2.031
2750	1.171	1.545	1.689	2.038
2800	1.175	1.550	1.695	2.046
2850	1.179	1.556	1.701	2.053
2900	1.183	1.561	1.707	2.060
2950	1.187	1.567	1.713	2.067
3000	1.191	1.572	1.719	2.074

示例1：已知碳素钢标距 $5.65\sqrt{S_o}$ 的断后伸长率为 20%，换算成宽为 25mm、厚为 6mm，标距为 50mm 试样的断后伸长率，查表 2-20，得知 $\beta = 1.139$，则 $A = 1.139 \times 20\% = 22.78\%$，修约到 23%。

示例2：已知碳素钢 40mm×10mm，标距 200mm 的试样，断后伸长率为 25%，换算成标距为 $5.65\sqrt{S_o}$ 的断后伸长率，查表 2-20，得知 $\beta = 0.796$，则 $A = 20\% \times 1/0.796 = 31.41\%$，修约到 31%。

表 2-21　标距 $5.65\sqrt{S_o}$ 的断后伸长率与不同定标距断后伸长率的换算因子 β（奥氏体钢）

欲求断后伸长率的试样横截面积 S_o/mm^2	由标距 $5.65\sqrt{S_o}$ 换算到下列定标距的换算因子 β			
	200mm	100mm	80mm	50mm
5	0.706	0.771	0.794	0.842
10	0.738	0.806	0.829	0.880
15	0.757	0.827	0.851	0.903
20	0.771	0.842	0.867	0.920
25	0.782	0.854	0.879	0.933
30	0.792	0.864	0.889	0.944
35	0.779	0.873	0.898	0.953
40	0.806	0.880	0.906	0.961
45	0.812	0.887	0.912	0.969
50	0.818	0.893	0.919	0.975
55	0.823	0.898	0.924	0.981
60	0.827	0.903	0.929	0.986
70	0.835	0.912	0.938	0.996
80	0.842	0.920	0.946	1.005
90	0.849	0.927	0.953	1.012
100	0.854	0.933	0.960	1.019
110	0.860	0.939	0.966	1.025
120	0.864	0.944	0.971	1.031
130	0.869	0.949	0.976	1.036
140	0.873	0.953	0.981	1.041
150	0.877	0.957	0.985	1.045
160	0.880	0.961	0.989	1.050
170	0.884	0.965	0.993	1.054
180	0.887	0.969	0.996	1.058

（续）

欲求断后伸长率的试样	由标距 $5.65\sqrt{S_o}$ 换算到下列定标距的换算因子 β			
横截面积 S_o/mm^2	200mm	100mm	80mm	50mm
190	0.890	0.972	1.000	1.061
200	0.893	0.975	1.003	1.065
210	0.896	0.978	1.006	1.068
220	0.898	0.981	1.009	1.071
230	0.901	0.984	1.012	1.074
240	0.903	0.986	1.015	1.077
250	0.906	0.989	1.017	1.080
260	0.908	0.991	1.020	1.083
270	0.910	0.994	1.022	1.085
280	0.912	0.996	1.025	1.088
290	0.914	0.998	1.027	1.090
300	0.916	1.000	1.029	1.093
310	0.918	1.003	1.031	1.095
320	0.920	1.005	1.033	1.097
330	0.922	1.007	1.035	1.099
340	0.923	1.008	1.037	1.101
350	0.925	1.010	1.039	1.103
360	0.927	1.012	1.041	1.105
370	0.928	1.014	1.043	1.107
380	0.930	1.016	1.045	1.109
390	0.932	1.017	1.047	1.111
400	0.933	1.019	1.048	1.113
410	0.935	1.021	1.050	1.114
420	0.936	1.022	1.051	1.116
430	0.937	1.024	1.053	1.118
440	0.939	1.025	1.055	1.119
450	0.940	1.027	1.056	1.121
460	0.941	1.028	1.058	1.123
470	0.943	1.029	1.059	1.124
480	0.944	1.031	1.060	1.126
490	0.945	1.032	1.062	1.127
500	0.946	1.033	1.063	1.129
550	0.952	1.040	1.070	1.135
600	0.957	1.045	1.076	1.142
650	0.962	1.051	1.081	1.148
700	0.967	1.056	1.086	1.153
750	0.971	1.060	1.091	1.158
800	0.975	1.065	1.095	1.163
850	0.979	1.069	1.100	1.167
900	0.982	1.073	1.104	1.171
950	0.986	1.076	1.107	1.176
1000	0.989	1.080	1.111	1.179
1050	0.992	1.083	1.114	1.183
1100	0.995	1.087	1.118	1.187
1150	0.998	1.090	1.121	1.190
1200	1.000	1.093	1.124	1.193
1250	1.003	1.095	1.127	1.196
1300	1.006	1.098	1.130	1.199

（续）

欲求断后伸长率的试样横截面积 S_o/mm^2	由标距 $5.65\sqrt{S_o}$ 换算到下列定标距的换算因子 β			
	200mm	100mm	80mm	50mm
1350	1.008	1.101	1.132	1.202
1400	1.010	1.103	1.135	1.205
1450	1.013	1.106	1.138	1.208
1500	1.015	1.108	1.140	1.210
1550	1.017	1.110	1.142	1.213
1600	1.019	1.113	1.145	1.215
1650	1.021	1.115	1.147	1.217
1700	1.023	1.117	1.149	1.220
1750	1.025	1.119	1.151	1.222
1800	1.027	1.121	1.153	1.224
1850	1.028	1.123	1.155	1.226
1900	1.030	1.125	1.157	1.228
1950	1.032	1.127	1.159	1.230
2000	1.033	1.129	1.161	1.232
2050	1.035	1.130	1.163	1.234
2100	1.037	1.132	1.165	1.236
2150	1.038	1.134	1.166	1.238
2200	1.040	1.135	1.168	1.240
2250	1.041	1.137	1.170	1.242
2300	1.043	1.139	1.171	1.243
2350	1.044	1.140	1.173	1.245
2400	1.045	1.142	1.175	1.247
2450	1.047	1.143	1.176	1.248
2500	1.048	1.145	1.178	1.250
2550	1.050	1.146	1.179	1.252
2600	1.051	1.148	1.181	1.253
2650	1.052	1.149	1.182	1.255
2700	1.053	1.150	1.183	1.256
2750	1.055	1.152	1.185	1.258
2800	1.056	1.153	1.186	1.259
2850	1.057	1.154	1.187	1.260
2900	1.058	1.156	1.189	1.262
2950	1.059	1.157	1.190	1.263
3000	1.060	1.158	1.191	1.265

17. 断面收缩率的测定

将试样断裂部分仔细地配接在一起，使其轴线处于同一直线上。断裂后最小横截面积的测定应准确到±2%。断面收缩率按照下式计算：

$$Z = \frac{S_o - S_u}{S_o} \times 100\%$$

式中 Z——断面收缩率（%）；

S_o——平行长度部分的原始横截面积，单位为 mm^2；

S_u——断后最小横截面积，单位为 mm^2。

对于小直径的圆试样或其他横截面形状的试样，断后横截面积的测量准确度达到±2%很困难。

18. 试验结果数值的修约

试验测定的性能结果数值应按照相关产品标准的要求进行修约。如果未规定具体要求，应按照如下要求进行修约：

1）强度值修约至 1MPa。

2）屈服点延伸率修约至 0.1%，其他延伸率和断后伸长率修约至 0.5%。

3）断面收缩率修约至 1%。

2.3 金属材料低温拉伸试验

金属材料低温拉伸试验按照 GB/T 13239—2006《金属材料低温拉伸试验方法》进行。

2.3.1 试样

低温拉伸试样尺寸如图 2-31～图 2-34 所示，其他要求与室温拉伸试样相同。

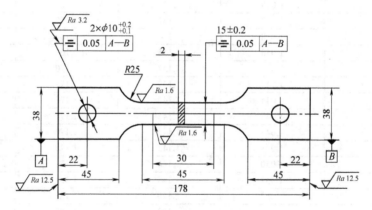

图 2-31　第 1 类低温拉伸试样

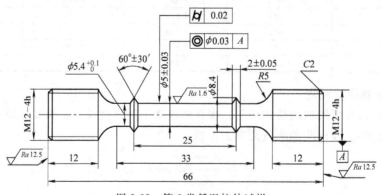

图 2-32　第 2 类低温拉伸试样

2.3.2 试验设备

1. 试验机

试验机应符合 GB/T 16825.1 的要求，准确度级别应为 1 级或优于 1 级。

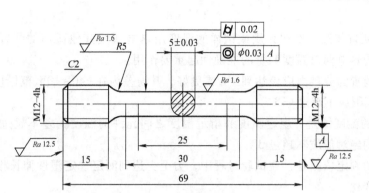

图 2-33　第 3 类低温拉伸试样

2. 引伸计

引伸计的准确度级别应符合 GB/T 12160 的要求。测定上屈服强度、下屈服强度、规定塑性延伸强度的试验，应使用不低于 1 级准确度的引伸计。测定其他具有较大延伸率的性能，例如抗拉强度及断后伸长率，应使用不低于 2 级准确度的引伸计。

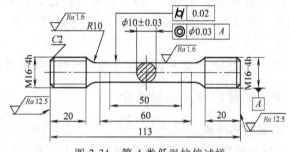

图 2-34　第 4 类低温拉伸试样

引伸计标距应不小于 10mm，固定在试样平行长度的中间位置并沿着中心轴的方向。应优先采用能同时测定试样两侧面延伸的双面引伸计，测定屈服强度和规定强度性能时推荐 $L_e > L_o/2$，测定最大力或最大力之后的性能时推荐 $L_e = L_o$ 或近似等于 L_o。

为了使室温的波动对引伸计读数的影响降到最低，应防止引伸计超出冷却装置的任何部分受到空气气流的影响，尽可能保持室温温度的稳定性和试验机周围空气气流的平稳。

3. 冷却装置

（1）一般要求　冷却装置应能将试样冷却到规定温度，并具有保温能力，应保证试验温度的稳定性和均匀性。

冷却方法一般有如下几种：

1）借助冷却装置（低温恒温器）。

2）借助压缩气体膨胀（如 CO_2 或 N_2）冷却。

3）借助达到沸点时刻的液体（如液 N_2）或冷冻液（如乙醇）的浸泡冷却。根据试验温度可选用表 2-22 中的冷却介质。当操作冷却介质的时候，测试人员应事先采取符合相关规定的安全防范措施，避免造成人员伤害，以及对测试仪器、试样的损坏。

表 2-22　液体冷却介质及其温度范围

冷却介质	温度/℃（K）	冷却介质	温度/℃（K）
80%冰+20%氯化铵	−15.4（257.8）	干冰+工业乙醇	>−75（198）
75.2%冰+24.8%食盐	−21.3（251.9）	干冰+无水乙醇	>−78（195）
62.7%冰+19.7%食盐+17.6%氯化铵	−25.0（248.0）	液氮+无水乙醇	>−105（168）
41.2%冰+58.8%氯化钙	−54.9（218.3）	液氮	−196（77）

注：表中百分数为质量分数。

（2）温度测量装置　冷却介质或试样的温度用热电偶或其他适当的装置测量，选用适当类型和等级的热电偶对温度测量的准确性起重要作用。

温度测量装置的分辨力应该达到1℃或更好，其误差为在-40~10℃范围应不超过±2℃，在-196~40℃范围应不超过±3℃。

（3）允许的温度偏差　规定温度和指示温度之间允许的温度偏差不超过±3℃。试样标距两端温度差的绝对值应不超过3℃。

温度偏差的判定依据是：在试验过程中，力至少达到测定规定塑性伸长相应的试验力时所测定的温度变化。

（4）温度测量系统的检验　温度测量系统包括：传感器和指示装置。在工作温度范围的检验周期不宜超过90d。如果检验记录显示系统性能的稳定性对测量的准确性影响很小，那么可以延长检验周期但不能超过一年，在检验报告中要记录温度测量系统的误差。

用于检验温度测量系统的仪器应能溯源到国家基准。

2.3.3　试验内容及结果表示

1. 试样的冷却

试样冷却到规定温度，冷却时间的长短取决于试样的形状、尺寸、表面状况、材料本身的特性、夹具的质量及冷却介质的形式等。因此，通过预冷却试验决定冷却的时间。

冷却介质为液体时，对厚度或直径不大于5mm的试样，保温时间不少于5min；对厚度或直径大于5mm的试样，保温时间不少于10min。

冷却介质为气体时，对厚度或直径不大于5mm的试样，保温时间不少于10min；对厚度或直径大于5mm的试样，保温时间不少于15min。

在冷却过程中，温度不应超过规定温度的允许偏差范围。

当试样达到规定温度时引伸计调零。

只有当引伸装置达到稳定状态后，加力才能开始。

2. 温度的测量

在试样平行长度部分的表面测量其温度时，热电偶测量端应与试样的表面有良好的接触。当标距小于50mm，热电偶分别固定在平行长度部分的两端；当标距大于或等于50mm，应在平行长度的两端及中间各固定一支热电偶。

如果试样浸泡在均匀的液体介质中，可以直接在液体中测定温度。

试验在液氮中进行则不需要测量温度，但要在试验报告中记录。

3. 试验力

试验力的施加使试样应变增加，应采用连续（非阶梯式）的加载方式，没有冲击和颤动。应尽量使试样受轴向拉力的作用，将试样标距内可能受到的挠度和扭矩的影响降到最小。

4. 试验速率

试样平行长度内的应变速率即为试验速率。

（1）测定上屈服强度时的试验速率　在弹性范围内直至上屈服强度，应变速率应在

0.00003~0.0003/s 之间，并尽可能保持恒定。如果试验机不能测定或控制应变速率，可以通过控制试验机夹头的分离速率间接控制应力速率在 6~60MPa/s 的范围。

（2）测定下屈服强度时的试验速率 若仅测定下屈服强度，弹性范围内试验速率应符合测定上屈服强度时的试验速率的要求。在试样平行长度内的屈服阶段应变速率应在 0.00003~0.0025/s 之间，并尽可能保持恒定。如果不能直接调节这一应变速率，应通过调节屈服即将开始前的应力速率来调整，在屈服完成之前不再调节试验机的控制。

（3）同时测定上屈服强度和下屈服强度时的试验速率 同时测定上屈服强度和下屈服强度时的试验速率，应满足测定下屈服强度时的试验速率的要求。

（4）测定规定塑性延伸强度时的试验速率 包括以下内容：

1）在弹性范围内的试验速率应符合测定上屈服强度时的试验速率的要求。

2）在塑性范围内直至达到规定塑性延伸强度为止，应变速率应在 0.00003~0.0025/s 之间。

（5）测定抗拉强度时的试验速率 在塑性范围内应变速率应不超过 0.008/s。如果试验不包括屈服强度或规定塑性延伸强度的测定，试验速率可以达到塑性范围内允许的应变速率的最大值。

5. 原始横截面积的测定

通过准确测量尺寸计算原始横截面积，并至少保留 4 位有效数字，测量尺寸的偏差不超过 ±0.5% 或 ±0.01mm，取其中大的值。测量时建议按照表 2-23 选用量具或测量装置。

表 2-23 量具或测量装置的分辨力 （单位：mm）

试样横截面尺寸	分辨力 ≤	试样横截面尺寸	分辨力 ≤
0.1~0.5	0.001	>2.0~10.0	0.01
>0.5~2.0	0.005	>10.0	0.05

6. 原始标距的标记

应尽量采用小标记、细画线或细墨线标记原始标距，但不得用可能引起过早试样断裂的缺口作为标记。

无缺口敏感性的材料允许用小刻痕作为标记。

对于比例试样，应将原始标距的计算值修约至最接近 5mm 的倍数，中间值向最大一方修约。原始标距的标记应准确到 ±1%。

如果平行长度比原始标距长许多，例如不经机加工的试样，可以标记一系列套叠的原始标距。

有时，可以在试样表面画一条平行于试样纵轴的线，并在线上标记原始标距。

7. 低温拉伸性能的测定

断后伸长率 A、规定塑性延伸强度 R_p、抗拉强度 R_m、上屈服强度 R_{eH}、下屈服强度 R_{eL}、断面收缩率 Z 的测定方法均与室温拉伸试验时相同。

8. 试验结果数值的修约

试验测定的性能结果数值应按照相关产品标准的要求进行修约。如果未规定具体要求，应按照表 2-24 的要求进行修约。修约的方法按照 GB/T 8170。

表 2-24 试验结果数值的修约间隔

性　能	范　围	修约间隔
R_{eH}、R_{eL}、R_p、R_m	≤200MPa	1MPa
	>200~1000MPa	5MPa
	>1000MPa	10MPa
A、A_t	—	0.5%
Z	—	0.5%

2.4　金属材料液氦拉伸试验

金属材料液氦拉伸试验按照 GB/T 24584—2009《金属材料　拉伸试验　液氦试验方法》进行。

材料在进行位移控制的液氦拉伸试验时，力-时间和力-伸长曲线上可产生锯齿，锯齿是由不稳定的塑性变形和阻力反复冲击造成的。不稳定的塑性变形（不连续屈服）是一个不同步的过程，在高于一般的应变速率条件下，伴随试样内部发热，产生在试样平行长度的局部区域内。

奥氏体不锈钢与各种不连续屈服的锯齿形的应力-应变曲线的实例如图 2-35 所示。

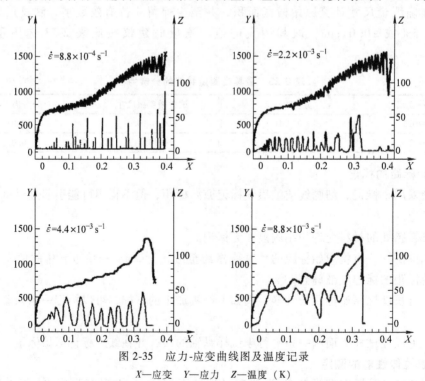

图 2-35　应力-应变曲线图及温度记录

X—应变　Y—应力　Z—温度（K）

试样温度不能在液氦试验的整个时间里保持恒定。绝热增温时，在每个不连续屈服锯齿内，试样平行长度局部区域内的温度暂时会高于4K。锯齿的数量和力值下降程度是材料成分和其他参数（例如试样尺寸和试验速度）的函数。一般来说，改变力学试验变量可改变锯齿的类型，但不能消除不连续屈服。室温下材料变形接近等温，一般不发生不连续屈服。

因此,材料在液氢的拉伸性能（特别是抗拉强度、断后伸长率和断面收缩率），缺少室温性能测量的含义。

材料液氢试验的应力-应变特性曲线取决于位移控制,是按传统方法进行材料表征的。

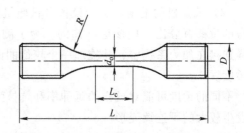

图 2-36　标准圆柱试样的形状

L—试样总长度　L_c—试样平行长度　D—端头直径　d_0—试样平行长度的直径　R—过渡圆弧

2.4.1　试样

1. 一般要求

（1）标准圆柱试样　标准圆柱试样的形状和尺寸如图 2-36 和表 2-25 所示,试样头部仅为示意性,可根据试验夹具自行设计。

表 2-25　标准圆柱试样的尺寸　　　　　　　　（单位：mm）

d_0	D	R	L_c	L
7	M14×2	20	65	105
6.25	M12×1.75	10	40	84
5	M10×1.5	5	30	56
3	M6×1	3	18	38

（2）矩形横截面试样　矩形横截面的形状和尺寸如图 2-37 和表 2-26 所示,试样头部仅为示意性,可根据试验夹具自行设计。

2. 其他要求

当试样直径较小时,试样在加工及试验过程中都需要特别小心。因为随着试样尺寸的减小,诸如加工、表面处理及同轴度等因素就会变得非常重要。

3. 取样

为了确保试样的选取对于产品来说具有代表性,拉伸试验的取样应在材料的最终条件下进行。

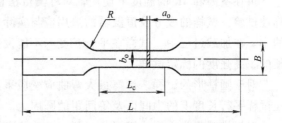

图 2-37　矩形横截面试样的形状

L—试样总长度　L_c—试样平行长度　B—端头宽度　a_0—试样平行长度的厚度　b_0—试样平行长度的宽度　R—过渡圆弧

表 2-26　矩形横截面试样的尺寸　　　　　　　　（单位：mm）

b_0	B	R	L_c	L
6±0.1	23	12	28	96
3±0.05	12	6	17	48

在原材料上认为最具代表性的位置进行试样的切割。取样位置大致如下：

1）对于厚度或直径小于 40mm 的产品,取样位置应在中心区域。

2）对于厚度或直径不小于 40mm 的产品,取样位置应在距表面与中心距离相等的位置。

2.4.2　试验设备

1. 试验机

（1）一般要求　试验机的准确度级别应符合 GB/T 16825.1 的要求,并应为 1 级或优于 1 级。

（2）试验机的柔度 试验设备（试验机和低温装置）的柔度（在试验力的作用下设备本身的位移百分比）应该是已知的。为了测量试验机的柔度，应将一刚性试样或专用标定试样连接在加力系统中，并施加一个较低的试验力和一个试验机所允许的最大试验力分别测量柔度。

不同的柔度可能对试样的延伸率和抗拉强度产生影响，因为在柔度较小的试验机上试样会发生较大的不连续变形。

（3）系统设计 材料在液氦中的强度通常是室温的两倍或更高。低温状态下对于相同几何尺寸的试样，恒温器、加力系统零部件及夹具都将承受更大的力。由于很多试验机的容量都不超过 100kN，设备在设计中应考虑使用的小型试样。

（4）选用材料 许多材料，包括绝大多数的铁素体钢在 4K 的温度下会变脆。为避免设备损坏，制造夹具及其他加载链零部件的材料应选用强度高、韧性好的低温合金。

（5）对中 在拉伸试验中准确的系统对中是使弯曲应变最小化的基本手段。设备和夹具应该被调整至载荷能够精确作用于标定试样上，使得最大的弯曲应变不超过轴向应变的 10%。为使弯曲应变降低到可接受的水平，应调整拥有调节功能的恒温器上的平衡调节器，或使用间距垫片来补偿不可调的恒温器。对于一台合格的设备来说，应变的计算是依据标定试样在较低和最大载荷下的读数来确定的。

可在室温和 4K 的温度下使用轴对称测量法检查试验设备是否合格。为完成设备的轴对称性试验，试样的成分及恒温器的选用应与实际低温试验相同，并且试样的分散性要尽可能的小。在加载过程中，试样在平行长度内不能发生塑性应变。在一些情况下有必要使用相对硬的、高强度的标定试样。

对于圆柱形的试样，计算最大弯曲应变应采用三个电阻应变计、引伸计或夹规分别安装在试样平行长度上的中间以及等间距的圆周上。

对于横截面为方形或矩形的试样，应在两平行面（对称的）的中心位置测量应变；对于薄板形试样，应在两个宽面的中心位置测量应变。

对于螺纹或用销钉连接的夹具，可以依照以下步骤来评估试样偏斜的影响。在保证夹具以及拉杆不动的情况下，将试样旋转 180°，重复轴对称测量，然后计算最大弯曲应变和试样的轴向应变。如果用其他的夹具或连接方法来评估试样偏斜的影响，应在报告中注明。

拉伸试验当在试样的唯一位置测量较小应变时，加载的不同轴性（可能由于试样机加工而引起）是引起测量误差的主要因素。因此，需要在试样的平行长度上取等间距的三个点（或者如果设备的对中非常好，至少应取对称的两点）分别测量应变。最后报出在试样平行长度内中心对称的三个点或两个点的应变平均值。

（6）夹具 根据试样类型应选择不同的夹具。为避免设备损坏，应选用由耐低温材料制造的低温专用夹具。

2. 低温恒温器及其辅助设备

（1）低温恒温器 低温恒温器（见图 2-38）应能够保存液氦。对于现有的试验机来说，低温恒温器的机架是特制的，通过商业渠道可以买到真空瓶。低温恒温器有可能附带可调节载荷方向的旋钮，以便对中调整。

（2）真空瓶 不锈钢的真空瓶（抗冲击性能更好）比玻璃的真空瓶更安全。一般对于短时的拉伸试验来说，单层的液氦真空瓶就足够了。当然也可采用双层的真空瓶，外层充满液氮，内层则注入液氦。

（3）辅助设备　真空瓶和液氦输液管需要真空绝热，因此需要真空泵、高压空气及液氮瓶等辅助设备。

3. 液面指示器

为了确保预定的试验条件就需要维持环境中的液氦在一定水平。在常规试验中，由于试样是完全浸泡在液氦中的，因此没有必要使用热电偶来测量其表面温度。可通过指示器或仪表以确保在整个试验中试样完全浸泡在液氦中。在低温恒温器中，位于某些参考点的碳电阻指示开关将被用于确保液面总是保持于试样以上。另外，也可选择在低温恒温器内的垂直位置安装适当长度的超导线传感器，用以连续监视液面高度。

4. 引伸计

（1）类型　只要能在液氦温度下正常工作，各种类型的引伸计均可使用。

引伸计的准确度级别应符合 GB/T 12160 的要求。测定规定塑性延伸强度、不连续屈服强度应使用不低于 1 级准确度的引伸计；测定其他具有较大延伸率的性能，应使用不低于 2 级准确度的引伸计。

为了测量规定强度，建议使用平均引伸计。最好能在试样的平行长度部分直接安装或加工引伸计专用的刀口。

用电容引伸计测量时，应使用可进行灵敏度调节的线性部分。

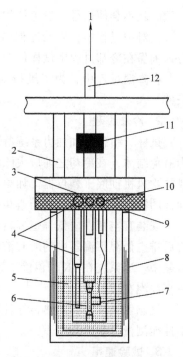

图 2-38　液氮温度下拉伸试验
用典型的低温恒温器

1—力　2—室温机架　3—排气孔
4—真空绝热输液管　5—低温机架
6—试样　7—引伸计　8—真空瓶
9—真空瓶密封圈　10—电反馈通道
11—力传感器　12—拉杆

为了避免由于应变片发热而使应变片周围产生气泡，从而影响应变信号，应适当调节应变系统中的桥路电压，使其不影响应变信号的测量。

在试验过程中，只要应变片周围的温度保持恒定，而且电压又不是高到足以引起液氦过于沸腾，应变片的自热就不会成为问题。

当测量 4K 温度的应变量时，可将应变片直接粘贴于试样表面。在低温下使用应变片时，应注意应变片、基材材料及黏结剂的选择和结合性。然而，也应该考虑到在应变还未到达 0.2% 塑性延伸强度时应变片粘贴松脱的情况。

（2）标定　引伸计需要在室温及 4K 温度下进行标定。对于在 4K 温度下的标定，可以使用长度测量装置，如配有垂直伸缩管的千分尺，将其低温端与引伸计安装好后浸泡于液氦中。如果标定结果是已知的而且被证明是精确的、线性的和可重复的，那么在每次试验之前的室温检查可以认为是对 4K 温度标定的间接验证。应定期地对引伸计进行在 4K 温度下的直接标定，在设备可能损坏或设备进行修理之后，直接标定更为重要。

2.4.3　试验内容及结果表示

1. 试样的安装

试样安装于低温恒温器中。注意应使仪器的信号线充分地松弛，这样在定位真空瓶或在试验时就不会使信号线发生拉伸或折皱的现象。

在对中过程中，应始终保持拉伸力低于材料弹性极限的1/3。随后维持在一个适当的力，确保在冷却过程中试样仍然保持对中。

在降温过程中，为了维持对中而又避免试样发生不受控制的应变，应采用自由加载条件。

2. 冷却过程

试样、引伸计和加力系统等不同部位形成的冰块会堵塞液氦输液管或引起试验力异常。为避免结冰，在冷却之前应去除设备中的所有可能产生冷凝物的液体，可以使用空气喷射器或热吹风机彻底干燥仪器。如果引伸计配有保护外壳，安装好引伸计以便液氦能自由地在引伸计的活动范围流动，从而避免气泡的附着和与其相关的噪声。

安装真空瓶并向低温恒温器中注入液氦对设备进行预降温。在沸腾平息（达到热平衡）之后排空低温恒温器中的所有液氦，然后向低温恒温器中输入液氦直到试样和夹具完全浸入液氦中。当系统在4K的温度下达到热平衡之后就可以开始试验了。在试验过程中，试样应一直浸泡在液氦中。

气态氦比液态氦的热传导性能要低，因此，试样应完全浸泡在液氦中，从而使温升对力学性能测量的影响最小。

3. 试验速率

（1）速率控制　液氦温度下拉伸性能的测量会受到试验速率的影响，因此试验中还应测量和控制位移速率。鉴于不连续屈服现象的影响，实际的试验速率是不可能精确控制及保持的，因此需要规定一个公称应变速率。公称应变速率是根据平行长度的位移速率计算出来的。

（2）速率限制　可使用任意的位移速率使应力达到屈服强度的一半。之后，应控制位移速率使公称应变速率不超过10^{-3}/s。更高的应变速率可能造成过高的试样发热，这会影响材料力学性能的测量准确性。

（3）速率范围　一般4K温度下的拉伸试验推荐的应变速率范围是$10^{-5}\sim10^{-3}$/s，但是一些材料在这个范围内显示出一定的对应变速率改变的敏感性，一些奥氏体高强钢在$10^{-4}\sim10^{-3}$/s应变速率范围内的拉伸性能显示出轻微的改变，而其他一些强度与热导率较高的材料（如钛合金）也可能显示出类似的倾向。因此，在一些试验中可以考虑使用非常低的应变速率，10^{-3}/s仅作为本试验所允许的最大应变速率。

对应变速率的适当改变也是允许的。例如，如果测量不连续屈服起始点的应变，就需要适当降低应变速率。如果在应力-应变曲线上的第1个锯齿的起始点与0.2%的塑性变形相距很近，为了避免与测量屈服强度发生冲突，就需要通过减小试验速率来推迟第1个锯齿的发生（见图2-39），可在试验初始用较低的应变速率来测量屈服强度，而后适当增加应变速率来完成试验。

4. 原始横截面积的测定

试样的原始横截面积是通过对试样尺寸的适当测量而计算出来的，使用的长度测量仪器误差不应超过0.5%或0.010mm，取其较大者。

5. 原始标距的标记

在试样平行长度内的适当位置，可以使用墨水或画线器进行标记。在进行标记之后，需

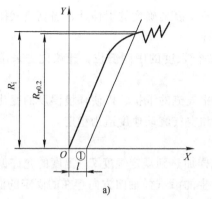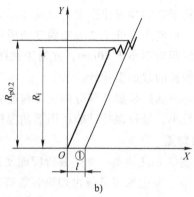

图 2-39　应力-应变曲线图

a) 在 0.2% 塑性应变之后发生锯齿现象　　b) 在 0.2% 塑性应变之前发生锯齿现象

X—应变　Y—应力　R_i—不连续屈服强度　$R_{p0.2}$—0.2% 规定塑性延伸强度

① 0.2% 偏置。

要对原始标距进行测量，测量精确到 0.1mm。

对于延展性低的金属，在其平行长度上采用打点或画线的方法进行标记，可能由于应力集中而导致试验失败。为了避免这种情况，可以使用墨水在试样的平行长度内喷涂表面涂层，然后取适当的间距在试样表面刮掉涂层，从而达到标记原始标距的目的。也可以使用试样的台阶或试样的全长作为原始标距来计算延伸率，在这种情况下有可能由于测量截面发生改变而产生误差，因此测量结果也是有局限性的。

6. 常规力学性能的测定

断后伸长率 A、规定塑性延伸强度 R_p、抗拉强度 R_m、断面收缩率 Z 的测定方法均与室温拉伸试验时相同，只是试验需要在液氦温度（4K）下进行。

7. 不连续屈服强度 R_i 的测定

用应力-应变曲线中第 1 个可测量的锯齿开始时的最大试验力除以试样的原始横截面积得到不连续屈服强度 R_i。

2.5　金属材料高温拉伸试验

金属材料高温拉伸试验按照 GB/T 228.2—2015《金属材料　拉伸试验　第 2 部分：高温试验方法》进行。

2.5.1　试样

金属材料高温拉伸试样的制备与室温拉伸试样的制备完全相同。

2.5.2　试验设备

1. 试验机

试验机的准确度级别应符合 GB/T 16825.1 的要求，并应为 1 级或优于 1 级。

2. 引伸计

引伸计的准确度级别应符合 GB/T 12160 的要求。当使用引伸计测量伸长时，对于上、下屈服强度及规定塑性延伸强度，应使用不低于1级准确度的引伸计；当测量试样有较大延伸率性能时，可使用不低于2级准确度的引伸计。

引伸计标距应不小于10mm，并置于试样平行长度的中间部位，建议优先采用能测量试样两个侧面伸长的双面引伸计。

引伸计伸出加热装置外部分的设计应能防止气流的干扰，以使环境温度的变化对引伸计的影响减至最小。最好保持试验机周围的温度和空气流动速度适当稳定。

3. 加热装置

（1）温度的允许偏差　加热装置应能使试样加热到规定温度 T。温度的允许偏差和温度梯度见表2-27。温度梯度是指由加热装置等产生的沿试样轴向方向存在的固定的温度差值。

表2-27　温度的允许偏差和温度梯度　　　　　　（单位：℃）

规定温度 T	T_i 与 T 的允许偏差	温度梯度
≤600	±3	3
>600~800	±4	4
>800~1000	±5	5
>1000~1100	±6	6

注：T_i 为指示温度。

加热装置均热区应不小于试样标距长度的两倍。

对于高于100℃的试验，温度允许偏差应由有关双方协商确定。

指示温度 T_i 是指在试样平行长度表面上所测量的温度。测定各项性能时，均应使温度保持在表2-28规定的范围内。

（2）温度测量装置　温度测量装置的最低分辨力为1℃，允许误差应在±0.004t 或±2℃之内，取其大值。热电偶应符合 JJG 141、JJG 351 的要求，应不低于2级。

（3）温度测量系统的检验　温度测量系统应在试验温度范围内检验，检验周期不超过3个月。如果温度测量系统能每天自动标定，或过去的连续检验已经表明无需调节测量装置均能符合规定要求，校验的周期可以延长，但不得超过12个月。检验报告中应记录误差。

2.5.3　试验内容及结果表示

1. 试样的加热

将试样逐渐加热至规定温度。加热过程中，试样的温度不应超过规定温度偏差上限，达到规定温度后至少保持10min，然后调整引伸计零点。

2. 温度的测量

热电偶测温端应与试样表面有良好的热接触，并避免加热体对热电偶的直接热辐射。当试样标距小于50mm时，应在试样平行长度内两端各固定一支热电偶；标距等于或大于50mm时，应在平行长度的两端及中间各固定一支热电偶。如果从经验中已知加热炉与试样的相对位置保证试样温度的变化不超过表2-28的规定时，热电偶的数目可以减少。

热电偶测温端直接固定于加热装置内时，必须经校验以保证指示温度与试样表面温度的一致性。当其温度一致时再计保温时间。

3. 试验力

应对试样无冲击地施加力，力的作用应使试样连续产生变形。试验力轴线应与试样轴线一致，以使试样标距内的弯曲或扭转减至最小。

4. 试验速率

（1）测定屈服强度时的试验速率　测定上屈服强度、下屈服强度和规定塑性延伸强度时的试验速率按如下要求：

1）试验开始至达到屈服强度期间，试样的应变速率应在 0.01～0.05/min 之间尽可能保持恒定，仲裁试验采用中间应变速率。

2）当试验系统不能控制应变速率时，应调节应力速率，使在整个弹性范围内试样应变速率保持在 0.003/min 以内，任何情况下，弹性范围内的应力速率不应超过 300MPa/min。

（2）测定抗拉强度时的试验速率　包括以下内容：

1）如果仅测定抗拉强度，试样的应变速率应在 0.02～0.20/min 之间尽量保持恒定，仲裁试验采用中间应变速率。

2）如果在同一试验中也测定屈服强度，从测定屈服强度时的试验速率中要求的应力速率到上述规定速率的改变应均匀连续。

5. 高温拉伸性能的测定

断后伸长率 A、规定塑性延伸强度 R_p、抗拉强度 R_m、上屈服强度 R_{eH}、下屈服强度 R_{eL}、断面收缩率 Z 的测定方法均与室温拉伸试验时相同。

2.6　金属超塑性材料拉伸试验

金属超塑性材料拉伸试验按照 GB/T 24172—2009《金属超塑性材料拉伸性能测定方法》进行。

具有超塑性特性的金属材料可产生超塑性变形。超塑性材料拉伸试验可用来测定材料的超塑性性能，包括：超塑性伸长率 A、流变应力 σ_f、应变速率敏感性指数 m、应力-应变关系式和流变应力-应变关系式等。

2.6.1　试样

试样分板状试样和圆柱状试样，其中板状试样包括 S 型试样和 R 型试样。

1）S 型试样的形状如图 2-40 所示，其尺寸见表 2-28。

表2-28　S 型试样的尺寸　　　　　　　　　　　　　　　（单位：mm）

原始标距 L_o	平行长度 L_c	平行部分的宽度 b	圆角半径 R
18	24	6	≤3

推荐的试样尺寸按下面两式计算：

$$L_t = 2L_g + L_c + 2R$$

$$B_g = 3b$$

式中　L_t——试样总长度，单位为 mm；

L_g——夹持部分长度，单位为 mm；

L_c——平行长度，单位为 mm；

R——圆角半径，单位为 mm；

B_g——夹持部分宽度，单位为 mm；

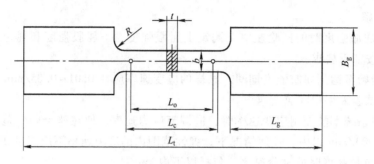

图 2-40　S 型试样的形状

B_g—夹持部分宽度　b—平行边宽度　L_o—原始标距　L_c—平行长度

L_t—试样总长度　t—试样厚度　L_g—夹持部分长度　R—圆角半径

b——平行边宽度，单位为 mm。

2）R 型试样的形状如图 2-41 所示，其尺寸见表 2-29。

3）圆柱状试样的形状如图 2-42 所示，其尺寸见表 2-30。

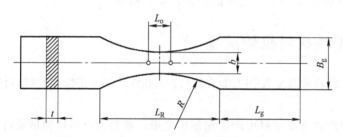

图 2-41　R 型试样的形状

B_g—夹持部分宽度　b—平行边宽度　L_o—原始标距　L_R—R 部分的原始长度

t—试样厚度　L_g—夹持部分长度　R—圆角半径

表2-29　R 型试样的尺寸　　　　　　　　　　（单位：mm）

夹持部分宽度 B_g	R 部分最小宽度 b	R 部分长度 L_R	R 部分半径 R	原始标距 L_o
16	6	30	25	6

注：L_g 不小于 20mm。

表2-30　圆柱状试样的尺寸　　　　　　　　　　（单位：mm）

平行部分直径 d	原始标距 L_o	平行长度 L_c	圆角半径 R
5	20	25	≤2.5

2.6.2　试验设备

1. 试验机

试验机应符合 GB/T 16825.1 的要求。横梁分离速率应保持恒定。根据协议选择合适的试验准确度级别。

2. 试样夹具

试样夹具在高温条件下应不产生塑性变形。试样夹持时，应注意使试样在试验过程中仅受到轴向力的作用，并且在试验加载之前的加热和保温期间，使试样不承受任何压力，承受最小的拉力。同时，应避免夹具自身重量作用于试样。

3. 加热装置

使用带温控器的加热炉加热试样。试验期间，加热炉应能保持整个试样标距范围内的温度均匀恒定，温度偏差应在表2-31允许范围内。

4. 气氛

试样尺寸的测量，尤其是试验后的试样标距及分段线间距离的测量应能得以进行，并应避免仪器在使用的环境中损坏。如果试验在控制的气氛下进行，所测量的力值应通过补偿压力差进行修正。

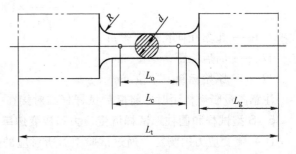

图2-42　圆柱状试样的形状

L_o—原始标距　L_c—平行长度　L_t—试样总长度

d—试样直径　L_g—夹持部分长度　R—圆角半径

5. 测温装置

（1）测温仪　测温仪应能够指示试样在表2-31规定的允许温度范围内的所有温度。

表2-31　温度的允许偏差　　　　　　　　　　　（单位：℃）

试验温度	≤200	>200~600	>600~800	>800~1000	>1000
允许偏差	双方协议	±3	±4	±5	双方协议

（2）热电偶　热电偶应符合JJG 141和JJG 351的规定，而且组成热电偶的材料应能够适应试验温度和试验环境的要求。

使用不同于热电偶的测温仪器时，其准确度应不小于热电偶的准确度。

2.6.3　试验内容及结果表示

1. 测温

1）采用规定的热电偶测量试验温度。所测试的温度应该是试样的温度，该温度为测量热电偶在试样表面接触点处的温度。热电偶应避免加热炉的直接热辐射。如果试样表面温度与加热炉中某个特定位置的温度在试验前被标定有对应性，测温方式可以灵活掌握。

2）更准确地测量至少要在不同的位置安装两支热电偶。

3）应确定试样的加热时间和试验前的保温时间。

4）在试验过程中，应使试验温度保持在表2-31规定的偏差范围内。

2. 施加试验力

施加试验力时，试验要求横梁分离速率保持恒定。

3. 试样尺寸的测量

测量标距的仪器应有足够的精密度，至少为规定尺寸的1%或者0.01mm，取其大者。应用小标记或细画线标记。原始标距不应用导致试样过早断裂的刻痕作为标记。

4. 超塑性伸长率的测定

试验前S型试样选择标距为18mm，R型试样选择标距为6mm，圆柱状试样选择标距为20mm。按下式计算超塑性伸长率：

$$A = \frac{L_u - L_o}{L_o} \times 100\%$$

式中　A——超塑性伸长率（%）；

L_u——断后标距，单位 mm；

L_o——原始标距，单位 mm。

注意测量断后标距时，将断后试样仔细对接在一起，使其轴线在同一条直线上。

5．S 型试样和圆柱形试样流变应力和应变速率敏感性指数的测定

（1）流变应力的测定　通过试验中力所对应的伸长量的变化绘制力-伸长曲线图。测量仪器要有足够的准确度，以保证在超塑性条件下所测的力值满足载荷传感器的准确度。

10% 的流变应力通过下式计算：

$$\sigma_{10} = \frac{1.1 F_{10}}{S_o}$$

式中　σ_{10}——10% 流变应力，单位为 MPa；

F_{10}——10% 的标称应变下的力值，单位为 N；

S_o——试样的原始横截面积，单位为 mm^2。

（2）应变速率敏感性指数 m 的测定　在特定的温度和微观结构条件下，在超塑性变形过程中，流变应力 σ_f 和应变速率 $\dot{\varepsilon}$ 间的关系可用下式计算：

$$\sigma_f = K \dot{\varepsilon}^m$$

式中　σ_f——流变应力，单位为 MPa；

K——带应力量纲的常数；

$\dot{\varepsilon}$——应变速率，单位为 s^{-1}；

m——应变速率敏感性指数。

上式中未考虑应变硬化的因素，因此上式只有材料的应变硬化影响可以忽略时才成立。

采用五个或五个以上不同横梁分离速率进行试验，通过描点可绘制出每个横梁分离速率下 10% 流变应力和相应标称应变速率间关系的对数-对数坐标图，用最小二乘法对上述关系做线性回归，求得直线的斜率即 m 值。

6．R 型试样 m 值的测定

应变速率敏感性指数 m 值应通过试验中断前试验力和试样尺寸的测量来测定。采用两个或两个以上的横梁分离速率拉伸试样，当 R 部分的伸长量达到指定值时中断试验。

在选择最小和最大的横梁分离速率时，应使它们之间的差值在 2~10 倍之间。R 部分的伸长量通常被指定为 3mm±0.5mm，这个变形量可认为是在起始形变过程中的伸长量。对于每一次试验，可以将每一个分段线上（见图 2-43）的真应力 $\sigma(i)$ 和真应变速率 $\dot{\varepsilon}(i)$ 测出。

1）如图 2-43 所示，在 R 部分的中间区域，在拉伸轴方向以 3mm 的间距绘制五个分段线，将试样拉伸轴沿水平方向放置，R 部分中心部位最小横截面积处的分段线称为 0 线，其左边的分别称为-6 和-3 线，右边的分别称为+3 和+6 线。

2）试验前测量 R 部分各分段线处相应的宽度 $b_o(i)$ ($i = -6$, -3, 0, $+3$, $+6$) 和厚度 $t_o(i)$，计算相应的横截面积 $S_o(i)$。

3）当 R 部分的伸长 ΔL_R 达到 3mm 时停止试验，记录该点力值和所用时间 τ_{inter}，τ_{inter}

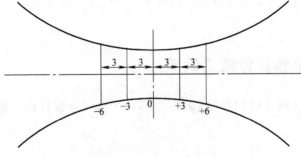

图 2-43　R 部分的分段线图

指力从弹性阶段轴向力开始线性增加到停止试验的时间。

4）测量停止试验后试样 R 部分相应于各分段线处的宽度 $b(i)$ 和厚度 $t(i)$，计算相应的横截面积 $S(i)$。测量仪器应保证足够的准确度。

5）按下面公式计算每个分段线处的流变应力 $\sigma(i)$ 和真应变 $\varepsilon(i)$：

$$\sigma(i) = \frac{F}{S(i)}$$

$$\varepsilon(i) = \ln \frac{S_o(i)}{S(i)}$$

6）由真应变 $\varepsilon(i)$ 和变形时间 τ_{inter} 导出各分段的真应变速率 $\dot{\varepsilon}(i)$：

$$\dot{\varepsilon}(i) = \frac{\varepsilon(i)}{\tau_{linter}}$$

7）采用两个或两个以上的横梁分离速率，测得每个分段线上的 $\sigma(i)$ 和 $\dot{\varepsilon}(i)$，绘制对数描点图后，进行线性回归分析，求得直线的斜率即 m 值，如图 2-44 所示。在这种情况下，为了等同地处理横截面的数据，0 分段线的数据应予以两倍加权进行线性回归分析。

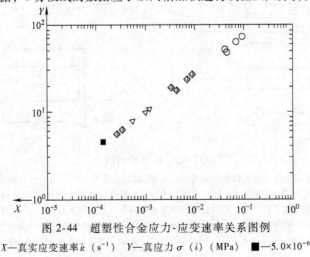

图 2-44　超塑性合金应力-应变速率关系图例

X—真实应变速率 $\dot{\varepsilon}$（s^{-1}）　Y—真应力 $\sigma(i)$（MPa）　■—5.0×10^{-6}

▽—1.7×10^{-5}　◈—1.7×10^{-4}　○—1.7×10^{-3}

7. 试验结果数值的修约

将超塑性伸长率 A、应变速率敏感性指数 m、10%流变应力 σ_{10} 按 GB/T 8170 修约到小数点后两位。

2.7 金属材料单轴拉伸蠕变试验

金属材料单轴拉伸蠕变试验按照 GB/T 2039—2012《金属材料　单轴拉伸蠕变试验方法》进行。

2.7.1 试样

1. 形状和尺寸

1）一般情况下，试样加工成圆形比例试样（$L_{ro} = k\sqrt{S_o}$）（见图 2-45），k 值应大于或等于 5.65 并在试验报告中记录 k 的取值，例如：$L_{ro} \geqslant 5D$。L_{ro} 是参考长度，指试验开始前在室温情况下测定的参考长度。

2）特殊情况下，还有矩形、方形或其他形状横截面的试样。对于圆形试样的要求不适用于特殊试样。

3）通常情况下，对于圆形试样，L_{ro} 应不大于 1.1 倍的 L_c；对于方形或矩形横截面试样，L_{ro} 应不大于 1.15 倍的 L_c。

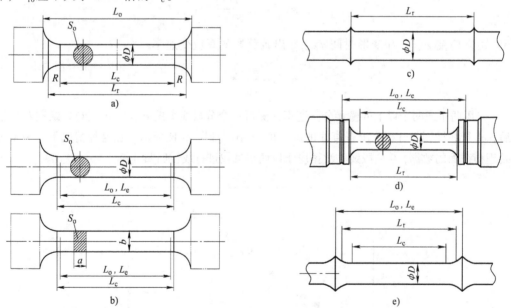

图 2-45　试样示例图

a）标距在平行长度以外的台肩试样　b）标距在平行长度以内的台肩试样
c）带小凸台试样　d）试样标距在平行长度以外的台肩试样　e）凸台试样

D—圆形试样平行长度部分的直径　S_o—平行长度内原始横截面积　L_o—原始标距　L_c—平行长度　L_r—参考长度
R—过渡弧半径　L_e—引伸计标距　a—方形或矩形横截面试样的厚度　b—方形或矩形横截面试样的宽度

注：1. 图 2-45a 中 L_r 的计算公式为：$L_r = L_c + 2\sum_i \left[(D/d_i)^{2n} l_i \right]$，其中 n 为试验温度下试验材料的应力指数，如果未知的话，通常取 $n = 5$；l_i 为过渡部分的长度增量；d_i 为与 l_i 对应的直径。

2. 图 2-45c 中，$L_r = L_o$ 或 L_e。

4）平行段应用过渡弧与试样夹持端连接，夹持端的形状应和试验机的夹持端相适应。对于圆柱形试样，过渡弧半径 R 应在 $0.25D \sim 1.0D$ 之间；对于方形或矩形截面试样，过渡弧半径 R 应在 $0.25b \sim 1.0b$ 之间。在特殊情况尤其是对于脆性材料，过渡弧半径可以大于 $1.0D$。

5）除非试样尺寸不够，原始横截面积 S_o 应大于等于 $7mm^2$。

6）当采用在平行段的凸台上安装引伸计时，凸台的过渡弧半径可以小于 $0.25d$；凸台过渡弧的选择必须尽量减小应力集中，并且应检验确保圆弧没有过切。对于有凸合试样，凸台和夹持端之间的试样直径可能比原始标距内直径大 10%。这是为了确保试样断裂发生在试样标距之内。

7）试样夹持端与试样平行段的同轴度误差为：① 对于圆形试样，$0.005D$ 或者 $0.03mm$，取二者中较大者；对于方形或矩形试样，$0.005b$ 或者 $0.03mm$，取二者中较大者。

8）当氧化成为重要影响因素时，可以选择较大原始横截面积 S_o 的试样。

9）原始参考长度的测量应准确至 $\pm 1\%$，断后参考长度与原始参考长度的差值应准确至 $0.25mm$。

10）对于缺口试样，有 V 形缺口试样和钝环形缺口试样两种。在拉伸和蠕变试

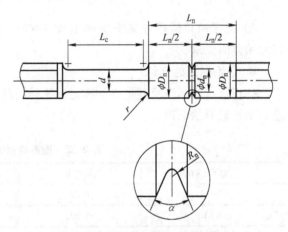

图 2-46　缺口和无缺口复合试样

验中测定 V 形缺口试样的试验时间，来反映诸如零件螺纹部分的材料特性。通常，采用的是同一试样上的较大直径处加工出与试样平行段相同横截面积的缺口的复合试样，如图 2-46 所示。此类试样主要用于测定材料是否"缺口强化"，也就是首先断在试样的平行段，或者"缺口弱化"，也就是试样断在缺口部分。显然，使用复合试样不能测定具体的缺口敏感性系数，如果要测定缺口敏感性系数必须在相同的净截面应力条件下对光滑和缺口试样分别试验。

钝环形缺口的拉伸蠕变试样是在多轴应力下评价材料行为的简易低成本方法，此外，这种应力状态也与工业制成零部件的服役条件相类似。工业生产中需要研究材料在三轴拉伸应力条件下材料的蠕变性能时，钝环形试样可以提供比 V 形缺口试样更宽的范围，并给出在这些情况下蠕变变形是如何累积的。缺口拉伸试验是实现这个目的的最直接的方法，尤其是通过改变缺口轮廓来获得较宽的应力水平的范围。三种经典的缺口轮廓如图 2-47 所示。

2. 试样的制取

1）试样应通过机加工的方法使得试样表面缺陷或残余变形降到最低。

2）圆形截面试样的几何公差见表 2-32，方形或矩形截面试样的几何公差见表 2-33。

3）建议最小原始横截面积处平行长度或参考长度的中间 2/3 以内，取二者较小值。

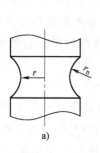
a)

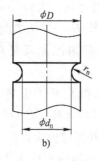
b)

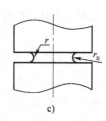
c)

图 2-47 缺口试样

a）钝环形 b）半环形 c）平行边形

4）对于缺口试样（见图 2-46 和图 2-47），应检查缺口尺寸是否满足相关产品标准中对尺寸偏差的要求。

3. 原始标距的标记

使用打点、标线及其他方法标记原始标距的两端，应注意不能使用导致试样提前断裂的缺口来标记原始标距。

表 2-32　圆形截面试样的几何公差　　　（单位：mm）

公称直径 D	几何公差[1]	公称直径 D	几何公差[1]
3~6	0.02	>10~18	0.04
>6~10	0.03	>18~30	0.05

[1] 在整个平行长度，横向上测量试样直径的最大偏差。

表 2-33　方形或矩形截面试样的几何公差　　　（单位：mm）

公称尺寸 b	几何公差[1]	公称尺寸 b	几何公差[1]
3~6	0.02	>10~18	0.04
>6~10	0.03	>18~30	0.05

[1] 在整个平行长度上，横向上测量试样宽度的最大偏差。

经标记的原始标距应准确至±1%。

有些情况下，为了帮助标记标距，会在试样表面画一条平行于试样纵轴的线，来标记原始标距。当使用带小凸台的试样时（见图 2-47c），标距 L_0 可以不做标记。

2.7.2　试验设备

1. 试验机

1）试验机应能提供施加轴向试验力并使试样上产生的弯矩和扭矩最小。试验前，应对试验机进行外观检查，以确保试验机的加力杆、夹具、万向节和连接装置都处于良好状态。

2）试验力应均匀平稳无振动地施加在试样上。

3）试验机应远离外界的振动和冲击。试验机应具有试样断裂时将振动降到最小的缓冲装置。

4）试验机至少应符合 GB/T 16825.2 中 1 级试验机的要求。

5）为了保证试验机和夹具能够对试样准确地施加试验力，应定期校准试验机的力值和加载同轴度，试验机的加载同轴度应不超过 10%。试验设备两次校准或检定的时间间隔依据设备类型、试验条件、维护水平和使用频次而定，除非另有规定，校准或检定周期不应超过 12 个月。试验机的校准或检定参考 JJG 276。如果能够证明试验设备在更长的时间内能够满足相关规定的要求，那么可以延长两次校准或检定之间的时间。

2. 伸长测量装置

1）对于连续试验，应使用引伸计测量试样的伸长。引伸计系统应满足 GB/T 12160 中 1 级或优于 1 级准确度的要求，或者采用能够满足相同准确度要求的其他设备。可以采用直接安装在试样上的引伸计，也可以采用非接触式的引伸计，例如：光学或激光引伸计。

2）建议引伸计校准的范围应包含预期的蠕变应变量。

3）引伸计应每年校准一次。如果预期试验时间超过校准周期，应在蠕变试验开始前对引伸计重新校准。

4）引伸计的标距应不小于 10mm。

5）引伸计应该可以测量试样单侧或双侧的伸长，双侧引伸计作为优先选择。

6）在报告中应注明所使用的引伸计类型（例如：单侧、双侧、轴向、径向）。当使用双侧引伸计测量试样伸长时，应报告平均伸长。对于连续蠕变试验，引伸计直接安装在试样的平行部分，依据引伸计标距 L_e 测量蠕变伸长率。

7）当引伸计安装在试样的夹持末端来测量蠕变伸长时，末端的外形和尺寸应保证能够在试样的参考长度内完全准确地测定伸长。依据参考长度 L_r 测量蠕变伸长率。

8）通常，引伸计的标距应尽可能地接近参考长度。为了提高测量准确度，标距应尽可能的大。

9）如果仅仅测量蠕变断裂后的残余伸长或规定时间的残余伸长，则不必使用引伸计。

10）对于不连续试验，试样卸载后冷却到室温，采用合适的工具测量标距长度的残余伸长。测量工具的精度应达到 $0.01\Delta L_r$ 或 0.01mm，取其大者。完成测量后，试样可以再次升温和加载。

11）对于采用短标距试样的小应变试验，例如应变小于等于 1%，需要仔细选用具有足够分辨力的测量装置。

12）当使用镍基合金材料的引伸计时，应注意避免虚假的负蠕变。

3. 加热装置

1）采用加热装置加热试样至规定温度 T。规定温度 T 与显示温度 T_i 的允许偏差和试样长度方向上允许的最大温度偏差见表 2-34。

2）对于规定温度超过 1100℃ 的试验，应由双方协商确定温度的允许偏差。

3）显示温度 T_i 是在试样的平行段表面测得的，应考虑所有来源的误差并对系统误差进行修正。

4）允许采用加热炉各个加热区间温度的间接测量方式来代替直接测量试样表面温度，这种方式必须证实能满足上述偏差的要求。

表 2-34 T_i 与 T 的允许偏差和试样长度方向上允许的最大温度偏差

规定温度 $T/℃$	T_i 与 T 的允许偏差/℃	试样长度方向上允许的最大温度偏差/℃
≤600	±3	3
>600~800	±4	4
>800~1000	±5	5
>1000~1100	±6	6

5）如果使用引伸计，则应考虑某种方法保护炉外的引伸计部分不会由于炉外空气温度的波动而对长度测量产生太大影响。

6）读取引伸计测量数值时，试验机环境温度波动应不超过±3℃。

7）对于不连续试验，标距测量时的环境温度波动应不超过±2℃。如果超过这个范围，应考虑环境温度变化带来的影响。

4. 热电偶

1）热电偶的测量端与试样表面应保持良好的热接触，并应该屏蔽以避免热源的直接辐射。炉内电偶丝其余部分应该有热防护和电绝缘。

2）对于试验时间较短（通常不超过500h）的热电偶至少应每72个月校准或检定一次。对于试验时间超过12个月的贵金属热电偶应按以下要求校准或检定：①规定温度低于等于600℃的每四年校准或检定一次；②规定温度高于600℃而低于等于800℃的每两年校准或检定一次；③规定温度高于800℃的每一年校准或检定一次。

3）如果试验时间超过了校准或检定周期，应在试验完成后立即校准或检定。如果热电偶重新焊接，则应在使用前再次校准或检定。

4）应对试验温度或者包含试验温度的典型区间对热电偶的偏差进行标定。

5）如果能够证明热电偶的偏差不影响规定允许的温度波动的，那么可以延长两次校准或检定之间的时间。

6）由于热电偶污染造成化学成分变化导致的温度漂移，以及人为处置的物理损伤都会导致热电偶输出值的变化。这些变化应该记录下来，并且如果要查询应该能够查到。

7）温度波动是由所使用的热电偶类型以及在试验温度下的暴露时间决定的。

8）如果热电偶的漂移影响超出温度的允许偏差，则应提高校准或检定的频次，或者通过热电偶的显示值对温度进行修正。

2.7.3 试验内容及结果表示

1. 试样的加热

1）试样应加热至规定的试验温度。试样、夹持装置和引伸计都应达到热平衡。

2）试样应在试验力施加前至少保温1h。对于连续试验，试样保温时间不得超过24h；对于不连续试验，试样保温时间不得超过3h，卸载后试样保温时间不得超过1h。

3）升温过程中，任何时间试样温度不得超过规定温度所允许的偏差。如果超出，应在报告中注明。

4）对于安装引伸计的蠕变试验，可以在升温过程中施加一定的初负荷（小于试验力的10%），来保持试样加载链的同轴。

2. 温度测量

1）温度显示装置的分辨力至少应为0.5℃，测温装置的准确度应等于或优于1℃。

2）对于单头试验机，试样的平行长度小于或等于50mm的应至少使用2支热电偶。对于平行长度超过50mm的试样，应至少使用3支热电偶。任何情况下应将热电偶固定在试样平行长度的两端，如果使用3支热电偶，应在试样平行长度的中段固定1支热电偶。

3）如果证实加热炉能够使试样上的温度波动不超过相关的规定，那么热电偶的数量可以减少为1支。

4）对于多头试验机，建议每个试样上至少固定1支热电偶。如果只用1支热电偶，应固定在试样平行长度的中间位置。如果仅在炉内安装3支控温热电偶，必须要有充分的数据证明每个试样的温度满足相关的要求。

5）对于间接测温装置，要求有规律地测量每个加热区间内热电偶与给定区间内一定数量试样上的温度差值数据。对于温度差的非系统部分，800℃以下不超过±2℃，800℃以上不超过±3℃。

3. 施加试验力

1）试验力应以产生最小的弯矩和扭矩的方式在试样的轴向上施加。

2）试验力至少应准确到±1%。试验力的施加过程应无振动并尽可能地快速。

3）应特别注意软金属和面心立方材料的加力过程，因为这些材料可能会在非常低的负荷下或室温下发生蠕变。

4. 单轴拉伸蠕变性能的测定一般方法

1）当初始应力对应的载荷全部施加在试样上时，作为蠕变试验开始并记录蠕变伸长，如图2-48所示。

2）为了获得足够多的伸长数据，可以多次周期性地中断试验：①多试样串联试验，一个试样断裂后，允许将其从试样链中取出并更换为新试样后继续试验；②意外中断，对于每次试验意外中断的原因

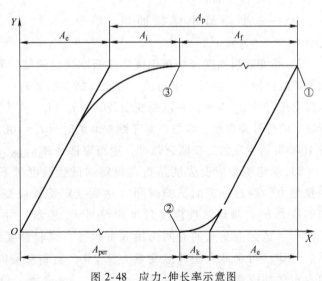

图2-48 应力-伸长率示意图

X—伸长率　　Y—应力　　A_e—弹性伸长率　　A_f—蠕变伸长率

A_i—初始塑性伸长率　　A_k—滞弹性伸长率

A_p—总塑性伸长率　　A_{per}—残余伸长率

① 卸载开始。

② 卸载结束。

③ 加载结束。

（例如加热中断或停电），应在试验条件恢复后，记录在试验报告中。应确保不因试样收缩而导致试样上试验力的超载。建议在中断期间保持试样上的初始负荷。

3）在整个试验过程中，应充分记录试样的温度。

4）在整个试验过程中，应连续记录或记录足够多的伸长数据来绘制伸长率-时间曲线，如图2-49所示。

5）从图2-50中读出 A_k（滞弹性伸长率，%），从图2-51中即可读出 A_f（蠕变伸长率，%）、A_u（蠕变断裂后伸长百分率，%）、A_i（初始塑性伸长率，%）。

6）按下式计算 A_p（总塑性伸长率，%）、A_{per}（残余伸长率，%）、Z_u（蠕变断裂后断面收缩率，%）。

$$A_p = A_i + A_f$$

$$A_{per} = A_p - A_k$$

$$Z_u = \frac{S_o - S_u}{S_o} \times 100\%$$

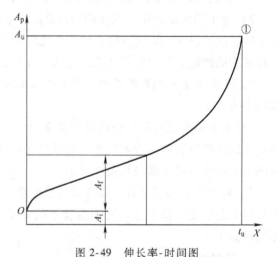

图2-49　伸长率-时间图

X—从加载结束时计时　　A_u—蠕变断裂后伸长百分率

A_f—蠕变伸长率　　A_p—总塑性伸长率

A_i—初始塑性伸长率　　t_u—蠕变断裂时间

①试样断裂。

式中　S_o——平行长度内原始横截面积，单位为 mm^2；

S_u——断后最小横截面积，单位为 mm^2。

7）蠕变断裂强度（持久强度）是指在规定的试验温度 T 下，依据应力 σ_o 在试样上施加恒定的拉伸力，经过一定的试验时间（蠕变断裂时间 t_u）所引起断裂的应力 σ_o。蠕变断裂强度用符号 R_u 表示，并以蠕变断裂时间 t_u（h）作为第2下角标，试验温度 T（℃）为第3下角标的符号来表示。例如，对于蠕变断裂时间 $t_u = 100000h$、试验温度 $T = 550℃$，即550℃下10000h所测定的蠕变断裂强度，用简短符号 $R_{u100000/550}$ 表示，单位为 MPa。

8）规定塑性应变强度是指在规定的试验温度 T 下，依据应力 σ_o 在试样上施加恒定的拉伸力，经过一定的试验时间（达到规定塑性应变的时间 t_{px}）所能产生预计塑性应变的应力 σ_o。规定塑性应变强度用符号 R_p 表示，并以最大塑性应变量 x（%）作为第2下角标，达到应变量的时间为第3下角标，试验温度 T（℃）为第4下角标的符号来表示。例如，对于最大塑性应变量为0.2%，达到应变时间为1000h，试验温度 $T = 650℃$ 的规定塑性应变强度用简短符号 $R_{p0.2,1000/650}$ 表示，单位为 MPa。

5. 外推法

应将在一个试验温度下单个材料的试验结果置于一系列的图表中进行评价，如图2-50和图2-51所示。在这些图中外推曲线用虚线表示，外推点用圆括号表示。

采用外推方法的要点如下：

1）在处理蠕变数据时，经常需要确定蠕变断裂强度或应变强度对应最长试验时间的 q_e 倍值，系数 q_e 是外推时间与试验时间的比值，通常不超过3。

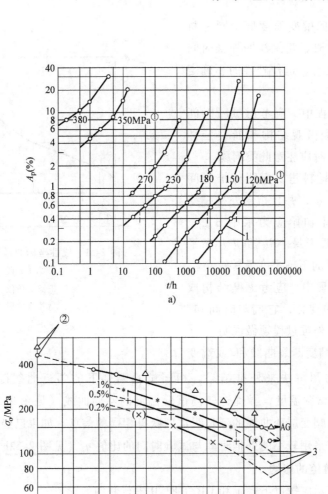

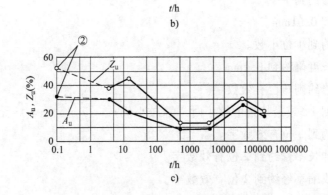

图 2-50　恒定温度和恒定试验力的结果表达示例图

a）蠕变图　b）蠕变断裂图　c）蠕变断裂变形图

1—蠕变曲线　2—蠕变断裂曲线　3—蠕变应变曲线　○—光滑试样（已断）　△—缺口试样（已断）

○→—试验进行中　△→—AG—试验停止（未断）　-----—外推曲线

① 初始应力。

② 高温拉伸试验。

2）如果外推的蠕变强度低于同一材料的最小初始应力时，建议注明外推时间与试验时间的比值 q_e，这种外推的不确定度通常较大。

3）在外推过程中，应考虑试验时间和试验温度会改变微观结构和断裂延伸值。选取外推方法时应注意此类问题。

4）对于相同材料建议标明外推时间与试验时间的比值 q_e，并且指出外推蠕变强度是否低于最小初始应力水平 σ_{omin}。当外推蠕变强度低于最小初始应力水平 σ_{omin} 时，外推结果的不确定度通常较大。

5）在外推过程中，应考虑微结构或蠕变断裂变形值的变化，它们与时间和/或试验温度有关。外推过程须做说明。

6）通常采用蠕变断裂曲线和/或蠕变应力曲线的延长的图解法来外推结果。相同试验温度下的邻近曲线随时间的转变（见图 2-52b）或不同试验温度，择优选较高试验温度的不同曲线（见图 2-52c），都有助于外推的有用提示。从蠕变应变曲线的延长线可以获得相同的信息。如果已经借助相邻曲线进行了图解法外推，应采用较小的外推时间与试验时间的比值 q_e（见图 2-52b 和图 2-52c）。

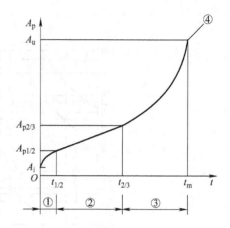

图 2-51　线性坐标的蠕变示意图
①第 1 阶段。
②第 2 阶段。
③第 3 阶段。
④断裂。

6. 试验结果数值的修约

试验结果的表示应按以下规定和 GB/T 8170 进行修约。

1）规定温度修约到 1℃。

2）直径修约到 0.01mm。

3）长径比修约到 1 位小数。

4）原始参考长度修约到 0.1mm。

5）初始应力修约到 3 位有效数字。

6）时间修约到 1%或最接近的整小时（取较小值）。

7）伸长率修约到 3 位有效数字。

8）蠕变断后伸长率修约到 2 位有效数字。

9）蠕变断面收缩率修约到 2 位有效数字。

10）蠕变速率修约到 3 位有效数字。

2.8　金属材料焊接接头拉伸试验

金属材料焊接接头拉伸试验按照 GB/T 2651—2008《焊接接头拉伸试验方法》进行。该试验方法适用于金属材料熔焊和压焊接头的拉伸试验。

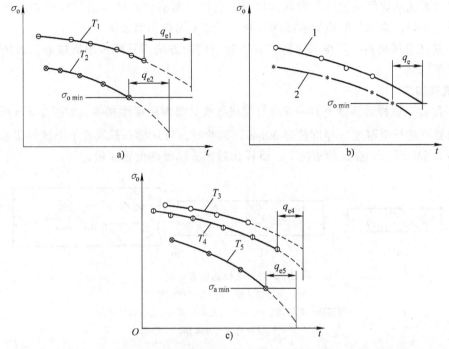

图 2-52　蠕变应变（断裂）图解法外推示例

a）蠕变断裂曲线（$T_1 < T_2$）　b）蠕变断裂和蠕变应变曲线（T 为常数）　c）蠕变断裂曲线（$T_3 < T_4 < T_5$）

1—蠕变断裂曲线　2—时间应变曲线

2.8.1　试样

1. 取样位置

试样应从焊接接头垂直于焊缝轴线方向截取，试样加工完成后，焊缝的轴线应位于试样平行长度部分的中间。对小直径管试样可采用整管，未做特殊规定时，小直径管是指外径不大于 18mm 的管子。

2. 标记

1）每个试件应做标记以便识别其从产品或接头中取出的位置。

2）如果相关标准有要求，应标记机加工方向（例如轧制方向或挤压方向）。

3）每个试样应做标记以便识别其在试件中的准确位置。

3. 热处理及/或时效

焊接接头或试样一般不进行热处理，但相关标准规定或允许被试验的焊接接头进行热处理除外，这时应在试验报告中详细记录热处理的参数。对于会产生自然时效的铝合金，应记录焊接至开始试验的间隔时间。

钢铁类焊缝金属中有氢存在时，可能会对试验结果带来显著影响，需要采取适当的去氢处理。

4. 取样

（1）一般要求　取样所采用的机械加工方法或热加工方法不得对试样性能产生影响。

（2）钢　厚度超过 8mm 时，不能采用剪切方法。当采用热切割或可能影响切割面性能的其他切割方法从焊件或试件上截取试样时，应确保所有切割面距离试样的表面至少 8mm 以上。平行于焊件或试件的原始表面的切割，不应采用热切割方法。

（3）其他金属材料　不得采用剪切方法和热切割方法，只能采用机械加工方法（如锯或铣、磨等）。

5. 机械加工

（1）位置　试样的厚度 t_s，一般应与焊接接头处母材的厚度相等，如图 2-53a 所示。当相关标准要求进行全厚度（厚度超过 30mm）试验时，可从接头截取若干个试样覆盖整个厚度，如图 2-53b 所示。在这种情况下，试样相对接头厚度的位置应做记录。

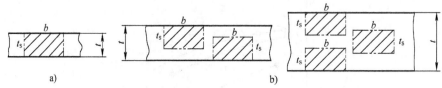

图 2-53　试样的位置示例

a）全厚度试验　b）多试样试验

t—焊接接头的厚度　b—平行长度部分宽度　t_s—试样厚度

注：试样可以相互搭接。

（2）尺寸　按下面要求：

1）对于板及管板状试样，试样厚度沿着平行长度 L_c 对于从管接头截取的试样应均衡一致，其形状和尺寸应符合表 2-35 及图 2-54 的规定。对于从管接头截取的试样，可能需要矫平夹持端；然而，这种变平及可能产生的厚度变化不应波及平行长度 L_c。

表 2-35　板及管板状试样的尺寸　　　　　　　　　　　　　（单位：mm）

名　称		符　号	尺　寸
试样总长度		L_t	适合于所使用的试验机
夹持端宽度		b_1	$b+12$
平行长度部分宽度	板	b	$12(t_s \leq 2)$ $25(t_s > 2)$
	管子	b	$6(D \leq 50)$ $12(50 < D \leq 168)$ $25(D > 168)$
平行长度		L_c	$\geq L_s + 60$
过渡弧半径		r	≥ 25

注：1. 对于压焊及高能束焊接头而言，焊缝宽度为零（$L_s = 0$）。

　　2. 对于某些金属材料（如铝、铜及其合金）可以要求 $L_c \geq L_s + 100mm$。

2）整管拉伸试样如图 2-55 所示。

3）实心截面试样尺寸应根据协议要求。当需要机加工成圆柱形试样时，试样尺寸应依据 GB/T 228.1 要求，只是平行长度 L_c 应不小于 $L_0 + 60mm$，如图 2-56 所示。

（3）表面制备　试样制备的最后阶段要进行机加工，应采取预防措施避免在表面产生变形硬化或过热。试样表面应没有垂直于试样平行长度 L_c 方向的划痕或切痕，不得除去咬边。超出试样表面的焊缝金属应通过机加工除去，对于有熔透焊道的整管试样应保留管内焊缝。

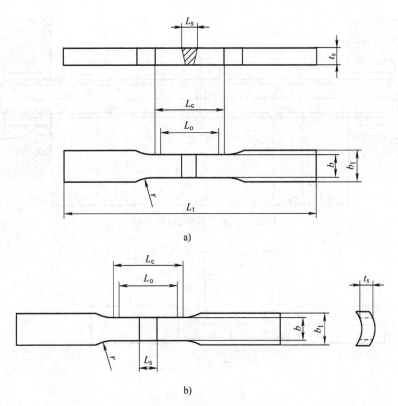

图 2-54　板和管接头板状试样

a）板接头　b）管接头

L_o—原始标距

2.8.2　试验设备

金属材料焊接接头拉伸试验所用设备及要求与室温拉伸试验完全相同。

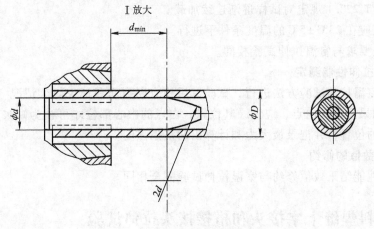

图 2-55　整管拉伸试样

d—管塞直径　D—管外径

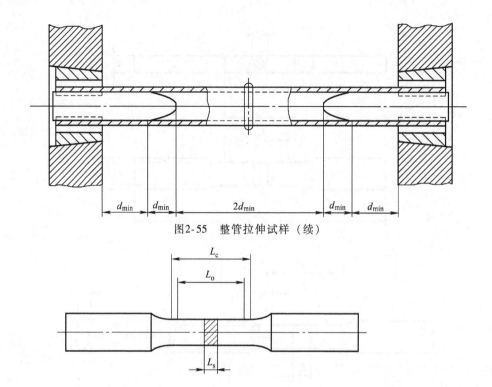

图2-55 整管拉伸试样（续）

图 2-56 实心圆柱形试样

L_s—加工后焊缝的最大宽度

2.8.3 试验内容及结果表示

1. 试验要求

1）试验开始前，应测量并记录试样尺寸。

2）依据 GB/T 228.1 规定对试样逐渐连续加载。

3）试验一般应在 23℃±5℃ 的温度条件下进行。

4）其他试验要求与室温拉伸试验相同。

2. 焊接接头拉伸性能测定

按金属材料室温拉伸试验方法进行，试验完后检查断裂面和记录缺欠情况（包括种类、尺寸、数量）。如果发现有白点，应记录其位置，白点的中心部位才可视为缺欠。在测试报告中应注明断裂的位置，并记录最大力和计算出的抗拉强度。

3. 试验结果数值的修约

试验测定的性能结果数值修约与室温拉伸试验完全相同。

2.9 金属材料焊缝十字接头和搭接接头拉伸试验

金属材料焊缝十字接头和搭接接头拉伸试验按照 GB/T 26957—2011《金属材料焊缝破

坏性试验 十字形接头和搭接接头拉伸试验方法》进行。

2.9.1 试样

1. 一般要求

1) 试件的线性错边和角度偏差应保持最低，并记录在试验报告中。

2) 焊缝轴线应保持与试样的纵向垂直。

3) 每个试样应打标记以便识别其从试件上取样的部位。相关标准有要求时，还应标出加工方向（例如轧制方向或挤压方向）。

4) 焊件接头或试样一般不进行热处理，但相关标准规定或允许被试验的焊接接头进行热处理除外，这时应在试验报告中详细记录热处理的参数。对于会产生自然时效的铝合金，应记录焊接至开始试验的间隔时间。

5) 取样所采用的机械加工方法或热加工方法不得对试样性能产生影响。

6) 应采用锯或铣床加工。

7) 如果采用可能影响切割面的热切割（或其他切割）方法将试样从试件中切取，切口应距离试样边缘至少8mm。

8) 试样制备的最后阶段应采用机械加工，应采取预防措施避免在表面产生形变硬化或过热。试样的受试表面应当无横向划痕或缺口，不得除去咬边。

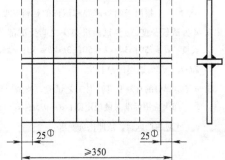

图2-57 十字接头的取样部位
①舍弃。

2. 十字接头试样

1) 十字接头试样应按图2-57的规定焊接并制备。

2) 十字接头试样的尺寸应符合图2-58的规定。

3. 搭接接头试样

1) 搭接接头试件应按图2-59的规定焊接并制备。

2) 搭接接头试样的尺寸应符合图2-60的规定。

2.9.2 试验设备

金属材料焊缝十字接头和搭接接头拉伸试验所用设备及要求与室温拉伸试验完全相同。

2.9.3 试验内容及结果表示

1. 试验要求

1) 试验开始前，应测量并记录试样尺寸。

2) 沿焊缝轴线垂直方向对试样连续施加拉伸力直至其破断，加力速度应保持均匀，不得有突变。

3) 试验一般应在23℃±5℃的温度条件下进行。

4) 其他试验要求与室温拉伸试验相同。

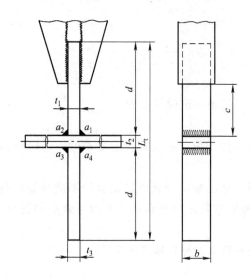

图 2-58 十字接头试样的尺寸

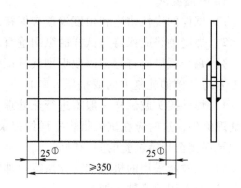

图 2-59 搭接接头的取样部位
①舍弃。

注：1. 对生产试验，t 为产品厚度；对工艺试验，$t_1=t_2=t_3$，t_1、t_2、t_3 指用于制备试件和试样的材料厚度。

2. d 为试板长度，c 为试验机夹头之间受试部分的自由长度。$d \geqslant 150$；$30 \leqslant b \leqslant 50$；$3t \leqslant b \leqslant 50$；$c \geqslant 2b$；$L_t=2d+t_2$，$L_t$ 为试样的总长度。

3. a（角焊缝的有效厚度）对工艺试验，按照应用标准要求。如果应用标准未做规定则：$a \approx 0.5t$；$a_1 \approx a_2 \approx a_3 \approx a_4$；$a$ 对生产试验，按照供货要求。

2. 焊缝十字接头和搭接接头拉伸性能测定

按金属材料室温拉伸试验方法进行，试验完后检查断裂面和记录缺欠情况（包括种类、尺寸、数量）。如果发现有白点，应记录其位置，白点的中心部位才可视为缺欠。若试板分层，则试验结果无效。

应在若干个点测量断裂面宽度，每个测量点之间的距离为 $3a$（角焊缝的有效厚度，见图 2-58 和图 2-59），求出断裂面宽度平均值 w_f（见图 2-61）。

按下式求出断裂面积：

$$A_f = w_f b$$

式中 A_f——断裂面积，单位为 mm^2；

w_f——断裂面宽度平均值（见图 2-61），单位为 mm；

b——试样宽度（与断裂面长度相等，见图 2-58 和图 2-60），单位为 mm。

按下式求出抗拉强度：

$$R_m = F_m / A_f$$

式中 R_m——抗拉强度，单位为 MPa；

F_m——试验过程中试样承受的最大力，单位为 N；

A_f——断裂面积，单位为 mm^2。

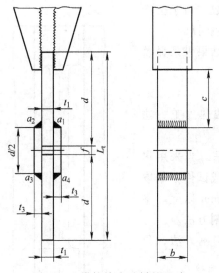

图 2-60　搭接接头试样的尺寸

注：1. 对生产试验，t 为产品厚度；对工艺
试验，$t_1 = t_3$，t_1、t_3 指用于制备试件
和试样的材料厚度。

2. d 为试板长度，c 为试验机夹头之间受
试部分的自由长度。$d \geqslant 150$；$30 \leqslant b \leqslant$
50；$3t \leqslant b \leqslant 50$；$c \geqslant 2b$；$L_t = 2d + f$，$L_t$
为试样的总长度，f 为搭接试样之间
的间隙。

3. a（角焊缝的有效厚度）对工艺试验，
按照应用标准要求。如果应用标准未
做规定则：$a \approx 0.5t$；$a_1 \approx a_2 \approx a_3 \approx$
a_4；a 对生产试验，按照供货要求。

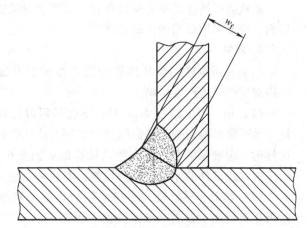

图 2-61　断裂面的宽度定义

2.10　焊缝及熔敷金属拉伸试验

焊缝及熔敷金属拉伸试验按照 GB/T 2652—2008《焊缝及熔敷金属拉伸试验方法》进
行。该试验方法适用于金属材料熔焊焊缝及熔敷金属的拉伸试验。

2.10.1　试样

1. 取样位置

试样应从试件的焊缝及熔敷金属上纵向截取。加工完成后，试样的平行长度应全部由焊
缝金属组成，如图 2-62 和图 2-63 所示。为了确保试样在接头中的正确定位，试样两端的接
头横截面可做宏观腐蚀。

2. 标记

1）每个试件都应做标记，以识别其在接头中的准确位置。

2）每个试样都应做标记，以识别其在试件中的准确位置。

3. 热处理及/或时效

焊接接头或试样一般不进行热处理，但相关标准规定或允许被试验的焊接接头进行热处

理除外，这时应在试验报告中详细记录热处理的参数。对于会产生自然时效的铝合金，应记录焊接至开始试验的间隔时间。

钢铁类焊缝金属中有氢存在时，可能会对试验结果带来显著影响，需要采取适当的去氢处理。

4. 取样

（1）一般要求　取样所采用的机械加工方法或热加工方法不得对试样性能产生影响。

（2）钢　厚度超过 8mm 时，不能采用剪切方法。当采用热切割或可能影响切割面性能的其他切割方法从焊件或试件上截取试样时，应确保所有切割面距离试样的表面至少 8mm 以上。平行于焊件或试件的原始表面的切割，不应采用热切割方法。

（3）其他金属材料　不得采用剪切方法和热切割方法，只能采用机械加工方法（如锯或铣、磨等）。

5. 机械加工

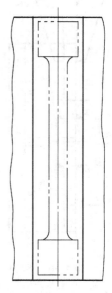

图 2-62　试样的位置示例（纵向截面）

（1）位置　试样应取自焊缝金属的中心，如图 2-62 所示。其横截面位置按照图 2-63 的规定。未能在中间厚度位置截取试样时，应记录其中心距表面的距离 t_1，如图 2-63b 所示。在厚板或双面焊接头情况下，可以在厚度方向不同位置截取若干试样，如图 2-63c 所示，应记录每个试样中心距表面的距离 t_1 和 t_2。

（2）尺寸　尺寸要求如下：

1）每个试样应具有圆形横截面，而且平行长度范围内的直径 d 应符合 GB/T 228.1 的规定。

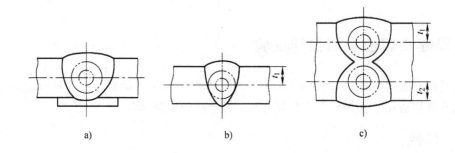

图 2-63　试样的位置示例（横向截面）

a）用于焊接材料分类的熔敷金属试样　b）取自单面焊接头的试样　c）取自双面焊接头的试样

t_1、t_2—试样中心距表面的距离

2）试样的公称直径 d 应为 10mm。如果无法满足这一要求，直径应尽可能大，且不得小于 4mm。试验报告应记录实际的尺寸。

3）试样的夹持端应满足所使用的拉伸试验机的要求。

6. 表面质量

试样表面应避免产生变形硬化或过热。

2.10.2　试验设备

金属材料焊缝及熔敷金属拉伸试验所用设备及要求与室温拉伸试验完全相同。

2.10.3　试验内容及结果表示

1. 试验要求

1）试验开始前，应测量并记录试样尺寸。

2）依据 GB/T 228.1 规定对试样逐渐连续加载。

3）试验一般应在 23℃±5℃ 的温度条件下进行。

4）其他试验要求与室温拉伸试验相同。

2. 焊缝及熔敷金属拉伸性能测定

按金属材料室温拉伸试验方法进行，试验完后检查断裂面和记录缺欠情况（包括种类、尺寸、数量）。如果发现有白点，应记录其位置，白点的中心部位才可视为缺欠。在测试报告中应注明断裂的位置，并记录最大力和计算出的抗拉强度 R_m、规定塑性延伸强度 $R_{p0.2}$、断后伸长率 A、断面收缩率 Z。

2.11　金属材料管和环拉伸试验

金属材料管和环拉伸试验按照 GB/T 25048—2010《金属材料　管　环拉伸试验方法》进行。

2.11.1　试样

1）试样应当是从原金属管上截取的一段管环，且其两个端面垂直于金属管的轴线，金属管的外径大于 150mm，管壁厚不大于 40mm 且内径大于 100mm。

2）试样的长度（管环的宽度）应为 15mm 左右。如果金属管壁厚大于 15mm，此时试样长度可等于管壁厚度。

3）管环试样的端面应无毛刺，试样的棱边允许用锉或者其他方法使其倒圆或倒角。如果试验结果满足试验要求，可不对其进行倒圆或倒角。

2.11.2　试验设备

试验设备是两根直径相同且轴线平行的圆柱销，它们可相对移动，并在移动过程中仍保持平行，如图 2-64 所示。

原则上，圆柱销的直径选择应保证其能达到试验所需的最低强度要求，在金属管环试样内径允许的情况下，圆柱销的直径应至少为管环壁厚的 3 倍。

2.11.3　试验内容及结果表示

1. 试验要求

1）试验一般在 10~35℃ 的温度条件下进行。

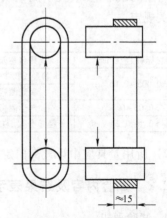

图 2-64　试验装置示意图

2）对要求在控制条件下进行的试验，温度应控制在 23℃±5℃。

3）在有争议的情况下，试验速度不得超过 5mm/s。

2. 试验方法

将金属管上切割下来的管环试样放在两根圆柱销上，通过两根圆柱销一定速度的相对移动使管环发生变形直至断裂，观察试样内部缺陷。

2.12 有色金属细丝拉伸试验

有色金属细丝拉伸试验按照 GB/T 10573—1989《有色金属细丝拉伸试验方法》进行。该试验适用于测定标称直径不大于 0.25mm 的有色金属丝材的常温拉伸性能。

2.12.1 试样

1）试样应从外观检查合格的产品中抽取。

2）试样原始标距长度一般为 100mm，另有要求也可选用 200mm 或 50mm。在不需要测定伸长率时，试样标距可采用 50mm。

3）试样截取的总长度应根据试样原始标距和夹持长度确定。

4）试样应距丝材端头 300mm 以外截取，每个试样间距不小于 300mm。对于直径大于 0.1mm 的贵金属丝材，取样间距可适当缩小。

5）试样在承受拉伸前不得有机械损伤和弯折。

6）每轴丝材取 3 个试样。

2.12.2 试验设备

1. 试验机

1）试验机测量误差符合 JJG 157 中有关规定。试验机的精度应满足 1 级要求。

2）试验机应由计量部门定期检定，试验所用力值范围应在被检范围以内。

2. 量具

1）激光测径仪、光学测微仪、杠杆千分尺及外径千分尺，其最小分度值应满足表 2-36 的有关规定。

表 2-36 量具的最小分度值

丝材标称直径/mm	量具名称及方法	量具最小分度值/mm
0.005~0.05	参照 GB/T 15077	截面误差≤1%
	激光测径仪	0.0001
>0.05~0.1	光学测微仪	0.001
>0.1~0.25	外径千分尺、杠杆千分尺	0.001

2）所用量具应由计量部门定期检定。

2.12.3 试验内容及结果表示

1. 试验要求

1）试验环境温度为 10~35℃。

2) 试验机两夹头间距为 $L_o \pm 0.5mm$（L_o 是试样原始标距，单位为 mm）。

3) 装夹试样时要保持试样自由下垂且平直，必要时对试样施加预张力，其大小一般不超过丝材最大力的 5%。也可以把被测试样粘贴在纸框两端的直线上，粘贴长度 h 及纸框宽度 b 视夹头大小确定，如图 2-65 所示，待试样装好后将纸框剪断。

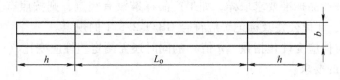

图 2-65 粘贴试样

L_o—试样原始标距 h—粘贴长度 b—纸框宽度

4) 拉伸时夹头移动速度按表 2-37 规定进行。

表 2-37 拉伸时夹头移动速度

断时总伸长率 A_t（%）	夹头移动速度/（mm/min）
≤10	<10
>10~20	<20
>20~50	<50

在只需测定最大力的情况下，夹头移动速度可根据被测丝材的预测伸长率参照表 2-38 进行。仲裁试验时夹头移动速度为 5mm/min。

5) 试样应从被测丝材上抽取至少 1m 长的丝头，沿丝材长度方向在相互垂直的部位间隔测量 6~10 点，取其算术平均值，即为被测丝材试样的直径。

6) 试样的横截面积按下式计算：

$$S_o = 0.7854 d_o^2$$

式中　S_o——横截面积，单位为 mm^2；

　　　d_o——丝材直径，单位为 mm。

2. 金属细丝拉伸性能测定

断裂总延伸率 A_t、断后伸长率 A、规定塑性延伸强度 R_p、规定总延伸强度 R_t、抗拉强度 R_m 的测定方法均与室温拉伸试验时相同。

2.13 金属材料薄板和薄带拉伸应变硬化指数的测定

金属材料薄板和薄带拉伸应变硬化指数的测定按照 GB/T 5028—2008《金属材料 薄板和薄带 拉伸应变硬化指数（n 值）的测定》进行。

该试验适用于塑性变形范围内应力-应变曲线呈单调连续上升的部分。拉伸应变硬化指数（n 值）定义为：在单轴拉伸应力作用下，真实应力与真实塑性应变数学方程式中的真实塑性应变指数。此方程可用下式表示：

$$s = Ce^n$$

式中　s——真实应力，单位为 MPa；

　　　C——强度系数，单位为 MPa；

e——真实塑性应变；

n——拉伸应变硬化指数。

2.13.1 试样

1）应按照相关产品标准要求取样，如果产品标准没有规定，则按照有关各方的协议取样。试样尺寸公差、几何公差及标记等应符合 GB/T 228.1 的规定。

2）若在测定拉伸应变硬化指数（n 值）的同时还需测定塑性应变比（r 值），则试样还应符合 GB/T 5027 的要求。

3）试样厚度应是产品的原始厚度。

4）试样表面不得有划伤等缺陷。

2.13.2 试验设备

1）拉伸试验机应满足 GB/T 16825.1 中的 1 级或优于 1 级的要求。试样的夹持方式应符合 GB/T 228.1 的规定。

2）测量标距变化的引伸计的准确度应满足 GB/T 12160 标准中的 2 级或优于 2 级的要求（如果同时根据 GB/T 5027 测定材料的 r 值时，须采用 1 级引伸计）。

3）当测量试样平行长度部分的厚度和宽度时，尺寸测量装置的分辨力应符合 GB/T 228.1 的规定。

2.13.3 试验内容及结果表示

1. 试验要求

1）试验一般在 10~35℃ 的温度条件下进行。

2）对要求在控制条件下进行的试验，温度应控制在 23℃±5℃。

3）在塑性变形阶段，试样平行长度部分的应变速率不得超过 0.008/s。在测定 n 值的整个应变区间内，该速率应保持恒定。

4）若在测定拉伸应变硬化指数（n 值）的同时还需测定规定塑性延伸强度、屈服强度等性能时，试验速率还应满足 GB/T 228.1 中的相关规定。

2. 拉伸应变硬化指数的测定

（1）测量　当在整个均匀塑性应变范围内测定 n 值时，测量应变的上限应稍小于最大力所对应的塑性应变。当材料呈现单调上升的均匀变形行为（即材料无明显上、下屈服）时，测量应变的下限应稍大于测定 R_m 的试验速率切换点对应的应变量，如图 2-66 所示。当材料呈现明显屈服（即材料有上、下屈服强度）时，测量应变的下限应稍大于加工硬化起始点和测定 R_m 的试验速率切换点

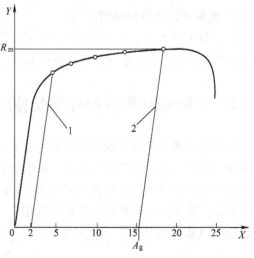

图 2-66　$n_{2\text{-}20/A_g}$ 或 $n_{2\text{-}A_g}$ 应变取值范围

X—应变　Y—应力　1—下限　2—上限

A_g—最大塑性延伸率　R_m—抗拉强度

对应的应变量，如图 2-67 和图 2-68 所示。

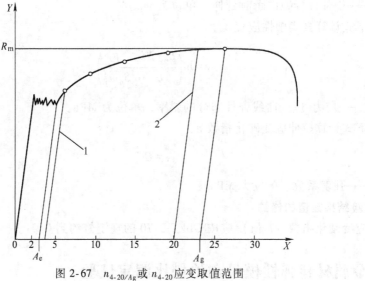

图 2-67　n_{4-20/A_g} 或 n_{4-20} 应变取值范围

X—应变　Y—应力　1—下限　2—上限

A_e—屈服点延伸率　A_g—最大塑性延伸率　R_m—抗拉强度

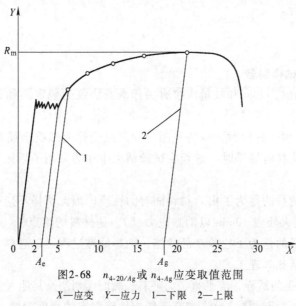

图2-68　n_{4-20/A_g} 或 n_{4-A_g} 应变取值范围

X—应变　Y—应力　1—下限　2—上限

A_e—屈服点延伸率　A_g—最大塑性延伸率　R_m—抗拉强度

（2）真实应力 s 和真实塑性应变 e　根据试验力和相应的变形值，采用下式计算真实应力 s：

$$s = \frac{F}{S_o} \times \frac{L_e \Delta L}{L_e}$$

式中　F——施加于试样上的瞬时力，单位为 N；

　　　S_o——试样平行长度的原始横截面积，单位为 mm^2；

L_e——引伸计标距，单位为 mm；

ΔL——引伸计标距的瞬时延伸，单位为 mm。

采用下式计算真实塑性应变 e：

$$e = \ln\left(\frac{L_e + \Delta L}{L_e} - \frac{F}{S_o m_E}\right)$$

式中　m_E——应力-应变曲线弹性部分的斜率，单位为 MPa。

采用下式计算拉伸应变硬化指数 n：

$$s = Ce^n$$

式中　C——强度系数，单位为 MPa。

3. 试验结果数值的修约

拉伸应变硬化指数（n 值）应按 GB/T 8170 的规定修约到 0.01。

2.14　金属材料弹性模量和泊松比测定试验

金属材料弹性模量和泊松比测定试验按照 GB/T 22315—2008《金属材料　弹性模量和泊松比试验方法》进行。

2.14.1　静态法

1. 样坯的切取与试样制备

1）样坯切取的部位、方向和数量应按有关标准或协议的规定。如无特殊规定，应按照 GB/T 2975 的要求进行。

2）切取样坯和机加工试样时，应防止因冷加工或受热而影响金属的力学性能。如果由于试样制备的需要而将材料展平时，必须在试验结果中注明采用了后续消除残余应力的热处理过程。

注：该试验方法的目的是为了揭示材料固有的性质，因此试样不应存在残余应力，材料需要在 $T_m/3$ 的温度退火处理 30min 以消除应力（T_m 是材料的熔点），这个过程需要在报告部分注明。如果试验目的是为了检验产品性能，则热处理过程可以省略。试验报告中应记录测试材料的状况，包括热处理工艺。

3）完成最后机加工的试样，应平直、无毛刺、表面无划伤及其他人为或机械损伤。

4）从带卷切取的薄板试样，允许带有不影响性能测定的轻度弯曲。

2. 试样形状和尺寸

1）圆形和矩形拉伸试样按 GB/T 228.1 的规定，试样夹持端与平行段间的过渡部分半径应尽量大，试样平行长度应至少超过标距长度加上两倍的试样直径或宽度。

2）圆形和矩形压缩试样按 GB/T 7314 的规定，试样端部要平整、平行，并垂直于侧面。

3）通过协商可以采用其他类型的试样。

4）试样头部形状和尺寸应适合于试验机夹头的夹持。

5）头部带承载销孔的矩形拉伸试样，销孔应表面光滑，销孔中心与标距部分的宽度的中心线偏离应不大于标距部分宽度的 0.005 倍。

6）两面和四面机加工的矩形试样，其机加工面的表面粗糙度 Ra 应不大于 1.6μm。若采用两面机加工的矩形试样，其未加工面的尺寸公差和几何公差也应符合加工面的公差要求。

7）对于板材的矩形试样，可在试样宽度两侧制备小凸耳供装夹引伸计用。带凸耳的矩形试样见 GB/T 7314。

3. 试验机

试验机应按 GB/T 16825.1 进行检验，其准确度应为 1 级或优于 1 级。

压缩试验用的试验机，除了要满足准确度要求外，其他辅助装置，例如力导向装置、调平垫块和约束装置等的要求，应符合 GB/T 7314 的规定。

4. 引伸计

引伸计应按 GB/T 12160 进行检验，其准确度应为 0.5 级或优于 0.5 级。

5. 试样尺寸的测量

测量试样原始横截面尺寸的量具应满足 GB/T 228.1 的要求。

1）圆形试样应在标距两端及中间处相互垂直的方向上测量直径，各取其算术平均值，按下式计算横截面积。将 3 处测得横截面积的算术平均值作为试样原始横截面积并至少保留 4 位有效数字。

$$S_o = \frac{1}{4} \pi d_o^2$$

式中　S_o——试样平行长度部分的原始横截面积，单位为 mm^2；

　　　　d_o——圆形试样平行长度部分的原始直径，单位为 mm。

2）矩形试样应在标距两端及中间处测量厚度和宽度，按下式计算横截面积。将 3 处测得横截面积的算术平均值作为试样原始横截面积并至少保留 4 位有效数字。

$$S_o = a_o b_o$$

式中　S_o——试样平行长度部分的原始横截面积，单位为 mm^2；

　　　　a_o——矩形试样原始厚度，单位为 mm；

　　　　b_o——矩形试样平行长度部分的原始宽度，单位为 mm。

注：带凸耳的试样不应在靠近凸耳根部处测量其宽度。

6. 初试验力

对于大多数试验机和试样，由于间隙、试样弧度和原始夹头对中等的影响，当对试样施加很小的试验力时会对引伸计的输出量产生较大的偏差。试验时须对试样施加能够消除这些影响的初试验力，测量应从初试验力开始，到弹性范围内的更大的试验力为止。

7. 试验速度

为了避免发生绝热膨胀或绝热收缩的影响，并能够准确测定轴向力和相应的变形，试验速度不应过高，但为了避免蠕变影响，速度也不应太低。对于拉伸试验，弹性应力增加速率应符合 GB/T 228.1 的规定，推荐取下限；对于压缩试验，弹性应力增加速率应符合 GB/T

7314 的规定，推荐取下限。速度应尽可能保持恒定。

8. 力的同轴度

试验机夹持装置应能使试样承受轴向力，在初轴向力与终轴向力之间，在各个方向上在试样相对两侧测定的应变变化量与其平均值之差的最大值（即最大弯曲应变）不超过平均值的 3%。

压缩试验应使用 GB/T 7314 中规定的调平台和力的导向装置以及约束装置。

9. 引伸计的使用

（1）轴向引伸计 测量试样轴向变形时，使用能测量试样相对两侧平均变形的轴向均值引伸计，或在试样相对两侧分别固定两个轴向引伸计。测量模量的准确度取决于测量应变的精度。增加标距长度可以提高测量应变的精度，但前提是必须保证加工试样平行段的公差要求。

使用带凸耳的矩形试样，引伸计装夹于同侧两凸耳的外侧或内侧。其引伸计标距应为两凸耳宽度中心线之间的距离。

（2）横向引伸计 测量试样横向变形时，横向引伸计应装卡在试样标距范围内的直径（宽度）上。以此处的直径（或宽度）尺寸作为横向引伸计标距。

10. 试验温度

试验应在 $10 \sim 35℃$ 下进行，整个试验过程中的环境温度波动应小于 $±2℃$。

11. 杨氏模量的测定

（1）图解法 试验时，用自动记录方法绘制轴向力-轴向变形曲线，如图2-69所示。在记录的轴向力-轴向变形曲线上，确定弹性直线段，在该直线段上读取相距尽量远的 A、B 两点之间的轴向力变化量和相应的轴向变形变化量，按下式计算杨氏模量：

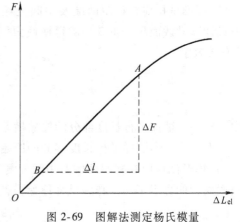

图 2-69 图解法测定杨氏模量

$$E = \left(\frac{\Delta F}{S_o}\right) \bigg/ \left(\frac{\Delta l}{L_{el}}\right)$$

式中 E——杨氏模量，单位为 MPa；

ΔF——A、B 两点的力值增量，单位为 N；

S_o——试样平行长度部分的原始横截面积，单位为 mm^2；

Δl——轴向变形变化量，单位为 mm；

L_{el}——轴向引伸计标距，单位为 mm。

（2）拟合法 试验时，在弹性范围内记录轴向力和与其相应的轴向变形的一组数字数据对。数据对的数目一般不少于 8 对。用最小二乘法将数据对拟合轴向应力-轴向应变直线，拟合直线的斜率即为杨氏模量，按下式计算：

$$E = \left[\sum (e_1 S) - k \overline{e_1}\, \overline{S} \right] \bigg/ \left(\sum e_1^2 - k \overline{e_1}^2 \right)$$

$$e_1 = \frac{\Delta L_{el}}{L_{el}}$$

$$\overline{e_1} = \frac{\sum e_1}{k}$$

$$S = \frac{F}{S_o}$$

$$\overline{S} = \frac{\sum S}{k}$$

式中 E——杨氏模量，单位为 MPa；

k——数据对数目；

e_1——轴向应变（%）；

$\overline{e_1}$——轴向应变的平均值（%）；

S——轴向应力，单位为 MPa；

$\overline{S}$——轴向应力的平均值，单位为 MPa；

S_o——试样平行长度部分的原始横截面积，单位为 mm^2；

L_{el}——轴向引伸计标距，单位为 mm。

ΔL_{el}——试样轴向变形，单位为 mm。

F——轴向力，单位为 N。

注：当模量是在应变超过 0.25% 之后得到的，建议采用瞬时截面积和瞬时标距长度代替原始截面积和原始标距长度来计算应力与应变。

（3）电阻应变计测定杨氏模量　按下面方法进行：

1）外观检查应变计，应该丝栅不乱，无氧化，引线牢固。一般采用 0.1Ω 精度电桥测量每个应变计阻值，检查电阻有无变值或出现飘移等现象，每片之间的阻值偏差最好不超过 $\pm 0.1\Omega$。

2）试样贴片处应进行必要的机械打磨，表面粗糙度 Ra 应为 $1.6 \sim 2.5\mu m$。用划针在测点处划出贴片定位线，用浸有丙酮或无水乙醇脱脂棉球将贴片位置及周围擦洗干净，直至棉球洁白为止。

3）在应变计基底面和贴片处涂抹一层薄薄的黏结胶，然后把应变计对准试样的贴片标记处，用一小片塑料（如聚四氟乙烯）薄膜盖在应变计上，再用大拇指欺压，从应变计一端开始做无滑动的滚动，将应变计下的多余胶水或气泡排除。

4）在拉、压试样轴线两侧对称位置各贴一电阻应变计，应变片轴线应与试样轴线平行或垂直。

5）已安装完毕的电阻应变计，应进行应变计质量检查，检查是否有断丝现象，阻值是否与原来相同，绝缘电阻是否满足测量要求。

6）测量导线与应变计引出线连接的焊点要小而牢固，并保证焊点与被测表面的良好绝缘和固定。

7）电阻应变计与应变仪的桥路连接通常采用半桥（见图 2-70a）或全桥（见图2-70b）方式连接。

半桥接法是将试样两侧各粘贴的沿轴向两电阻应变计（简称工作片）的两端分别接在应变仪的 A、B 接线端上，温度补偿片接到应变仪的 B、C 接线端上。当试样轴向受力时，

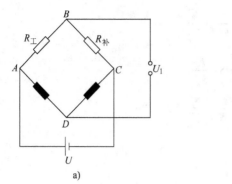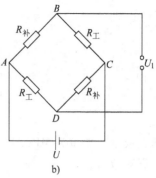

a) b)

图 2-70 电阻应变计与应变仪的桥路连接

a) 半桥接法 b) 全桥接法

电阻应变仪即可测得对应试验力下的轴向应变 e_1。全桥接法是把两片轴向的工作片和两片温度补偿片接入应变仪的 A、B、C、D 接线端中。当试样轴向受力时，电阻应变仪即可测得对应试验力下的轴向应变 e_1，因为应变仪显示的应变是两片应变计的应变之和，所以试样轴向应变应为应变仪所显示值的一半。

8）杨氏模量按下式计算：

$$E = \left(\frac{\Delta F}{S_o} \right) \Big/ \Delta e_1$$

式中　E——杨氏模量，单位为 MPa；

　　ΔF——轴向力变化量，单位为 N；

　　S_o——原始横截面积，单位为 mm²；

　　Δe_1——轴向应变变化量（%）。

12. 弦线模量的测定

（1）图解法　试验时，用自动记录方法绘制轴向力-轴向变形曲线，如图 2-71 所示。在记录的轴向力-轴向变形曲线上，通过与所规定的上、下两应力点（例如规定塑性延伸强度 $R_{p0.2}$ 的 10% 和 50% 两应力点）或两应变点相对应的 A、B 两点画弦线。在所画出的弦线上读取轴向力变化量和相应的轴向变形变化量，按下式计算弦线模量：

$$E_{ch} = \left(\frac{\Delta F}{S_o} \right) \Big/ \left(\frac{\Delta l}{L_{el}} \right)$$

式中　E_{ch}——弦线模量，单位为 MPa；

　　ΔF——A、B 间的力值增量，单位为 N；

　　S_o——试样平行长度部分的原始横截面积，单位为 mm²；

　　Δl——轴向变形变化量，单位为 mm；

　　L_{el}——轴向引伸计标距，单位为 mm。

（2）拟合法　试验时，在弹性范围内记录轴向力和相应的轴向变形的一组数字数据对。将该组数据对拟合一数学表达式（例如多项式），得到拟合的轴向应力-轴向应变曲线。在拟合的轴向应力-轴向应变曲线的弹性范围内，计算两规定应力或应变值之间所对应弦线的斜率，即为弦线模量。对于非线弹性金属材料，有关标准或协议在规定弦线模量时，应说明确定弦线的上、下两点的应力或应变值。

13. 切线模量的测定

（1）图解法　试验时，用自动记录方法绘制轴向力-轴向变形曲线，如图2-72所示。在记录的轴向力-轴向变形曲线上，通过规定应力或应变值对应的 R 点做曲线的切线。在所画出的切线上读取相距尽量远的 A、B 两点之间的轴向力增量和相应的轴向变形增量，按下式计算切线模量。

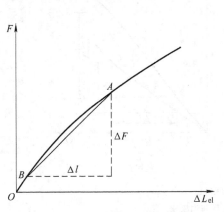

图 2-71　图解法测定弦线模量

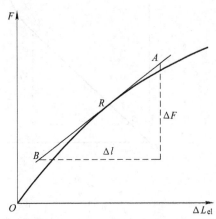

图 2-72　图解法测定切线模量

$$E_{\tan} = \left(\frac{\Delta F}{S_o} \right) \Big/ \left(\frac{\Delta l}{L_{el}} \right)$$

式中　$E_{\tan}$——切线模量，单位为 MPa；

　　　ΔF——A、B 间的力值增量，单位为 N；

　　　S_o——试样平行长度部分的原始横截面积，单位为 mm^2；

　　　Δl——轴向变形变化量，单位为 mm；

　　　L_{el}——轴向引伸计标距，单位为 mm。

（2）拟合法　试验时，在弹性范围内记录轴向力和相应的轴向变形的一组数字数据对，将该组数据对拟合一数学表达式（例如多项式），得到拟合的轴向应力-轴向应变曲线。在拟合的轴向应力-轴向应变曲线的弹性范围内，计算曲线在规定应力或应变值处的斜率，即为切线模量。对于非线弹性金属材料，有关标准或协议在规定切线模量时，应说明切点的应力或应变值。

14. 泊松比的测定

（1）图解法　试验时，用双引伸计同时自动记录方法绘制横向变形-轴向变形曲线，如图2-73a所示。在记录的横向变形-轴向变形曲线上，确定弹性直线段，在直线段上读取相距尽量远的 C、D 两点之间的横向变形增量和相应的轴向变形增量，按下式计算泊松比。

$$\mu = \left(\frac{\Delta t}{L_{et}} \right) \Big/ \left(\frac{\Delta l}{L_{el}} \right)$$

式中　μ——泊松比；

　　　Δt——横向变形变化量，单位为 mm；

　　　L_{et}——横向引伸计标距，单位为 mm；

　　　Δl——轴向变形变化量，单位为 mm；

L_{el}——轴向引伸计标距，单位为 mm。

当在同一试验中，泊松比与杨氏模量一起进行测定时，推荐同时绘制轴向力-轴向变形曲线和横向变形-轴向变形曲线，如图 2-73b 所示。

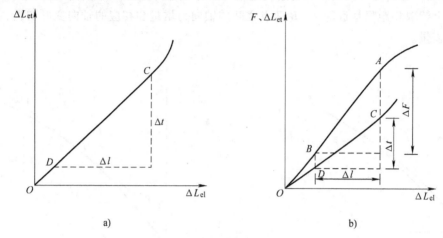

图 2-73 图解法测定泊松比

a）测定泊松比 b）测定杨氏模量与泊松比

（2）拟合法 试验时，在弹性范围内，在同一轴向力下记录横向变形和轴向变形的一组数字数据对。数据对的数目一般不小于 8 对。用最小二乘法将该组数据对拟合横向应变-轴向应变直线，直线的斜率即为泊松比，按下式计算：

$$\mu = \left[\sum (e_1 e_t) - k\overline{e_1}\,\overline{e_t} \right] / \left(\sum e_1^2 - k\overline{e_1}^2 \right)$$

$$e_1 = \frac{\Delta L_{el}}{L_{el}}$$

$$\overline{e_1} = \frac{\sum e_1}{k}$$

$$e_t = \frac{\Delta L_{et}}{L_{et}}$$

$$\overline{e_t} = \frac{\sum e_t}{k}$$

式中　μ——泊松比；

k——数据对数目；

e_1——轴向应变（%）；

$\overline{e_1}$——轴向应变的平均值；

L_{el}——轴向引伸计标距，单位为 mm；

ΔL_{el}——试样轴向变形，单位为 mm；

L_{et}——横向引伸计标距，单位为 mm；

ΔL_{et}——试样横向变形，单位为 mm；

e_t——横向应变（%）；

$\overline{e_t}$——横向应变的平均值（％）。

15. 试验结果的数值修约

杨氏模量、弦线模量和切线模量一般保留 3 位有效数字，泊松比一般保留 2 位有效数字，数值修约按 GB/T 8170 的有关规定。

2.14.2 动态法

1. 试样的制备

1）按设备条件、材料的密度及模量的估计值选择试样的尺寸。试样的最小质量由拾振系统的检测灵敏度决定，一般不小于 5g。试样尺寸和质量的最大值由激励系统供给的能量和所允许的空间大小决定。

2）推荐的试样长度为 120~180mm，对于圆杆、管，直（外）径为 4~8mm，长度约为直径的 30 倍。只检测弯曲共振频率时，直径可到 2mm。对于矩形杆，厚度为 1~4mm，宽度为 5~10mm。

3）试样材质均匀，平直；横向尺寸的轴向不均匀性应不大于 0.7％；表面无缺陷，表面粗糙度 Ra 不大于 1.6μm，相对表面的平行度误差应在 0.02mm 以内。

4）检测高温下圆杆、管试样的扭转共振频率时，若共振信号微弱，可采用哑铃状试样或以销钉固定悬丝的办法进行扭共振频率的相对测量。

2. 试验设备

（1）量具

1）游标卡尺：测量试样长度，最小分度不大于 0.05mm。

2）千分尺：测量试样的直径或宽度、厚度，最小分度不大于 0.002mm。

3）天平：称量试样质量，感量不大于 0.001g。

4）测温装置：在不同温度下试验中用来测量试样的环境温度，用校准后的热电偶测量，测温装置的准确度应达到±0.5℃，其位置应接近试样中部，注意与试样的距离应不大于 5mm，同时不要触及试样。

（2）共振测量装置 可完成不同温度下性能检测的装置如图 2-74 所示。用数字频率计来完成引致试样共振的振荡器输出频率的精准测量；按功能的不同，换能器分为激励器与拾振器两种；以选频放大器内附的交流电压表检测共振信号。若需要以李沙育图形来判断虚假共振，应将振荡器与放大器的输出分别供给示波器的水平与垂直偏转板。

1）音频振荡器：在 100Hz 到不小于 30kHz 范围内有连续可变的频率输出。在一般测量中，在任一确定位置上的频率漂移应低于 0.1Hz/min。其输出功率应可保证所用激励换能器能够激发质量在规定范围内的任何试样。

2）数字频率计：可用于振动周期测量的计数式频率计。测量误差不大于 0.01Hz，其晶振稳定度应不低于 10^{-8}/d 量级。

3）换能器：依耦合方式和被测试样的质量、共振频率的不同而选择不同类型的换能器。在所检测的试样频率变化的范围内，激励的输出功率损失应不大于 3dB，拾振器应有尽可能好的频率响应。一般可用压电式换能器，如盒式的压电陶瓷换能器。如果试样质量较小（一般为 5~15g），可用晶体唱头。对于矩形杆，也可以动圈式扬声器作为激励器，以耳塞机作为拾振器。

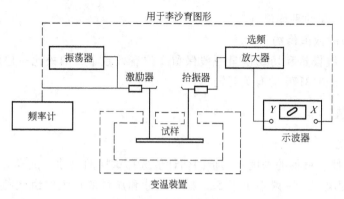

图 2-74 共振检测装置

4）选频放大器：输入阻抗应与拾振换能器的阻抗匹配，频率范围应可满足测试需要，对共振信号的测试灵敏度应不低于 $1\mu V$。推荐采用锁定放大器或配有带通滤波器的传声放大器。

5）示波器：频率范围及灵敏度应能满足测试需要的通用示波器。

（3）变温装置

1）加热炉：所用加热炉的升、降温应是可控制的。在所测的温度范围内，均温区应大于试样长度，一般为 180mm，均温区的均匀性应小于±5℃。

2）低温槽：所用低温槽的温度应可控制并可保证不结霜。在所检测的温度范围内，试样长度范围内的温度均匀性应小于±5℃。

3. 试验条件及操作要求

（1）几何尺寸与质量的测量　将试样清洗后进行测量。长度取两次测量的均值。检测杨氏模量时，试样的直径或厚度取沿长度方向 10 等分后分别测量的均值。检测切变模量时，横向尺寸取 5 等分后分别测量的均值。质量测至 1mg。

（2）能量耦合方法　按下面方法进行：

1）依测试需要，可采用机械、静电、电磁任一种能量耦合方法。

2）无论采用哪一种耦合方法，都应该尽可能保证试样处于水平位置及其自由振动状态，以排除由支承阻尼造成的试样共振频率的可察觉的变化。

3）推荐的悬丝耦合是机械耦合中常用的一种耦合方法如图 2-75 所示。无论采用图中哪一种悬吊方法，都需满足试样一次悬吊进行后弯振频率相继测量的需要。对于圆杆、管状试样，采用图 2-75b 所示方法效果更好。若只检测试样的弯曲共振频率，建议使两根悬线与试样的中轴线处于同一平面内。要求所用的悬丝柔软且有必要的强度，悬吊试样后能张紧。在 100℃ 以下的检测中，推荐采用棉线作为悬丝，以保证悬丝与试样表面间有较大的摩擦力。

在高温测量中，推荐采用石英玻璃纤维，也可在炉子的内、外分别采用两种不同材质的悬丝。在测量质量较大的试样时，可采用直径 0.15mm 以下的铜丝或镍铬丝。推荐的悬吊位置为（0.200~0.215）l 或 0.238l，l 为试样的长度。由此引致的弯曲共振基频频率测量的系统偏差不大于 0.01%，扭转共振基频频率的系统误差不大于 0.1%。若共振信号微弱，可将悬吊位置外移，但此时测量的精度相应降低。可采用变更悬吊位置，将所得共振频率外推到节点的办法来消除由偏离节点所致的系统偏差。在测量过程中，应注意防止由悬丝共振而产

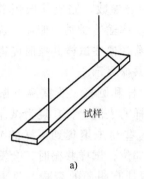

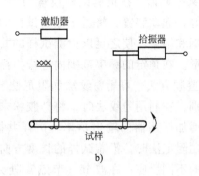

图 2-75 用于弯曲共振与扭转共振的悬丝耦合方法

a）弯曲共振 b）扭曲共振

生的对试样共振测量的干扰。

4）静电耦合方式可有效地排除系统共振的影响，易得到较高的测量精度，图2-76a适于弯曲共振基频频率的检测，图 2-76b 适于扭转共振基频频率的检测。在高温测量中，应注意排除由气体分子电离所致噪声的影响。

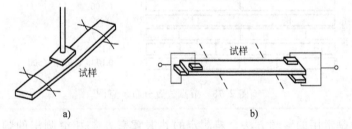

图 2-76 静电耦合方法

a）弯曲共振用耦合 b）扭转共振用耦合

5）采用电磁耦合方式可获得较高的测量灵敏度。图 2-77a 适于弯曲共振基频频率的检测，图 2-77b 适于扭转共振基频频率的检测。这种测量可在铁磁性材料居里点以下温度进行。在精确测量中，应对铁磁性材料 ΔE 效应的影响进行修正，对非铁磁性材料则应考虑到附加质量的影响。

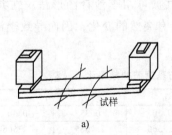

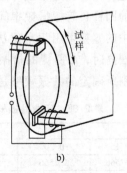

图 2-77 电磁耦合方法

a）弯曲共振用耦合 b）扭转共振用耦合

（3）共振调谐 按被测试样模量的估计值和测得的静态参数，完成共振频率估算。将试样安装好，起动装置，将适于激励试样的、尽可能低的功率输给激励换能器。选择放大器的频率范围和增益，使之足以检测试样的共振。调节示波器，使在试样共振时能得到清晰的李沙育图形。在预定的频率范围内进行扫描，得到稳定的共振显示。

（4）鉴频方法 可用粉纹法和阻尼法分别完成对矩形杆和圆杆、管室温下振动模式和级次的鉴别。在利用粉纹法时，将硅胶粉末均匀地撒在试样的表面上，在疑为试样共振的频率位置，增加振荡器的输出功率。试样共振时，会看到这些粉末聚集到试样的节点（线）处。在利用阻尼法时，沿着试样的长度方向轻轻触及不同部位，试样共振时，会发现共振示值有明显的不同反应：在波节（节点）处无反应，在波腹处有明显的衰减。两端自由杆弯曲共振与扭转共振节点的分布如图2-78所示。

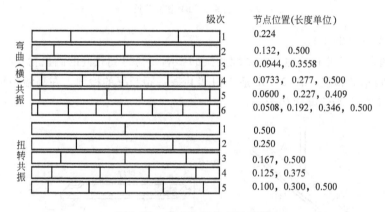

	级次	节点位置(长度单位)
弯曲（横）共振	1	0.224
	2	0.132，0.500
	3	0.0944，0.3558
	4	0.0733，0.277，0.500
	5	0.0600，0.227，0.409
	6	0.0508，0.192，0.346，0.500
扭转共振	1	0.500
	2	0.250
	3	0.167，0.500
	4	0.125，0.375
	5	0.100，0.300，0.500

图2-78 节点位置分布示意图

频率比法也是常用的鉴频方法。若测定的共振频率 f_1 与相继测出的频率 f_2 之比符合表2-38，则即为弯曲共振基频频率；表中 $\bar{r}$ 是试样的回转半径，d 是试样直径，h 是试样的厚度，l 是试样的长度。在测量圆杆、管扭转共振的基频频率时，常在预定的频率观测位置附近看到三个共振峰，其中两个是试样弯曲共振的同一振动级次下的共振峰。由于试样常有一定的圆度误差，使我们在频率曲线上看到对应着同一振动级次的两个弯曲共振峰。此时需用频率比法做进一步的鉴别：求所测频率与试样弯振基频频率的比值，如果该值与表2-39中的某一数值相近，则所测频率就可能是弯振频率。此时也可检测扭转共振一次谐波的频率；不同振动级次的圆杆、管扭振频率间成简单整数比。

变温测量中的鉴频可用频率比法，区别虚假共振可用李沙育图形法。在共振频率 f_r 的附近进行频率扫描时，f_r 两侧的拾振信号的相位会有突然的变化，因而导致李沙育图形的摆动，据此可判别所确定的共振频率是否真实。

表2-38 弯曲共振杆、管一次谐波与基频波的频率比 K（2，1）

$\bar{r}/l$	μ						
	0.15	0.20	0.25	0.30	0.35	0.40	0.45
0.0000	2.7566	2.7566	2.7566	2.7566	2.7566	2.7566	2.7566
0.0025	2.7553	2.7553	2.7553	2.7553	2.7553	2.7552	2.7552
0.0050	2.7516	2.7515	2.7514	2.7513	2.7512	2.7511	2.7510
0.0075	2.7454	2.7452	2.7450	2.7448	2.7446	2.7444	2.7442

（续）

$\bar{r}/l$	μ						
	0.15	0.20	0.25	0.30	0.35	0.40	0.45
0.0100	2.7368	2.7364	2.7361	2.7358	2.7354	2.7351	2.7347
0.0125	2.7260	2.7254	2.7249	2.7244	2.7239	2.7233	2.7228
0.0150	2.7131	2.7123	2.7116	2.7108	2.7101	2.7093	2.7086
0.0175	2.6982	2.6972	2.6962	2.6952	2.6942	2.6933	2.6923
0.0200	2.6816	2.6803	2.6791	2.6778	2.6766	2.6754	2.6742
0.0225	2.6634	2.6619	2.6603	2.6588	2.6573	2.6558	2.6543
0.0250	2.6439	2.6420	2.6402	2.6384	2.6366	2.6348	2.6331
0.0275	2.6232	2.6210	2.6189	2.6168	2.6147	2.6127	2.6107
0.0300	2.6015	2.5990	2.5966	2.5942	2.5919	2.5896	2.5873
0.0325	2.5790	2.5763	2.5736	2.5709	2.5683	2.5657	2.5631
0.0350	2.5560	2.5529	2.5499	2.5470	2.5441	2.5412	2.5384
0.0375	2.5325	2.5292	2.5259	2.5227	2.5195	2.5164	2.5133
0.0400	2.5088	2.5052	2.5016	2.4982	2.4948	2.4914	2.4881
0.0425	2.4849	2.4810	2.4773	2.4736	2.4699	2.4663	2.4628
0.0450	2.4610	2.4569	2.4529	2.4490	2.4451	2.4413	2.4376
0.0475	2.4373	2.4330	2.4287	2.4246	2.4205	2.4165	2.4126
0.0500	2.4137	2.4092	2.4048	2.4005	2.3962	2.3920	2.3879

注：圆杆 $\bar{r}=\dfrac{1}{4}d$；圆管 $\bar{r}=\dfrac{1}{4}\sqrt{d_1^2+d_2^2}$，矩形杆 $\bar{r}=h\sqrt{12}$。

表 2-39　圆杆、管弯曲共振三次谐频 f_{t4}、四次谐频 f_{t5} 与基频 f_{t1} 的比值

$\bar{r}/l$	$K(4,1)$			$K(5,1)$		
	μ					
	0.20	0.30	0.40	0.20	0.30	0.40
0.0000	8.9330	8.9330	8.9330	13.3450	13.3450	13.3450
0.0025	8.9147	8.9140	8.9133	13.3026	13.3010	13.2995
0.0050	8.8605	8.8579	8.8553	13.1782	13.1720	13.1659
0.0075	8.7728	8.7670	8.7613	12.9791	12.9658	12.9528
0.0100	8.6550	8.6451	8.6355	12.7165	12.6944	12.6728
0.0125	8.5113	8.4968	8.4826	12.4037	12.3719	12.3410
0.0150	8.3468	8.3272	8.3082	12.0544	12.0128	11.9724
0.0175	8.1662	8.1416	8.1177	11.6816	11.6307	11.5815
0.0200	7.9743	7.9448	7.9162	11.2969	11.2375	11.1803
0.0225	7.7755	7.7413	7.7083	10.9095	10.8429	10.7788
0.0250	7.5734	7.5351	7.4981	10.5269	10.4542	10.3845
0.0275	7.3713	7.3292	7.2888	10.1546	10.0769	10.0028
0.0300	7.1715	7.1263	7.0830	9.7961	9.7148	9.6372
0.0325	6.9762	6.9283	6.8825	9.4541	9.3699	9.2899
0.0350	6.7866	6.7366	6.6888	9.1298	9.0437	8.9620
0.0375	6.6040	6.5523	6.5029	8.8238	8.7361	8.6539
0.0400	6.4289	6.3758	6.3254	8.5361	8.4484	8.3653
0.0425	6.2617	6.2077	6.1564	8.2664	8.1786	8.0956
0.0450	6.1026	6.0480	5.9962	8.0140	7.9265	7.8440
0.0475	5.9516	5.8966	5.8445	7.7780	7.6912	7.6094
0.0500	5.8086	5.7535	5.7013	7.5576	7.4716	7.3908

注：圆杆 $\bar{r}=\dfrac{1}{4}d$；圆管 $\bar{r}=\dfrac{1}{4}\sqrt{d_1^2+d_2^2}$。

（5）横向尺寸较小试样弯曲共振频率的检测　试样平行振动方向的横向尺寸的减小伴随着共振频率的降低，当基频共振频率低于 100Hz 时，检测发生困难。此时，对于矩形杆，可将试样沿其纵轴转 90°，将原来的宽度作为厚度重新检测，即采用棱相悬挂方法；对于圆杆、管，可检测一次谐波的共振频率。如果条件许可，也可采用缩短试样长度的方法来完成检测。

（6）高温下的测量　完成室温下的全部测量后，将试样放进炉子，做好密封，同时做好换能器的热绝缘，测定试样在炉子腔体中的室温频率。以可控速率加热炉子，升温速率不得超过150℃/h。在阶梯式升温中，以20~25℃为测量间隔，保温时间以得到可重现的频率测量值来确定。也可伴随炉温变化进行随炉测量，时间间隔一般取15min。当对随炉测量结果有争议时，以阶梯式测量结果为准。在试验过程中，应密切跟踪共振频率随温度的变化，以排除干扰，保证结果的可靠性。为防止高温下试样氧化增重、脱碳等不利因素，视需要可在真空或惰性气体中完成测量。在真空中测量，有利于共振的观测，但需注意修正温度滞后的影响。如果有必要，也可进行冷却过程中的测量。在试验过程中，如果试样发生了严重翘曲，则这种测量结果是可怀疑的，应及时中断测量。

（7）低温下的测量　先在室温下测量试样在空气中的质量、几何尺寸和共振频率，随后置于低温槽中并做好密封，测量试样在低温槽中的室温共振频率，使试样降到所需的最低温度，在该温度下保温15min以上。在降温过程中，应随时监视共振频率的变化。测量加热过程中的数据，加热速率应不超过50℃/h，每隔10min或15℃完成一次测量。根据需要和设备条件，也可在降温过程中完成测量，降温程序参照上述制定。为防止低温槽泄出水蒸气形成沉积于试样上的霜，建议在制冷前用干燥的氮气冲刷低温槽。

4. 室温动态杨氏模量

（1）圆杆的室温动态杨氏模量　将测得的试样的质量 m、长度 l、平均直径 d、反复检测的弯振基频共振频率均值 f_1 及修正系数 T_1 代入下式，即可求得动态杨氏模量。

$$E_d = 1.6067 \times 10^{-9} \left(\frac{l}{d} \right)^3 \frac{m}{d} f_1^2 T_1$$

式中　E_d——动态杨氏模量，单位为 MPa；

$\quad\quad l$——试样长度，单位为 mm；

$\quad\quad d$——试样直径，单位为 mm；

$\quad\quad m$——试样质量，单位为 g；

$\quad\quad f_1$——基频共振频率，单位为 Hz；

$\quad\quad T_1$——修正系数，可从表 2-40 中查出。

当以试样的一次谐波的共振频率 f_2 进行计算时，应以 $f_2/K(2, 1)$ 作为 f_1 代入上式完成计算。频率比 $K(2, 1)$ 可由表 2-38 查出。

表 2-40　基频弯曲共振圆杆、管的修正系数 T_1

$\bar{r}/l$	μ						
	0.15	0.20	0.25	0.30	0.35	0.40	0.45
0.0000	1.0000	1.0000	1.0000	1.0000	1.0000	1.0000	1.0000
0.0025	1.0005	1.0005	1.0005	1.0005	1.0005	1.0005	1.0005
0.0050	1.0020	1.0021	1.0021	1.0021	1.0021	1.0021	1.0022
0.0075	1.0046	1.0046	1.0047	1.0047	1.0048	1.0048	1.0049
0.0100	1.0081	1.0082	1.0083	1.0084	1.0085	1.0086	1.0087
0.0125	1.0127	1.0128	1.0130	1.0131	1.0133	1.0134	1.0136
0.0150	1.0183	1.0185	1.0187	1.0189	1.0191	1.0193	1.0195
0.0175	1.0249	1.0252	1.0255	1.0257	1.0260	1.0263	1.0266
0.0200	1.0325	1.0329	1.0332	1.0336	1.0340	1.0344	1.0347
0.0225	1.0411	1.0416	1.0421	1.0426	1.0430	1.0435	1.0440
0.0250	1.0507	1.0513	1.0519	1.0525	1.0531	1.0537	1.0543

（续）

$\bar{r}/l$	μ						
	0.15	0.20	0.25	0.30	0.35	0.40	0.45
0.0275	1.0614	1.0621	1.0628	1.0636	1.0643	1.0650	1.0657
0.0300	1.0731	1.0739	1.0748	1.0756	1.0765	1.0773	1.0782
0.0325	1.0857	1.0868	1.0878	1.0888	1.0898	1.0908	1.0917
0.0350	1.0994	1.1006	1.1018	1.1030	1.1041	1.1053	1.1064
0.0375	1.1142	1.1155	1.1169	1.1182	1.1195	1.1208	1.1221
0.0400	1.1299	1.1314	1.1330	1.1345	1.1360	1.1375	1.1389
0.0425	1.1466	1.1484	1.1501	1.1518	1.1535	1.1552	1.1569
0.0450	1.1644	1.1664	1.1683	1.1702	1.1721	1.1740	1.1759
0.0475	1.1832	1.1854	1.1875	1.1896	1.1918	1.1939	1.1959
0.0500	1.2030	1.2054	1.2078	1.2101	1.2125	1.2148	1.2171

注：对于圆杆，$\bar{r}=\dfrac{1}{4}d$；对于圆管，$\bar{r}=\dfrac{1}{4}\sqrt{d_1^2+d_2^2}$。

（2）管的室温动态杨氏模量　将测得的试样质量 m、长度 l、管外径 d_1 和内径 d_2 的平均值、经反复检测的弯振基频共振频率均值 f_1 及修正系数 T_1 代入下式，即可求得动态杨氏模量。

$$E_d = 1.6067\times10^{-9}\frac{l^3 m}{d_1^4-d_2^4}f_1^2 T_1$$

式中　E_d——动态杨氏模量，单位为 MPa；

　　　　l——试样长度，单位为 mm；

　　　　m——试样质量，单位为 g；

　　　　d_1——管的外径，单位为 mm；

　　　　d_2——管的内径，单位为 mm；

　　　　f_1——基频共振频率，单位为 Hz；

　　　　T_1——修正系数，可从表2-40中查出。

（3）矩形杆的室温动态杨氏模量　将测得的试样质量 m、长度 l、平均厚度 h、经反复检测的弯振基频共振频率值 f_1 及修正系数 T_1 代入下式，即可算出动态杨氏模量。

$$E_d = 0.9465\times10^{-9}\left(\frac{l}{h}\right)^3\frac{m}{b}f_1^2 T_1$$

式中　E_d——动态杨氏模量，单位为 MPa；

　　　　l——试样长度，单位为 mm；

　　　　b——试样宽度，单位为 mm；

　　　　h——试样厚度，单位为 mm；

　　　　m——试样质量，单位为 g；

　　　　f_1——基频共振频率，单位为 Hz；

　　　　T_1——修正系数，可从表2-41中查出。

表2-41　基频弯曲共振矩形杆的修正系数 T_1

h/l	μ						
	0.15	0.20	0.25	0.30	0.35	0.40	0.45
0.00	1.0000	1.0000	1.0000	1.0000	1.0000	1.0000	1.0000
0.01	1.0007	1.0007	1.0007	1.0007	1.0007	1.0008	1.0008

（续）

h/l	μ						
	0.15	0.20	0.25	0.30	0.35	0.40	0.45
0.02	1.0027	1.0028	1.0028	1.0029	1.0030	1.0031	1.0032
0.03	1.0061	1.0062	1.0063	1.0065	1.0067	1.0069	1.0071
0.04	1.0108	1.0110	1.0112	1.0115	1.0118	1.0122	1.0126
0.05	1.0169	1.0172	1.0175	1.0180	1.0185	1.0190	1.0196
0.06	1.0243	1.0247	1.0252	1.0258	1.0265	1.0273	1.0282
0.07	1.0330	1.0336	1.0343	1.0351	1.0360	1.0371	1.0383
0.08	1.0430	1.0437	1.0446	1.0457	1.0470	1.0484	1.0500
0.09	1.0543	1.0552	1.0564	1.0577	1.0593	1.0611	1.0631
0.10	1.0669	1.0680	1.0694	1.0711	1.0730	1.0752	1.0776
0.11	1.0807	1.0821	1.0838	1.0858	1.0881	1.0907	1.0936
0.12	1.0957	1.0974	1.0994	1.1017	1.1045	1.1076	1.1111
0.13	1.1120	1.1139	1.1163	1.1190	1.1222	1.1258	1.1299
0.14	1.1295	1.1317	1.1344	1.1376	1.1412	1.1454	1.1501
0.15	1.1481	1.1506	1.1537	1.1573	1.1615	1.1663	1.1717
0.16	1.1679	1.1708	1.1742	1.1784	1.1831	1.1885	1.1946
0.17	1.1889	1.1921	1.1960	1.2006	1.2059	1.2120	1.2188
0.18	1.2110	1.2145	1.2188	1.2240	1.2299	1.2367	1.2442
0.19	1.2342	1.2381	1.2429	1.2485	1.2551	1.2626	1.2710
0.20	1.2584	1.2627	1.2680	1.2743	1.2815	1.2898	1.2990

5. 室温动态切变模量

（1）圆杆的动态切变模量　将测得的试样密度 ρ、长度 l、平均直径 d、经反复检测的基频共振频率均值 f_1 代入下式，即可得动态切变模量。

$$G_d = 4.000 \times 10^{-9} \rho l^2 f_1^2$$

式中　G_d——动态切变模量，单位为 MPa；

ρ——试样密度，单位为 g/cm³；

l——试样长度，单位为 mm；

f_1——基频共振频率，单位为 Hz。

当密度未知时，圆杆的动态切变模量按下式计算：

$$G_d = 5.093 \times 10^{-9} \frac{ml}{d^2} f_1^2$$

式中　G_d——动态切变模量，单位为 MPa；

m——试样质量，单位为 g；

l——试样长度，单位为 mm；

d——试样直径，单位为 mm；

f_1——反基频共振频率，单位为 Hz。

（2）圆管的动态切变模量　当密度已知时，圆管的动态切变模量按圆杆的动态切变模量计算式（即 $G_d = 4.000 \times 10^{-9} \rho l^2 f_1^2$）计算。

当密度未知时，圆管的动态切变模量按下式计算：

$$G_d = 5.093 \times 10^{-9} \frac{ml}{d_1^2 - d_2^2} f_1^2$$

式中　G_d——动态切变模量，单位为 MPa；

m——试样质量，单位为 g；

l——试样长度，单位为 mm；

d_1——管的外径，单位为 mm；

d_2——管的内径，单位为 mm；

f_1——基频共振频率，单位为 Hz。

（3）矩形杆的动态切变模量　当密度已知时，矩形杆的动态切变模量按下式计算：

$$G_d = 4.000 \times 10^{-9} \rho l^2 R_n (f_n/n)^2$$

式中　G_d——动态切变模量，单位为 MPa；

ρ——试样密度，单位为 g/cm^3；

l——试样长度，单位为 mm；

f_n——n 基次振动频率，单位为 Hz；

n——振动基次；

R_n——矩形杆的形状因子，由下式计算：

$$R_n = \frac{1+\left(\dfrac{b}{h}\right)^2}{4-2.521\dfrac{h}{b}\left(1-\dfrac{1.991}{\mathrm{e}^{(\pi b)/h+1}}\right)}\left(1+\frac{0.00851n^2b^2}{l^2}\right)-0.060\left(\frac{nb}{h}\right)^{\frac{3}{2}}\left(\frac{b}{h}-1\right)^2$$

式中　b——试样宽度，单位为 mm；

h——试样厚度，单位为 mm；

l——试样长度，单位为 mm；

n——振动基次。

当密度未知时，矩形杆的动态切变模量按下式计算：

$$G_d = 4.000 \times 10^{-9} \frac{ml}{bh} R_1 \ f_1^2$$

式中　G_d——动态切变模量，单位为 MPa；

m——试样质量，单位为 g；

l——试样长度，单位为 mm；

b——试样宽度，单位为 mm；

h——试样厚度，单位为 mm；

R_1——基频扭共振时矩形杆的形状因子，见表 2-42；

f_1——基频共振频率，单位为 Hz。

表 2-42　基频扭转共振矩形杆的形状因子

b/h	b/l			b/h	b/l		
	0.025	0.055	0.085		0.025	0.055	0.085
1.00	1.1856	1.1856	1.1857	1.45	1.3504	1.3503	1.3502
1.05	1.1883	1.1883	1.1884	1.50	1.3834	1.3833	1.3832
1.10	1.1960	1.1960	1.1961	1.55	1.4187	1.4186	1.4184
1.15	1.2081	1.2081	1.2081	1.60	1.4561	1.4559	1.4557
1.20	1.2240	1.2240	1.2240	1.65	1.4954	1.4952	1.4950
1.25	1.2434	1.2434	1.2434	1.70	1.5367	1.5365	1.5362
1.30	1.2660	1.2660	1.2660	1.75	1.5799	1.5797	1.5793
1.35	1.2915	1.2915	1.2915	1.80	1.6249	1.6246	1.6242
1.40	1.3197	1.3197	1.3196	1.85	1.6716	1.6713	1.6708

（续）

b/h	b/l			b/h	b/l		
	0.025	0.055	0.085		0.025	0.055	0.085
1.90	1.7200	1.7196	1.7191	4.10	5.2590	5.2539	5.2473
1.95	1.7701	1.7697	1.7691	4.15	5.3690	5.3638	5.3569
2.00	1.8218	1.8213	1.8207	4.20	5.4803	5.4749	5.4678
2.05	1.8751	1.8745	1.8738	4.25	5.5929	5.5874	5.5800
2.10	1.9299	1.9293	1.9285	4.30	5.7068	5.7010	5.6935
2.15	1.9863	1.9857	1.9848	4.35	5.8219	5.8160	5.8082
2.20	2.0442	2.0435	2.0425	4.40	5.9383	5.9322	5.9242
2.25	2.1036	2.1028	2.1018	4.45	6.0559	6.0497	6.0414
2.30	2.1645	2.1636	2.1625	4.50	6.1748	6.1684	6.1599
2.35	2.2268	2.2258	2.2246	4.55	6.2950	6.2884	6.2796
2.40	2.2905	2.2895	2.2882	4.60	6.4165	6.4097	6.4007
2.45	2.3557	2.3546	2.3532	4.65	6.5392	6.5322	6.5230
2.50	2.4223	2.4211	2.4196	4.70	6.6632	6.6560	6.6465
2.55	2.4903	2.4891	2.4874	4.75	6.7885	6.7811	6.7713
2.60	2.5597	2.5584	2.5566	4.80	6.9150	6.9074	6.8974
2.65	2.6304	2.6290	2.6272	4.85	7.0428	7.0350	7.0247
2.70	2.7026	2.7011	2.6991	4.90	7.1719	7.1638	7.1532
2.75	2.7761	2.7745	2.7724	4.95	7.3022	7.2939	7.2831
2.80	2.8509	2.8493	2.8470	5.00	7.4337	7.4253	7.4142
2.85	2.9271	2.9254	2.9230	5.05	7.5666	7.5579	7.5465
2.90	3.0047	3.0028	3.0004	5.10	7.7007	7.6918	7.6801
2.95	3.0836	3.0816	3.0790	5.15	7.8360	7.8270	7.8150
3.00	3.1638	3.1617	3.1590	5.20	7.9727	7.9634	7.9511
3.05	3.2454	3.2432	3.2403	5.25	8.1106	8.1010	8.0884
3.10	3.3283	3.3260	3.3229	5.30	8.2497	8.2399	8.2271
3.15	3.4125	3.4100	3.4069	5.35	8.3901	8.3801	8.3669
3.20	3.4980	3.4954	3.4921	5.40	8.5318	8.5215	8.5080
3.25	3.5848	3.5821	3.5787	5.45	8.6747	8.6642	8.6504
3.30	3.6729	3.6702	3.6665	5.50	8.8189	8.8082	8.7940
3.35	3.7624	3.7595	3.7557	5.55	8.9643	8.9534	8.9389
3.40	3.8531	3.8501	3.8461	5.60	9.1110	9.0998	9.0851
3.45	3.9452	3.9420	3.9379	5.65	9.2589	9.2475	9.2324
3.50	4.0385	4.0352	4.0309	5.70	9.4081	9.3965	9.3811
3.55	4.1331	4.1297	4.1252	5.75	9.5586	9.5467	9.5310
3.60	4.2291	4.2255	4.2208	5.80	9.7103	9.6982	9.6821
3.65	4.3263	4.3226	4.3177	5.85	9.8633	9.8509	9.8345
3.70	4.4248	4.4210	4.4159	5.90	10.0176	10.0049	9.9881
3.75	4.5246	4.5206	4.5154	5.95	10.1731	10.1601	10.1430
3.80	4.6256	4.6215	4.6161	6.00	10.3298	10.3166	10.2991
3.85	4.7280	4.7237	4.7181	6.05	10.4878	10.4743	10.4565
3.90	4.8316	4.8272	4.8214	6.10	10.6471	10.6333	10.6152
3.95	4.9366	4.9320	4.9260	6.15	10.8076	10.7936	10.7751
4.00	5.0428	5.0380	5.0318	6.20	10.9694	10.9551	10.9362
4.05	5.1502	5.1454	5.1389	6.25	11.1324	11.1178	11.0986

（续）

b/h	b/l			b/h	b/l		
	0.025	0.055	0.085		0.025	0.055	0.085
6.30	11.2967	11.2818	11.2622	8.15	18.2563	18.2292	18.1934
6.35	11.4622	11.4471	11.4271	8.20	18.4682	18.4407	18.4044
6.40	11.6290	11.6136	11.5932	8.25	18.6813	18.6535	18.6167
6.45	11.7971	11.7814	11.7606	8.30	18.8957	18.8675	18.8302
6.50	11.9664	11.9504	11.9292	8.35	19.1114	19.0828	19.0449
6.55	12.1369	12.1206	12.0991	8.40	19.3283	19.2993	19.2609
6.60	12.3087	12.2921	12.2702	8.45	19.5464	19.5170	19.4782
6.65	12.4818	12.4649	12.4426	8.50	19.7658	19.7360	19.6966
6.70	12.6561	12.6389	12.6162	8.55	19.9865	19.9563	19.9163
6.75	12.8317	12.8142	12.7911	8.60	20.2084	20.1778	20.1373
6.80	13.0085	12.9907	12.9672	8.65	20.4315	20.4005	20.3595
6.85	13.1866	13.1685	13.1446	8.70	20.6559	20.6245	20.5830
6.90	13.3659	13.3475	13.3232	8.75	20.8816	20.8498	20.8077
6.95	13.5465	13.5278	13.5030	8.80	21.1085	21.0763	21.0336
7.00	13.7283	13.7093	13.6841	8.85	21.3366	21.3040	21.2608
7.05	13.9114	13.8921	13.8665	8.90	21.5660	21.5330	21.4893
7.10	14.0958	14.0761	14.0501	8.95	21.7967	21.7632	21.7189
7.15	14.2814	14.2614	14.2349	9.00	22.0286	21.9947	21.9499
7.20	14.4682	14.4479	14.4210	9.05	22.2618	22.2274	22.1820
7.25	14.6563	14.6357	14.6083	9.10	22.4962	22.4614	22.4154
7.30	14.8457	14.8247	14.7969	9.15	22.7318	22.6966	22.6501
7.35	15.0363	15.0150	14.9867	9.20	22.9687	22.9331	22.8860
7.40	15.2281	15.2065	15.1778	9.25	23.2069	23.1708	23.1231
7.45	15.4213	15.3992	15.3701	9.30	23.4163	23.4098	23.3615
7.50	15.6156	15.5933	15.5637	9.35	23.6870	23.6500	23.6012
7.55	15.8112	15.7885	15.7585	9.40	23.9289	23.8915	23.8421
7.60	16.0081	15.9851	15.9546	9.45	24.1721	24.1342	24.0842
7.65	16.2062	16.1828	16.1519	9.50	24.4165	24.3782	24.3275
7.70	16.4056	16.3819	16.3504	9.55	24.6621	24.6234	24.5722
7.75	16.6062	16.5821	16.5502	9.60	24.9091	24.8699	24.8180
7.80	16.8081	16.7836	16.7513	9.65	25.1572	25.1176	25.0651
7.85	17.0112	16.9864	16.9536	9.70	25.4066	25.3665	25.3135
7.90	17.2156	17.1904	17.1571	9.75	25.6573	25.6167	25.5631
7.95	17.4213	17.3957	17.3619	9.80	25.9092	25.8682	25.8139
8.00	17.6281	17.6022	17.5679	9.85	26.1624	26.1209	26.0659
8.05	17.8363	17.8100	17.7752	9.90	26.4168	26.3748	26.3193
8.10	18.0457	18.0190	17.9837	9.95	26.6725	26.6300	26.5739

变温过程中的弹性模量由下式计算：

$$M_t = M_0(f_t/f_0)^2 [1/(1+\alpha\Delta t)]$$

式中 M_t——温度 t 下的弹性模量，单位为 GPa；

      M_0——室温下的弹性模量，单位为 GPa；

      f_t——温度 t 下试样在炉子或槽中的共振频率，单位为 Hz；

      f_0——室温下试样在炉子或槽中的共振频率，单位为 Hz；

      α——温度 t 与室温间试样的平均线膨胀系数；

      Δt——温度 t 与室温间的温度差，单位为℃。

6. 动态泊松比

任一温度下试样的动态泊松比由同一温度下的动态杨氏模量、动态切变模量值确定：

$$\mu = \left(\frac{E_d}{2G_d} \right) - 1$$

式中　μ——动态泊松比；

E_d——动态杨氏模量，单位为 MPa；

G_d——动态切变模量，单位为 MPa。

也可由测得的试样同一温度下的弯曲与扭转的共振频率直接求得该温度下的动态泊松比。

对于圆杆：

$$\mu = 0.15774 T_1 \left(\frac{l}{d} \right)^2 \left(\frac{f_{t1}}{f_{s1}} \right)^2 - 1$$

式中　T_1——基频弯曲共振时圆杆试样的室温修正系数；

l——试样室温长度，单位为 mm；

d——试样室温直径，单位为 mm；

f_{t1}——试样弯曲共振基频频率，单位为 Hz；

f_{s1}——试样扭转共振进频率，单位为 Hz。

对于圆管：

$$\mu = 0.15774 T_1 \frac{l^2}{d_1^2 + d_2^2} \left(\frac{f_{t1}}{f_{s1}} \right)^2 - 1$$

式中　T_1——基频弯曲共振时圆管试样的室温修正系数；

l——试样室温长度，单位为 mm；

d_1——管的外径，单位为 mm；

d_2——管的内径，单位为 mm；

f_{t1}——试样弯曲共振基频频率，单位为 Hz；

f_{s1}——试样扭转共振进频率，单位为 Hz。

对于矩形杆：

$$\mu = 0.11831 \left(\frac{T_1}{R_1} \right) \left(\frac{l}{h} \right)^2 \left(\frac{f_{t1}}{f_{s1}} \right)^2 - 1$$

式中　T_1——基频弯曲共振时矩形杆试样的室温修正系数；

R_1——试样基频扭转共振时的室温形状因子；

l——试样室温长度，单位为 mm；

h——室温下平行弯振方向的几何尺寸，单位为 mm；

f_{t1}——试样弯曲共振基频频率，单位为 Hz；

f_{s1}——试样扭转共振进频率，单位为 Hz。

7. 试验结果的数值修约

对算出的动态杨氏模量、动态切变模量取 3 位有效数字，动态泊松比取 2 位有效数字，数值修约按 GB/T 8170 的有关规定。

金属材料的硬度测试方法

3.1 相关术语和定义

1. 硬度及硬度试验的定义

硬度是指材料对压入塑性变形、划痕、磨损或切削等的抗力，是材料在一定条件下抵抗硬物压入其表面的能力。

硬度试验是应用最广泛的力学性能试验，根据受力方式，可分为压入法和刻划法。在压入法中，按照加力速度不同又可分为静态力试验法和动态力试验法。通常所采用的布氏硬度、洛氏硬度和维氏硬度等均属于静态力试验法，肖氏硬度、里氏硬度等属于动态力试验法。各种不同硬度试验方法的适用范围见表3-1。

表3-1 各种不同硬度试验方法的适用范围

硬度测量方法	适用范围
布氏硬度试验	测量晶粒粗大且组织不均的零件，对成品件不宜采用。钢铁件的硬度检验中，现已逐渐采用硬质合金球压头测量退火件、正火件、调质件、铸件和锻件的硬度
洛氏硬度试验	批量、成品件及半成品件的硬度检验。对晶粒粗大且组织不均的零件不宜采用。A标尺适于测量高硬度淬火件、较小与较薄件的硬度，以及具有中等厚度硬化层零件的表面硬度。B标尺适于测量硬度较低的退火件、正火件及调质件。C标尺适于测量经淬火、回火等处理零件的硬度，以及具有较厚硬化层零件的表面硬度
表面洛氏硬度试验	测量薄件、小件的硬度，以及具有薄或中等厚度硬化层零件的表面硬度。钢铁件硬度检验中一般用N标尺
维氏硬度试验	钢铁件硬度检验中，试验力一般不超过294.2N。主要用于测量小件、薄件的硬度，以及具有浅或中等厚度硬化层零件的表面硬度
小试验力维氏硬度试验	测量小件、薄件的硬度，以及具有浅硬化层零件的表面硬度。测定表面硬化零件的表层硬度梯度或硬化层深度
显微维氏硬度试验	测量微小件、极薄件或显微组织的硬度，以及具有极端或极硬硬化层零件的表面硬度
肖氏硬度试验	主要用于大件的现场硬度检验，例如轧辊、机床面、重型构件等
努氏硬度试验	实际检验中，试验力一般不超过9.807N。主要用于测量微小件、极薄件或显微组织的硬度，以及具有极薄或极硬硬化层零件的表面硬度
里氏硬度试验	大件、组装件、形状较复杂零件等的现场硬度检验

2. 硬度试验常用术语

（1）布氏硬度（HBW） 材料抵抗通过硬质合金球压头施加试验力所产生永久压痕变形的度量单位。

（2）努氏硬度（HK） 材料抵抗通过金刚石菱形锥体压头施加试验力所产生永久压痕

变形的度量单位。

（3）肖氏硬度（HS） 应用弹性回跳法将撞销（具有尖端的小锥，尖端上常镶有金刚石）从一定高度落到所测试材料的表面上而发生回跳，用测得的撞销回跳的高度来表示的硬度。

（4）洛氏硬度（HR） 材料抵抗通过硬质合金，或对应某一标尺的金刚石圆锥体压头施加试验力所产生永久压痕变形的度量单位。

（5）维氏硬度（HV） 材料抵抗通过金刚石正四棱锥体压头施加试验力所产生永久压痕变形的度量单位。

（6）里氏硬度（HL） 用规定质量的冲击体在弹性力作用下以一定速度冲击试样表面，冲头在距试样表面1mm处的回弹速度与冲击速度的比值计算的硬度值。

（7）标准块 用于压痕硬度计间接检验、带有检定合格的压痕值的标准块状物质。

3.2 金属材料洛氏硬度试验

金属材料洛氏硬度试验按照 GB/T 230.1—2009《金属材料 洛氏硬度试验 第1部分：试验方法（A、B、C、D、E、F、G、H、K、N、T标尺）》、GB/T 230.2—2012《金属材料 洛氏硬度试验 第2部分：硬度计（A、B、C、D、E、F、G、H、K、N、T标尺）的检验与校准》和 GB/T 230.3—2012《金属材料 洛氏硬度试验 第3部分：标准硬度块（A、B、C、D、E、F、G、H、K、N、T标尺）的标定》进行。

3.2.1 试样

1）试样表面应光滑平坦，无氧化皮及外来污物，尤其不应有油脂。

2）试样的制备应使受热或冷加工等因素对表面硬度的影响减至最小，尤其对于残余压痕深度浅的试样应特别注意。

3）试验后试样背面不应出现可见变形。

4）试样表面粗糙度 Ra 不大于 $1.6\mu m$。在做与压头黏结的活性金属的硬度试验时，例如钛，可以使用某种合适的油性介质（例如煤油）。使用的介质应在试验报告中注明。

5）对于用金刚石圆锥压头进行的试验，试样或试验层厚度应不小于残余压痕深度的10倍；对于用球压头进行的试验，试样或试验层的厚度应不小于残余压痕深度的15倍。洛氏硬度与试样最小厚度的关系如图3-1所示。

3.2.2 试验设备

1. 洛氏硬度计

洛氏硬度计可分为手动洛氏硬度计、电动洛氏硬度计、数显洛氏硬度计、表面类洛氏硬度计、光学类洛氏硬度计和加高型洛氏硬度计。手动洛氏硬度计（见图3-2）操作简单，测量迅速，可在指示表上直接读取硬度值，工作效率高，是最常用的洛氏硬度计。由于试验力较小，压痕也小，特别是表面洛氏硬度试验的压痕更小，对大多数工件的使用无影响，可直接测试成品工件，初试验力的采用，使得试样表面轻微的平面度误差对硬度值的影响较小，非常适于在工厂使用，适于对成批加工的成品或半成品工件进行逐件检测。该试验方法对测量操作的要求不高，非专业人员容易掌握。

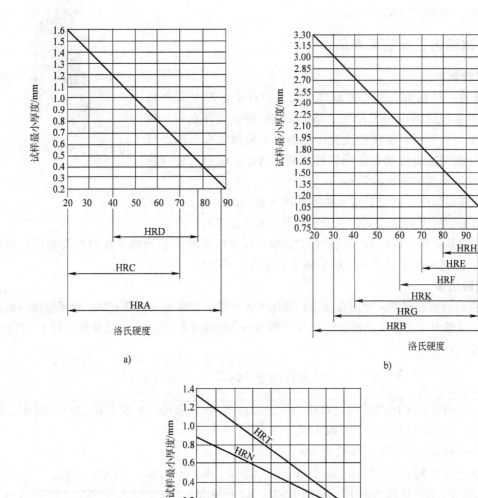

图 3-1　洛氏硬度与试样最小厚度关系

a) 用金刚石圆锥压头试验（A、C 和 D 标尺）

b) 用球压头试验（B、E、F、G、H 和 K 标尺）　c) 表面洛氏硬度试验（N 和 T 标尺）

2. 压头

1）金刚石圆锥压头锥角为 120°，顶部曲率半径为 0.2mm。

2）球压头的直径为 1.5875mm 或 3.175 mm。值得注意的是硬质合金球压头为标准型洛氏硬度压头。如果在产品标准或协议中有规定时，允许使用钢球压头。

图3-2 手动洛氏硬度计

3.2.3 试验内容及结果表示

1. 试验要求

1）试验一般在 10~35℃ 的温度下进行。对于温度要求严格的试验，温度应控制在 23℃±5℃。洛氏硬度试验应选择在较小的温度变化范围内进行，温度的变化可能会对试验结果有影响，试样和硬度计的温度也可能会影响试验结果。因此，试验人员应该确保试验温度不会影响试验结果。

2）试验过程中，硬度计应避免受到冲击和振动。

3）每个试样上的试验点数不少于 4 点，第 1 点不计。

4）在大量试验前或距前一试验超过 24h，以及压头或支承台移动或重新安装后，均应进行检定，上述调整后的第 1 次试验结果不作为正式数据。

2. 试验原理

将压头（金刚石圆锥、硬质合金球）按图 3-3 分两个步骤压入试样表面，经规定保持时间后，卸除主试验力 F_1，测量在初试验力 F_0 下的残余压痕深度 h。根据 h 值及常数 N 和 S，用下式计算洛氏硬度：

$$洛氏硬度 = N - \frac{h}{S}$$

式中 N——给定标尺的硬度数，对于 A、C、D、N 和 T 标尺，N 取 100，对于 B、E、F、G、H 和 K 标尺，N 取 130；

h——残余压痕深度，单位为 mm；

S——给定标尺的单位，对于 A、B、C、D、E、F、G、H 和 K 标尺，S 取 0.002，对于 N 和 T 标尺，S 取 0.001。

3. 洛氏硬度标尺

洛氏硬度标尺见表 3-2。

4. 洛氏硬度的表示方法

1）A、C 和 D 标尺洛氏硬度用硬度值、符号 HR、使用的标尺字母表示，如 56HRC 表示用 C 标尺测得的洛氏硬度值为 56。

2）B、E、F、G、H 和 K 标尺洛氏硬度用硬度值、符号 HR、使用的标尺和球压头代号（硬质合金球为 W，钢球压头为 S）表示，如 62HRBW 表示用硬质合金球压头在 B 标尺上测得的洛氏硬度值为 62。

3）N 标尺表面洛氏硬度用硬度值、符号 HR、试验力数值（总试验力）和使用的标尺表示，如 60HR30N

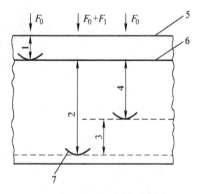

图3-3 洛氏硬度试验原理图
1—在初试验力 F_0 下的压入深度
2—由主试验力 F_1 引起的压入深度
3—卸除主试验力 F_1 后弹性回复深度
4—残余压入深度 h
5—试样表面 6—测量基准面
7—压头位置

表示用总试验力为 294.2N 的 30N 标尺测得的表面洛氏硬度值为 60。

表 3-2 洛氏硬度标尺

洛氏硬度标尺	硬度符号[④]	压头类型	初试验力 F_0/N	主试验力 F_1/N	总试验力 F/N	适用范围
A[①]	HRA	金刚石圆锥	98.07	490.3	588.4	20～88HRA
B[②]	HRB	直径 1.5875mm 球	98.07	882.6	980.7	20～100HRB
C[③]	HRC	金刚石圆锥	98.07	1373	1471	20～70HRC
D	HRD	金刚石圆锥	98.07	882.6	980.7	40～77HRD
E	HRE	直径 3.175mm 球	98.07	882.6	980.7	70～100HRE
F	HRF	直径 1.5875mm 球	98.07	490.3	588.4	60～100HRF
G	HRG	直径 1.5875mm 球	98.07	1373	1471	30～94HRG
H	HRH	直径 3.175mm 球	98.07	490.3	588.4	80～100HRH
K	HRK	直径 3.175mm 球	98.07	1373	1471	40～100HRK
15N	HR15N	金刚石圆锥	29.42	117.7	147.1	70～94HR15N
30N	HR30N	金刚石圆锥	29.42	264.8	294.2	42～86HR30N
45N	HR45N	金刚石圆锥	29.42	411.9	441.3	20～77HR45N
15T	HR15T	直径 1.5875mm 球	29.42	117.7	147.1	67～93HR15T
30T	HR30T	直径 1.5875mm 球	29.42	264.8	294.2	29～82HR30T
45T	HR45T	直径 1.5875mm 球	29.42	411.9	441.3	10～72HR45T

注：如果在产品标准或协议中有规定时，可以使用直径为 6.350mm 和 12.70mm 的球压头。

① 试验允许范围可延伸至 94HRA。

② 如果在产品标准或协议中有规定时，试验允许范围可延伸至 10HRBW。

③ 如果压痕具有合适的尺寸，试验允许范围可延伸至 10HRC。

④ 使用硬质合金球压头的标尺，硬度符号后面加 W；使用钢球压头的标尺，硬度符号后面加 S。

4）T 标尺表面洛氏硬度用硬度值、符号 HR、试验力数值（总试验力）、使用的标尺和压头代号表示，如 35HR30TW 表示用硬质合金球压头在总试验力为 294.2N 的 30T 标尺测得的表面洛氏硬度值为 35。

5. 试验程序

1）试样应平稳地放在刚性支承物上，并使压头轴线与试样表面垂直，避免试样产生位移。如果使用固定装置，应与 GB/T 230.2 的规定一致。在大量试验前或距上次试验超过 24h，以及移动和更换压头或载物台之后，应确定硬度计的压头和载物台安装正确。上述调整后的前两次试验结果应舍弃。应对圆柱形试样做适当支承，例如放置在洛氏硬度值不低于 60HRC 的带有 V 形槽的试样台上。尤其应注意，保证压头、试样、V 形槽与硬度计支座中心对中。

2）使压头与试样表面接触，无冲击和振动地施加初试验力 F_0，初试验力保持时间不应超过 3s。对于电子控制的硬度计，施加初试验力的时间（t_a）的 1/2 和初试验力保持时间（t_{pm}）之和满足下式：

$$t_p = \frac{t_a}{2} + t_{pm} \leqslant 3s$$

式中　t_p——初试验力施加总时间，单位为 s；

　　　t_a——初试验力施加时间，单位为 s；

　　　t_{pm}——初试验力保持时间，单位为 s。

3）无冲击和振动地将测量装置调整至基准位置，从初试验力 F_0 施加至总试验力 F 的时间应不小于 1s 且不大于 8s。一般情况下，对于硬度约为 60HRC 的试样，从 F_0 至 F 的时间为 2～3s。对于硬度约为 78HR30N 的试样，建议加力时间为 1～1.5s。

4）总试验力 F 保持时间为 $4s\pm2s$，然后卸除主试验力 F_1，保持初试验力 F_0，经短时间稳定后，进行读数。对于压头持续压入而呈现过度塑性流变（压痕蠕变）的试样，应保持施加全部试验力。当产品标准中另有规定时，施加全部试验力的时间可以超过6s。在这种情况下，实际施加试验力的时间应在试验结果中注明（例如：65HRFW，10s）。

5）洛氏硬度值用公式洛氏硬度 $=N-\dfrac{h}{S}$ 由残余压痕深度 h 计算出，通常从测量装置中直接读数。

6）两相邻压痕中心之间的距离至少应为压痕直径的4倍，并且不应小于2mm；任一压痕中心距试样边缘的距离至少应为压痕直径的2.5倍，并且应不小于1mm。

6. 洛氏硬度的修正

1）在凸圆柱面上试验时，用金刚石圆锥压头试验（A、C 和 D 标尺）的洛氏硬度修正值见表3-3，用1.5875mm 球压头试验（B、F 和 G 标尺）的洛氏硬度修正值见表3-4，表面洛氏硬度试验（N 标尺）洛氏硬度修正值见表3-5，表面洛氏硬度试验（T 标尺）洛氏硬度修正值见表3-6。

表3-3 用金刚石圆锥压头试验（A、C 和 D 标尺）的洛氏硬度修正值

洛氏硬度读数	洛氏硬度修正值								
	曲率半径/mm								
	3	5	6.5	8	9.5	11	12.5	16	19
20				2.5	2.0	1.5	1.5	1.0	1.0
25			3.0	2.5	2.0	1.5	1.0	1.0	1.0
30			2.5	2.0	1.5	1.5	1.0	1.0	0.5
35		3.0	2.0	1.5	1.5	1.0	1.0	0.5	0.5
40		2.5	2.0	1.5	1.0	1.0	1.0	0.5	0.5
45	3.0	2.0	1.5	1.0	1.0	1.0	0.5	0.5	0.5
50	2.5	2.0	1.5	1.0	1.0	0.5	0.5	0.5	0.5
55	2.0	1.5	1.0	1.0	0.5	0.5	0.5	0.5	0
60	1.5	1.0	1.0	0.5	0.5	0.5	0.5	0	0
65	1.5	1.0	1.0	0.5	0.5	0.5	0.5	0	0
70	1.0	1.0	0.5	0.5	0.5	0.5	0.5	0	0
75	1.0	0.5	0.5	0.5	0.5	0.5	0	0	0
80	0.5	0.5	0.5	0.5	0.5	0	0	0	0
85	0.5	0.5	0.5	0	0	0	0	0	0
90	0.5	0	0	0	0	0	0	0	0

注：大于3HRA、3HRC 和 3HRD 的修正值太大，不在表中规定。

表3-4 用1.5875mm 球压头试验（B、F 和 G 标尺）的洛氏硬度修正值

洛氏硬度读数	洛氏硬度修正值					
	曲率半径/mm					
	3	5	6.5	8	9.5	11	12.5
20				4.5	4.0	3.5	3.0
30			5.0	4.5	3.5	3.0	2.5
40			4.5	4.0	3.0	2.5	2.5
50			4.0	3.5	3.0	2.5	2.0
60		5.0	3.5	3.0	2.5	2.0	2.0
70		4.0	3.0	2.5	2.0	2.0	1.5
80	5.0	3.5	2.5	2.0	1.5	1.5	1.5
90	4.0	3.0	2.0	1.5	1.5	1.5	1.0
100	3.5	2.5	1.5	1.5	1.0	1.0	0.5

注：大于5HRB、5HRF 和 5HRG 的修正值太大，不在表中规定。

表3-5　表面洛氏硬度试验（N标尺）洛氏硬度修正值

表面洛氏硬度读数	表面洛氏硬度修正值					
	曲率半径/mm					
	1.6	3.2	5	6.5	9.5	12.5
20	(6.0)	3.0	2.0	1.5	1.5	1.5
25	(5.5)	3.0	2.0	1.5	1.5	1.0
30	(5.5)	3.0	2.0	1.5	1.0	1.0
35	(5.0)	2.5	2.0	1.5	1.0	1.0
40	(4.5)	2.5	1.5	1.5	1.0	1.0
45	(4.0)	2.0	1.5	1.0	1.0	1.0
50	(3.5)	2.0	1.5	1.0	1.0	1.0
55	(3.5)	2.0	1.5	1.0	0.5	0.5
60	3.0	1.5	1.0	1.0	0.5	0.5
65	2.5	1.5	1.0	0.5	0.5	0.5
70	3.0	1.0	1.0	0.5	0.5	0.5
75	1.5	1.0	0.5	0.5	0.5	0
80	1.0	0.5	0.5	0.5	0	0
85	0.5	0.5	0.5	0.5	0	0
90	0	0	0	0	0	0

注：1. 修正值仅为近似值，代表从表中给出曲面上实测平均值，精确至0.5个表面洛氏硬度单位。

　　2. 圆柱面的试验结果受主轴及V形试台与压头同轴度、试样表面粗糙度及圆柱面平直度综合影响。

　　3. 对表中其他半径的修正值，可用线性内插法求得。

　　4. 括号中的修正值，经协商后方可使用。

表3-6　表面洛氏硬度试验（T标尺）洛氏硬度修正值

表面洛氏硬度读数	表面洛氏硬度修正值						
	曲率半径/mm						
	1.6	3.2	5	6.5	8	9.5	12.5
20	(13)	(9.0)	(6.0)	(4.5)	(3.5)	3.0	2.0
30	(11.5)	(7.5)	(5.0)	(4.0)	(3.5)	2.5	2.0
40	(10.0)	(6.5)	(4.5)	(3.5)	3.0	2.5	2.0
50	(8.5)	(5.5)	(4.0)	3.0	2.5	2.0	1.5
60	(6.5)	(4.5)	3.0	2.5	2.0	1.5	1.5
70	(5.0)	(3.5)	2.5	2.0	1.5	1.0	1.0
80	3.0	2.0	1.5	1.5	1.0	1.0	0.5
90	1.5	1.0	1.0	0.5	0.5	0.5	0.5

注：1. 修正值仅为近似值，代表从表中给出曲面上实测平均值，精确至0.5个表面洛氏硬度单位。

　　2. 圆柱面的试验结果受主轴及V形试台与压头同轴度、试样表面粗糙度及圆柱面平直度综合影响。

　　3. 对表中其他半径的修正值，可用线性内插法求得。

　　4. 括号中的修正值，经协商后方可使用。

2）在凸球面上试验的洛氏硬度修正

在凸球面上试验的洛氏硬度修正值按下式计算：

$$\Delta H = 59 \times \frac{\left(1 - \dfrac{H}{160}\right)^2}{d}$$

式中　ΔH——洛氏硬度修正值；

　　　　H——洛氏硬度值；

　　　　d——球直径，单位为mm。

在凸球面上试验的洛氏硬度修正值见表3-7。

表 3-7　在凸球面上试验的洛氏硬度修正值

洛氏硬度读数	洛氏硬度修正值								
	凸球面直径 d/mm								
	4	6.5	8	9.5	11	12.5	15	20	25
55HRC	6.4	3.9	3.2	2.7	2.3	2.0	1.7	1.3	1.0
60HRC	5.8	3.6	2.9	2.4	2.1	1.8	1.5	1.2	0.9
65HRC	5.2	3.2	2.6	2.2	1.9	1.7	1.4	1.0	0.8

7. 薄产品 HR30Tm 和 HR15Tm 试验规范

该试验与 GB/T 230.1 中规定的 HR30T 或 HR15T 试验条件相似，但经协议允许在试样背面出现变形痕迹（这在 HRT 试验中不允许）。

该试验可用于厚度小于 0.6mm 至产品标准中给出的最小厚度的产品。可对硬度在 80HR30T（相当于 90HR15T）以下的薄件进行试验。产品标准规定 HR30Tm 或 HR15Tm 硬度时，可按此方法试验。

除应满足常规洛氏试验要求外，还应满足以下要求：

（1）试样支座　试样支座应使用直径为 4.5mm 的金刚石平板。支座面应与压头轴线垂直，支座轴线应与主轴同轴，并能稳固精确地安装于硬度计试样台上。

（2）试样制备　如果有必要减薄试样，要对试样上下两面进行加工，加工中应避免如发热或冷变形等对金属基体性能的影响。基体金属不应薄于最小允许厚度。

（3）压痕距离　如果无其他规定，两相邻压痕中心间距离或任一压痕中心距试样边缘距离不小于 5mm。

8. 试验结果数值的修约

按 GB/T 8170 进行修约，修约至 0.5HR。

3.3　金属材料布氏硬度试验

金属材料布氏硬度试验按照 GB/T 231.1—2009《金属材料　布氏硬度试验　第 1 部分：试验方法》、GB/T 231.2—2012《金属材料　布氏硬度试验　第 2 部分：硬度计的检验与校准》、GB/T 231.3—2012《金属材料　布氏硬度试验　第 3 部分：标准硬度块的标定》和 GB/T 231.4—2009《金属材料　布氏硬度试验　第 4 部分：硬度值表》进行。

3.3.1　试样

1）试样表面应光滑平坦，无氧化皮及外来污物，尤其不应有油脂。

2）试样的制备应使受热或冷加工等因素对表面硬度的影响减至最小，尤其对于残余压痕深度浅的试样应特别注意。

3）试验后试样背面不应出现可见变形。

4）试样表面粗糙度 Ra 不大于 1.6μm。

5）试验厚度至少应为压痕深度的 8 倍，试样最小厚度与压痕平均直径的关系见表 3-8。试验后，试样背部如果出现可见变形，则表明试样太薄。

表 3-8　压痕平均直径与试样最小厚度关系　　　　　　（单位：mm）

压痕的平均直径	试样的最小厚度			
d	D = 1	D = 2.5	D = 5	D = 10
0.2	0.08			
0.3	0.18			
0.4	0.33			
0.5	0.54			
0.6	0.80	0.29		
0.7		0.40		
0.8		0.53		
0.9		0.67		
1.0		0.83		
1.1		1.02		
1.2		1.23	0.58	
1.3		1.46	0.69	
1.4		1.72	0.80	
1.5		2.00	0.92	
1.6			1.05	
1.7			1.19	
1.8			1.34	
1.9			1.50	
2.0			1.67	
2.2			2.04	
2.4			2.46	1.17
2.6			2.92	1.38
2.8			3.43	1.50
3.0			4.00	1.84
3.2				2.10
3.4				2.38
3.6				2.68
3.8				3.00
4.0				3.34
4.2				3.70
4.4				4.08
4.6				4.48
4.8				4.91
5.0				5.36
5.2				5.83
5.4				6.33
5.6				6.86
5.8				7.42
6.0				8.00

3.3.2　试验设备

　　布氏硬度试验的优点是硬度代表性好。由于通常采用的是 10mm 直径球压头，294.2kN（3000kgf）试验力，其压痕面积较大，能反映较大范围内金属各组成相综合影响的平均值，而不受个别组成相及微小不均匀度的影响，因此特别适用于测定灰铸铁、轴承合金和具有粗大晶粒的金属材料。它的试验数据稳定，重现性好，精度高于洛氏硬度，低于维氏硬度。此外，布氏硬度值与抗拉强度值之间存在较好的对应关系。

布氏硬度试验的特点是压痕较大，成品检验有困难，试验过程比洛氏硬度试验复杂，测量操作和压痕测量都比较费时。由于压痕边缘的凸起、凹陷或圆滑过渡都会使压痕直径的测量产生较大误差，因此要求操作者具有熟练的试验技术和丰富的工作经验，一般要求由专门的试验员操作。布氏硬度计如图 3-4 所示。

使用者在使用硬度计之前，对其使用的硬度标尺或范围进行检查。

日常检查之前，对于每个范围/标尺和硬度水平，应使用依照 GB/T 231.3 标定过的标准硬度块上的标准压痕进行压痕测量装置的间接检验。压痕测量值应与标准硬度块证书上的标准值相差在 0.5% 以内。如果测量装置不能满足上述要求，应采取相应措施。

图 3-4　布氏硬度计

日常检查应在按照 GB/T 231.3 标定的标准硬度块上至少打一个压痕。如果测量的硬度（平均）值与标准硬度块标准值的差值在 GB/T 231.2 中给出的允许误差之内，则硬度计被认为是满意的；如果超出允许误差，应立即进行间接检验。

所测数据应当保存一段时间，以便监测硬度计的再现性和测量设备的稳定性。

3.3.3　试验内容及结果表示

1. 试验要求

1）试验一般在 $10 \sim 35℃$ 的温度下进行。对于温度要求严格的试验，温度应控制在 $23℃ \pm 5℃$。

2）试样应平稳地放在刚性支承物上，并使压头轴线与试样表面垂直，以避免试样产生位移。

3）试验过程中，硬度计应避免受到冲击和振动。

4）每个试样上的试验点数不少于 4 点，第 1 点不计。

5）在大量试验前或距前一试验超过 24h，以及压头或支承台移动或重新安装后，均应进行检定，上述调整后的第 1 次试验结果不作为正式数据。

6）一般使用表 3-9 中所示的各级试验力。如果有特殊协议，其他试验力-球直径平方的比率也可以用。

表 3-9　不同条件下的试验力

硬度符号	硬质合金球直径 D/mm	试验力-球直径平方的比率 $(0.102F/D^2)/MPa$	试验力的标称值 F/N
HBW 10/3000	10	30	29.42×10^3
HBW 10/1500	10	15	14.71×10^3
HBW 10/1000	10	10	9.807×10^3
HBW 10/500	10	5	4.903×10^3
HBW 10/250	10	2.5	2.452×10^3
HBW 10/100	10	1	980.7
HBW 5/750	5	30	7.355×10^3
HBW 5/250	5	10	2.452×10^3
HBW 5/125	5	5	1.226×10^3
HBW 5/62.5	5	2.5	612.9
HBW 5/25	5	1	245.2

（续）

硬 度 符 号	硬质合金球直径 D/mm	试验力-球直径平方的比率 $(0.102F/D^2)$/MPa	试验力的标称值 F/N
HBW 2.5/187.5	2.5	30	$1.839×10^3$
HBW 2.5/62.5	2.5	10	612.9
HBW 2.5/31.25	2.5	5	306.5
HBW 2.5/15.625	2.5	2.5	153.2
HBW 2.5/6.25	2.5	1	61.29
HBW 1/30	1	30	294.2
HBW 1/10	1	10	98.07
HBW 1/5	1	5	49.03
HBW 1/2.5	1	2.5	24.52
HBW 1/1	1	1	9.807

7）试验力的选择应保证压痕直径在 $0.24D \sim 0.26D$ 之间。试验力-压头球直径平方的比率（$0.102F/D^2$）应根据材料和硬度值选择，见表 3-10。

为了保证在尽可能大的有代表性的试样区域试验，应尽可能地选取大直径压头。

表 3-10　不同材料的试验力-压头球直径平方的比率

材　　料	布氏硬度 HBW	试验力-球直径平方 的比率$(0.102F/D^2)$/MPa	材　　料	布氏硬度 HBW	试验力-球直径平方 的比率$(0.102F/D^2)$/MPa
钢、镍合金、钛合金		30		<35	2.5
铸铁	<140	10	轻金属及合金	35~80	5
	≥140	30			10
铜及铜合金	<35	5			15
	35~200	10		>80	10
	>200	30			15
			铅、锡		1

注：对于铸铁的试验，压头球直径一般为 2.5mm、5mm 和 10mm。

2. 试验原理

对一定直径 D 的硬质合金球施加试验力 F，使之压入试样表面，经规定保持时间后，卸除试验力，测量试样表面压痕的直径，如图 3-5 所示。布氏硬度值是试验力除以压痕表面积所得的商。

布氏硬度的计算如下：

$$布氏硬度 = 0.102×\frac{F}{A} = 0.102×\frac{F}{\pi Dh}$$

$$= 0.102×\frac{2F}{\pi D(D-\sqrt{D^2-d^2})}$$

$$= \frac{0.204F}{\pi D(D-\sqrt{D^2-d^2})}$$

即布氏硬度的计算公式为

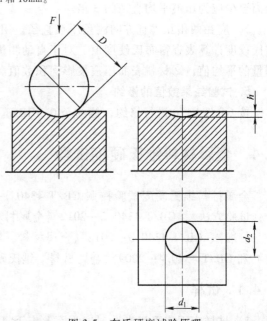

图 3-5　布氏硬度试验原理

$$布氏硬度 = \frac{0.204F}{\pi D(D - \sqrt{D^2 - d^2})}$$

式中　0.102——试验力单位由 kgf 更换为 N 后需要乘以的系数，即 $1/g = 1/9.80665 = 0.102$（g 为标准重力加速度）；

　　　F——试验力，单位为 N；

　　　A——压痕表面积，单位为 mm^2；

　　　D——球直径，单位为 mm；

　　　h——压痕深度，单位为 mm；

　　　d——压痕平均直径，单位为 mm；$d = (d_1 + d_2)/2$，d_1、d_2 为在两个相互垂直方向上测量的压痕直径（见图 3-5）。

3. 布氏硬度的表示方法

布氏硬度用符号 HBW 表示，符号 HBW 前面为硬度值，符号后面的数字依次表示球直径（单位为 mm）、试验力数字及与规定时间（10~15s）不同的试验力保持时间。例如：350HBW5/750 表示用直径 5mm 的硬质合金球在 7.355kN（750kgf）试验力下保持 10~15s 测定的布氏硬度值为 350；600HBW1/30/20 表示用直径 1mm 的硬质合金球在 294.2 N（30kgf）试验力下保持 20s 测定的布氏硬度值为 600。

4. 试验程序

1）当试样尺寸允许时，应优先选用直径 10mm 的球压头进行试验。

2）试样应平稳地放在刚性支承物上，并使压头轴线与试样表面垂直，避免试样产生位移。

3）使压头与试样表面接触，无冲击和振动地垂直于试验面施加试验力，直至达到规定试验力值。从加力开始至全部试验力施加完毕的时间应在 2~8s 之间。试验力保持时间为 10~15s。对于要求试验力保持时间较长的材料，试验力保持时间允许误差应在 ±2s 以内。

4）任一压痕中心距试样边缘距离至少应为压痕平均直径的 2.5 倍，两相邻压痕中心间距离至少应为压痕平均直径的 3 倍。

5）应在两相互垂直方向测量压痕直径。用两个读数的平均值计算布氏硬度，或按平面布氏硬度计算表查得布氏硬度值。对于自动测量装置，可采用如下方式计算：①等间隔多次测量的平均值；②材料表面压痕投影面积数值。

5. 试验结果数值的修约

按 GB/T 8170 进行修约，修约至 0.5HBW。

3.4　金属材料维氏硬度试验

金属材料维氏硬度试验按照 GB/T 4340.1—2009《金属材料　维氏硬度试验　第 1 部分：试验方法》、GB/T 4340.2—2012《金属材料　维氏硬度试验　第 2 部分：硬度计的检验与校准》、GB/T 4340.3—2012《金属材料　维氏硬度试验　第 3 部分：标准硬度块的标定》和 GB/T 4340.4—2009《金属材料　维氏硬度试验　第 4 部分：硬度值表》进行。

3.4.1　试样

1）试样表面应平坦光滑，试验面上应无氧化皮及外来污物，尤其不应有油脂。试样表面的质量应保证压痕对角线长度的测量精度，建议试样表面进行表面抛光处理。

2）制备试样时，应使由于过热或冷加工等因素对试样表面硬度的影响减至最小。

3）由于显微维氏硬度压痕很浅，加工试样时建议根据材料特性采用抛光/电解抛光工艺。

4）试样或试验层厚度至少应为压痕对角线长度的 1.5 倍，如图 3-6 和图 3-7 所示。试验后，试样背面不应出现可见变形压痕。

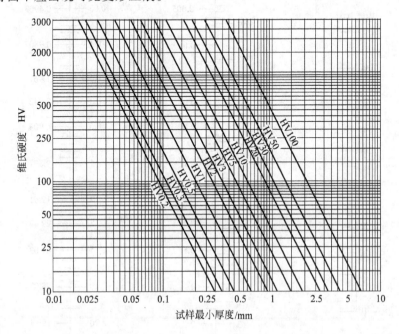

图 3-6 试样最小厚度-试验力-硬度关系图 （HV0.2～HV100）

使用图 3-7 时，将右边标尺选定的试验力和左边标尺硬度值做一连接线，此连接线与中间标尺的交点示出的值为该条件下的试样最小厚度。

5）试样表面的质量应能保证压痕对角线长度的精确测量，表面粗糙度应符合表 3-11 的要求。

表 3-11 维氏硬度表面粗糙度要求

试样类型	表面粗糙度 $Ra/\mu m$ ≤
维氏硬度试样	0.4
小试验力维氏硬度试样	0.2
显微维氏硬度试样	0.1

3.4.2 试验设备

维氏硬度计分为普通维氏硬度计、小试验力维氏硬度计和显微维氏硬度计。普通维氏硬度计一般指试验力在 98.1～490.4N （10～50kgf） 的维氏硬度试验机，小试验力维氏硬度计一般指最大试验为 49.04N （5kgf） 的维氏硬度试验机，显微维氏硬度计一般指最大试验

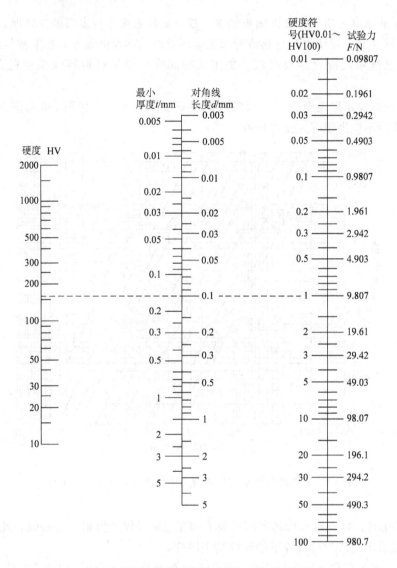

图 3-7　试样最小厚度图 （HV0.01～HV100）

力为 9.81N （1kgf） 的维氏硬度试验机。

维氏硬度计试验测量范围宽广，可以测量目前工业上所用到的几乎全部金属材料，从很软的材料（几个维氏硬度单位）到很硬的材料（3000 个维氏硬度单位）都可测量。维氏硬度试验主要用于材料研究和科学试验方面，小试验力维氏硬度试验主要用于测试小型精密零件的硬度、表面硬化层硬度和有效硬化层深度、镀层的表面硬度、薄片材料和细线材的硬度、切削刃附近的硬度、牙科材料的硬度等。由于试验力很小，压痕也很小，试样外观和使用性能都可以不受影响。显微维氏硬氏试验主要用于金属学和金相学研究，用于测定金属组织中各组成相的硬度、研究难熔化合物脆性等。显微维氏硬度试验还可用于极小或极薄零件的测试，零件厚度可薄至 3μm。

维氏硬度计试验最大的优点在于其硬度值与试验力的大小无关，只要是硬度均匀的材料，可以任意选择试验力，其硬度值不变。这就相当于在一个很宽广的硬度范围内具有一个统一的标尺。维氏硬度试验是常用硬度试验方法中精度最高的，同时它的重复性也很好。维氏硬度计如图3-8所示。

使用者应在使用硬度计之前，对其使用的硬度标尺或范围进行检查。

日常检查之前，对于每个范围/标尺和硬度水平，应使用依照GB/T 4340.3标定过的标准硬度块上的标准压痕进行压痕测量装置的间接检验。压痕测量值应与标准硬度块证书上的标准值相差在GB/T 4340.2给出的最大允许误差以内。如果测量装置不能满足上述要求，应采取相应措施。

图3-8 维氏硬度计

日常检查应在按照GB/T 4340.3标定的标准硬度块上至少打一个压痕。如果测量的硬度（平均）值与标准硬度块标准值的差值在GB/T 4340.2中给出的允许误差之内，则硬度计被认为是满意的；如果超出允许误差，应立即进行间接检验。

3.4.3 试验内容及结果表示

1. 试验要求

1）试验一般在10～35℃的温度下进行。对于温度要求严格的试验，温度应控制在23℃±5℃。

2）试样应平稳地放在刚性支承物上，并使压头轴线与试样表面垂直，以避免试样产生位移。

3）试验过程中，硬度计应避免受到冲击和振动。

4）每个试样上的试验点数不少于4点，第1点不计。

5）在大量试验前或距前一试验超过24h，以及压头或支承台移动或重新安装后，均应进行检定，上述调整后的第1次试验结果不作为正式数据。

6）使用表3-12中所示的各级试验力。

表3-12 不同条件下的试验力

维氏硬度试验		小试验力维氏硬度试验		显微维氏硬度试验	
硬度符号	试验力标称值/N	硬度符号	试验力标称值/N	硬度符号	试验力标称值/N
HV5	49.03	HV0.2	1.961	HV0.01	0.09807
HV10	98.07	HV0.3	2.942	HV0.015	0.1471
HV20	196.1	HV0.5	4.903	HV0.02	0.1961
HV30	294.2	HV1	9.807	HV0.025	0.2452
HV50	490.3	HV2	19.61	HV0.05	0.4903
HV100	980.7	HV3	29.42	HV0.1	0.9807

注：1. 维氏硬度试验可使用大于980.7N的试验力。

2. 显微维氏硬度试验的试验力为推荐值。

2. 试验原理

将顶部两相对面具有规定角度（136°）的正四棱锥体金刚石压头以选定的试验力 F 压

入试样表面，经保持规定时间后，卸除试验力，测量试样表面压痕对角线长度，如图3-9所示。维氏硬度值是试验力除以压痕表面积所得的商，压痕被视为具有正方形基面并与压头角度相同的理想形状。

维氏硬度的计算如下：

$$维氏硬度 = 0.102 \times \frac{F}{A} = 0.102 \times \frac{2F\sin\frac{136°}{2}}{d^2} \approx \frac{0.1891F}{d^2}$$

即维氏硬度的计算公式为

$$维氏硬度 = \frac{0.1891F}{d^2}$$

式中　0.102——试验力单位由 kgf 换为 N 后需要乘以的系数，即 $1/g = 1/9.80665 = 0.102$（g 为标准重力加速度）；

　　　F——试验力，单位为 N；

　　　A——压痕表面积，单位为 mm^2；

　　　d——压痕平均对角线长度，单位为 mm，$d = (d_1 + d_2)/2$，d_1、d_2 为测量的两对角线长度。

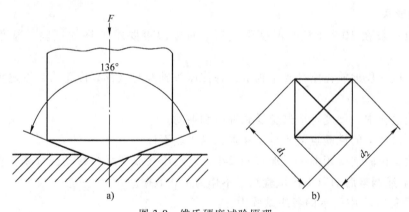

图 3-9　维氏硬度试验原理
a）压头（金刚石锥体）　b）维氏硬度压痕

3. 硬度值的表示

维氏硬度用 HV 表示，符号 HV 之前为硬度值，符号之后依次为选择的试验力值（见表3-12）、试验力保持时间（10～15s 不标注）。例如：640HV30 表示在试验力为 294.2 N（30kgf）下保持 10～15s 测定的维氏硬度值为 640；640HV30/20 表示在试验力为 294.2 N（30kgf）下保持 20s 测定的维氏硬度值为 640。

4. 试验程序

1）使压头与试样表面接触，垂直于试验面施加试验力，加力过程中不应有冲击和振动，直至将试验力施加至规定值。从加力开始至全部试验力施加完毕的时间应在 2～8s 之间。对于小试验力维氏硬度试验和显微维氏硬度试验，压头下降速度应不大于0.2mm/s；对于显微维氏硬度试验，压头下降速度应在 15～70μm/s 之间。

2）试验力保持时间为 10～15s。对于特殊材料，试验力保持时间可以延长，但误差应在

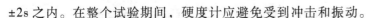

±2s之内。在整个试验期间，硬度计应避免受到冲击和振动。

3）任一压痕中心距试样边缘距离：对于钢、铜及铜合金至少应为压痕对角线长度的2.5倍；对于轻金属、铅、锡及合金至少应为压痕对角线长度的3倍。两相邻压痕中心之间距离：对于钢、铜及铜合金至少应为压痕对角线长度的3倍；对于轻金属、铅、锡及合金至少应为压痕对角线长度的6倍。如果相邻两压痕大小不同，则应以较大压痕确定压痕间距。

4）测量压痕两条对角线的长度，用公式计算硬度值，也可用其算术平均值按平面维氏硬度计算表查出维氏硬度值。

5）在平面上压痕两对角线长度之差应不超过对角线平均值的5%，如果超过5%，必须在试验报告中注明。放大系统应能将对角线放大到视场的25%~75%。

6）对于在曲面试样上试验的结果，要按表3-13~表3-18进行修正，即用原计算值（或查阅值）乘以表中的系数。

表3-13　在凸球面上进行试验时的修正系数

d/D	修正系数	d/D	修正系数
0.004	0.995	0.086	0.920
0.009	0.990	0.093	0.915
0.013	0.985	0.100	0.910
0.018	0.980	0.107	0.905
0.023	0.975	0.114	0.900
0.028	0.970	0.122	0.895
0.033	0.965	0.130	0.890
0.038	0.960	0.139	0.885
0.043	0.955	0.147	0.880
0.049	0.950	0.156	0.875
0.055	0.945	0.165	0.870
0.061	0.940	0.175	0.865
0.067	0.935	0.185	0.860
0.073	0.930	0.195	0.855
0.079	0.925	0.206	0.850

表3-14　在凹球面上进行试验时的修正系数

d/D	修正系数	d/D	修正系数
0.004	1.005	0.057	1.080
0.008	1.010	0.060	1.085
0.012	1.015	0.063	1.090
0.016	1.020	0.066	1.095
0.020	1.025	0.069	1.100
0.024	1.030	0.071	1.105
0.028	1.035	0.074	1.110
0.031	1.040	0.077	1.115
0.035	1.045	0.079	1.120
0.038	1.050	0.082	1.125
0.041	1.055	0.084	1.130
0.045	1.060	0.087	1.135
0.048	1.065	0.089	1.140
0.051	1.070	0.091	1.145
0.054	1.075	0.094	1.150

表 3-15　在凸圆柱面（一对角线与圆柱轴线呈 45°）上进行试验时的修正系数

d/D	修正系数	d/D	修正系数
0.009	0.995	0.109	0.940
0.017	0.990	0.119	0.935
0.026	0.985	0.129	0.930
0.035	0.980	0.139	0.925
0.044	0.975	0.149	0.920
0.053	0.970	0.159	0.915
0.062	0.965	0.169	0.910
0.071	0.960	0.179	0.905
0.081	0.955	0.189	0.900
0.090	0.950	0.200	0.895
0.100	0.945		

表 3-16　在凹圆柱面（一对角线与圆柱轴线呈 45°）上进行试验时的修正系数

d/D	修正系数	d/D	修正系数
0.009	1.005	0.127	1.080
0.017	1.010	0.134	1.085
0.025	1.015	0.141	1.090
0.034	1.020	0.148	1.095
0.042	1.025	0.155	1.100
0.050	1.030	0.162	1.105
0.058	1.035	0.169	1.110
0.066	1.040	0.176	1.115
0.074	1.045	0.183	1.120
0.082	1.050	0.189	1.125
0.089	1.055	0.196	1.130
0.097	1.060	0.203	1.135
0.104	1.065	0.209	1.140
0.112	1.070	0.216	1.145
0.119	1.075	0.222	1.150

表 3-17　在凸圆柱面（一对角线平行于圆柱轴线）上进行试验时的修正系数

d/D	修正系数	d/D	修正系数
0.009	0.995	0.085	0.965
0.019	0.990	0.104	0.960
0.029	0.985	0.126	0.955
0.041	0.980	0.153	0.950
0.054	0.975	0.189	0.945
0.068	0.970	0.243	0.940

表 3-18　在凹圆柱面（一对角线平行于圆柱轴线）上进行试验时的修正系数

d/D	修正系数	d/D	修正系数
0.008	1.005	0.087	1.080
0.016	1.010	0.090	1.085
0.023	1.105	0.093	1.090
0.030	1.020	0.097	1.095
0.036	1.025	0.100	1.100
0.042	1.030	0.103	1.105
0.048	1.035	0.105	1.110
0.053	1.040	0.108	1.115
0.058	1.045	0.111	1.120
0.063	1.050	0.113	1.125
0.067	1.055	0.116	1.130
0.071	1.060	0.118	1.135
0.076	1.065	0.120	1.140
0.079	1.070	0.123	1.145
0.083	1.075	0.125	1.150

3.5 金属材料努氏硬度试验

金属材料努氏硬度试验按照 GB/T 18449.1—2009《金属材料 努氏硬度试验 第 1 部分：试验方法》、GB/T 18849.2—2012《金属材料 努氏硬度试验 第 2 部分：硬度计的检验与校准》、GB/T 18449.3—2012《金属材料 努氏硬度试验 第 3 部分：标准硬度块的标定》和 GB/T 18449.4—2009《金属材料 努氏硬度试验 第 4 部分：硬度值表》进行。

3.5.1 试样

1）应在平坦光滑的试样表面上进行试验，试样表面应抛光，并应无氧化皮及外界污物，尤其不应有油脂。在各种试验条件下，压痕周边均应清晰地出现在显微镜视场中。试样表面应保证精确测量压痕对角线长度的测定。

2）制备试样时应采取措施，使由于发热或冷加工等因素对试样表面硬度的影响减至最小。

3）由于努氏硬度压痕很浅，在准备样品时应采取特殊措施。推荐根据被测材料选取适合的抛光和电解抛光技术。

4）试验后，试样背面不应出现可见变形。

5）对于小横截面或形状不规则的试样，可使用类似镶嵌的辅助支承，保证在加力过程中试样不发生移动。

3.5.2 试验设备

努氏硬度试验没有专门的硬度计，通常是共用显微维氏硬度计，只要更换压头并改变硬度值的算法即可。一般施加预定试验力或 $98.07 \times 10^{-3} \sim 19.614\text{N}$ 的试验力。

努氏硬度压痕测量装置应符合 GB/T 18449.2 的相应要求。压痕测量装置应能将对角线放大到视场的 25% ~ 75%。

测量系统报出的对角线长度应精确至 0.1μm。

使用者应在使用硬度计之前，对其使用的硬度标尺或范围进行检查。

日常检查之前，对于每个范围/标尺和硬度水平，应使用依照 GB/T 18449.3 标定过的标准硬度块上的标准压痕进行压痕测量装置的间接检验。压痕测量值应与标准硬度块证书上的标准值相差在 0.5% 和 0.4μm（取两者中的较大值）以内。如果测量装置不能满足上述要求，应采取相应措施。

日常检查应在按照 GB/T 18449.3 标定的标准硬度块上至少打一个压痕。如果测量的硬度（平均）值与标准硬度块标准值的差值在 GB/T 18449.2 中给出的允许误差之内，则硬度计被认为是满意的；如果超出允许误差，应立即进行间接检验。所测数据应当保存一段时间，以便监测硬度计的再现性和测量设备的稳定性。

3.5.3 试验内容及结果表示

1. 试验要求

1）试验一般在 10 ~ 35℃ 的温度下进行。对于温度要求严格的试验，温度应控制在 23℃

±5℃。

2）试样应平稳地放在刚性支承物上，并使压头轴线与试样表面垂直，以避免试样产生位移。

3）试验过程中，硬度计应避免受到冲击和振动。

4）每个试样上的试验点数不少于4点，第1点不计。

5）不同条件下的试验力见表3-19。

表3-19　不同条件下的试验力

硬度符号	试验力值 F	
	N	近似的 kgf[①] 当量数
HK0.01	0.09807	0.010
HK0.02	0.1961	0.020
HK0.025	0.2452	0.025
HK0.05	0.4903	0.050
HK0.1	0.9807	0.100
HK0.2	1.961	0.200
HK0.3	2.942	0.300
HK0.5	4.903	0.500
HK1	9.807	1.000
HK2	19.614	2.000

① kgf 不是国际单位制单位。

2. 试验原理

将顶部两相对面具有规定角度的菱形棱锥体金刚石压头用试验力 F 压入试样表面，经规定保持时间后卸除试验力，测量试样表面压痕长对角线的长度，如图3-10和图3-11所示。努氏硬度与试验力除以压痕投影面积所得的商成正比，压痕被视为具有与压头顶部角度相同的菱形基面棱锥体形状。

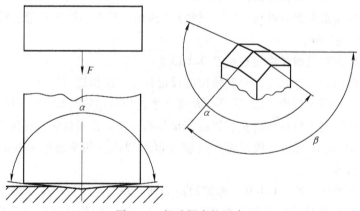

图 3-10　努氏硬度的压头

努氏硬度的计算如下：

$$努氏硬度 = 0.102 \times \frac{F}{A} = 0.102 \times \frac{F}{d^2 c}$$

$$\approx 0.102 \times \frac{F}{0.07028 d^2} \approx \frac{1.451 F}{d^2}$$

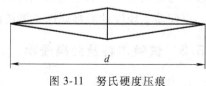

图 3-11　努氏硬度压痕

即努氏硬度的计算公式为

$$努氏硬度 = \frac{1.451F}{d^2}$$

式中　0.102——试验力单位由 kgf 更换为 N 后需要乘以的系数，即 $1/g = 1/9.80665 = 0.102$
　　　　　　（g 标准重力加速度）；

　　　　F——试验力，单位为 N；

　　　　A——压痕投影面积，单位为 mm^2。

　　　　d——压痕长对角线长度，单位为 mm；

　　　　c——压头常数，$c = \tan(\beta/2)/[2\tan(\alpha/2)]$，其中，$\alpha$、$\beta$ 是相对棱边之间的夹角，分别为 $172.5° \pm 0.1°$、$130° \pm 0.1°$。

3. 硬度值的表示

努氏硬度用 HK 表示，符号之前为硬度值，符号之后依次为表示试验力的数字（见表 3-19）、试验力保持时间（10~15s 不标注）。例如：640HK0.1 表示在试验力为 0.9807N（0.1kgf）下保持 10~15s 测定的努氏硬度值为 640；640HK0.1/20 表示在试验力为 0.9807N（0.1kgf）下保持 20s 测定的努氏硬度值为 640。

4. 试验程序

1）使压头与试样表面接触，垂直于试验面施加试验力，加力过程中不应有冲击和振动，直至将试验力施加至规定值。从加力开始至全部试验力施加完毕的时间应不超过 10s，压头下降速度应在 15~70μm/s 之间。

2）试验力保持时间为 10~15s。对于特殊材料，试验力保持时间可以延长，但误差应在 ±2s 之内。

3）任一压痕中心距试样边缘距离，至少应为短压痕对角线长度的 3 倍。

4）肩并肩的两相邻压痕之间的最小距离至少应为压痕短对角线长度的 2.5 倍，头碰头的两相邻压痕之间的最小距离至少应为压痕长对角线长度的 1 倍。如果两压痕的大小不同，压痕之间的最小距离至少应为较大压痕短对角线长度的 1 倍。

5）测量压痕长对角线的长度，用长对角线的长度计算努氏硬度，也可按平面努氏硬度计算表查出努氏硬度值。对于所有试验，压痕的周边在显微镜的视场里应被清晰地定义。降低试验力也就增加了测量结果的分散性。这尤其适用于低力值的努氏硬度试验，在测量长压痕对角线时将出现主要缺陷。

6）压痕测量装置应能将对角线放大到视场的 25%~75%。

7）如果长压痕对角线的一半与另一半相差超过 10%，应检查试样测量表面与支承表面之间的平行度，最终保证压头与试样之间的同轴性。试验结果偏差超过 10% 的应该舍弃。

3.6　金属材料肖氏硬度试验

金属材料肖氏硬度试验按照 GB/T 4341.1—2014《金属材料　肖氏硬度试验　第 1 部分：试验方法》、GB/T 4341.2—2016《金属材料　肖氏硬度试验　第 2 部分：硬度计的检验》和 GB/T 4341.3—2016《金属材料　肖氏硬度试验　第 3 部分：标准硬度块的标定》进行。

3.6.1 试样

1）试样的试验面一般为平面，对于曲面试样，其试验面的曲率半径应不小于 32mm。

2）试样的质量应至少在 0.1kg 以上。

3）试样应有足够的厚度，以保证测量的硬度值不受试样台硬度的影响。试样的厚度一般应在 10mm 以上。

4）试样的试验面积应尽可能大。

5）肖氏硬度小于 50HS 的试样，表面粗糙度 Ra 应不大于 1.6μm；肖氏硬度大于 50HS 时，表面粗糙度 Ra 应不大于 0.8μm。

6）试样的表面应无氧化皮及外来污物，尤其不应有油脂。

7）试样不应带有磁性。

3.6.2 试验设备

肖氏硬度计适用于测定金属材料的肖氏硬度值。肖氏硬度计便于携带，特别适用于冶金、重型机械行业的中大型工件，如大型构件、铸件、锻件、曲轴、轧辊、特大型齿轮、机床导轨等工件。与其他硬度计相比，肖氏硬度计的准确度稍差，受测试时的垂直性、试样表面粗糙度等因素的影响，数据分散性较大，其测试结果的比较只限于弹性模量相同的材料。它对试样的厚度和质量都有一定要求，不适于较薄和较小试样，但是它是一种轻便的手提式仪器，便于现场测试，其结构简单，便于操作，测试效率高。肖氏硬度计如图 3-12 所示。

3.6.3 试验内容及结果表示

1. 试验要求

1）试验一般在 10~35℃ 的温度下进行，对温度要求严格的试验，温度应控制在 23℃±5℃。对于温度变化敏感的材料，应在材料标准中规定试验温度。

2）试验前，应使用与试样硬度值接近的肖氏硬度标准块按 JJG 346 对硬度计进行检验。

图 3-12　肖氏硬度计

3）试验时，试样应稳固地放置在机架的试样台上。由于试样的形状、尺寸、质量等关系，需将测量筒从机架上取下，以手持或安放在特殊形状的支架上使用。试验结果应注明手持测量或支架测量。

4）硬度计应安置在稳固的基础上，试验时测量筒应保持垂直状态，试验面应与冲头作用方向垂直。手持测量筒时，要特别注意保持垂直状态。

2. 试验原理

将规定形状的金刚石冲头从固定的高度 h_0 落在试样表面上，冲头弹起一定高度 h，用下式计算肖氏硬度值：

$$HS = K \frac{h}{h_0}$$

式中　HS——肖氏硬度；

　　　K——肖氏硬度系数，对于目测型（C 型）肖氏硬度计，K 取 $10^3/65$，对于指示型

（D 型）肖氏硬度计，K 取 140；

h——冲头弹起的高度，单位为 mm；

h_0——固定的高度，单位为 mm。

3. 硬度值的表示

肖氏硬度符号为 HS，HS 后面的符号表示硬度计类型。例如：28HSC 表示用 C 型（目测型）肖氏硬度计测定的肖氏硬度值为 28，50HSD 表示用 D 型（指示型）肖氏硬度计测定的肖氏硬度值为 50。

4. 试验程序

1）测量硬度时，试样在试样台上受到的压力约为 200N。试样质量在 20kg 以上，手持测量筒或在特殊形状的支架上进行试验时，对测量筒的压力应以测量筒在试样上保持稳定为宜。

2）对于 D 型肖氏硬度计，操作鼓轮的回转时间约为 1s，复位时的操作以手动缓慢进行。对于 C 型肖氏硬度计，读取冲头反弹最高位置时的瞬间读数。

3）试样两相邻压痕中心距离应不小于 1mm，压痕中心距试样边缘的距离应不小于 4mm。

4）肖氏硬度值的读数应精确至 0.5HS，以连续 5 次有效读数的平均值作为一个肖氏硬度测量值。

3.7 金属材料里氏硬度试验

金属材料里氏硬度试验按照 GB/T 17394.1—2014《金属材料 里氏硬度试验 第 1 部分：试验方法》、GB/T 17394.2—2012《金属材料 里氏硬度试验 第 2 部分：硬度计的检验与校准》、GB/T 17394.3—2012《金属材料 里氏硬度试验 第 3 部分：标准硬度块的标定》和 GB/T 17394.4—2014《金属材料里氏硬度试验 第 4 部分：硬度值换算表》进行。

3.7.1 试样

1）在制备试样表面过程中，应尽量避免由于受热、冷加工等对试样表面硬度的影响。

2）试样的试验面最好是平面，试验面应具有金属光泽，不应有氧化皮及其他污物。试样的表面粗糙度应符合表 3-20 中的要求。

表 3-20 试样的表面粗糙度要求

冲击装置类型	试样表面粗糙度 Ra 的最大允许值/μm
D、DC、DL、D+15、S、E	2.0
G	7.0
C	0.4

3）试样必须有足够的质量及刚性，以保证在冲击过程中不产生位移或弹动。试样的质量应符合表 3-21 中的要求。

表 3-21 试样的质量要求

冲击装置类型	最小质量/kg
D、DC、DL、D+15、S、E	5
G	15
C	1.5

4）试样应具有足够的厚度，试样最小厚度应符合表 3-22 中的要求。

表 3-22 试样的最小厚度要求

冲击装置类型	最小厚度（未耦合）/mm	最小厚度（耦合）/mm
D、DC、DL、D+15、S、E	25	3
G	70	10
C	10	1

5）对于具有表面硬化层的试样，硬化层深度应符合表 3-23 中的要求。

表 3-23 试样的硬化层深度要求

冲击装置类型	表面硬化层深度/mm
D、DC	≥0.8
C	≥0.2

6）对于凹、凸圆柱面及球面试样，其表面曲率半径应符合表 3-24 中的要求。

表 3-24 试样的表面曲率半径要求

冲击装置类型	表面曲率半径/mm
D、DC	≥30
G	≥50

7）对于表面为曲面的试样，应使用适当的支承环，以保证冲头冲击瞬间位置偏差在±0.5mm 之内。

3.7.2 试验设备

里氏硬度计（见图 3-13）是一种新型的硬度测试仪器，具有测试精度高，体积小，操作容易，携带方便，测量范围宽的特点。它可将测得的硬度值自动转换成布氏、洛氏、维氏、肖氏等硬度值并打印记录，还可配置适合于各种测试场合的配件。里氏硬度计可以满足于各种测试环境和条件。

里氏硬度计的主要技术参数应符合表 3-25 中的要求，示值误差及重复性应不大于表3-26中的规定。

图 3-13 里氏硬度计

表 3-25 里氏硬度计的主要技术参数

冲击装置类型	D	DC	S	E	DL	D+15	C	G
里氏硬度	HLD	HLDC	HLS	HLE	HLDL	HLD+15	HLC	HLG
适用范围	300HLD~890HLD	300HLDC~890HLDC	400HLS~920HLS	300HLE~920HLE	560HLDL~950HLDL	330HLD+15~890HLD+15	350HLC~960HLC	300HLG~750HLG

表 3-26　里氏硬度计示值误差及重复性

冲击装置类型	里氏硬度值	示值误差	重复性
D	590～830HLD	±12HLD	12HLD
DC	490～830HLDC	±12HLDC	12HLDC
G	460～630HLG	±12HLG	12HLG
C	550～890HLC	±12HLC	12HLC

3.7.3　试验内容及结果表示

1. 试验要求

1）试验一般在 10～35℃ 的温度下进行。对于温度要求严格的试验，温度应控制在 23℃±5℃。

2）试样应平稳地放在刚性支承物上，并使压头轴线与试样表面垂直，以避免试样产生位移。

3）试验过程中，硬度计应避免受到冲击和振动。

4）每个试样上的试验点数不少于 4 点，第 1 点不计。

5）在大量试验前或距前一试验超过 24h，以及压头或支承台移动或重新安装后，均应进行检定，上述调整后的第 1 次试验结果不作为正式数据。

6）里氏硬度计不应在强烈振动、严重粉尘、腐蚀性气体或强磁场的场合使用。

7）对于需要耦合的试样，试验面应与支承台面平行，试样背面和支承台面必须平坦光滑，在耦合的平面上涂以适量的耦合剂，使试样与支承台在垂直耦合面的方向上成为承受压力的刚性整体。试验时，冲击方向必须垂直于耦合面。建议用凡士林作为耦合剂。

8）对于大面积板材、长杆、弯曲件等试样，在试验时应予适当的支承及固定，以保证冲击时不产生位移及弹动。

2. 里氏硬度符号

里氏硬度试验用符号及说明见表 3-27。

表 3-27　里氏硬度试验用符号及说明

符号	说　　明	符号	说　　明
HLD	用 D 型冲击装置测定的里氏硬度	HLG	用 G 型冲击装置测定的里氏硬度
HLDC	用 DC 型冲击装置测定的里氏硬度	HLC	用 C 型冲击装置测定的里氏硬度

注：当使用其他冲击装置时，应在 HL 之后附以相应型号。

3. 试验原理

用规定质量的冲击体在弹力作用下以一定速度冲击试样表面，用冲头在距试样表面 1mm 处的回弹速度与冲击速度的比值计算硬度值。计算公式为

$$HL = 1000 \frac{v_R}{v_A}$$

式中　HL——里氏硬度；

v_R——冲击体回弹速度，单位为 mm/s；

v_A——冲击体冲击速度，单位为 mm/s。

4. 硬度值的表示

在里氏硬度符号 HL 前示出硬度数值，在 HL 后面示出冲击装置类型。例如：700HLD

表示用 D 型冲击装置测定的里氏硬度值为 700。对于用里氏硬度换算的其他硬度，应在里氏硬度符号之前附以相应的硬度符号。例如：400HVHLD 表示用 D 型冲击装置测定的里氏硬度值换算的维氏硬度值为 400。

5. 试验程序

1) 向下推动加载套或用其他方式锁住冲击体。

2) 将冲击装置支承环紧压在试样表面上，冲击方向应与试验面垂直。

3) 平稳地按动冲击装置释放钮。

4) 读取硬度示值。

5) 试验时冲击装置尽可能垂直向下。

6) 任意两压痕中心之间距离或任一压痕中心距试样边缘距离应符合表 3-28 中的规定。

表 3-28　压痕距离的要求　　　　　　　　　　　　　　　（单位：mm）

冲击装置类型	两压痕中心间距离	压痕中心距试样边缘距离
	≥	≥
D、DC	3	5
G	4	8
C	2	4

7) 试样的每个测量部位一般进行 5 次试验，数据分散不应超过平均值的 ±15HL。

8) 对于其他方向冲击所测定的硬度值，如果硬度计没有修正功能，应按表 3-29 进行修正。

表 3-29　里氏硬度修正值

HL	D 和 DC 型冲击装置				G 型冲击装置				C 型冲击装置			
200 / 250	-7	-14	-23	-33			-13	-20	—	—		
300	-6	-13	-22	-31			-12	-19	—	—		
350	-6	-12	-20	-29			-12	-18	—	—		
400	-6	-12	-19	-27			-11	-17	-7	-15		
450	-5	-11	-18	-25			-11	-16	-7	-14		
500	-5	-10	-17	-24			-10	-15	-7	-13		
550	-5	-10	-16	-22	-2	-5	-9	-14	-6	-13		不规定
600	-4	-9	-15	-20			-9	-13	-6	-12		
650	-4	-8	-14	-19			-8	-12	-6	-11		
700	-4	-8	-13	-18			-8	-11	-5	-10		
750	-3	-7	-12	-17			-7	-10	-5	-10		
800	-3	-6	-11	-16			—	—	-4	-9		
850	-3	-6	-10	-15			—	—	-4	-8		
900	-2	-5	-9	-14			—	—	-4	-7		
950	—	—	—	—			—	—	-3	-6		

3.8　焊接接头硬度试验

焊接接头硬度试验按照 GB/T 2654—2008《焊接接头硬度试验方法》进行。

3.8.1　试样

1）试件横截面应通过机械切割获取，通常垂直于焊接接头。

2）试样表面的制备过程应正确进行，以保证硬度测量没有受到冶金因素的影响。

3）被检测表面制备完成后最好进行适当的腐蚀，以便准确确定焊接接头不同区域的硬度测量位置。

3.8.2　试验设备

使用布氏硬度测试和维氏硬度测试所用的设备。

3.8.3　试验内容及结果表示

1. 标线测定（R）

1）图 3-14~图 3-20 给出了标线测定测点位置示例图，包括标线距表面的距离，通过这些测点可以对接头进行评定。必要时，可以增加标线数量和（或）在其他位置测定。测点位置应在试验报告中说明。

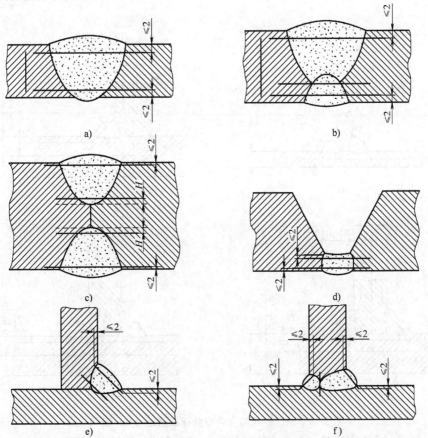

图 3-14　钢焊缝标线测定（R）示例

a）单面焊对接焊缝　b）双面焊对接焊缝　c）双面焊部分熔透对接焊缝　d）用于对单道根部焊缝硬化程度的评估　e）角焊缝　f）T形接头　H—标线测定时测点中心距表面或熔合线的距离

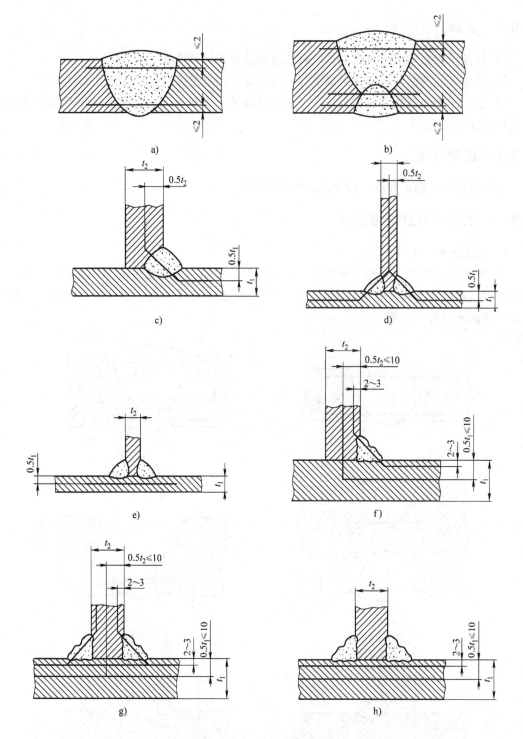

图 3-15　铝、铜及其合金焊缝标线测定（R）示例

a）单面焊对接焊缝　b）双面焊对接焊缝　c）单面角焊缝　d）双面角焊缝（单道）
e）双面角焊缝（单道，肋板不承载）　f）单面角焊缝（多道）　g）双面角焊缝（多道）
h）双面角焊缝（多道，肋板不承载）　t_1—横板试样的厚度　t_2—立板试样的厚度

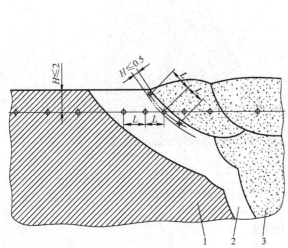

图 3-16　钢（奥氏体钢除外）
对接焊缝的测点位置

1—母材　2—热影响区　3—焊缝金属

H—标线测定时测点中心距表面或熔合线的距离

L—在热影响区两个相邻测点中心的距离

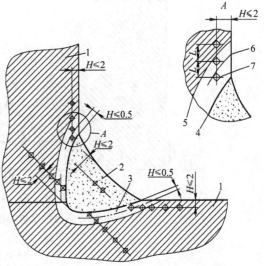

图 3-17　钢（奥氏体钢除外）角焊缝的测点位置

1—母材　2—焊缝金属　3—热影响区

4—熔合线　5—热影响区靠近母材侧区域

6—热影响区靠近熔合线侧区域　7—第 1 个检测点位置

H—标线测定时测点中心距表面或熔合线的距离

L—在热影响区两个相邻测点中心的距离

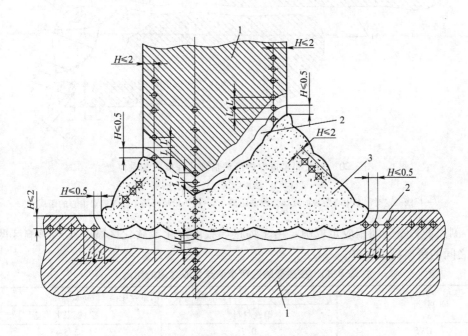

图 3-18　钢（奥氏体钢除外）T 形接头的测点位置

1—母材　2—热影响区　3—焊缝金属

H—标线测定时测点中心距表面或熔合线的距离

L—在热影响区两个相邻测点中心的距离

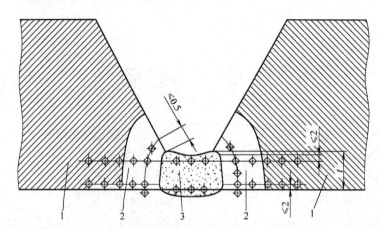

图 3-19 钢根部单道焊缝评估硬化程度的测点位置

1—母材 2—热影响区 3—焊缝金属

t—试样的厚度

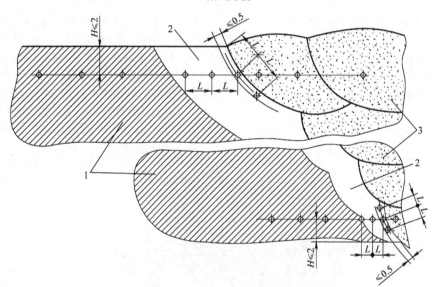

图 3-20 钢根部多道焊焊缝评估硬化程度的测点位置

1—母材 2—热影响区 3—焊缝金属

H—标线测定时测点中心距表面或熔合线的距离 L—在热影响区两个相邻测点中心的距离

2）测点的数量和间距应足以确定由于焊接导致的硬化或软化区域。在热影响区两个测点中心之间的距离见表 3-30。

表 3-30 在热影响区两个测点中心之间的距离

硬度符号	两个测点中心间的推荐距离 $L^{①}$/mm	
	钢铁材料[②]	铝、铜及其合金
HV5	0.7	2.5~5
HV10	1	3~5
HBW1/2.5	不使用	2.5~5
HBW2.5/15.625	不使用	3~5

① 任何测点中心距已检测点中心的距离 L 应不小于 GB/T 4340.1 允许值。

② 奥氏体钢除外。

3）在母材上检测时，应有足够的检测点以保证检测的准确；在焊缝金属上检测时，测点间距离的选择应确保对其做出准确评定。

4）热影响区中由于焊接引起硬化的区域应增加两个测点，测点中心与熔合线之间的距离不大于 0.5mm。

2. 单点测定（E）

1）图 3-21 给出了测点位置的典型区域。此外，还可根据金相检验确定测点位置。

2）为了防止由测点压痕变形产生的影响，在任何测点中心间的最小距离不得小于最近测点压痕的对角线或直径的平均值的 2.5 倍。

3）热影响区中由于焊接引起硬化的区域，应至少有一个测点，测点中心与熔合线之间的距离不大于 0.5mm。对于单点测定，测定区域应按图 3-21 所示予以编号。

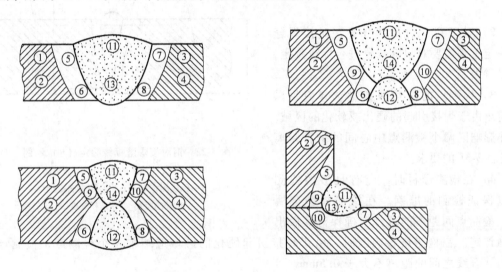

图 3-21　单点测定（E）区域示例

①~④—母材　⑤~⑩—热影响区　⑪~⑭—焊缝金属

3. 接头硬度的测定

按布氏硬度和维氏硬度的测试方法进行。

3.9　焊缝破坏性显微硬度试验

焊缝破坏性显微硬度试验按照 GB/T 27552—2011《金属材料焊缝破坏性试验　焊接接头显微硬度试验》进行。

3.9.1　试样

1）试件横截面应通过机械切割获取，通常垂直于焊接接头。

2）试样表面的制备过程应正确进行，以保证硬度测量没有受到冶金因素的影响。

3）被检测表面制备完成后最好进行适当的腐蚀，以便准确确定焊接接头不同区域的硬度测量位置。

3.9.2　试验设备

使用维氏硬度测试所用的设备。

3.9.3　试验内容及结果表示

1. 标线测定（R）

1）图 3-22~图 3-24 给出了标线测定检测点位置示例图，图中给出了标线测定检测点距表面的距离，通过用图中标示的检测点来评定焊接接头。如果需要，例如参照应用标准要求，可以增加标线测定的数量和/或在其他位置检验，但检验位置应记录在试验报告中。

2）对于铝、铜及其合金，对接焊缝不一定总是需要对根部位置进行标线测定，可以省去。

3）检测点的位置和数量选择应足以确定出由于焊接引起的硬化或软化的区域。在热影响区两个检测点中心间的推荐距离 L 按表 3-31 的要求。

4）在检测母材时，应有足够的检测点以保证检测的准确。在检测焊缝金属时，检测点间距离的选择应确保对其做出

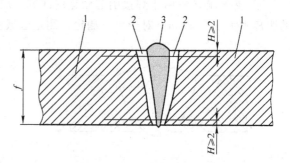

图 3-22　钢对接焊缝标线测定（R）示例

1—母材　2—热影响区　3—焊缝金属
H—标线测定时测点中心距表面或熔
合线的距离　f—试样厚度

准确评定。在检测热影响区时，由于焊接引起硬化的区域应增加两个检测点，检测点中心与熔合线之间的距离不大于 0.5mm。

5）对于其他形状的接头或金属（例如奥氏体钢），其具体要求可根据相关标准或协议要求。

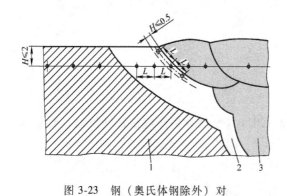

图 3-23　钢（奥氏体钢除外）对
接焊缝检测点位置示例

1—母材　2—热影响区　3—焊缝金属
H—标线测定时测点中心距表面或熔合线的距离
L—在热影响区两个相邻测点中心的距离

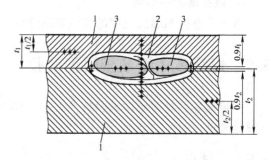

图 3-24　钢点焊和凸缝焊焊缝检测点位置示例

1—母材　2—热影响区　3—焊缝金属
t_1、t_2—钢板厚度

表 3-31 标线测定时热影响区两个检测点中心间的推荐距离 L

维氏硬度符号	两个检测点中心间的推荐距离 $L^{①}$/mm	
	钢铁材料[②]	铝、铜及其合金
HV0.1	0.2	0.8~2
HV1	0.5	1.5~4
HV5	0.7	2.5~5

① 检测点中心间的距离 L 应不小于 ISO 6507-1 允许的最小值。
② 奥氏体钢除外。

2. 单点测定（E）

1）图 3-25 给出了测点位置的典型区域。此外，还可根据金相检验确定测点位置。

2）为了防止由测点压痕变形引起的影响，在任何测点中心间的最小距离不得小于最近测点压痕的对角线或直径的平均值的 2.5 倍。

3）热影响区中由于焊接引起硬化的区域，应至少有一个测点，测点中心与熔合线之间的距离不大于 0.5mm。对于单点测定，测定区域应按图 3-25 所示予以编号。

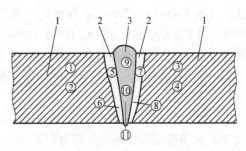

图 3-25 单点测定（E）硬度检验区域示例
1—母材 2—热影响区 3—焊缝金属
①~④—母材 ⑤~⑧—热影响区
⑨~⑪—焊缝金属

3. 接头硬度的测定

按维氏硬度的测试方法进行。

3.10 钢铁热处理零件硬度检验通则

钢铁热处理零件硬度检验按照 JB/T 6050—2006《钢铁热处理零件硬度检验通则》进行。

1. 待测试件及测试部位的选取及要求

1）热处理后有硬度值要求的钢铁零件可全部为待测试件，也可按规定抽样选取一定数量的零件为待测试件。有时采用与零件材料和状态相同的随炉试样来代替待测试件。

2）批量零件抽样测试硬度时，抽样率与取样方式应保证被选钢铁零件具有代表性。

3）对于稳定生产的大批量钢铁零件一般可按 GB/T 2828.1—2003《计数抽样检验程序 第 1 部分：按接收质量限（AQL）检索的逐批检验抽样计划》规定进行抽样检验。

4）当随炉试样硬度的测试结果不合格时，允许对钢铁零件本体硬度进行复试，并以其结果为判定值。

5）随炉试样一般不能用于仲裁硬度测试。

6）为确保测试结果准确，待测试件外观不应存在影响测试结果的污物。

7）待测试件应有足够质量和刚度，以及选用的硬度测试方法所要求的厚度，保证测试过程中不产生振动和发生位移，以确保硬度测试结果的准确。

8）对于表面硬化层有要求的待测试件，应保证测试结果能正确表征表面硬化层的硬度。

2. 测试面的要求

1）制备测试面过程中，应避免过热或加工硬化等因素对表面硬度值的影响。

2）待测试面不应有氧化、脱碳及影响测试结果的污物。

3）待测试面的表面粗糙度应符合相应硬度测试方法的规定。

4）待测试面尽可能选择平面，非平面测试面必须符合不同硬度测试方法的相关要求。

3.试验方法的选择

1）应按钢铁零件技术要求的不同硬度值选用相应的金属硬度测试方法。目前通用的测试方法有 GB/T 230.1—2009《金属材料　洛氏硬度试验　第1部分：试验方法（A、B、C、D、E、F、G、H、K、N、T 标尺）》、GB/T 231.1—2009《金属材料　布氏硬度试验　第1部分：试验方法》、GB/T 4340.1—2009《金属材料　维氏硬度试验　第1部分：试验方法》、GB/T 4341—2001《金属肖氏硬度试验方法》、GB/T 17394—1998《金属里氏硬度试验方法》、GB/T 18449.1—2009《金属材料　努氏硬度试验　第1部分：试验方法》等。

2）冶金和其他设备用辊类件的硬度应按 GB/T 13313—2008《轧辊肖氏、里氏硬度试验方法》进行测试。

3）在生产现场，钢铁零件热处理后的硬度可选用里氏硬度计、超声硬度计、锤击式布氏硬度计和携带式布氏硬度计等进行测试。

4）非平面硬度测试，应根据不同情况选用不同的硬度计或测试装置。

5）经不同工艺热处理后的钢铁零件表面硬度测试方法及选用原则见表3-32，其心部或基体硬度的测试一般按 GB/T 230.1—2009《金属材料　洛氏硬度试验　第1部分：试验方法（A、B、C、D、E、F、G、H、K、N、T 标尺）》、GB/T 231.1—2009《金属材料　布氏硬度试验　第1部分：试验方法》、GB/T4340.1—2009《金属材料　维氏硬度试验　第1部分：试验方法》、GB/T 4341—2001《金属肖氏硬度试验方法》、GB/T 17394—1998《金属里氏硬度试验方法》进行。

表3-32　经不同工艺热处理后的钢铁零件表面硬度测试方法及选用原则

热处理件通常类别	表面硬度测试方法标准	选用原则
正火件与退火件	GB/T 230.1、GB/T 231.1、GB/T 4340.1、GB/T 17394	一般按 GB/T 231.1 测试，或用 GB/T 17394 D 型装置测试
淬火件和调质件	GB/T 230.1、GB/T 231.1、GB/T 4340.1、GB/T 4341、GB/T 13313、GB/T 17394	一般按 GB/T 230.1（C 标尺）测试；辊类件按 GB/T 13313 测试；调质件按 GB/T 231.1 测试；小件、薄件按 GB/T 230.1（A 标尺或 15N 标尺）或 GB/T 4340.1 测试
表面淬火件	GB/T 230.1、GB/T 4340.1、GB/T 4341、GB/T 13313、GB/T 17394	一般按 GB/T 230.1（C 标尺）测试。硬化层较浅时，可选用 GB/T 4340.1 或 GB/T 230.1（15N 或 30N 标尺）测试。生产现场测试可用 GB/T 17394 中 D 型冲击装置
渗碳件与碳氮共渗件	GB/T 230.1、GB/T 4340.1、GB/T 4341、GB/T 17394	一般按 GB/T 230.1 测试（有效硬化层深度大于 0.6mm 时可用 A 标尺或 C 标尺） 硬化层深度较浅（<0.4mm）时，可选用 GB/T 4340.1 或 GB/T 230.1（15N 或 30N 标尺）
渗氮件	GB/T 230.1、GB/T 4340.1、GB/T 4341、GB/T 18449.1、GB/T 17394	一般按 GB/T 4340.1 测试（试验力一般选 98.07N，如果渗氮层深度 ≤0.2mm 时，试验力一般不超过 49.03N） 渗氮层深度>0.3mm 时，也可选用 GB/T 230.1（15N 标尺）测试，化合物层硬度按 GB/T 4340.1（试验力一般<1.961N）
氮碳共渗件	GB/T 230.1、GB/T 4340.1、GB/T 18449.1、GB/T 17394	一般按 GB/T 4340.1 测试（试验力一般为 0.4903~0.9807N）；渗层深度 ≥0.2mm 时可选用 GB/T 17394 C 型装置
其他渗非金属件渗金属件	GB/T 18449.1、GB/T 4340.1、GB/T 17394	

6）若确定的硬度测试方法有几种试验力可供选择时，应选用测试条件所允许的最大试验力。

4. 测试部位

1）测试部位应具有代表性或按照图样规定进行，钢铁零件的其他部位若能反映工作部位的硬度时也可作为测试部位。

2）测试部位应具备测试条件，能够用规定的硬度计方便、快捷、准确地进行硬度测试。

3）测试部位磨去层深度不应超过工艺要求所规定的机械加工余量。

4）选择的测试部位应保证硬度压痕不影响钢铁零件的最终质量。

5）局部淬火件的淬火区与非淬火区的交界处、局部化学热处理件的渗层与非渗层交界处、对允许存在的软点或软带的边缘处一般不应作为钢铁零件表面或基体硬度的测试部位。

5. 测试点数

1）对每一待测试件，应按图样要求确定测试点数，每个测试点对应一个硬度测量值。

2）每一待测试件在正式测试前，一般应先测一个点，以确认工作条件是否正常，该点不记入测试点数。

3）小尺寸批量零件的测试点数可适当减少，但应适当增加被检测零件数量。

4）可适当减少大批量同类待测试件的测试点数。

5）若发现某一测试点的测试结果异常时，允许在该测试点附近补测两次，但原异常测试结果应与补测数值同时记录。

6. 测试结果与硬度值的表示

1）测试结果可能是单一的硬度值，也可能是一个硬度范围，但每一个硬度值均应按不同硬度测试方法的规定来确定。如连续 5 次有效读数为一个硬度测量值，即为一个硬度值。

2）在圆柱或球面上测得的硬度值，应按 GB/T 230.1—2009《金属材料 洛氏硬度试验 第 1 部分：试验方法（A、B、C、D、E、F、G、H、K、N、T 标尺）》和 GB/T 4340.1—2009《金属材料 维氏硬度试验 第 1 部分：试验方法》的规定进行修正。

3）硬度值应按 GB/T 8170—2008《数值修约规则与极限数值的表示和判定》执行修约。

4）记录硬度平均值时，一般应在硬度平均值后面加括号注明计算硬度平均值所用的各测试点硬度值，如 64.0HRC（63.7HRC、64.0HRC、64.3HRC）。

5）报出换算硬度值时，应在换算值后面加括号注明硬度实测值，如 48.5HRC（75.0HRA）。

3.11　金属材料各种硬度与强度的换算关系

3.11.1　金属材料各种硬度间的换算关系

金属材料各种硬度间的换算关系见表 3-33。

表 3-33　金属材料各种硬度间的换算关系

洛氏硬度 HRC	肖氏硬度 HS	维氏硬度 HV	布氏硬度 HBW	洛氏硬度 HRC	肖氏硬度 HS	维氏硬度 HV	布氏硬度 HBW	洛氏硬度 HRC	肖氏硬度 HS	维氏硬度 HV	布氏硬度 HBW
70	—	1037	—	52	69.1	543	—	34	46.6	320	314
69	—	997	—	51	67.7	525	501	33	45.6	312	306
68	96.6	959	—	50	66.3	509	488	32	44.5	304	298
67	94.6	923	—	49	65	493	474	31	43.5	296	291
66	92.6	889	—	48	63.7	478	461	30	42.5	289	283
65	90.5	856	—	47	62.3	463	449	29	41.6	281	276
64	88.4	825	—	46	61	449	436	28	40.6	274	269
63	86.5	795	—	45	59.7	436	424	27	39.7	268	263
62	84.8	766	—	44	58.4	423	413	26	38.8	261	257
61	83.1	739	—	43	57.1	411	401	25	37.9	255	251
60	81.4	713	—	42	55.9	399	391	24	37	249	245
59	79.7	688	—	41	54.7	388	380	23	36.3	243	240
58	78.1	664	—	40	53.5	377	370	22	35.5	237	234
57	76.5	642	—	39	52.3	367	360	21	34.7	231	229
56	74.9	620	—	38	51.1	357	350	20	34	226	225
55	73.5	599	—	37	50	347	341	19	33.2	221	220
54	71.9	579	—	36	48.8	338	332	18	32.6	216	216
53	70.5	561	—	35	47.8	329	323	17	31.9	211	211

3.11.2　钢铁材料硬度与强度的换算关系

钢铁材料硬度与强度的换算关系见表 3-34。

表 3-34　钢铁材料硬度与强度的换算关系（GB/T 1172—1999）

硬　　度							抗拉强度 R_m/MPa								
洛氏		表面洛氏			维氏	布氏 $(0.102F/D^2=30)$		碳钢	铬钢	铬钒钢	铬镍钢	铬钼钢	铬镍钼钢	铬锰硅钢	超高强度钢	不锈钢
HRC	HRA	HR15N	HR30N	HR45N	HV	HBS[①]	HBW									
20.0	60.2	68.8	40.7	19.2	226	225	—	774	742	736	782	747	—	781	—	740
20.5	60.4	69.0	41.2	19.8	228	227	—	784	751	744	787	753	—	788	—	749
21.0	60.7	69.3	41.7	20.4	230	229	—	793	760	753	792	760	—	794	—	758
21.5	61.0	69.5	42.2	21.0	233	232	—	803	769	761	797	767	—	801	—	767
22.0	61.2	69.8	42.6	21.5	235	234	—	813	779	770	803	774	—	809	—	777
22.5	61.5	70.0	43.1	22.1	238	237	—	823	788	779	809	781	—	816	—	786
23.0	61.7	70.3	43.6	22.7	241	240	—	833	798	788	815	789	—	824	—	796
23.5	62.0	70.6	44.0	23.3	244	242	—	843	808	797	822	797	—	832	—	806
24.0	62.2	70.8	44.5	23.9	247	245	—	854	818	807	829	805	—	840	—	816
24.5	62.5	71.1	45.0	24.5	250	248	—	864	828	816	836	813	—	848	—	826
25.0	62.8	71.4	45.5	25.1	253	251	—	875	838	826	843	822	—	856	—	837
25.5	63.0	71.6	45.9	25.7	256	254	—	886	848	837	851	831	850	865	—	847
26.0	63.3	71.9	46.4	26.3	259	257	—	897	859	847	859	840	859	874	—	858
26.5	63.5	72.2	46.9	26.9	262	260	—	908	870	858	867	850	869	883	—	868
27.0	63.8	72.4	47.3	27.5	266	263	—	919	880	869	876	860	879	893	—	879

（续）

硬　　　　度								抗拉强度 R_m/MPa								
洛氏		表面洛氏			维氏	布氏 ($0.102F/D^2=30$)		碳钢	铬钢	铬钒钢	铬镍钢	铬钼钢	铬镍钼钢	铬锰硅钢	超高强度钢	不锈钢
HRC	HRA	HR15N	HR30N	HR45N	HV	HBS①	HBW									
27.5	64.0	72.7	47.8	28.1	269	266	—	930	891	880	885	870	890	902	—	890
28.0	64.3	73.0	48.3	28.7	273	269	—	942	902	892	894	880	901	912	—	901
28.5	64.6	73.3	48.7	29.3	276	273	—	954	914	903	904	891	912	922	—	913
29.0	64.8	73.5	49.2	29.9	280	276	—	965	925	915	914	902	923	933	—	924
29.5	65.1	73.8	49.7	30.5	284	280	—	977	937	928	924	913	935	943	—	936
30.0	65.3	74.1	50.2	31.1	288	283	—	989	948	940	935	924	947	954	—	947
30.5	65.6	74.4	50.6	31.7	292	287	—	1002	960	953	946	936	959	965	—	959
31.0	65.8	74.7	51.1	32.3	296	291	—	1014	972	966	957	948	972	977	—	971
31.5	66.1	74.9	51.6	32.9	300	294	—	1027	984	980	969	961	985	989	—	983
32.0	66.4	75.2	52.0	33.5	304	298	—	1039	996	993	981	974	999	1001	—	996
32.5	66.6	75.5	52.5	34.1	308	302	—	1052	1009	1007	994	987	1012	1013	—	1008
33.0	66.9	75.8	53.0	34.7	313	306	—	1065	1022	1022	1007	1001	1027	1026	—	1021
33.5	67.1	76.1	53.4	35.3	317	310	—	1078	1034	1036	1020	1015	1041	1039	—	1034
34.0	67.4	76.4	53.9	35.9	321	314	—	1092	1048	1051	1034	1029	1056	1052	—	1047
34.5	67.7	76.7	54.4	36.5	326	318	—	1105	1061	1067	1048	1043	1071	1066	—	1060
35.0	67.9	77.0	54.8	37.0	331	323	—	1119	1074	1082	1063	1058	1087	1079	—	1074
35.5	68.2	77.2	55.3	37.6	335	327	—	1133	1088	1098	1078	1074	1103	1094	—	1087
36.0	68.4	77.5	55.8	38.2	340	332	—	1147	1102	1114	1093	1090	1119	1108	—	1101
36.5	68.7	77.8	56.2	38.8	345	336	—	1162	1116	1131	1109	1106	1136	1123	—	1116
37.0	69.0	78.1	56.7	39.4	350	341	—	1177	1131	1148	1125	1122	1153	1139	—	1130
37.5	69.2	78.4	57.2	40.0	355	345	—	1192	1146	1165	1142	1139	1171	1155	—	1145
38.0	69.5	78.7	57.6	40.6	360	350	—	1207	1161	1183	1159	1157	1189	1171	—	1161
38.5	69.7	79.0	58.1	41.2	365	355	—	1222	1176	1201	1177	1174	1207	1187	1170	1176
39.0	70.0	79.3	58.6	41.8	371	360	—	1238	1192	1219	1195	1192	1226	1204	1195	1193
39.5	70.3	79.6	59.0	42.4	376	365	—	1254	1208	1238	1214	1211	1245	1222	1219	1209
40.0	70.5	79.9	59.5	43.0	381	370	370	1271	1225	1257	1233	1230	1265	1240	1243	1226
40.5	70.8	80.2	60.0	43.6	387	375	375	1288	1242	1276	1252	1249	1285	1258	1267	1244
41.0	71.1	80.5	60.4	44.2	393	380	381	1305	1260	1296	1273	1269	1306	1277	1290	1262
41.5	71.3	80.8	60.9	44.8	398	385	386	1322	1278	1317	1293	1289	1327	1296	1313	1280
42.0	71.6	81.1	61.3	45.4	404	391	392	1340	1296	1337	1314	1310	1348	1316	1336	1299
42.5	71.8	81.4	61.8	45.9	410	396	397	1359	1315	1358	1336	1331	1370	1336	1359	1319
43.0	72.1	81.7	62.3	46.5	416	401	403	1378	1335	1380	1358	1353	1392	1357	1381	1339
43.5	72.4	82.0	62.7	47.1	422	407	409	1397	1355	1401	1380	1375	1415	1378	1404	1361
44.0	72.6	82.3	63.2	47.7	428	413	415	1417	1376	1424	1404	1397	1439	1400	1427	1383
44.5	72.9	82.6	63.6	48.3	435	418	422	1438	1398	1446	1427	1420	1462	1422	1450	1405
45.0	73.2	82.9	64.1	48.9	441	424	428	1459	1420	1469	1451	1444	1487	1445	1473	1429
45.5	73.4	83.2	64.6	49.5	448	430	435	1481	1444	1493	1476	1468	1512	1469	1496	1453
46.0	73.7	83.5	65.0	50.1	454	436	441	1503	1468	1517	1502	1492	1537	1493	1520	1479
46.5	73.9	83.7	65.5	50.7	461	442	448	1526	1493	1541	1527	1517	1563	1517	1544	1505
47.0	74.2	84.0	65.9	51.2	468	449	455	1550	1519	1566	1554	1542	1589	1543	1569	1533
47.5	74.5	84.3	66.4	51.8	475	—	463	1575	1546	1591	1581	1568	1616	1569	1594	1562
48.0	74.7	84.6	66.8	52.4	482	—	470	1600	1574	1617	1608	1595	1643	1595	1620	1592
48.5	75.0	84.9	67.3	53.0	489	—	478	1626	1603	1643	1636	1622	1671	1623	1646	1623

（续）

硬 度								抗拉强度 R_m/MPa								
洛氏		表面洛氏			维氏	布氏 (0.102F/ $D^2=30$)		碳钢	铬钢	铬钒钢	铬镍钢	铬钼钢	铬镍钼钢	铬锰硅钢	超高强度钢	不锈钢
HRC	HRA	HR15N	HR30N	HR45N	HV	HBS①	HBW									
49.0	75.3	85.2	67.7	53.6	497	—	486	1653	1633	1670	1665	1649	1699	1651	1674	1655
49.5	75.5	85.5	68.2	54.2	504	—	494	1681	1665	1697	1695	1677	1728	1679	1702	1689
50.0	75.8	85.7	68.6	54.7	512	—	502	1710	1698	1724	1724	1706	1758	1709	1731	1725
50.5	76.1	86.0	69.1	55.3	520	—	510	—	1732	1752	1755	1735	1788	1739	1761	—
51.0	76.3	86.3	69.5	55.9	527	—	518	—	1768	1780	1786	1764	1819	1770	1792	—
51.5	76.6	86.6	70.0	56.5	535	—	527	—	1806	1809	1818	1794	1850	1801	1824	—
52.0	76.9	86.8	70.4	57.1	544	—	535	—	1845	1839	1850	1825	1881	1834	1857	—
52.5	77.1	87.1	70.9	57.6	552	—	544	—	—	1869	1883	1856	1914	1867	1892	—
53.0	77.4	87.4	71.3	58.2	561	—	552	—	—	1899	1917	1888	1947	1901	1929	—
53.5	77.7	87.6	71.8	58.8	569	—	561	—	—	1930	1951	—	—	1936	1966	—
54.0	77.9	87.9	72.2	59.4	578	—	569	—	—	1961	1986	—	—	1971	2006	—
54.5	78.2	88.1	72.6	59.9	587	—	577	—	—	1993	2022	—	—	2008	2047	—
55.0	78.5	88.4	73.1	60.5	596	—	585	—	—	2026	2058	—	—	2045	2090	—
55.5	78.7	88.6	73.5	61.1	606	—	593	—	—	—	—	—	—	—	2135	—
56.0	79.0	88.9	73.9	61.7	615	—	601	—	—	—	—	—	—	—	2181	—
56.5	79.3	89.1	74.4	62.2	625	—	608	—	—	—	—	—	—	—	2230	—
57.0	79.5	89.4	74.8	62.8	635	—	616	—	—	—	—	—	—	—	2281	—
57.5	79.8	89.6	75.2	63.4	645	—	622	—	—	—	—	—	—	—	2334	—
58.0	80.1	89.8	75.6	63.9	655	—	628	—	—	—	—	—	—	—	2390	—
58.5	80.3	90.0	76.1	64.5	666	—	634	—	—	—	—	—	—	—	2448	—
59.0	80.6	90.2	76.5	65.1	676	—	639	—	—	—	—	—	—	—	2509	—
59.5	80.9	90.4	76.9	65.6	687	—	643	—	—	—	—	—	—	—	2572	—
60.0	81.2	90.6	77.3	66.2	698	—	647	—	—	—	—	—	—	—	2639	—
60.5	81.4	90.8	77.7	66.8	710	—	650	—	—	—	—	—	—	—	—	—
61.0	81.7	91.0	78.1	67.3	721	—	—	—	—	—	—	—	—	—	—	—
61.5	82.0	91.2	78.6	67.9	733	—	—	—	—	—	—	—	—	—	—	—
62.0	82.2	91.4	79.0	68.4	745	—	—	—	—	—	—	—	—	—	—	—
62.5	82.5	91.5	79.4	69.0	757	—	—	—	—	—	—	—	—	—	—	—
63.0	82.8	91.7	79.8	69.5	770	—	—	—	—	—	—	—	—	—	—	—
63.5	83.1	91.8	80.2	70.1	782	—	—	—	—	—	—	—	—	—	—	—
64.0	83.3	91.9	80.6	70.6	795	—	—	—	—	—	—	—	—	—	—	—
64.5	83.6	92.1	81.0	71.2	809	—	—	—	—	—	—	—	—	—	—	—
65.0	83.9	92.2	81.3	71.7	822	—	—	—	—	—	—	—	—	—	—	—
65.5	84.1	—	—	—	836	—	—	—	—	—	—	—	—	—	—	—
66.0	84.4	—	—	—	850	—	—	—	—	—	—	—	—	—	—	—
66.5	84.7	—	—	—	865	—	—	—	—	—	—	—	—	—	—	—
67.0	85.0	—	—	—	879	—	—	—	—	—	—	—	—	—	—	—
67.5	85.2	—	—	—	894	—	—	—	—	—	—	—	—	—	—	—
68.0	85.5	—	—	—	909	—	—	—	—	—	—	—	—	—	—	—

① HBS 为采用钢球压头所测试的布氏硬度值，在 GB/T 231.1—2009 中已取消了钢球压头。

3.11.3 有色金属材料硬度与强度的换算关系

有色金属材料硬度（HBW）与抗拉强度 R_m（MPa）的关系可按关系式 $R_m = K$HBW 计

算，其中强度-硬度系数 K 值按表 3-35 取值。

表 3-35 有色金属材料强度-硬度系数 K 值

材　　料	K 值	材　　料	K 值
铝	2.7	铝黄铜	4.8
铅	2.9	铸铝 ZL103	2.12
锡	2.9	铸铝 ZL101	2.66
铜	5.5	硬铝	3.6
单相黄铜	3.5	锌合金铸件	0.9
H62	4.3~4.6		

第4章

金属材料的冲击性能测试方法

4.1 金属相关术语和定义

1. 冲击性能及冲击试验的定义

材料抵抗冲击载荷的能力称为材料的冲击性能。冲击载荷是指以较高的速度施加到零件上的载荷。当零件在承受冲击载荷时，瞬间冲击所引起的应力和变形比静载荷时要大得多。因此，在制造这类零件时，就必须考虑到材料的冲击性能。

冲击试验是利用能量守恒原理，将具有一定形状和尺寸的带有 V 型或 U 型缺口的试样，在冲击载荷作用下冲断，以测定其吸收能量的一种试验方法。冲击试验是试样在冲击试验力的作用下的一种动态力学性能试验。冲击试验对材料的缺陷很敏感，它能灵敏地反映出材料的宏观缺陷、显微组织的微小变化和材料质量。因此，冲击试验是生产上用来检验冶炼、热加工、热处理工艺质量的有效方法。

2. 冲击试验常用术语

（1）夏比冲击试验　夏比冲击试验是用规定高度的摆锤对处于简支梁状态的缺口试样进行一次性冲击，并测量试样折断时的吸收能量的试验。夏比冲击试样有 U 型缺口试样和 V 型缺口两种试样。V 型缺口由于应力集中较大，应力分布对缺口附近体积塑性变形的限制较大而使塑性变形更难进行。V 型缺口参与塑性变形的体积较小，冲击时吸收能量较低，且脆性转变温度较高和范围较窄，对温脆性转变反应更灵敏，断口也较清晰，更容易反映金属阻止裂纹扩展的抗力。

（2）实际初始势能（K_p）　对试验机直接检验测定的值。

（3）吸收能量（K）　由指针或其他指示装置示出的能量值。用字母 V 和 U 表示缺口几何形状，用下角标数字 2 或 8 表示摆锤刀刃半径，例如 KV_2。

（4）试样高度（h）　试样开缺口面与其相对面之间的距离，如图 4-1 所示。

（5）试样宽度（w）　试样与缺口轴线平行且垂直于高度方向的尺寸，如图 4-1 所示。

（6）试样长度（L）　与缺口方向垂直的最大尺寸，缺口方向即缺口深度方向，如图 4-1所示。

（7）仪器化冲击试验　仪器化冲击试验是在冲击试验机上装有力传感器和位移传感器可以显示和记录冲击过程各种参量的一种试验。冲击试验时的冲击吸收能量通常由裂纹形成能量和裂纹扩展能量两部分组成，将这两部分能量分别进行记录和分析可以更好地评定金属的脆断倾向。夏比 V 型缺口冲击试样在疲劳试验机上预制成全深为 5mm 的疲劳裂纹，然后

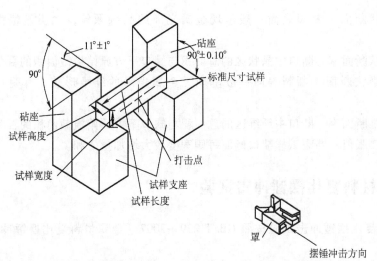

图 4-1 试样与摆锤冲击试验机支座及砧座相对位置

在装置有自动记录的夏比冲击试验机上进行冲击试验，冲击摆锤上贴有电阻应变片可以传感冲击过程中载荷的变化，其输出由计算机观测和记录而得到冲击过程中的载荷-时间曲线，再通过各种测量位移的装置求出冲击过程中位移与时间的关系，由此求出位移-时间曲线，从而可求得动态开裂发生的动态断裂韧度 K_{ID}。

（8）屈服力（F_{gy}） 力-位移曲线从直线上升部分向曲线上升部分增加转变点时的力。它表征穿过试样全部不带裂纹试样的韧带发生屈服时的近似值，实质上是试样缺口根部发生屈服时相应的冲击力。

（9）最大力（F_m） 力-位移（或力-时间）曲线上力的最大值。

（10）不稳定裂纹扩展起始力（F_{iu}） 力-位移（或力-时间）曲线急剧下降开始时的力。它表示不稳定扩展开始时的特征。

（11）不稳定裂纹扩展终止力（F_a） 力-位移（或力-时间）曲线急剧下降终止时的力。

（12）屈服位移（s_{gy}） 与屈服力相对应的位移。

（13）最大力时的位移（s_m） 与最大力相对应的位移。

（14）不稳定裂纹扩展起始位移（s_{iu}） 不稳定裂纹扩展开始时的位移。

（15）不稳定裂纹扩展终止位移（s_a） 不稳定裂纹扩展终止时的位移。

（16）总位移（s_t） 力-位移曲线结束时的位移。

（17）最大力时的能量（W_m） 力-位移曲线下从 $s=0$ 到 $s=s_m$ 部分的面积。

（18）不稳定裂纹扩展起始能量（W_{iu}） 力-位移曲线下从 $s=0$ 到 $s=s_{iu}$ 部分的面积。

（19）不稳定裂纹扩展终止能量（W_a） 力-位移曲线下从 $s=0$ 到 $s=s_a$ 部分的面积。

（20）裂纹形成能量（W_i） 近似认为，力-位移曲线下从 $s=0$ 到 $s=s_m$ 部分的面积，即 $W_i \approx W_m$。

（21）裂纹扩展能量（W_p） 力-位移曲线下从 $s=s_m$ 到 $s=s_t$ 的面积，即 $W_p=W_t-W_i$。

（22）总冲击能量（W_t） 力-位移曲线下从 $s=0$ 到 $s=s_t$ 的面积。

（23）冲击试样断口 冲击试样冲断后的断裂表面及临近表面的区域。其宏观外貌一般呈晶状，纤维状（含剪切唇）或混合状。

（24）晶状断面　断裂表面一般呈现金属光泽的晶状颗粒，无明显塑性变形的齐平断面。

（25）晶状断面率　断口中晶状区的总面积与缺口下方原始横截面积的百分比。

（26）纤维状断面　断裂表面一般呈现无金属光泽的纤维形貌，有明显塑性变形的断面。

（27）纤维断面率　断口中纤维区的总面积与缺口下方原始横截面积的百分比。

（28）侧膨胀值　断裂试样缺口侧面每侧宽度较大增加量之和。

4.2　金属材料夏比摆锤冲击试验

金属材料夏比摆锤冲击试验按照 GB/T 229—2007《金属材料夏比摆锤冲击试验方法》进行。

4.2.1　试样

1. 一般要求

标准尺寸冲击试样长度为 55mm，横截面为 10mm×10mm 方形截面。在试样长度中间有 V 型或 U 型缺口。

如果试料不够制备标准尺寸试样，可使用宽度 7.5mm、5mm 或 2.5mm 的小尺寸试样，如图 4-2 和表 4-1 所示。

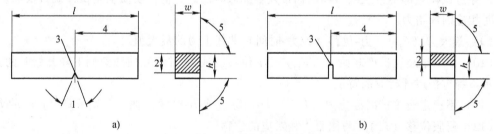

图 4-2　夏比冲击试样

a）V 型缺口试样　b）U 型缺口试样

注：l、h、w 和数字 1~5 的含义见表 4-1。

表 4-1　试样的尺寸与偏差

名　称		符号及序号	V 型缺口试样		U 型缺口试样	
			公称尺寸	机加工偏差	公称尺寸	机加工偏差
长度/mm		l	55	±0.60	55	±0.60
高度/mm		h	10	±0.075	10	±0.11
宽度/mm	标准试样	w	10	±0.11	10	±0.11
	小试样		7.5	±0.11	7.5	±0.11
			5	±0.06	5	±0.06
			2.5	±0.04	—	—
缺口角度/(°)		1	45	±2	—	—
缺口底部高度/mm		2	8	±0.075	8[①]	±0.09
					5	±0.09

（续）

名　　　称	符号及序号	V 型缺口试样		U 型缺口试样	
		公称尺寸	机加工偏差	公称尺寸	机加工偏差
缺口根部半径/mm	3	0.25	±0.025	1	±0.07
缺口对称面-端部距离/mm	4	27.5	±0.42[②]	27.5	±0.42[②]
缺口对称面-试样纵轴角度/(°)	—	90	±2	90	±2
试样纵向间面夹角/(°)	5	90	±2	90	±2

注：除端部外，试样表面粗糙度 Ra 应小于 5μm。

① 如规定其他高度，应规定相应偏差。

② 对自动定位试样的试验机，建议偏差用±0.165mm 代替±0.42mm。

对于低能量的冲击试验，因为摆锤要吸收额外能量，因此垫片的使用非常重要。对于高能量的冲击试验，垫片的使用并不十分重要。应在支座上放置适当厚度的垫片，以使试样打击中心的高度为 5mm（相当于宽度 10mm 标准试样打击中心的高度）。

试样表面粗糙度 Ra 应优于 5μm，端部除外。

对于需热处理的试验材料，一般应在最后精加工前进行热处理。

2. 缺口几何形状

对缺口的制备应仔细，以保证缺口根部处没有影响吸收能量的加工痕迹。缺口对称面应垂直于试样纵向轴线。

（1）V 型缺口　V 型缺口应有 45°夹角，其深度为 2mm，底部曲率半径为 0.25mm，如图 4-2 和表 4-1 所示。

（2）U 型缺口　U 型缺口深度应为 2mm 或 5mm（除非另有规定），底部曲率半径为 1mm，如图 4-2 和表 4-1 所示。

3. 试样的制备和标记

试样样坯的切取应按相关产品标准或 GB/T 2975 的规定执行，试样制备过程应使由于过热或冷加工硬化而改变材料冲击性能的影响减至最小。

试样标记应远离缺口，不应标在与支座、砧座或摆锤刀刃接触的面上。试样标记应避免塑性变形和表面不连续性对冲击吸收能量的影响。

4.2.2　试验设备

1. 一般要求

所有测量仪器均应溯源至国家标准或国际标准。这些仪器应在合适的周期内进行校准。

2. 试验机的安装及检验

摆锤冲击试验机分为简支梁冲击试验机、悬臂梁冲击试验机、拉伸冲击试验机等类型，主要用于金属材料和工程塑料、玻璃钢、陶瓷、增强尼龙、电绝缘材料等非金属材料的冲击性能的测定。摆锤冲击试验机有指针式和电子式两种类型，具有精度高、稳定性好、操作方便、安全等特点，其中电子式冲击试验机采用液晶显示，微型打印机输出试验结果，并具有能量损失自动修正功能。

试验机应按 GB/T 3808 或 JJG 145 进行安装及检验。摆锤冲击试验机主要由五部分组成，包括基础、机架、摆锤、砧座和支座、指示装置，如图 4-3 所示。

3. 摆锤刀刃

摆锤刀刃半径应为 2mm 和 8mm 两种，用下角标数字表示：KV_2、KU_2、KV_8 或 KU_8。摆

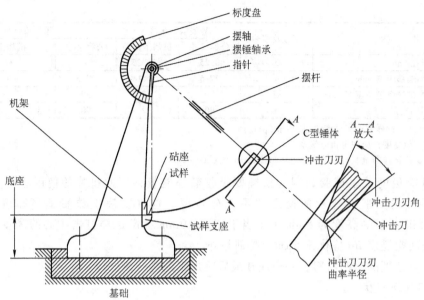

图 4-3 摆锤冲击试验机的组成部分

锤刀刃半径的选择应参考相关产品标准。对于低能量的冲击试验，一些材料用 2mm 和 8mm 摆锤刀刃试验测定的结果有明显不同，2mm 摆锤刀刃的结果可能高于 8mm 摆锤刀刃的结果。

4. 低温冲击试验机

低温冲击试验机的结构，包括冲击试验机、低温炉及电器控制操纵部分。

（1）冲击试验机　与室温冲击试验机相比，它除了底座、机身、摆锤及表盘，外加了保护罩。低温冲击试验时，试样靠机械自动送到支座上。

（2）低温炉　低温炉能够冷却试样到所要求的试验温度，并能保持这一温度。炉体通常用不锈钢制造，内外层之间用绝热材料分开，炉膛内有装冲击试样的匣子。当试样温度降到试验温度时，应保持足够时间，使试样表面温度与心部温度一致。温度的控制与保持均在操作台上进行。

（3）保温　试样应在规定温度下保持一段时间。使用液体介质时，保温时间不少于 5min；使用气体介质时，保温时间不少于 20min。

（4）冷源　低温冲击试验试样冷却装置使用的冷源，最常用的是干冰（固体二氧化碳）和液氮，它们无毒性、安全，对金属不起侵蚀作用。用乙醇作为介质，干冰为冷源，可以获得 -70℃ 以上的温度；用液氮作为冷源可获得 -90 ~ 0℃ 的低温。当试验温度为 -90 ~ -70℃ 时，一般使用液氮作为冷源。

（5）低温环境的产生和控制　对液氮瓶内的电阻丝加热，使液氮蒸发产生一定压力，从而使液氮沿管路压进低温炉内，降低试样温度。当达到试验温度后，控制部分使加热电阻丝停止加热，液氮输送终止，以达到保温目的。在没有低温冲击机设备时，使用常温冲击机也可进行低温冲击试验，可采用低温容器，对试样降温，如图 4-4 所示。冷却介质一般为乙醇或甲醇，用干冰或液氮作为冷源。由于低于室温的试样置于室温下温度会逐步回升，因而试样实际温度会高于在低温容器中的试样温度。为了减少送样时温度升高的影响，可采取对试样冷却时有一定过冷度的方法，以补偿送样过程中温度升高的影响。

（6）时间 试样从液体介质中移出至打击的时间应在 2s 之内，试样离开气体介质装置打击的时间应在 1s 之内。如不能满足上述要求，则必须在 3～5s 内打断试样，此时应采用过冷试样的方法补偿温度损失。低温冲击试验的过冷度见表 4-2。

（7）其他要求 为使试样冷却温度均匀一致，低温槽应具有足够容量，并能对槽内的冷却介质进行均匀搅拌。测温用热电偶偏差应不大于±0.5℃。测温辅助仪器（如自动指示装置或电位差计）误差应不超过±0.1%。试样保温期间温度波动，温度控制装置应能将试验温度稳定在规定值的±2℃之内。

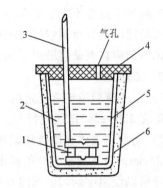

图 4-4 放试样的低温容器
1—冲击试样 2—冷却介质 3—温度计
4—软木塞 5—玻璃杯 6—泡沫塑料

表 4-2 低温冲击试验的过冷度

试验温度/℃	过冷温度补偿值/℃
−192～<−100	3～4
−100～<−60	2～<3
−60～<0	1～<2

5. 高温冲击试验机

高温冲击试验机包括了高温和低温冲击试验，其工作温度为−196～900℃。试验过程中的取样、高温送样、冲击、制动均为自动化控制。

高温炉加热器可分为二段或三段炉丝绕制，分别控制加热炉工作段的温度和梯度。控制温度组件可采用铂电阻，或者直接由热电偶的指示温度进行监测。如果没有专用的高温冲击机，也可用小型箱式炉加热试样，在一般的冲击机上进行高温冲击。但应该注意从炉内取出试样的转移时间间隔，一般试样从液体介质中移出至打击时间在 2s 之内，试样离开气体介质装置至打击的时间应在 1s 之内。若在 3～5s 内打断试样，此时应根据试验时环境温度及试验温度的高低确定一定的过热温度，以补偿取样转移过程中试样温度的降低。试样在不同试验温度下的过热度见表 4-3。试样加热到规定温度并保温 20min 后即可进行试验。

表 4-3 试样在不同试验温度下的过热度

试验温度/℃	过热温度补偿值/℃	试验温度/℃	过热温度补偿值/℃
35～<200	1～<5	600～<700	20～<25
200～<400	5～<10	700～<800	25～<30
400～<500	10～<15	800～<900	30～<40
500～<600	15～<20	900～<1000	40～<50

4.2.3 试验内容及结果表示

1. 一般要求

试样应紧贴试验机砧座，锤刃沿缺口对称面打击试样缺口的背面，试样缺口对称面偏离两砧座间的中点应不大于 0.5mm，如图 4-1 所示。

试验前应检查摆锤空打时的回零差或空载能耗。

试验前应检查砧座跨距，砧座跨距应保证在 $40^{+0.2}_{0}$mm 以内。

2. 试验温度

1）对于试验温度有规定的，应在规定温度±2℃范围内进行。如果没有规定，室温冲击试验应在 23℃±5℃ 范围进行。

2）当使用液体介质冷却试样时，试样应放置于一容器中的网栅上，网栅至少高于容器底部 25mm，液体浸过试样的高度不小于 25mm，试样距容器侧壁不小于 10mm。应连续均匀搅拌介质以使温度均匀。测定介质温度的仪器推荐置于一组试样中间处。介质温度应在规定温度±1℃ 以内，保持至少 5min。当使用气体介质冷却试样时，试样距低温装置内表面以及试样与试样之间应保持足够的距离，试样应在规定温度下保持至少 20min。当液体介质接近其沸点时，从液体介质中移出试样至打击的时间间隔中，介质蒸发冷却会明显降低试样温度。

3）对于试验温度不超过 200℃ 的高温试验，试样应在规定温度±2℃ 的液池中保持至少 10min。

4）对于试验温度超过 200℃ 的试验，试样应在规定温度±5℃ 以内的高温装置内保持至少 20min。

3. 试样的转移

当试验不在室温进行时，试样从高温或低温装置中移出至打断的时间应不大于 5s。转移装置的设计和使用应能使试样温度保持在允许的温度范围内。转移装置与试样接触部分应与试样一起加热或冷却。应采取措施，确保试样对中装置不引起低能量高强度试样断裂后回弹到摆锤上而引起不正确的能量偏高指示。试样端部和对中装置的间隙或定位部件的间隙应大于 13mm，否则，在断裂过程中，试样端部可能回弹至摆锤上。

对于试样从高温或低温装置中移出至打击时间在 3~5s 的试验，可考虑采用过冷或过热试样的方法补偿温度损失，过冷度或过热度参见表 4-2 和表 4-3。对于高温试样应充分考虑过热对材料性能的影响。

V 型缺口自动对中夹钳（见图 4-5）一般用于将试样从控温介质中移至适当的试验位置。此类夹钳消除了由于断样和固定的对中装置之间相互影响带来的潜在间隙问题。

4. 试验机能力范围

试样吸收能量 K 不应超过实际初始势能 K_p 的 80%。如果试样吸收能超过此值，在试验报告中应报告为近似值，并注明超过试验机能力的 80%。建议试样吸收能量 K 的下限应不低于试验机最小分辨力的 25 倍。

理想的冲击试验应在恒定的冲击速度下进行。在摆锤式冲击试验中，冲击速度随断裂进程降低，对于冲击吸收能量接近摆锤打击能力的试样，打击期间摆锤速度已下降至不再能准确获得冲击能量。

5. 试样未完全断裂

对于试样试验后没有完全断裂，可以报出冲击吸收能量，或与完全断裂试样结果平均后报出。

由于试验机打击能量不足，试样未完全断开，吸收能量不能确定，试验报告应注明用

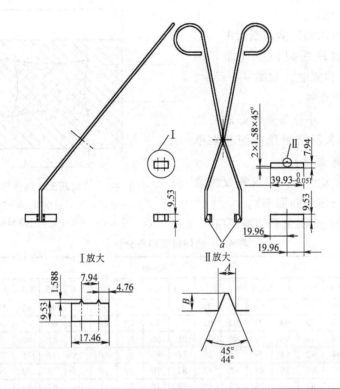

试样宽度/mm	缺口宽度A/mm	缺口高度B/mm
10	1.60～1.70	1.52～1.65
5	0.74～0.80	0.69～0.81
3	0.45～0.51	0.36～0.48

图 4-5　V 型缺口夏比冲击试样对中夹钳

"×J"的试验机试验，试样未断开。

6. 试样卡锤

如果试样卡在试验机上，试验结果无效，应彻底检查试验机；否则，试验机的损伤会影响测量的准确性。

7. 断口检查

如果断裂后检查显示出试样标记是在明显的变形部位，试验结果可能不代表材料的性能，应在试验报告中注明。

8. 试验结果

读取每个试样的冲击吸收能量，应至少估读到 0.5J 或 0.5 个标度单位（取两者之间较小值）。试验结果至少应保留 2 位有效数字，修约方法按 GB/T 8170 执行。

9. 断口形貌

夏比冲击试样的断口表面常用剪切断面率评定。剪切断面率越高，材料韧性越好。大多数夏比冲击试样的断口形貌为剪切和解理断裂的混合状态。

剪切断口常称为纤维断口，解理断口或晶状断口往往针对剪切断口反向评定。0%剪切断口就是100%解理断口。

通常使用以下方法测定剪切断面率:

1)测量断口解理断裂部分(即"闪亮"部分)的长度和宽度,如图4-6所示,按表4-4计算剪切断面率。

2)将断口放大,并与预先制好的对比图进行比较,或用求积仪测量剪切断面率(用100%减去解理断面率)。

3)断口拍成放大照片,用求积仪测量剪切断面率(100%-解理断面率)。

4)用图像分析技术测量剪切断面率。

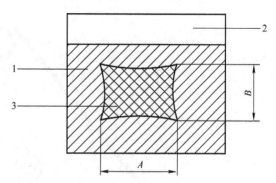

图4-6 剪切断面率百分比的尺寸

1—剪切面积 2—缺口 3—解理面积

注:测量 A 和 B 的平均尺寸应精确至0.5mm。

表4-4 剪切断面率百分比

B/mm	A/mm																	
	1.0	1.5	2.0	2.5	3.0	3.5	4.0	4.5	5.0	5.5	6.0	6.5	7.0	7.5	8.0	8.5	9.0	9.5	10
1.0	99	98	98	97	96	96	95	94	94	93	92	92	91	91	90	89	89	88	88
1.5	98	97	96	95	94	93	92	92	91	90	89	88	87	86	85	84	83	82	81
2.0	98	96	95	94	92	91	90	89	88	86	85	84	82	81	80	79	77	76	75
2.5	97	95	94	92	91	89	88	86	84	83	81	80	78	77	75	73	72	70	69
3.0	96	94	92	91	89	87	85	83	81	79	77	76	74	72	70	68	66	64	62
3.5	96	93	91	89	87	85	82	80	78	76	74	72	69	67	65	63	61	58	56
4.0	95	92	90	88	85	82	80	77	75	72	70	67	65	62	60	57	55	52	50
4.5	94	92	89	86	83	80	77	75	72	69	66	63	61	58	55	52	49	46	44
5.0	94	91	88	85	81	78	75	72	69	66	62	59	56	53	50	47	44	41	37
5.5	93	90	86	83	79	76	72	69	66	62	59	55	52	48	45	42	38	35	31
6.0	92	89	85	81	77	74	70	66	62	59	55	51	47	44	40	36	33	29	25
6.5	92	88	84	80	76	72	67	63	59	55	51	47	43	39	35	31	27	23	19
7.0	91	87	82	78	74	69	65	61	56	52	47	43	39	34	30	26	21	17	12
7.5	91	86	81	77	72	67	62	58	53	48	44	39	34	30	25	20	16	11	6
8.0	90	85	80	75	70	65	60	55	50	45	40	35	30	25	20	15	10	5	0

注:当 A 或 B 是零时,为100%剪切外观。

10. 冲击吸收能量-温度曲线和转变温度

冲击吸收能量-温度曲线(K-T 曲线)表明,对于给定形状的试样,冲击吸收能量是试验温度的函数,如图4-7所示。通常曲线是通过拟合单独的试验点得到的。曲线的形状和试验结果的分散程度依赖于材料、试样形状和冲击速度。出现转变区的曲线具有上平台、转变区和下平台。

转变温度 T_t 表征冲击吸收能量-温度曲线陡峭上升的位置。因为陡峭上升区通常覆盖较宽的温度范围,因此不能明确定义为一个温度。可用如下几种判据规定转变温度:

1)冲击吸收能量达到某一特定值时,例如

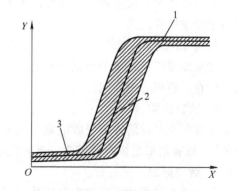

图4-7 冲击吸收能量-温度曲线示意图

X—温度 Y—冲击吸收能量

1—上平台区 2—转变区 3—下平台区

$KV_8 = 27J$。

2）冲击吸收能量达到上平台值（见图4-7）的某一百分数，例如50%。

3）剪切断面率达到某一百分数，例如50%。

用以确定转变温度的方法应在相关产品标准中规定，或通过协议规定。

4.3 金属材料夏比冲击断口测定试验

金属材料夏比冲击断口测定试验按照 GB/T 12778—2008《金属夏比冲击断口测定方法》进行。

4.3.1 试样

1）夏比缺口冲击试样的形状、尺寸及试验方法应符合 GB/T 229 的规定，冲断后的试样即为夏比冲击断口测定试验的测试试样。

2）试样断口表面及侧面不应污染、锈蚀和碰伤，垂直于缺口的两个侧面不应有毛刺。

3）测定侧膨胀值的试样，在垂直于缺口的侧面上，做同侧标记。

4.3.2 试验设备

1. 试验机

冲击试验机应符合 GB/T 3808 的规定，当要记录冲击曲线时，应使用符合 GB/T 19748 要求的仪器化冲击试验机。

2. 侧膨胀仪

侧膨胀仪的分辨力应不大于 0.01mm。

3. 投影仪、游标卡尺等量具

投影仪、游标卡尺等量具的分辨力应不大于 0.02mm。

4.3.3 试验内容及结果表示

1. 纤维断面率的测定

纤维断面是指断裂表面一般呈现无金属光泽的纤维形貌，有明显塑性变形的断面。断面中纤维区的总面积与缺口处原始横截面积的百分比称为纤维断面率。

（1）对比法 将冲击试样断口与冲击试样断口纤维断面率示意图（见图4-8）进行比较，估算出纤维断面率。

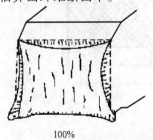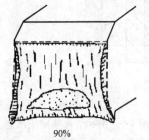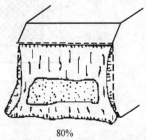

100%　　　　　　　90%　　　　　　　80%

图 4-8　冲击试样断口纤维断面率示意图

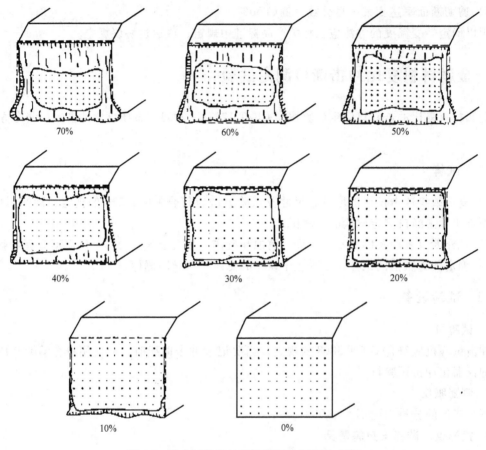

图 4-8　冲击试样断口纤维断面率示意图（续）

（2）游标卡尺测定法　按断口上晶状区的形状，若能归类成矩形、梯形时（见图 4-9），可用游标卡尺测出相应尺寸，直接查表 4-5 得到纤维断面率。

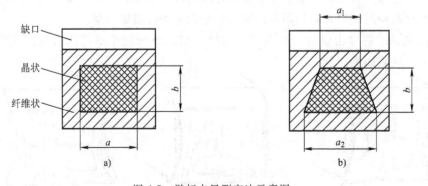

图 4-9　游标卡尺测定法示意图

a）矩形中测 a、b 的值　b）梯形中测 a_1、a_2、b 的值，$a=(a_1+a_2)/2$

表 4-5 纤维断面率

b/mm	a/mm																		
	1.0	1.5	2.0	2.5	3.0	3.5	4.0	4.5	5.0	5.5	6.0	6.5	7.0	7.5	8.0	8.5	9.0	9.5	10
	纤维断面率（%）																		
1.0	99	98	98	97	96	96	95	94	94	93	92	92	91	91	90	89	89	88	88
1.5	98	97	96	95	94	93	92	92	91	90	89	88	87	86	85	81	83	82	81
2.0	98	96	95	94	92	91	90	89	88	86	85	84	82	81	80	79	78	76	75
2.5	97	95	94	92	91	89	88	86	84	83	81	80	78	77	75	73	72	70	69
3.0	96	94	92	91	89	87	85	83	81	79	78	76	74	72	70	68	66	64	62
3.5	96	93	91	89	87	85	82	80	78	76	74	72	69	67	65	63	61	58	56
4.0	95	92	90	88	85	82	80	78	75	72	70	68	65	62	60	58	55	52	50
4.5	94	92	89	86	83	80	78	75	72	69	66	63	61	58	55	52	49	47	44
5.0	94	91	88	85	81	78	75	72	69	66	62	59	56	53	50	47	44	41	38
5.5	93	90	86	83	79	76	72	69	66	62	59	55	52	48	45	42	38	35	31
6.0	92	89	85	81	78	74	70	66	62	59	55	51	48	44	40	36	32	29	25
6.5	92	88	84	80	76	72	68	63	59	55	51	47	43	39	35	31	27	23	19
7.0	91	87	82	78	74	69	65	61	56	52	48	43	39	34	30	26	21	17	12
7.5	91	86	81	77	72	67	62	58	53	48	44	39	34	30	25	20	16	11	6
8.0	90	85	80	75	70	65	60	55	50	45	40	35	30	25	20	15	10	5	0

（3）计算法 若断口上晶状部分形状不规则时，可归类成若干个正方形、平行四边形、三角形或梯形等，再测量相应尺寸，计算其总面积，然后用下式算出晶状断面率：

$$CA = \frac{S_c}{S_o} \times 100\%$$

式中 CA——晶状断面率（%）；

　　S_c——断口中晶状区的总面积，单位为 mm^2；

　　S_o——原始横截面积，单位为 mm^2。

按下式计算纤维断面率：

$$FA = \frac{S_o - S_c}{S_o} \times 100\%$$

式中 FA——纤维断面率（%）；

　　S_c——断口中晶状区的总面积，单位为 mm^2；

　　S_o——原始横截面积，单位为 mm^2。

（4）卡片测定法 用透明塑料薄膜制成 10mm×10mm 的方孔卡片或网格卡片，如图4-10所示。测量晶状区面积，分别算出晶状断面率或纤维断面率。

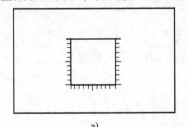
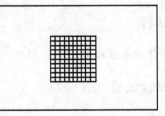

a) b)

图 4-10 测量晶状面积用卡片

a）方孔卡片 b）网格卡片

2. 侧膨胀值的测定

侧膨胀值是指断裂试样缺口侧面每侧宽度较大增加量之和，单位为 mm。

（1）侧膨胀仪测定法 按下面步骤进行：

1）校正侧膨胀仪零位。

2）先取一截试样，把被测面紧贴在基准座上，侧膨胀部位的最高点顶在百分表砧面上，记下读数。取另一截试样，在同一侧重复上述步骤，所测量两个值中的较大者即为试样该侧的膨胀量。

3）重复2）中的操作，测出该试样另一侧的膨胀值。

4）两侧的膨胀量之和，即为该试样的侧膨胀值 C_p。

（2）游标卡尺测定法 按下面步骤进行：

1）测量试样原始宽度 W_0。

2）把冲断的两截试样的缺口背面相重合，并使侧面位于同一平面上，如图4-11所示。

3）压紧两截试样，使游标卡尺的测量面平行于试样的侧面，测量断口侧向膨胀最高点间的距离 W_1。

4）若断裂的两截试样连在一起，可直接用游标卡尺测量 W_1。

5）所测两数值之差 $C_p = W_1 - W_0$ 即为该试样的侧膨胀值。

（3）投影仪测定法 按下面步骤进行：

1）取一截试样，使其缺口朝下，放在光学投影仪的移动平台上。以试样原始宽度的一个棱边对准投影仪屏幕上的基准线，记录横向测微头上的读数 b_0；再旋转横向测微头，使基准线对准试样侧向膨胀部位的最高点，调整焦距，记录读数 b_1。计算两个数值之差 $(b_0 - b_1)$ 的绝对值。取另一截试样，对同侧重复上述步骤。两个差值绝对值中的较大者即为试样该侧的膨胀量。

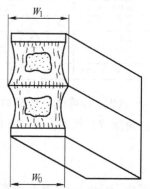

图4-11 侧膨胀值的测定

2）重复上述步骤，测出该试样另一侧的膨胀量。

3）两侧的膨胀量之和，即为该试样的侧膨胀值 C_p。

4.4 钢材夏比 V 型缺口摆锤仪器化冲击试验

钢材夏比 V 型缺口摆锤仪器化冲击试验按照 GB/T 19748—2005《钢材夏比 V 型缺口摆锤冲击试验 仪器化试验方法》进行。

4.4.1 试样

夏比缺口冲击试样的形状、尺寸及试验方法应符合 GB/T 229 的规定。

4.4.2 试验设备

1. 试验机

冲击试验机应符合 GB/T 3808 的规定，并能自动测定力-时间或力-位移曲线，测定的总冲击能量可与试验机指针指出的总吸收能量进行比较。

仪器化方法测量的结果和刻度盘指示的结果是相近的，但数值有所不同。如果两者之间的偏差超过±5J，应该做如下检查：

1）试验机的摩擦力。

2）测量系统的校准。

3）应用软件。

2. 力的测量系统

1）所用仪器应能测定力-时间或力-位移曲线及计算冲断试样过程中力的特征值、位移特征值及能量特征值。

2）由两个相同的应变片粘贴到冲击刀刃相对边上，并且与两个补偿应变片组成全桥电路。补偿应变片不应贴到试验机的任何受冲击或者振荡作用的部位。也可使用能满足测量要求的其他力传感器。

3）由力传感器、放大器及记录仪等组成的力测量系统，至少应有 100kHz 频率响应。对于钢试样，其信号上升时间 t_r 应不大于 3.5μs。

对冲击力测量系统动态响应的评定，可以通过测量力-时间或力-位移曲线上第 1 个峰值对应的载荷值简化进行。经验表明，对于钢材 V 型缺口试样，当试样接触点到冲击刀刃上应变片中心距离为 11~15mm，且冲击速度为 5~5.5m/s 时，如果第 1 个载荷峰值大于 8kN，则认为测量系统的动态响应符合仪器化冲击试验要求。经验证明：具有 V 型缺口的试样对各种钢材名义冲击力在 10~40kN 之间。

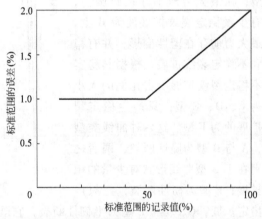

图 4-12　标准力范围内的记录值的允许误差

4）力校准时，将力传感器装在锤头上形成部件进行。全部测量系统的静态线性为：力范围在 10% ~50% 之间时为满量程的 ±1%；力范围在 50%~100% 之间时为满量程的 ±2%（见图 4-12）。当力传感器单独校准时，在标称范围的 10%~100% 之间为±1%。

3. 位移测量系统

1）试样位移（试样与平台的相对位移）由力-时间曲线计算确定，也可由位移传感器直接测定。位移传感器可采用光学式、感应式或电容式位移传感器。

2）位移传感器系统信息的特性应与力测量系统一致，以使两者记录系统同步。位移测量传感器测量上限为 30mm，在 1~30mm 范围内测量误差为所测值的 ±2%。可在不放试样条件下，释放摆锤进行位移系统的动态校准，冲击速度按下式确定：

$$v_0 = \sqrt{2gh}$$

式中　v_0——冲击开始时的冲击速度，单位为 m/s；

$\quad\quad g$——重力加速度，单位为 m/s²；

$\quad\quad h$——摆锤打击中心下落高度，单位为 m。

4.4.3 试验内容及结果表示

1. 试验原理

通过摆锤一次打断不同工件或不同温度下测出的力-位移曲线，即使力-位移曲线下的面积或吸收能量相同，如果力-位移曲线的形状和特征值有所不同，那么试样变形及断裂性质也不同。以此可以推断出试样变形和断裂的特性。

2. 力-位移曲线的评定

1）必须考虑叠加在力-位移（F-s）信号上的振荡，如图4-13所示，通过振荡曲线的拟合再现屈服力等特征值。

2）按冲击曲线近似关系将力-位移曲线分为A、B、C、D、E、F六种类型，见表4-6。在最大力前不存在屈服（即几乎不存在塑性变形）且只产生不稳定裂纹扩展的为A型；在最大力前不存在屈服力，但有少量稳定裂纹扩展的为B型；在最大力前存在塑性变形，并有稳定和不稳定裂纹扩展，根据其稳定或不稳定裂纹扩展所占比例的大小分为C、D、E型；只产生稳定裂纹扩展的为F型。这六种曲线类型中，A与B型为脆性断裂，两者之差别在于B型曲线形状有少量的稳定扩展；F型为韧性断裂，它只产

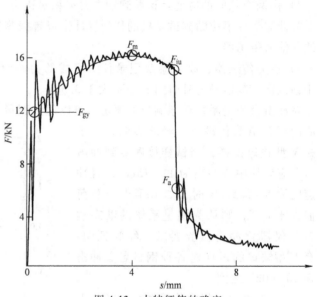

图 4-13 力特征值的确定

生稳定扩展；C、D和E型为半韧性断裂，它既存在稳定扩展又存在不稳定扩展，但各种曲线形状中稳定的和不稳定的扩展所占比例不同。

3. 力特征值的确定

1）力-位移（或力-时间）曲线上第2个峰急剧上升部分与拟合曲线的交点对应的力即为屈服力。

表 4-6 力-位移特征曲线的分类

类型	示意图	实际曲线	类型	示意图	实际曲线
A			B		

（续）

类型	示意图	实际曲线	类型	示意图	实际曲线
C	$F_m=F_{iu}$，F_{gy}，O，s_{gy} $s_m=s_{iu}$	F/kN，s/mm	E	F_m，F_{iu}，F_{gy}，F_a，O，s_{gy} $s_m s_{iu}\approx s_a$	F/kN，s/mm
D	$F_m=F_{iu}$，F_{gy}，F_a，O，s_{gy} $s_m s_{iu}\approx s_a$	F/kN，s/mm	F	F_m，F_{gy}，O，s_{gy} s_m	F/kN，s/mm

2）穿过振荡曲线的拟合曲线上最大值所对应的力即为最大力。

3）拟合曲线与力-位移曲线在最大力之后曲线急剧下降开始时的交点所对应的力，即为不稳定裂纹扩展起始力。

4）力-位移曲线急剧下降终止时与其后的力-位移拟合曲线的交点所对应的力，即为不稳定裂纹扩展终止力。

4. 位移特征值的确定

按确定的力特征值所对应的横坐标确定位移特征值，当力-位移曲线与横坐标不相交时，用 $F=0.02 F_m$ 所对应的横坐标作为终点来计算总位移。

5. 冲击能量特征值的确定

1）力-位移曲线下从 $s=0$ 到 $s=s_m$ 的面积即为最大力时的能量。

2）力-位移曲线下从 $s=0$ 到 $s=s_{iu}$ 的面积即为不稳定裂纹扩展起始能量。

3）力-位移曲线下从 $s=0$ 到 $s=s_a$ 的面积即为不稳定裂纹扩展终止能量。

4）力-位移曲线下从 $s=0$ 到 $s=s_t$ 的面积即为总冲击能量。

6. 韧性断面率的确定

在力-时间或力-位移曲线变化过程中，如果力没有发生急剧下降，则断裂表面的韧性断面率可定义为断裂表面的 100%。如果力发生急剧下降，则下降的数量与力的特征值有关。韧性断面率的确定按下式计算：

$$C_1=\left[1-\frac{F_{iu}-F_a}{F_m}\right]\times100\%$$

$$C_2=\left[1-\frac{F_{iu}-F_a}{F_m+(F_m-F_{gy})}\right]\times100\%$$

$$C_3=\left[1-\frac{F_{iu}-F_a}{F_m+K(F_m-F_{gy})}\right]\times100\%$$

$$C_4 = \left[1 - \sqrt{\frac{\frac{F_{gy}}{F_m} + 2}{3}} \times \left[\frac{\sqrt{F_{iu}}}{\sqrt{F_m}} - \frac{\sqrt{F_a}}{\sqrt{F_m}} \right] \right] \times 100\%$$

式中 C_1、C_2、C_3、C_4——韧性断面率（%）

F_{iu}——不稳定裂纹扩展起始力，单位为 N；

F_a——不稳定裂纹扩展终止力，单位为 N；

F_m——最大力，单位为 N；

F_{gy}——屈服力，单位为 N；

K——系数，一般取 0.5。

4.5 焊接接头冲击试验

焊接接头冲击试验按照 GB/T 2650—2008《焊接接头冲击试验方法》进行。

4.5.1 试样

焊接接头冲击试验用试样应从焊接接头上截取，试样的纵轴与焊缝长度方向垂直。试样的性质一般用符号表示，符号中的字母说明试样类型、位置和缺口方向，而数字表明缺口距参考线和焊缝表面的距离。符号由下列字母组成：

1）第 1 个字母：U 为夏比 U 型缺口，V 为夏比 V 型缺口。

2）第 2 个字母：W 为缺口在焊缝，H 为缺口在热影响区。

3）第 3 个字母：S 为缺口面平行于焊缝表面，T 为缺口面垂直于焊缝表面。

4）第 4 个字母：a 为缺口中心线距参考线的距离（如果缺口中心线与参考线重合，则记录 $a = 0$）。

5）第 5 个字母：b 为试样表面距焊缝表面的距离（如果试样表面在焊缝表面，则记录 $b = 0$）。

焊接接头冲击试验试样的表示方法见表 4-7 和表 4-8，典型符号示例如图 4-14 所示。

表 4-7 S 位置

符号	缺口在焊缝	符号	缺口在热影响区
	示意图		示意图
VWS a/b	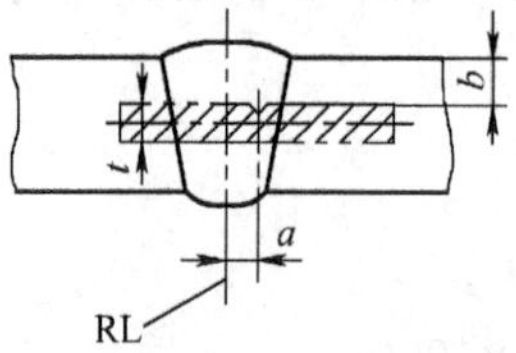	VHS a/b（压焊）	
		VHS a/b（熔焊）	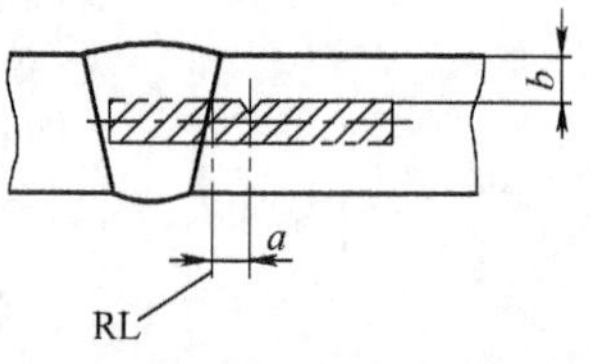

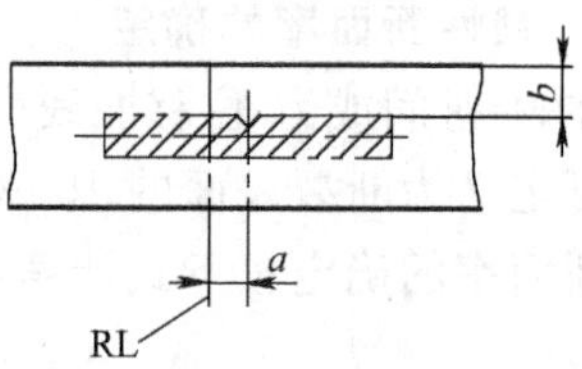

表 4-8　T 位置

符　号	缺口在热影响区	符　号	缺口在热影响区
	示意图		示意图
VWT 0/b		VHT 0/b	
VWT a/b		VHT a/b	
VWT 0/b		VHT a/b	
VWT a/b		VHT a/b	

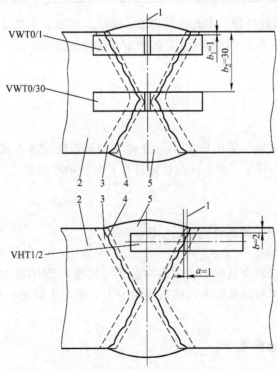

图 4-14　典型符号示例

1—缺口轴线　2—母材　3—热影响区　4—熔合线　5—焊缝金属

4.5.2 其他试验要求

其他试验要求均与金属材料夏比摆锤冲击试验完全相同。

4.6 硬质合金常温冲击试验

硬质合金常温冲击试验按照 GB/T 1817—2017《硬质合金常温冲击韧性试验方法》进行。

4.6.1 试样

1）采用无缺口正方形截面试样，试样的形状和尺寸如图 4-15 和表 4-9 所示。

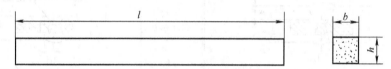

图 4-15　试样的形状

表 4-9　试样的尺寸　　　　　　　　（单位：mm）

试 样 尺 寸			长度方向四个面的平行度误差
长度 l	宽度 b	高度 h	
50±1	5.0±0.3	5.0±0.3	≤0.1/10

2）试样表面应经喷砂处理，不允许有划痕、裂纹、掉边、毛刺及填料和其他脏物。

3）试样标志应在半成品时就刻好，并要求刻在试样的端部。

4）砧座跨距规定为 $30^{+0.2}_{0}$mm。

4.6.2 试验设备

1. 冲击试验机

硬质合金材料冲击试验，采用具有 3～10J 冲击能量摆锤式冲击试验机。正常使用范围为最大冲击能量的 10%～90%。冲击试验机应符合 GB/T 3808 的规定，并应由国家计量部门定期检定。

2. 摆锤刀刃

摆锤刀刃材料应适用于硬质合金常温冲击试验。

3. 机座

冲击试验机应稳固安装在基础上。安装时必须用精度 0.2/1000 水平仪对其前后左右进行水平校正。若安装在可移动基座上，基座质量应大于该冲击试验机摆锤质量的 40 倍，并且要求有足够的刚度。

4.6.3 试验内容及结果表示

1. 试验准备

1）试验应在 10～35℃下进行。

2）检查摆锤铅垂时，主动指针和被动指针是否指示在最大冲击能量处，以及摆锤空击时，被动指针是否平稳地移至零位。

3）用冲击试验机专用样规检查试验机钳口跨距是否正确，摆锤刀刃是否在钳口中心位置。若有偏差应予以调整。

2. 试样的测试

1）5根试样为一组，用精度为0.02mm的游标卡尺测量每根试样中部位置的高度和宽度，并检查每根试样的挠度。

2）将试样平稳地放置于已校正的钳口支座上。

3）扳动冲击手柄进行冲击试验。

4）准确读出并记录冲击试验机所指示的冲击吸收能量（原称冲击消耗功），读数要求保留至小数点后两位数。

5）被击断试样上发现有空洞或冲击时有卡锤现象应重新取样测定。

3. 试验结果

1）利用摆锤在冲断试样前后的能量差来确定试样冲击吸收能量试验原理示意图如图4-16所示。

2）冲击吸收能量由下式计算：

$$K = E_A - E_B = mgL(\cos\beta - \cos\alpha)$$
$$E_A = mgL(1 - \cos\alpha)$$
$$E_B = mgL(1 - \cos\beta)$$

式中　K——冲击吸收能量，单位为J；

E_A——冲断试样前摆锤具有的能量，单位为J；

E_B——冲断试样后摆锤具有的能量，单位为J；

m——摆锤质量，单位为kg；

g——重力加速度，单位为m/s^2；

L——摆锤旋转轴线到摆锤重心的距离，单位为m；

α、β——试样冲断前、后摆锤扬起角，单位为（°）。

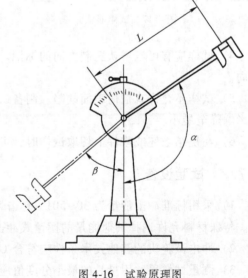

图4-16　试验原理图

3）冲击韧度按下式计算：

$$a_K = \frac{K}{S}$$

式中　a_K——冲击韧度，单位为J/cm^2；

K——冲击吸收能量，单位为J；

S——试样横截面积，单位为cm^2。

4）以5根试样冲击韧度值的算术平均值报结果，其值按GB/T 8170规定修约至小数点后两位数字。

4.7 烧结金属材料冲击试验

烧结金属材料冲击试验相关标准是 GB/T 5318—2017《烧结金属材料（不包括硬质合金）无切口冲击试样》。

该试验规定了烧结金属材料（不包括硬质合金）在室温下进行冲击试验的方法，适用于测定简支梁（夏比）状态的烧结金属试样在一次冲击负荷作用下折断时的冲击吸收能量。

4.7.1 试样

1）试样可以直接由金属粉末压制—烧结制成，也可以由烧结金属制品加工制成。

2）烧结金属材料通常采用无缺口试样。

3）试样形状如图 4-17 所示，试样尺寸见表 4-10。

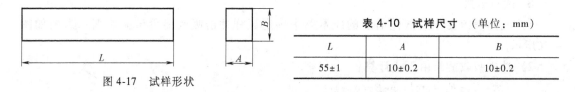

图 4-17 试样形状

表 4-10 试样尺寸 （单位：mm）

L	A	B
55±1	10±0.2	10±0.2

4）试样应有可以辨认压制方向的标记。如果用毛坯加工制作的试样，应预先标记压制方向。

5）试样不允许有任何表面缺陷。制备试样时，应使发热或加工硬化等对试验结果产生的影响降至最小。

6）在烧结毛坯或零件上切取试样时，可参照 GB/T 2975 进行。

4.7.2 试验设备

1）采用标准冲击能量为 30~50J、打击瞬间摆锤的冲击速度为 3.0~5.0m/s 的冲击试验机。特殊材料允许选择其他能量的摆锤式冲击试验机。

2）冲击试验机的其他技术条件应符合 GB/T 3808 的规定，并应定期按 JJG 145 检定。

3）测量试样尺寸用量具的最小分度值应不大于 0.02mm。

4.7.3 试验内容及结果表示

1）试验应在 10~35℃进行，超出此温度范围应在试验报告中注明。

2）冲击试验机的正常使用范围为其摆锤最大冲击能量的 10%~90%。

3）试验前应检查摆锤空打时被动指针的回零差，回零差不应超过最小分度值的 1/4。

4）试样的放置应使压制方向与冲击方向垂直（另有规定除外）。带缺口试样应使缺口背面承受摆锤的冲击。

5）试样应紧贴支座放置。试样长度的对称面与两支座对称面重合，其偏差应不大于 0.5mm。

6）发生下列现象试验无效：①试样断口处发现各种烧结缺陷或明显淬火裂纹；②试验

过程中有卡锤现象。

7）从试验机刻度盘上直接读取冲击吸收能量 K 的数值。读数应精确至刻度盘的最小分度。

8）如果由于冲击试验机的冲击能量不足而未能使试样折断时，应在 K 数值前加符号"＞"。

9）需要给出冲击韧度时，则按下式计算：

$$a_K = \frac{K}{S}$$

式中　a_K——冲击韧度，单位为 J/cm^2；

　　　K——冲击吸收能量，单位为 J；

　　　S——试样折断处的横截面积，单位为 cm^2。

10）试验结果按 GB/T 8170 的有关规定修约至 3 位有效数字。

第 5 章

金属材料的扭转性能测试方法

5.1 相关术语和定义

1. 扭转性能及扭转试验的定义

材料抵抗扭矩作用的性能称为扭转性能。

扭转试验是测试材料在切应力作用下力学性能的试验技术，它可以测定脆性材料和塑性材料的强度和塑性。对于制造承受扭矩的零件（如轴、弹簧等材料）常需进行扭转试验。扭转试验在扭转试验机上进行，试验时在圆柱形试样的标距两端施加扭矩，测量扭矩及其相应的扭角，一般扭至断裂，便可测出金属材料的各项扭转性能指标。这些指标对于承受剪切扭转的机械零件具有重要实际意义。

2. 扭转试验常用术语

（1）标距（L_0）　试样上用以测量扭角的两标记间距离的长度。

（2）扭转计标距（L_e）　用扭转计测量试样扭角所使用试样平行部分的长度。

（3）最大扭矩（T_m）　试样在屈服阶段之后所能抵抗的最大扭矩，对于无明显屈服（或连续屈服）的金属材料，为试验期间的最大扭矩。

（4）剪切模量（G）　切应力与切应变成线性比例关系范围内切应力与切应变之比。

（5）规定非比例扭转强度（τ_p）　扭转试验中，试样标距部分外表面上的非比例切应变达到规定数值时的切应力。表示此应力的符号应附以下角标说明，例如，$\tau_{p0.3}$表示规定的非比例切应变达到 0.3% 的切应力。

（6）屈服强度　当金属材料呈现屈服现象时，在试验期间达到塑性发生而扭矩不增加的应力点，应区分上屈服强度和下屈服强度。

（7）上屈服强度（τ_{eH}）　扭转试验中，试样发生屈服而扭矩首次下降前的最高切应力。

（8）下屈服强度（τ_{eL}）　扭转试验中，在屈服期间不计初始瞬时效应的最低切应力。

（9）抗扭强度（τ_m）　相应最大扭矩的切应力。

（10）最大非比例切应变（γ_{max}）　试样扭断时其外表面上的最大非比例切应变。

（11）单向扭转　试样绕自身轴线向一个方向均匀旋转 360° 作为一次扭转至规定次数或试样断裂。

（12）双向扭转　试样绕自身轴线向一个方向均匀旋转 360° 作为一次扭转至规定次数后，向相反方向旋转相同次数或试样断裂。

5.2　金属材料室温扭转试验

金属材料室温扭转试验按照 GB/T 10128—2007《金属材料　室温扭转试验方法》进行。

5.2.1　试样

1. 试样形状和尺寸

（1）圆柱形试样　圆柱形试样如图 5-1 所示。试样头部形状和尺寸应适应试验机夹头夹持，一般采用直径为 10mm、标距分别为 50mm 和 100mm、平行长度分别为 70mm 和 120mm 的试样，如采用其他直径的试样，其平行长度应为标距加上两倍直径。

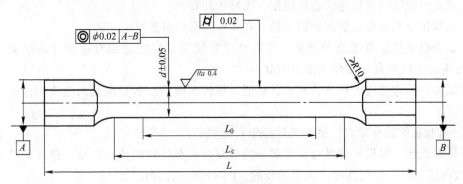

图 5-1　圆柱形试样

L_0—试样标距　L_c—试样平行长度　L—试样总长度

（2）管形试样　管形试样的平行长度应为标距加上两倍外直径，其外直径和管壁厚度的尺寸公差及内外表面粗糙度应符合相关规定。试样应平直，两端应配合塞头，塞头不应伸进其平行长度内。管形试样塞头如图 5-2 所示。

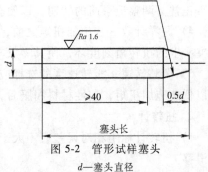

图 5-2　管形试样塞头

d—塞头直径

2. 试样尺寸的测量

（1）圆柱形试样　圆柱形试样应在标距两端及中间处两个相互垂直的方向上各测一次直径，并取其算术平均值。取用 3 处测得直径的算术平均值计算试样的极惯性矩，取用 3 处测得直径的算术平均值中最小值计算试样的截面系数。

（2）管形试样　管形试样应在其一端两个相互垂直的方向上各测一次外径，取其算术平均值。在同一端两个相互垂直的方向上测量 4 外管壁厚度，取其算术平均值。取用测得的平均外直径和平均管壁厚度计算管形试样的极惯性矩和截面系数。

（3）测量装置的分辨力　测量装置的分辨力见表 5-1。

表 5-1　测量装置的分辨力　　　　　　　　　　　　　（单位：mm）

试 样 尺 寸	测量装置分辨力
直　　径	0.01

（续）

试样尺寸		测量装置分辨力
壁　厚	<1	0.002
	≥1	0.01
标　距		0.05

5.2.2　试验设备

1. 扭转试验机

（1）试验机的要求　试验机的要求如下：

1）试验机两夹头之一应能沿轴向自由移动，对试样无附加轴向力，两夹头保持同轴。

2）试验机应能对试样连续施加扭矩，无冲击和振动。

3）试验机应具有良好的读数稳定性，在30s内保持扭矩恒定。

4）试验机夹头应有适合的硬度，不同硬度材质的试样应使用合适硬度的夹块进行试验。一般夹头的硬度高于试样硬度20HRC左右。

5）试验机的速度应能调节，并有自动记录扭转次数的装置及测量两夹头间标距长度的刻度尺。

（2）试验机的操作要点　试验机的操作要点如下：

1）里程选择。根据试样平行长度部分的横截面积和材料的抗扭强度，估计测试所需施加的最大扭矩，尽可能使其处于选定量程的40%~80%范围内。

2）安装试样。根据试样的尺寸选择夹块和衬套，并塞放在试验机的两夹头中。先将试样插入固定夹头，再将主动夹头旋转到适当位置，移动溜板对准试样装入夹头，用内六角扳手拧紧夹头侧面的压紧螺钉，使夹块压紧试样。

3）检查绘图机构。检查记录笔是否有墨水，观察笔尖画线是否流畅。注意记录纸走动是否正常。调整记录筒的转速，以便获得合适的走纸速度。

4）调零计数。在施加扭矩之前，测扭矩度盘的主动指针应指在零位，同时调整附在主动夹头上的扭转角刻度环，使其零点与指针重合。

5）调整转速。扭转速度的选择应符合试验要求。一般脆性材料和塑性材料在屈服前均应以低速施加扭矩，塑性材料屈服后，可以提高扭转速度。

2. 扭转计

1）扭转计标距相对误差应不大于±0.5%，并能牢固地装夹在试样上，试验过程中不发生滑移。

2）扭角示值分辨力不大于0.001°。

3）扭角示值相对误差为±1.0%（在不大于0.5°范围时，示值误差不大于0.005°）。

4）扭角示值重复性不大于1.0%。

5.2.3　试验内容及结果表示

1. 试验条件

1）试验一般在10~35℃范围内进行。对温度要求严格的试验，试验温度应为23℃±5℃。

2）屈服前的扭转速度应在 $3\sim30°/min$ 范围内，屈服后的扭转速度应不大于 $720°/min$，速度的改变不能有冲击。

2. 剪切模量的测定

（1）图解法　图解法按下面步骤进行：

1）用自动记录方法记录扭矩-扭角（T-ϕ）曲线。

2）在所记录曲线的弹性直线段上，读取扭矩增量和相应的扭角增量，如图5-3所示。

3）按下式计算剪切模量：

$$G = \frac{\Delta T L_e}{\Delta \phi I_p}$$

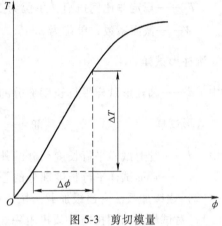

图 5-3　剪切模量

式中　G——剪切模量，单位为 MPa；

　　　ΔT——扭矩增量，单位为 N·mm；

　　　L_e——扭转计标距，单位为 mm；

　　　$\Delta \phi$——扭角增量，单位为（°）；

　　　I_p——极惯性矩，单位为 mm^4，对于圆柱形试样和管形试样分别按下式计算：

圆柱形试样

$$I_p = \frac{\pi d^4}{32}$$

式中　d——圆柱形试样平行长度部分的外直径，单位为 mm。

管形试样

$$I_p = \frac{\pi d^3 a}{4}\left[1 - \frac{3a}{d} + \frac{4a^2}{d^2} - \frac{2a^3}{d^3}\right]$$

式中　d——管形试样平行长度部分的外直径，单位为 mm；

　　　a——管形试样平行长度部分的管壁厚度，单位为 mm。

（2）逐级加载法　逐级加载法按下面步骤进行：

1）对试样施加预扭矩，预扭矩一般不超过相应预期规定非比例扭转强度 $\tau_{p0.015}$ 的 10%。

2）装上扭转计并调整零点。

3）在弹性直线段范围内，用不少于 5 级的扭矩对试样加载。

4）记录每级扭矩和相应的扭角，读取每对数据对的时间不超过 10s。

5）计算出平均每级扭角增量。

6）按公式 $G = \dfrac{\Delta T L_e}{\Delta \phi I_p}$ 计算剪切模量。

3. 规定非比例扭转强度的测定

（1）图解法　图解法按下面步骤进行：

1）用自动记录方法记录扭矩-扭角（T-ϕ）曲线，如图5-4所示。

2）在所记录的曲线上延长弹性直线段交扭角轴于 O 点，截取 $OC = 2L_e\gamma_p/d$，过点 C 绘制弹性直

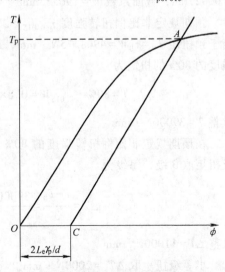

图 5-4　规定非比例扭转强度

线段的平行线 CA 交曲线于 A，点 A 对应的扭矩为所求扭矩 T_p。

3）按下式计算式计算规定非比例扭转强度：

$$\tau_p = \frac{T_p}{W}$$

式中　τ_p——规定非比例扭转强度，单位为 MPa；

　　　T_p——规定非比例扭矩，单位为 N·mm；

　　　W——截面系数，单位为 mm^3，对于圆柱形试样和管形试样分别按下式计算：

圆柱形试样
$$W = \frac{\pi d^3}{16}$$

式中　d——圆柱形试样平行长度部分的外直径，单位为 mm。

管形试样
$$W = \frac{\pi d^2 a}{2}\left[1 - \frac{3a}{d} + \frac{4a^2}{d^2} - \frac{2a^3}{d^3}\right]$$

式中　d——管形试样平行长度部分的外直径，单位为 mm；

　　　a——管形试样平行长度部分的管壁厚度，单位为 mm。

（2）逐级加载法　逐级加载法按下面步骤进行：

1）对试样施加预扭矩，预扭矩一般不超过相应预期规定非比例扭转强度 $\tau_{p0.015}$ 的 10%。

2）装上扭转计并调整零点。

3）在相当于规定非比例扭转强度 $\tau_{p0.015}$ 的 70%~80% 以前，施加大等级扭矩，以后施加小等级扭矩，小等级扭矩应相当于不大于 10MPa 的切应力增量。

4）读取各级扭矩读数中减去计算得到的弹性部分扭角，得到非比例部分扭角。

5）施加扭矩直至得到非比例扭角等于或稍大于所规定的数值为止。

6）用内插法求出精确的扭矩，按公式 $\tau_p = T_p/W$ 计算规定非比例扭转强度。

逐级加载法测定规定非比例扭转强度举例：

试验材料为碳素钢，试样直径 d 为 10.00mm，扭转计标距 $L_e = 100.0$mm，扭转计分度 0.00025rad，截面系数 $W = 196.35mm^3$。

预期规定非比例扭转强度 $\tau_{p0.015} = 250$MPa，取初始预应力 $\tau_0 = 10\%\tau_{p0.015} = 25$ MPa，相当于预扭矩 $T_0 = \tau_0 W = 4908.75$N·mm，取整 $T_0 = 5000$N·mm。相当于预期规定非比例扭转强度的 80% 的扭矩为

$$T = 80\%\tau_{p0.015}W = 0.8 \times 250 \times 196.35\text{N·mm} = 39270\text{N·mm}$$

取整 $T = 39000$N·mm。

在预期规定非比例扭转强度的 80% 以前施加大等级扭矩，以后施加小等级扭矩。大等级扭矩取 3 级，每级为

$$\Delta T = \frac{T - T_0}{3} = \frac{39000 - 5000}{3}\text{N·mm} = 11333\text{N·mm}$$

取整 $\Delta T = 11000$N·mm。

小等级扭矩取 $\Delta T_1 = 2000$N·mm。

试验记录见表 5-2。

表 5-2 试验记录

扭矩 $T/\text{N}\cdot\text{mm}$	扭转计读数/分度	读数增量/分度	计算的比例扭角读数/分度	计算的非比例扭角读数/分度
5000	0	0		—
16000	53	53		—
27000	109	56		—
38000	165	56		—
40000	174	9	$\Delta A_{2000}=10.3$	—
42000	186	12		—
44000	197	11		—
46000	207	10		—
48000	219	12		—
50000	232	13		—
52000	249	17	242.3	6.7
54000	270	21	252.6	17.4
56000	296	26	262.9	33.1

在线性比例范围内计算得的小等级扭矩的扭角平均增量为

$$\Delta A_{2000}=\frac{232-0}{50000-5000}\times 2000 分度 = 10.3 分度$$

从总角读数中减去按每 2000N·mm 对应的比例扭角为 10.3 分度这样计算的比例扭角部分，即可得非比例扭角部分。

由于要测定的规定非比例扭转强度 $\tau_{p0.015}$，其规定的非比例切应变为 0.015%，所对应的扭转计分度数为

$$\left[\left(2\times 0.015\%\times\frac{L_e}{d}\right)\Big/0.00025\right]分度 = \left[\left(2\times\frac{0.015}{100}\times\frac{100.0}{10.00}\right)\Big/0.00025\right]分度 = 12.0 分度$$

从表 5-2 中读出最接近非比例扭角为 12.0 分度时对应的扭矩为 52000N·mm，用内插法求出精确的扭矩值为

$$T_{p0.015}=\frac{(17.4-12.0)\times 52000+(12.0-6.7)\times 54000}{17.4-6.7}\text{N}\cdot\text{mm}=52990.65\text{N}\cdot\text{mm}$$

$$\tau_{p0.015}=\frac{T_{p0.015}}{W}=\frac{52990.65}{196.35}\text{MPa}=269.879\text{MPa}$$

修约后为 $\tau_{p0.015}=270\text{MPa}$。

（3）上屈服强度和下屈服强度的确定 上屈服强度和下屈服强度的确定按下面步骤进行：

1）试验时用自动记录方法记录扭矩-扭角（T-ϕ）曲线，首次下降前的最大扭矩为上屈服扭矩，屈服阶段中不计初始瞬时效应的最小扭矩为下屈服扭矩，如图 5-5 所示。

2）按下式计算上屈服强度：

$$\tau_{eH}=\frac{T_{eH}}{W}$$

式中 τ_{eH}——上屈服强度，单位为 MPa；

T_{eH}——上屈服扭矩，单位为 N·mm；

W——截面系数，单位为 mm^3。

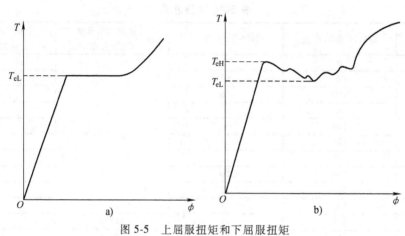

图 5-5　上屈服扭矩和下屈服扭矩

a）下屈服扭矩　b）上、下屈服扭矩

3）按下式计算下屈服强度：

$$\tau_{eL} = \frac{T_{eL}}{W}$$

式中　τ_{eL}——下屈服强度，单位为 MPa；

T_{eL}——下屈服扭矩，单位为 N·mm；

W——截面系数，单位为 mm³。

（4）抗扭强度的测定　抗扭强度的测定按下面步骤进行：

1）对试样连续施加扭矩，直至扭断。从记录的扭转曲线或试验机扭矩盘上读出试样扭断前所承受的最大扭矩，如图 5-6 所示。

2）按下式计算抗扭强度：

$$\tau_m = \frac{T_m}{W}$$

式中　τ_m——抗扭强度，单位为 MPa；

T_m——最大扭矩，单位为 N·mm；

W——截面系数，单位为 mm³。

（5）最大非比例切应变的测定　最大非比例切应变的测定按下列步骤进行：

1）对试样连续施加扭矩，记录扭矩-扭角（T-ϕ）曲线，直至扭断。

2）过断裂点 K 绘制曲线弹性直线段的平行线 KJ 交扭角轴于 J 点，OJ 即为最大非比例扭角，如图 5-6 所示。

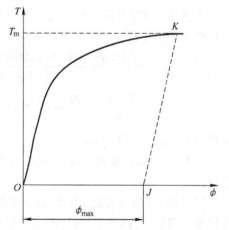

图 5-6　最大扭矩和最大非比例扭角

T_m—最大扭矩　ϕ_{max}—最大非比例扭角

3）按下式计算最大非比例切应变：

$$\gamma_{max} = \left(\frac{\phi_{max} d}{2L_e} \right) \times 100\%$$

式中　γ_{max}——最大非比例切应变（%）；

ϕ_{max}——最大非比例扭角，单位为（°）；

d——圆柱形试样或管形试样平行长度部分的外直径，单位为 mm；

L_e——扭转计标距，单位为 mm。

5.3 金属线材单向扭转试验

金属线材单向扭转试验按照 GB/T 239.1—2012《金属材料 线材 第 1 部分：单向扭转试验方法》进行。

5.3.1 试样

1）试样应尽可能是平直的。必要时可采用适当的方法对试样进行矫直。矫直时，不得损伤试样表面，也不得扭曲试样。

2）存在局部硬弯的线材不得用于试验。

3）试样形状尺寸如图 5-7 所示。

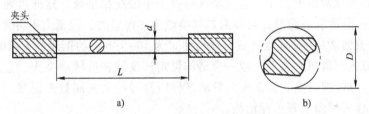

图 5-7 金属线材扭转试样

a）圆形横截面 b）非圆形横截面

d——圆形横截面金属线材直径 D—非圆形横截面金属线材特征尺寸 L—两夹头之间的标距长度

4）除另有规定外，两夹头间的标距长度应符合表 5-3 的规定。

表 5-3 根据线材公称直径或特征尺寸所确定的夹头间标距长度

线材公称直径 d 或特征尺寸 D/mm	两夹头间标距长度 L（公称值）[1]/mm
0.1～<1	200d（D）
1～<5	100d（D）
5～10	50d（D）
>10～14	22d（D）[2]

[1] 夹头间标距长度最大为 300mm。

[2] 适用于钢线材。

5.3.2 试验设备

1）试验机夹头中夹块齿面应相互平行，夹块硬度≥55HRC。常用的夹块齿面类型见表 5-4。公称直径或特征尺寸为 10～14mm 钢线材，应根据不同的试样材质硬度选用合适硬度的夹块进行试验，一般推荐夹块的硬度高于试样硬度 20HRC 左右。

2）试验机自身不得妨碍由试样收缩所引起的夹头间长度的变化，试验机能够对试样施加适当的拉紧力。

试验期间，试验机的两个夹头应保持在同一轴线上，对试样不施加任何弯曲力。

表 5-4 常用的夹块齿面类型

$d(D)$/mm	夹块齿面类型
0.1~<0.3	光面夹具
0.3~<3	细锯齿夹具
3~10	V型槽夹具
>10~14	光面夹具[①]或其他类型夹具

① 可适用于钢线材。

试验机的一个夹头应能绕试样轴线旋转，而另一个不得有任何转动。

为了适应不同长度的试样，试验机夹头间的距离应可以调节和测量。

3）试验机的速度应能调节，并有自动记录扭转次数的装置。

5.3.3 试验内容及结果表示

1. 试验步骤

1）试验一般应在 10~35℃下进行，如有特殊要求，试验温度应为 23℃±5℃。

2）将试样置入试验机夹头中，使其轴线与夹头中轴线相重合，这样可确保试样在试验过程中保持平直。除另有规定外，可以对试样持续施加拉紧力，拉紧力不得大于该线材公称抗拉强度相应力值的 2%。对直径（或特征尺寸）为 10~14mm 的钢线材无须施加拉紧力。

3）将试样置入试验机夹头后，以一合适的恒定速度旋转可转动夹头，直至试样达到规定的扭转次数 N_t 或断裂为止。根据夹头带动试样所旋转的完整圈数来记数。为了验证旋转圈数，可以在试样表面画上彩色标记线。

4）除非另有规定，否则扭转速度不应超过表 5-5 中的规定值。该表中钢、铜及铜合金、铝及铝合金线材应根据其直径选用对应的扭转速度。

单向扭转属于等温试验过程，对于应变速率敏感的线材或应变速率行为缺乏了解的线材，应避免试样温度明显升高，试样温度不得超过 60℃。对于应变速率不敏感的钢线材，为提高试验效率，可使用表 5-5 中较高的转速值。

2. 结果表示

1）当试样的扭转次数 N_t 达到有关规定时，则可以认为该试样通过测试而不必考虑断口位置。

表 5-5 扭转速度

线材公称直径 d 或特征尺寸 D/mm	扭转速度最大值/(r/s)		
	钢	铜及铜合金	铝及铝合金
0.1~<1	1 或 3[①]	5	
1~<1.5		2	
1.5~<3	0.5 或 1[①]	1.5	1
3~<3.6		1	
3.6~<5			
5~10	0.25 或 0.5[①]	0.5	
>10~14	0.1	—	—

① 此速度仅适用于对应变速率不敏感的钢线材。

如果试样未达到有关规定的扭转次数，且断口位置在离夹头 2d（D）范围内，则可判定该试验无效，应重新取样进行复测。

2）根据表 5-6 评估试样的断裂类型。

表 5-6　试样的扭转断裂类型、外观形貌及断口特征典型分类

断裂类型	类型编号	外观形貌	断口特征描述	断裂面
正常扭转断裂	1	a	断裂面平滑且垂直于线材曲线（或稍微倾斜）；断裂面上无裂纹	或
		c	脆性断裂面与线材轴线约成 45°；断裂面上无裂纹	
局部裂纹断裂（表面有局部裂纹）	2	a	断裂面平滑且垂直于线材轴承（或稍微倾斜），并有局部裂纹	或
		b	阶梯式，部分断裂面平滑，并有局部裂纹	
		c	不规则断裂面，断裂面上无裂纹	
螺旋裂纹断裂（试样全长或大部分长度上有螺旋形裂纹）	2	a	断裂面平滑且垂直于线材轴线（或稍微倾斜），断裂面上有局部或贯穿整个截面的裂纹	或
		b	阶梯式，部分断裂面平滑，有局部或贯穿整个截面的裂纹	
		c	脆性断裂面与线材轴线约成 45°，并有局部或贯穿整个截面的裂纹 不规则断裂面，并有局部或贯穿整个截面的裂纹	

5.4　金属线材双向扭转试验

金属线材双向扭转试验按照 GB/T 239.2—2012《金属材料　线材　第 2 部分：双向扭转试验方法》进行。

5.4.1　试样

1）试样应尽可能是平直的。

2）必要时，可手工对试样进行矫直。当手工不能矫直时，可将试样置于木材、塑料或软质金属上，用这些材料制成的锤子或其他合适的方法矫直。

3）矫直时，不得损伤试样表面，也不得扭曲试样。

4）存在局部硬弯的线材不得用于试验。

5）除另有规定外，试验机夹头间的标距长度应符合表 5-7 的规定。

表 5-7　线材公称直径与标称长度　　　　　　　　　　　（单位：mm）

线材公称直径 d	两夹头间标距长度
0.3~<1.0	200d
1.0~<5.0	100d[①]
5.0~<10.0	50d[②]

① 特殊协议时可采用 50d。
② 特殊协议时可采用 30d。

5.4.2　试验设备

1）试验机夹头应具有足够的硬度抵抗磨损。试验期间，两夹头保持在同一轴线上，并对试样不施加任何弯曲力。

2）试验机能够对试样施加适当的拉紧力，试验机自身不得妨碍因试样收缩所引起的夹头间长度的变化。

3）试验机的一个夹头应能绕试样轴线双向转动，而另一个不得有任何转动。

4）为了适应不同长度的试样，试验机夹头间的距离应可以调节和测量。

5）试验机的扭转速度应能调节，并配置自动记录扭转次数的装置。

6）试验时试样可能断为几节飞出，试验机应提供安全防护装置，保护操作者免受伤害。

5.4.3　试验内容及结果表示

1. 试验步骤

1）试验一般应在 10~35℃ 下进行，如有特殊要求，试验温度应为 23℃±5℃。

2）将试样置于试验机夹持钳口中，使其轴线与夹头轴线相重合。为使试样在试验过程中保持平直，应施加一定的预拉紧力，但该拉紧力不得大于该线材公称抗拉强度的 2%。

3）试样固紧于试验机夹头后，以不大于 1r/s（当线材直径不小于 5mm 时，不大于 0.5r/s）的恒定速度旋转可转动夹头，用相关标准规定的转数向一个方向转动后，再以相同的转速向相反方向转动到规定次数或断裂，一转为 360°。

2. 结果表示

（1）正向旋转时断裂　当试样的扭转次数 N_t 达到有关规定时，则可以认为该试样通过测试而不必考虑断口位置。如果试样未达到有关规定的扭转次数，且断口位置在离夹头 2d（D）范围内，则可判定该试验无效，应重新取样进行复测。根据表 5-6 评估试样的断裂类型。

（2）正向旋转时未断裂　进行反向扭转，反向扭转后没有明显缺陷说明试样符合试验要求。

第6章

金属材料的剪切性能测试方法

6.1 相关术语和定义

1. 剪切性能和剪切试验的定义

金属材料抵抗侧面受大小相等、方向相反、作用线相近的外力作用而沿外力作用线平行的受剪面产生错动的能力，称为金属材料的剪切性能。

工程结构中的一些零件除承受拉伸、压缩和弯曲等载荷作用外，还有一些零件（如桥梁结构中的铆钉、销子等）主要承受剪切力的作用。对这些零件所使用的材料要进行剪切试验，提供材料的抗剪强度作为设计依据。

（1）双剪切试验　双剪切试验如图 6-1 所示，它是以剪断圆柱状试样的中间段方式来实现的。两侧支承距离应不小于中间被切断部分直径的 1/2。双剪切试验夹具刀口形状如图 6-2 所示。

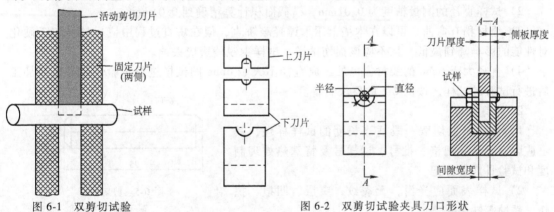

图 6-1　双剪切试验　　　　　　　　　　图 6-2　双剪切试验夹具刀口形状

双剪切试验的特点是有两个处于垂直状态下的剪切刀片。下刀片（厚度大小为被剪切试样直径大小）平行地放置在上方，上下刀片都做成孔状，孔径等于试样直径。利用万能拉伸试验机便可进行双剪切试验。

进行双剪切试验时，刀片应当平行、对中，剪切刀刃不应有擦伤、缺口或不平整的磨损。

（2）单剪切试验　单剪切试验夹具使用两个剪切刀片，刀片中间带孔，如图 6-3 所示。当一个刀片固定不动，另一个刀片在图示平行面内移动时产生单剪切作用，剪断试样。

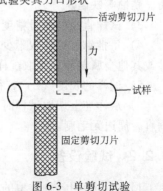

图 6-3　单剪切试验

单剪切试验适合于测定长度太短不能进行双剪切的紧固件的剪切值，包括杆长小于直径2.5倍的紧固杆件。单剪切试验的准确度低于双剪切试验，如果发现单剪切值有问题时，可以用双剪切值做校核。

（3）冲压剪切试验　剪切试验中更简单的方法是利用冲头-模具法直接从板材或带材中冲出一小圆片的方法，如图6-4所示。这种方法主要用于铝工业中厚度不大于1.8mm的材料。为了能获得规则的剪切边缘，冲压剪切试验值应低于双剪切试验值的12%~14%。

2. 剪切试验常用术语

（1）抗剪强度（τ_b）　材料能经受的最大剪切应力。在剪切试验中，抗剪强度是用剪切试验中的最大试验力除以试样的剪切面积所得的应力。

（2）试验温度下的抗剪强度（$\tau_{b,t}$）　在某一试验温度 t 下测得的抗剪强度。

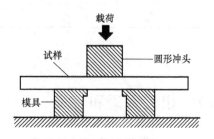

图6-4　冲压剪切试验

6.2　金属线材和铆钉剪切试验

金属线材和铆钉剪切试验按照 GB/T 6400—2007《金属材料　线材和铆钉剪切试验方法》进行。

6.2.1　试样

1. 线材试样

1）试样表面应光滑，无裂纹、夹层、凹痕、擦伤、锈蚀等缺陷。

2）试样直径的测量精度为 0.01mm，横截面积计算精确到 $0.01mm^2$。

3）线材稍有弯曲，可以在木垫上用木锤轻敲矫直，但在矫直过程中应尽量将加工硬化对性能的影响降到最低，且不应该损伤试样，试样尖锐棱边应去掉。

4）直径大于6mm的线材，可加工成直径不大于6mm的试样进行试验，凡需切削加工后进行试验的试样，按图6-5的要求制备。

2. 铆钉试样

1）从线材上切取一段适当长度的试样样坯，其上应附有牌号、规格、批号、试样号及特殊热处理制度和试验日期等标记。

2）试样表面应光滑，无裂纹、夹层、凹痕、擦伤、锈蚀等缺陷。

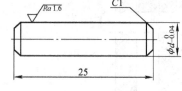

图6-5　剪切试样
d—试样直径

3）试样直径的测量精度为 0.01mm，横截面积计算精确到 $0.01mm^2$。

4）每批铆钉试样取不少于6个试样，每盘金属丝两端0.5m处各取3个试样。凡在零件或其他金属制品上切取试样时，每一部位每一取向的试样数量不少于3个。

5）试样的长度（L）直径（d）的关系为 $L=1.4d+10mm$。

6）从样坯上切取试样时不允许损伤试样原表面。试样的两个端面应平整，并与中心线垂直，周边无毛刺。

6.2.2　试验设备

1）可以使用各种类型的拉力、压力或万能试验机进行试验，试验机应保证使夹具的中心线与试验机的加力轴线一致，加力应连续、平稳、无振动。

2）试验机准确度应为1级或优于1级。

3）试验时可以使用各种形式的双剪夹具，剪切圈和支承圈应采用高强度合金且在试验温度下有足够硬度的材料（屈服强度应高于被剪切材料的抗拉强度）。

4）剪切圈、支承圈孔径和试样直径之间的间隙不大于0.1mm，剪切圈和支承圈之间的间隙不大于0.1mm。剪切圈、支承圈的厚度为线材直径的1.3~3.0倍，其刀口应锐利、无缺损。

5）切刀、夹板、剪切圈和支承圈表面应光滑，表面粗糙度Ra的最大值为1.6μm。

6）切刀之间的摩擦力应尽量小而不至于影响载荷值。

7）高温剪切夹具如图6-6所示。其主要部件切刀、键、夹板、剪切圈和支承圈如图6-7~图6-11所示。

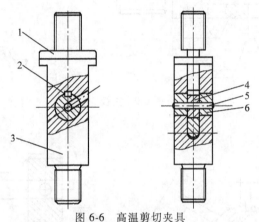

图6-6 高温剪切夹具

1—切刀 2—键 3—夹板 4—剪切圈 5—试样 6—支承圈

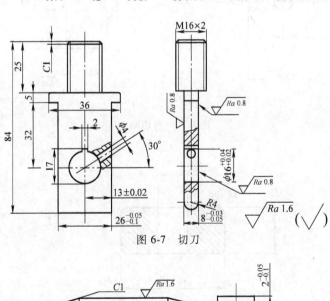

图6-7 切刀

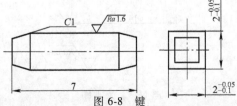

图6-8 键

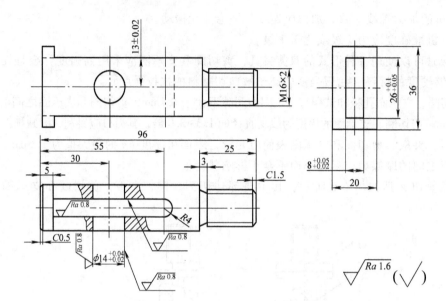

图 6-9 夹板

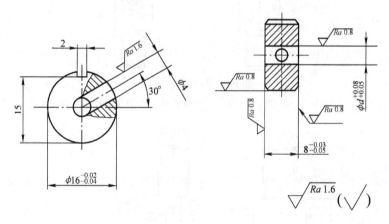

图 6-10 剪切圈

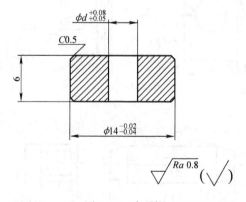

图 6-11 支承圈

8）室温拉式双剪夹具如图6-12所示。铆钉线试验所用夹具的尺寸及偏差如图6-13和表6-1所示。

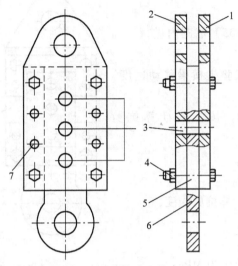

图 6-12　室温拉式双剪夹具

1、2—外切刀　3—剪切孔　4—螺栓　5—垫板　6—内切刀　7—定位销

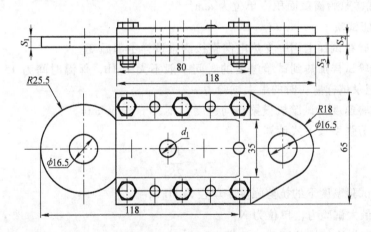

图 6-13　室温拉式双剪夹具尺寸

表6-1　室温拉式双剪夹具的尺寸及偏差　　　　　　　　　（单位：mm）

铆钉线公称直径 d	工　作　孔		剪　刀		垫　块		夹板公称厚度 S_3
	公称直径 d_1	偏差	公称厚度 S_1	偏差	公称厚度 S_2	偏差	
>1.6~4	$d+0.05$	+0.025 0	6	0 -0.010	$S_1+0.015$	+0.015 0	5
>4~8			8				6
>8~10			12				8

9）室温拉式单剪夹具如图6-14所示。

6.2.3 试验内容及结果表示

1. 室温剪切试验

1）室温试验应在 10～35℃ 范围内进行，高温试验在规定温度下进行。

2）剪切试验速度（试验机横梁移动速度）不大于 5mm/min。

3）室温双剪试验时，按下式计算抗剪强度：

$$\tau_b = \frac{F_m}{2S_0}$$

室温单剪试验时，按下式计算抗剪强度：

$$\tau_b = \frac{F_m}{S_0}$$

式中 τ_b——抗剪强度，单位为 MPa；

F_m——最大试验力，单位为 N；

S_0——试样原始横截面积，单位为 mm^2。

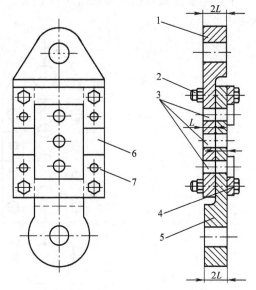

图 6-14 室温拉式单剪夹具
1—切刀 2—螺栓 3—剪切孔 4—压板
5—切刀 6—垫板 7—定位销

2. 高温剪切试验

1）高温试验在试样上用一支热电偶直接测量试样中部温度。

2）高温试验试样加热到试验温度的时间一般不大于 1h，保温时间为 15～30min，然后施加试验力，记录试样剪切时的最大试验力。

3）剪切试验速度（试验机横梁移动速度）不大于 5mm/min。

4）高温抗剪强度按下式计算：

$$\tau_{b,t} = \frac{F_m}{2S_0}$$

式中 $\tau_{b,t}$——试验温度下的抗剪强度，单位为 MPa；

F_m——最大试验力，单位为 N；

S_0——试样原始横截面积，单位为 mm^2。

3. 结果表示

1）剪断后，如果试样发生弯曲，或断口出现楔形、椭圆形等剪切截面，则试验结果无效。

2）试验结果数值应按照相关产品标准的要求进行修约。如果未规定具体要求，抗剪强度的计算精确到 3 位有效数字，数字修约方法按 GB/T 8170 进行。

6.3 销的剪切试验

销的剪切试验按照 GB/T 13683—1992《销　剪切试验方法》进行。

6.3.1 试样

剪切试验用试样为公称直径 0.8～25mm 的金属销。

6.3.2　试验设备

1）销的剪切试验在夹具中完成，典型的夹具如图6-15所示。在夹具中销子支承各个零件。为了施加载荷，各配合零件应有与销公称直径相等的孔径（公差为H6），且维氏硬度不低于700HV。支承零件与加载零件间的间隙不应超过0.15mm。

2）剪切面与销的每一末端面应最少留有一倍销径的距离，同时两剪切面间的间距最少应为两倍销径。

3）当销子太短而不能做双面剪切试验时，应改用两个销子同时做单面剪切试验。

4）弹性销在试验夹具中的安装应使槽口向上。

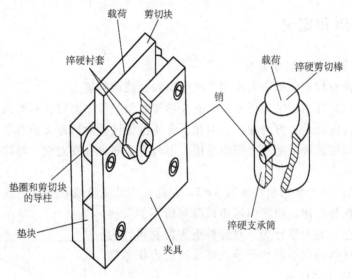

图6-15　销剪切试验夹具

6.3.3　试验内容及结果表示

1）试验速度应不大于13mm/min。

2）销子应试验到剪断为止。当试验载荷达到最大载荷的同时销子断裂，或未达到最大载荷之前销子断裂，都认为断裂时的载荷是销子的双面剪切载荷。

3）销子经剪切试验后断裂口应为没有纵向裂缝的韧性切口。

第7章
金属材料的压缩性能测试方法

7.1 相关术语和定义

1. 压缩性能及压缩试验的定义

压缩性能是指材料在压缩应力作用下抗变形和抗破坏的能力。

压缩试验是对试样施加轴向压力，在其变形和断裂过程中测定材料的强度和塑性。实际上，压缩与拉伸仅仅是受力方向相反。因此，金属拉伸试验时所定义的力学性能指标和相应的计算公式，在压缩试验中基本上都能适用。但两者之间也存在差别，与拉伸试验相比，压缩试验有如下特点：

1）单向压缩的应力状态软性系数 $\alpha = 2$。因此，压缩试验通常适用于脆性材料和低塑性材料，以显示其在静拉伸、扭转和弯曲试验时所不能反映的材料在韧性状态下的力学行为。对脆性更大的材料，为了更充分地显示材料的微小塑性差异，可采用应力状态软性系数 $\alpha > 2$ 的多向压缩试验。

2）塑性较好的金属材料（如退火钢、黄铜等）只能被压扁，一般不会被破坏，其压缩曲线如图 7-1 所示。

3）脆性材料压缩破坏的形式有剪坏和拉坏两种。剪坏的断裂面与底面约呈 45° 角，拉坏是由于试样的纤维组织与压缩应力方向一致，压缩试验时试样横截面积增加，而横向纤维伸长超过一定限度而破断。

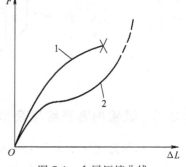

图 7-1　金属压缩曲线
1—脆性材料　2—塑性材料

4）压缩试验时，试样端面存在很大的摩擦力，这将阻碍试样端面的横向变形（使试样呈腰鼓状），影响试验结果的准确性。试样高度与直径之比（L/d）越小，其端面摩擦力对试验结果的影响越大。为了减小试样端面摩擦力的影响，可增加 L/d 的比值，但也不宜过大，以免引起纵向失稳。

2. 压缩试验常用术语

（1）屈曲　除通过材料的压溃方式引起压缩失效外，以下几种方式也可能发生压缩失效：

1）由于非轴向加力而引起柱体试样的其全长度上的弹性失稳。

2）柱体试样在其全长度上的非弹性失稳。

3）板材试样标距内小区域上的弹性或非弹性局部失稳。

4）试样横截面绕其纵轴转动而发生的扭曲或扭转失效。

以上这几种失效类型统称为屈曲。

（2）单向压缩　试样受轴向压缩时，弯曲的影响可以忽略不计，标距内应力均匀分布，且在试验过程中不发生屈曲。

（3）试样原始标距（L_0）　用以测量试样变形的那一部分原始长度，此长度应不小于试样原始宽度或试样原始直径。

（4）实际压缩力（F）　压缩过程中作用在试样轴线方向上的力；对夹持在约束装置中进行试验的板状试样，是标距中点处扣除摩擦力后的力。

（5）摩擦力（F_f）　被约束装置夹持的试样，在加力时，两侧面与夹板之间产生的摩擦力。

（6）压缩应力　试验过程中试样的实际压缩力 F 与其原始横截面积 S_0 的比值。

（7）规定塑性压缩强度（R_{pc}）试样标距段的塑性压缩变形达到规定的原始标距百分比时的压缩应力。表示此压缩强度的符号应以下标说明，例如 $R_{pc0.1}$ 表示规定塑性压缩应变为 0.1% 时的压缩应力。

（8）规定总压缩强度（R_{tc}）试样标距段的总压缩变形（弹性变形加塑性变形）达到规定的原始标距百分比时的压缩应力。表示此压缩强度的符号应附以下标说明，例如 R_{tc2} 表示规定总压缩应变为 2% 时的压缩应力。

（9）压缩屈服强度　当金属材料呈现屈服现象时，试样在试验过程中达到力不再增加而仍继续变形时所对应的压缩应力，应区分上压缩屈服强度和下压缩屈服强度。

（10）上压缩屈服强度（R_{eHc}）　试样发生屈服而力首次下降前的最高压缩应力。

（11）下压缩屈服强度（R_{eLc}）　屈服期间不计初始瞬时效应时的最低压缩应力。

（12）抗压强度（R_{mc}）　对于脆性材料，试样压至破坏过程中的最大压缩应力。对于在压缩中不以粉碎性破裂而失效的塑性材料，则抗压强度取决于规定应变和试样几何形状。

（13）压缩弹性模量（E_c）　试验过程中，轴向压应力与轴向应变成线性比例关系范围内的轴向压应力与轴向应变的比值。

7.2　金属材料压缩性能试验

金属材料压缩性能试验按照 GB/T 7314—2017《金属材料　室温压缩试验方法》进行。

7.2.1　试样

1. 试样形状与尺寸

1）试样形状与尺寸的设计应保证：在试验过程中标距内为均匀单向压缩，引伸计所测变形应与试样轴线上标距段的变形相等；端部不应在试验结束之前损坏。图 7-2 ~ 图 7-5 所示的为推荐试样，凡能满足上述要求的其他试样也可采用。

2）图 7-2、图 7-3 为侧向无约束试样。$L = (2.5 ~ 3.5)d$ 和 $L = (2.5 ~$

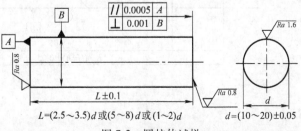

$L = (2.5 \sim 3.5)d$ 或 $(5 \sim 8)d$ 或 $(1 \sim 2)d$　　$d = (10 \sim 20) \pm 0.05$

图 7-2　圆柱体试样

3.5)b 的试样适用于测定 R_{pc}、R_{tc}、R_{eHc}、R_{eLc}、R_{mc}；$L=(5\sim8)d$ 和 $L=(5\sim8)b$ 的试样适用于测定 $R_{pc0.01}$、E_c；$L=(1\sim2)d$ 和 $L=(1\sim2)b$ 的试样仅适用于测定 R_{mc}。

3）图 7-4、图 7-5 为板状试样，需夹持在约束装置内进行试验。

4）试样原始标距两端分别距试样端面的距离不应小于试样直径（或宽度）的 1/2。

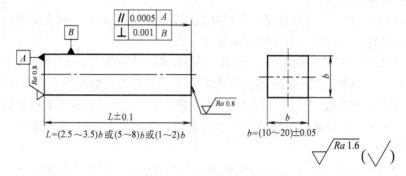

图 7-3　正方形柱体试样

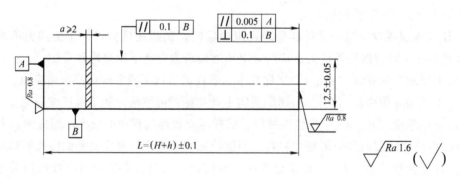

图 7-4　矩形板状试样

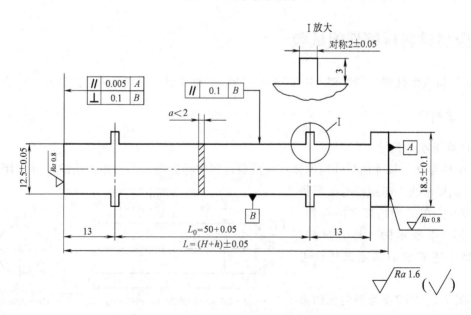

图 7-5　带凸耳板状试样

5）圆柱体试样按图 7-2 所示尺寸进行机加工，板状试样按表 7-1 所示尺寸进行机加工，棱边应无毛刺。

表 7-1 板状试样尺寸 （单位：mm）

厚度	宽度	图号
0.1~<2	12.5	图 7-5
2~<10	12.5	图 7-4
≥10	≥10	图 7-3

注：厚度小于 0.3mm 的试样，一般把头部弯成"∏"形。

2. 试样尺寸测量

1）板状试样的厚度和宽度，应在试样原始标距中点处测量；圆柱体试样应在原始标距中点处两个相互垂直的方向上测量直径，取其算术平均值。

2）测量带凸耳板状试样时，原始标距为两侧面的每一侧面两凸耳沿试样轴线方向的内侧距离和外侧距离总和的 1/4。测量时量具不应靠近凸耳根部。

3）量具或测量装置的分辨力按表 7-2 选用，根据需测量的试样的原始尺寸计算原始横截面积，至少保留 4 位有效数字。

表 7-2 量具或测量装置的分辨力 （单位：mm）

试样横截面尺寸	分辨力 ≤	试样横截面尺寸	分辨力 ≤
0.1~0.5	0.001	>2.0~10	0.01
>0.5~2.0	0.002	>10	0.05

7.2.2 试验设备

1. 压缩试验机

1）试验机准确度应为 1 级或优于 1 级，并应按照 GB/T 16825.1—2008《静力单轴试验机的检验 第 1 部分：拉力和（或）压力试验机测力系统的检验与校准》进行检验。

2）试验机上、下压板的工作表面应平行，平行度误差不大于 0.0002mm/mm（安装试样区 100mm 范围内）。试验过程中，压头与压板间不应有侧向的相对位移或转动，压板的硬度应不低于 55 HRC。

3）硬度较高的试样两端应垫以合适的硬质材料做成的垫板，试验后，板面不应有永久变形。垫板上下两端面的平行度误差应不大于 0.0002mm/mm，表面粗糙度 Ra 的最大值为 0.8μm。

2. 力导向装置

为了保证试验机垂直施加试验力，应加配力导向装置，如图 7-6 所示。

3. 调平垫块

试验时，如果出现偏心压缩现象，可配用调平垫块，如图 7-7 所示。

4. 约束装置

板状试样压缩试验，应使用约束装置。约束装置应使试样在低于规定的力作用下不发生屈曲，不影响试样轴向自由收缩及沿宽度和厚度方向的自由胀大，试验过程摩擦力为一个定值。常用约束装置如图 7-8 所示。

5. 防护罩

进行脆性材料试验时，应用有机玻璃或铁纱做成防护罩，将试样罩在里面，防止试样碎片飞出伤人或损坏仪器。

6. 引伸计

1）引伸计的准确度级别应符合 GB/T 12160—2002《单轴试验用引伸计的标定》的要求。测定压缩弹性模量应使用不低于 0.5 级准确度的引伸计。测定规定塑性压缩强度、规定总压缩强度、上压缩屈服强度和下压缩屈服强度，应使用不低于 1 级准确度的引伸计。

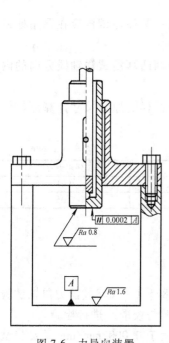

图 7-6　力导向装置

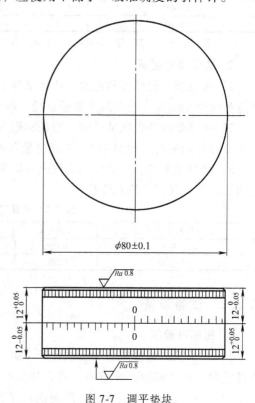

图 7-7　调平垫块

2）测定压缩弹性模量和规定塑性压缩应变小于 0.05% 的规定塑性压缩强度时，应采用平均引伸计。

7.2.3　试验内容及结果表示

1. 试验要求

1）试验一般在 10～35℃ 范围内进行。对温度要求严格的试验，试验温度应为 23℃±5℃。

2）板材试样装进约束装置前，两侧面与夹板间应铺一层厚度不大于 0.05mm 的聚四氟乙烯薄膜，或均匀涂一层润滑剂，如小于 70μm 的石墨粉调以适量的精密仪表油的润滑剂，以减小摩擦。

3）板状试样铺薄膜或涂润滑剂之前，应用无腐蚀的溶剂清洗。装夹后，应把两端面用细纱布擦干净。

4）安装试样时，试样纵轴中心线应与压头轴线重合。

5）对于有应变控制的试验机，设置应变速率为 0.005min⁻¹。对于用载荷控制或者用横

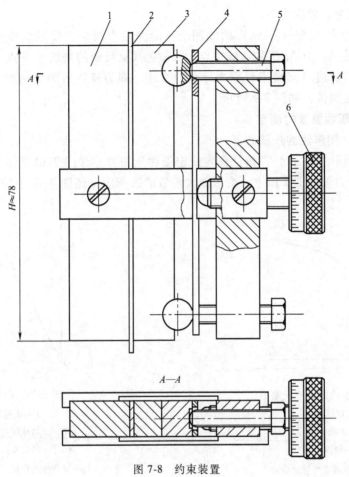

图 7-8　约束装置

1—夹板　2—试样　3—夹板　4—板簧　5—限位螺钉　6—夹紧螺钉

梁位移控制的试验机，允许设置一个相当于应变速率为 $0.005\mathrm{min}^{-1}$ 的速度。如果材料对应变速率敏感，可以采用 $0.003\mathrm{min}^{-1}$ 的应变速率。

2. 板状试样夹紧力的选择

根据材料的规定塑性压缩强度 $R_{\mathrm{pc}0.2}$（或下压缩屈服强度）及板材厚度来选择夹紧力。一般使摩擦力 F_{f} 不大于 $F_{\mathrm{pc}0.2}$ 估计值的 2%。对极薄试样（厚度小于 0.3mm 的试样为极薄试样），允许摩擦力达到 $F_{\mathrm{pc}0.2}$ 估计值的 5%。在保证试验正常进行的条件下，夹紧力应尽可能小。

3. 板状试样实际压缩力的测定

试验时自动绘制的力-变形（$F\text{-}\Delta L$）曲线，一般初始部分因受摩擦力影响而并非线性关系，如图 7-9 所示。当力足够大时，摩擦力达到一个定值，此后摩擦力不再进一步影响力-变形曲线。设摩擦力平均分布在试样表面上，则实际压缩力 F 可用下式计算：

$$F = F_0 - \frac{1}{2}F_{\mathrm{f}}$$

式中　F——实际压缩力，单位为 N；

F_0——试样上端所受的力，单位为 N；

F_f——摩擦力，单位为 N。

在自动绘制的力-变形（F-ΔL）曲线图上，沿弹性直线段，反延直线交原横坐标轴于 O''，在原横坐标轴原点 O' 与 O'' 的连线中点上，做垂线交反延的直线于 O 点，O 点即为力-变形曲线的真实原点。过 O 点做平行原坐标轴的直线，即为修正后的坐标轴，实际压缩力可在新坐标系上直接判读，如图 7-9 所示。

4. 规定塑性压缩强度的测定

（1）图解法　图解法的步骤如下：

1）先用力-变形（F-ΔL）图解法测定规定塑性压缩力，如图 7-10 所示。力轴的比例应使所求 F_{pc} 点位于力轴的 1/2 以上，变形放大倍数的选择应保证图 7-10 中的 OC 段长度不小于 5mm。

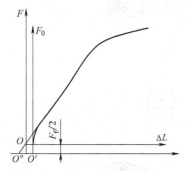

图 7-9　图解法确定实际压缩力

F—实际压缩力

F_0—试样上端所受的力

F_f—摩擦力

ΔL—原始标距段受力后的变形

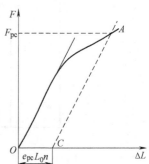

图 7-10　图解法求 F_{pc}

F—实际压缩力

ΔL—原始标距段受力后的变形

e_{pc}—规定非比例压缩应变

L_0—试样原始标距　n—变形放大倍数

2）在自动绘制的力-变形（F-ΔL）曲线图上，自 O 点起，截取一段相当于规定塑性变形的距离 OC（$e_{pc}L_0 n$），过 C 点做平行于弹性直线段的直线 CA 交曲线于 A 点，其对应的力 F_{pc} 为所测规定塑性压缩力。规定塑性压缩强度按下式计算：

$$R_{pc} = \frac{F_{pc}}{S_0}$$

式中　R_{pc}——规定塑性压缩强度，单位为 MPa；

　　　F_{pc}——规定塑性压缩变形的实际压缩力，单位为 N；

　　　S_0——试样原始横截面积，单位为 mm^2。

（2）逐步逼近法　逐步逼近法的步骤如下：

1）如果力-变形（F-ΔL）曲线无明显的弹性直线段，采用逐步逼近法。

2）如图 7-11 所示，先在曲线上直观估读一点 A_0，约为规定塑性压缩应变 0.2% 的力 F_{A0}，而后在微弯曲线上取 G_0、Q_0 两点，其分别对应的力为 $0.1 F_{A0}$、$0.5 F_{A0}$，做直线 $G_0 Q_0$，过 C 点做平行于 $G_0 Q_0$ 的直线 CA_1 交曲线于 A_1 点，如 A_1 点与 A_0 点重合，则 F_{A0} 即为 F_{pc}。$G_0 Q_0$ 直线的斜率一般可以用于图解确定其他规定塑性压缩强度的基准。

3）如 A_1 点未与 A_0 点重合，需要按照上述步骤进行进一步逼近。此时，取 A_1 点对应的

力 F_{A1} 来分别确定 $0.1F_{A1}$、$0.5F_{A1}$ 对应的点 G_1、Q_1，然后如前述过 C 点做平行线来确定交点 A_2，重复相同步骤直至最后一次得到的交点与前一次的重合。

5. 规定总压缩强度的测定

1）总压缩变形一般应超过变形轴的 1/2 以上。

2）如图 7-12 所示，在自动绘制的力-变形（F-ΔL）曲线图上，自 O 点起在变形轴上取 OD 段（$e_{tc}L_0n$），过 D 点做与力轴平行的 DM 直线交曲线于 M 点，其对应的力 F_{tc} 为所测规定总压缩力。

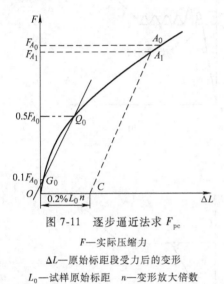

图 7-11　逐步逼近法求 F_{pc}

F—实际压缩力

ΔL—原始标距段受力后的变形

L_0—试样原始标距　n—变形放大倍数

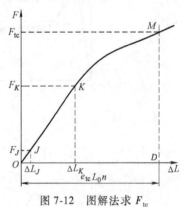

图 7-12　图解法求 F_{tc}

F—实际压缩力

ΔL—原始标距段受力后的变形

e_{tc}—规定总压缩应变

L_0—试样原始标距　n—变形放大倍数

3）规定总压缩强度按下式计算：

$$R_{tc} = \frac{F_{tc}}{S_0}$$

式中　R_{tc}——规定总压缩强度，单位为 MPa；

$\quad\quad F_{tc}$——规定总压缩变形的实际压缩力，单位为 N；

$\quad\quad S_0$——试样原始横截面积，单位为 mm^2。

6. 上压缩屈服强度和下压缩屈服强度的测定

1）呈现明显屈服（不连续屈服）现象的金属材料，一般需规定测定上压缩屈服强度或下压缩屈服强度或两者均做测定。如未具体规定，仅测定下压缩屈服强度。

2）在自动绘制的力-变形（F-ΔL）曲线图上（见图 7-13），判读力首次下降前的最高实际压缩力（F_{eHc}）、不计初始瞬时效应时屈服阶段中的最低实际压缩力或屈服平台的恒定实际压缩力（F_{eLc}）。

3）上压缩屈服强度和下压缩屈服强度分别按下式计算：

$$R_{eHc} = \frac{F_{eHc}}{S_0}$$

$$R_{eLc} = \frac{F_{eLc}}{S_0}$$

式中　R_{eHc}——上压缩屈服强度，单位为 MPa；

　　　F_{eHc}——屈服时的实际上屈服压缩力，单位为 N；

　　　R_{eLc}——下压缩屈服强度，单位为 MPa；

　　　F_{eLc}——屈服时的实际下屈服压缩力，单位为 N；

　　　S_0——试样原始横截面积，单位为 mm^2。

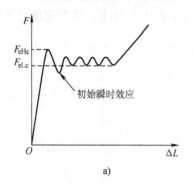

a)

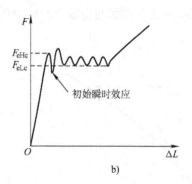

b)

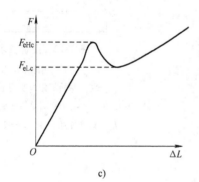

c)

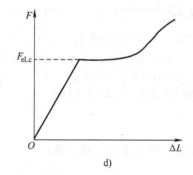

d)

图 7-13　图解法求 F_{eHc} 和 F_{eLc}

a）第 1 种屈服形式　b）第 2 种屈服形式　c）第 3 种屈服形式　d）第 4 种屈服形式

F_{eHc}—屈服时的实际上屈服压缩力　F_{eLc}—屈服时的实际下屈服压缩力

ΔL—原始标距段受力后的变形

7. 抗压强度的测定

1）试样压至破坏，从力-变形（F-ΔL）图上确定最大实际压缩力 F_{mc}（见图7-14），或从测力度盘读取最大力值。

2）抗压强度按下式计算：

$$R_{mc} = \frac{F_{mc}}{S_0}$$

式中　R_{mc}——脆性材料的抗压强度或塑性材料的规定应变条件下的压缩应力，单位为 MPa；

　　　F_{mc}——脆性材料试样压至破坏过程中的最大实际压缩力或塑性材料规定应变条件下的压缩力，单位为 N；

S_0——试样原始横截面积，单位为 mm^2。

3）对于塑性材料，根据应力-应变曲线在规定应变下，测定其抗压强度，在报告中应指明所测应力处的应变。

8. 压缩弹性模量的测定

1）在自动绘制的力-变形（F-ΔL）曲线图上，取弹性直线段上 J、K 两点（点距应尽可能长），读出对应的力 F_J、F_K，变形 ΔL_J、ΔL_K（见图 7-12）。

2）压缩弹性模量按下式计算：

$$E_c = \frac{(F_K - F_J) L_0}{(\Delta L_K - \Delta L_J) S_0}$$

式中　E_c——压缩弹性模量，单位为 MPa；

L_0——试样原始标距，单位为 mm；

S_0——试样原始横截面积，单位为 mm^2。

3）如材料无明显的弹性直线段，在无其他规定时，可用逐步逼近法求解。

9. 压缩性能测定结果数值的修约

试验测定的性能结果数值应按照相关产品标准的要求进行修约。如未规定具体要求，测得的强度性修约至 1MPa；弹性模量测定结果保留 3 位有效数字，修约的方法按照 GB/T 8170—2008《数值修约规则与极限数值的表示和判定》进行。

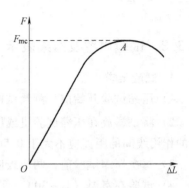

图 7-14　图解法求 F_{mc}

ΔL—原始标距段受力后的变形

F_{mc}—脆性材料试样压至破坏过程中的最大实际压缩力或塑性材料规定应变条件下的压缩力

7.3　金属轴承材料压缩试验

金属轴承材料压缩试验按照 GB/T 16748—1997《滑动轴承　金属轴承材料的压缩试验》进行。

7.3.1　试样

1）试样为圆柱形，试样的高度 h_0 与直径 d_0 之比为 1。

2）优先采用直径为 20mm 的试样。试样应经机加工。

3）试样的端面应精抛或精磨。两端面应相互平行并与试样的轴线垂直。成形表面应精抛或精磨。

4）试样的几何精度要求如图 7-15 所示。

7.3.2　试验设备

1）试验在压缩试验机或其他压力加载机构上进行。

2）压板工作表面应平整并磨光，压板硬度不低于 55HRC。

3）长度差可通过测量试样本身或两压板间距离获得，获得长度差的方法应在试验报告

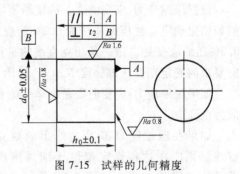

图 7-15　试样的几何精度

中注明。

7.3.3 试验内容及结果表示

1. 试验要求

1）压缩试验开始前，测量试样的高度 h_0 和直径 d_0，应精确到 0.1mm。

2）将试样放在压缩试验机或压力加载机构的中心位置。如果可能，试样的轴线与所施力的作用线间的距离应不大于 0.5mm。

3）每次压缩试验前，两压板应涂少许润滑脂，如凡士林。

4）试验在室温（10~30℃）下进行。

2. 抗压强度的测定

以最大不超过 30N/（mm²·s）的应力增量对试样连续加载，直至试样断裂或出现第 1 个裂纹或达到给定的总压缩应变 ε_{dt}。测量所需的力，并按下式计算抗压强度：

$$R_{mc} = \frac{F_B}{S_0}$$

$$R_{tc50} = \frac{F_{50}}{S_0}$$

式中 R_{mc}——抗压强度，单位为 MPa；

R_{tc50}——规定总压缩应变为 50%时的压缩应力，单位为 MPa；

F_B——出现第 1 个裂纹或断裂时所测得的力，单位为 N；

F_{50}——规定总压缩应变为 50%时测得的力，单位为 N；

S_0——原始横截面积，单位为 mm²。

3. 采用固定测量装置测量长度差法确定规定塑性压缩强度

在压缩试验过程中，要求用固定在试样或压板上的测量装置连续测量试样的长度差。以最大不超过 30N/（mm²·s）的应力增量对试样连续加载，直至达到所要确定的规定塑性压缩强度相对应的塑性长度差，然后移去测量装置，再以最大不超过 30N/（mm²·s）的应力增量对试样连续加载，直至试样断裂或出现第 1 个裂纹或达到给定的总压缩应变 ε_{dt}。

测量装置应能测定在所要求的规定塑性压缩强度下，相对应的压缩变形的塑性长度差。塑性长度差的测量应精确到 0.01mm 或 10%，取其中较大者。

根据压缩应力-应变曲线，确定所要求的规定塑性压缩强度对应的塑性压缩应变的应力。例如确定规定塑性压缩应变为 0.2%的规定塑性压缩强度 $R_{pc0.2}$：在压缩应力-应变曲线上距 0.2%压缩应变处，做一条胡克直线的平行线，与压缩应力-应变曲线相交点的纵坐标，即是所要求的规定塑性压缩强度 $R_{pc0.2}$，如图 7-16 所示。

如果压缩应力-应变曲线是由单个测量点绘制的，那么至少要有 10 个点大致均匀分布在应力范围内。

如果在压缩应力-应变曲线上的胡克直线太短，以至不能准确地绘制出与它平行的直线，则应在达到规定塑性压缩强度后，将试样卸载，然后再加载。绘制出平行于滞后环中心线的直线，如图 7-17 所示。在试验报告中应注明是采用这种方法确定的规定塑性压缩强度。

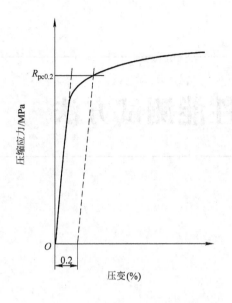

图 7-16　用 0.2%压缩应变处胡克直线的
平行线确定规定塑性压缩强度
$R_{pc0.2}$的示意图

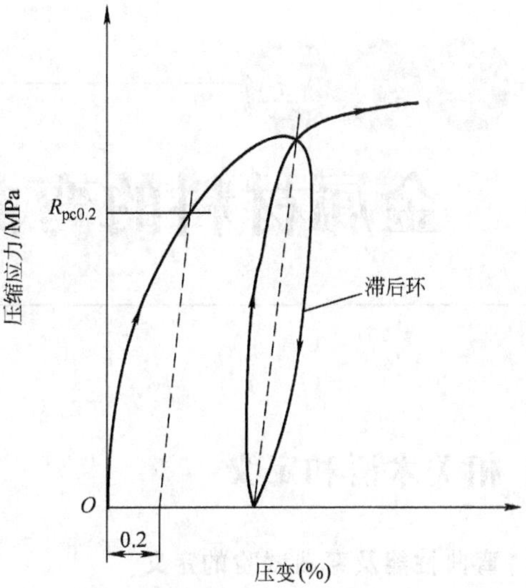

图 7-17　用 0.2%压缩应变处滞后环中心线
的平行线确定规定塑性压缩强度
$R_{pc0.2}$的示意图

4. 采用逐级施力法确定规定塑性压缩强度

对试样逐级施加压力，加力时间为30s。卸载后或卸至预载荷时，测量残余长度差。根据这些测量值绘制出压缩应力-应变曲线，从这条曲线上求得相应的规定塑性压缩强度。

用如下方法测量残余长度差：

1）卸载后，从压缩试验机上取出试样，测量试样高度变化。

2）采用固定在试样或压板上的测量装置，在卸载至预载荷时测量长度差。

长度差测量装置的精度应在 0.01mm 以内。

第8章
金属材料的弯曲性能测试方法

8.1 相关术语和定义

1. 弯曲性能及弯曲试验的定义

弯曲性能指材料承受弯曲载荷时的力学性能。

用脆性材料制造的刀具和机器零件，在使用过程中都受到不同程度的弯曲载荷，对它们来说，弯曲试验具有特别重要的意义。此外，对淬硬的工具钢、硬质合金、铸铁等进行试验时，由于试样太硬或者太小，难于加工成拉伸试样，或由于过脆，试验时试样中心轴线略有偏差就会影响试验结果的准确性，都不宜做拉伸试验。脆性材料的弯曲试验，一般在弹性变形范围内仅产生少量塑性变形即破断。生产上常用弯曲试验评定上述材料的抗弯强度及塑性变形的大小。

弯曲试验和拉伸试验相比，能明显地显示脆性材料或低塑性材料的塑性。因为脆性材料在做拉伸试验时变形很小就断裂了，因而塑性指标不易测定，但在弯曲试验时，用挠度表示塑性，就能明显的显示脆性材料和低塑性材料的塑性。

弯曲试验不受试样偏斜的影响，可以较好地测定脆性材料和低塑性材料的抗弯强度。进行弯曲试验时，试样表面上的应力分布不均匀，表面应力最大，对表面缺陷较敏感。因此，常用弯曲试验来比较和鉴定渗碳热处理及高频感应淬火等表面处理工件的表面质量和缺陷。

2. 弯曲试验常用术语

（1）跨距（L_s） 弯曲试验装置上试样两支承点间的距离。

（2）挠度计标距（L_e） 用挠度计测量试样挠度时挠度计两测点之间的距离。

（3）力臂（L） 四点弯曲试验中弯曲力作用平面或作用线与最近支承点间的距离。

（4）弯曲力（F） 垂直于试样两支承点间连线的横向集中力。

（5）最大弯曲应力（R） 弯曲力在试样弯曲外表面产生的最大正应力。

（6）最大弯曲应变（e） 弯曲力在试样弯曲外表面产生的最大拉应变。

（7）弹性直线斜率（m_E） 弯曲应力与弯曲应变呈线性比例关系范围内的弯曲应力与弯曲应变之比。

（8）规定塑性弯曲强度（R_{pb}） 弯曲试验中试样弯曲外表面上塑性弯曲应变达到规定值时按弹性弯曲应力公式计算的最大弯曲应力。

注：表示此应力的符号应附以下角标说明，例如 $R_{pb0.2}$ 表示规定塑性弯曲应变达到 0.2% 时的最大弯曲应力。

（9）规定残余弯曲强度（R_{rb}） 对试样施加弯曲力和卸除此力后，试样弯曲外表面上的残余弯曲应变达到规定值时，按弹性弯曲应力公式计算的最大弯曲应力。

注：表示此应力的符号应附以下角标说明，例如 $R_{rb0.2}$，表示规定残余弯曲应变达到 0.2% 时的最大弯曲应力。

（10）抗弯强度（R_{bb}） 试样弯曲至断裂，断裂前所达到的最大弯曲力，按弹性弯曲应力公式计算的最大弯曲应力。

（11）挠度（f） 试样弯曲时其中性线偏离原始位置的最大距离。

（12）断裂挠度（f_{bb}） 试样弯曲断裂时的挠度。

8.2 金属材料弯曲力学性能试验

金属材料弯曲力学性能试验按照 YB/T 5349—2014《金属材料 弯曲力学性能试验方法》进行。

8.2.1 试样

1. 试样的一般要求

1）样坯切取的方向和部位应按 GB/T 2975—1998《钢及钢产品 力学性能试验取样位置及试样制备》的规定执行，切取样坯和机加工试样的方法不应改变材料的弯曲力学性能。

2）试样应平直，从盘卷切取的薄板试样允许稍有弯曲，但曲率半径与厚度之比应大于500，不允许对试样进行矫直或矫平。

3）机加工试样的尺寸偏差和几何公差按表 8-1 的规定。几何公差为跨距范围内同一横截面尺寸的最大值与最小值之差。

表 8-1 试样的尺寸偏差和几何公差 （单位：mm）

试样横截面尺寸范围	非机加工试样		机加工试样	
	尺寸偏差	几何公差	尺寸偏差	几何公差
>3～5	±0.5		±0.05	0.03
>5～10	±1.0	公称尺寸的 3%	±0.10	0.05
>10～20	±1.5		±0.15	0.08
>20～45	±2.0		±0.20	0.10

4）硬金属试样的四个相邻侧面的表面粗糙度 Ra 应不大于 $0.4\mu m$，四条长棱应进行 45° 角倒棱，倒棱宽度不应超过 0.5mm。倒棱磨削机加工方向与试样长度方向相同。

5）薄板试样的两个宽面应保留原表面，两窄面的机加工表面粗糙度 Ra 一般不大于 $6.3\mu m$，并应去除试样棱边的毛刺。

6）铸造试样需要机加工时，其表面粗糙度 Ra 应不大于 $3.2\mu m$。

7）进行对比试验时，试样横截面形状、尺寸和跨距应相同。

8）制备试样时，应使由于发热和加工硬化的影响减至最小。试样表面应无裂纹和伤痕，棱边应无毛刺。

2. 试样的形状和尺寸

圆形横截面试样和矩形横截面试样的尺寸见表 8-2。薄板试样的尺寸要求见表 8-3。

3. 试样尺寸的测量

1）圆形横截面试样应在跨距两端和中间处两个相互垂直的方向测量其直径。计算弯曲弹性模量时，取用3处直径测量值的算术平均值。计算弯曲应力时，取用中间处直径测量值的算术平均值。

表 8-2　圆形横截面试样和矩形横截面试样的尺寸要求　　　　　（单位：mm）

试样	试样直径 d	试样高度×试样宽度 $h×b$	三点弯曲		四点弯曲		支承滚柱直径 D_s 施力滚柱直径 D_a
			跨距 L_s	试样长度 L	跨距 L_s	试样长度 L	
圆形横截面	5 10 13		≥16d	L_s+20			10
	20						20 或 30
	30 45			L_s+d			30
矩形横截面（硬金属用）		5×5 5.25×6.5	30 14.5	35 20			5
		5×5 5×7.5 10×10 10×15 13×13 13×19.5	≥16h	L_s+20	≥16h	L_s+20	10
		20×20 20×30		L_s+h		L_s+h	20 或 30
		30×30 30×40					30

表 8-3　薄板试样的尺寸要求　　　　　（单位：mm）

薄板试样横截面尺寸		试样高度 h	跨距 L_s	试样长度 L	刀刃半径 R
产品宽度					
≤10	>10				
试样宽度×试样高度 $b×h$	10×试样高度 10×h	0.25~0.5	100h~150h	250h	0.10~0.15
		>0.5~1.5	50h~100h	160h	
		>1.5~<5	80~120	110~150	2.5

2）矩形横截面试样应在跨距的两端和中间处分别测量其高度和宽度。计算弯曲弹性模量时，取用3处高度测量值的算术平均值和3处宽度测量值的算术平均值。计算弯曲应力时，取用中间处测量的高度和宽度。对于薄板试样，高度测量值超过其平均值2%的试样不应用于试验。

3）按表8-4的要求选用测量工具。测量尺寸时，应估读到最小分度的半个分度值。

表 8-4　测量工具的最小分度值　　　　　（单位：mm）

尺寸范围	测量工具最小分度值　≤
0.25~1.0	0.002
>1.0~20	0.01
>20	0.02

8.2.2　试验设备

1. 试验机

1）各类万能试验机和压力试验机均可使用，试验机精确度为1级或优于1级。

2）试验机应能在规定的速度范围内控制试验速度，加力、卸力应平稳、无振动、无冲击。

3）试验机应有三点弯曲和四点弯曲试验装置，施力时弯曲试验装置不应发生相对移动和转动。

4）试验机应配备记录弯曲力-挠度曲线的装置。

2. 三点弯曲试验装置（见图8-1）

1）两支承滚柱的直径应相同，施力滚柱的直径一般与支承滚柱的直径相同。滚柱的长度应大于试样直径或宽度。

2）两支承滚柱的轴线应平行，施力滚柱的轴线应与支承滚柱的轴线平行。

3）施力滚柱的轴线至两支承滚柱的轴线的距离应相等，偏差不大于±0.5%。试验时，力的作用方向应垂直于两支承滚柱的轴线所在平面。

4）试验时，滚柱应能绕其轴线转动，但不发生相对位移。两支承滚柱间的距离应可调节，应带有指示距离的标记，跨距应精确到±0.5%。

5）滚柱的硬度应不低于试样的硬度，其表面粗糙度 Ra 应不大于 $0.8\mu m$。

3. 四点弯曲试验装置（见图8-2）

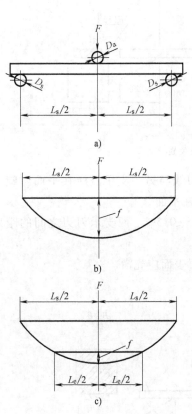

图 8-1　三点弯曲试验装置

L_s—挠度计跨度　D_s—支承滚柱直径

D_a—施力滚柱直径

F—弯曲力　L_e—挠度计标距

f—挠度

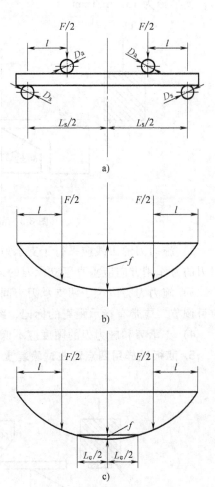

图 8-2　四点弯曲试验装置

L_s—挠度计跨度　D_s—支承滚柱直径

D_a—施力滚柱直径　l—力臂

F—弯曲力　L_e—挠度计标距

f—挠度

1）两支承滚柱和两施力滚柱的直径应分别相同，前者与后者的直径一般相同。滚柱的长度应大于试样的直径或宽度。

2）两支承滚柱的轴线和两施力滚柱的轴线应相互平行，前两者所在平面应与后两者所在平面平行。

3）两力臂应相等，且一般不小于跨距的1/4。力臂应精确到±0.5%。试验时，施力滚柱的力作用方向应垂直于支承滚柱的轴线所在平面。

4）试验时，滚柱应能绕其轴线转动，但不应发生相对位移。两支承滚柱间和两施力滚柱间的距离应分别可调节，应带有指示距离的标记，跨距应精确到±0.5%。

4. 薄板试样用三点弯曲试验装置（见图8-3）

1）支承刀和施力刀的刀刃半径应在0.10~0.15mm范围内，刀刃角度为60°±2°。其中一个支承刀刃和施力刀刃均为平直刀刃，刀刃长度应大于试样宽度；另一个支承刀刃呈圆拱形，其半径为13mm±1mm。

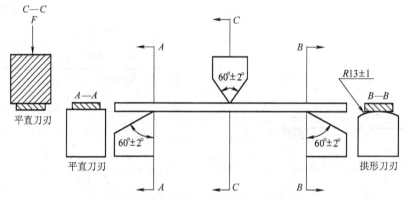

图8-3　薄板试样用三点弯曲试验装置

2）施力刀的刃线应平行于支承刀的刃线及支承刀的刃线与另一支承点所在平面。施力刀刃的力作用方向应垂直于支承刀的刃线与另一支承点所在平面。

3）施力刀刃应位于两支承刀刃间的中点，偏差不大于±0.5%。两支承刀刃之间的距离应可调节，应带有指示距离的标记，跨距应精确到±0.5%。

4）支承刀和施力刀的硬度应不低于试样的硬度，刀刃表面应光滑。

5. 薄板试样用四点弯曲试验装置（见图8-4）

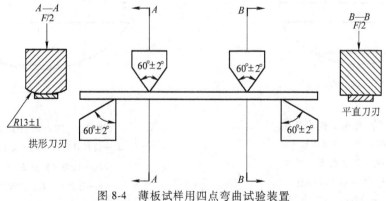

图8-4　薄板试样用四点弯曲试验装置

1）两支承刀和两施力刀的刀刃半径应在 0.10 ~ 0.15mm 范围内，刀刃角度为60°±2°。其中一施力刀刃呈圆拱形，其半径应为 13mm±1mm；其余刀刃均为平直刀刃，其刃线的长度应大于试样宽度。

2）两支承刀的刃线和平直施力刀的刃线应相互平行。平直施力刀的刃线和拱形刀刃的施力点所在平面应平行于两支承刀的刃线所在平面。两力臂应相等，且一般不小于跨距的1/6。力臂应精确到±0.5%。试验时，施力刀刃的力作用方向应垂直于两支承刀的刃线所在平面。

3）两施力刀刃间和两支承刀刃间的距离均应可调节，应带有指示距离的标记，跨距应精确到±0.5%。

4）支承刀和施力刀的硬度应不低于试样的硬度，刀刃表面应光滑。

6. 挠度计

1）挠度计位移示值相对误差应符合表 8-5 的规定。

表 8-5　挠度计位移示值误差要求

性　　能	挠度计位移示值相对误差
弹性直线斜率 m_E、规定塑性弯曲强度 R_{pb}、规定残余弯曲强度 R_{rb}	≤±1.0%
抗弯强度 R_{bb}、断裂挠度 f_{bb}	≤2.0%

2）挠度计跨距与其标称值之差应不大于±0.5%。

3）采用挠度计测量试样挠度时，挠度计对试样产生的附加弯曲力应尽可能小，一般不大于试验中所施加弯曲力的 0.05%。

8.2.3　试验内容及结果表示

1. 试验要求

1）试验一般在 10 ~ 35℃ 的温度范围内进行。

2）试验时，弯曲应力增加速率应控制在 3 ~ 30MPa/s 范围内某个尽量恒定的值。

2. 弹性直线斜率的测定

1）可以采用三点弯曲试验的图 8-1b 或四点弯曲试验的图 8-2b 所示的测量方式（全挠度测量方式）进行测定。试验时对试样连续施加弯曲力，同时自动记录弯曲力-挠度曲线，直至超过弹性变形范围。在曲线上读取弹性直线段的弯曲力增量和相应的挠度增量，如图 8-5 所示，然后按下面公式计算弯曲应力-应变曲线的弹性直线斜率 m_E。

三点弯曲试验：

$$m_E = \frac{L_s^3}{48I}\left(\frac{\Delta F}{\Delta f}\right)$$

式中　m_E——弹性直线斜率，单位为 MPa；

$\quad L_s$——跨距，单位为 mm；

$\quad I$——试样截面惯性矩，单位为 mm^4；

$\quad \Delta F$——弯曲力增量，单位为 N；

$\quad \Delta f$——挠度增量，单位为 mm。

四点弯曲试验：

$$m_E = \frac{l(3L_s^2 - 4l^2)}{48I}\left(\frac{\Delta F}{\Delta f}\right)$$

式中　m_E——弹性直线斜率，单位为 MPa；

　　　l——力臂，单位为 mm；

　　　L_s——跨距，单位为 mm；

　　　I——试样截面惯性矩，单位为 mm⁴；

　　　ΔF——弯曲力增量，单位为 N；

　　　Δf——挠度增量，单位为 mm。

2）可以采用三点弯曲试验的图 8-1c 或四点弯曲试验的图 8-2c 所示的测量方式（部分挠度测量方式）。试样对称地安放于弯曲试验装置上，将挠度计装在试样上，挠度计标距的端点与最邻近支承点或施力点的距离应不小于试样的高度或直径。对试样连续施加弯曲力，同时记录弯曲力-挠度曲线，直至超过弹性变形范围。在记录的曲线图上读取直线段的弯曲力增量和相应的挠度增量，如图 8-5 所示，然后按下面公式计算弯曲应力-应变曲线的弹性直线斜率 m_E。

三点弯曲试验：

$$m_E = \frac{L_e^2(3L_s - L_e)}{96I}\left(\frac{\Delta F}{\Delta f}\right)$$

式中　m_E——弹性直线斜率，单位为 MPa；

　　　L_e——挠度计跨距，单位为 mm；

　　　L_s——跨距，单位为 mm；

　　　I——试样截面惯性矩，单位为 mm⁴；

　　　ΔF——弯曲力增量，单位为 N；

　　　Δf——挠度增量，单位为 mm。

四点弯曲试验：

$$m_E = \frac{lL_e^2}{16I}\left(\frac{\Delta F}{\Delta f}\right)$$

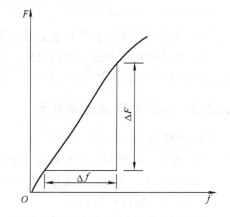

图 8-5　图解法测定弯曲弹性模量

式中　m_E——弹性直线斜率，单位为 MPa；

　　　l——力臂，单位为 mm；

　　　L_e——挠度计跨距，单位为 mm；

　　　I——试样截面惯性矩，单位为 mm⁴；

　　　ΔF——弯曲力增量，单位为 N；

　　　Δf——挠度增量，单位为 mm。

3. 规定塑性弯曲强度的测定

安装好挠度计，将试样对称地安放于弯曲试验装置上。对试样连续施加弯曲力，采用自动方法连续记录弯曲力-挠度曲线。记录时，力轴每 1mm 所代表的应力应不大于 15MPa，并使曲线上所测 F_{pb} 处于力轴量程的 1/2 以上。挠度放大倍数的选择应使图 8-6 曲线图上的 OC 段长度不小于 15mm。在记录的曲线图上，自弹性直线段与挠度轴的交点 O 起，截取相应于规定塑性弯曲应变的 OC 段。过 C 点做弹性直线段的平行线 CA 交曲线于 A 点，A 点所对应的力即为所测规定塑性弯曲力 F_{pb}，如图 8-6 所示。

规定塑性弯曲强度按下式计算：

$$R_{pb} = \frac{F_{pb}l}{2W}$$

式中　R_{pb}——规定塑性弯曲强度，单位为 MPa；

　　　F_{pb}——规定塑性弯曲力，单位为 N；

　　　　l——力臂，单位为 mm；

　　　W——试样截面系数，单位为 mm³。

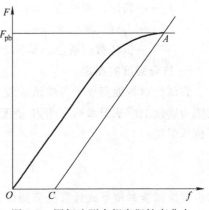

图 8-6　图解法测定规定塑性弯曲力

4. 规定残余弯曲强度的测定

1）将试样对称地安放于弯曲试验装置上，并对其施加相应于预期 $R_{rb0.01}$ 的 10% 的预弯曲力 F_0。测量跨距中点的挠度，记取此时挠度计的读数作为零点。对试样连续或分级施加弯曲力，并将其卸除至预弯曲力 F_0，测量残余挠度 f_{rb}。反复递增施力和卸力，直至测量的残余挠度达到或稍超过规定残余弯曲应变相应的挠度。

2）按下式计算规定残余弯曲力：

$$F_{rb} = F_{n-1} + \left(\frac{F_n - F_{n-1}}{f_n - f_{n-1}}\right)(f_{rb} - f_{n-1})$$

式中　F_{rb}——规定残余弯曲力，单位为 N；

　　F_{n-1}——最后前一次施加的弯曲力，单位为 N；

　　　F_n——最后一次施加的弯曲力，单位为 N；

　　　f_n——最后一次施力并将其卸除后的残余挠度，单位为 mm；

　　f_{n-1}——最后前一次施力并将其卸除后的残余挠度，单位为 mm；

　　f_{rb}——达到规定残余弯曲应变时的残余挠度，单位为 mm，三点弯曲试验时，按下式
　　　　　计算：

$$f_{rb} = \frac{L_s^2}{12Y}\varepsilon_{rb}$$

四点弯曲试验时，按下式计算：

$$f_{rb} = \frac{3L_s^2 - 4l^2}{24Y}\varepsilon_{rb}$$

式中　　l——力臂，单位为 mm；

　　　L_s——跨距，单位为 mm；

　　　ε_{rb}——规定残余弯曲应变（%）；

　　　Y——试样宽度系数，对于圆形横截面试样 $Y = d/2$，对于矩形横截面试样，$Y = h/2$。

3）三点弯曲试验的规定残余弯曲强度按下式计算：

$$R_{rb} = \frac{F_{rb}L_s}{4W}$$

4）四点弯曲试验的规定残余弯曲强度按下式计算：

$$R_{rb} = \frac{F_{rb}l}{2W}$$

式中　R_{rb}——规定残余弯曲强度，单位为 MPa；

L_s——跨距，单位为 mm；

l——力臂，单位为 mm；

W——试样截面系数，单位为 mm^3。

5. 抗弯强度的测定

将试样对称地安放于弯曲试验装置上，对试样连续施加弯曲力，直至试样断裂。从试验机测力度盘上或从记录的弯曲力-挠度曲线上读取最大弯曲力 F_{bb}。三点弯曲试验时按下式计算抗弯强度：

$$R_{bb} = \frac{F_{bb}L_s}{4W}$$

四点弯曲试验时按下式计算抗弯强度：

$$R_{bb} = \frac{F_{bb}l}{2W}$$

式中 R_{bb}——抗弯强度，单位为 MPa；

F_{bb}——最大弯曲力，单位为 N；

L_s——跨距，单位为 mm；

l——力臂，单位为 mm；

W——试样截面系数，单位为 mm^3。

6. 断裂挠度的测定

将试样对称地安放于弯曲试验装置上，对试样连续施加弯曲力，直至试样断裂。测量试样断裂瞬间跨距中点的挠度，此挠度即为断裂挠度 f_{bb}，单位为 mm。

测定断裂挠度一般可与测定抗弯强度在同一试验中进行，可以利用试验机横梁位移来测定断裂挠度，但应修正试验机柔性等因素的影响。

7. 弯曲断裂能量的测定

将试样对称地安放于弯曲试验装置上，对试样连续施加弯曲力。测量试样在跨距中点的挠度，用自动方法连续记录弯曲力-挠度（F-f）曲线，直至试样断裂，如图 8-7 所示。

在记录的曲线图上，用面积仪或其他方法求得弯曲力-挠度曲线下的面积 S，精确到 $\pm 2\%$，按下式计算弯曲断裂能量：

$$U = \frac{ZS}{n} \times 10^{-3}$$

式中 U——弯曲断裂能量，单位为 J；

Z——力轴每毫米代表的力值，单位为 N/mm；

S—— 弯曲试验曲线下包围的面积，单位为 mm^2；

n——挠度放大倍数。

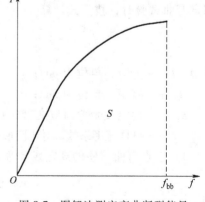

图 8-7 图解法测定弯曲断裂能量

8. 测试结果数值的修约

测试结果的数值修约见表 8-6，修约按照 GB/T 8170—2008《数值修约规则与极限数值的表示和判定》进行。

表 8-6　测试结果的数值修约

性　　能	范　　围	修约到的数值
$E_{\rm b}/{\rm MPa}$	$\leqslant 150000$	500
	>150000	1000
$R_{\rm pb}$、$R_{\rm rb}$、$R_{\rm bb}/{\rm MPa}$	$\leqslant 200$	1
	$>200\sim 1000$	5
	>1000	10
$f_{\rm bb}/{\rm mm}$		0.1
$U/{\rm J}$	<10	0.05
	$\geqslant 10$	0.1

8.3　金属材料弯曲试验

金属材料弯曲试验按照 GB/T 232—2010《金属材料　弯曲试验方法》进行。

8.3.1　试样

1. 一般要求

试验使用圆形、方形、矩形或多边形横截面的试样。样坯的切取位置和方向应按照相关产品标准的要求。如未具体规定，对于钢产品，应按照 GB/T 2975 的要求。试样应去除由于剪切或火焰切割或类似的操作而影响了材料性能的部分。如果试验结果不受影响，允许不去除试样受影响的部分。

2. 矩形试样的棱边

试样表面不得有划痕和损伤。方形、矩形和多边形横截面试样的棱边应倒圆。

1）当试样厚度小于 10mm 时，倒圆半径不能超过 1mm。

2）当试样厚度大于等于 10mm 且小于 50mm 时，倒圆半径不能超过 1.5mm。

3）当试样厚度大于等于 50mm 时，倒圆半径不能超过 3mm。

棱边倒圆时不应形成影响试验结果的横向毛刺、伤痕或刻痕。如果试验结果不受影响，允许试样的棱边不倒圆。

3. 试样的宽度

试样宽度应按照相关产品标准的要求，如未具体规定，应按照以下要求：

1）当产品宽度不大于 20mm 时，试样宽度为原产品宽度。

2）当产品宽度大于 20mm 时：①当产品厚度小于 3mm 时，试样宽度为 20mm±5mm；②当产品厚度不小于 3mm 时，试样宽度在 20~50mm 之间。

4. 试样的厚度

试样厚度或直径应按照相关产品标准的要求，如未具体规定，应按照以下要求：

1）对于板材、带材和型材，试样厚度应为原产品厚度。如果产品厚度大于 25mm，试样厚度可以机加工减薄至不小于 2mm，并保留一侧原表面。弯曲试验时，试样保留的原表面应位于受拉变形一侧。

2）直径（圆形横截面）或内切圆直径（多边形横截面）不大于 30mm 的产品，其试样横截面应为原产品的横截面。对于直径或多边形横截面内切圆直径超过 30mm 但不大于

50mm 的产品，可以将其机加工成横截面内切圆直径不小于 25mm 的试样。直径或多边形横截面内切圆直径大于 50mm 的产品，应将其机加工成横截面内切圆直径不小于 25mm 的试样（见图 8-8）。试验时，试样未经机加工的原表面应置于受拉变形的一侧。

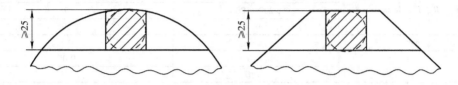

图 8-8　试样加工尺寸

3）锻材、铸材和半成品的试样，其尺寸和形状应在交货要求或协议中规定。

5. 试样的长度

试样长度应根据试样厚度（或直径）和所有使用的试验设备确定。

8.3.2　试验设备

1. 一般要求

弯曲试验应在配备下列弯曲装置之一的试验机或压力机上完成：

1）配有两个支辊和一个弯曲压头的支辊式弯曲装置，如图 8-9 所示。

2）配有一个 V 形模具和一个弯曲压头的 V 形模具式弯曲装置，如图 8-10 所示。

3）台虎钳式弯曲装置，如图 8-11 所示。

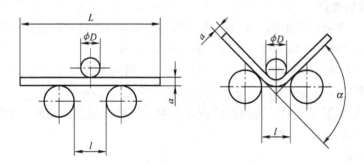

图 8-9　支辊式弯曲装置

a—试样厚度或直径　D—弯曲压头直径　L—试样长度

l—支辊间距离　α—弯曲角度

2. 支辊式弯曲装置

1）支辊长度和弯曲压头的宽度应大于试样宽度或直径。弯曲压头的直径由产品标准规定。支辊和弯曲压头应具有足够的硬度。

2）支辊间距离 l 应按照下式确定：

$$l = (D + 3a) \pm \frac{a}{2}$$

此距离在试验期间应保持不变。

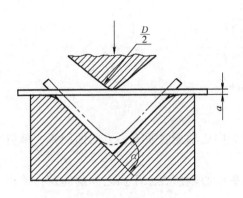

图 8-10　V 形模具式弯曲装置

a—试样厚度或直径　*D*—弯曲压头
直径　*α*—弯曲角度

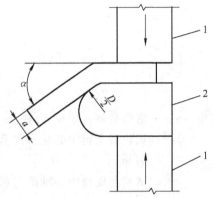

图 8-11　台虎钳式弯曲装置

1—台虎钳　2—弯曲压头
a—试样厚度或直径　*D*—弯曲压
头直径　*α*—弯曲角度

3. V 形模具式弯曲装置

模具的 V 形槽的角度应为 $180°-\alpha$，弯曲角度 α 应在相关产品标准中规定。

模具的支承棱边应倒圆，其倒圆半径应为 $1\sim10$ 倍试样厚度。模具和弯曲压头宽度应大于试样宽度或直径，并应具有足够的硬度。

4. 台虎钳式弯曲装置

装置由台虎钳及有足够硬度的弯曲压头组成，可以配置加力杠杆。弯曲压头直径应按照相关产品标准要求，弯曲压头宽度应大于试样宽度或直径。

由于台虎钳左端面的位置会影响测试结果，因此台虎钳的左端面不能达到或者超过弯曲压头中心垂线。

5. 其他弯曲装置

符合弯曲试验原理的其他弯曲装置（例如翻板式弯曲装置等）也可使用。

8.3.3　试验内容及结果表示

1. 试验步骤

1）试验一般在 $10\sim35℃$ 的范围内进行。对温度要求严格的试验，试验温度应为 $23℃\pm5℃$。

2）按照相关产品标准规定，采用下列方法之一完成试验：①试样在给定的条件和力作用下弯曲至规定的弯曲角度；②试样在力作用下弯曲至两臂相距规定距离且相互平行；③试样在力作用下弯曲至两臂直接接触。

3）试样弯曲至规定弯曲角度的试验，应将试样放于两支辊上，试样轴线应与弯曲压头轴线垂直，弯曲压头在两支座之间的中点处对试样连续施加力使其弯曲，直至达到规定的弯曲角度。弯曲角度 α 可以通过测量弯曲压头的位移计算得出。按图 8-12 和下式计算：

$$\sin\frac{\alpha}{2}=\frac{pc+W(f-c)}{p^2+(f-c)^2}$$

$$\cos\frac{\alpha}{2}=\frac{Wp-c(f-c)}{p^2+(f-c)^2}$$

$$W=\sqrt{p^2+(f-c)^2-c^2}$$

$$c=25\text{mm}+a+\frac{D}{2}$$

式中　α——弯曲角度，单位为（°）；

　　　p——试验后支辊中心轴所在垂直面与弯曲压头中心轴所在垂直面之间的间距，单位为 mm；

　　　c——试验前支辊中心轴所在水平面与弯曲压头中心轴所在水平面之间的间距，单位为 mm；

　　　W——相关系数；

　　　f——弯曲压头的移动距离，单位为 mm；

　　　a——试样厚度或直径，单位为 mm；

　　　D——弯曲压头直径，单位为 mm。

可以采用图 8-11 所示的方法进行弯曲试验，试样一端固定，绕弯曲压头进行弯曲，可以绕过弯曲压头，直接达到规定的弯曲角度。

4）弯曲试验时，应当缓慢地施加弯曲力，以使材料能够自由地进行塑性变形。当出现争议时，试验速率应为 1mm/s±0.2mm/s。使用上述方法如不能直接达到规定的弯曲角度，可将试样置于两平行压板之间，如图 8-13 所示，连续施加力压其两端使其进一步弯曲，直至达到规定的弯曲角度。

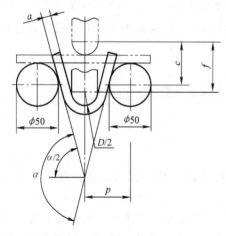

图 8-12　弯曲角度的测量

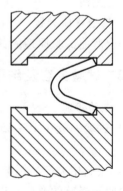

图 8-13　平行压板之间的初步弯曲

5）试样弯曲至两臂相互平行的试验，首先对试样进行初步弯曲，然后将试样置于两平行压板之间，连续施加力压其两端使其进一步弯曲，直至两臂平行，如图 8-14 所示。试验时可以加或不加内置垫块，垫块厚度等于规定的弯曲压头直径。

6）试样弯曲至两臂直接接触的试验，首先对试样进行初步弯曲，然后将试样置于两平行压板之间，连续施加力压其两端使其进一步弯曲，直至两臂直接接触，如图8-15所示。

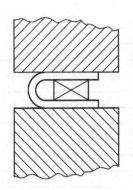 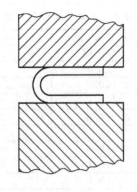 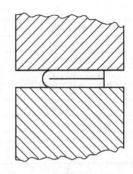

图 8-14　平行压板之间的后续弯曲　　　　图 8-15　两臂直接接触的弯曲

2．试验结果评定

1）应按照相关产品标准的要求评定弯曲试验结果。如未规定具体要求，弯曲试验后不使用放大仪器观察，试样弯曲外表面无可见裂纹应评定为合格。

2）以相关产品标准规定的弯曲角度作为最小值；若规定弯曲压头直径，以规定的弯曲压头直径作为最大值。

8.4　金属线材反复弯曲试验

金属线材反复弯曲试验按照 GB/T 238—2013《金属材料　线材　反复弯曲试验方法》进行。

8.4.1　试样

1）线材试样应尽可能平直。但试验时，在其弯曲平面内允许有轻微的弯曲。

2）必要时试样可以用手矫直。在用手不能矫直时，可在木材、塑性材料或铜的平面上用相同材料的锤头矫直。

3）在矫直过程中，不得损伤线材表面，且试样也不得产生任何扭曲。

4）有局部硬弯的线材应不矫直。

8.4.2　试验设备

1）试验机的工作原理如图 8-16 所示。

2）圆柱支座和夹块应有足够的硬度（以保证其刚度和耐磨性），圆柱支座半径不得超出表 8-7 给出的公称尺寸允许偏差。圆柱支座轴线应垂直于弯曲平面并相互平行，而且在同一平面内，偏差不超过 0.1mm。夹块的夹持面应稍凸出于圆柱支座但不超过 0.1mm，即测量两圆柱支座的曲率中心连线上试样与圆柱支座间的间隔不大于 0.1mm。夹块的顶面应低于两圆柱支座曲率中心连线。当圆柱支座半径等于或小于 2.5mm 时，y 值为 1.5mm；当圆柱支座半径大于 2.5mm 时，y 值为 3mm。

8.4.3　试验内容及结果表示

1）试验一般在 10~35℃ 的范围内进行。对温度要求严格的试验，试验温度应为 23℃±5℃。

表 8-7　支座及拨杆孔的要求　　　　　　　　　　（单位：mm）

圆形金属线材公称直径 d	圆柱支座半径 r	距离 L	拨杆孔直径 d_g[1]
0.3～<0.5	1.25±0.05	15	2.0
0.5～<0.7	1.75±0.05	15	2.0
0.7～<1.0	2.5±0.1	15	2.0
1.0～<1.5	3.75±0.1	20	2.0
1.5～<2.0	5.0±0.1	20	2.0 和 2.5
2.0～<3.0	7.5±0.1	25	2.5 和 3.5
3.0～<4.0	10±0.1	35	3.5 和 4.5
4.0～<6.0	15±0.1	50	4.5 和 7.0
6.0～<8.0	20±0.1	75	7.0 和 9.0
8.0～10.0	25±0.1	100	9.0 和 11.0

[1] 较小的拨杆孔直径适用于较细公称直径的线材（见第1列），而较大的拨杆孔直径适用于较粗公称直径的线材（也见第1列）。对于在第1列所列范围内的直径，应选择合适的拨杆孔直径，以保证线材在孔内自由运动。

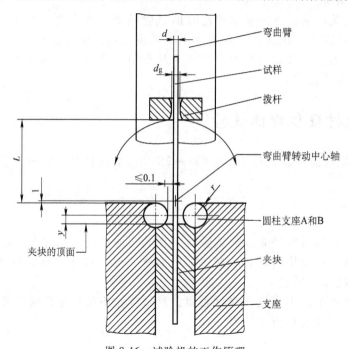

图 8-16　试验机的工作原理

L—圆柱支座顶部至拨杆底部距离　r—圆柱支座半径　y—两圆柱
支座轴线所在平面与试样最近接触点的距离　d_g—拨杆孔直径
d—圆形金属线材公称直径

2）根据表8-7所列线材直径，选择圆柱支座半径 r、圆柱支座顶部至拨杆底部距离 L 以及拨杆孔直径 d_g。

3）使弯曲臂处于垂直位置，将试样由拨杆孔插入，试样下端用夹块夹紧，并使试样垂直于圆柱支座轴线。非圆形试样的夹持，应使其较大尺寸平行于或近似平行于夹持面，如图8-17所示。

4）弯曲试验是将试样弯曲90°，再向相反方向交替进行。将试样自由端弯曲90°，再返回至起始位置作为第1次弯曲，然后依次向相反方向进行连续而不间断的反复弯曲，如图8-18所示。

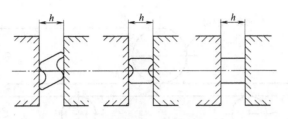

图 8-17　非圆形试样的夹持

h—装在两平行夹具间的非圆截面试样最小厚度

5）弯曲操作应以每秒不超过一次的均匀速率平稳无冲击地进行。必要时，应降低弯曲速率以确保试样产生的热量不致影响试验结果。

6）试验中为确保试样与圆柱支座圆弧面的连续接触，可对试样施加某种形式的张紧力，施加的张紧力不得超过试样公称抗拉强度相对应力值的 2%。

7）连续试验至相关产品标准中规定的弯曲次数或肉眼可见的裂纹为止，或者如相关产品标准规定，连续试验至试样完全裂断为止。

8）试样断裂的最后一次弯曲不计入弯曲次数。

图 8-18　线材的弯曲

8.5　钢筋混凝土用钢筋弯曲和反向弯曲试验

钢筋混凝土用钢筋弯曲和反向弯曲试验按照 YB/T 5126—2003《钢筋混凝土用钢筋弯曲和反向弯曲试验方法》进行。

8.5.1　试样

1）按照 GB/T 2975 有关规定或供需双方协议切取试样，试样应为交货状态。

2）试样应保留原轧制表面，并应平直，试样长度以满足试验要求为准。

3）试样预定弯曲部位内不允许有任何机械或手工加工的伤痕。

8.5.2　试验设备

1. 弯曲装置

图 8-19 所示为一个弯曲装置实例。一辊固定，另一辊使试样绕弯曲圆弧面（弯心）进行弯曲；也可以将两辊固定，弯曲圆弧面（弯心）向两辊中间运动，使试样两臂绕弯曲圆弧面（弯心）进行弯曲试验；还可以在万能试验机上使用装有角度指示器的弯曲装置来进行弯曲。

2. 反向弯曲装置

图 8-20 所示为一个反向弯曲装置实例。反向弯曲角度可以在角度指示器上被指示出来。弯曲和反向弯曲角度如图 8-21 所示。

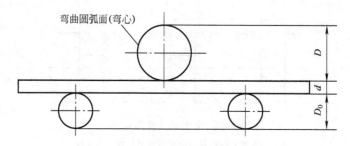

图 8-19 弯曲装置实例

D—弯曲圆弧面（弯心）直径 D_0—工作辊直径 d—试样直径

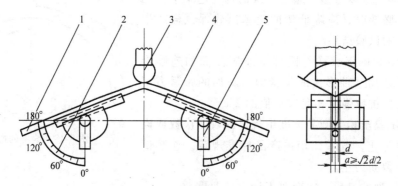

图 8-20 带有角度指示器的反向弯曲装置实例

1—试样 2—度盘 3—弯心 4—翻板滑块 5—指针

d—试样直径 a—槽形翻板滑块的槽宽

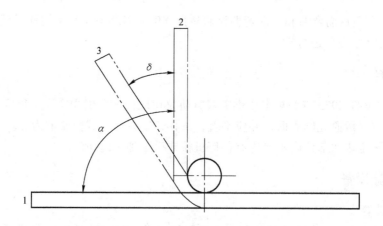

图 8-21 弯曲和反向弯曲角度

1—起始位置 2—弯曲 α 角位置 3—反向弯曲 δ 角位置

8.5.3　试验内容及结果表示

1. 弯曲试验

1）试验应在 $10\sim35℃$ 的温度下进行。

2）试样应绕弯曲圆弧面（弯心）进行弯曲，弯曲角度 α 和弯曲圆弧面（弯心）直径 D 应符合相关产品标准的要求。

3）弯曲速度应不大于 20°/s，可通过对角度指示器所指示的角度进行观察，以调速、停机来准确控制弯曲角度，也可以通过可设定和显示角度的仪器仪表来自动控制弯曲角度。试验完成后应仔细观察试样，若无目视可见的裂纹，则评定为合格。

2.反向弯曲试验

1）试样应绕弯曲圆弧面（弯心）进行弯曲，弯曲角度 α 和弯曲圆弧面（弯心）直径 D 应符合相关产品标准的要求。试验应在 10~35℃ 的室温下进行。

2）弯曲后的试样应在 100℃ 的温度下进行时效处理，保温时间至少为 30min，在空气中自由冷却至室温后，进行反向弯曲试验。根据相关产品标准或供需双方协议规定，弯曲后的试样也可不进行时效处理而直接在室温下进行反向弯曲试验。

3）反向弯曲速度应不大于 20°/s。当反向弯曲到规定角度时，试验设备应能准确停机。试验完成后应仔细观察试样，若无目视可见的裂纹，则评定为合格。

8.6　热双金属热弯曲试验

热双金属热弯曲试验按照 GB/T 8364—2008《热双金属热弯曲试验方法》进行。

8.6.1　试样

1）沿热双金属带材的轧制方向取样，使试样的长度方向与晶粒延伸方向一致。

2）试样采用直条形，外形平直，无明显的原始的不规则弯曲。

3）试样的厚度均匀一致，最大厚度与最小厚度之差不大于最小厚度的 1%。

4）试样的最大宽度与最小宽度之差应不大于最小宽度的 2%。

5）试样经粗切或冲剪后，应通过机加工或锉加工对试样宽度进行修整，或采用纵向滚剪，去除粗加工可能造成的试样损伤及毛刺。可在测量长度以外做明确、永久的标记，但不应对以后的试验结果产生影响。

6）加工成形的试样应进行稳定化热处理，稳定化热处理温度见表 8-8，或由供需双方协商。不允许对热处理后的试样进行矫正。

表 8-8　热双金属的稳定化热处理温度

温度/℃	180~200	250~270	260~280	300~320	380~400	400~420
热双金属牌号	5J1413 5J1416	5J1306A/B 5J1309A/B 5J1411A/B 5J1417A/B	5J14140 5J15120 5J20110	5J1017、5J1320A/B 5J1380、5J1325A/B 5J1480、5J1430A/B 5J1580、5J1433A/B 5J1435A/B 5J1440A/B 5J1445A/B	5J10170	5J0756 5J1075

7）用分度值为 0.001mm、测量端平面直径不大于 6.5mm 的千分尺测定试样厚度。每件试样至少在其宽度中间轴向方向上测量 3 点，取其平均值。

8）试样的尺寸按表 8-9 的规定。

表 8-9　试样的尺寸　　　　　　　　　　　　　　　　　　　（单位：mm）

试样厚度 δ	试样宽度 b	测量长度 L	试样总长度 l
0.60~<0.80	10	75	105
0.80~1.25	10	100	130

注：也可按下列要求制样：$8 \leqslant b/\delta \leqslant 20$，$80 \leqslant L/\delta \leqslant 200$，$l=L+30mm$。

8.6.2　试验设备

1. 热双金属比弯曲试验装置

1）试验测量装置由测挠仪、恒温浴槽和高灵敏电接触指示器所组成，如图 8-22 所示。

2）高灵敏电接触指示器用来判别当测量杆的尖端与试样表面接触时，它能迅速、准确地发出信号。

3）测挠仪由 4J36 低膨胀合金制成的试样夹持器、支架、测量杆、测微头和温度计构成。

4）试样夹持器将试样一端夹紧，另一端自由，呈水平状态。

5）支架用于支承、固定试样夹持器和测量杆，以避免测量过程中测量杆中心与试样夹持器端面之间的测量长度发生变化。

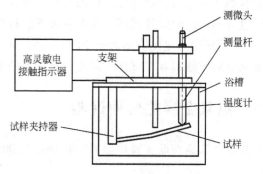

图 8-22　试验测量装置

6）温度测量装置采用二等标准水银温度计或相等精度的温度计测定浴槽内各点温度，试样温度的测定应精确至±0.1℃。

7）浴槽是一种能搅拌的恒温箱或恒温液槽。浴槽中可放置试样架和可调节的加热电源，利用可调节的加热电源，使试样能保持在要求的温度下，沿整个试样长度上的温度差异不超过试验所用温度范围的 0.5%，在整个试验过程中浴槽的温度变化在±0.3℃之内。浴槽宜用甲基硅油作为介质，试样夹持器放置在浴槽内后，应保证试样浸入深度不小于 80mm。

2. 热双金属温曲率试验装置

1）支座包括一个刃状支座和一个半径不大于 0.2mm 的点状支座，如图 8-23 所示。测量长度 L（试样与一个支座接触的点到与另一个支座接触的点之间的距离）必须精确到 0.1mm。当温度为 20~130℃时，测量距离 L 的变化应小于 0.05mm。因此，有关支座的连接部件必须采用热膨胀系数小的 4J36 材料制成。接触杆位于两支座中心，其误差小于±0.05mm。

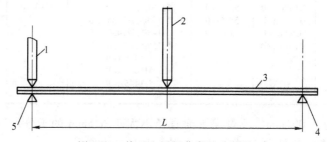

图 8-23　热双金属温曲率试验装置

1—压持器　2—接触杆　3—试样　4—点状支座　5—刃状支座

2）为了防止试样在测量过程中移动，必须采用压持器（见图8-24）。在刃状支座的一端，用一点状负荷杆在垂直方向上施加0.25N的力，把试样固定。为了限制试样横向移动，要求图8-24中尺寸 B 不得比试样宽度大0.5mm以上。

3）使用深度千分尺或读数显微镜测量试样的挠度，要求从垂直于由两个支座所组成的水平面方向去接触试样。在使用深度千分尺时，用电接触指示器不会对试样产生较大的影响，要求在各个试验温度下试样挠度的测量能精确至0.01mm。挠度测量装置与试样支座相连接的部分应采用热膨胀系数小的4J36材料制成，以避免加热时测量装置与试样支座产生明显的位移。

4）浴槽与测量热双金属比弯曲所用装置相同。

3. 热双金属弯曲常数试验

1）热双金属弯曲常数试验方法采用悬臂梁法，由试样夹具、试样、电接触指示器及位移测量装置组成一个闭合电路。

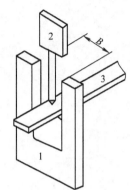

图8-24 压持器

1—刃状支座 2—带负荷的压持器

3—试样 B—间隔距离

室温时，调整位移测量装置的测微器、测量杆与试样表面自由端接触，电接触指示器发出信号，利用曲率随温度变化的试样作为闭合电路的开关，来测量试样自由端的挠度变化。

2）试样夹持应能将平直金属板一端夹紧，呈水平状态。

3）支架用于支承、固定试样夹具和测量杆，以避免测量过程中测量杆中心与试样夹持端面之间的测量长度发生变化。

4）位移测量装置由测微器和测量杆组成，最小分度值不大于0.001mm。

5）高灵敏度电接触指示器用来判断测量杆和试样表面的接触，当测量杆与试样表面接触时，能迅速、准确地发出信号。

6）温度测量装置、浴槽与测量热双金属比弯曲所用装置相同。

8.6.3 试验内容及结果表示

1. 热双金属比弯曲试验

（1）试验原理 热双金属比弯曲试验方法采用悬臂梁法，由试样、试样夹持器、位移测量杆和电接触指示器组成一个闭合回路。根据热双金属的曲率随温度变化的基本特性，将试样与位移测量杆作为闭合电路的开关来测量试样自由端的位移-挠度变化，如图8-25所示。

（2）试验步骤及结果表示 试验按下面步骤进行：

1）试样经热处理后，表面产生氧化或存在污物，应仔细清除，以提高电子接触指示器的灵敏度。

2）用试样夹持器将平直的标准板（单金属材料制成）一端夹紧后，用千分尺测量夹持器侧面至测量杆中心的距离 L，该距离的测量精度为0.05mm。旋动测挠仪的测微头，测量基准点 M_0 位置。

当试样夹持器是由下往上夹紧时，测微头读数 D 与基准点 M_0 的关系为

$$D = M_0$$

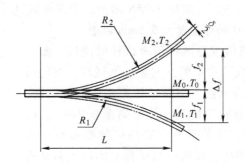

图 8-25 热双金属弯曲示意图

δ—厚度 L—试验长度 T_0—平直状态温度

T_1、T_2—弯曲时温度 R_1、R_2—曲率半径

M_0—自由端中心线位置 M_1、M_2—弯曲时中心线位置

f_1、f_2—对应 M_1、M_2 位置的挠度其中，f_1 是指试样自由端位于水平位置以下时，其值为负值；f_2 是指试样自由端位于水平位置以上时，其值为正值 Δf—挠度差，$\Delta f = f_2 - f_1$

式中 D——测微头读数，单位为 mm；

  M_0——基准点，单位为 mm。

当试样夹持器是由上往下夹紧时，测微头读数 D 与基准点 M_0 的关系为

$$M_0 = D + H - \delta$$

式中 M_0——基准点，单位为 mm；

  D——测微头读数，单位为 mm；

  H——标准板厚度，单位为 mm；

  δ——试样厚度，单位为 mm。

3）试样低膨胀层向上，安放在试样夹持器中夹紧。在一般情况下，试样厚度不大于 1mm 时夹紧力宜大于 196N（20kgf），试样厚度大于 1mm 时夹紧力宜大于 343N（35kgf）。

4）将测挠仪的试样部分放入温度为 20～25℃ 的浴槽内，待温度稳定后旋动测微头，测定温度为 T_1 时试样自由端的挠度 f_1，同时记录此刻试样的温度为 T_1。当试样自由端位于水平位置以上时，f_1 为正值；当试样自由端位于水平位置以下时，f_1 为负值。

5）将测挠仪的试样部分放入温度为 125～130℃ 的浴槽内，按 4）规定测定温度为 T_2 时试样自由端的挠度 f_2，并计算出 T_2 和 T_1 时试样的挠度差 Δf。

6）最后将试样冷却至 T_1 或其附近，按 2）的规定复核试样自由端的挠度，并按下式计算比弯曲：

$$K = \frac{\delta}{T_2 - T_1} \left[\frac{\Delta f + f_1}{L^2 + (\Delta f + f_1)^2 + (\Delta f + f_1)\delta} - \frac{f_1}{L^2 + f_1^2 + f_1\delta} \right]$$

式中 K——比弯曲，单位为 ℃$^{-1}$；

  δ——试样厚度，单位为 mm；

  T_1——测量初始温度，单位为 ℃；

  T_2——测量结束温度，单位为 ℃；

f_1——温度为 T_1 时的挠度，单位为 mm；

Δf——测量温度为 T_2 和 T_1 时试样的挠度差，单位为 mm；

L——试样测量长度，单位为 mm。

再按下式计算比弯曲：

$$K=\frac{\Delta f\delta}{L^2+\Delta f^2+\Delta f\delta}\times\frac{1}{T_2-T_1}$$

式中　K——比弯曲，单位为 $℃^{-1}$；

Δf——测量温度为 T_2 和 T_1 时试样的挠度差，单位为 mm；

δ——试样厚度，单位为 mm；

L——试样测量长度，单位为 mm；

T_1——测量初始温度，单位为℃；

T_2——测量结束温度，单位为℃。

如果两种计算结果误差超过了 0.5%，则按供需双方商定，在下列条件中选一项重做试验：①在相同温度范围内试验同一试样；②在不同温度范围内试验同一试样；③在相同温度范围内试验另一试样；④在不同温度范围内试验另一试样。

图 8-26 和图 8-27 为 (K/δ)-$(f_1/\Delta f)$ 分界曲线图。

如果按下式计算出 K 值：

$$K=\frac{\Delta f\delta}{L^2+\Delta f^2+\Delta f\delta}\times\frac{1}{T_2-T_1}$$

使点 $(K/\delta,\ f_1/\Delta f)$ 位于图 8-26 和图 8-27 分界曲线的上方，则应按下式计算 K 值：

$$K=\frac{\delta}{T_2-T_1}\left(\frac{\Delta f+f_1}{L^2+(\Delta f+f_1)^2+(\Delta f+f_1)\delta}-\frac{f_1}{L^2+f_1^2+f_1\delta}\right)$$

仲裁试验按上式进行。

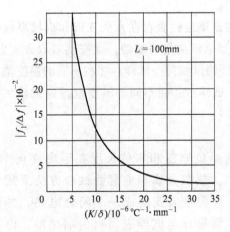

图 8-26　分界曲线图 Ⅰ

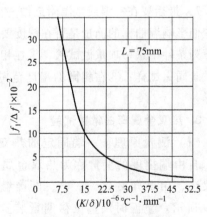

图 8-27　分界曲线图 Ⅱ

2. 热双金属温曲率试验

（1）测量原理　将热双金属试样放置在相距一定的测量长度的两个锥形支座上，测量试样测量点的位移与温度变化的关系，通过计算得到温曲率 F。F 可用下式计算：

$$F = \delta \frac{1/R_2 - 1/R_1}{T_2 - T_1}$$

式中　F——温曲率，单位为℃$^{-1}$；

　　　δ——试样厚度，单位为 mm；

　T_1、T_2——试验温度，单位为℃；

　R_1、R_2——试样纵向中心线的曲率半径，单位为 mm，按下式计算：

$$\frac{1}{R} = \frac{8f}{L^2 + 4f\delta + 4f^2}$$

式中　f——挠度（试样低膨胀面纵向中心线处测量点与试样支座连线间的垂直距离），单位为 mm，按图 8-28 测量；

　　　L——支点间距离，单位为 mm；

　　　δ——试样厚度，单位为 mm。

（2）试验步骤及结果表示　试验按下面步骤进行：

1）清除热处理之后试样表面上的污物和氧化皮，以便提高电子指示器的灵敏度。

2）把试样安放在试样架的支座上，高膨胀层在上，旋动千分尺在室温时测其原始位置。在试样的中央部位施加轻微的压力，然后把压力去掉。如果由于重复施加压力出现原始位置明显的变化，则应在试验之前找出其原因并加以纠正。

3）当开始条件满足要求后，观测室温时的挠度和温度，并记录其结果。

4）把试样的温度调整到下一个选定的温度，待温度稳定后，测量和记录试样中央或中央附近的温度。

5）测量和记录挠度。

6）在取得满意的测量温度和相应的挠度数据后，可调整到下一个设定的温度，按上述规范继续进行试验。

7）最后要在室温或室温附近做一次测量，目的是确定是否存在永久变形和机械事故以及它们影响温曲率的测量是否在精度要求范围内。如果影响是明显的，则按供需双方商定，在下列条件中选一项重做试验：①在相同的温度范围内试验同一试样；②在不同的温度范围内试验同一试样；③在相同的温度范围内试验另一试样；④在不同的温度范围内试验另一试样。

3. 热双金属弯曲常数试验

（1）测量原理　一端固定的热双金属片，其单位厚度和单位长度在温度变化 1℃ 时，自由端挠度的变量称为热双金属弯曲常数 K_c。热双金属弯曲常数试验方法采用悬臂梁法，由试样夹具、试样、电接触指示器及位移测量装置组成一个闭合电路，如图 8-29 所示。室温时调整位移测量装置的测微器、测量杆与试样表面自由端接触，电接触指示器发出信号，利用曲率随温度变化的试样作为闭合电路的开关，来测量试样自由端的挠度变化。

（2）试验步骤及结果表示　试验按下面步骤进行：

1）试样尺寸应符合表 8-10 的规定，试样的形状如图 8-30 所示。

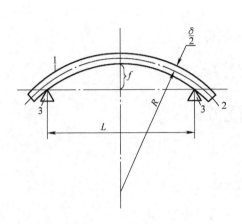

图 8-28　挠度的测量

1—试样　2—中心线　3—支点　R—试样纵向中
心线的曲率半径　δ—试样厚度
L—支点间距离　f—点状支点时的挠度

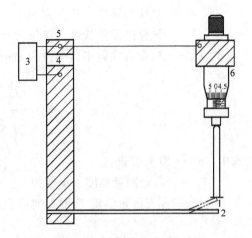

图 8-29　弯曲常数测量图

1—试样高温位置　2—试样室温位置　3—电接触
指示器　4—绝缘体　5—试样夹具　6—位
移测量千分尺

表 8-10　弯曲常数测量用试样的尺寸　　　　　　　　　　（单位：mm）

试样厚度 δ	试样长度 l	工作长度 L	试样宽度 b
0.25~<0.30	65	40	5
0.30~<0.40	75	50	5
0.40~0.70	100	75	5
>0.70~1.00	125	100	10
>1.00~1.20	150	125	10

2）用试样夹具将平直金属板夹紧，按待测试样厚度调整测量杆中心线至平直金属板固定端的水平距离，使其等于试样的工作长度。

3）清除热处理后试样夹持端面和测量杆接触部位表面的氧化皮，将试样低膨胀层向上，用试样夹具夹紧，并测出试样工作长度。

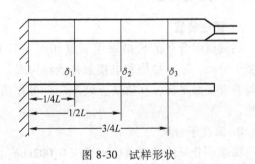

图 8-30　试样形状

4）将装有试样的试样夹具放入浴槽内，调整油温。当电接触指示器显示试样达到水平位置时，记下此时的温度，为试样水平位置时的温度。

5）以约 2h 时间从室温加热到 100℃的加热速度缓慢加热，至少记下室温、50℃、75℃和 100℃时自由端的位置。

6）截面均匀的一端固定，另一端自由的热双金属平直条状试样，弯曲常数用下式计算：

$$K_c = K'_c \frac{\delta}{L^2}$$

式中　K_c——热双金属弯曲常数，单位为 ℃$^{-1}$；

δ——试样的厚度，单位为 mm；

L——试样的工作长度，单位为 mm；

K'_c——拟合直线斜率，单位为 mm/℃，按下式求得

$$K'_c = \frac{\sum\limits_{i=1}^{n} T_i \sum\limits_{i=1}^{n} y_i - n \sum\limits_{i=1}^{n} T_i y_i}{\left(\sum\limits_{i=1}^{n} T_i\right)^2 - n \sum\limits_{i=1}^{n} T_i^2}$$

式中　n——测量点数；

T_i——各点测量温度，单位为℃；

y_i——相对测量温度 T_i 时的对应挠度，单位为 mm。

8.7　热双金属横向弯曲试验

热双金属横向弯曲试验按照 GB/T 24298—2009《热双金属横向弯曲试验方法》进行。

8.7.1　试样

试样应沿带材的冷轧方向横向切割。试样的宽度方向应无毛刺、翘边等影响测量的缺陷。切取试样时，不应改变原有的横向弯曲曲率。试样纵向应平直，特别是与垫块接触的 6mm 部分在纵向上应是平直的。试样切割后应放置 10min 后再进行测量，以便其形状稳定。

试样宽度为待测带材的宽度，长度为 4~8mm。

8.7.2　试验设备

1. 固定装置

测量横向弯曲的典型固定装置如图 8-31 所示。装置由底座、基准平面、支架、导轨、深度千分尺、平行垫块和电接触指示器构成，底座的上端面为基准平面，上方是导轨。该轨道与基准平面平行，在轨道上装配一个可移动的支架。

2. 深度千分尺

深度千分尺的分度值应不大于 0.002mm。其测量杆端部应制成球面或尖头形状，可固定在移动支架上，能在导轨上沿试样宽度方向进行移动寻找试样的最高点。

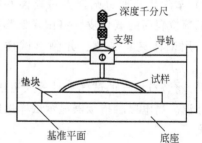

图 8-31　固定装置

3. 电接触指示器

采用高灵敏、低电流电接触指示器，以判别深度千分尺测量端的接触状况。当深度千分尺测量端与试样或平行垫块接触时发出电信号。

4. 平行垫块

平行垫块用于承载被测试样，采用淬火钢，尺寸为 6mm×10mm×150mm。在深度千分尺沿平行垫块长度移动的区间内，其测量端至平行垫块的距离偏差应不大于 0.002mm。

8.7.3 试验内容及结果表示

1. 测量原理

横向弯曲的测量原理如图 8-32 所示。测量热双金属试样整个宽度（L）距平面的弦高 c；将试样放在专用测量装置的垫块上，凸面向上，用深度千分尺测量出试样最高点到垫块平面的距离。通过公式计算得到试样横向弯曲和横向弯曲曲率半径。正常情况下，最高点在（或接近）试样的中心。

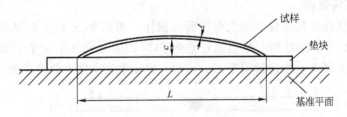

图 8-32 测量原理

L—试样整个宽度 c—弦高 t—试样厚度

2. 试验步骤

1）将平行垫块 6mm 宽的平面置于基准面之上，移至深度千分尺的下方，其长度方向与支架移动方向一致。旋动深度千分尺直到电接触指示器发出信号，显示测量端部刚好与平行垫块上表面接触，记录此时深度千分尺的读数作为基点（B）。

2）旋转深度千分尺以方便试样放入。将试样居中放置在平行垫块上，凸面向上，试样宽度的两侧与平行垫块接触，注意防止试样倾斜或与平行垫块接触不良。然后将深度千分尺在导轨上左右滑动寻找试样的最高点（一般在试样的中间位置），记录试样最高点处深度千分尺的读数（H）。

3）用球面或尖头外径千分尺测量试样的厚度（t），球面或尖头外径千分尺的分度值应不大于 0.01mm。

4）所有测量应在 24℃±2℃的温度条件下进行，试样也应在该温度下放置 30min 后再进行测量。

3. 结果表示

1）横向弯曲按下式计算：

$$C = B - H - t$$

式中　C——横向弯曲，单位为 mm；

　　　B——深度千分尺在平行垫块基点的读数，单位为 mm；

　　　H——深度千分尺在试样最高点处的读数，单位为 mm；

　　　t——试样厚度，单位为 mm。

2）横向弯曲曲率半径按下式计算：

$$R = \frac{L^2}{8C} + \frac{C}{2}$$

式中　R——横向弯曲曲率半径，单位为 mm；

　　　L——试样宽度，单位为 mm；

C——横向弯曲，单位为 mm。

8.8 焊接接头弯曲试验

焊接接头弯曲试验按照 GB/T 2653—2008《焊接接头弯曲试验方法》进行。

8.8.1 试样

1. 对接接头正弯试样

对接接头正弯试样是指焊缝表面为受拉面的试样，如图 8-33 和图 8-34 所示。试样厚度 t_s 应等于焊接接头处母材的厚度。当要求对整个厚度（30mm 以上）进行试验时，可以截取若干个试样覆盖整个厚度。在这种情况下，试样在焊接接头厚度方向的位置应做标识。

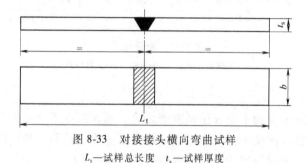

图 8-33 对接接头横向弯曲试样

L_t—试样总长度 t_s—试样厚度

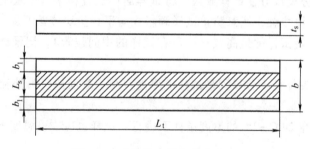

图 8-34 对接接头纵向弯曲试样

L_t—试样总长度 L_s—加工后试样上焊缝的最大宽度

b—试样宽度 b_1—熔合线外宽度

注：$b_1 = (b - L_s)/2$。

2. 对接接头背弯试样

对接接头背弯试样是指焊缝根部为受拉面的试样，如图 8-33 和图 8-34 所示。试样厚度 t_s 应等于焊接接头处母材的厚度。当要求对整个厚度（30mm 以上）进行试验时，可以截取若干个试样覆盖整个厚度。在这种情况下，试样在焊接接头厚度方向的位置应做标识。

3. 对接接头侧弯试样

对接接头侧弯试样是指焊缝横截面为受拉面的试样，如图 8-35 所示。试样宽度 b 应等于焊接接头处母材的厚度。试样厚度 t_s 至少应为 10mm±0.5mm，而且试样宽度应大于或等于试样厚度的 1.5 倍。当接头厚度超过 40mm 时，允许从焊接接头截取几个试样代替一个全厚度试样。试样宽度 b 的范围为 $20 \sim 40 \text{mm}$。在这种情况下，试样在焊接接头厚度方向的位置应做标识。

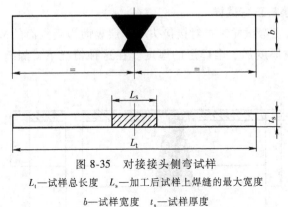

图 8-35　对接接头侧弯试样

L_t—试样总长度　L_s—加工后试样上焊缝的最大宽度

b—试样宽度　t_s—试样厚度

4. 带堆焊层正弯试样

带堆焊层正弯试样是指堆焊层表面为受拉面的试样，如图 8-36 所示。试样厚度 t_s 应等于基材厚度加上堆焊层的厚度，最大为 30 mm。当基材厚度加上堆焊层的厚度超过 30mm 时，允许去除部分基材使加工好的试样厚度 t_s 符合相关要求。

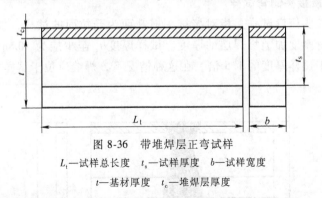

图 8-36　带堆焊层正弯试样

L_t—试样总长度　t_s—试样厚度　b—试样宽度

t—基材厚度　t_c—堆焊层厚度

5. 带堆焊层侧弯试样

带堆焊层侧弯试样是指堆焊层的横截面为受拉面的试样，如图 8-37 所示。试样宽度 b 应等于基材厚度加上堆焊层的厚度，最大为 30mm。试样厚度 t_s 至少应为 $10 \text{mm} \pm 0.5 \text{mm}$，而

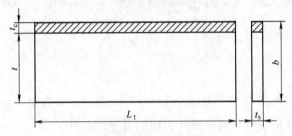

图 8-37　带堆焊层侧弯试样

L_t—试样总长度　t_s—试样厚度　b—试样宽度

t—基材厚度　t_c—堆焊层厚度

且试样宽度应大于或等于试样厚度的 1.5 倍。当基材厚度加上堆焊层的厚度超过 30mm 时，允许去除部分母材使加工好的试样宽度 b 符合相关要求。

6. 带堆焊层对接接头正弯试样

带堆焊层对接接头正弯试样是指对接接头堆焊层表面为受拉面的试样，如图 8-38 所示。试样厚度 t_s 应等于基材厚度加上堆焊层的厚度。在这种情况下，焊缝应位于试样的中心或适合于试验的位置。

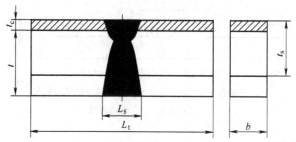

图 8-38　带堆焊层对接接头正弯试样

L_t—试样总长度　L_s—试样上焊缝的最大宽度　t_s—试样厚度　b—试样宽度

t—基材厚度　t_c—堆焊层厚度

7. 带堆焊层对接接头侧弯试样

带堆焊层对接接头侧弯试样是指对接接头横截面为受拉面的试样，如图 8-39 所示。试样宽度 b 应等于基材厚度加上堆焊层的厚度。试样厚度 t_s 至少应为 $10\text{mm} \pm 0.5\text{mm}$，而且试样宽度应大于或等于试样厚度的 1.5 倍。在这种情况下，焊缝应位于试样的中心或适合于试验的位置。

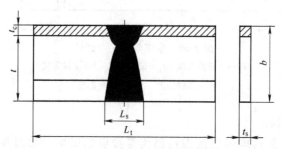

图 8-39　带堆焊层对接接头侧弯试样

L_t—试样总长度　L_s—试样上焊缝的最大宽度　t_s—试样厚度　b—试样宽度

t—基材厚度　t_c—堆焊层厚度

注：$b = t + t_c$。

8. 试样的尺寸

（1）长度　试样的长度 L_t 应满足 $L_t \geqslant 1\text{mm} + 2R$，其中，$R$ 为辊筒半径。

（2）宽度　对于横向正弯和背弯试样，应满足下列条件：

1）钢板试样宽度 b 应不小于 $1.5t_s$，最小为 20mm。

2）铝、铜及其合金板试样宽度 b 应不小于 $2t_s$，最小为 20mm。

3）管径不小于 50mm 时，管试样宽度 b 最小应为 $t + 0.1D$ 且最小为 8mm。

4）管径大于 50mm 时，管试样宽度 b 最小应为 $t+0.05D$，最小为 8mm 且最大为 40mm。

5）外径 D 大于 25 倍的管壁厚，试样的截取按板材要求。

6）对于侧弯试样，试样宽度 b 一般等于焊接接头处母材厚度。

7）对于纵向弯曲试样，试样宽度见表 8-11。

（3）棱角 试样拉伸面棱角应加工成圆角，其半径 r 不超过 $0.2t_s$，最大为 3mm。试样加工的最后工序应采用机加工或磨削，其目的是为了避免材料的表面变形硬化或过热。试样表面应没有横向划痕或切痕，不得除去咬边。

表 8-11　纵向弯曲试样宽度　　　　（单位：mm）

材　料	试样厚度 t_s	试样宽度 b
钢	≤20	$L_s+2\times10$
钢	>20	$L_s+2\times15$
铝、铜及其合金	≤20	$L_s+2\times15$
铝、铜及其合金	>20	$L_s+2\times25$

8.8.2　试验设备

试验设备包括压头和辊筒。压头的直径 d 应依据相关标准确定，辊筒的直径至少为 20mm。

8.8.3　试验内容及结果表示

1.圆形压头弯曲

圆形压头弯曲如图 8-40~图 8-42 所示。把试样放在两个平行的辊筒上进行试验，焊缝

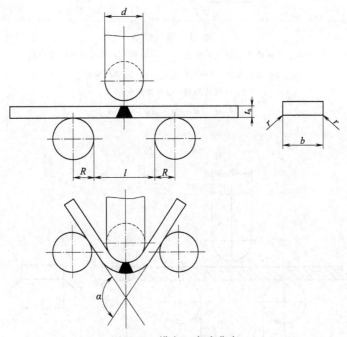

图 8-40　横向正弯或背弯

l—辊筒间距离　R—辊筒半径　d—压头直径　b—试样宽度

r—试样棱角半径　t_s—试样厚度　α—弯曲角度

注：$d+2t_s<l\leq d+3t_s$。

应在两个辊筒间中心线位置，纵向弯曲除外。在两个辊筒间中点，即焊缝的轴线，垂直于试样表面通过压头施加载荷（三点弯曲），使试样逐渐连续地弯曲。

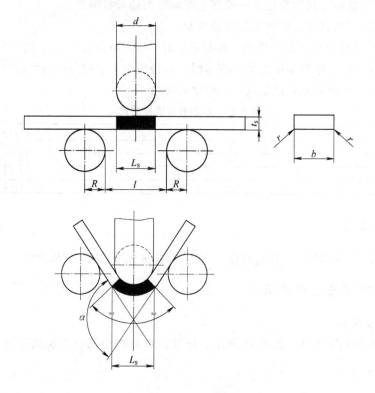

图 8-41　横向侧弯

L_s—加工后试样上焊缝的最大宽度　l—辊筒间距离　R—辊筒半径

d—压头直径　b—试样宽度　r—试样棱角半径

t_s—试样厚度　α—弯曲角度

注：$d+2t_s < l \leqslant d+3t_s$；$d \geqslant 1.3L_s - t_s$。

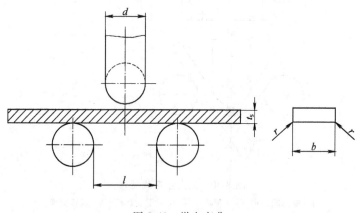

图 8-42　纵向弯曲

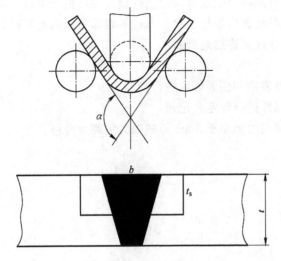

图 8-42 纵向弯曲（续）

l—辊筒间距离 d—压头直径 t—试样厚度 b—试样宽度 r—试样棱角半径 t_s—试样厚度 α—弯曲角度

注：$d+2t_s < l \leqslant d+3t_s$。

2. 辊筒弯曲

辊筒弯曲（见图 8-43）是另一种试验方法，用于铝合金和异种材料接头。对于异种材

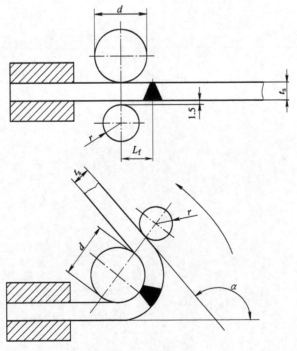

图 8-43 辊筒弯曲

L_f—焊缝中心线与试样和辊筒接角点间初始距离 d—压头直径

r—试样棱角半径 t_s—试样厚度 α—弯曲角度

注：$0.7d < L_f < 0.9d$。

料接头，其焊缝金属或一侧母材的屈服强度或规定塑性延伸强度低于母材。将试样的一端牢固地卡紧在两个平行辊筒的试验装置内进行试验，通过外辊筒沿以内辊筒轴线为中心的圆弧转动，向试样施加载荷，使试样逐渐连续地弯曲。

3. 结果表示

1）弯曲结束后，试样的外表面和侧面都应进行检验。

2）依据相关标准对弯曲试样进行评定并记录。

3）除另有规定外，在试样表面上小于 3mm 长的缺欠应判为合格。

第9章

金属材料的断裂性能测试方法

9.1 相关术语和定义

1. 断裂韧度及断裂韧度试验的定义

断裂力学是研究材料内部存在裂纹情况下的强度科学。它研究带有裂纹的材料的强度规律和断裂过程，从中提炼出一系列新的强度和韧性指标，为解决零部件内存在裂纹情况下的安全和寿命提供新的方法，从而为安全设计、材料评价、无损检测标准的制订，以及零部件寿命的估计提供依据。

断裂韧度是指材料抵抗宏观裂纹失稳扩展的能力，它主要包括材料的平面应变止裂韧度 K_{Ia}、平面应变断裂韧度 K_{IC}、动态断裂韧度 K_{Id}、延性断裂韧度 J_{IC} 等性能指标。

断裂韧度试验过程，就是把试验材料制成一定形状尺寸的试样，有时预制出相当于缺陷的裂纹，然后对试样加载，最终测试并计算出材料断裂韧度的各种性能指标。

2. 断裂韧度试验常用术语

（1）应力强度因子（K） 表征了裂纹尖端弹性应力场的大小。它是施加力、试样尺寸、几何形状和裂纹长度的函数。

（2）张开型（Ⅰ型）应力强度因子（K_I） 表征了在承受张开型（Ⅰ型）加载时的裂纹尖端线弹性应力场的大小。它是施加的力、试样尺寸、几何形状和裂纹长度的函数。

（3）裂纹止裂断裂韧度（K_a） 裂纹刚刚止裂时的应力强度因子值。

（4）平面应变裂纹止裂断裂韧度（K_{Ia}） 裂纹前缘处于平面应变状态下的裂纹止裂韧度值。

（5）平面应变裂纹止裂断裂韧度条件值（K_{Qa}） 根据试验结果计算得到的 K_{Ia} 条件值，还需按相关判据进行有效性判定。

（6）裂纹启裂应力强度因子（K_0） 快速断裂开始时的应力强度因子值。

（7）平面应变断裂韧度（K_{IC}） 在裂纹尖端附近的应力状态处于平面应变状态，且裂纹尖端塑性变形受到约束时，材料对裂纹扩展的抗力。它是在塑性变形受到严重约束以增加力的情况下产生裂纹扩展时的 K_I 的临界值。

（8）裂纹平面取向 一种叙述裂纹扩展平面和方向与产品的特定方向相关的方法。在描述垂直于裂纹平面的方向时要用连字符连接的符号表示，连字符前面的符号代表裂纹平面的法线方向，连字符后面的符号表示预期的裂纹扩展方向。对于锻造金属，通常用字母 X 表示产品的主要变形（最大晶粒流动）方向，用字母 Y 表示最小变形方向，用字母 Z 表示 $X—Y$ 平面的第 3 个正交方向。如果试样的方向与产品的特征晶粒流动方向不一致时，用两个字母标记裂纹面的法向方向和预期的裂纹扩展方向。如果没有晶粒流动方向（如铸造材料），参考轴可以任意指定，但应清晰标明。

（9）缺口张开位移（V） 在缺口嘴附近测量到的张开位移。

（10）裂纹深度（a） 表面裂纹前缘最深点到试样前表面的距离，裂纹深度是试样厚度的一部分。

（11）裂纹长度（$2c$） 表面裂纹前缘与试样前表面相交的两点间的距离。

（12）剩余强度（σ_r） 最大拉伸载荷与试样横截面面积之比。

9.2　金属材料表面裂纹拉伸试样断裂韧度试验

金属材料表面裂纹拉伸试样断裂韧度试验按照 GB/T 7732—2008《金属材料　表面裂纹拉伸试样断裂韧度试验方法》进行。

9.2.1　试样

1）表面裂纹拉伸断裂韧度试样如图 9-1 所示。

2）表面裂纹拉伸试样断裂韧度与裂纹取向和裂纹扩展方向有关，试样应以两个字母标记其取向。第 1 个字母表示裂纹面的法线方向，第 2 个字母表示裂纹深度的预期扩展方向。例如 $X—Z$ 表示裂纹面的法线方向为纵向，预期的裂纹扩展方向为板厚方向。标记方法如图 9-2 所示。

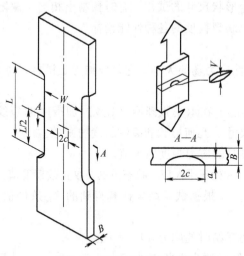

图 9-1　典型表面裂纹试样

L—试样测试部分长度　W—试样宽度

B—试样厚度　V—表面裂纹试样中心处的裂

纹嘴张开位移　a—裂纹深度

$2c$—裂纹长度

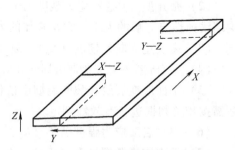

图 9-2　表面裂纹试样的取向标记

X—长度方向（纵向）　Y—宽度方向（横向）

Z—板厚方向

3）对于轧制板材试样，应保留原轧制表面，试样工作部分长度的表面不得有划伤、锈蚀等缺陷。如有特殊要求需要加工试样时，应保留一侧原轧制表面，并在该面预制裂纹，加工面的表面粗糙度 Ra 的最大允许值为 $3.2\mu m$。

4）为了便于预制疲劳裂纹，一般在试样进行最终热处理之前，用薄片的金刚石圆锯或类似的刀具和电火花机床在试样表面中部制造一个人造裂纹源。

5）试样应尽可能在热处理之前预制疲劳裂纹。预制疲劳裂纹的深度应不小于 $0.25B$ 或 $1.0mm$，取其较小者，并且疲劳裂纹的扩展量应不小于最终裂纹长度的 5%。在疲劳预制裂纹前缘各点的法平面上，裂纹及其加工裂纹源应位于裂纹前缘为顶点的 30° 楔形区域内，如图 9-3 所示。最小与最大循环应力之比不大于 0.1。

9.2.2 试验设备

1）采用的试验机应配有力-位移自动记录装置，并能够自动绘制曲线。

2）引伸计应能准确测量表面裂纹中心处的裂纹前端张开位移。典型的测量装置如图9-4所示。

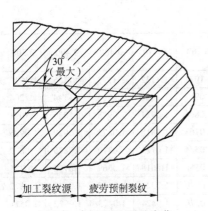

图 9-3 加工裂纹源及疲劳
预制裂纹的包迹形状

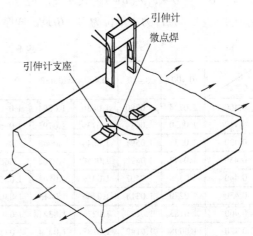

图 9-4 裂纹尖端张开位移典型的测量装置

9.2.3 试验内容及结果表示

1. 断裂试验

1）采用拉伸连续加力方式进行断裂试验，应保证名义应力 $[F/(BW)$，其中，F 是试验力，B 是试样厚度，W 是试样宽度] 速率小于 $690MPa/min$。

2）试样装夹引伸计后，应在约 $0.3R_{p0.2}BW$ 力以下反复加力 1~2 次，自动记录力-位移（F-V）曲线，调整记录装置的放大倍数，使曲线线性部分的斜率在 1~3 之间。

3）对试样连续加力至断裂，同时记录 F-V 曲线和试验中达到的最大力 F_{max}。

4）测量裂纹深度 a 和长度 $2c$，精确到 $0.01mm$。

2. 条件力 F_Q 的确定

1）试验可能出现如图 9-5 所示的三种典型的 F-V 曲线。

2）在 F-V 曲线上，通过原点 O 做割线 OD，割线 OD 的斜率比初始切线 OA 的斜率降低 15%，并与 F-V 曲线相交于 F 点，与 F 点相对应的力为 F_{15}。当 F_{15} 以前曲线所对应的 F_{max}（或 F_1）大于或等于 F_{15} 时（图 9-5 中曲线 Ⅰ 和 Ⅱ），则 $F_Q = F_{max}$（或 F_1）。当 F_{15} 以前的曲

线上任意一点所对应的力均低于 F_{15} 时（图9-5中曲线Ⅲ），则 $F_Q = F_{15}$。一般来说，F_{15} 对应于裂纹的条件启裂。

3. 条件断裂韧度 K_{IQ} 的计算

条件断裂韧度 K_{IQ} 按下式计算：

$$K_{IQ} = (M/\Phi)\sigma\sqrt{\pi a}$$

式中　K_{IQ}——表面裂纹拉伸试样的条件断

裂韧度，单位为 $\mathrm{N/mm^{\frac{3}{2}}}$；

M/Φ——系数比值，见表9-1；

a——裂纹深度，单位为 mm；

σ——$\sigma = F_Q/(BW)$，式中 F_Q 是

条件力，单位为 N，B 是试样厚度，单位为 mm；W 是试样宽度，单位为 mm。

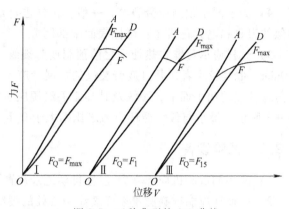

图9-5　三种典型的 F-V 曲线

表9-1　M/Φ 值

a/C ＼ a/B	0.400	0.410	0.420	0.430	0.440	0.450	0.460	0.470	0.480	0.490	0.500
0.400	1.0724	1.0780	1.0836	1.0894	1.0952	1.1012	1.1071	1.1132	1.1193	1.1255	1.1317
0.410	1.0650	1.0684	1.0739	1.0795	1.0852	1.0909	1.0967	1.1025	1.1084	1.1144	1.1204
0.420	1.0538	1.0591	1.0644	1.0648	1.0753	1.0806	1.0864	1.0921	1.0978	1.1036	1.1094
0.430	1.0447	1.0498	1.0550	1.0602	1.0655	1.0709	1.0763	1.0818	1.0873	1.0929	1.0985
0.440	1.0358	1.0407	1.0457	1.0508	1.0559	1.0611	1.0564	1.0717	1.0770	1.0825	1.0879
0.450	1.0270	1.0318	1.0366	1.0415	1.0465	1.0515	1.0566	1.0618	1.0669	1.0772	1.0775
0.460	1.0183	1.0229	1.0276	1.0324	1.0372	1.0421	1.0470	1.0520	1.0570	1.0621	1.0672
0.470	1.0098	1.0142	1.0188	1.0234	1.0281	1.0328	1.0376	1.0424	1.0473	1.0522	1.0571
0.480	1.0013	1.0057	1.0101	1.0145	1.0191	1.0236	1.0283	1.0329	1.0377	1.0424	1.0472
0.490	0.9930	0.9972	1.0015	1.0058	1.0102	1.0146	1.0191	1.0236	1.0282	1.0328	1.0375
0.500	0.9848	0.9889	0.9930	0.9972	1.0015	1.0058	1.0101	1.0145	1.0189	1.0234	1.0279
0.510	0.9767	0.9807	0.9847	0.9887	0.9929	0.9970	1.0012	1.0055	1.0098	1.0141	1.0185
0.520	0.9687	0.9725	0.9764	0.9804	0.9844	0.9884	0.9925	0.9966	1.0008	1.0050	1.0092
0.530	0.9608	0.9645	0.9683	0.9721	0.9760	0.9799	0.9839	0.9879	0.9919	0.9960	1.0001
0.540	0.9530	0.9567	0.9603	0.9640	0.9678	0.9716	0.9754	0.9793	0.9832	0.9871	0.9911
0.550	0.9454	0.9489	0.9524	0.9560	0.9597	0.9633	0.9671	0.9708	0.9746	0.9784	0.9823
0.560	0.9378	0.9412	0.9446	0.9481	0.9517	0.9552	0.9588	0.9625	0.9662	0.9699	0.9736
0.570	0.9303	0.9336	0.9370	0.9403	0.9438	0.9472	0.9507	0.9543	0.9578	0.9614	0.9650
0.580	0.9229	0.9261	0.9294	0.9387	0.9360	0.9393	0.9427	0.9462	0.9496	0.9531	0.9566
0.590	0.9157	0.9188	0.9219	0.9251	0.9283	0.9316	0.9349	0.9382	0.9415	0.9449	0.9483
0.600	0.9085	0.9115	0.9145	0.9176	0.9207	0.9239	0.9271	0.9303	0.9336	0.9368	0.9401

a/C ＼ a/B	0.5000	0.5100	0.5200	0.5300	0.5400	0.5500	0.5600	0.5700	0.5800	0.5900	0.6000
0.400	1.1317	1.1379	1.1442	1.1506	1.1569	1.1633	1.1697	1.1762	1.1826	1.1891	1.1955
0.410	1.1204	1.1265	1.1329	1.1387	1.1448	1.1510	1.1572	1.1634	1.1697	1.1759	1.1821
0.420	1.1094	1.1152	1.1211	1.1271	1.1330	1.1390	1.1450	1.1510	1.1570	1.1630	1.1691
0.430	1.0985	1.1042	1.1099	1.1156	1.1214	1.1272	1.1330	1.1388	1.1446	1.1505	1.1563

（续）

a/C \ a/B	0.5000	0.5100	0.5200	0.5300	0.5400	0.5500	0.5600	0.5700	0.5800	0.5900	0.6000
0.440	1.0879	1.0934	1.0989	1.1045	1.1100	1.1156	1.1212	1.1269	1.1325	1.1381	1.1438
0.450	1.0775	1.0828	1.0881	1.0935	1.0989	1.1043	1.1097	1.1152	1.1206	1.1261	1.1315
0.460	1.0672	1.0723	1.0775	1.0827	1.0879	1.0932	1.0984	1.1037	1.1090	1.1142	1.1195
0.470	1.0571	1.0621	1.0671	1.0721	1.0772	1.0823	1.0874	1.0925	1.0976	1.1027	1.1077
0.480	1.0472	1.0520	1.0569	1.0618	1.0667	1.0716	1.0765	1.0814	1.0864	1.0913	1.0962
0.490	1.0375	1.0421	1.0468	1.0516	1.0563	1.0611	1.0658	1.0706	1.0754	1.0802	1.0849
0.500	1.0279	1.0324	1.0370	1.0415	1.0461	1.0507	1.0554	1.0600	1.0646	1.0692	1.0739
0.510	1.0185	1.0229	1.0273	1.0317	1.0362	1.0406	1.0451	1.0496	1.0540	1.0585	1.0630
0.520	1.0092	1.0135	1.0177	1.0220	1.0263	1.0307	1.0350	1.0393	1.0437	1.0480	1.0523
0.530	1.0001	1.0042	1.0084	1.0125	1.0167	1.0209	1.0257	1.0293	1.0335	1.0377	1.0419
0.540	0.9911	0.9951	0.9991	1.0032	1.0072	1.0113	1.0153	1.0194	1.0235	1.0275	1.0316
0.550	0.9823	0.9862	0.9901	0.9940	0.9976	1.0018	1.0058	1.0097	1.0136	1.0176	1.0215
0.560	0.9736	0.9773	0.9811	0.9849	0.9887	0.9925	0.9963	1.0002	1.0040	1.0078	1.0116
0.570	0.9650	0.9687	0.9723	0.9760	0.9797	0.9834	0.9871	0.9908	0.9945	0.9982	1.0019
0.580	0.9566	0.9601	0.9637	0.9672	0.9708	0.9744	0.9780	0.9816	0.9852	0.9887	0.9923
0.590	0.9483	0.9517	0.9552	0.9586	0.9621	0.9656	0.9690	0.9725	0.9760	0.9795	0.9829
0.600	0.9401	0.9435	0.9468	0.9501	0.9535	0.9569	0.9602	0.9636	0.9670	0.9703	0.9737

4. K_{IC} 的确定

1）当下面三个式子同时成立时，$K_{IC}(B) = K_{IQ}$，$K_{IC}(B)$ 是指厚度为 B 的表面裂纹拉伸试样的断裂韧度，单位为 $N/mm^{\frac{3}{2}}$。

$$F_{max}/F_Q \leqslant 1.2$$
$$a \geqslant 0.50(K_{IQ}/R_{p0.2})^2$$
$$(B-a) \geqslant 0.50(K_{IQ}/R_{p0.2})^2$$

2）用不同厚度的板材测定 $K_{IC}(B)$，然后做 $K_{IC}(B)$-B 曲线，当所得的 $K_{IC}(B)$ 不随板材厚度变化时，即为材料的 K_{IC} 值。

5. 剩余强度 σ_r 的确定

剩余强度 σ_r 按下式计算：

$$\sigma_r = F_{max}/(BW)$$

式中　σ_r——剩余强度，单位为 MPa；

　　　F_{max}——最大拉伸力，单位为 N；

　　　B——试样厚度，单位为 mm；

　　　W——试样宽度，单位为 mm。

9.3　金属材料平面应变断裂韧度试验

金属材料平面应变断裂韧度试验按照 GB/T 4161—2007《金属材料　平面应变断裂韧度 K_{IC} 试验方法》进行。

243

9.3.1 试样

1. 试样尺寸

试样的厚度 B、裂纹长度 a、韧带尺寸 $W-a$ 应同时满足 $B \geqslant 2.5(K_{IC}/R_{p0.2})^2$、$a \geqslant 2.5$ $(K_{IC}/R_{p0.2})^2$ 和 $W-a \geqslant 2.5(K_{IC}/R_{p0.2})^2$ 的要求，其中，K_{IC} 是平面应变断裂韧度，单位为 $N/mm^{\frac{3}{2}}$，$R_{p0.2}$ 是规定塑性延伸强度，单位为 MPa。

2. 试样的形状

1）裂纹起始缺口与最大允许缺口（裂纹）包迹如图 9-6 所示。

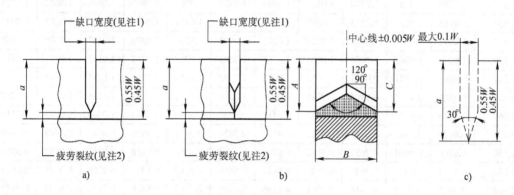

图 9-6　裂纹起始缺口与最大允许缺口（裂纹）包迹

a）直通形缺口　b）山形缺口　c）包迹

a—裂纹长度　W—试样宽度　B—试样厚度　$A=C$

注：1. 裂纹起始缺口应垂直于试样表面，偏差在 $\pm 2°$ 以内，缺口宽度应在 $0.1W$ 以内，但不应小于 1.6mm。

2. 对于直通形缺口试样，建议缺口根部半径最大为 0.1mm，切口尖端角度最大为 90°。每个表面上的最大疲劳裂纹扩展量至少应为 $0.025W$ 或 1.3mm，取其较大者。

3. 对于山形缺口试样，建议缺口根部半径最大为 0.025mm，切口尖端角度最大为 90°，$A=C$，偏差应在 $0.01W$ 以内，疲劳裂纹应在试样的两个表面上都出现。

2）三点弯曲试样如图 9-7 所示。

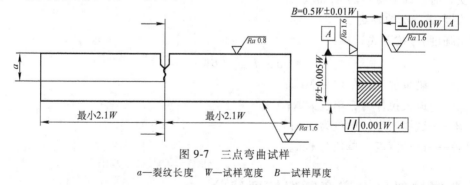

图 9-7　三点弯曲试样

a—裂纹长度　W—试样宽度　B—试样厚度

3）紧凑拉伸试样如图 9-8 所示。

4）台阶形缺口紧拉试样如图 9-9 所示。

5）C 形拉伸试样如图 9-10 所示。

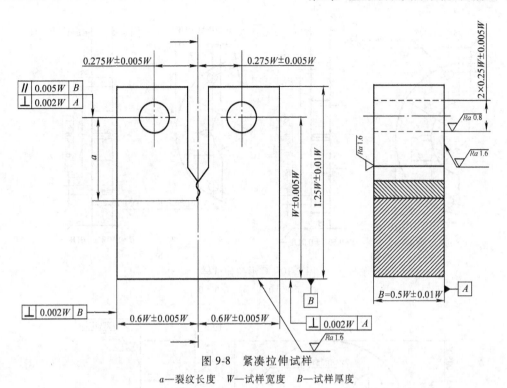

图 9-8 紧凑拉伸试样

a—裂纹长度 *W*—试样宽度 *B*—试样厚度

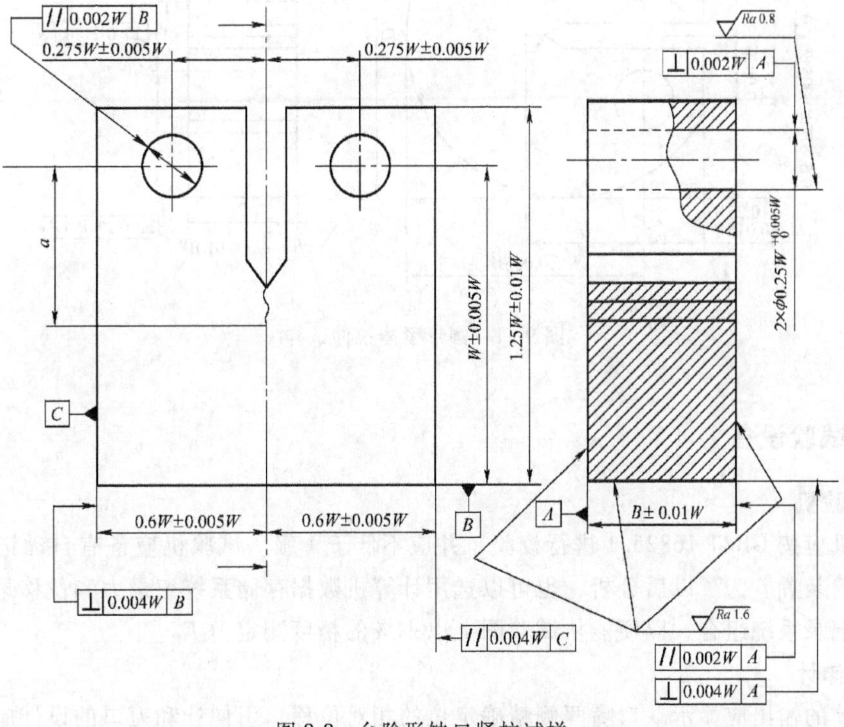

图 9-9 台阶形缺口紧拉试样

a—裂纹长度 *W*—试样宽度 *B*—试样厚度

6）圆形紧凑拉伸试样如图 9-11 所示。

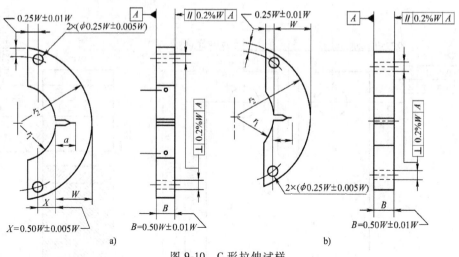

图 9-10 C 形拉伸试样

a) $X/W = 0.5$　b) $X/W = 0$

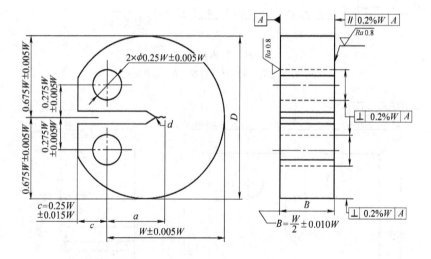

图 9-11　圆形紧凑拉伸试样

9.3.2　试验设备

1. 试验机

试验机应按 GB/T 16825.1 进行校验，并应不低于 1 级。试验机应备有自动记录施加于试样上力的装置。为了以后分析，也可以选用计算机数据存储系统记录力和位移量。允许力传感器与记录系统组合，以便能从试验图上以±1%的精度测定力 F_Q。

2. 引伸计

引伸计的输出应显示缺口嘴两侧精确定位的相对位移，引伸计和刀口的设计应使引伸计与刀口之间的接触点可以自由转动。

3. 试验夹具

用于紧凑拉伸试样的 U 形钩如图 9-12 所示，适用于弯曲试样的支座如图 9-13 所示。

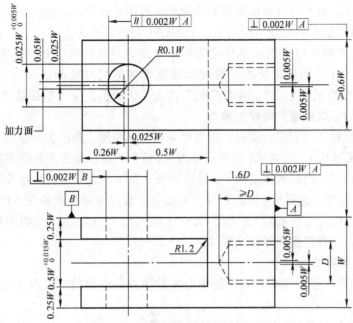

图 9-12　紧凑拉伸试样的 U 形钩

注：1. 销直径为 $0.24W_{-0.005W}^{0}$。

　　2. 为了便于安装夹式引伸计，必要时可将 U 形钩的角切掉。

　　3. U 形钩和销的硬度值应 ≥40HRC。

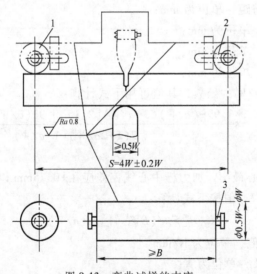

图 9-13　弯曲试样的支座

1—辊　2—橡皮筋或弹簧　3—固定橡皮筋或弹簧的箍

W—试样宽度　B—试样厚度

9.3.3　试验内容及结果表示

1. 试验原理

使用预制疲劳裂纹试样通过增加力来测定金属材料的断裂韧度（K_{IC}），力与缺口张开位移可以自动记录，也可以将数据储存到计算机。根据对试验记录的线性部分规定的偏离来确定2%最大宏观裂纹扩展量所对应的力，根据这个力计算出 K_{IC}。

K_{IC} 表征了在严格拉伸力约束下有尖端裂纹存在时材料的断裂抗力，此时裂纹尖端附近的应力状态接近于平面应变状态，裂纹尖端塑性区的尺寸比裂纹尺寸、试样厚度和裂纹前沿的韧带尺寸要足够小。K_{IC} 通常情况下代表了试验温度下断裂韧度的下限值。

2. 断裂韧度 K_{IC} 试样疲劳裂纹的预制

预制疲劳裂纹时可以采用力控制，也可以采用位移控制。最小循环应力与最大循环应力之比 (R) 应不超过 0.1，如果 K_Q 值和有效的 K_{IC} 结果相等，那么预制疲劳裂纹时的最大应力强度因子应不超过后面试验确定的 K_Q 值的80%。在预制疲劳预裂纹的最后阶段（裂纹长度 a 的 2.5%），K_f 应不超过 K_Q 值的60%。若疲劳预裂纹和断裂试验在不同的温度下进行，K_f 应不超过 $0.6[(R_{p0.2})_p/(R_{p0.2})_t]K_Q$，其中 $(R_{p0.2})_P$ 和 $(R_{p0.2})_t$ 分别为预制疲劳裂纹温度下和试验温度下的规定塑性延伸强度 $R_{p0.2}$。

3. 三点弯曲试样试验

1）试样缺口的中心对准两个支承辊中心距的中点，准确到跨距的1%，同时应与支承辊垂直，偏差在±2°以内。

2）弯曲试样 K_Q（K_{IC} 的条件值）值按下式计算：

$$K_Q = [F_Q S/(BW^{3/2})] \times f(a/W)$$

式中　K_Q——K_{IC} 的条件值，单位为 $N/mm^{3/2}$；

F_Q——特定的力值，单位为 N；

S——弯曲试样跨距，单位为 mm；

B——试样厚度，单位为 mm；

W——试样宽度，单位为 mm；

a——裂纹长度，单位为 mm；

$f(a/W)$——自变量为 a/W 的函数，其值可用下式计算：

$$f(a/W) = 3(a/W)^{1/2} \times \frac{1.99-(a/W)(1-a/W)[2.15-3.93(a/W)+2.70(a/W)^2]}{2(1+2a/W)(1-a/W)^{3/2}}$$

4. 紧凑拉伸试样试验

1）为了使加力时偏心最小，加力杆中心线偏差应在±0.75mm以内。

2）紧凑拉伸试样的 K_Q 值按下式计算：

$$K_Q = [F_Q/(BW^{1/2})] \times f(a/W)$$

式中　K_Q——K_{IC} 的条件值，单位为 $N/mm^{3/2}$；

F_Q——特定的力值，单位为 N；

B——试样厚度，单位为 mm；

W——试样宽度，单位为 mm；

a——裂纹长度，单位为 mm；

$f(a/W)$——自变量为 a/W 的函数，其值可用下式计算：

$$f(a/W) = (2+a/W) \times \frac{0.866+4.64(a/W)-13.32(a/W)^2+14.72(a/W)^3-5.6(a/W)^4}{(1-a/W)^{3/2}}$$

5. C 形拉伸试样试验

1）安装 U 形钩，上、下加力杆中心线偏差在 0.76mm 以内。试样应位于 U 形钩的正中，偏差在 0.76mm 以内。

2）C 形拉伸试样的 K_Q 值按下式计算：

$$K_Q = [F_Q/(BW^{1/2})](3X/W+1.9+1.1a/W)\times[1+0.25(1-a/W)^2(1-r_1/r_2)]f(a/W)$$

式中 K_Q——K_{IC} 的条件值，单位为 $N/mm^{3/2}$；

$\quad\quad F_Q$——特定的力值，单位为 kN；

$\quad\quad B$——试样厚度，单位为 cm；

$\quad\quad W$——试样宽度，单位为 cm；

$\quad\quad a$——裂纹长度，单位为 cm；

$\quad\quad X$——加力孔偏置尺寸，单位为 cm；

$\quad r_1/r_2$——内外半径比；

$f(a/W)$——自变量为 a/W 的函数，其值可用下式计算：

$$f(a/W) = [(a/W)^{1/2}/(1-a/W)^{3/2}]\times[3.74-6.30a/W+6.32(a/W)^2-2.43(a/W)^3]$$

6. 圆形紧凑拉伸试样试验

1）安装 U 形钩，上、下加力杆中心线偏差在 0.76mm 以内，试样应位于 U 形钩的正中，偏差在 0.76mm 以内。

2）圆形紧凑拉伸试样的 K_Q 值按下式计算：

$$K_Q = [F_Q/(BW^{1/2})]\times f(a/W)$$

式中 K_Q——K_{IC} 的条件值，单位为 $N/mm^{3/2}$；

$\quad\quad F_Q$——特定的力值，单位为 kN；

$\quad\quad B$——试样厚度，单位为 cm；

$\quad\quad W$——试样宽度，单位为 cm；

$\quad\quad a$——裂纹长度，单位为 cm；

$f(a/W)$——自变量为 a/W 的函数，其值可用下式计算：

$$f(a/W) = \frac{(2+a/W)[0.76+4.8(a/W)-11.58(a/W)^2+11.43(a/W)^3-4.08(a/W)^4]}{(1-a/W)^{3/2}}$$

7. 试验结果的计算与解释

（1）F_Q 的确定 如果采用记录仪，确定条件值 F_Q 的方法如下：

1）在试验记录上，通过原点画一条斜率为 $(F/V)_S = 0.95(F/V)_0$ 的割线 OF_S（见图9-14），其中 $(F/V)_0$ 是记录的线性部分切线 OA 的斜率。

2）如果在 F_S 之前记录曲线上每一个点的力均低于 F_S（Ⅰ类），则取 $F_Q = F_S$。

3）如果在 F_S 之前还有一个最大力超过 F_S（Ⅱ类和Ⅲ类），则取这个力为 F_Q。

4）如果采用计算机数据采集系统，和上面一样，通过数据缩减程序可确定相同的力（F_Q 和 F_{max}）。

（2）K_{IC} 的确定 计算比值 F_{max}/F_Q，其中 F_{max} 为最大力。

1）若该比值不超过 1.10，则可按（1）中所述公式计算 K_Q；若比值大于 1.10，则该试

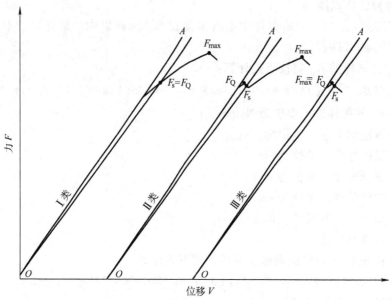

图 9-14 典型的力-位移记录曲线

验不是有效的 K_{IC} 试验。

2）计算 $2.5(K_Q/R_{p0.2})^2$，若这个值小于试样厚度、裂纹长度和韧带尺寸，则 K_Q 等于 K_{IC}；否则，该试验不是有效的 K_{IC} 试验。

8. 断口形貌观察

典型断口形貌有部分斜断口、大部分斜断口和全部斜断口，如图 9-15 所示。

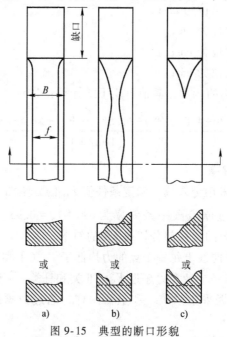

图 9-15 典型的断口形貌

a）部分斜断口　b）大部分斜断口　c）全部斜断口

9.4 铁素体钢平面应变止裂韧度试验

铁素体钢平面应变止裂韧度试验按照 GB/T 19744—2005《铁素体钢平面应变止裂韧度 K_{Ia} 试验方法》进行。

9.4.1 试样

1. 试样形状
平面应变裂纹止裂断裂韧度试样形状如图 9-16 所示。

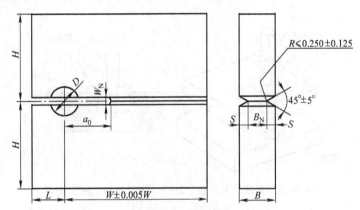

图 9-16 试样形状

H—试样的半高度 W—试样宽度 B—试样厚度

B_N—试样净厚度 L—试样加载中心孔距试样前端的距离

a_0—试样缺口长度

注：$H = 0.6W \pm 0.005W$，$S = (B - B_N)/2 \pm 0.01B$，$W_N \leqslant W/10$，$0.15W \leqslant L \leqslant 0.25W$，$0.30W \leqslant a_0 \leqslant 0.40W$，$0.125W \pm 0.005W \leqslant D \leqslant 0.250W \pm 0.005W$。

2. 试样尺寸
1）厚度 B 应为板材全厚度或满足平面应变条件的足够厚度。

2）试样侧槽深度为 $B/8$。缺口顶端为脆性合金，焊接后在试样的上下两面开侧槽。

3）试样的宽度范围为 $2B \leqslant W \leqslant 8B$。

3. 缺口
1）缺口制作方式是缺口脆性焊接，如图 9-17 所示。缺口应有足够宽度 W_N，能够使焊条到达狭缝的底部。

2）缺口长度范围为 $0.30W \leqslant a_0 \leqslant 0.40W$，有时可以减少至 $0.20W$。

3）也可以采用其他裂纹前端形状和脆化方法。高强钢可使用简单的机加工缺口，高强度低韧性合金试样的缺口可以使用电子束焊接。

9.4.2 试验设备

1）在试验过程中，为了减少附加能量的引入，加载系统的柔度比试样柔度要低。为此使用了裂纹线上的楔形加载方式。

2）加载装置如图 9-18 所示。试样放置在垫块上，垫块应有足够厚度，以避免楔块和试验机的下平台接触。垫块上的孔应与试样孔对正，其孔的直径应是试样孔直径的 1.05~1.15 倍。试验机通过垫块对开口销施力，并由加力系统中的力传感器测量所加的力。

3）楔块、开口销、垫块孔和试样孔的表面都应该润滑，可以使用油脂状二硫化铂或其他润滑剂。

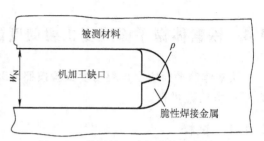

图 9-17　使用缺口脆性焊接引发裂纹

W_N—缺口宽度　ρ—缺口根部半径

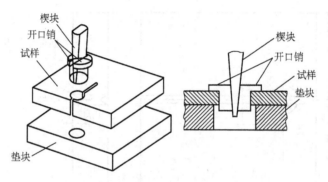

图 9-18　楔块、开口销、试样、垫块排列的示意图

4）小锥度的楔块和开口销配合使用。用油脂或干润滑剂润滑滑动表面（喷丸处理）可以避免磨损，开口销必须足够长，保证与整个试样厚度范围相接触。开口销的直径应比试样孔的直径小 0.13mm。为了满足最大张开位移，楔块必须足够长。空冷或油淬硬化的工具钢都适合制作楔块和开口销，硬度范围为 45~55HRC。对于尺寸为 125mm<W<170mm 的试样，直径为 25.4mm 的孔是合适的。图 9-19 所示楔块和开口销的装配尺寸适合于直径为 25.4mm 的加载孔。也可以按比例机加工其他直径的孔。在试验温度远远高于无塑性转变温度时，图 9-19 所示装置不能展示止裂的完整部分。在这种情况下，应使用图 9-20 所示的加载装置。

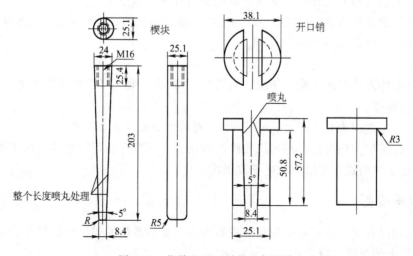

图 9-19　楔块和开口销的几何尺寸

5）引伸计应不低于 2 级准确度。为了保证引伸计与试样安装接触的方式随裂纹扩展而不发生变化，一般使用图 9-21 所示的两种方法。

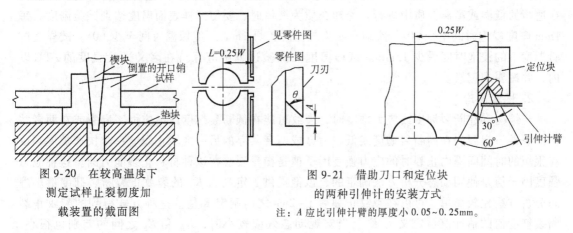

图 9-20 在较高温度下
测定试样止裂韧度加
载装置的截面图

图 9-21 借助刀口和定位块
的两种引伸计的安装方式
注：A 应比引伸计臂的厚度小 $0.05 \sim 0.25$mm。

9.4.3 试验内容及结果表示

1. 试验要求

1）每个试验温度下，应不少于三个有效试验结果。

2）测量试样宽度 W，准确到宽度 W 的 $\pm 1\%$ 以内。

3）测量试样厚度 B 和裂纹平面的净厚度 B_N，准确到厚度 B 的 $\pm 1\%$ 以内。

4）试样通过适当方法加热或冷却到选定的试验温度。对于室温（$10 \sim 35$℃）以上温度的试验，可采用电阻加热方法。对于室温以下温度的试验，可采用将试样放置于低温环境箱的方法（见图 9-22），或者将试样浸泡于冷却介质中的方法。在开始试验之前，试样要在试验温度下要保持足够长的时间，以使试样的温度均匀，温度最大允许偏差 ± 3℃。

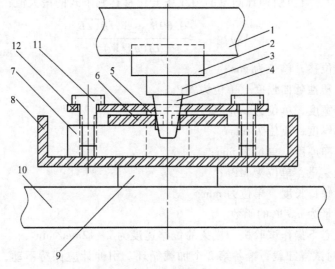

图 9-22 利用循环加载技术便于楔块抽拔的加载装置

1—上横梁 2—力传感器 3—拉压夹头 4—楔块 5—开口销

6—试样 7—垫块 8—恒温箱 9—下夹头 10—下平台 11—螺钉 12—压板

5) 对于非室温条件下的断裂韧度试验，试验温度应控制在±2℃，并做记录。应在距离裂纹尖端 5mm 以内的区域用热电偶或铂电阻温度计与试样表面接触进行温度测量。试验应在适当的低温或高温介质中进行。冷却介质为液体时，要使试样表面温度达到试验温度，每 1mm 厚度浸泡时间至少 30s。冷却介质为气体时，每 1mm 厚度保温时间至少 60s。试样在试验温度下的浸泡时间最少 15min。试样温度在试验过程中应保持在名义试验温度的±2℃以内，并按要求记录。

2. 试验原理

当结构存在断裂韧度或应力梯度时，裂纹可能在低断裂韧度或高应力区启裂或在两者共存的条件下启裂，在高断裂韧度或低应力区或两者共存的另一区域止裂。一个快速扩展裂纹在很短的时间间隔内止裂时的应力强度因子值是衡量裂纹在该种材料止裂能力的。这种应力强度因子值是使用动态分析方法确定的，该值提供了定义为 K_A 的裂纹止裂断裂韧度值。静态分析方法比较简单，可以在裂纹止裂后 $1 \sim 2\text{ms}$ 之内确定 K 值。这种方式得到的裂纹止裂断裂韧度值的估计值被定义为 K_a。当宏观动态效应较小时，K_A 和 K_a 之间的差别也很小。当裂纹前端处于平面应变的条件时，裂纹扩展的动态效应也很小。借助符合试验尺寸的试样进行试验，就可以得到裂纹发生止裂时的 K_{Ia} 值。

3. 加载程序

1) 使用循环加载技术，即载荷施加给楔块，直至快速裂纹启裂或裂纹嘴张开位移（引伸计测量）达到预定的值。如果在最大张开位移达到之前，快速断裂还没有开始，就要对试样卸载，直至楔块退离开口销；然后再以同样的方式对试样加载，直至裂纹快速开裂或达到设定的最大张开位移。在每一个加载循环中，允许依次施加较大的张开位移，直至裂纹快速开裂或试验结束。

2) 记录力-裂纹张开位移图，不同加载循环之间的记录不要清零，因为累加的零载荷位移偏置对后面的计算是有用的。

3) 对楔块施力，直至引伸计测量的裂纹张开位移达到下式的最大值：

$$\left[(V_0)_1 \right]_{max} = \frac{0.69 R_{p0.2} W \sqrt{B_N/B}}{E f(a_0/W)}$$

式中　V_0——起始位移，单位为 mm；

$R_{p0.2}$——规定塑性延伸强度，单位为 MPa；

W——试样宽度，单位为 mm；

B——试样厚度，单位为 mm；

B_N——试样净厚度，单位为 mm；

E——弹性模量，单位为 MPa；

a_0——试样缺口长度，单位为 mm；

$f(a_0/W)$——自变量为 a_0/W 的函数。

在位移控制状态下操作试验机，横梁的位移速度为 $2 \sim 12\text{mm/min}$。

4) 拔出楔块对试样卸载，准备第 2 个加载循环。引伸计应保持不动，在卸载和楔块移动过程中，记录零载荷时的位移偏置。

5) 不要对记录清零，重新插入楔块并对楔块施力，以与第 1 个加载循环相同的位移速率进行加载。继续加载直至快速裂纹扩展发生或直至位移达到预定的最大值。推荐的最大张

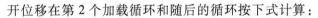

开位移在第 2 个加载循环和随后的循环按下式计算：

$$\left[(V_0)_n\right]_{\max} = \left[1.0+0.25(n-1)\right]\left[\frac{0.69R_{p0.2}W\sqrt{B_N/B}}{Ef(a_0/W)}\right]$$

式中　V_0——起始位移，单位为 mm；

　　　　n——循环的次数序号；

　　$R_{p0.2}$——规定塑性延伸强度，单位为 MPa；

　　　　W——试样宽度，单位为 mm；

　　　　B——试样厚度，单位为 mm；

　　　B_N——试样净厚度，单位为 mm；

　　　　E——弹性模量，单位为 MPa；

　　　a_0——试样缺口长度，单位为 mm；

$f(a_0/W)$——自变量为 a_0/W 的函数。

　　如果在达到预定位移极限时，不稳定裂纹扩展没有开始，要重新卸载并按 4）步骤拔出楔块，记录不同加载循环下的载荷-位移曲线图，按 4）重复试验。如果要多次进行加载和卸载，需要重新对楔块和开口销进行润滑。

　　6）在试验记录的曲线图上看见一个突然的载荷下降（载荷下降 50% ~ 60%，表明产生了足够长的不稳定裂纹），即可以判断不稳定裂纹的产生。止裂发生后，应该立即卸掉载荷，避免裂纹进一步扩展。

　　7）如果在随后的加载循环中，增加张开位移的同时伴随着载荷的降低，那就意味已发生稳定撕裂，试样快速止裂是不可能的。在这种情况下应停止试验，需要重新对试样进行机加工，去掉焊珠和缺口顶端已发生塑性变形的材料，机加工出新的缺口。为了从该试样获得有效数据，需要在更低的温度下重新试验（降低 20 ~ 40℃）。若位移超过按下式估计的极限，试验就不可能得到成功的结果了。

$$(V_0)_{\text{limit}} = \frac{1.50R_{p0.2}W\sqrt{B_N/B}}{Ef(a_0/W)}$$

式中　V_0——起始位移，单位为 mm；

　　$R_{p0.2}$——规定塑性延伸强度，单位为 MPa；

　　　　W——试样宽度，单位为 mm；

　　　　B——试样厚度，单位为 mm；

　　　B_N——试样净厚度，单位为 mm；

　　　　E——弹性模量，单位为 MPa；

　　　a_0——试样缺口长度，单位为 mm；

$f(a_0/W)$——自变量为 a_0/W 的函数。

　　未试验成功的试样必须去掉的材料数量大约是缺口尖端附近处在平面应变条件的塑性区的半径，根据 $(K_0/R_{p0.2})^2/6\pi$ 计算得到，其中 K_0 是裂纹启裂应力强度因子，单位为 $N/mm^{3/2}$。必须通过机加工去掉已发生稳态撕裂的足够量的材料。

4. 标记止裂裂纹

1）止裂裂纹的位置通过热着色来标记，通过在 260 ~ 370℃ 的温度范围，加热时间 10 ~

90min 标记止裂裂纹前缘，可以将时间与温度任意组合。

2）标记完试样的裂纹前缘后，应将试样断成两半，通常需要借助楔形加载装置。对于结构钢，可以通过干冰或液氮冷却加速断裂过程。

5. 止裂裂纹长度的测量

在热着色的断口试样厚度中心、中心和侧槽的 1/2 厚度处三个位置测量止裂裂纹长度，准确到±1% 以内。由于裂纹前缘的不规则性，在某些位置测量裂纹长度是困难的，此时应取这三个位置为中心，宽为 $B_N/4$ 上的视觉平均值。三次测量的平均值规定为平均止裂裂纹长度 a_a。

视觉平均避免了单点测量，单点测量不能准确代表裂纹前缘附近测量的平均位置。为了便于分析，先假定裂纹前缘是平直和光滑的。视觉平均方法是以在测量带的宽度上取平均值作为裂纹尖端位置的（已断材料和未断材料的分界）。视觉平均方法具有一定程度的保守性，这是因为该方法计算的应力强度因子随裂纹长度的增加而降低。

6. 试验结果的计算和处理

（1）位移测量　从力-位移自动记录曲线图上，确定几个位移值。图 9-23 是通过对试样连续加载和卸载循环得到的典型力-位移图，直到第 4 个加载循环，才显示出不稳定裂纹扩展。需要测量的位移如下：

1）V_{F_1}＝第 1 个加载循环结束时的位移偏置＝V_{R_1}。

2）$V_{F_{n-1}}$＝第 $n-1$ 个加载循环结束时的总位移偏置＝最后加载循环起始时的总位移偏置＝V_{R_3}。

3）V_0＝不稳定裂纹扩展起始的位移＝V_{F_4}。

4）V_a＝裂纹止裂后大约 0.1s 的位移＝V_{F_5}。

5）V_a-V_0＝止裂伴随的裂纹张开的快速增加＝$V_{F_5}-V_{F_4}$。

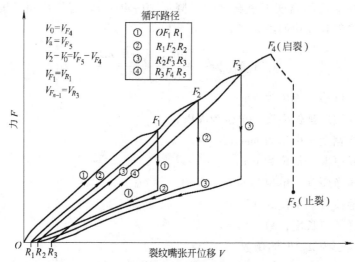

图 9-23　对试样使用循环加载技术得到的力-位移图

注：在第 4 个加载周期显示了快速止裂。

（2）裂纹启裂应力强因子 K_0 和平面应变止裂断裂韧度条件值 K_{Qa} 的计算　K_0 和 K_{Qa} 按下式计算：

$$K = EVf(x)(B/B_N)^{1/2}/W^{1/2}$$

式中　K——应力强度因子，单位为 $N/mm^{3/2}$；

$\quad\quad E$——弹性模量，单位为 MPa；

$\quad\quad V$——位移，单位为 mm；

$\quad\quad W$——试样宽度，单位为 mm；

$\quad\quad B$——试样厚度，单位为 mm；

$\quad\ B_N$——试样净厚度，单位为 mm；

$\quad f(x)$——自变量为 x 的函数，其中 x 按下式计算：

$$x = a/W$$

式中　a——止裂裂纹长度，单位为 mm；

$\quad\quad W$——试样宽度，单位为 mm。

不同的 x 对应的 $f(x)$ 值见表9-2。

表9-2　不同的 x 对应的 $f(x)$ 值

x	$f(x)$	x	$f(x)$	x	$f(x)$
0.20	0.390	0.42	0.223	0.64	0.149
0.21	0.378	0.43	0.218	0.65	0.147
0.22	0.367	0.44	0.214	0.66	0.144
0.23	0.357	0.45	0.210	0.67	0.141
0.24	0.347	0.46	0.206	0.68	0.139
0.25	0.337	0.47	0.202	0.69	0.136
0.26	0.328	0.48	0.198	0.70	0.133
0.27	0.319	0.49	0.194	0.71	0.131
0.28	0.310	0.50	0.191	0.72	0.128
0.29	0.302	0.51	0.188	0.73	0.125
0.30	0.294	0.52	0.184	0.74	0.122
0.31	0.287	0.53	0.181	0.75	0.119
0.32	0.280	0.54	0.178	0.76	0.117
0.33	0.273	0.55	0.175	0.77	0.114
0.34	0.266	0.56	0.172	0.78	0.111
0.35	0.260	0.57	0.169	0.79	0.108
0.36	0.254	0.58	0.166	0.80	0.105
0.37	0.248	0.59	0.163	0.81	0.102
0.38	0.243	0.60	0.160	0.82	0.098
0.39	0.237	0.61	0.158	0.83	0.095
0.40	0.232	0.62	0.155	0.84	0.092
0.41	0.227	0.63	0.152	0.85	0.088

1）使用 $a = a_0$（试样缺口长度），$V = V_0 - V_{F_{n-1}}$ 计算 K_0。

2）使用 $a = a_a$，$V = 0.5[V_0 + V_n - V_{F_1} - V_{F_{n-1}}]$ 计算 K_{Qa}。如果在第1个加载循环，就发生了快速止裂，$V_{F_{n-1}}$ 和 V_{F_1} 均取值为零。

（3）有效性判据 按计算得到的 K_{Qa} 值，如果完全满足表9-3的判据，就认为是平面应变止裂韧度值 K_{Ia}。

表9-3 保证 K_{Qa} 是线弹性平面应变止裂韧度值的判据

特　征	判　据	特　征	判　据
未断韧带	（A）$W-a_a \geqslant 0.15W$	裂纹扩展量	（D）$a_a-a_0 \geqslant 2W_N$
未断韧带	（B）$W-a_a \geqslant 1.25(K_a/R_{Yd})^2$	裂纹扩展量	（E）$a_a-a_0 \geqslant (K_0/R_{p0.2})^2/2\pi$
厚度	（C）$B \geqslant 1.0(K_a/R_{Yd})^2$		

注：W_N 是缺口宽度，单位为 mm；R_{Yd} 是动态屈服强度，单位为 MPa。

9.5　金属材料准静态断裂韧度试验

金属材料准静态断裂韧度试验按照 GB/T 21143—2014《金属材料　准静态断裂韧度的统一试验方法》进行。

9.5.1　试样

1. 试样的形状和尺寸

金属材料准静态断裂韧度试样如图9-24~图9-26所示。

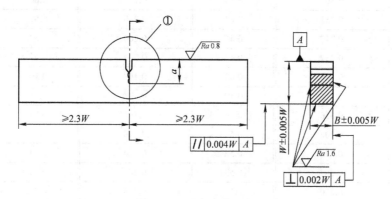

图 9-24　三点弯曲试样

注：1. 引发裂纹缺口尖端的纵切面（A 面）与试样左右两端面保持等间距且距离之差在 $0.005W$ 以内。

2. 可以采用整体刀口或附加刀口固定引伸计，见图9-28和图9-29。

3. 初始引发缺口和疲劳裂纹的形状见图9-27。

4. $1.0 \leqslant W/B \leqslant 4.0$（推荐 $W/B=2$）。

5. $0.45 \leqslant a/W \leqslant 0.70$。

① 见图9-27和图9-28。

平面应变断裂韧度 K_{IC} 试验的最小推荐厚度见表9-4。

2. 试样制备

1）从最终热处理状态和（或）机加工状态下的材料上截取。

2）不能从其最终热处理状态下截取时，最终热处理可以在机加工后满足了试样的尺寸、公差、形状和表面粗糙度要求时，并充分考虑了由于特殊的热处理（例如钢的水淬）而带来的试样尺寸变化等影响后进行。

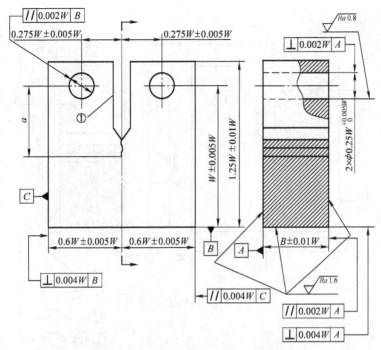

图 9-25　直通形缺口紧凑拉伸试样

注：1. 引发裂纹缺口尖端的纵切面（A 面）与试样左右两端面保持等间距且距离之差在 0.005W 以内。

　　2. 可以采用整体刀口或附加刀口固定引伸计，见图 9-28 和图 9-29。

　　3. 初始引发缺口和疲劳裂纹的形状见图 9-27。

　　4. $0.8 \leqslant W/B \leqslant 4.0$（推荐 $W/B = 2$）。

　　5. $0.45 \leqslant a/W \leqslant 0.70$。

　　6. 可以选择的销孔直径为 $\phi 0.188W_{0}^{+0.004W}$。

① 见图 9-27 和图 9-28。

表 9-4　平面应变断裂韧度 K_{IC} 试验的最小推荐厚度

塑性延伸强度/弹性模量/（MPa/MPa）	厚度/mm
$0.0050 \sim <0.0057$	75
$0.0057 \sim <0.0062$	63
$0.0062 \sim <0.0065$	50
$0.0065 \sim <0.0068$	44
$0.0068 \sim <0.0071$	38
$0.0071 \sim <0.0075$	32
$0.0075 \sim <0.0080$	25
$0.0080 \sim <0.0085$	20
$0.0085 \sim <0.0100$	13
0.0100	7

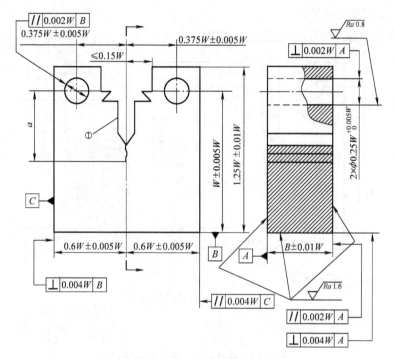

图 9-26 台阶形缺口紧拉试样

注：1. 引发裂纹缺口尖端的纵切面（A 面）与试样左右两端面保持等间距且距离之差在 0.005W 以内。

2. 可以采用整体刀口或附加刀口固定引伸计，见图 9-28 和图 9-29。

3. 初始引发缺口和疲劳裂纹的形状见图 9-27。

4. $0.8 \leqslant W/B \leqslant 4.0$（推荐 $W/B=2$）。

5. $0.45 \leqslant a/W \leqslant 0.70$。

6. 第 2 个台阶对于一些引伸计是没必要的；图 9-27 显示了疲劳裂纹前端缺口的包迹线图。

7. 可以选择的销孔直径为 $\phi 0.188 W_{0}^{+0.004W}$。当使用这个尺寸的销子时，最大缺口张开位移应增加到 $0.21W$。

① 见图 9-27 和图 9-28。

3）残余应力可能影响准静态断裂韧度的测量。当试件从具有明显残余应力的区域截取时，影响是显著的。例如，焊接件、形状复杂的型钢（如热模锻、阶段式挤压、铸造）等，它们不可能完全释放应力或有局部感应残余应力。

4）从有残余应力的产品上截取的试样可能也有残余应力。在试样的截取过程中可能部分释放或重新分配残余应力的存在，仍然可能导致试验数据的重大偏差。残余应力叠加到外加应力上，作用于裂纹尖端应力场，明显不同于单纯的外加力或位移。试样机加工中的变形、试样几何形状的依赖性及在预制疲劳裂纹过程中的不规则裂纹扩展（如裂纹前缘过渡弯曲或偏离扩展平面），经常是受残余应力的影响所致。在外加力为零时的缺口张开位移（裂纹闭合效应）表征残余应力的存在，并可能影响随后的断裂韧度测定。

5）试样的缺口外形不应超过图 9-27 所示的包迹线。通过铣床加工的缺口底径不应大于 0.10mm。锯、磨或火花腐蚀加工的缺口宽度不应大于 0.15mm。试样缺口平面应垂直于试样表面，偏差在 2°以内。

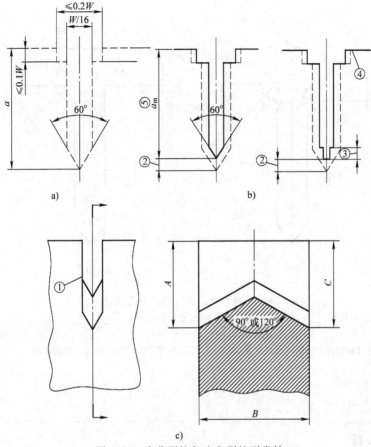

图 9-27　疲劳裂纹包迹和裂纹引发缺口

a）包迹线　b）缺口几何形状　c）山形缺口

注：1. $A = C \pm 0.010W$。

　　2. 山形缺口底径不应大于 0.25mm。

　　3. 切口尖端的角度最大为 90°。

　　4. 如果疲劳裂纹萌生和（或）扩展很困难，可以使用图 c 所示的山形缺口。

① 机加工缺口。

② 疲劳预制裂纹。

③ 火花腐蚀或机加工的狭缝。

④ 三点弯曲试样的边沿或紧凑拉伸试样的加力线。

⑤ a_m 应大于 A 和 C。

6）试样刀口可以是整体的，也可以是附加的，如图 9-28 和图 9-29 所示。图 9-28 和图 9-29 中的 $2x$ 寸应当在引伸计的工作范围以内，刀口边沿与试样表面成直角，并且应保持相互平行偏差在 0.5° 以内。对于这两种类型图对应的引伸计，应保证引伸计与刀口接触点之间能自由转动。

7）疲劳预制裂纹应在试样最终热处理及机加工后或特定环境条件下进行。疲劳预制裂纹后，断裂试验前的中间处理仅在需要模拟特殊的结构应用时才是必要的。这一处理应在试验报告中注明。在整个预制疲劳裂纹过程中最大疲劳裂纹预制力应准确至 ±2.5%。

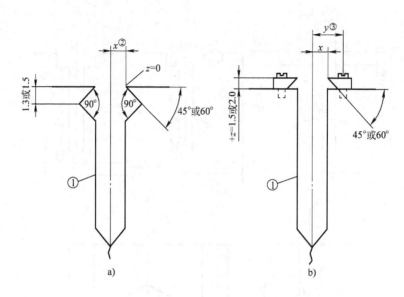

图 9-28　外置刀口和相应的缺口几何尺寸

a）整体刀口　b）螺钉固定刀口

注：如果刀口是通过黏结或类似的方式固定在试样边沿，则 $2y$ 等于刀口两外端点之间的距离。

① 见图 9-27。

② $2x$ 见试样制备中的 6）。

③ $2y+$螺纹直径 $=W/2$。

9.5.2　试验设备

1）对于三点弯曲试样使用的加载装置，在加载过程中允许支承辊自由向外移动（见图 9-30），并保持整个试验过程中辊的接触，以减少摩擦力的影响。辊的直径应为 $W/2 \sim W$。加载装置受力面的硬度应大于 40HRC（400HV）或试样硬度，取其大者。

2）紧凑拉伸试样加载时使用的 U 形钩和加载销应尽量减小摩擦。试样在受拉力作用时，试验装置应保证同轴。用于测定阻力曲线的 U 形钩的销孔应是平底的（见图 9-31），以保证加载销在整个加载过程能自由转动。圆底销孔的 U 形钩（见图 9-32）不允许用于单试样法的试验。

9.5.3　试验内容及结果表示

1. 试验温度

在环境温度试验条件下，试验温度应控制在±2℃，并做记录。为此，应在距离裂纹尖端 5mm 以内的区域用热电偶或铂电阻温度计与试样表面接触进行测量。试验应在适当的低温或高温介质下进行。

冷却介质为液体时，当试样表面温度达到试验温度，每 1mm 厚度浸泡时间至少为 30s。冷却介质为气体时，每 1mm 厚度保温时间至少为 60s。在试验温度下的浸泡时间最少为 15min。试样温度应保持在试验温度的±2℃以内。

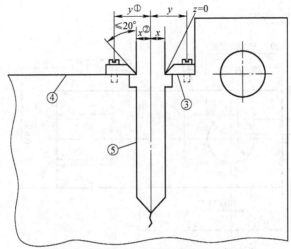

图 9-29 内置刀口和相应的缺口几何尺寸

注：1. 如果刀口是通过黏结或类似的方式固定在试样边沿，则 $2y$ 等于刀口两端点之间的距离。

2. 如果用刀片代替内置刀口，则通常在加力线上刀片厚度一半处测量位移。

① $2y+$螺纹直径$=W/2$。

② $2x$ 见试样制备中的 6)。

③ 见图 9-27。

④ 加载线。

⑤ 台阶紧凑拉伸试样的加载线。

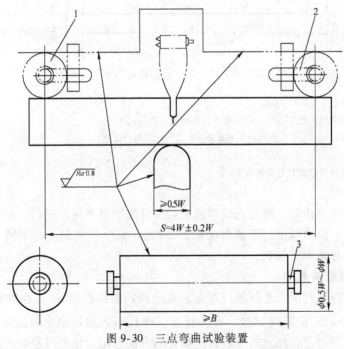

图 9-30 三点弯曲试验装置

1—辊 2—橡皮筋或弹簧 3—固定橡皮筋或弹簧的箍

注：1. 两辊及上压头与试样的接触面应互相平行，且平行度误差不大于$\pm0.002W$。

2. 试验装置和辊的硬度不小于 40HRC 或试样硬度，取其大者。

263

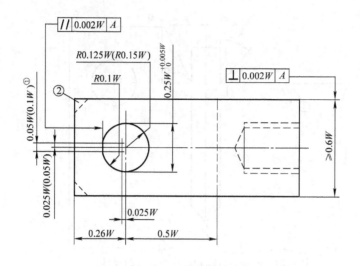

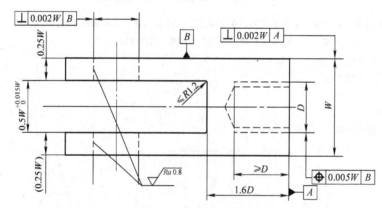

图 9-31　用于紧凑拉伸试样的平底加载销孔 U 形钩的典型设计

注：1. 加载销的直径 = $0.24W_{-0.005W}^{0}$。

　　2. U 形钩和加载销的硬度不小于 40HRC 或试样硬度，取其大者。

　　3. 对于大位移量的试样，U 形钩销孔的直径应放大到括号内的尺寸。

① 加载平面。

② 为便于安装引伸计可以将 U 形钩的角去掉。

2. 试验速率

试验应在缺口张开位移、施力点位移或横梁位移的控制条件下进行。施力点位移速率应该保证在线弹性区，应力强度因子速率在 $0.2 \sim 3 MPa \cdot m^{1/2}/s$ 之间。对于同一组试验，所有试样都应在同一标称速率下加载。

3. 试验后的裂纹测量

试样在试验后应被打断，进行断口检查，测定原始裂纹长度 a_0 及在试验过程中发生的稳定裂纹扩展量 Δa。对于某些试验，有必要在试样打断之前标记出稳定裂纹扩展的范围。稳定裂纹扩展量可以通过着色或试验后二次疲劳的方法标记。注意尽量减小试验后试样的变形。对于铁素体钢，通过冷却脆化的方法有助于试样打断时试样变形的减小。

（1）初始裂纹长度 a_0　测量初始裂纹长度 a_0 时，应该测量到疲劳裂纹的尖端，测量仪器的准确度应不低于 $\pm0.1\%$ 或 $0.025mm$，取其大者。图 9-33 和图 9-34 显示了 9 点测量位

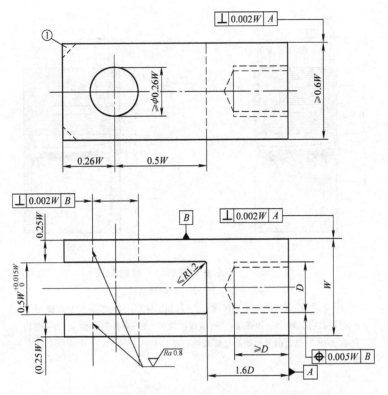

图 9-32 用于紧凑拉伸试样的圆底加载销孔 U 形钩的典型设计

注：1. 加载销的直径 = $0.24W_{-0.005W}^{0}$。

2. U 形钩和加载销的硬度不小于 40HRC 或试样硬度，取其大者。

① 为便于安装引伸计可以将 U 形钩的角去掉。

置。a_0 值是通过先对距离两侧表面 $0.01B$ 位置（对于开侧槽试样，从侧槽根部算）取平均值，再和内部等间距的 7 点测量长度取平均值得到的。

（2）稳定裂纹扩展长度　应借助测量准确度 ±0.025mm 的仪器按照 9 点平均值方法测量初始裂纹长度 a_0 和终止裂纹长度 a_f。按下式计算稳定裂纹扩展长度 Δa：

$$\Delta a = a_f - a_0$$

式中　Δa——稳定裂纹扩展长度，单位为 mm；

a_f——终止裂纹长度，单位为 mm；

a_0——初始裂纹长度，单位为 mm。

（3）非稳定裂纹扩展　当有证据表明不稳定裂纹的止裂和 pop-in（突变）特性（见图 9-35）有联系时，在每一个 pop-in 之前的整个扩展量 Δa 都应进行记录。

4. 平面断裂韧度的测量

（1）F_Q 的定义　如图 9-36 所示，从原点做直线 OF_d，该直线的斜率比记录曲线的线性部分 OA 的斜率低 $\Delta F/F$ 倍，$\Delta F/F$ 的值应满足下列要求：

1）对于三点弯曲试样的力 F 与缺口张开位移 V 曲线：$\Delta F/F = 0.05$。

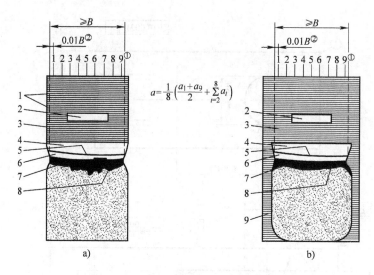

$$a = \frac{1}{8}\left(\frac{a_1 + a_9}{2} + \sum_{i=2}^{8} a_i\right)$$

图 9-33　三点弯曲试样裂纹长度的测量

a）普通试样　b）开侧槽试样

1—参考线　2—裂纹平面区域　3—机加工缺口　4—疲劳预制裂纹

5—初始裂纹前缘　6—伸张区　7—裂纹扩展区　8—最终裂纹前缘　9—侧槽

① 在 1~9 的位置测量初始和最终裂纹长度。

② 未按比例。

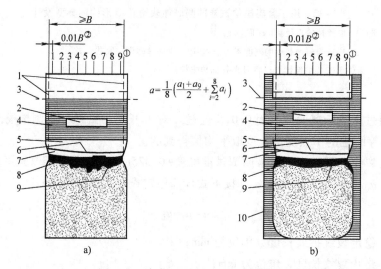

$$a = \frac{1}{8}\left(\frac{a_1 + a_9}{2} + \sum_{i=2}^{8} a_i\right)$$

图 9-34　紧拉试样裂纹长度的测量

a）普通试样　b）开侧槽试样

1—参考线　2—裂纹平面区域　3—销孔的中心线　4—机加工缺口　5—疲劳预制裂纹

6—初始裂纹前缘　7—伸张区　8—裂纹扩展区　9—最终裂纹前缘　10—侧槽

① 在 1~9 的位置测量初始和最终裂纹长度。

② 未按比例。

2）对于三点弯曲试样的力 F 与施力点位移 q 曲线：$\Delta F / F = 0.04$。

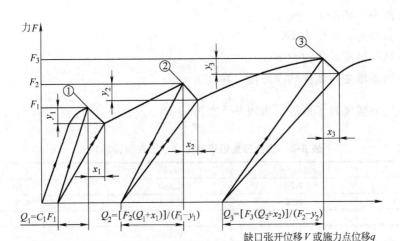

图 9-35　pop-in 特性的估计

注：1. C 是初始柔度。

2. Q_1 代表 V 或 q。

3. 为了清晰将 pop-in 夸张。

① pop-in1。

② pop-in2。

③ pop-in3。

3）对于紧凑拉伸试样，力 F 与缺口张开位移 V 及力 F 与施力点位移 q 曲线：$\Delta F/F = 0.05$。

图 9-35 中的 Ⅰ 型和 Ⅱ 型曲线 F_d 之前的最大力是 F_Q，图中的 Ⅲ 型曲线 $F_d = F_Q$。

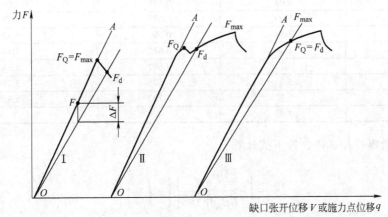

图 9-36　F_Q 的定义

（2）K_Q 的计算　平面应变断裂韧度 K_{IC} 的条件值 K_Q 按下面方法计算。

1）对于三点弯曲试样，按下式计算：

$$K_Q = \left[\left(\frac{S}{W} \right) \frac{F_Q}{(BB_N W)^{0.5}} \right] \left[g_1 \left(\frac{a_0}{W} \right) \right]$$

式中　K_Q——平面应变断裂韧度 K_{IC} 的条件值，单位为 MPa·m$^{1/2}$；

S——跨距，单位为 mm；

F_Q——条件力，单位为 kN；

B——试样厚度，单位为 mm；

B_N——两侧槽之间试样的净厚度，单位为 mm；

$g_1\left(\dfrac{a_0}{W}\right)$——应力强度因子系数，由表9-5查出。

表 9-5　应力强度因子系数（三点弯曲试样）

a/W	$g_1(a_0/W)$	a/W	$g_1(a_0/W)$
0.450	2.29	0.580	3.50
0.455	2.32	0.585	3.56
0.460	2.35	0.590	3.63
0.465	2.39	0.595	3.70
0.470	2.43	0.600	3.77
0.475	2.46	0.605	3.85
0.480	2.50	0.610	3.92
0.485	2.54	0.615	4.00
0.490	2.58	0.620	4.08
0.495	2.62	0.625	4.16
0.500	2.66	0.630	4.25
0.505	2.70	0.635	4.34
0.510	2.75	0.640	4.43
0.515	2.79	0.645	4.53
0.520	2.84	0.650	4.63
0.525	2.89	0.655	4.73
0.530	2.94	0.660	4.84
0.535	2.99	0.665	4.95
0.540	3.04	0.670	5.06
0.545	3.09	0.675	5.18
0.550	3.14	0.680	5.30
0.555	3.20	0.685	5.43
0.560	3.25	0.690	5.57
0.565	3.31	0.695	5.71
0.570	3.37	0.700	5.85
0.575	3.43		

2）对于紧凑拉伸试样，按下式计算：

$$K_Q = \left[\frac{F_Q}{(BB_N W)^{0.5}}\right]\left[g_2\left(\frac{a_0}{W}\right)\right]$$

式中　K_Q——平面应变断裂韧度 K_{IC} 的条件值，单位为 $MPa \cdot m^{1/2}$；

F_Q——条件力；单位为 kN；

B——试样厚度，单位为 mm；

B_N——两侧槽之间试样的净厚度，单位为 mm；

$g_2\left(\dfrac{a_0}{W}\right)$——应力强度因子系数，由表9-6查出。

表9-6　应力强度因子系数（紧凑拉伸试样）

a/W	$g_2(a_0/W)$	a/W	$g_2(a_0/W)$
0.450	8.34	0.580	12.65
0.455	8.46	0.585	12.89
0.460	8.58	0.590	13.14
0.465	8.70	0.595	13.39
0.470	8.83	0.600	13.65
0.475	8.96	0.605	13.93
0.480	9.09	0.610	14.21
0.485	9.23	0.615	14.50
0.490	9.37	0.620	14.80
0.495	9.51	0.625	15.11
0.500	9.66	0.630	15.44
0.505	9.81	0.635	15.77
0.510	9.96	0.640	16.12
0.515	10.12	0.645	16.48
0.520	10.29	0.650	16.86
0.525	10.45	0.655	17.25
0.530	10.63	0.660	17.65
0.535	10.80	0.665	18.07
0.540	10.98	0.670	18.52
0.545	11.17	0.675	18.97
0.550	11.36	0.680	19.44
0.555	11.56	0.685	19.94
0.560	11.77	0.690	20.45
0.565	11.98	0.695	20.99
0.570	12.20	0.700	21.55
0.575	12.42		

（3）平面应变断裂韧度 K_{IC} 的有效值判定　如果满足下列条件：

$$a_0 = 2.5 \left(\frac{K_Q}{R_{p0.2}} \right)^2 \ 且 \ B = 2.5 \left(\frac{K_Q}{R_{p0.2}} \right) \ 且 \ (W - a_0) = 2.5 \left(\frac{K_Q}{R_{p0.2}} \right)^2$$

式中　a_0——初始裂纹长度，单位为 mm；

$\quad K_Q$——平面应变断裂韧度 K_{IC} 的条件值，单位为 MPa·m$^{1/2}$；

$R_{p0.2}$——规定塑性延伸强度，单位为 MPa；

$\quad W$——裂纹宽度，单位为 mm。

K_Q 就是平面应变断裂韧度 K_{IC}。

9.6　金属材料焊接接头准静态断裂韧度试验

金属材料焊接接头准静态断裂韧度试验按照 GB/T 28896—2012《金属材料　焊接接头准静态断裂韧度测定的试验方法》进行。

9.6.1　试样

1. 试样种类

1）只需考虑裂纹尖端位于特定宏观位置而不考虑显微组织的试样，称为 WP 试样。

2）需金相检查来确定裂纹尖端位于特定显微组织的试样，称为 SM 试样。

2. 缺口处待测区域分类

1）WP 试样缺口在特定焊接区域的某参考位置（例如焊缝金属中心线位置）。

2）SM 试样缺口全部或部分疲劳裂纹前缘在试样中心 75% 范围内的指定显微组织区域内。

3）对于对中不好的双道或者多道焊焊缝，当 WP 试样缺口取在焊缝金属中心线且细晶区占主导的位置时，可能得到错误的（过高的）断裂韧度值。对于这种焊接接头，应使用 SM 试样进行断裂韧度测试。

4）典型的试样缺口位置示例如图 9-37 和图 9-38 所示。

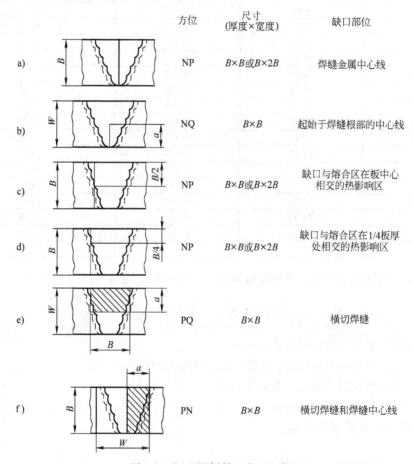

图 9-37 WP 试样缺口位置示例

N—垂直焊缝方向 P—平行焊缝方向 Q—焊缝厚度方向

3. 试样设计

应将试样设计成单边缺口弯曲试样或紧凑拉伸试样类型，试样侧面应刨平或开侧槽。沿试板厚度开缺口的弯曲试样称为贯穿厚度缺口试样（见图 9-39～图 9-41，母材试样为 XY 和 YX，焊缝试样为 NP 和 PN），在试板表面开缺口的弯曲试样称为表面缺口试样（见图9-39～图 9-41，母材试样为 XZ 和 YZ，焊缝试样为 NQ 和 PQ）。

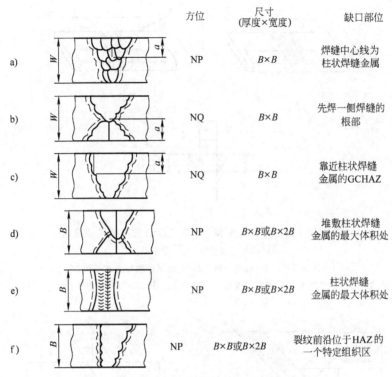

	方位	尺寸 (厚度×宽度)	缺口部位
a)	NP	$B×B$	焊缝中心线为 柱状焊缝金属
b)	NQ	$B×B$	先焊一侧焊缝的 根部
c)	NQ	$B×B$	靠近柱状焊缝 金属的GCHAZ
d)	NP	$B×B$或$B×2B$	堆敷柱状焊缝 金属的最大体积处
e)	NP	$B×B$或$B×2B$	柱状焊缝 金属的最大体积处
f)	NP	$B×B$或$B×2B$	裂纹前沿位于HAZ的 一个特定组织区

图 9-38　SM 试样缺口位置示例

N—垂直焊缝方向　P—平行焊缝方向　Q—焊缝厚度方向

　　容许采用小尺寸（即 B 或 W 小于图 9-39~图 9-41 中所指示的 Z 方向母材厚度和 Q 方向焊缝厚度）及（或）开侧面槽的试样进行断裂韧度试验，但应在试验报告中注明。使用小尺寸及（或）侧面开槽试样进行断裂韧度测定所得到的试验结果，可能会由于尺寸效应或者因为试验部分显微组织区域的不同，而与使用全厚度试样获得的断裂韧度值存在一定的差异。

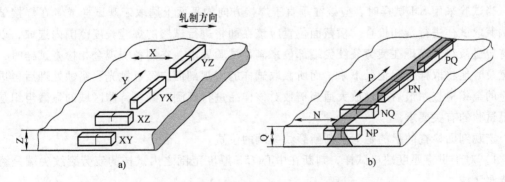

图 9-39　母材和焊缝断裂韧度试样裂纹面取样方位

a) 母材　b) 焊缝

N—垂直焊缝方向　P—平行焊缝方向　Q—焊缝厚度方向

注：第1个字母表示裂纹平面的法向，第2个字母表示预期裂纹扩展的方向。NP 和 PN 为贯穿厚度缺口试样，NQ 和 PQ 为表面缺口试样。

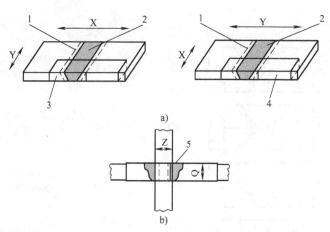

图 9-40 典型对接接头和十字接头断裂韧度试样裂纹面

a）典型对接接头 b）十字接头

1—热影响区 2—焊缝金属 3—焊缝试样取样方向 NP/XY

4—焊缝试样取样方向 NP/YX 5—贯穿厚度裂纹 NP/ZX 或 NP/ZY X—轧制方向 Q—焊接厚度方向

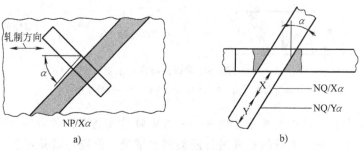

图 9-41 HAZ 断裂韧度试样裂纹面与母材轧制方向成 α 角

a）典型对接接头 b）倾斜的十字接头

4. 机加工前金相检查

当试验采用 SM 试样时，应该在垂直于焊接方向的平面上选取宏观试样或者在焊接试板末端截取试样进行金相检查。横截面位置应该在即将进行试验的焊缝长度范围内选取，以确保特定显微组织出现在疲劳裂纹尖端部位来满足试验要求。在制备宏观金相检查试样时，应注意及时地将取样位置记录下来，而所截取试样的宏观剖面应经过抛光、腐蚀处理后再进行相应的金相检查，最后通过放大适当倍数对该样品进行观测，确认待测区域的显微组织是否满足试验的有关要求。

宏观剖面检查的目的是为了判断裂纹尖端的位置。

1）对于贯穿厚度缺口试样，判断在中心 75% 厚度范围之内试样的疲劳裂纹尖端是否位于待测区域。

2）对于表面缺口试样，要求疲劳裂纹尖端距离待测区域不能超过 0.5mm。

如果在待测区域内指定的显微组织不存在，或因其数量不足而难以确保试验结果的可靠性，或疲劳裂纹尖端位置无法满足标准（深缺口试样）的相应规定，则该焊接试板将因为不满足制备 SM 试样的标准要求而不能用于断裂韧度试验。在这种情况下，可重新选择待测区域或者重新焊接符合标准要求的试板。如果使用单边缺口弯曲类型的 SM 试样，并且其显微组织数量达到试验要求，但裂纹尖端位置却不满足相关标准（深缺口试样）的规定，经相关方协商，则允许使用浅缺口试样方法进行断裂韧度试验。

5. 机加工

（1）试样尺寸公差　为了保证试样缺口位置的正确性，首先在产品试板上切取试样样坯。试样样坯应机加工到满足尺寸公差要求后再开缺口。弯曲试样的尺寸及所允许的尺寸公差如图 9-42 所示。

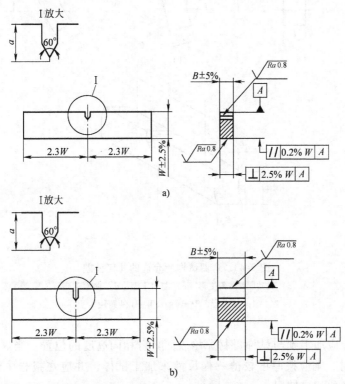

图 9-42　弯曲试样的尺寸及所允许的尺寸公差

a）长方形截面试样　b）正方形截面试样

注：1. 对于长方形截面试样，宽度 = W，厚度 = $B = 0.5W$，裂纹长度 $a = (0.45 \sim 0.7)W$，力跨距 = $4W$，缺口宽度 = $0.065W_{max}$。

    2. 对于正方形截面试样，宽度 = W，厚度 = $B = W$，裂纹长度 $a = (0.45 \sim 0.7)W$，力跨距 = $4W$，缺口宽度 = $0.065W_{max}$。

对于存在焊接错边、焊接变形和样坯弯曲（当试样的样坯取自管件时）的试样，应按照图 9-43 的相应要求进行机加工。对于半径与焊缝厚度比值不小于 10 的管件，由于管道弯曲而允许样坯侧面存在 2.5%W 的平直度公差。对于不平直试样，如果不能达到规定的平直度和对正要求时，可采用局部弯曲的方法在加工缺口前予以矫直。注意矫直时加载点或支承点至焊缝缺口部位之间的距离应不小于厚度 B。变形或弯曲样坯的矫直方法如图 9-44 所示。

当取自管材的样坯无法矫直时，可从管材上取下一方形块并与一个适当长度的延伸板焊接在一起。该方形块与延伸板组成一个具有足够长度的试样来满足图 9-43 的曲率要求。方形块与延伸板的焊接位置应远离原焊缝，以便不影响待测区域的显微组织。

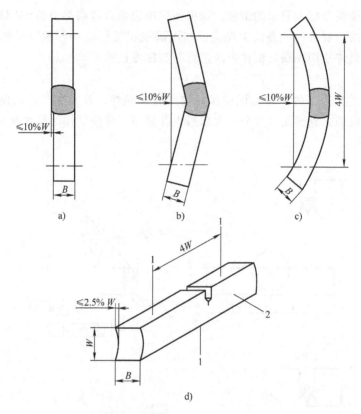

图 9-43 弯曲试样所允许的几何公差

a）错边   b）角变形   c）曲面Ⅰ型   d）曲面Ⅱ型

1—加载点   2—弧面   W—1/4 跨距

焊缝余高部分应加工到与试件母材原始表面具有相同高度的位置。当焊缝两侧材料厚度相差 10% 或更多时，则应按厚度较薄一侧尺寸来加工试样，并应在报告中说明试样原始厚度与机加工后厚度的相应情况。

（2）贯穿厚度试样缺口位置的确定   NP 裂纹面方向的贯穿厚度试样缺口位置的确定如图 9-45 所示。在试样待加工缺口表面（面 A）及相对的另一表面上（面 B）均需进行研磨处理，并腐蚀显现出焊缝和热影响区轮廓位置。然后沿着特定显微组织区域在面 A 和面 B 各画出一条参考标识线。两条标识线延伸到面 A 和面 B 的同一垂直侧面上。在两条延伸线中间等间距的位置画一条新的标识线，用来最终确定 A 面的缺口加工位置。

（3）表面缺口试样缺口位置的确定   表面缺口试样缺口位置的确定如图 9-46 所示。首先将试样的两个侧面在进行磨削加工之后腐蚀出焊缝和热影响区。在两个侧面上分别从特定显微组织区域画标识线至缺口加工面，两条标识线的横向中间位置进行机械缺口加工。

6. 试样制备

疲劳裂纹预制的一般要求与 GB/T 21143 完全相同。对于焊缝（中心）金属试样，预制疲劳裂纹的最大力 F_f 以及最大疲劳应力强度因子 K_f 应根据焊缝金属的拉伸性能进行估算，即根据疲劳裂纹所在部位材质的相应力学性能进行估算。而在其他任何情况下，所预制疲劳裂纹的最大力应当使用焊接接头各区域最低的拉伸性能进行估算。

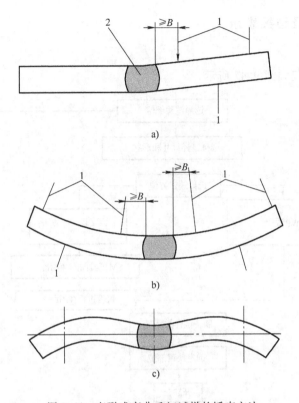

图 9-44　变形或弯曲毛坯试样的矫直方法

a）减少角变形　b）降低管件的曲率（试件两侧分别加载）　c）呈现"羽翼"形状的管截面试样

1—矫直加载点　2—焊缝

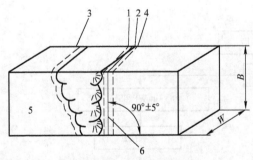

图 9-45　应用参考标识线来确定
贯穿厚度试样缺口位置

1、4—标识线　2—熔合线　3—面 B（不开缺口面）

5—面 A（开缺口面）　6—缺口

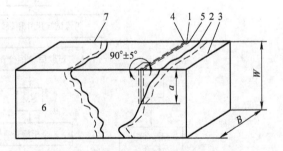

图 9-46　表面缺口试样缺口位置的确定

1—缺口　2—熔合线　3—开缺口面

4、5—标识线　6—面 A　7—面 B

所有焊后热处理或消除应力热处理都应当在预制疲劳裂纹之前进行。

9.6.2　试验设备

试验设备应符合 GB/T 21143 的规定。

9.6.3 试验内容及结果表示

1. 试验步骤

断裂韧度试验流程如图 9-47 所示。

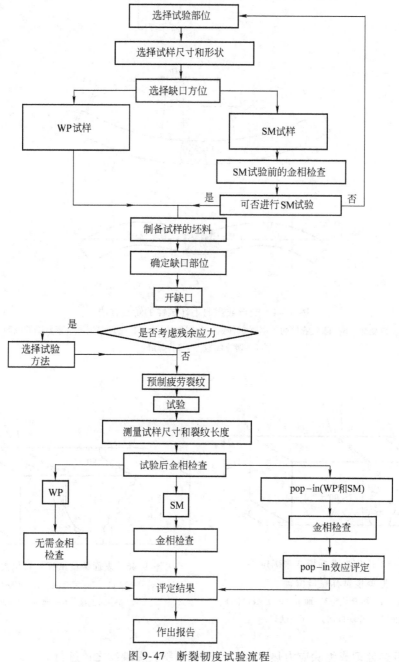

图 9-47 断裂韧度试验流程

2. 试验后金相检查

（1）概述 对于 SM 试样，为了辨别疲劳裂纹尖端位置是否落在指定的显微组织区域之内，在试验之后应再次进行金相检查。方法是从试样上截取含有断裂面的切片，当检查热影响区试样时，应在焊缝一侧切下含有热影响区的切片。截取切片后，应根据有关规定进行分析，确认疲劳裂纹尖端位置的显微组织。WP 试样试验后不要求进行切片金相检查。在脆性断裂情况下，如果已证实疲劳裂纹尖端落入特定显微组织区域之内，但这并不能保证解理裂纹一定启裂于该显微组织。为确认裂纹萌生部位的显微组织，（如有要求）或许有必要进行更进一步的切片与金相检查，以验证该组织就是脆性裂纹启裂部位。切片的切取方法、金相检查方法与 pop-in 的评定过程中所采用的方法类似。

（2）贯穿厚度缺口试样　按下列方法进行：

1）对于贯穿厚度缺口试样，切片应垂直断裂表面切割，截取位置距疲劳裂纹尖端的最大长度为 2mm，并保证在试样厚度中心 75% 范围含有疲劳裂纹（B 为试样厚度，对于侧开槽试样则为 B_N），如图 9-48 所示。然后，对切片进行金相检查，以确定疲劳裂纹尖端是否位于特定显微组织范围之内。

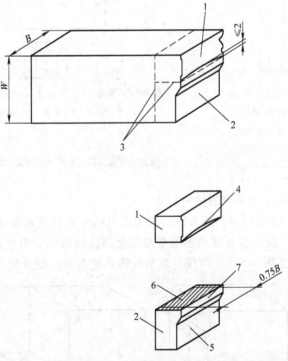

图 9-48　贯穿厚度缺口试样试验后金相检查切片的切取法
1—切片 B　2—切片 A　3—切口　4—疲劳裂纹尖端　5—机械缺口
6—待检测表面（抛光和腐蚀）　7—疲劳预制裂纹

2）切片金相检查是为了判断在试样厚度中心 75%（B 或者 B_N）范围内，疲劳裂纹尖端部位是否为特定显微组织，并记录在试样厚度中心 75% 范围内特定显微组织区域的长度及其相应位置。

3）对于 HAZ（热影响区）SM 试样，试验前要进行宏观腐蚀和金相检查。图 9-49 和图 9-50 给出了紧邻柱状焊缝金属的 HAZ 显微组织数量的计算方法。图 9-50 显示了如何在试样厚度中心 75% 范围内的宏观金相切面（见图 9-49）上绘制确定的特定显微组织分布图。在图 9-

50 中沿着理想缺口线分布的各个 SM 特定显微组织块,其长度通常用 λ 表示。在试样厚度中心 75% 范围内,长度 λ 的百分比之和($\sum\lambda$)即为 SM 试样特定显微组织的百分数。

对于 SM 试件,当要求特定显微组织应出现在疲劳裂纹尖端附近时,按照图 9-50 所示的方法绘制显微组织分布图,并进行显微组织百分数统计。

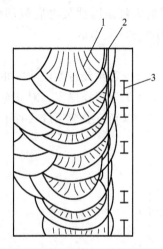

图 9-49 在宏观金相切面上紧邻
柱状焊缝金属的 HAZ 理想缺口线
1—柱状焊缝金属 2—理想缺口线
3—柱状焊缝金属对应的热影响区

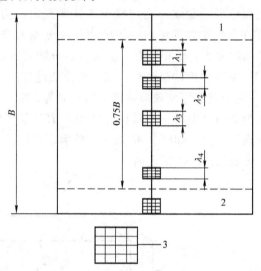

图 9-50 紧邻柱状焊缝金属的 HAZ 显微组织分布图
1—顶部 2—根部 3—指定的热影响区

注:指定的微观组织(在厚度的中心 75% 部位)$= \dfrac{\sum\limits_{\lambda_1}^{\lambda_n}\lambda}{0.75B} \times 100$ 。

(3)表面缺口试样 按下列方法进行:

1)如果试样发生解理断裂,那么需要采用适当的放大倍数对断裂面进行检查,以确定裂纹萌生的确切位置。应至少在靠近断裂裂纹萌生部位制取一个切片,切片平面应垂直于缺口表面与裂纹平面(见图 9-51)。当仅发生裂纹稳定扩展时,切片应在疲劳裂纹尖端最深处

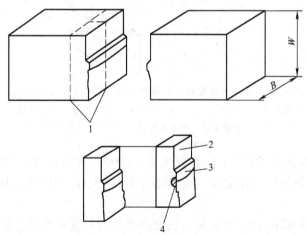

图 9-51 表面缺口试样试验后金相检查切片的切取方法
1—切口 2—机械缺口 3—疲劳预制裂纹 4—待检测表面(抛光和腐蚀)

截取。裂纹萌生位置的确定需要目测，有时也会借助于光学显微镜或扫描电镜进行观察确认。

2）切片金相检查用以确认疲劳裂纹尖端是否位于特定显微组织区域内。当特定显微组织区位于疲劳裂纹尖端前面时，这两者之间最小距离用 s_1（s_1 的测量准确度至少为±0.05mm，见图9-52a）表示。当特定显微组织区位于疲劳裂纹尖端的一侧时，两者之间最小距离用 s_2（s_2 的测量准确度也至少为±0.05mm，见图9-52b）表示。为了确定这些距离可能需要在断裂表面两侧截取切片。

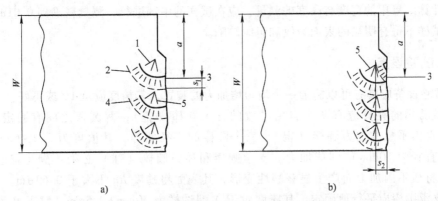

图 9-52　SM 表面缺口试样 s_1 和 s_2 的测量

a）待测区域微观组织位于疲劳裂纹尖端前沿　b）待测区域微观组织位于疲劳裂纹尖端一侧

1—焊珠　2—再热焊缝金属　3—疲劳裂纹尖端　4—再热焊缝金属　5—SM 试样（待测区域微观组织）

（4）pop-in 效应评定　当力下降和位移增加均不足1%时，该 pop-in 应忽略不计。

3. 断裂韧度的表示

按 GB/T 21143 的规定进行断裂韧度的计算。

9.7　硬质合金横向断裂强度试验

硬质合金横向断裂强度试验按照 GB/T 3851—2015《硬质合金　横向断裂强度测定方法》进行。

9.7.1　试样

1）试样应具有矩形截面，其尺寸见表9-7。其中，A 型或 B 型试样为长方体试样，C 型试样为圆柱体试样。

表 9-7　试样尺寸　　　　　　　　　　　　　　　　（单位：mm）

试样类型	长　度	宽度/直径	高度
A	35±1	5±0.25	5±0.25
B	20±1	6.5±0.25	5.25±0.25
C	25±5	φ3.3±0.5	—

注：一般来说，如果 A、B 两种类型试样的表面状态相同，B 型试样的强度比 A 型试样高 10%～20%。所有类型的试样具有类似的重现性。C 型试样的强度比 B 型试样高 5%～10%，其强度值的增加与材料有关。

2）试样的四个长面用金刚石砂轮（最好用树脂黏结）在足够的切削液作用下进行加

工。每次磨削量不得超过0.01mm，且全部磨痕应与长度方向平行。每个表面的磨去厚度不应少于0.1mm，表面粗糙度 Ra 不大于0.4μm。四个长棱应磨出0.15~0.2mm的倒角，全部磨痕也应与长度方向平行。C型试样应磨至表面粗糙度 Ra 不大于0.4μm。也可采用烧结状态的试样，为了避免毛刺，这种试样在烧结前应倒棱0.4~0.5mm，倒角为45°。

3）对于A型和B型试样，四个长面每两个相对面的平行度误差为：对于烧结状态试样，每10mm误差不大于0.05mm；对于加工试样，每10mm误差不大于0.01mm。对于C型试样，相对面的平行度误差应小于0.015mm。

4）计算结果用的宽度与高度的测量，应在试样的中部进行，测量精确到0.01mm。

5）试样不得有明显的表面裂纹和组织缺陷。

9.7.2 试验设备

1）试验设备应具有可以施加一个均匀增加力的装置，其精度应是1%或更好。

2）试验用的夹具应有两个自由平放的支承圆棒（辊），两圆棒之间有固定的距离，还有一个自由平放的加力圆棒（辊），三个圆棒的直径相等，其值可为3.2~6mm，或者可用一个直径为10mm的圆球加力。支承圆棒和加力圆棒（球）必须用碳化钨硬质合金制作，该材质不因加力而产生显著塑性变形，其表面粗糙度 Ra 不大于0.63μm。

3）支承圆棒应平行地固定，其跨度对于A型试样为30mm±0.5mm，对于B型或C型试样为14.5mm±0.5mm。测量跨度时，对于B型或C型试样应准确到0.1mm，而对A型试样应准确到0.2mm。

4）固定圆棒应使其平行度误差减少到最小。

5）夹具应采用合适的防护罩。

9.7.3 试验内容及结果表示

1. 试验步骤

1）将试样对中地平放在支持圆棒上，使试样的长度方向与支承圆棒的轴向垂直。B型试样，要将宽面放置在支承圆棒上。

2）将加力圆棒（或球）缓慢地与试样相接触。加力的作用线（或点）与试样跨度中点的偏差，对A型试样不得超过0.5mm，B型试样不得超过0.2mm。

3）以不超过200MPa/s的均匀速度对试样增加应力。

2. 结果表示

1）A型和B型试样的横向断裂强度按下式计算：

$$R_{bm} = \frac{3kFl}{2bh^2}$$

式中　R_{bm}——横向断裂强度，单位为MPa；

　　　　k——补偿倒棱的修正系数，见表9-8；

　　　　F——断裂试验所需要的力，单位为N；

　　　　l——两支承点间的距离，单位为mm；

　　　　b——与试样高度垂直的宽度，单位为mm；

　　　　h——与施加的作用力平行的试样高度，单位为mm。

表 9-8　倒棱的修正系数 k 值

试样类型	倒棱/mm	修正系数 k
A	0.4~0.5	1.03
A	0.15~0.2	1.00
B	0.4~0.5	1.02
B	0.15~0.2	1.00

2）C 型试样的横向断裂强度按下式计算：

$$R_{bm} = \frac{8Fl}{\pi d^3}$$

式中，d 为试样直径，其他符号同上式。

注：以上计算横向断裂强度的公式未考虑可能出现的塑性变形的影响。

3）至少以 5 个横向断裂强度测定的算术平均值报结果，其值修约到 10MPa。

9.8　烧结金属材料横向断裂强度试验

烧结金属材料横向断裂强度试验按照 GB/T 5319—2002《烧结金属材料（不包括硬质合金）横向断裂强度的测定》进行。

9.8.1　试样

1）由内腔名义尺寸为 30mm×12mm 的凹模压制成厚度为 6mm 的试样。试样在整个长度范围内应保持厚度均匀，其偏差不大于 0.1mm，宽度上的偏差不大于 0.04mm。

2）可采用机加工试样，加工时要保证不在试样上造成应力集中源。试样在与压制方向垂直的平面上切取 30mm×12mm，由于考虑到可能存在各向异性，切割试样时应选取密度均匀的部分。此外，采用的机加工技术不应使试样产生显著性结构变化（例如，软材料剪切时产生致密化或电腐蚀加工技术产生微观结构的变化）。如果出现了这些变化，建议磨削掉发生变化的表层。

9.8.2　试验设备

1. 试验机

能够满足静态加载条件和精度为±1%的任何型号的试验机。

2. 试验夹具

由两个间距固定的支承圆柱体（辊子）和一个加载圆柱体（辊子）组成。三个圆柱体的直径为 3.2mm±0.1mm。由硬度不低于 700HV 的淬火钢或硬质合金制成。圆柱体应平行安装，两个支承圆柱体的中心距为 25.0mm±0.2mm 或 25.4mm±0.2mm，测量精度为±0.1mm。加载圆柱体安装在两个支承圆柱体的中间位置。安装圆柱体时应考虑到试样顶面和底面平行度公差。典型的试验夹具示意图如图 9-53 所示。试验夹具的周围应有安全保护措施。

3. 尺寸测量仪器

千分尺或其他合适的测量仪器，精度为±0.01mm。

9.8.3　试验内容及结果表示

1. 试验步骤

1）在试样中心处测量宽度和厚度，精确到 0.01mm。

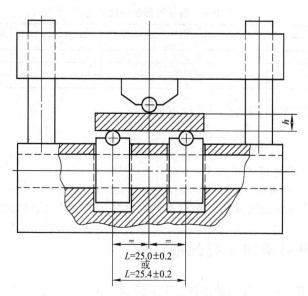

图 9-53 试验夹具示意图

2）将试样 30mm×12mm 的任一面对称地放在支承圆柱体上，使试样的纵轴与支承圆柱体的纵轴成 90°±30′的角度。在两支承圆柱体的中间位置缓慢而平稳地施加载荷，使试样在不少于 10s 的时间内断裂，记录由于第 1 个裂纹出现而使载荷突然下降时的数值。

3）试验在适当数量的试样上进行。通常采取 5 个试样。

2. 结果表示

横向断裂强度按下式计算：

$$R_{tr} = \frac{3FL}{2bh^2}$$

式中 R_{tr}——横向断裂强度，单位为 MPa；

    F——断裂试验所需要的力，单位为 N；

    L——两支承点间的距离，单位为 mm；

    b——试样宽度，单位为 mm；

    h——试样厚度，单位为 mm。

第10章

金属材料的疲劳性能测试方法

10.1 相关术语和定义

疲劳是指金属材料在交变应力或应变作用下产生裂纹或失效，材料性能发生变化的过程。

1. 金属材料扭矩控制疲劳试验的相关术语

（1）应力幅值（τ_a） 剪切应力的动态分量，即最大剪切应力 τ_{max} 与最小剪切应力 τ_{min} 代数差的一半如图 10-1 所示。

（2）应力比（R） 在同一循环周次中最小剪切应力 τ_{min} 与最大剪切应力 τ_{max} 的代数比值。

（3）应力范围（τ） 最大剪切应力 τ_{max} 与最小剪切应力 τ_{min} 之间范围。

（4）失效疲劳寿命（N_f） 在特定条件下失效的应力循环周次。

（5）循环周次为 N 的疲劳强度（τ_N） 在固定应力比条件下试样寿命达到 N 周次对应的剪切应力幅值。

（6）扭矩（T） 相对于试样轴线产生剪切应力或切向变形的切向力。

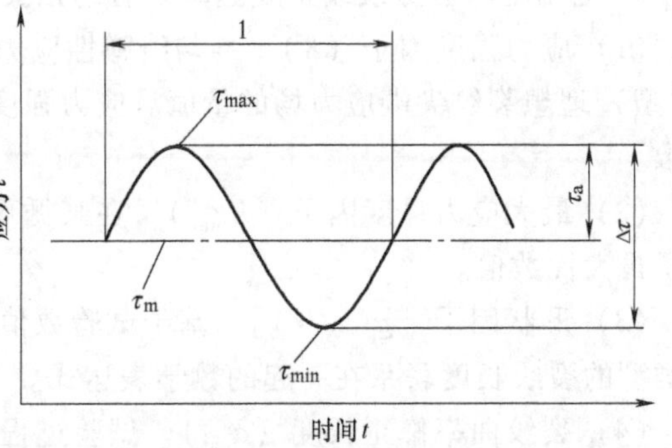

图 10-1 疲劳应力循环

1—1 个应力循环

2. 金属材料滚动接触疲劳试验的相关术语

（1）接触应力 接触物体之间集中于局部接触区的相互压力而产生的应力，也称为赫兹应力。

（2）接触疲劳 材料在循环接触应力作用下，产生局部永久性累积损伤，经一定循环次数后，接触表面发生麻点、浅层或深层剥落的过程。

（3）接触疲劳寿命 试样接触表面在循环接触应力作用下直至疲劳失效时所经受的应力循环次数。

（4）特征寿命 服从威布尔分布，失效概率为 63.2%时的子样接触疲劳寿命。

（5）额定寿命 服从威布尔分布，失效概率为 10%时的子样接触疲劳寿命。

（6）中值寿命 服从威布尔分布，失效概率为 50%时的子样接触疲劳寿命。

（7）滑差率 陪试件滚动速度与试样滚动速度之差，与陪试件滚动速度之比的百分率。

（8）N 次循环的中值接触疲劳强度 母体的 50% 能经受 N 次循环的接触应力水平的估计值。

3. 金属材料旋转弯曲疲劳试验的相关术语

（1）杠杆比（M_{Lr}） 施力杠杆比，对于同类的旋转弯曲疲劳试验机，它是由试验机厂家提供的固定数值。

（2）力臂（L） 支点与加力点之间的距离，如图 10-2 所示，对于四点弯曲加力 L_1 和 L_2 应相等。

（3）耐久极限应力 对应于规定循环周次，施加到试样上而试样没有发生失效的应力范围。

（4）疲劳寿命（N_f） 达到疲劳失效判据的实际循环数。

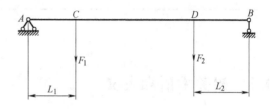

图 10-2 力臂测量的原理图

（5）S-N 曲线 应力寿命曲线。

（6）弯矩（M） 力和力臂的乘积。

（7）截面模量（W） 承受弯曲的梁与梁中性轴最大距离处惯性截面矩的比。

4. 金属材料疲劳裂纹扩展速率试验的相关术语

（1）应力强度因子（K） 均匀线弹性应力体只在垂直裂纹面上受力的张开型加载模式（Ⅰ型）理想裂纹尖端应力场的量值。应力强度因子是力、裂纹长度、试样的形状和尺寸的函数。

（2）最大应力强度因子（K_{max}） 在某循环中对应于最大力和当前裂纹长度的应力强度因子最大代数值。

（3）形状因子 [$g(a/W)$] 基于试验数值分析的结果，将应力强度因子与力，指定试样类型的裂纹长度联系在一起的数学表达式。

（4）裂纹曲率修正长度（a_{cor}） 试验过程中贯穿试样厚度的平均裂纹长度与试样表面的裂纹长度之差。

（5）疲劳裂纹长度（a_{fat}） 从机加工缺口根部测量的疲劳裂纹长度。

（6）缺口长度（a_n） 对于紧凑拉伸试样（CT）、中心裂纹拉伸试样（CCT），从加载线到机加工缺口根部的长度；对于弯曲试样 SENB、单边缺口拉伸试样 SENT，从缺口侧边到机加工缺口根部的长度。

（7）疲劳裂纹扩展速率（da/dN） 单位循环对应的疲劳裂纹长度的扩展量。

（8）裂纹扩展速率门槛值（ΔK_{th}） 裂纹扩展速率 da/dN 趋于 0 时，ΔK 的渐进线的值。

5. 金属材料轴向等幅低循环疲劳试验的相关术语

（1）应力/应变-寿命曲线 一般是用一组试样，选取若干个应力或应变值，分别测定其到达失效的循环数，然后画出 $\Delta\sigma/2$-$2N_f$ 或 $\Delta\varepsilon_t/2$-$2N_f$ 曲线（$\Delta\sigma$ 是循环应力范围，N_f 是失效循环数，ε_t 是总应变范围），如图 10-3 和图 10-4 所示。根据关系式 $\Delta\varepsilon_t = \Delta\varepsilon_e + \Delta\varepsilon_p$（$\Delta\varepsilon_e$ 是弹性应变范围，$\Delta\varepsilon_p$ 是塑性应变范围），$\Delta\varepsilon_t/2$-$2N_f$ 曲线还可处理成图 10-5 形式。

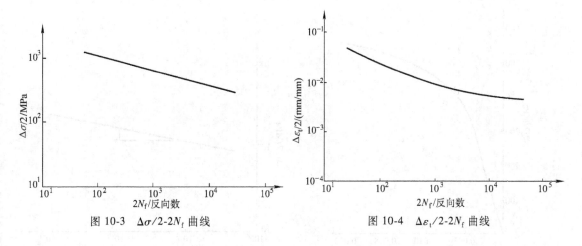

图 10-3　$\Delta\sigma/2$-$2N_f$ 曲线　　　　　　　图 10-4　$\Delta\varepsilon_t/2$-$2N_f$ 曲线

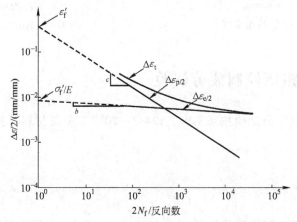

图 10-5　$\Delta\varepsilon_t = \Delta\varepsilon_e + \Delta\varepsilon_p$ 状态 $\Delta\varepsilon_t/2$-$2N_f$ 曲线

ε_f'—疲劳延性系数　σ_f'—疲劳强度系数

E—弹性模量　c—疲劳延性指数　b—疲劳强度指数

（2）应力-应变迟滞回线　一次循环中的应力-应变关系曲线，如图 10-6 所示。

（3）循环应力-应变曲线　在不同总应变范围下得到的一系列稳定迟滞回线顶点的轨迹，如图 10-7 所示。也可用稳定应力幅和塑性应变幅在双对数坐标上绘出的关系曲线表示，如图 10-8 所示。

（4）循环硬化　在循环加载过程中，当控制应变恒定时，其应力随循环数增加而增加然后渐趋稳定的现象。

（5）循环软化　在循环加载过程中，当控制应变恒定时，应力随循环数的增加而降低然后渐趋稳定的现象。

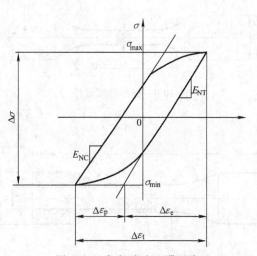

图 10-6　应力-应变迟滞回线

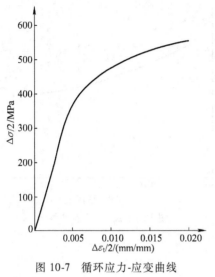

图 10-7 循环应力-应变曲线

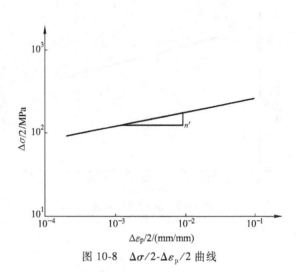

图 10-8 $\Delta\sigma/2$-$\Delta\varepsilon_p/2$ 曲线

10.2 金属材料扭矩控制疲劳试验

金属材料扭矩控制疲劳试验按照 GB/T 12443—2017《金属材料　扭矩控制疲劳试验方法》进行。

10.2.1 试样

1. 试样形状

扭矩控制疲劳试验的试样形状如图 10-9 和图 10-10 所示。夹持端的形状则根据试验机的夹头形状和试验材料设计。试样的典型夹持端如图 10-11 所示。

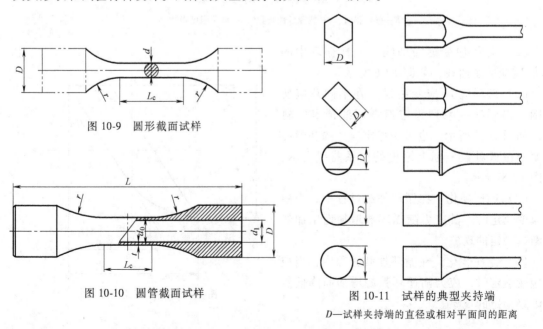

图 10-9 圆形截面试样

图 10-10 圆管截面试样

图 10-11 试样的典型夹持端

D—试样夹持端的直径或相对平面间的距离

2. 试样尺寸

1）圆形截面试样的尺寸见表 10-1。

表 10-1　圆形截面试样的尺寸　　　　　　　　（单位：mm）

参　　数	尺　　寸
标距部分直径 d	5～12
试样试验部分长度 L_c	≤5d
圆弧过渡（从平行工作部分到夹持端）r	≥3d
外部直径（夹持端）D	≥2d

注：d 的极限偏差应为 ±0.05mm。

为了计算施加的扭矩，每件试样的实际直径都应被测量，测量准确度为 0.01mm。当对试样进行测量时应注意不要划伤试样表面。

试样几何公差的要求（这些值用于表达试样轴线或参考面的关系）：平行度误差不大于 0.005d；同心度误差不大于 0.005d。

2）圆管截面试样的尺寸见表 10-2。

表 10-2　圆管截面试样的尺寸　　　　　　　　（单位：mm）

参　　数	尺　　寸
试验区域的壁厚 t	$0.05d_0 \leq t \leq 0.1d_0$
试验区域的外径 d_0	d_0
圆弧过渡（从平行工作部分到夹持端）r	$r \geq 3d_0$
试验区域长度 L_c	$d_0 \leq L_c \leq 3d_0$
夹持部分直径 D	$D \geq 1.5d_0$

注：外径 d_0 与内径 d_i 的同心度误差宜不超过 0.01t。

通常对于圆形截面试样的考虑也同样适用于圆管截面试样。试样的壁厚应足够大，以避免在循环加载过程中由于超过最小壁厚边界而产生失稳。

3. 试样制备

对试样的机械加工可能会在试样表面引入残余应力而影响试验结果。这些应力可能由加工阶段的热梯度而引入，并导致材料的变形或显微组织的变化。然而，在精加工阶段，特别是在最终抛光阶段，通过采取适当的精加工程序可以降低残余应力的产生。对于硬质金属，磨削加工比车削加工或铣削加工更合适。

（1）磨削　从试样的最终直径前的 0.1mm 开始，加工量不超过 0.005mm/次。

（2）抛光　使用逐次变细的砂布或砂纸去掉最后的 0.025mm。建议最终抛光的方向沿着试样轴向。

（3）打磨　对于圆管截面试样圆孔宜进行打磨。

10.2.2　试验设备

1）试验应在具有顺时针/逆时针加载扭矩能力的试验机上进行，加载应平稳启动并且在通过零点时没有反冲。试验初始加载到指定水平不应有过冲。达到指定水平的响应时间应尽可能地短。

2）试验机应具有足够的侧向、扭转刚度和同轴度。当进行给定的波形循环测试时完整的试验加载系统（包括扭矩传感器、夹具和试样）应能控制和测量扭矩。试样在轴向方向上应不受约束，以避免附加载荷的引入。

3）试验机的扭矩测量系统应在静态下采用合适的方法进行校准并溯源到国家标准。了解在扭矩传感器和试样之间由于惯性质量而引入的动态误差的潜在影响是非常重要的。惯性扭矩误差可以表示为扭矩范围的百分数。它随试验频率的变化而变化且受试样的柔度影响很大。

4）试验机应配有准确度为1%的计数装置，并能在试样失效时自动停机。

10.2.3 试验内容及结果表示

1. 试验条件

1）试验环境为室温 $10 \sim 35℃$。

2）应力循环频率不应引起试样过热和试验机共振。

3）装于试验机上的试样不允许承受所需规定扭应力以外的其他应力。

2. 试验原理

将名义尺寸相同的试样安装于扭转疲劳试验机上并施加循环扭应力，如图 10-12 所示的任意一种循环应力类型均可以使用。如无特殊要求，试验波形应为恒幅正弦波。对于轴对称试样，扭矩平均值的改变不会引入不同类型的应力系统，扭转的平均应力总是被标记为正值。当试样失效或试验周次超过指定应力循环周次时终止试验。扭转疲劳试验产生的裂纹可以平行于试样轴线、垂直于试样轴线或与试样轴线成任意夹角。

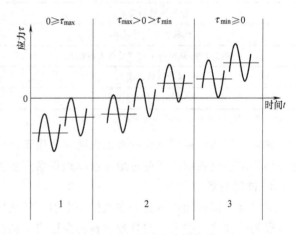

图 10-12 循环应力的类型

1—压应力 2—交变应力 3—拉应力

3. 试验步骤

（1）试样的安装 仔细确认每一个试样固定到位（上、下、左、右），确保试样轴线沿着试验机的扭矩轴且施加了给定应力。在试样安装过程中应仔细确认试样上未受到（或只受到最小）轴向应力。

（2）试验频率 扭矩循环的频率取决于采用试验机的类型和试验程序的要求。试验频率的选取应适用于特定的材料、试样和试验机的组合。当试验频率过高时可能会发生试样自热，从而影响疲劳试验寿命和强度结果。对于这种情况，建议记录温度的升高并在报告中注明。如果试验程序允许，试样温升过高时宜降低试验频率。如果条件的影响是显著的，那么试验结果可能是与试验频率相关的。

（3）扭矩的施加 对于每个试样的加载，加载程序应该相同。平均扭矩和扭矩范围的控制准确度应在扭矩范围的±1%以内。

4. 名义扭转应力的计算

扭转（剪切）应力 τ 由施加于圆形或圆管截面的试样上的扭矩 T 计算得到。扭转应力总是在试样工作区域的外径上最大。在弹性加载条件下，名义扭转应力从扭转轴处为零到在外径处最大且为线性关系。采用下式计算扭转应力：

在圆形截面试样的外径处：$\tau = \dfrac{16T}{\pi d^3}$

在圆管截面试样的外径处：$\tau = \dfrac{16Td_0}{\pi(d_0^4 - d_1^4)}$

5. 试验结果的处理

试验结果常用列表法表示，表中应包括如下内容：

1）试验顺序。

2）试样号。

3）试样形状和尺寸及表面粗糙度。

4）试验中的频率、应力、循环次数。

5）中等寿命区的平均寿命和长寿命区的扭转疲劳极限。

10.3 金属材料滚动接触疲劳试验

金属材料滚动接触疲劳试验按照 YB/T 5345—2014《金属材料 滚动接触疲劳试验方法》进行。

10.3.1 试样

1. 选材

试验材料要进行检验，必须符合有关标准要求。不同工艺的对比试验，应采用同一炉号、同一批次、同一规格的材料；不同材料的对比试验，应采用同一规格或接近相应规格的材料。陪试件的材料及技术要求应与试样材料相同。

2. 试样、陪试件形状与尺寸

试样和陪试件的选用见表 10-3。常用的试样和陪试件的形状和尺寸如图 10-13～图 10-18 所示，可根据试验目的和试验机类型进行选用。一般情况下，JP-1 号和 JP-2 号试样用于点接触的试验，JP-4 号试样用于线接触的试验。

表 10-3 试样和陪试件的选用

试 样		陪 试 件	
试样号	接触方式	陪试件号	形 状
JP-1、JP-2	点接触	PS-1	圆柱形
JP-3、JP-4	线接触	PS-2	圆盘形

3. 机加工

机加工试样和陪试件的工序一般是粗车、精车、毛坯热处理（根据不同材料及要求而定）、粗磨和精磨。

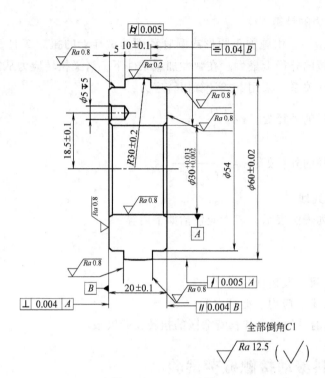

图 10-13　JP-1 试样

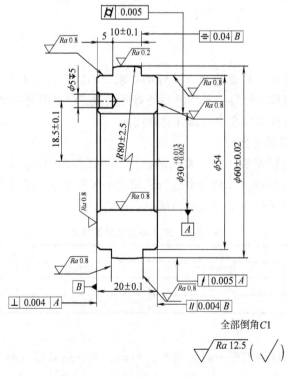

图 10-14　JP-2 试样

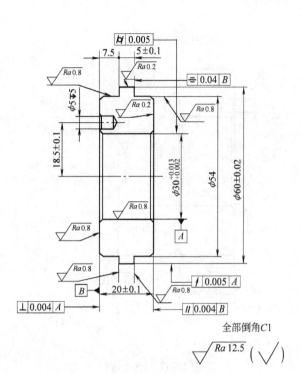

图 10-15　JP-3 试样

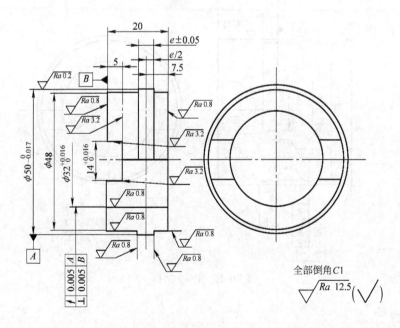

图 10-16　JP-4 试样

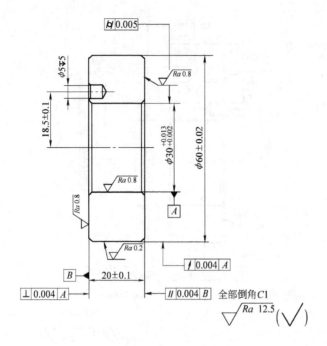

图 10-17　PS-1 试样

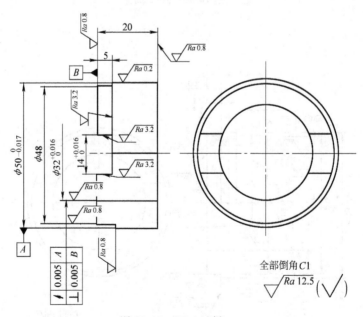

图 10-18　PS-2 试样

4．热处理

硬度不小于 40HRC 情况下，同一批试样、陪试件的硬度差应不大于 2HRC，同一试样、陪试件本身的硬度差应不大于 1.5HRC，组与组之间的试样、陪试件的硬度差可根据试验目的确定。

10.3.2 试验设备

1）试验机应安装在无冲击、无强烈振动、无腐蚀的干燥试验室内。

2）试样、陪试件轴线在铅垂平面内，平行度误差应不大于 0.02mm。

3）试样、陪试件轴线在水平平面内，平行度误差应不大于 0.02mm。

4）主轴在安装试样和陪试件位置处的径向圆跳动量应不大于 0.01mm，端面圆跳动量应不大于 0.01mm。

5）静态载荷误差应不大于±1%。

6）试验机应配备自动停机装置，试样发生疲劳失效时能及时自动报警停机，无误停和滞停现象，试样疲劳点的检测灵敏度可调。

7）试验机的轴承、齿轮和试样，应采用符合 GB 443—1989《L-AN 全损耗系统用油》规定的 L-AN22。

8）试验过程中试样润滑出口油温不应超过 55℃，其偏差应在±4℃以内。

9）润滑油应定期抽样进行黏度、机械杂质和水分检查，不符合技术条件要求者不应继续使用。应严防灰尘及金属杂质和水分进入润滑油及润滑系统。试验机连续工作，每半年至少换油一次；间断工作，每年至少换油一次。

10.3.3 试验内容及结果表示

1. 试验步骤

（1）试样的安装 试样和陪试件在安装之前，用煤油将其清洗干净。试样装于上主轴，陪试件装于下主轴。试样与陪试样接触后，在摇摆头的压力下测试样径向圆跳动量应不大于 0.03mm。

（2）试验要点 如试验机的载荷系统为砝码杠杆载荷系统，须把加力一级杠杆调到水平。试样加预载荷后开机，然后施加主载荷。不允许带主载荷开机、停机（自动停机除外）。试验过程中应保持载荷恒定，无特殊情况下不得中途停试。

2. 疲劳失效的判断

1）深层剥落面积不小于 $3mm^2$。

2）在 $10mm^2$ 面积内出现麻点率达 15%的损伤。

3. 试验无效的判断

1）载荷吊杆刀口脱出，杠杆比发生变化，载荷不准。

2）陪试样和陪试件互相装错位置。

3）振动加剧，试样表面局部有压痕或凹坑。

4）陪试件疲劳剥落，损伤了试件表面。

5）润滑不足，试件表面烧伤。

6）由于主轴轴承疲劳或主轴变形，发生强烈振动。

7）试样和陪试件松动、滑移。

8）控制仪器失灵，试样剥落长度大于 5mm。

4. N 次循环的中值接触疲劳强度的测定

第 1 个试样的应力水平应选择略高于预计的中值接触疲劳强度，试验一般在 3~5 级等间距应力水平下进行，应力增量一般约取预计的中值接触疲劳强度的 3%~5%。每级应力水平下一般试验两个以上的试样。试验顺序如图 10-19~图 10-21 所示。

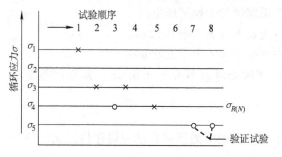

图 10-19　第 1 种情况的试验顺序
×—失效　○—未失效

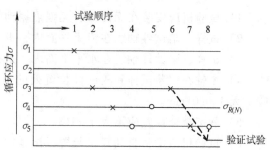

图 10-20　第 2 种情况的试验顺序
×—失效　○—未失效

1）取半数试样试验至指定循环数 N 而不失效的最高应力水平，或在比此应力水平低一级的应力水平下，试验至 N 次循环而不失效的试样必须超过半数，如图 10-19 和图 10-20 所示。用这种方法处理试验结果所得应力水平，即为 N 次循环的中值接触疲劳强度 $\sigma_{R(N)}$。

2）如果在某级应力水平下，超过半数的试样试验未达 N 次循环已失效，而在比此应力水平低一级的应力水平下，试样试验至 N 次循环而全部不失效时，则上述两级应力水平的平均值确定为 N 次循环的中值接触疲劳强度 $\sigma_{R(N)}$，如图 11-21 所示。

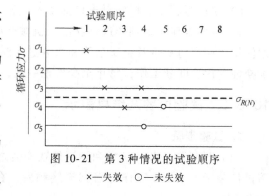

图 10-21　第 3 种情况的试验顺序
×—失效　○—未失效

3）指定循环数 N，应根据材料和使用要求确定，一般可取 $N=10^7$ 次。

5. 试验结果处理

（1）试验应力的选择　同一应力水平下的对比试验，试验应力应选择近零件实际工作应力范围的上限。对于轴承钢、渗碳钢及其他高强度材料，JP-1 号试样的接触应力选择 5000MPa 左右；JP-2 号试样的接触应力选择 3500MPa 左右；JP-3 号和 JP-4 号试样的接触应力选择 2500MPa 左右。低强度钢和软表面试样的试验应力需根据材料实际强度调试确定。在零件实际工作应力范围内选择 4 ~5 级应力水平，最低试验应力应选择实际工作应力的下限，然后逐级上升确定各试验应力。相邻两级应力的级差根据接触方式确定。点接触的应力级差选择 250 ~400MPa，线接触的应力级差选择 180~300MPa。

（2）接触应力的计算　点接触和线接触最大应力分别按下面的公式计算：

$$\sigma_{\max}=\frac{1}{\pi\alpha\beta}\times\sqrt[3]{\frac{3}{2}\times\frac{F(\sum\rho)^2}{\left(\dfrac{1-\mu_1^2}{E_1}+\dfrac{1-\mu_2^2}{E_2}\right)^2}}$$

$$\sigma_{max} = \sqrt{\frac{F(\Sigma\rho)}{\pi L\left(\dfrac{1-\mu_1^2}{E_1}+\dfrac{1-\mu_2^2}{E_2}\right)}}$$

式中　σ_{max}——最大接触应力，单位为 MPa；

$\qquad\pi$——常数，取 3.1416；

$\qquad\alpha$、β——点接触变形系数；

$\qquad F$——施加于试样上的载荷，单位为 N；

$\qquad\mu_1$——试样的泊松比；

$\qquad\mu_2$——陪试件的泊松比；

$\qquad E_1$——试样的弹性模量，单位为 MPa；

$\qquad E_2$——陪试件的弹性模量，单位为 MPa；

$\qquad L$——试样接触长度，单位为 mm；

$\qquad\Sigma\rho$——试样与陪试件接触处的主曲率之和，单位为 mm^{-1}，其计算公式为

$$\Sigma\rho = \rho_{11}+\rho_{12}+\rho_{21}+\rho_{22} = \frac{1}{R_{11}}+\frac{1}{R_{12}}+\frac{1}{R_{21}}+\frac{1}{R_{22}}$$

$\qquad R_{11}$——试样垂直于滚动方向的曲率半径，单位为 mm；

$\qquad R_{12}$——试样沿滚动方向的曲率半径，单位为 mm；

$\qquad R_{21}$——陪试件垂直于滚动方向的曲率半径，单位为 mm；

$\qquad R_{22}$——陪试件沿滚动方向的曲率半径，单位为 mm。

（3）接触应力循环次数的计算　试样接触应力循环次数按下式计算：

$$N = nt$$

式中　N——接触应力循环次数；

$\qquad n$——试样转速，单位为 r/min；

$\qquad t$——试验时间，单位为 min。

（4）油膜参数的选择和计算　对于材料因素的对比试验，油膜参数推荐 $\lambda > 1.8$，使试样工作表面处于部分弹流或接近弹流润滑状态。点接触和线接触的油膜参数分别按下面公式计算：

$$\lambda = \frac{h_0}{Ra} = \frac{1}{Ra}\times 2.04\phi^{0.74}(\eta_0 Bv)^{0.74}R^{0.407}\left(\frac{E'}{F}\right)^{0.074}$$

$$\lambda = \frac{h_0}{Ra} = \frac{1}{Ra}\times 2.65\eta_0^{0.7}v^{0.7}B^{0.54}R^{0.43}q^{-0.13}E'^{-0.03}$$

式中　λ——油膜参数；

$\qquad h_0$——最小油膜厚度，单位为 μm；

$\qquad Ra$——试样综合表面粗糙度，单位为 μm，其计算公式为

$$Ra = \sqrt{Ra_1^2+Ra_2^2}$$

$\qquad Ra_1$——试样表面粗糙度，单位为 μm；

$\qquad Ra_2$——陪试件表面粗糙度，单位为 μm；

$\qquad\phi$——漏泄修正系数，其计算公式为

$$\phi = \left(1 + \frac{2}{3} \times \frac{R_y}{R_z}\right)^{-1}$$

$$\frac{1}{R_x} = \frac{1}{R_{1x}} + \frac{1}{R_{2x}}$$

$$\frac{1}{R_y} = \frac{1}{R_{1y}} + \frac{1}{R_{2y}}$$

R_x——试样和陪试件垂直于滚动方向的当量曲率半径，单位为 mm；

R_y——试样和陪试件沿滚动方向的当量曲率半径，单位为 mm；

R_{1x}——试样垂直于滚动方向的曲率半径，单位为 mm；

R_{2x}——陪试件垂直于滚动方向的曲率半径，单位为 mm；

R_{1y}——试样沿滚动方向的曲率半径，单位为 mm；

R_{2y}——陪试件沿滚动方向的曲率半径，单位为 mm；

η_0——大气压下润滑油的黏度，单位为 $N \cdot s/mm^2$；

B——压力系数，单位为 mm^2/N；

v——当量滚动速度，单位为 mm/s，其计算公式为

$$v = \frac{v_1 + v_2}{2}$$

v_1——试样的滚动速度，单位为 mm/s；

v_2——陪试件的滚动速度，单位为 mm/s；

R——试样与陪试件的综合曲率半径，单位为 mm；

$$\frac{1}{R} = \frac{1}{R_{1x}} + \frac{1}{R_{1y}} + \frac{1}{R_{2x}} + \frac{1}{R_{2y}}$$

F——加于试样上的径向载荷，单位为 N；

E'——试样和陪试件的综合当量弹性模量，单位为 MPa，其计算公式为

$$\frac{1}{E'} = \frac{1}{2}\left(\frac{1-\mu_1^2}{E_1} + \frac{1-\mu_2^2}{E_2}\right)$$

E_1——试样弹性模量，单位为 MPa；

E_2——陪试件弹性模量，单位为 MPa；

μ_1——试样泊松比；

μ_2——陪试件泊松比；

q——单位长度载荷，单位为 N/mm，其计算公式为

$$q = \frac{F}{L}$$

L——试样接触长度，单位为 mm；

F——施加于试样的径向载荷，单位为 N。

（5）滑差率的选择　试样和陪试件的滑差率主要根据零件工作滑差范围进行选择。对于模拟滚动轴承的试验，选用 5% 的滑差率为宜；对于模拟齿轮的试验，选用 10% ~ 20% 的滑差率为宜。模拟其他零件的试验，可根据零件实际工况确定恒滑差率或变滑差率，一般采用 10% 的滑差率。

（6）转速的选择 试验机主轴的转速应根据试验载荷和试样的滑差率来选择：重载荷大滑差率可选择 1500~2000r/min；轻载荷小滑差率可选择 2000~3000r/min。对于单因素的对比试验：如滑差率为 5%，转速可选择 3000r/min；如滑差率为 15% 左右，转速可选择 2000r/min。

（7）子样容量的选择 子样容量的选择如下：

1）筛选试验的子样数量不少于 6 个，定性比较试验的子样数量不少于 12 个。

2）为制订材料标准和改进设计等提供依据的高可靠性（可靠度在 90% 以上）试验，一般子样数量不少于 16 个。

6. 试验方案的选择

1）筛选试验和定性比较试验，建议测定 P-N（存活率-寿命）曲线。高可靠度试验，一般需测定 P-S-N（存活率-应力-寿命）曲线。

2）测定 P-N 曲线：可以进行完全失效试验或定数截尾试验，其截尾数量不大于子样数量的 20%，求得 P-N 曲线。

3）测定 P-S-N 曲线：一般选取 4~5 级应力水平，在每一应力水平下测定 P-N 曲线。根据各应力水平下的 P-N 曲线，求得 P-S-N 曲线。

10.4 金属材料旋转弯曲疲劳试验

金属材料旋转弯曲疲劳试验按照 GB/T 4337—2015《金属材料 疲劳试验 旋转弯曲方法》进行。

10.4.1 试样

1. 试验部分的形状

1）试验部分可以是圆柱形（见图 10-22~图 10-24）、圆锥形（见图 10-25）和漏斗形（见图 10-26~图 10-28），每种形状试样的试验部分都应是圆形横截面。

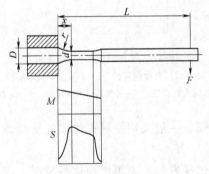

图 10-22 圆柱形试样（单点加力）

D—试样夹持端直径 *L*—力臂 *x*—最大应力处的力臂 *d*—试样应力最大处直径 *r*—试样夹持部分与试验部分之间过渡弧半径 *F*—外加力 *M*—弯矩 *S*—应力

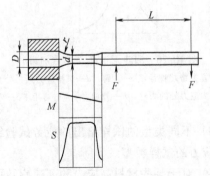

图 10-23 圆柱形试样（两点加力）

D—试样夹持端直径 *L*—力臂 *d*—试样应力最大处直径 *r*—试样夹持部分与试验部分之间过渡弧半径 *F*—外加力 *M*—弯矩 *S*—应力

2）试验部分的形状应根据所用试验机的加力方式设计。圆柱形或漏斗形试样可以采用简支梁或悬臂梁一点或两点加力，圆锥形试样只能采用悬臂梁单点加力方式。图10-22～图10-28为各种方式的原理图，显示了各种情况下的弯矩和名义应力图。

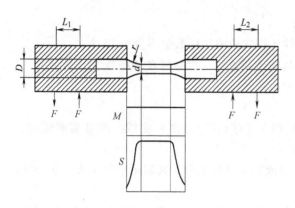

图 10-24　圆柱形试样（四点加力）
D—试样夹持端直径　L_1、L_2—力臂　d—试样
应力最大处直径　r—试样夹持部分与试验部分之间过渡
弧半径　F—外加力　M—弯矩　S—应力

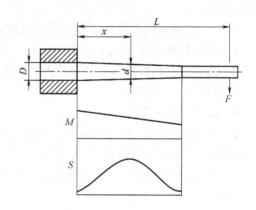

图 10-25　圆锥形试样（单点加力）
D—试样夹持端直径　L—力臂　d—试样
应力最大处直径　x—最大应力处的力臂
F—外加力　M—弯矩　S—应力

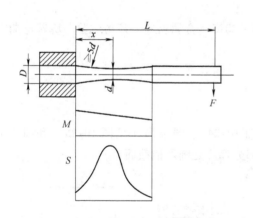

图 10-26　漏斗形试样（单点加力）
D—试样夹持端直径　L—力臂　d—试样应力最大处直径
x—最大应力处的力臂　F—外加力　M—弯矩　S—应力

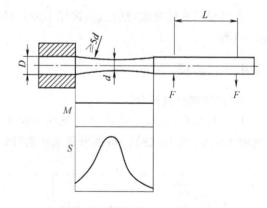

图 10-27　漏斗形试样（两点加力）
D—试样夹持端直径　L—力臂　d—试样应
力最大处直径　F—外加力　M—弯矩　S—应力

3）不同类型的试样给出的疲劳试验结果可能不同。一般采用使尽可能多的材料体积承受高应力的试样类型。

4）对于某些材料高应力和高速旋转可能会引起试样发热。如果出现这种情况，应减小试样承受高应力的材料体积。如果采用冷却试样的方式，冷却介质不得与试验材料发生反应。应选取与试样发生最小反应的介质，试验介质应在报告中注明。

2. 试样尺寸

1）同一批疲劳试验所使用的试样应具有相同的直径、形状和尺寸公差。

2）为了准确计算施加的力，每个试样实际最小直径的测量应精确至0.01mm。试验前

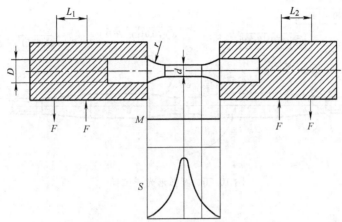

图 10-28　漏斗形试样（四点加力）

D—试样夹持端直径　L_1、L_2—力臂　d—试样应力最大处直径

r—试样夹持部分与试验部分之间过渡弧半径　F—外加力　M—弯矩　S—应力

测量试样尺寸时应确保不损伤试样表面。

3) 对于承受恒定弯曲的圆柱形试样，试验部分的平行度误差应保证在 0.025mm 以内；对于其他形状的圆柱形试样，试验部分的平行度误差应保证在 0.05mm 以内。试样夹持部分与试验部分的过渡圆弧半径应不小于 $3d$。对于漏斗形试样，试验部分的圆弧半径应不小于 $5d$。

4) 图 10-29 显示了圆柱形试样的形状和尺寸。推荐直径 d 为 6mm、7.5mm 和 9.5mm，直径 d 的偏差为 ±0.05mm。图 10-30 所示为推荐高温疲劳试验圆弧形光滑试样。

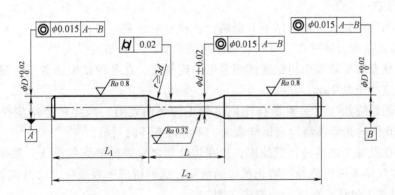

图 10-29　圆柱形光滑试样

5) 试样的夹持部分的横截面积与试验部分的横截面积之比应不小于 3∶1。

3. 取样和标记

1) 从半成品或零件上取样对试验结果会有影响，因此要在完全了解情况的条件下取样。

2) 取样图应附加到试验报告中，应清晰地表明每个试样的位置、半成品产品加工的特征方向（轧制方向、挤压方向等）、每个试样的标识。

3) 试样在加工的每个阶段都应有标识，应采取可靠的方法保证加工过程中标识不会消

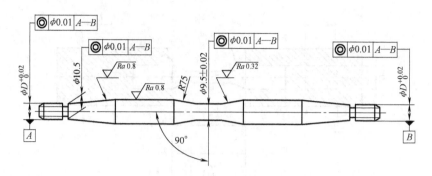

图 10-30　圆弧形光滑试样

失或影响试验的结果。

4. 加工过程

1）机加工可能在试样表面产生残余应力，这些残余应力可能是机加工阶段的热梯度或材料变形或显微结构的变化引起的。残余应力的影响在高温疲劳试验时不需考虑，这是因为残余应力在试样保温过程中已全部或部分释放。因此，应该采取合适的机加工方式来减小残余应力，尤其是在最终抛光阶段。

2）对于较硬的材料，选取磨削和抛光加工工艺最好。试样磨削前的加工余量为 +0.1mm，以不超过 0.005mm/r 的磨削速度进行磨削。抛光是用颗粒逐渐减小的不同砂纸去除掉最后的 0.025mm 加工余量。最终的抛光方向应沿着试样轴线。

3）有些材料由于某些元素或化合物的存在而影响力学性能，典型的例子就是氯离子对钢和钛合金的影响。在切削过程中应避免这些元素，应在试样保存之前清洗和脱脂。

5. 表面状态

1）试样的表面状态对试验结果有影响，这种影响通常与多种因素有关，包括试样表面粗糙度、表面残余应力的存在、材料显微结构的改变、污染物的引入等。

2）表面状态用平均表面粗糙度或当量值来定量化。在各种试验条件下，试样的平均表面粗糙度 Ra 应小于 0.2μm。

3）试样的最终加工要去除所有车削过程中的环向划痕，最终的磨削应是纵向机械抛光。用大约 20 倍的光学仪器检查试样表面，不允许有环向划痕。

4）如果在粗加工之后进行热处理，应在热处理之后进行最终的抛光。如果不可能，应在真空或惰性气体下进行热处理防止试样的氧化，这种情况下残余应力已得到了释放。热处理的细节和机加工过程应在试验结果中注明。

10.4.2　试验设备

1. 旋转弯曲疲劳试验机

图 10-31 所示为主要类型旋转弯曲疲劳试验机的原理图。

1）可使用不同类型的旋转弯曲疲劳试验机，但所施弯矩误差应在 ±1% 以内，选择的频率应适合于材料、试样和试验机的组合。对于给定的试验系列，试验频率应当相同。试验过程中应避免试样振动。

2）试验频率通常为 15～200Hz（对应的转速为 900r/min 到 10000r/min），并连续可调。

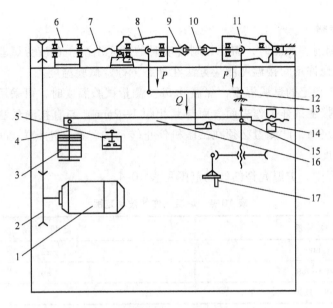

图 10-31 旋转弯曲疲劳试验机的原理图

1—电动机 2—三角带 3—砝码 4—吊杆 5—按钮 6—计数减速器

7—软轴 8—左主轴箱 9—弹簧夹头 10—试样 11—右主轴箱 12—吊钩

13—指针 14—平衡锤 15—计数器 16—标杆 17—手轮

3）高速旋转下的试样可能会发生自热，对疲劳寿命和强度的试验结果产生影响。如果发生此类情况，应降低试验频率。试样温度不应超过试验材料熔点的 30%，并应记录相应温度。

4）如果环境的影响很明显，试验结果可能具有频率依赖性。

2．加温装置和温度测量装置

1）试样用电阻炉等加热装置加热。

2）炉温应保持均匀，试样工作部分应在炉膛长度内，温度梯度不大于 15℃。

3）测量或记录温度所用的热电偶、补偿导线和控温、测温仪表都应定期进行标定。

4）温度显示器的分辨力至少为 0.5℃，温度测量装置的误差应在 ±1℃ 以内。

10.4.3 试验内容及结果表示

1．安装试样

1）安装每个试样时，要避免试验部分承受施加力以外的应力。如果轴承是通过开口销来传递力的，在这种情况下就要求将试样定好位并拧紧，避免起始扭应变的产生。

2）为了避免试验过程中的振动，试样的同轴度和试验机的驱动轴应保持在接近的极限值之内。主轴端的最大允许误差为 ±0.025mm。对于单点或两点加载悬臂试验机自由端的最大允许误差为 ±0.013mm。对于其他类型的旋转弯曲疲劳试验机，实际工作部分两端的径向误差应不大于 ±0.013mm。

2．终止试验

试验一直进行到试样失效或达规定循环次数时终止，如失效位置发生在试样标距以外，则试验结果无效。

3. 高温试验步骤

1）当试样用辐射炉加热时，需要控制转动时的试样温度。在疲劳试验中，不能使用直接温度测量方法，允许用间接温度测量方法在静态下标定试验温度。

2）试样加热至规定的试验温度，保温 0.5h。测量试验温度时，可采用间接测量（即热电偶的热端不直接接触试样工作表面，而与其相距 1~2mm）与直接测量法（即热电偶热端直接接触试样工作表面，此测量必须在试验机停止转动的状态下进行）。间接测量温度的方法用于控制试样温度。

3）在试验过程中，炉温允许的波动范围见表 10-4。

表 10-4　炉温允许的波动范围　　　　　　　　　　　　　　（单位：℃）

试 验 温 度	温 度 波 动
≤600	±3
>600~900	±4
>900~1200	±5

4）温度测量装置在室温发生变化时应稳定在 ±1℃。

5）在试验过程中，若短时间内炉温有降低现象，应将炉温降低期间内的循环次数从总循环数中减去。

4. *S-N*（应力-寿命）曲线的构成

某些材料的 *S-N* 曲线在给定的循环数显示明显的斜率变化，如曲线的后半段平行于水平轴线。也有一些材料 *S-N* 曲线呈现连续的曲线，最终趋近于水平轴。对于第 1 种类型的 *S-N* 曲线，推荐取 10^7 耐久寿命；对于第 2 种类型，取 10^8 耐久寿命。特定的循环数应包括在测定的耐久极限应力范围内。

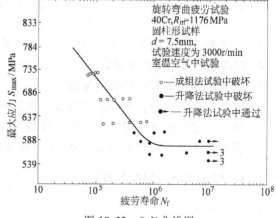

图 10-32　*S-N* 曲线图

5. 试验结果的处理

（1）表格的表达形式　当采用表格的报告格式时，表格内容应包括试样标识、试验顺序、试验应力范围、疲劳寿命或试验结束时的循环数等。

（2）图形表达形式　最普遍的疲劳试验数据的图形表达形式是 *S-N* 曲线，如图 10-32 所示。以横坐标表示疲劳寿命 N_f，以纵坐标表示最大应力、应力范围或应力幅。一般使用线性尺度，也可用对数尺度。用直线或曲线拟合各数据点，即得 *S-N* 曲线图。

S-N 曲线图上至少应包括材料牌号、材料的级别及拉伸性能、试样的表面状态、缺口试样的应力集中系数、疲劳试验的类型、试验频率、环境和试验温度等。

10.5　金属材料疲劳裂纹扩展速率试验

金属材料疲劳裂纹扩展速率试验按照 GB/T 6398—2017《金属材料　疲劳试验　疲劳裂纹扩展方法》进行。

10.5.1　试样

1. 试样形状

1）标准紧凑拉伸试样（CT）如图 10-33 所示。

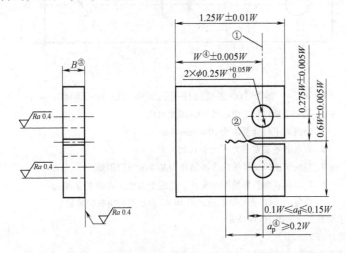

图 10-33　标准紧凑拉伸试样（CT）

注：1. 机加工缺口位于中心线±$0.002W$ 以内。

　　2. 表面平行度和垂直度误差在 $0.002W$ 以内。

　　3. 裂纹长度以加载孔中心线作为基准面进行测量。

　　4. 该试样类型仅适用于力值比 $R>0$ 的试验。

① 基准面。

② 详细缺口尺寸如图 10-39 所示。

③ 推荐厚度：$W/20 \leqslant B \leqslant W/2$。

④ 推荐最小尺寸 $W=25\text{mm}$ 和 $a_\text{p}=0.2W$。

2）标准中心裂纹拉伸销孔试样（CCT，$2W \leqslant 75\text{mm}$）如图 10-34 所示。

3）标准单边缺口三点弯曲试样（SENB3）如图 10-35 所示。

4）标准单边缺口四点弯曲试样（SENB4）如图 10-36 所示。

5）标准单边缺口八点弯曲试样（SENB8）如图 10-37 所示。

6）标准单边缺口拉伸试样（SENT）如图 10-38 所示。

2. 试样厚度（B）

1）对于 CT 试样，推荐试样厚度的范围应满足 $W/20 \leqslant B \leqslant W/4$，$W$ 不小于 25mm。

2）对于 CCT 试样，推荐试样厚度的范围 $W/4 < B \leqslant W/2$。

3）对于 SENB 试样，推荐试样厚度的范围为 $W/5 \leqslant B \leqslant W$。

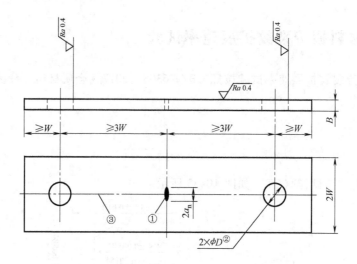

图 10-34　标准中心裂纹拉伸销孔试样（CCT，$2W \leqslant 75mm$）

注：1. 机加工缺口位于中心线 ±0.002W 以内。

2. 表面的平行度要求为 ±0.05mm/mm。

3. 表面的平直度误差不大于 0.05mm。

4. 裂纹长度以试样纵向中心线作为基准面进行测量。

5. U 型夹具和销轴的配套夹具不适用于力值比 $R<0$ 的试验。

6. 力值比 $R<0$ 的可以采用如图 10-41 所示的特定夹持装置。

①缺口尺寸如图 10-39 所示。

②$D = 2W/3$。

③基准面。

4）对于 SENT 试样，推荐试样厚度的最大值为 0.5W。

3. 试样最小韧带

为避免大范围屈服，试样的最小韧带尺寸（$W-a$）随试样类型而变，同时与材料的规定塑性延伸强度（$R_{p0.2}$）、最大应力强度因子（K_{max}）或最大力（F_{max}）相关。

1）对于 CT 试样，产生有效数据的最小韧带尺寸应满足：

$$(W-a) \geqslant \left(\frac{4}{\pi}\right)\left(\frac{K_{max}}{R_{p0.2}}\right)^2$$

2）对于 CCT 试样，产生有效数据的最小韧带尺寸应满足：

$$(W-a) \geqslant \frac{1.25 F_{max}}{BR_{p0.2}}$$

3）对于 SENB 试样，产生有效数据的最小韧带尺寸应满足：

$$(W-a) \geqslant \left(\frac{3\lambda F_{max}}{2BR_{p0.2}}\right)^{0.5}$$

4）对于 SENT 试样，产生有效数据的最小韧带尺寸应满足：

$$(W-a) \geqslant \frac{1.25 F_{max}}{BR_{p0.2}}$$

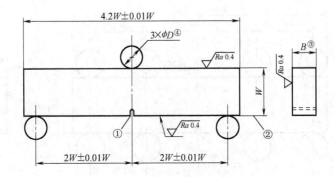

图 10-35　标准单边缺口三点弯曲试样（SENB3）

注：1. 机加工缺口在中心线±0.005W 以内。

2. 表面平行度和垂直度误差在 0.002W 以内。

3. 裂纹长度以包含初始 V 型缺口的侧面为基准面进行测量。

4. 该试样类型适用于力值比 R>0 的试验。

① 缺口详细尺寸如图 10-39 所示。

② 基准面。

③ 推荐厚度：0.2W≤B≤W。

④ D≥W/8。

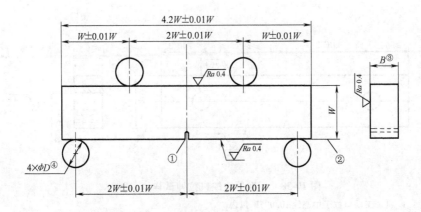

图 10-36　标准单边缺口四点弯曲试样（SENB4）

注：1. 机加工缺口在中性线±0.005W 以内。

2. 表面平行度和垂直度误差在 0.002W 以内。

3. 裂纹长度以包含初始 V 型缺口的侧面为基准面进行测量。

4. 该试样类型仅适用于力值比 R>0 的试验。

① 缺口详细尺寸如图 10-39 所示。

② 基准面。

③ 推荐厚度：0.2W≤B≤W。

④ D≥W/8。

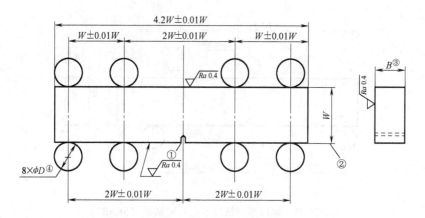

图 10-37　标准单边缺口八点弯曲试样（SENB8）

注：1. 机加工缺口在中心线 ±0.005W 以内。

　　2. 表面平行度和垂直度误差在 0.002W 以内。

　　3. 裂纹长度以包含初始 V 型缺口的侧面为基准面进行测量。

　　4. 该试样类型适用于力值比 $R \leqslant 0$ 的试验，避免由于夹持产生后坐力和附加弯矩。

① 缺口详细尺寸如图 10-39 所示。

② 基准面。

③ 推荐厚度：$0.2W \leqslant B \leqslant W$。

④ $D \geqslant W/8$。

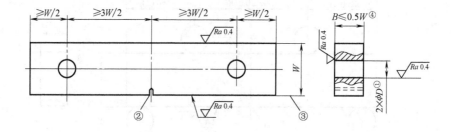

图 10-38　标准单边缺口拉伸试样（SENT）

注：1. 机加工缺口位于中心线 ±0.005W 以内。

　　2. 表面的垂直度和平行度误差在 ±0.002W 以内。

　　3. 裂纹长度以包含初始 V 型缺口的侧面为基准面进行测量。

　　4. 该试样类型推荐用于力值比 $R>0$ 的试验。

① $D = W/3$。

② 缺口详细尺寸如图 10-39 所示。

③ 基准面。

④ 推荐厚度：$B \leqslant 0.5W$。

4. 预制初始裂纹要求

　　试样缺口可通过铣切、线切割或其他方式加工而成。图 10-39 给出了各种不同的缺口几何形状和尺寸。为便于预制出合格的疲劳裂纹，建议在热处理后进行线切割加工，缺口根部曲率半径小于或等于 0.08mm（在预制出合格的疲劳裂纹的前提下曲率半径可以稍大些）；对于铣切的人字形缺口及其他加工的缺口形状，其根部曲率半径小于或等于 0.25mm。

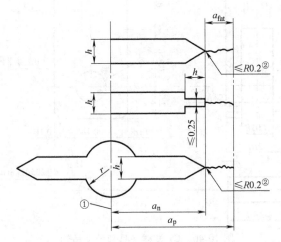

试样类型	缺口长度 a_n	最大缺口宽度 h	最小预裂纹长度 a_p
CT CCT SENB	$0.1W \leqslant a_n \leqslant 0.15W$	$W \leqslant 25 : h \leqslant 1mm$ $W > 25 : h = W/16$	$a_p \geqslant a_n + h, a_p \geqslant a_n + 1mm,$ $a_p \geqslant a_n + 0.1B$ 中最大值 CT 试样：$a_p \geqslant 0.2W$

图 10-39　各种不同的缺口几何形状和尺寸

注：1. 裂纹长度从基准面开始测量。

　　2. 缺口高度应该尽可能小。

　　3. CCT 试样中半径 $r < 0.05W$ 的小孔可以不加工。

① 基准面。

② 根部半径。

10.5.2　试验设备

1. 疲劳试验机

试验允许在不同类型的拉压疲劳试验机上进行，加力系统应有良好的同轴度，使试样受力对称分布，按照 GB/T 16825.2—2005《静力单轴试验机的检验　第 2 部分：拉力蠕变试验机　施加力的检验》在静态下检验力值，最大允许误差为 ±1%，示值变动度不超过 1%；按照 JJG 556—2011《轴向加荷疲劳试验机》在动态下检验力值，最大允许误差为 ±3%。疲劳试验机应带有准确的循环计数装置。

2. 加力装置

1）CT 试样夹具和配套销轴按图 10-40 设计。

2）CCT 试样无后坐夹具如图 10-41 所示。

对于宽度 $2W$ 小于 75 mm 进行拉-拉试验的试样，可以采用单孔 U 型夹具来连接试样，试样两销孔的间距为工作长度，长度至少为 $6W$。销孔内垫上薄片有助于减轻试样销孔部位磨损疲劳。在接触区域焊接或者粘贴强化板也能预防在销孔萌生裂纹，特别适用于极薄材料

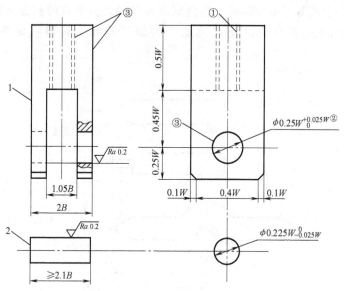

图 10-40　CT 试样夹具和配套销轴

1—U 型夹具　2—销轴

① 拉杆螺纹。

② 通孔。

③ 表面垂直度和平行度误差在 $0.05W$ 以内。

的测试。试样宽度加工成哑铃形状也可避免在销孔处失效，该类试样的工作长度是指均匀宽度部分的长度，工作长度至少为 $3.4W$。

对于宽度大于 75mm 的拉-拉试验试样，建议采用多排销孔夹持。采用这种夹持方式的试样最内侧两排销孔之间的距离为工作长度，该长度至少为 $3W$。

采用夹紧方式夹持的 CCT 试样可以进行拉-压试验。此种夹持方式的 CCT 试样的最小工作长度为 $2.4W$。对于 CCT 试样的拉-压试验，采用带有锯齿面夹具夹持方式可以提供额外的摩擦力。图 10-41 给出了一个简单的可以增加摩擦力且能够提供压向支撑的夹具。将销轴和试样端部表面顶紧产生的压力能够承受较大的压向冲击力，同时避免销孔变形。这种试样夹持端之间的工作长度为 $2.4W$，最内排销轴之间的距离为 $3W$。

3）SENB 试样的拉-拉试验夹具如图 10-42 所示。

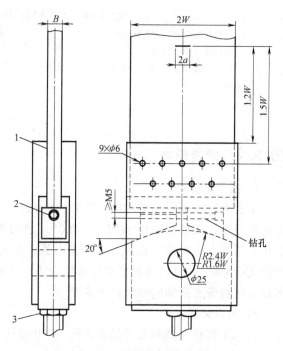

图 10-41　CCT 试样无后坐夹具

1—侧板的锯齿面　2—沉头螺栓　3—锁紧螺母

注：1. 采用硬质钢制作，硬度 ≥40HRC。

　2. 带锯齿的侧板厚度与试样厚度 B 相差 2~3mm。

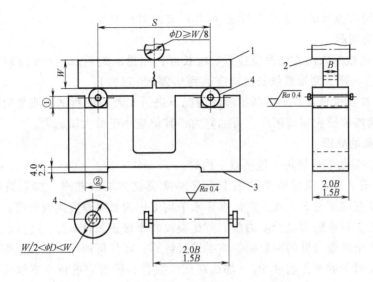

图 10-42 SENB 试样的拉-拉试验夹具

1—试样 2—加载压头 3—试验支撑座 4—支撑辊

注：加载压头与试样的接触面应和支撑辊互相平行，平行度要求为±0.002W。

① 0.6 倍的支撑辊直径。

② 1.1 倍的支撑辊直径。

10.5.3 试验内容及结果表示

1. 预制疲劳裂纹

1）预制疲劳裂纹的目的是制造一个足够长并且尖锐的平直裂纹，从而使 K 标定计算式不受机加工初始缺口形状的影响，也使后续进行的裂纹扩展速率试验不受裂纹前端形状变化或预制裂纹力变化的影响。

2）通常选用尽可能小的最大应力强度因子 K_{max} 进行疲劳裂纹预制。如果已知被测材料引起断裂的临界应力强度因子近似值，可以用临界应力强度因子的 30%~60% 作为初始 K_{max}。如果在 30000~50000 个循环周次内没有萌生裂纹，可以将 K_{max} 提高 10% 继续进行裂纹预制。预制裂纹结束时的 K_{max} 不能超过裂纹扩展试验初始 K_{max}。

3）通常情况下，预制疲劳裂纹阶段用于裂纹萌生时选择的应力强度因子大于裂纹扩展速率试验时的 K_{max}。在这种情况下，应当逐级降低预制裂纹时的最大力。当手动控制预裂纹产生时，建议应力强度因子 K_{max} 每级下降不超过 10%。另外，推荐每级应力强度因子下的裂纹扩展长度 Δa_j 至少要达到下式的计算值。

$$\Delta a_j = \frac{3}{\pi} \left[\frac{K_{max(j-1)}}{R_{p0.2}} \right]^2$$

式中 $K_{max(j-1)}$——前一级预制裂纹结束时的最大应力强度因子。

4）当进行高力值比试验时，采用比裂纹扩展试验初始阶段更低的 K_{max} 和力值比更容易产生预制裂纹。

5）预制裂纹的设备应具备在试样缺口上对称加载的能力，最大力准确度的误差控制在

5%以内。中心裂纹板材试样也应在长度（2W）方向对称加载。

2. 裂纹长度测量

1）用目测法或等效的方法测量疲劳裂纹长度，测量准确到±0.1mm 或±0.002W 中较大者（W>27mm 的试样，测量裂纹长度应准确到 0.25mm 以内）。

2）测量裂纹长度最好在不中断试验的情况下进行。若需中断试验测量时，中断时间应减至最少，为增加裂纹尖端清晰度，可加静力，其值应小于最大试验力。

3. 试验结果的处理

（1）裂纹前端曲率的修正　包括以下内容：

1）试验完成之后，应检查裂纹面上贯穿厚度裂纹前端的曲率。如果裂纹轮廓清晰可见，可以沿厚度方向测量 3 点或 5 点计算算术平均值作为贯穿厚度裂纹长度。贯穿厚度裂纹长度和试验过程中对应的裂纹长度的差值就是裂纹曲率修正长度 a_{cor}。进行裂纹曲率修正最好的方法是在多个清晰可见的断裂裂纹前沿进行计算。在任何情况下，如果裂纹曲率的修正导致的应力强度因子的变化超过 5%，那么在试验数据分析时应进行曲率修正，有效裂纹长度用下式表示：

$$a = a_n + a_{fat} + a_{cor}$$

2）当裂纹曲率修正值随着裂纹长度而变化较大时，可采用线性插值法进行曲率的修正。

（2）疲劳裂纹扩展速率的确定　采用拟合 a-N（裂纹长度-循环数）曲线求导的方法确定疲劳裂纹扩展速率，可用递增多项式法和割线法进行。

1）递增多项式法计算裂纹扩展速率是将一组数据对拟合成一个多项式，其中裂纹长度 a_j 作为循环周次 N_j 的函数。数据段应包括奇数（3、5 或 7）个连续的 a_j-N_j 数据对。裂纹扩展速率等于数据段中心数据对的多项式的斜率 da/dN_j。

2）割线法计算裂纹扩展速率仅适用于计算相邻两个裂纹长度和循环周次数据对的直线斜率，如下式所示：

$$\frac{da(j)_{avg}}{dN} = \frac{[a_j - a_{(j-1)}]}{[N_j - N_{(j-1)}]}$$

式中　$[a_j - a_{(j-1)}]$——裂纹增量。

随着裂纹扩展的增加，采用平均裂纹长度 $a(j)_{avg}$ 计算应力强度因子范围，$a(j)_{avg}$ 可用下式表示：

$$a(j)_{avg} = \frac{[a_j + a_{(j-1)}]}{2}$$

（3）疲劳裂纹扩展门槛值的测定　裂纹扩展速率门槛值 ΔK_{th}，一般是指对应的 da/dN 接近 0 时 ΔK 趋近的值。通常 ΔK_{th} 定义为裂纹扩展速率等于 10^{-7} mm/周时对应的 ΔK 值。

（4）应力强度因子范围的计算　所有标准试样的应力强度因子采用下式计算：

$$K = \frac{F}{BW^{1/2}} g\left(\frac{a}{W}\right)$$

1）对于 CT 试样，按下式计算：

$$g\left(\frac{a}{W}\right) = \frac{(2+\alpha)(0.886+4.64\alpha-13.32\alpha^2+14.72\alpha^3-5.6\alpha^4)}{(1-\alpha)^{3/2}}$$

式中，$\alpha=a/W$，$0.2\leqslant\alpha\leqslant1.0$ 时等式有效。

2）对于 CCT 试样，按下式计算：

$$g\left(\frac{a}{W}\right)=\left(\frac{\theta}{\cos\theta}\right)^{1/2}(0.7071-0.0072\theta^2+0.0070\theta^4)$$

式中，弧度 $\theta=\pi a/2W$，$0<a/W<1.00$ 时等式有效。建议从中心基准线到两裂纹尖端前后表面测量四点裂纹长度并计算平均值作为裂纹长度 a。

3）对于 SENB3 试样，按下式计算：

$$g\left(\frac{a}{W}\right)=\frac{6\alpha^{1/2}}{[(1-2a)(1-a)^{3/2}]}[1.99-\alpha(1-\alpha)(2.15-3.93\alpha+2.7\alpha^2)]$$

式中，$\alpha=a/W$，$0\leqslant\alpha\leqslant1$ 时效式有效。

4）对于 SENB4 试样，按下式计算：

$$g\left(\frac{a}{W}\right)=3(2\tan\theta)^{1/2}\left[\frac{0.923+0.199(1-\sin\theta)^4}{\cos\theta}\right]$$

式中，弧度 $\theta=\pi a/2W$，$0<a/W<1.00$ 时等式有效。

四点弯曲试样最大和最小跨距的差值不等于 $2W$ 时，应对形状因子 $g(a/W)$ 进行修正，修正系数为：（最大跨距－最小跨距）$/2W$。

5）对于 SENB4 试样，按下式计算：

$$g\left(\frac{a}{W}\right)=3(2\tan\theta)^{1/2}\left[\frac{0.923+0.199(1-\sin\theta)^4}{\cos\theta}\right]$$

式中，弧度 $\theta=\pi a/2W$，$0<a/W<1.00$ 时等式有效。

四点弯曲试样最大和最小跨距的差值不等于 $2W$ 时，应对形状因子 $g(a/W)$ 进行修正，修正系数为：（最大跨距－最小跨距）$/2W$。

6）对于 SENB8 试样，按下式计算：

$$g\left(\frac{a}{W}\right)=3(2\tan\theta)^{1/2}\left[\frac{0.923+0.199(1-\sin\theta)^4}{\cos\theta}\right]$$

式中，弧度 $\theta=\pi a/2W$，$0<a/W<1.00$ 时等式有效。

八点弯曲试样最大和最小跨距的差值不等于 $2W$ 时，应对形状因子 $g(a/W)$ 进行修正，修正系数为：（最大跨距－最小跨距）$/2W$。

7）对于 SENT 试样，按下式计算：

$$g\left(\frac{a}{W}\right)=\sqrt{2\tan\theta}\left[\frac{0.752+2.02\alpha+0.37(1-\sin\theta)^3}{\cos\theta}\right]$$

式中，弧度 $\theta=\pi a/2W$，$0<a/W<1.00$ 时等式有效

单边缺口夹紧试样，夹具之间的净距离等于 $4W$ 时，形状因子计算如下式：

$$g\left(\frac{a}{W}\right)=(1-\alpha)^{-3/2}[1.9878\alpha^{1/2}-2.9726\alpha^{3/2}+6.9503\alpha^{5/2}-14.4476\alpha^{7/2}$$
$$+10.0548\alpha^{9/2}+3.4047\alpha^{11/2}-8.7143\alpha^{13/2}+3.7417\alpha^{15/2}]$$

式中，$\alpha = a/W$，$0 < a/W < 0.95$ 时等式有效。

10.6 金属材料轴向等幅低循环疲劳试验

金属材料轴向等幅低循环疲劳试验按照 GB/T 15248—2008《金属材料轴向等幅低循环疲劳试验方法》进行。

10.6.1 试样

1. 圆形截面试样

1）圆形截面试样有等截面试样和漏斗形试样。等截面试样如图 10-43a 所示，工程测试中用得最多，通常用于 2% 以内的总应变范围的试验。漏斗形试样如图 10-43b 所示，选用时应根据材料的各向异性和抗弯性确定，通常用于大于 2% 总应变的总应变范围的试验，其曲率半径与试样最小半径之比一般为 12：1。

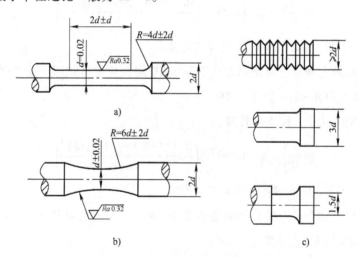

图 10-43 低循环疲劳试样

a）等截面试样 b）漏斗形试样 c）夹持部位的形状和尺寸

2）当材料是各向异性时，应采用等截面试样。

3）试样工作部分的最小直径为 5mm。

2. 板材试样

低循环疲劳板材试样的板厚小于 6mm 时，可采用图 10-44 所示的试样，但必须有特殊夹持装置。矩形截面试样适合于 2.5mm 的板厚、施加 1% 的总应变幅值，如图 10-44a 所示。对于较高的应变幅值，一般采用图 10-44b 所示的圆形截面漏斗形试样。

3. 非标准试样

非标准试样也可设计成管状试样或直径小于 5mm 的圆形截面试样。轴向应变控制等截面试样的标距长度与工作部分直径之比不大于 4，试样夹持部分的截面积与工作部分截面积之比不小于 4，试样工作部分与夹持部分的同轴度误差应在 0.01mm 以内。

10.6.2　试验设备

1. 试验机

1）使用能控制载荷和变形的拉-压低循环疲劳试验机。

2）试验机的静载荷按 JJG 556—2011《轴向加荷疲劳试验机》进行定期检定，其系统误差不大于 ±1%，偏差不大于 1%。若误差达 ±2% 时仍可使用，但必须做出校正曲线并加以修正。误差超过 ±2% 时，不允许使用。

3）相继两循环的重复性应在所试应力或应变范围的 1% 以内，或平均范围的 0.5% 以内，整个试验过程应稳定在 2% 以内。

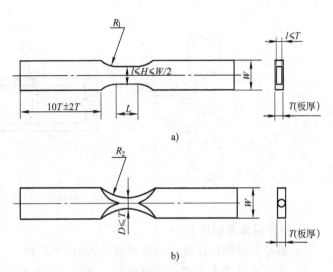

图 10-44　低循环疲劳板材试样
a）矩形截面试样　b）圆形截面试样

2. 夹具

1）连接试样的夹头可采用任何形式，如螺纹或带台肩等，但试验时试样与夹头和试验机的连接应紧固，以免载荷换向时试样与夹头松动或造成间隙。

2）高温试验时应对夹具进行冷却，可防止载荷链中的其他元件受到损坏。

3）应具有良好的同轴度。

3. 应变引伸计

1）应变引伸计应适合于长时间内动态测量和控制。测量试样标距长度内的变形时，测量精度应不大于±1%。

2）应变引伸计常采用电机械式和光电式，可根据所用试样选取轴向应变引伸计（见图 10-45）或径向应变引伸计（见图 10-46）。

3）每次试验后，引伸计应进行标定。

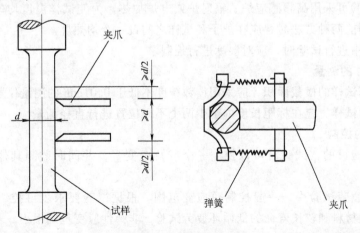

图 10-45　轴向应变引伸计

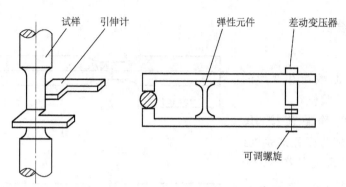

图 10-46 径向应变引伸计

4. 数据采集与记录系统

1）数据记录的准确度应保持在满量程的 1% 以内。

2）用计算机数据采集系统对载荷、变形及循环次数等试验数据进行采集和存储。数据采集的频率应满足清楚记录应力-应变迟滞回线的需要，采集和存储的数据可随时绘制曲线或传输至打印机。

3）在条件不具备时，可使用 X-Y 记录仪或带照相功能的示波器记录载荷-变形或应力-应变迟滞回线；使用循环计数器记录总的循环数，并附带一计时器，以便对循环计数器和频率进行检验。

4）使用漏斗形试样进行径向应变控制的低循环疲劳试验时，试验采集的是径向应变信号，一般使用应变计算机将径向应变和轴向应力转换成轴向应变。

10.6.3 试验内容及结果表示

1. 试验环境

1）室温试验时，应对温度进行检测和记录，超出 10～35℃ 范围的温度应在报告中说明。

2）高温试验时，试样工作部分的温度波动应不大于 ±2℃，标距长度内的温度梯度应在 ±2℃ 或试验温度的 1%（两者取较大值）以内，否则应在报告中说明。

3）高温试验可采用高频感应炉、辐射炉或电炉加热。为使试样温度均匀，应有足够的保温时间。使用前两种方法时，应在炉子和试样之间设一个均热屏。

4）在空气中进行试验时，应对湿度进行控制。

2. 试样尺寸的测量

为准确计算试样的横截面积，应采用读数精度不低于 0.01mm 的测量仪器来测量试样尺寸。对于等截面试样，应在标距长度内至少两个不同位置进行直径测量。

3. 试验机的控制

1）根据试验目的，试验时可以控制一个或几个变量，并同时监测其他变量随循环的变化。

2）低循环疲劳试验中，一般控制总应变范围。根据试验要求也可控制非弹性应变范围。对于低延性材料和较长寿命的低循环疲劳试验，非弹性应变范围很小。若既能保持所要求的应变范围，又能对其载荷范围进行定期调整时，允许控制载荷。

3）为了实现能连续控制所规定的试验变量，一般采用闭环控制疲劳试验机。若使用非连续可控的闭环试验机，则应严格控制所用变量的极限。

4）对于各向异性材料，如定向凝固、单晶材料等，应采用轴向应变控制。

5）除试验目的是研究起始加载效应外，所有试验应从相同的拉伸或压缩半循环开始。

4. 波形

1）除试验目的是测定波形的影响外，在整个试验过程中应变或应力对时间波形应保持一致。在无特定要求或设备受限制时，一般采用三角波。

2）带保持时间的高温低循环疲劳试验采用梯形波。

5. 应变速率或循环频率

1）除试验目的是测定应变速率或循环频率的影响外，对于每个试验，其应变速率或循环频率应保持不变。

2）若因为设备的限制使用非三角波，不能进行恒定的应变速率试验，或者由于时间的限制不能进行恒频率试验时，则可采用其他的速率控制方法。通常采用恒定的平均应变速率（应变范围和频率乘积的两倍）。当试验采用非弹性应变控制时，最合适的方法是保持平均非弹性应变速率恒定。

3）选用的应变速率或频率应足够低，以确保试样温度升高不超过 2℃。

6. 记录

若使用计算机数据采集系统，应按适当的间隔（如 1，2，5，10，20 等）连续记录循环应力-应变数据。若无计算机数据采集系统，可使用 X-Y 记录仪记录应力-应变迟滞回线。对于循环数超过 100 的试验可进行间断记录或抽样，除记录最初的迟滞回线外还应至少记录 10 个迟滞回线。

7. 失效判定

1）试样断裂。

2）最大载荷或应力或拉伸卸载弹性模量降低一定的百分数。

3）试样表面出现可检测裂纹，此裂纹增长到符合试验目的要求的预定尺寸。

4）拉伸卸载弹性模量 E_{NT} 与压缩卸载弹性模量 E_{NC} 的比值 q_N 降低至首个循环的 50%。

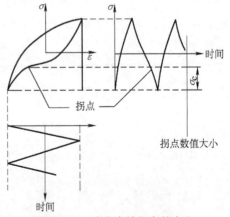

图 10-47　确定失效拐点的定义

5）迟滞回线的压缩部分出现拐点，拐点的数值 σ_e，即峰值压缩应力减去压缩加载曲线拐点处的应力，达到峰值压缩应力的某一规定百分数，如图 10-47 所示。

8. 有效性判定

等截面试样断在标距长度内或漏斗形试样断在最小直径附近方为有效。若断在其他位置或在断口上发现有杂质、孔洞或机加工缺陷等情况，则结果无效。若试样总断在同一位置，则可能是同轴度问题或引伸计安装造成的"刀口"断裂，应立即纠正。

9. 试验结果的处理

1）绘制出 $\Delta\sigma/2$-$2N_f$、$\Delta\varepsilon/2$-$2N_f$、$\Delta\varepsilon_e/2$-$2N_f$、$\Delta\varepsilon_p/2$-$2N_f$ 曲线，最常用的是双对数坐标。

数据处理时，采用循环弹性模量 E^* 进行计算，E^* 按下式计算：

$$E^* = \frac{E_{NT} + E_{NC}}{2}$$

式中　E^*——循环弹性模量，单位为 MPa；

E_{NT}——拉伸卸载模量，单位为 MPa；

E_{NC}——压缩卸载模量，单位为 MPa。

2）根据所绘制的曲线，计算出金属材料在所试条件下的疲劳延性指数、疲劳强度指数、疲劳延性系数和疲劳强度系数。

第11章

铸铁和铸钢的力学性能

11.1 灰铸铁件的力学性能

灰铸铁件的力学性能见表11-1。

表 11-1　灰铸铁件的力学性能（GB/T 9439—2010）

牌号	铸件壁厚/mm		最小抗拉强度 R_m（强制性值）/MPa ≥		铸件本体预期抗拉强度 R_m/MPa ≥
	>	≤	单铸试棒	附铸试棒或试块	
HT100	5	40	100	—	—
HT150	5	10	150	—	155
	10	20		—	130
	20	40		120	110
	40	80		110	95
	80	150		100	80
	150	300		90[①]	—
HT200	5	10	200	—	205
	10	20		—	180
	20	40		170	155
	40	80		150	130
	80	150		140	115
	150	300		130[①]	—
HT225	5	10	225	—	230
	10	20		—	200
	20	40		190	170
	40	80		170	150
	80	150		155	135
	150	300		145[①]	—
HT250	5	10	250	—	250
	10	20		—	225
	20	40		210	195
	40	80		190	170
	80	150		170	155
	150	300		160[①]	—
HT275	10	20	275	—	250
	20	40		230	220
	40	80		205	190
	80	150		190	175
	150	300		175[①]	—
HT300	10	20	300	—	270
	20	40		250	240
	40	80		220	210
	80	150		210	195
	150	300		190[①]	—

（续）

牌号	铸件壁厚/mm		最小抗拉强度 R_m（强制性值）/MPa≥		铸件本体预期抗拉强度 R_m/MPa ≥
	>	≤	单铸试棒	附铸试棒或试块	
HT350	10	20	350	—	315
	20	40		290	280
	40	80		260	250
	80	150		230	225
	150	300		210[①]	—

注：1. 当铸铁壁厚超过 300mm 时，其力学性能由供需双方商定。

2. 当某牌号的铁液浇注壁厚均匀、形状简单的铸件时，壁厚变化引起抗拉强度的变化，可从本表查出参考数据；当铸铁壁厚不均匀，或有型芯时，此表只能给出不同壁厚处大致的抗拉强度值，铸件的设计应根据关键部位的实测值进行。

① 表示指导值，其余抗拉强度值均为强制性值，铸件本体预期抗拉强度值不作为强制性值。

11.2 球墨铸铁件的力学性能

1）球墨铸铁件单铸试样的力学性能见表 11-2，球墨铸铁件附铸试样的力学性能见表 11-3。

表 11-2　球墨铸铁件单铸试样的力学性能（GB/T 1348—2009）

牌号	抗拉强度 R_m/MPa	规定塑性延伸强度 $R_{p0.2}$/MPa	断后伸长率 A(%)	硬度 HBW	主要基体组织
QT350-22L	350	220	22	≤160	铁素体
QT350-22R	350	220	22	≤160	铁素体
QT350-22	350	220	22	≤160	铁素体
QT400-18L	400	240	18	120~175	铁素体
QT400-18R	400	250	18	120~175	铁素体
QT400-18	400	250	18	120~175	铁素体
QT400-15	400	250	15	120~180	铁素体
QT450-10	450	310	10	160~210	铁素体
QT500-7	500	320	7	170~230	铁素体+珠光体
QT550-5	550	350	5	180~250	铁素体+珠光体
QT600-3	600	370	3	190~270	珠光体+铁素体
QT700-2	700	420	2	225~305	珠光体
QT800-2	800	480	2	245~335	珠光体或索氏体
QT900-2	900	600	2	280~360	回火马氏体或屈氏体(托氏体)+索氏体

注：1. 字母"L"表示该牌号有低温（-20℃或-40℃）下的冲击性能要求；字母"R"表示该牌号有室温（23℃）下的冲击性能要求。

2. 断后伸长率是从原始标距 $L_0=5d$ 上测得的，d 是试样上原始标距处的直径。

表 11-3　球墨铸铁件附铸试样的力学性能（GB/T 1348—2009）

牌号	铸件壁厚/mm	抗拉强度 R_m/MPa	规定塑性延伸强度 $R_{p0.2}$/MPa	断后伸长率 A(%)	硬度 HBW	主要基体组织
QT350-22AL	≤30	350	220	22	≤160	铁素体
	>30~60	330	210	18		
	>60~200	320	200	15		
QT350-22AR	≤30	350	220	22	≤160	铁素体
	>30~60	330	220	18		
	>60~200	320	210	15		

（续）

牌号	铸件壁厚/mm	抗拉强度 R_m/MPa	规定塑性延伸强度 $R_{p0.2}$/MPa	断后伸长率 A(%)	硬度 HBW	主要基体组织
QT350-22A	≤30	350	220	22	≤160	铁素体
	>30~60	330	210	18		
	>60~200	320	200	15		
QT400-18AL	≤30	380	240	18	120~175	铁素体
	>30~60	370	230	15		
	>60~200	360	220	12		
QT400-18AR	≤30	400	250	18	120~175	铁素体
	>30~60	390	250	15		
	>60~200	370	240	12		
QT400-18A	≤30	400	250	18	120~175	铁素体
	>30~60	390	250	15		
	>60~200	370	240	12		
QT400-15A	≤30	400	250	15	120~180	铁素体
	>30~60	390	250	14		
	>60~200	370	240	11		
QT450-10A	≤30	450	310	10	160~210	铁素体
	>30~60	420	280	9		
	>60~200	390	260	8		
QT500-7A	≤30	500	320	7	170~230	铁素体+珠光体
	>30~60	450	300	7		
	>60~200	420	290	5		
QT550-5A	≤30	550	350	5	180~250	铁素体+珠光体
	>30~60	520	330	4		
	>60~200	500	320	3		
QT600-3A	≤30	600	370	3	190~270	珠光体+铁素体
	>30~60	600	360	2		
	>60~200	550	340	1		
QT700-2A	≤30	700	420	2	225~305	珠光体
	>30~60	700	400	2		
	>60~200	650	380	1		
QT800-2A	≤30	800	480	2	245~335	珠光体或索氏体
	>30~60	由供需双方商定				
	>60~200					
QT900-2A	≤30	900	600	2	280~360	回火马氏体或索氏体+屈氏体（托氏体）
	>30~60	由供需双方商定				
	>60~200					

注：1. 从附铸试样测得的力学性能并不能准确地反映铸件本体的力学性能，但与单铸试样上测得的值相比更接近于铸件的实际性能值。

2. 断后伸长率在原始标距 $L_0 = 5d$ 上测得，d 是试样上原始标距处的直径。

2）等温淬火球墨铸铁件单铸或附铸试块的力学性能见表11-4。

表11-4 等温淬火球墨铸铁件单铸或附铸试块的力学性能（GB/T 24733—2009）

牌号	铸件主要壁厚/mm	抗拉强度 R_m/MPa ≥	规定塑性延伸强度 $R_{p0.2}$/MPa≥	断后伸长率 A(%) ≥
QTD800-10（QTD800-10R）	≤30	800	500	10
	>30~60	750		6
	>60~100	720		5
QTD900-8	≤30	900	600	8
	>30~60	850		5
	>60~100	820		4
QTD1050-6	≤30	1050	700	6
	>30~60	1000		4
	>60~100	970		3

（续）

牌　　号	铸件主要壁厚/mm	抗拉强度 R_m/MPa ≥	规定塑性延伸强度 $R_{p0.2}$/MPa≥	断后伸长率 A(%) ≥
QTD1200-3	≤30	1200		3
	>30~60	1170	850	2
	>60~100	1140		1
QTD1400-1	≤30	1400	1100	1
	>30~60	1170	供需双方商定	
	>60~100	1140		

注：1. 由于铸件复杂程度和各部分壁厚不同，其性能是不均匀的。

2. 经过适当的热处理，规定塑性延伸强度最小值可按本表规定，而随铸件壁厚增大，抗拉强度和断后伸长率会降低。

3. 字母 R 表示该牌号有室温（23℃）冲击性能值的要求。

4. 如需规定附铸试块形式，牌号后加标记"A"，例如 QTD 900-8A。

5. 材料牌号是按壁厚 t≤30mm 厚试块测得的力学性能而确定的。

11.3　蠕墨铸铁件的力学性能

蠕墨铸铁件的力学性能见表 11-5。

表 11-5　蠕墨铸铁件的力学性能（GB/T 26655—2011）

牌号及铸件壁厚		抗拉强度 R_m/MPa≥	规定塑性延伸强度 $R_{p0.2}$/MPa≥	断后伸长率 A(%) ≥	硬度 HBW
单铸试样牌号		单铸试样力学性能			
RuT300		300	210	2.0	140~210
RuT350		350	245	1.5	160~220
RuT400		400	280	1.0	180~240
RuT450		450	315	1.0	200~250
RuT500		500	350	0.5	220~260
附铸试样牌号	铸件壁厚/mm	附铸试样力学性能			
RuT300A	≤12.5	300	210	2.0	140~210
	>12.5~30	300	210	2.0	140~210
	>30~60	275	195	2.0	140~210
	>60~120	250	175	2.0	140~210
RuT350A	≤12.5	350	245	1.5	160~220
	>12.5~30	350	245	1.5	160~220
	>30~60	325	230	1.5	160~220
	>60~120	300	210	1.5	160~220
RuT400A	≤12.5	400	280	1.0	180~240
	>12.5~30	400	280	1.0	180~240
	>30~60	375	260	1.0	180~240
RuT400A	>60~120	325	230	1.0	180~240
RuT450A	≤12.5	450	315	1.0	200~250
	>12.5~30	450	315	1.0	200~250
	>30~60	400	280	1.0	200~250
	>60~120	375	260	0.5	200~250
RuT500A	≤12.5	500	350	0.5	220~260
	>12.5~30	500	350	0.5	220~260
	>30~60	450	315	0.5	220~260
	>60~120	400	280	0.5	220~260

注：1. 从附铸试样测得的力学性能并不能准确地反映铸件本体的力学性能，但与单铸试样上测得的值相比更接近于铸件的实际性能值。

2. 力学性能随铸件结构（形状）和冷却条件而变化，随铸件断面厚度增加而相应降低。

3. 布氏硬度值供参考。

11.4 可锻铸铁件的力学性能

黑心可锻铸铁和珠光体可锻铸铁的力学性能见表 11-6，白心可锻铸铁的力学性能见表 11-7。

表 11-6 黑心可锻铸铁和珠光体可锻铸铁的力学性能（GB/T 9440—2010）

牌 号	试样直径 $d^{①②}$/mm	抗拉强度 R_m/MPa ≥	规定塑性延伸强度 $R_{p0.2}$/MPa ≥	断后伸长率 $A(L_0=3d)(\%)$ ≥	硬度 HBW
KTH275-05[③]	12 或 15	275	—	5	
KTH300-06[③]	12 或 15	300	—	6	
KTH330-08	12 或 15	330	—	8	≤150
KTH350-10	12 或 15	350	200	10	
KTH370-12	12 或 15	370	—	12	
KTZ450-06	12 或 15	450	270	6	150~200
KTZ500-05	12 或 15	500	300	5	165~215
KTZ550-04	12 或 15	550	340	4	180~230
KTZ500-03	12 或 15	600	390	3	195~245
KTZ650-02[④⑤]	12 或 15	650	430	2	210~260
KTZ700-02	12 或 15	700	530	2	240~290
KTZ800-01[④]	12 或 15	800	600	1	270~320

① 如果需方没有明确要求，供方可以任意选取两种试样直径中的一种。
② 试样直径代表同样壁厚的铸件，如果铸件为薄壁件时，供需双方可以协商选取直径 6mm 或者 9mm 试样。
③ KTH275-05 和 KTH300-06 为专门用于保证压力密封性能，而不要求高强度或者高延展性的工作条件的。
④ 油淬加回火。
⑤ 空冷加回火。

表 11-7 白心可锻铸铁的力学性能（GB/T 9440—2010）

牌 号	试样直径 d/mm	抗拉强度 R_m/MPa ≥	规定塑性延伸强度 $R_{p0.2}$/MPa ≥	断后伸长率 $A(L_0=3d)(\%)$ ≥	硬度 HBW ≤
KTB360-12	12	360	190	12	200
	15	370	200	7	
KTB400-05	6	300	—	12	220
	9	360	200	8	
	12	400	220	5	
	15	420	230	4	
KTB450-07	6	330	—	12	220
	9	400	230	10	
	12	450	260	7	
	15	480	280	4	
KTB550-04	6	—	—	—	250
	9	490	310	5	
	12	550	340	4	
	15	570	350	3	

注：1. 所有级别的白心可锻铸铁均可以焊接。
2. 对于小尺寸的试样，很难判断其屈服强度，屈服强度的检测方法和数值由供需双方在签订订单时商定。

11.5 奥氏体铸铁件的力学性能

一般工程用奥氏体铸铁件的力学性能见表 11-8，特殊用途奥氏体铸铁件的力学性能见表

11-9。

表 11-8 一般工程用奥氏体铸铁件的力学性能（GB/T 26648—2011）

牌 号	抗拉强度 R_m /MPa≥	规定塑性延伸强度 $R_{\mathrm{p0.2}}$ /MPa≥	断后伸长率 A （%）≥	冲击吸收能量 KV /J≥	硬度 HBW
HTANi15Cu6Cr2	170	—	—	—	120~215
QTANi20Cr2	370	210	7	13[1]	140~255
QTANi20Cr2Nb	370	210	7	13[1]	140~200
QTANi22	370	170	20	20	130~170
QTANi23Mn4	440	210	25	24	150~180
QTANi35	370	210	20	—	130~180
QTANi35Si5Cr2	370	200	10	—	130~170

[1] 非强制要求。

表 11-9 特殊用途奥氏体铸铁件的力学性能（GB/T 26648—2011）

牌 号	抗拉强度 R_m /MPa≥	规定塑性延伸强度 $R_{\mathrm{p0.2}}$ /MPa≥	断后伸长率 A（%）≥	冲击吸收能量 KV/J≥	硬度 HBW
HTANi13Mn7	140	—	—	—	120~150
QTANi13Mn7	390	210	15	16	120~150
QTANi30Cr3	370	210	7	—	140~200
QTANi30Si5Cr5	390	240	—	—	170~250
QTANi35Cr3	370	210	7	—	140~190

11.6 耐热铸铁件与耐蚀铸铁件的力学性能

11.6.1 耐热铸铁件的力学性能

耐热铸铁件的室温力学性能见表 11-10，耐热铸铁件的高温短时抗拉强度见表 11-11。

表 11-10 耐热铸铁件的室温力学性能（GB/T 9437—2009）

牌 号	最小抗拉强度 R_m/MPa	硬度 HBW	牌 号	最小抗拉强度 R_m/MPa	硬度 HBW
HTRCr	200	189~288	QTRSi4Mo1	550	200~240
HTRCr2	150	207~288	QTRSi5	370	228~302
HTRCr16	340	400~450	QTRAl4Si4	250	285~341
HTRSi5	140	160~270	QTRAl5Si5	200	302~363
QTRSi4	420	143~187	QTRAl22	300	241~364
QTRSi4Mo	520	188~241			

注：允许用热处理方法达到上述性能。

表 11-11 耐热铸铁件的高温短时抗拉强度（GB/T 9437—2009）

牌 号	在下列温度时的最小抗拉强度 R_m/MPa				
	500℃	600℃	700℃	800℃	900℃
HTRCr	225	144	—	—	—
HTRCr2	243	166	—	—	—
HTRCr16	—	—	—	144	88
HTRSi5	—	—	41	27	—
QTRSi4	—	—	75	35	—
QTRSi4Mo	—	—	101	46	—
QTRSi4Mo1	—	—	101	46	—
QTRSi5	—	—	67	30	—
QTRAl4Si4	—	—	—	82	32
QTRAl5Si5	—	—	—	167	75
QTRAl22	—	—	—	130	77

11.6.2 高硅耐蚀铸铁件的力学性能

高硅耐蚀铸铁件的力学性能见表11-12。

表 11-12 高硅耐蚀铸铁件的力学性能 （GB/T 8491—2009）

牌 号	最小抗弯强度/MPa	最小挠度/mm
HTSSi11Cu2CrR	190	0.80
HTSSi15R	118	0.66
HTSSi15Cr4MoR	118	0.66
HTSSi15Cr4R	118	0.66

11.7 一般工程用铸钢件的力学性能

11.7.1 一般工程用铸造碳钢件的力学性能

一般工程用铸造碳钢件的力学性能见表11-13。

表 11-13 一般工程用铸造碳钢件的力学性能 （GB/T 11352—2009）

牌 号	上屈服强度 R_{eH}（或 $R_{p0.2}$）/MPa ≥	抗拉强度 R_m /MPa ≥	断后伸长率 $A(\%)$ ≥	根据合同选择		
				断面收缩率 $Z(\%)$ ≥	冲击吸收能量/J ≥	
					KV	KU
ZG200-400	200	400	25	40	30	47
ZG230-450	230	450	22	32	25	35
ZG270-500	270	500	18	25	22	27
ZG310-570	310	570	15	21	15	24
ZG340-640	340	640	10	18	10	16

注：1. 表中所列的各牌号性能，适应于厚度为100mm以下的铸件。当铸件厚度超过100mm时，表中规定的 R_{eH} 或 $R_{p0.2}$ 仅供设计使用。

2. 表中冲击试样 U 型缺口尺寸为 2mm。

11.7.2 一般工程与结构用低合金铸钢件的力学性能

一般工程与结构用低合金铸钢件的力学性能见表11-14。

表 11-14 一般工程与结构用低合金铸钢件的力学性能 （GB/T 14408—2014）

牌 号	规定塑性延伸强度 $R_{p0.2}$/MPa ≥	抗拉强度 R_m/MPa ≥	断后伸长率 $A(\%)$ ≥	断面收缩率 $Z(\%)$ ≥	冲击吸收能量 KV/J ≥
ZGD270-480	270	480	18	38	25
ZGD290-510	290	510	16	35	25
ZGD345-570	345	570	14	35	20
ZGD410-620	410	620	13	35	20
ZGD535-720	535	720	12	30	18
ZGD650-830	650	830	10	25	18
ZGD730-910	730	910	8	22	15
ZGD840-1030	840	1030	6	20	15
ZGD1030-1240	1030	1240	5	20	22
ZGD1240-1450	1240	1450	4	15	18

11.7.3 一般用途耐热钢和合金铸件的力学性能

一般用途耐热钢和合金铸件的力学性能见表11-15。

表 11-15　一般用途耐热钢和合金铸件的力学性能（GB/T 8492—2014）

牌　号	规定塑性延伸强度 $R_{p0.2}$/MPa ≥	抗拉强度 R_m/MPa ≥	断后伸长率 A(%) ≥	硬度 HBW	最高使用温度[1] /℃
ZG30Cr7Si2					750
ZG40Cr13Si2				300[2]	850
ZG40Cr17Si2				300[2]	900
ZG40Cr24Si2				300[2]	1050
ZG40Cr28Si2				320[2]	1100
ZGCr29Si2				400[2]	1100
ZG25Cr18Ni9Si2	230	450	15		900
ZG25Cr20Ni14Si2	230	450	10		900
ZG40Cr22Ni10Si2	230	450	8		950
ZG40Cr24Ni24Si2Nb1	220	400	4		1050
ZG40Cr25Ni12Si2	220	450	6		1050
ZG40Cr25Ni20Si2	220	450	6		1100
ZG45Cr27Ni4Si2	250	400	3	400[3]	1100
ZG45Cr20Co20Ni20Mo3W3	320	400	6		1150
ZG10Ni31Cr20Nb1	170	440	20		1000
ZG40Ni35Cr17Si2	220	420	6		980
ZG40Ni35Cr26Si2	220	440	6		1050
ZG40Ni35Cr26Si2Nb1	220	440	4		1050
ZG40Ni38Cr19Si2	220	420	6		1050
ZG40Ni38Cr19Si2Nb1	220	420	4		1100
ZNiCr28Fe17W5Si2C0.4	220	400	3		1200
ZNiCr50Nb1C0.1	230	540	8		1050
ZNiCr19Fe18Si1C0.5	220	440	5		1100
ZNiFe18Cr15Si1C0.5	200	400	3		1100
ZNiCr25Fe20Co15W5Si1C0.46	270	480	5		1200
ZCoCr28Fe18C0.3	[4]	[4]	[4]	[4]	1200

[1] 最高使用温度取决于实际使用条件，所列数据仅供用户参考，这些数据适用于氧化性气氛，实际的合金成分对其也有影响。

[2] 退火态最大硬度值，铸件也可以铸态提供，此时硬度限制就不适用。

[3] 最大硬度值。

[4] 由供需双方协商确定。

11.7.4　通用耐蚀钢铸件的力学性能

通用耐蚀钢铸件的力学性能见表 11-16。

表 11-16　通用耐蚀钢铸件的力学性能（GB/T 2100—2017）

牌　号	厚度 t/mm ≤	规定塑性延伸强度 $R_{p0.2}$/MPa ≥	抗拉强度 R_m/MPa ≥	伸长率 A(%) ≥	冲击吸收能量 KV_2/J ≥
ZG15Cr13	150	450	620	15	20
ZG20Cr13	150	390	590	15	20
ZG10Cr13Ni2Mo	300	440	590	15	27
ZG06Cr13Ni4Mo	300	550	760	15	50
ZG06Cr13Ni4	300	550	750	15	50
ZG06Cr16Ni5Mo	300	540	760	15	60
ZG10Cr12Ni1	150	355	540	18	45

（续）

牌 号	厚度 t/mm ≤	规定塑性延伸强度 $R_{p0.2}$/MPa ≥	抗拉强度 R_m/MPa ≥	伸长率 A(%) ≥	冲击吸收能量 KV_2/J ≥
ZG03Cr19Ni11	150	185	440	30	80
ZG03Cr19Ni11N	150	230	510	30	80
ZG07Cr19Ni10	150	175	440	30	60
ZG07Cr19Ni11Nb	150	175	440	25	40
ZG03Cr19Ni11Mo2	150	195	440	30	80
ZG03Cr19Ni11Mo2N	150	230	510	30	80
ZG05Cr26Ni6Mo2N	150	420	600	20	30
ZG07Cr19Ni11Mo2	150	185	440	30	60
ZG07Cr19Ni11Mo2Nb	150	185	440	25	40
ZG03Cr19Ni11Mo3	150	180	440	30	80
ZG03Cr19Ni11Mo3N	150	230	510	30	80
ZG03Cr22Ni6Mo3N	150	420	600	20	30
ZG03Cr25Ni7Mo4WCuN	150	480	650	22	50
ZG03Cr26Ni7Mo4CuN	150	480	650	22	50
ZG07Cr19Ni12Mo3	150	205	440	30	60
ZG025Cr20Ni25Mo7Cu1N	50	210	480	30	60
ZG025Cr20Ni19Mo7CuN	50	260	500	35	50
ZG03Cr26Ni6Mo3Cu3N	150	480	650	22	50
ZG03Cr26Ni6Mo3Cu1N	200	480	650	22	60
ZG03Cr26Ni6Mo3N	150	480	650	22	50

11.8 奥氏体锰钢铸件的力学性能

奥氏体锰钢铸件的力学性能见表11-17。

表11-17 奥氏体锰钢铸件的力学性能 （GB/T 5680—2010）

牌号	下屈服强度 R_{eL}/MPa≥	抗拉强度 R_m/MPa≥	断后伸长率 A(%)≥	冲击吸收能量 KU/J≥
ZG120Mn13	—	685	25	118
ZG120Mn13Cr2	390	735	20	—

11.9 耐磨钢铸件的力学性能

耐磨钢铸件的力学性能见表11-18。

表11-18 耐磨钢铸件的力学性能 （GB/T 26651—2011）

牌 号	表面硬度 HRC≥	冲击吸收能量 KV_2/J≥	冲击吸收能量 KN_2/J≥
ZG30MnSi	45	12	—
ZG30Mn2SiCr	45	12	—
ZG30CrMnSiMo	45	12	—
ZG30CrNiMo	45	12	—
ZG40CrNiMo	50	—	25
ZG42Cr2Si2MnMo	50	—	25
ZG45Cr2Mo	50	—	25
ZG30Cr5Mo	42	12	—
ZG40Cr5Mo	44	—	25
ZG50Cr5Mo	46	—	15
ZG60Cr5Mo	48	—	10

注：KV、KN 分别代表 V 型缺口和无缺口试样的冲击吸收能量。

11.10 大型铸钢件的力学性能

11.10.1 大型低合金钢铸件的力学性能

大型低合金钢铸件的力学性能见表 11-19。

表 11-19 大型低合金钢铸件的力学性能 （JB/T 6402—2006）

牌号	热处理状态	上屈服强度 R_{eH} /MPa ≥	抗拉强度 R_m /MPa ≥	断后伸长率 $A(\%)$ ≥	断面收缩率 $Z(\%)$ ≥	冲击吸收能量			硬度 HBW ≥	备注
						KU/J ≥	KV/J ≥	$KDVM/J$ ≥		
ZG20Mn	正火+回火	285	495	18	30	39	—	—	145	焊接及流动性良好,用于水压机缸、叶片、喷嘴体、阀、弯头等
	调质	300	500~650	24	—	—	45	—	150~190	
ZG30Mn	正火+回火	300	558	18	30	—	—	—	163	
ZG35Mn	正火+回火	345	570	12	20	24	—	—		用于承受摩擦的零件
	调质	415	640	12	25	27	—	27	200~240	
ZG40Mn	正火+回火	295	640	12	30	—	—	—	163	用于承受摩擦和冲击的零件,如齿轮等
ZG40Mn2	正火+回火	395	590	20	40	30	—	—	179	用于承受摩擦的零件,如齿轮等
	调质	685	835	13	45	35	—	35	269~302	
ZG45Mn2	正火+回火	392	637	15	30	—	—	—	179	用于模块、齿轮等
ZG50Mn2	正火+回火	445	785	18	37	—	—	—		用于高强度零件,如齿轮、齿轮缘等
ZG35SiMnMo	正火+回火	395	640	12	20	24	—	—	—	用于承受负荷较大的零件
	调质	490	690	12	25	27	—	27	—	
ZG35CrMnSi	正火+回火	345	690	14	30	—	—	—	217	用于承受冲击、摩擦的零件,如齿轮、滚轮等
ZG20MnMo	正火+回火	295	490	16		39	—	—	156	用于受压容器,如泵壳等
ZG30Cr1MnMo	正火+回火	392	686	15	30	—	—	—		用于拉坯和立柱
ZG55CrMnMo	正火+回火	不规定	不规定	—	—	—	—	—		有一定的热硬性,用于锻模等
ZG40Cr1	正火+回火	345	630	18	26	—	—	—	212	用于高强度齿轮
ZG34Cr2Ni2Mo	调质	700	950~1000	12	—	—	32	—	240~290	用于特别要求的零件,如锥齿轮、小齿轮、桥式起重机行走轮、轴等
ZG15Cr1Mo	正火+回火	275	490	20	35	24	—	—	140~220	用于汽轮机
ZG20CrMo	正火+回火	245	460	18	30	30	—	—	135~180	用于齿轮、锥齿轮及高压缸零件等
	调质	245	460	18	30	24	—	—		
ZG35Cr1Mo	正火+回火	392	588	12	20	23.5	—	—	—	用于齿轮、电炉支承轮轴套、齿圈等
	调质	510	686	12	25	31	—	27	201	
ZG42Cr1Mo	正火+回火	343	569	12	20		30	—		用于承受高负荷零件、齿轮、锥齿轮等
	调质	490	690~830	11	—	—	—	21	200~250	
ZG50Cr1Mo	调质	520	740~880	11	—	—	—	34	200~260	用于减速器零件、齿轮、小齿轮等
ZG65Mn	正火+回火	不规定	不规定	—	—	—	—	—	—	用于球磨机衬板等

（续）

牌号	热处理状态	上屈服强度 R_{eH} /MPa ≥	抗拉强度 R_m /MPa ≥	断后伸长率 $A(\%)$ ≥	断面收缩率 $Z(\%)$ ≥	冲击吸收能量			硬度 HBW ≥	备注
						KU/J ≥	KV/J ≥	$KDVM/J$ ≥		
ZG28NiCrMo	—	420	630	20	40	—	—	—	—	适用于直径大于300mm的齿轮铸件
ZG30NiCrMo	—	590	730	17	35	—	—	—	—	适用于直径大于300mm的齿轮铸件
ZG35NiCrMo	—	660	830	14	30	—	—	—	—	适用于直径大于300mm的齿轮铸件

注：1. 需方无特殊要求时，KU、KV、$KDVM$（德标试样的冲击吸收能量）由供方任选一种。

2. 需方无特殊要求时，硬度不作为验收依据，仅供设计参考。

11.10.2 大型高锰钢铸件的力学性能

铸造高锰钢经水韧处理后的力学性能见表11-20。

表 11-20 铸造高锰钢经水韧处理后的力学性能（JB/T 6404—2017）

牌号	抗拉强度 R_m/MPa ≥	断后伸长率 $A(\%)$ ≥	冲击吸收能量 KU_2/J ≥	硬度 HBW ≤
ZG100Mn13	735	35	184	229
ZG110Mn13	686	25	184	229
ZG120Mn13	637	20	184	229
ZG120Mn13Cr	690	30	—	300
ZG120Mn13Cr2	735	20	—	300
ZG110Mn13Mo1	755	30	147	300

11.10.3 大型耐热钢铸件的力学性能

大型耐热钢铸件的力学性能见表11-21。

表 11-21 大型耐热钢铸件的力学性能（JB/T 6403—2017）

牌 号	上屈服强度 R_{eH}（或 $R_{p0.2}$）/MPa ≥	抗拉强度 R_m/MPa ≥	断后伸长率 $A(\%)$ ≥	硬度 HBW ≤	热处理状态
ZG40Cr9Si3（ZG40Cr9Si2）	—	550	—	—	950℃退火
ZG40Cr13Si2	—	—	—	300①	退火
ZG40Cr18Si2（ZG40Cr17Si2）	—	—	—	300①	退火
ZG30Cr21Ni10（ZG30Cr20Ni10）	(235)	490	23	—	—
ZG30Cr19Mn12Si2N（ZG30Cr18Mn12Si2N）	—	490	8	—	1100~1150℃油冷、水冷或空冷
ZG35Cr24Ni8Si2N（ZG35Cr24Ni7SiN）	(340)	540	12	—	—
ZG20Cr26Ni5	—	590	—	—	—
ZG35Cr26Ni13（ZG35Cr26Ni12）	(235)	490	8	—	—
ZG35Cr28Ni16	(235)	490	8	—	—
ZG40Cr25Ni21（ZG40Cr25Ni20）	(235)	440	8	—	—
ZG40Cr30Ni20	(245)	450	8	—	—
ZG35Ni25Cr19Si2（ZG35Ni24Cr18Si2）	(195)	390	5	—	—
ZG30Ni35Cr15	(195)	440	13	—	—
ZG45Ni35Cr26	(235)	440	5	—	—
ZG40Cr23Ni4N（ZG40Cr22Ni4N）	450	730	10	—	调质
ZG30Cr26Ni20（ZG30Cr25Ni20）	240	510	48	—	调质
ZG23Cr19Mn10Ni2Si2N（ZG20Cr20Mn9Ni2SiN）	420	790	40	—	调质
ZG08Cr18Ni12Mo3Ti（ZG08Cr18Ni12Mo2Ti）	210	490	30	—	1150℃水淬

① 退火态最大硬度值，铸件也可以铸态交货，此时硬度限制就不适用。

11.10.4 大型不锈钢铸件的力学性能

大型不锈钢铸件的力学性能见表 11-22。

表 11-22 大型不锈钢铸件的力学性能 （JB/T 6405—2006）

牌 号	抗拉强度 R_m/MPa ≥	规定塑性延伸强度 $R_{p0.2}$/MPa ≥	断后伸长率 A(%) ≥	断面收缩率 Z(%) ≥	冲击吸收能量 KV/J ≥	硬度 HBW
ZG15Cr13	620	450	18	30	—	≤241
ZG20Cr13	588	392	16	35	—	170~235
ZG30Cr13	690	485	15	25	—	≤269
ZG12Cr18Ni9Ti	440	195	25	32		
ZG06Cr13Ni4Mo	750	550	15	35	50	≥220
ZG06Cr13Ni5Mo	750	550	15	35	50	≥220
ZG06Cr13Ni6Mo	750	550	15	35	50	≥220
ZG06Cr16Ni5Mo	785	588	15	35	40	≥220
ZG08Cr19Ni9	485	205	35	—		
ZG08Cr19Ni11Mo3	520	240	25	—		
ZG12Cr22Ni12	485	195	35	—		
ZG20Cr25Ni20	450	195	30	—		
ZG12Cr17Mn9Ni4Mo3Cu2N	588	294	25	35		
ZG12Cr18Mn13Mo2CuN	588	394	30	40		

11.11 专用铸钢件的力学性能

11.11.1 承压钢铸件的力学性能

承压钢铸件的热处理和力学性能见表 11-23，承压钢铸件的高温断裂应力见表 11-24。

表 11-23 承压钢铸件的热处理和力学性能 （GB/T 16253—1996）

牌号	力学性能[①]						热处理[②③]				
	下屈服强度 R_{eL}/MPa	抗拉强度 R_m/MPa	断后伸长率 A(%)	断面收缩率 Z(%)	冲击吸收能量 温度/℃	KV/J	类型	奥氏体化温度/℃	冷却	回火温度/℃	冷却
碳 素 钢											
ZG240-450A	240	450~600	22	35	室温	27	A	890~980	f	—	—
							N(+T)		a	600~700	
							(Q+T)		l		—
ZG240-450AG	240	450~600	22	35	室温	27	N(+T)	890~980	a	600~700	a、f
							Q+T		l		
ZG240-450B	240	450~600	22	35	室温	45	A	890~980	f	—	
							N(+T)		a	600~700	
							(Q+T)		l		a、f
ZG240-450BG	240	450~600	22	35	室温	45	N(+T)	890~980	a	600~700	a、f
							Q+T		l		
ZG240-450BD	240	450~600	22	—	-40	27	N(+T)	890~980	a	600~700	a、f
							Q+T		l		

（续）

序号	牌号	力学性能①						热处理②③				
		下屈服强度 R_{eL} /MPa	抗拉强度 R_m /MPa	断后伸长率 $A(\%)$	断面收缩率 $Z(\%)$	温度 /℃	KV/J	类型	奥氏体化温度 /℃	冷却	回火温度 /℃	冷却
	ZG280-520	280	520~674④	18	30	室温	35	A	890~980	f	—	—
								N(+T)		a	600~700	a、f
								(Q+T)		l		
	ZG280-520G	280	520~670④	18	30	室温	35	N(+T)	890~980	a	600~700	a、f
								Q+T		l		
	ZG280-520D	280	520~670④	18	—	-35	27	(N+T)	890~980	a	600~700	a、f
								Q+T		l		
铁素体和马氏体合金钢												
	ZG19MoG	250	450~600	21	35	室温	25	N+T	900~960	a	630~710	a、f
								Q+T		l		
	ZG29Cr1MoD	370	550~700	16	30	-45	27	(N+T)	850~910	a	640~690	a、f
								Q+T		l		
	ZG15Cr1MoG	290	490~640	18	35	室温	27	N+T	900~960	a	650~720	a、f
								Q+T		l		
	ZG14MoVG	320	500~650	17	30	室温	13	N+T	950~1000		680~750	a、f
	ZG12Cr2Mo1G	280	510~660	18	35	室温	25	N+T	930~970		680~750	a、f
	ZG16Cr2Mo1G	390	600~750	18	35	室温	40	(N+T)	930~970	a	680~750	a、f
								Nac+T		ac		
								Q+T				
	ZG20Cr2Mo1D	390	600~750	18	—	-50	27	(N+T)	930~970	a	680~750	a、f
								(Nac+T)		ac		
								Q+T		l		
	ZG17Cr1Mo1VG	420	590~740	15	35	室温	24	Nac+T	940~980	ac	680~750	a、f
								Q+T		l		
	ZG16Cr5MoG	420	630~780	16	35	室温	25	N+T	930~990		620~750	a、f
	ZG14Cr9Mo1G	420	630~780	16	35	室温	20	N+T	930~990		620~750	a、f
	ZG14Cr12NiMoG	450	620~770	14	30	室温	20	N+T	950~1050	a	620~750	a
	ZG08Cr12Ni1MoG	360	540~690	18	35	室温	35	N+T	1000~1050⑤	a	650~720	a、f
	ZG08Cr12Ni4Mo1G	550	750~900	15	35	室温	45	N+T	950~1050	a	570~620	冷却
	ZG08Cr12Ni4Mo1D	550	750~900	15	—	-80	27	Nac+T	950~1050	ac	570~620	a、f
								(N+T)				
	ZG23Cr12Mo1NiVG	540	740~880	15	20	室温⑥	21	N+T	1020~1070	a	680~750	a、f
	ZG14Ni4D	300	460~610	20	—	-70	27	Q+T	820~870	l	590~660	a⑦
	ZG24Ni2MoD	380	520~670	20	—	-35	27	Q+T	900~950	l	600~670	a⑦
	ZG22Ni3Cr2MoAD	450	620~800	16	—	-80	27	(N+T)	900~950	a	580~650	a⑦
								Nac+T		ac		
								Q+T		l		

（续）

序号	牌号	力学性能①						热处理②③				
		下屈服强度 R_{eL} /MPa	抗拉强度 R_m /MPa	断后伸长率 A(%)	断面收缩率 Z(%)	冲击吸收能量 温度/℃	KV/J	类型	奥氏体化温度/℃	冷却	回火温度/℃	冷却
	ZG22Ni3Cr2MoBD	655	800~950	13	—	-60	27	(N+T) / Nac+T / Q+T	900~950	a / ac / l	580~650	a⑦
奥氏体不锈钢												
	ZG03Cr18Ni10	210	440~640	30	—	—	—	S	1040 1100	1⑧	—	—
	ZG07Cr20Ni10	210	440~640	30	—	—	—	S	1040 1100	1⑧	—	—
	ZG07Cr20Ni10G	230	470~670	30	—	—	—	S	1040 1100	1⑧	—	—
	ZG07Cr18Ni10D	210	440~640	30	—	195⑨	45	S	1040 1100	1⑧	—	—
	ZG08Cr20Ni10Nb	210	440~640	25	—	—	—	S	1040 1100	1⑧	—	—
	ZG03Cr19Ni11Mo2	210	440~620	30	—	—	—	S	≥1050	1⑧	—	—
	ZG07Cr19Ni11Mo2	210	440~640	30	—	—	—	S	≥1050	1⑧	—	—
	ZG07Cr19Ni11Mo2G	230	470~670	30	—	—	—	S	≥1050	1⑧	—	—
	ZG08Cr19Ni11Mo2Nb	210	440~640	25	—	—	—	S	≥1050	1⑧	—	—
	ZG03Cr19Ni11Mo3	210	440~640	30	—	—	—	S	≥1050	1⑧	—	—
	ZG07Cr19Ni11Mo3	210	440~640	30	—	—	—	S	≥1050	1⑧	—	—

① 除规定范围者外，均为最小值。
② 热处理类型符号的含义：A—退火（加热到 Ac_3 以上，炉冷）；N—正火（加热到 Ac_3 以上，空冷）；Q—淬火（加热到 Ac_3 以上，液体淬火）；T—回火；Nac—（加热到 Ac_3 以上，快速空冷）；S—固溶处理。括号内的热处理方法只适用于特定情况。
③ 冷却方式符号的含义：a—空冷；f—炉冷；l—液体淬火或液冷；ac—快速空冷。
④ 如满足最低屈服强度要求，则抗拉强度下限允许降至500MPa。
⑤ 冷却到100℃以下后，可采用亚临界热处理：820~870℃，随后空冷。
⑥ 该铸钢一般用于温度超过525℃的场合。
⑦ 如需方不限制，也可用液冷。
⑧ 根据铸件厚度情况，也可快速空冷。
⑨ 该温度下的冲击值已经过试验验证。

表 11-24　承压钢铸件的高温断裂应力（GB/T 16253—1996）

牌号	热处理	断裂时间 /10^4h	下列各温度（℃）下计算的断裂平均应力/MPa																				
			400	410	420	430	440	450	460	470	480	490	500	510	520	530	540	550	560	570	580	590	600
ZG240-450AG ZG240-450BG ZG280-520G	N+T Q+T	1	225	208	191	175	160	145	130	117	105	94	84	—	—	—	—	—	—	—	—	—	—
		10	177	157	138	121	105	90	78	68	59	53	50	—	—	—	—	—	—	—	—	—	—
		20	163	142	123	105	88	74	63	55	50	45	41	—	—	—	—	—	—	—	—	—	—
ZG19MoG	N+T Q+T	1	360	346	330	312	293	275	250	228	205	182	160	134	110	90	74	66	—	—	—	—	—
		10	310	292	273	252	229	205	180	157	132	108	85	68	54	43	35	30	—	—	—	—	—
		20	290	271	251	229	206	180	156	131	109	88	70	54	41	32	26	23	—	—	—	—	—
ZG15Cr1MoG	N+T Q+T	1	—	—	—	321	292	265	238	212	187	165	145	127	112	98	—	—	—	—	—	—	—
	N+T	10	—	—	—	—	244	214	186	160	137	117	98	83	70	61	55	—	—	—	—	—	—
	Q+T	20	—	—	—	—	222	191	163	138	116	96	80	67	56	49	44	—	—	—	—	—	—

（续）

牌号	热处理	断裂时间/10⁴h	下列各温度(℃)下计算的断裂平均应力/MPa																			
			400	410	420	430	440	450	460	470	480	490	500	510	520	530	540	550	560	570	580	590	600
ZG12Cr2Mo1G	N+T	1	—	—	—	—	—	281	261	241	221	201	182	163	147	133	121	110	96	85	76	68	61
		3	—	—	—	—	—	255	234	212	191	171	153	137	123	111	100	88	79	70	61	54	48
		5	—	—	—	—	—	242	220	198	176	157	140	125	113	101	89	80	71	62	54	47	42
		10	—	—	—	—	—	222	199	177	156	139	124	111	99	85	79	69	59	51	44	38	34
ZG16Cr2Mo1G	N+T	1	404	374	348	324	302	282	262	242	224	206	188	170	152	136	120	106	93	81	72	63	58
	Nac+T	10	324	298	274	254	236	218	201	184	166	150	136	120	106	92	79	66	56	46	38	32	28
	Q+T	20	304	278	256	236	218	200	183	166	151	134	120	104	90	76	64	52	42	34	28		22
ZG17Cr1Mo1VG	Nac+T Q+T	1	479	451	423	395	368	342	316	291	266	243	222	203	187	171	157	144	131	119	107	91	86
		10	419	390	360	332	303	275	249	224	201	180	160	144	129	114	101	88	76	64	53	41	30
		20	395	364	335	307	279	253	226	202	180	160	141	125	110	96	83	71	59	47	36	25	14
ZG23Cr12Mo1NiVG	N+T	1	504	479	454	430	407	383	359	336	313	291	269	248	227	206	185	167	148	130	114	98	83
		10	426	401	377	354	331	309	288	267	247	227	207	187	171	152	135	118	103	88	74	60	49
		20	394	369	345	322	300	279	259	241	223	205	187	169	151	134	118	103	88	74	61	49	39
ZG07Cr20Ni10G	Q	1	—	—	—	—	—	—	—	—	—	—	150	139	131	124	117	110	104	98	91	85	80
		10	—	—	—	—	—	—	—	—	—	—	115	108	100	93	86	80	75	69	64	59	55
		25	—	—	—	—	—	—	—	—	—	—	102	94	88	81	75	70	65	60	56	51	47

11.11.2 焊接结构用铸钢件的力学性能

焊接结构用铸钢件的力学性能见表11-25。

表11-25 焊接结构用铸钢件的力学性能 （GB/T 7659—2010）

牌号	上屈服强度 R_{eH}/MPa ≥	抗拉强度 R_m/MPa ≥	断后伸长率 $A(\%)$ ≥	断面收缩率 $Z(\%)$ ≥	冲击吸收能量 KV/J ≥
ZG200-400H	200	400	25	40	45
ZG230-450H	230	450	22	35	45
ZG270-480H	270	480	20	35	40
ZG300-500H	300	500	20	21	40
ZG340-550H	340	550	15	21	35

注：当无明显屈服时，测定规定塑性延伸强度 $R_{p0.2}$。

11.11.3 建筑结构用铸钢管的力学性能

建筑结构用铸钢管的力学性能见表11-26。

表11-26 建筑结构用铸钢管的力学性能 （JG/T 300—2011）

牌号	壁厚/mm	规定塑性延伸强度 $R_{p0.2}$/MPa≥	抗拉强度 R_m/MPa	断后伸长率 $A(\%)$≥	0℃冲击吸收能量/J ≥
LX235	≤50	235	400~480	22	34
	>50~100	225			
	>100	215			
LX345	≤50	325	470~550	21	34
	>50~100	295			
	>100	275			

（续）

牌号	壁厚/mm	规定塑性延伸强度 $R_{p0.2}$/MPa≥	抗拉强度 R_m/MPa	断后伸长率 $A(\%)$ ≥	0℃冲击吸收能量/J ≥
LX390	≤50	370	490~570	20	34
	>50~≤100	355			
	>100	330			
LX420	≤50	400	520~600	19	34
	>50~≤100	380			
	>100	360			

注：1. 所列性能指标系经正火和回火处理的铸钢管。如有特殊要求时，铸钢管可进行调质处理。

2. 冲击吸收能量规定的最小值适用于三个数值的平均数，允许单个数值低于规定的最小值，但不能低于该值的70%。

3. −20℃或−40℃冲击吸收能量可由供需双方协商确定。

11.11.4 工程结构用中、高强度不锈钢铸件的力学性能

工程结构用中、高强度不锈钢铸件的力学性能见表11-27。

表 11-27 工程结构用中、高强度不锈钢铸件的力学性能 （GB/T 6967—2009）

牌 号		规定塑性延伸强度 $R_{p0.2}$/MPa ≥	抗拉强度 R_m/MPa ≥	断后伸长率 $A(\%)$ ≥	断面收缩率 $Z(\%)$ ≥	冲击吸收能量 KV/J ≥	硬度 HBW
ZG15Cr13		345	540	18	40	—	163~229
ZG20Cr13		390	590	16	35	—	170~235
ZG15Cr13Ni1		450	590	16	35	20	170~241
ZG10Cr13Ni1Mo		450	620	16	35	27	170~241
ZG06Cr13Ni4Mo		550	750	15	35	50	221~294
ZG06Cr13Ni5Mo		550	750	15	35	50	221~294
ZG06Cr16Ni5Mo		550	750	15	35	50	221~294
ZG04Cr13Ni4Mo	HT1[1]	580	780	18	50	80	221~294
	HT2[2]	830	900	12	35	35	294~350
ZG04Cr13Ni5Mo	HT1[1]	580	780	18	50	80	221~294
	HT2[2]	830	900	12	35	35	294~350

[1] 回火温度应为 600~650℃。

[2] 回火温度应为 500~550℃。

结构钢的力学性能

12.1 常用结构钢的力学性能

12.1.1 碳素结构钢的力学性能

碳素结构钢的力学性能见表 12-1。

表 12-1 碳素结构钢的力学性能（GB/T 700—2006）

牌号	等级	上屈服强度 R_{eH}[①]/MPa≥						抗拉强度[②] R_m/MPa	断后伸长率 $A(\%)$ ≥					冲击试验（V 型缺口）	
		厚度（或直径）/mm							厚度（或直径）/mm					温度/℃	冲击吸收能量（纵向）/J ≥
		≤16	>16~40	>40~60	>60~100	>100~150	>150~200		≤40	>40~60	>60~100	>100~150	>150~200		
Q195	—	195	185	—	—	—	—	315~430	33	—	—	—	—	—	—
Q215	A	215	205	195	185	175	165	335~450	31	30	29	27	26	—	—
	B													+20	27
Q235	A	235	225	215	215	195	185	370~500	26	25	24	22	21	—	—
	B													+20	27[③]
	C													0	
	D													-20	
Q275	A	275	265	255	245	225	215	410~540	22	21	20	18	17	—	—
	B													+20	27
	C													0	
	D													-20	

① Q195 的屈服强度值仅供参考，不作为交货条件。

② 厚度大于 100mm 的钢材，抗拉强度下限允许降低 20MPa。宽带钢（包括剪切钢板）抗拉强度上限不作为交货条件。

③ 厚度小于 25mm 的 Q235B 级钢材，如供方能保证冲击吸收能量值合格，经需方同意，可不做检验。

12.1.2 优质碳素结构钢的力学性能

优质碳素结构钢的力学性能见表 12-2。

12.1.3 合金结构钢的力学性能

合金结构钢的热处理与纵向力学性能见表 12-3。

表 12-2 优质碳素结构钢的力学性能 （GB/T 699—2015）

牌号	试样毛坯尺寸[①] /mm	推荐的热处理制度[②]			力学性能					交货硬度 HBW	
		正火	淬火	回火	抗拉强度 R_m /MPa	下屈服强度 R_{eL}[③] /MPa	断后伸长率 A （%）	断面收缩率 Z （%）	冲击吸收能量 KU_2 /J	未热处理钢	退火钢
		加热温度/℃			≥					≤	
08	25	930	—	—	325	195	33	60	—	131	—
10	25	930	—	—	335	205	31	55	—	137	—
15	25	920	—	—	375	225	27	55	—	143	—
20	25	910	—	—	410	245	25	55	—	156	—
25	25	900	870	600	450	275	23	50	71	170	—
30	25	880	860	600	490	295	21	50	63	179	—
35	25	870	850	600	530	315	20	45	55	197	—
40	25	860	840	600	570	335	19	45	47	217	187
45	25	850	840	600	600	355	16	40	39	229	197
50	25	830	830	600	630	375	14	40	31	241	207
55	25	820	—	—	645	380	13	35	—	255	217
60	25	810	—	—	675	400	11	35	—	255	229
65	25	810	—	—	695	410	10	30	—	255	229
70	25	790	—	—	715	420	9	30	—	269	229
75	试样[④]	—	820	480	1080	880	7	30	—	285	241
80	试样[④]	—	820	480	1080	930	6	30	—	285	241
85	试样[④]	—	820	480	1130	980	6	30	—	302	255
15Mn	25	920	—	—	410	245	26	55	—	163	—
20Mn	25	910	—	—	450	275	24	50	—	197	—
25Mn	25	900	870	600	490	295	22	50	71	207	—
30Mn	25	880	860	600	540	315	20	45	63	217	187
35Mn	25	870	850	600	560	335	18	45	55	229	197
40Mn	25	860	840	600	590	355	17	45	47	229	207
45Mn	25	850	840	600	620	375	15	40	39	241	217
50Mn	25	830	830	600	645	390	13	40	31	255	217
60Mn	25	810	—	—	690	410	11	35	—	269	229
65Mn	25	830	—	—	735	430	9	30	—	285	229
70Mn	25	790	—	—	785	450	8	30	—	285	229

注：表中的力学性能适用于公称直径或厚度不大于80mm的钢棒。公称直径或厚度>80~250mm的钢棒，允许其断后伸长率、断面收缩率比本表的规定分别降低2%（绝对值）和5%（绝对值）。公称直径或厚度>120~250mm的钢棒允许改锻（轧）成70~80mm的试料取样检验，其结果应符合本表的规定。

① 钢棒尺寸小于试样毛坯尺寸时，用原尺寸钢棒进行热处理。

② 热处理温度允许调整范围：正火温度±30℃，淬火温度±20℃，回火温度±50℃；推荐保温时间，正火不少于30min，空冷；淬火不少于30min，75、80和85钢油冷，其他钢棒水冷；600℃回火不少于1h。

③ 当屈服现象不明显时，可用规定塑性延伸强度 $R_{p0.2}$ 代替。

④ 留有加工余量的试样，其性能为淬火+回火状态下的性能。

12.1.4 低合金高强度结构钢的力学性能

低合金高强度结构钢的拉伸性能见表12-4。

表 12-3 合金结构钢的热处理与纵向力学性能（GB/T 3077—2015）

牌号	试样毛坯尺寸①/mm	推荐的热处理制度					力学性能					供货状态为退火或高温回火钢棒布氏硬度 HBW ≤
		淬火			回火		抗拉强度 R_m /MPa	下屈服强度 R_{eL}② /MPa	断后伸长率 A (%) ≥	断面收缩率 Z (%) ≥	冲击吸收能量 $KU_2$③ /J ≥	
		第1次淬火 加热温度/℃	第2次淬火 加热温度/℃	冷却介质	加热温度/℃	冷却介质						
20Mn2	15	850	—	水、油	200	水、空气	785	590	10	40	47	187
	15	880	—	水、油	440	水、空气						
30Mn2	25	840	—	水	500	水	785	635	12	45	63	207
35Mn2	25	840	—	水	500	水	835	685	12	45	55	207
40Mn2	25	840	—	水、油	540	水	885	735	12	45	55	217
45Mn2	25	840	—	油	550	水、油	885	735	10	45	47	217
50Mn2	25	820	—	油	550	水、油	930	785	9	40	39	229
20MnV	15	880	—	水、油	200	水、空气	785	590	10	40	55	187
27SiMn	25	920	—	水	450	水、油	980	835	12	40	39	217
35SiMn	25	900	—	水	570	水、油	885	735	15	45	47	229
42SiMn	25	880	—	油	590	水	885	735	15	40	47	229
20SiMn2MoV	试样	900	—	油	200	水、空气	1380	—	10	45	55	269
25SiMn2MoV	试样	900	—	油	200	水、空气	1470	—	10	40	47	269
37SiMn2MoV	25	870	—	水、油	650	水、空气	980	835	12	50	63	269
40B	25	840	—	水	550	水	785	635	12	45	55	207
45B	25	840	—	水	550	水	835	685	12	45	47	217
50B	20	840	—	空气	600	空气	785	540	10	45	39	207
25MnB	25	850	—	油	500	水、油	835	635	10	45	47	207
35MnB	25	850	—	油	500	水、油	930	735	10	45	47	207
40MnB	25	850	—	油	500	水、油	980	785	10	45	47	207
45MnB	25	840	—	油	500	水、油	1030	835	9	40	39	217
20MnMoB	15	880	—	油	200	油、空气	1080	885	10	50	55	207

（续）

牌号	试样毛坯尺寸① /mm	推荐的热处理制度 淬火 加热温度/℃ 第1次淬火	第2次淬火	淬火冷却介质	回火加热温度/℃	回火冷却介质	抗拉强度 R_m /MPa	下屈服强度 R_{eL}② /MPa	断后伸长率 A (%) ≥	断面收缩率 Z (%)	冲击吸收能量 $KU_2$③ /J	供货状态为退火或高温回火钢棒布氏硬度 HBW ≤
15MnVB	15	860	—	油	200	水、空气	885	635	10	45	55	207
20MnVB	15	860	—	油	200	水、空气	1080	885	10	45	55	207
40MnVB	25	850	—	油	520	水、油	980	785	10	45	47	207
20MnTiB	15	860	—	油	200	水、空气	1130	930	10	45	55	187
25MnTiBRE	试样	860	—	油	200	水、空气	1380	—	10	40	47	229
15Cr	15	880	770~820	水、油	180	油、空气	685	490	12	45	55	179
20Cr	15	880	780~820	水、油	200	水、空气	835	540	10	40	47	179
30Cr	25	860	—	油	500	水、油	885	685	11	45	47	187
35Cr	25	860	—	油	500	水、油	930	735	11	45	47	207
40Cr	25	850	—	油	520	水、油	980	785	9	45	47	207
45Cr	25	840	—	油	520	水、油	1030	835	9	40	39	217
50Cr	25	830	—	油	520	水、油	1080	930	9	40	39	229
38CrSi	25	900	—	油	600	水、油	980	835	12	50	55	255
12CrMo	30	900	—	空气	650	空气	410	265	24	60	110	179
15CrMo	30	900	—	空气	650	空气	440	295	22	60	94	179
20CrMo	15	880	—	水、油	500	水、油	885	685	12	50	78	197
25CrMo	25	870	—	油	600	水、油	900	600	14	55	68	229
30CrMo	15	880	—	油	540	水、油	930	735	12	50	71	229
35CrMo	25	850	—	油	550	水、油	980	835	12	45	63	229
42CrMo	25	850	—	油	560	水、油	1080	930	12	45	63	229
50CrMo	25	840	—	油	560	水、油	1130	930	11	45	48	248
12CrMoV	30	970	—	空气	750	空气	440	225	22	50	78	241
35CrMoV	25	900	—	油	630	水、油	1080	930	10	50	71	241
12Cr1MoV	30	970	—	空气	750	空气	490	245	22	50	71	179
25Cr2MoV	25	900	—	油	640	空气	930	785	14	55	63	241

（续）

牌号	试样毛坯尺寸①/mm	加热温度/℃ 第1次淬火	第2次淬火	冷却介质	回火 加热温度/℃	回火 冷却介质	抗拉强度 R_m/MPa	下屈服强度 R_{eL}②/MPa	断后伸长率 A(%) ≥	断面收缩率 Z(%)	冲击吸收能量 $KU_2$③/J	供货状态为退火或高温回火钢棒布氏硬度 HBW ≤
25Cr2Mo1V	25	1040	—	空气	700	空气	735	590	16	50	47	241
38CrMoAl	30	940	—	水、油	640	水、油	980	835	14	50	71	229
40CrV	25	880	—	油	650	油	885	735	10	50	71	241
50CrV	25	850	—	油	500	油	1280	1130	10	40	—	255
15CrMn	15	880	—	油	200	油	785	590	12	50	47	179
20CrMn	15	850	—	油	200	油	930	735	10	45	47	187
40CrMn	25	840	—	油	550	油	980	835	9	45	47	229
20CrMnSi	25	880	—	油	480	油	785	635	12	45	55	207
25CrMnSi	25	880	—	油	480	油	1080	885	10	40	39	217
30CrMnSi	25	880	—	油	540	油	1080	835	10	45	39	229
35CrMnSi	试样	加热到880℃，于280~310℃等温淬火			230	空气、油	1620	1280	9	40	31	241
20CrMnMo	15	850	—	油	200	油	1180	885	10	45	55	217
40CrMnMo	25	850	—	油	600	油	980	785	10	45	63	217
20CrMnTi	15	880	870	油	200	油	1080	850	10	45	55	217
30CrMnTi	试样	880	850	油	200	油	1470	—	9	40	47	229
20CrNi	25	850	—	水、油	460	水、油	785	590	10	50	63	197
40CrNi	25	820	—	油	500	油	980	785	10	45	55	241
45CrNi	25	820	—	油	530	油	980	785	10	45	55	255
50CrNi	25	820	—	油	500	油	1080	835	8	40	39	255
12CrNi2	15	860	780	水、油	200	水、油	785	590	12	50	63	207
34CrNi2	25	840	—	油	530	油	930	735	11	45	71	241
12CrNi3	15	860	780	油	200	油	930	685	11	50	71	217
20CrNi3	25	830	—	水、油	480	水、油	930	735	11	55	78	241

（续）

牌 号	试样毛坯尺寸①/mm	推荐的热处理制度 淬火 加热温度/℃ 第1次淬火	第2次淬火	冷却介质	回火 加热温度/℃	冷却介质	力学性能 抗拉强度 R_m/MPa	下屈服强度 R_{eL}②/MPa	断后伸长率 A (%) ≥	断面收缩率 Z (%) ≥	冲击吸收能量 $KU_2$③/J ≥	供货状态为高温退火或高温回火钢棒布氏硬度 HBW ≤
30CrNi3	25	820	—	油	500	水,油	980	785	9	45	63	241
37CrNi3	25	820	—	油	500	水,油	1130	980	10	50	47	269
12Cr2Ni4	15	860	780	油	200	水,空气	1080	835	10	50	71	269
20Cr2Ni4	15	880	780	油	200	水,空气	1180	1080	10	45	63	269
15CrNiMo	15	850	—	油	200	空气	930	750	10	40	46	197
20CrNiMo	15	850	—	油	200	空气	980	785	9	40	47	197
30CrNiMo	25	850	—	油	500	水,油	980	785	10	50	63	269
40CrNiMo	25	850	—	油	600	水,油	980	835	12	55	78	269
40CrNi2Mo	25	正火 890 850	—	油	560~580	油	1050	980	12	45	48	269
40CrNi2Mo	试样	正火 890 850	—	油	220 两次回火	空气	1790	1500	6	25	—	269
30Cr2Ni2Mo	25	850	—	油	520	水,油	980	835	10	50	71	269
34Cr2Ni2Mo	25	850	—	油	540	水,油	1080	930	10	50	71	269
30Cr2Ni4Mo	25	850	—	油	560	水,油	1080	930	10	50	71	269
35Cr2Ni4Mo	25	850	—	油	560	水,油	1130	980	10	50	71	269
18CrMnNiMo	15	830	—	油	200	空气	1180	885	10	45	71	269
45CrNiMoV	试样	860	—	油	460	油	1470	1330	7	35	31	269
18Cr2Ni4W	15	950	850	空气	200	水,空气	1180	835	10	45	78	269
25Cr2Ni4W	25	850	—	油	550	油	1080	930	11	45	71	269

注：1. 表中所列热处理温度允许调整范围：淬火温度±15℃，低温回火温度±20℃，高温回火温度±50℃。

① 钢棒在淬火前先经正火，正火温度应不高于其淬火温度，用原尺寸钢棒进行热处理。铬锰钛钢第一次淬火可用正火代替。

② 当屈服现象不明显时，可用规定塑性延伸强度 $R_{p0.2}$ 代替。

③ 直径小于16mm的圆钢和厚度小于12mm的方钢、扁钢，不做冲击试验。

表 12-4 低合金高强度结构钢的拉伸性能（GB/T 1591—2008）

牌号	质量等级	拉伸性能																					
		以下公称厚度（直径或边长）的下屈服强度 R_{eL}/MPa ≥									以下公称厚度（直径或边长）的抗拉强度 R_m/MPa							以下公称厚度（直径或边长）的断后伸长率 A（%）≥					
		≤16mm	>16~40mm	>40~63mm	>63~80mm	>80~100mm	>100~150mm	>150~200mm	>200~250mm	>250~400mm	≤40mm	>40~63mm	>63~80mm	>80~100mm	>100~150mm	>150~250mm	>250~400mm	≤40mm	>40~63mm	>63~100mm	>100~150mm	>150~250mm	>250~400mm
Q345	A	345	335	325	315	305	285	275	265	265	470~630	470~630	470~630	470~630	450~600	450~600	450~600	20	19	19	18	17	—
Q345	B	345	335	325	315	305	285	275	265	265	470~630	470~630	470~630	470~630	450~600	450~600	450~600	20	19	19	18	17	—
Q345	C	345	335	325	315	305	285	275	265	265	470~630	470~630	470~630	470~630	450~600	450~600	450~600	21	20	20	19	18	17
Q345	D	345	335	325	315	305	285	275	265	265	470~630	470~630	470~630	470~630	450~600	450~600	450~600	21	20	20	19	18	17
Q345	E	345	335	325	315	305	285	275	265	265	470~630	470~630	470~630	470~630	450~600	450~600	450~600	21	20	20	19	18	17
Q390	A	390	370	350	330	330	310	—	—	—	490~650	490~650	490~650	490~650	470~620	—	—	20	19	19	18	—	—
Q390	B	390	370	350	330	330	310	—	—	—	490~650	490~650	490~650	490~650	470~620	—	—	20	19	19	18	—	—
Q390	C	390	370	350	330	330	310	—	—	—	490~650	490~650	490~650	490~650	470~620	—	—	20	19	19	18	—	—
Q390	D	390	370	350	330	330	310	—	—	—	490~650	490~650	490~650	490~650	470~620	—	—	20	19	19	18	—	—
Q390	E	390	370	350	330	330	310	—	—	—	490~650	490~650	490~650	490~650	470~620	—	—	20	19	19	18	—	—
Q420	A	420	400	380	360	360	340	—	—	—	520~680	520~680	520~680	520~680	500~650	—	—	19	18	18	18	—	—
Q420	B	420	400	380	360	360	340	—	—	—	520~680	520~680	520~680	520~680	500~650	—	—	19	18	18	18	—	—
Q420	C	420	400	380	360	360	340	—	—	—	520~680	520~680	520~680	520~680	500~650	—	—	19	18	18	18	—	—
Q420	D	420	400	380	360	360	340	—	—	—	520~680	520~680	520~680	520~680	500~650	—	—	19	18	18	18	—	—
Q420	E	420	400	380	360	360	340	—	—	—	520~680	520~680	520~680	520~680	500~650	—	—	19	18	18	18	—	—

（续）

牌号	质量等级	以下公称厚度（直径或边长）的下屈服强度 R_{eL}/MPa ≥									以下公称厚度（直径或边长）的抗拉强度 R_m/MPa							以下公称厚度（直径或边长）的断后伸长率 A(%) ≥					
		≤16mm	>16~40mm	>40~63mm	>63~80mm	>80~100mm	>100~150mm	>150~200mm	>200~250mm	>250~400mm	≤40mm	>40~63mm	>63~80mm	>80~100mm	>100~150mm	>150~250mm	>250~400mm	≤40mm	>40~63mm	>63~100mm	>100~150mm	>150~250mm	>250~400mm
Q460	C															—	—					—	—
	D	460	440	420	400	400	380	—	—	—	550~720	550~720	550~720	550~720	530~700	—	—	17	16	16	16	—	—
	E															—	—					—	—
Q500	C															—	—					—	—
	D	500	480	470	450	440	—	—	—	—	610~770	600~760	590~750	540~730	—	—	—	17	17	17	—	—	—
	E															—	—					—	—
Q550	C															—	—					—	—
	D	550	530	520	500	490	—	—	—	—	670~830	620~810	600~790	590~780	—	—	—	16	16	16	—	—	—
	E															—	—					—	—
Q620	C															—	—					—	—
	D	620	600	590	570	—	—	—	—	—	710~880	690~880	670~860	—	—	—	—	15	15	15	—	—	—
	E															—	—					—	—
Q690	C															—	—					—	—
	D	690	670	660	640	—	—	—	—	—	770~940	750~920	730~900	—	—	—	—	14	14	14	—	—	—
	E															—	—					—	—

注：
1. 当屈服不明显时，可测量 $R_{p0.2}$ 代替下屈服强度。
2. 宽度不小于600mm扁平材，型材及棒材取纵向试样；宽度小于600mm的扁平材，拉伸试验取横向试样，断后伸长率最小值相应提高1%（绝对值）。
3. 厚度>250~400mm的数值适用于扁平材。

12.1.5 非调质机械结构钢的力学性能

直接切削加工用非调质机械结构钢的力学性能见表 12-5。

表 12-5　直接切削加工用非调质机械结构钢的力学性能 （GB/T 15712—2016）

牌号	公称直径或边长/mm	抗拉强度 R_m/MPa	下屈服强度 R_{eL}/MPa	断后伸长率 A(%)	断面收缩率 Z(%)	冲击吸收能量[①] KU_2/J
				≥		
F35VS	≤40	590	390	18	40	47
F40VS	≤40	640	420	16	35	37
F45VS	≤40	685	440	15	30	35
F30MnVS	≤60	700	450	14	30	实测值
F35MnVS	≤40	735	460	17	35	37
	>40~60	710	440	15	33	35
F38MnVS	≤60	800	520	12	25	实测值
F40MnVS	≤40	785	490	15	33	32
	>40~60	760	470	13	30	28
F45MnVS	≤40	835	510	13	28	28
	>40~60	810	490	12	28	25
F49MnVS	≤60	780	450	8	20	实测值

注：根据需方要求，并在合同中注明，可提供表中未列牌号钢材、公称直径或边长大于 60mm 钢材的力学性能，具体指标由供需双方协商确定。

① 公称直径不大于 16mm 圆钢或边长不大于 12mm 方钢不做冲击试验；F30MnVS、F38MnVS、F49MnVS 钢提供实测值，不作为判定依据。

12.1.6 易切削结构钢的力学性能

热轧状态易切削钢条钢和盘条的硬度见表 12-6，热轧状态硫系、铅系、锡系、钙系易切削钢条钢和盘条的力学性能见表 12-7~表 12-10，经热处理毛坯制成的 Y45Ca 试样钢的力学性能见表 12-11，冷拉状态硫系、铅系、锡系、钙系易切削钢条钢和盘条的力学性能见表 12-12~表 12-15，Y40Mn 冷拉条钢高温回火状态的力学性能见表 12-16。

表 12-6　热轧状态易切削钢条钢和盘条的硬度 （GB/T 8731—2008）

分　类	牌　号	硬度 HBW ≤	分　类	牌　号	硬度 HBW ≤
硫系易切削钢	Y08	163	硫系易切削钢	Y45Mn	241
	Y12	170		Y45MnS	241
	Y15	170	铅系易切削钢	Y08Pb	165
	Y20	175		Y12Pb	170
	Y30	187		Y15Pb	170
	Y35	187		Y45MnSPb	241
	Y45	229	锡系易切削钢	Y08Sn	165
	Y08MnS	165		Y15Sn	165
	Y15Mn	170		Y45Sn	241
	Y35Mn	229		Y45MnSn	241
	Y40Mn	229	钙系易切削钢	Y45Ca	241

表 12-7　热轧状态硫系易切削钢条钢和盘条的力学性能 （GB/T 8731—2008）

牌　号	抗拉强度 R_m/MPa	断后伸长率 A(%) ≥	断面收缩率 Z(%) ≥
Y08	360~570	25	40
Y12	390~540	22	36
Y15	390~540	22	36
Y20	450~600	20	30
Y30	510~655	15	25

（续）

牌　　号	抗拉强度 R_m/MPa	断后伸长率 A(%)　≥	断面收缩率 Z(%)　≥
Y35	510~655	14	22
Y45	560~800	12	20
Y08MnS	350~500	25	40
Y15Mn	390~540	22	36
Y35Mn	530~790	16	22
Y40Mn	590~850	14	20
Y45Mn	610~900	12	20
Y45MnS	610~900	12	20

表 12-8　热轧状态铅系易切削钢条钢和盘条的力学性能 （GB/T 8731—2008）

牌　　号	抗拉强度 R_m/MPa	断后伸长率 A(%)　≥	断面收缩率 Z(%)　≥
Y08Pb	360~570	25	40
Y12Pb	360~570	22	36
Y15Pb	390~540	22	36
Y45MnSPb	610~900	12	20

表 12-9　热轧状态锡系易切削钢条钢和盘条的力学性能 （GB/T 8731—2008）

牌　　号	抗拉强度 R_m/MPa	断后伸长率 A(%)　≥	断面收缩率 Z(%)　≥
Y08Sn	350~500	25	40
Y15Sn	390~540	22	36
Y45Sn	600~745	12	26
Y45MnSn	610~850	12	26

表 12-10　热轧状态钙系易切削钢条钢和盘条的力学性能 （GB/T 8731—2008）

牌　　号	抗拉强度 R_m/MPa	断后伸长率 A(%)　≥	断面收缩率 Z(%)　≥
Y45Ca	600~745	12	26

表 12-11　经热处理毛坯制成的 Y45Ca 试样钢的力学性能 （GB/T 8731—2008）

牌号	下屈服强度 R_{eL}/MPa	抗拉强度 R_m/MPa	断后伸长率 A(%)	断面收缩率 Z(%)	冲击吸收能量 KV_2/J
			≥		
Y45Ca	355	600	16	40	39

注：拉伸试样毛坯（直径为 25mm）进行正火处理，加热温度为 830~850℃，保温时间不小于 30min；冲击试样毛坯（直径为 15mm）进行调质处理，淬火温度为 840℃±20℃，回火温度为 600℃±20℃。

表 12-12　冷拉状态硫系易切削钢条钢和盘条的力学性能 （GB/T 8731—2008）

牌号	抗拉强度 R_m/MPa 钢材公称尺寸/mm			断后伸长率 A(%)　≥	硬度 HBW
	8~20	>20~30	>30		
Y08	480~810	460~710	360~710	7.0	140~217
Y12	530~755	510~735	490~685	7.0	152~217
Y15	530~755	510~735	490~685	7.0	152~217
Y20	570~785	530~745	510~705	7.0	167~217
Y30	600~825	560~765	540~735	6.0	174~223
Y35	625~845	590~785	570~765	6.0	176~229
Y45	695~980	655~880	580~880	6.0	196~255
Y08MnS	480~810	460~710	360~710	7.0	140~217
Y15Mn	530~755	510~735	490~685	7.0	152~217
Y45Mn	695~980	655~880	580~880	6.0	196~255
Y45MnS	695~980	655~880	580~880	6.0	196~255

表 12-13　冷拉状态铅系易切削钢条钢和盘条的力学性能 （GB/T 8731—2008）

牌号	抗拉强度 R_m/MPa 钢材公称尺寸/mm			断后伸长率 A(%)≥	硬度 HBW
	8~20	>20~30	>30		
Y08Pb	480~810	460~710	360~710	7.0	140~217
Y12Pb	480~810	460~710	360~710	7.0	140~217
Y15Pb	530~755	510~735	490~685	7.0	152~217
Y45MnSPb	695~980	655~880	580~880	6.0	196~255

表 12-14 冷拉状态锡系易切削钢条钢和盘条的力学性能 （GB/T 8731—2008）

牌号	抗拉强度 R_m/MPa			断后伸长率 A （%）	硬度 HBW
	钢材公称尺寸/mm				
	8～20	>20～30	>30	≥	
Y08Sn	480～705	460～685	440～635	7.5	140～200
Y15Sn	530～755	510～735	490～685	7.0	152～217
Y45Sn	695～920	655～855	635～835	6.0	196～255
Y45MnSn	695～920	655～855	635～835	6.0	196～255

表 12-15 冷拉状态钙系易切削钢条钢和盘条的力学性能 （GB/T 8731—2008）

牌号	抗拉强度 R_m/MPa			断后伸长率 A （%）	硬度 HBW
	钢材公称尺寸/mm				
	8～20	>20～30	>30	≥	
Y45Ca	695～920	655～855	635～835	6.0	196～255

表 12-16 Y40Mn 冷拉条钢高温回火状态的力学性能 （GB/T 8731—2008）

牌号	抗拉强度 R_m/MPa	断后伸长率 A（%）	硬度 HBW
Y40Mn	590～785	≥17	179～229

12.1.7 耐候结构钢的力学性能

耐候性结构钢的力学性能见表 12-17，耐候性结构钢钢材的冲击性能见表 12-18。

表 12-17 耐候性结构钢的力学性能 （GB/T 4171—2008）

牌号	下屈服强度 R_{eL}[1]/MPa ≥				抗拉强度 R_m /MPa	断后伸长率 A（%） ≥			
	钢材公称尺寸/mm					钢材公称尺寸/mm			
	≤16	>16～40	>40～60	>60		≤16	>16～40	>40～60	>60
Q235NH	235	225	215	215	360～510	25	25	24	23
Q295NH	295	285	275	255	430～560	24	24	23	22
Q295GNH	295	285	—	—	430～560	24	24	—	—
Q355NH	355	345	335	325	490～630	22	22	21	20
Q355GNH	355	345	—	—	490～630	22	22	—	—
Q415NH	415	405	395	—	520～680	22	22	20	—
Q460NH	460	450	440	—	570～730	20	20	19	—
Q500NH	500	490	480	—	600～760	18	16	15	—
Q550NH	550	540	530	—	620～780	16	16	15	—
Q265GNH	265	—	—	—	≥410	27	—	—	—
Q310GNH	310	—	—	—	≥450	26	—	—	—

① 当屈服现象不明显时，采用 $R_{p0.2}$。

表 12-18 耐候性结构钢钢材的冲击性能 （GB/T 4171—2008）

质量等级	V 型缺口冲击性能[1][2]		
	试样方向	温度/℃	冲击吸收能量 KV_2/J≥
A		—	
B		+20	47
C	纵向	0	34
D		-20	34
E		-40	27

① 冲击试样尺寸为 10mm×10mm×55mm。

② 经供需双方协商，平均冲击吸收能量值可以 ≥60J。

12.1.8 锻件用结构钢的力学性能

锻件用碳素结构钢的力学性能见表 12-19，锻件用合金结构钢的力学性能见表 12-20，锻件用合金结构钢的力学性能允许降低值见表 12-21。

表 12-19　锻件用碳素结构钢的力学性能（GB/T 17107—1997）

牌号	热处理状态	截面尺寸（直径或厚度）/mm	试样方向	力学性能					
				抗拉强度 R_m/MPa ≥	下屈服强度 R_{eL}/MPa ≥	断后伸长率 A（%）≥	断面收缩率 Z（%）≥	冲击吸收能量 KU/J ≥	硬度 HBW
Q235	—	≤100	纵向	330	210	23	—	—	—
		100~300	纵向	320	195	22	43	—	—
		300~500	纵向	310	185	21	38	—	—
		500~700	纵向	300	175	20	38	—	—
15	正火+回火	≤100	纵向	320	195	27	55	47	97~143
		100~300	纵向	310	165	25	50	47	97~143
		300~500	纵向	300	145	24	45	43	97~143
20	正火或正火+回火	≤100	纵向	340	215	24	50	43	103~156
		100~250	纵向	330	195	23	45	39	103~156
		250~500	纵向	320	185	22	40	39	103~156
		500~1000	纵向	300	175	20	35	35	103~156
25	正火或正火+回火	≤100	纵向	420	235	22	50	39	112~170
		100~250	纵向	390	215	20	48	31	112~170
		250~500	纵向	380	205	18	40	31	112~170
30	正火或正火+回火	≤100	纵向	470	245	19	48	31	126~179
		100~300	纵向	460	235	19	46	27	126~179
		300~500	纵向	450	225	18	40	27	126~179
		500~800	纵向	440	215	17	35	28	126~179
35	正火或正火+回火	≤100	纵向	510	265	18	43	28	149~187
		100~300	纵向	490	255	18	40	24	149~187
		300~500	纵向	470	235	17	37	24	143~187
		500~750	纵向	450	225	16	32	20	137~187
		750~1000	纵向	430	215	15	28	20	137~187
	调质	≤100	纵向	550	295	19	48	47	156~207
		100~300	纵向	530	275	18	40	39	156~207
	正火+回火	100~300	切向	470	245	13	30	20	—
		300~500	切向	450	225	12	28	20	—
		500~750	切向	430	215	11	24	16	—
		750~1000	切向	410	205	10	22	16	—
40	正火+回火	≤100	纵向	550	275	17	40	24	143~207
		100~250	纵向	530	265	17	36	24	143~207
		250~500	纵向	510	255	16	32	20	143~207
		500~1000	纵向	490	245	15	30	20	143~207
	调质	≤100	纵向	615	340	18	40	39	196~241
		100~250	纵向	590	295	17	35	31	189~229
		250~500	纵向	560	275	17	—	—	163~219
45	正火或正火+回火	≤100	纵向	590	295	15	38	23	170~217
		100~300	纵向	570	285	15	35	19	163~217
		300~500	纵向	550	275	14	32	19	163~217
		500~1000	纵向	530	265	13	30	15	156~217
	调质	≤100	纵向	630	370	17	40	31	207~302
		100~250	纵向	590	345	18	35	31	197~286
		250~500	纵向	590	345	17	—	—	187~255

（续）

牌号	热处理状态	截面尺寸（直径或厚度）/mm	试样方向	力学性能					
				抗拉强度 R_m/MPa ≥	下屈服强度 R_{eL}/MPa ≥	断后伸长率 A（%）≥	断面收缩率 Z（%）≥	冲击吸收能量 KU/J ≥	硬度 HBW
45	正火+回火	100~300	切向	540	275	10	25	16	—
		300~500	切向	520	265	10	23	16	—
		500~750	切向	500	255	9	21	12	—
		750~1000	切向	480	245	8	20	12	—
50	正火+回火	≤100	纵向	610	310	13	35	23	—
		100~300	纵向	590	295	12	33	19	—
		300~500	纵向	570	285	12	30	19	—
		500~750	纵向	550	265	12	28	15	—
	调质	≤16	纵向	700	500	14	30	31	—
		16~40	纵向	650	430	16	35	31	—
		40~100	纵向	630	370	17	40	31	—
		100~250	纵向	590	345	17	35	31	—
		250~500	纵向	590	345	17	—	—	—
55	正火+回火	≤100	纵向	645	320	12	35	23	187~229
		100~300	纵向	625	310	11	28	19	187~229
		300~500	纵向	610	305	10	22	19	187~229

注：除 Q235 之外的牌号使用废钢冶炼时，Cu 的质量分数不大于 0.30%。

表 12-20 锻件用合金结构钢的化学成分和力学性能（GB/T 17107—1997）

牌号	热处理状态	截面尺寸（直径或厚度）/mm	试样方向	力学性能					
				抗拉强度 R_m/MPa ≥	下屈服强度 R_{eL}/MPa ≥	断后伸长率 A（%）≥	断面收缩率 Z（%）≥	冲击吸收能量 KU/J ≥	硬度 HBW
30Mn2	调质	≤100	纵向	685	440	15	50	—	—
		100~300	纵向	635	410	16	45	—	—
35Mn2	正火+回火	≤100	纵向	620	315	18	45	—	207~241
		100~300	纵向	580	295	18	43	23	207~241
	调质	≤100	纵向	745	590	16	50	47	229~269
		100~300	纵向	690	490	16	45	47	229~269
45Mn2	正火+回火	≤100	纵向	690	355	16	38	—	187~241
		100~300	纵向	670	335	15	35	—	187~241
20SiMn	正火+回火	≤600	纵向	470	265	15	30	39	—
		600~900	纵向	450	255	14	30	39	—
		900~1200	纵向	440	245	14	30	39	—
		≤300	切向	490	275	14	30	27	—
		300~500	切向	470	265	13	28	23	—
		500~750	切向	440	245	11	24	19	—
		750~1000	切向	410	225	10	22	19	—
35SiMn	调质	≤100	纵向	785	510	15	45	47	229~286
		100~300	纵向	735	440	14	35	39	271~265
		300~400	纵向	685	390	13	30	35	215~255
		400~500	纵向	635	375	11	28	31	196~255

（续）

牌号	热处理状态	截面尺寸（直径或厚度）/mm	试样方向	力学性能					
				抗拉强度 R_m/MPa ≥	下屈服强度 R_{eL}/MPa ≥	断后伸长率 A（%）≥	断面收缩率 Z（%）≥	冲击吸收能量 KU/J ≥	硬度 HBW
42SiMn	调质	≤100	纵向	785	510	15	45	31	229～286
		100～200	纵向	735	460	14	35	23	217～269
		200～300	纵向	685	440	13	30	23	217～255
		300～500	纵向	635	375	10	28	20	196～255
50SiMn	调质	≤100	纵向	835	540	15	40	39	229～286
		100～200	纵向	735	490	15	35	39	217～269
		200～300	纵向	685	440	14	30	31	207～255
20MnMo	调质	≤300	纵向	500	305	14	40	39	—
		300～500	纵向	470	275	14	40	39	—
		≤300	切向	500	305	14	32	31	—
		300～500	切向	470	275	13	30	31	—
20MnMoNb	调质	100～300	纵向	635	490	15	45	47	187～229
		300～500	纵向	590	440	15	45	47	187～229
		500～800	纵向	490	345	15	45	39	—
		100～300	切向	610	430	12	32	31	—
		300～500	切向	570	400	12	30	24	—
42MnMoV	调质	100～300	纵向	765	590	12	40	31	241～286
		300～500	纵向	705	540	12	35	23	229～269
		500～800	纵向	635	490	12	35	23	217～241
50SiMnMoV	调质	100～300	纵向	885	735	12	40	31	269～302
		300～500	纵向	885	635	12	38	31	255～286
		500～800	纵向	835	610	12	35	23	241～286
37SiMn2MoV	调质	100～200	纵向	865	685	14	40	31	269～302
		200～400	纵向	815	635	14	40	31	241～286
		400～600	纵向	765	590	14	40	31	229～269
15Cr	正火+回火	≤100	纵向	390	195	26	50	39	111～156
		100～300	纵向	390	195	23	45	35	111～156
20Cr	正火+回火	≤100	纵向	430	215	19	40	31	123～179
		100～300	纵向	430	215	18	35	31	123～167
	调质	≤100	纵向	470	275	20	40	35	137～179
		100～300	纵向	470	245	19	40	31	137～197
30Cr	调质	≤100	纵向	615	395	17	40	43	187～229
35Cr	调质	100～300	纵向	615	395	15	35	39	187～229
40Cr	调质	≤100	纵向	735	540	15	45	39	241～286
		100～300	纵向	685	490	14	45	31	241～286
		300～500	纵向	685	440	10	35	23	229～269
		500～800	纵向	590	345	8	30	16	217～255
50Cr	调质	≤100	纵向	835	540	10	40	—	241～286
		100～300	纵向	785	490	10	40	—	241～286
12CrMo	正火+回火	≤100	纵向	440	275	20	50	55	≤159
		100～300	纵向	440	275	20	45	55	≤159
15CrMo	淬火+回火	≤100	切向	440	275	20	—	55	116～179
		100～300	切向	440	275	20	—	55	116～179
		300～500	切向	430	255	19	—	47	116～179

（续）

牌号	热处理状态	截面尺寸（直径或厚度）/mm	试样方向	力学性能					
				抗拉强度 R_m/MPa ≥	下屈服强度 R_{eL}/MPa ≥	断后伸长率 A（%）≥	断面收缩率 Z（%）≥	冲击吸收能量 KU/J ≥	硬度 HBW
25CrMo	调质	17～40	纵向	780	600	14	55	—	—
		40～100	纵向	690	450	15	60	—	—
		100～160	纵向	640	400	16	60	—	—
30CrMo	调质	≤100	纵向	620	410	16	40	49	196～240
		100～300	纵向	590	390	15	40	44	196～240
35CrMo	调质	≤100	纵向	735	540	15	45	47	207～269
		100～300	纵向	685	490	15	40	39	207～269
		300～500	纵向	635	440	15	35	31	207～269
		500～800	纵向	590	390	12	30	23	—
		100～300	切向	635	440	11	30	27	—
		300～500	切向	590	390	10	24	24	—
		500～800	切向	540	345	9	20	20	—
42CrMo	调质	≤100	纵向	900	650	12	50	—	—
		100～160	纵向	800	550	13	50	—	—
		160～250	纵向	750	500	14	55	—	—
		250～500	纵向	690	460	15	—	—	—
		500～750	纵向	590	390	16	—	—	—
50CrMo	调质	≤100	纵向	900	700	12	50	—	—
		100～160	纵向	850	650	13	50	—	—
		160～250	纵向	800	550	14	50	—	—
		250～500	纵向	740	540	14	—	—	—
		500～750	纵向	690	490	15	—	—	—
34CrMo1	调质	100～300	纵向	765	590	15	40	47	—
		300～500	纵向	705	540	15	40	39	—
		500～750	纵向	665	490	14	35	31	—
		750～1000	纵向	635	440	13	35	31	—
16CrMn	渗碳+淬火+回火	≤30	纵向	780	590	10	40	—	—
		30～63	纵向	640	440	11	40	—	—
20CrMn	渗碳+淬火+回火	≤30	纵向	980	680	8	35	—	—
		30～63	纵向	790	540	10	35	—	—
20CrMnTi	调质	≤100	纵向	615	395	17	45	47	—
20CrMnMo	渗碳+淬火+回火	≤30	纵向	1080	785	7	40	—	—
		30～100	纵向	835	490	15	40	31	—
35CrMnMo	调质	>100～300	纵向	785	590	14	45	43	207～269
		300～500	纵向	735	540	13	40	39	207～269
		500～800	纵向	685	490	12	35	31	207～269
40CrMnMo	调质	≤100	纵向	885	735	12	40	39	—
		100～250	纵向	835	640	12	30	39	—
		250～400	纵向	785	530	12	40	31	—
		400～500	纵向	735	480	12	35	23	—
20CrMnMoB	调质	≤100	纵向	900	785	13	40	39	277～331
		100～300	纵向	880	735	13	40	39	225～302
		300～500	纵向	835	685	13	40	39	241～286
		500～800	纵向	785	635	13	40	39	241～286
		100～300	切向	845	735	12	35	39	269～302
		300～600	切向	805	685	12	35	39	255～286

（续）

牌号	热处理状态	截面尺寸（直径或厚度）/mm	试样方向	力 学 性 能					
				抗拉强度 R_m/MPa ≥	下屈服强度 R_{eL}/MPa ≥	断后伸长率 A（%）≥	断面收缩率 Z（%）≥	冲击吸收能量 KU/J ≥	硬度 HBW
30CrMn2MoB	调质	100~300	纵向	880	715	12	40	31	255~302
		300~500	纵向	835	665	12	40	31	255~302
		500~800	纵向	785	615	12	40	31	241~286
32Cr2MnMo	调质	100~300	纵向	830	685	14	45	59	255~302
		300~500	纵向	785	635	12	40	49	255~302
		500~750	纵向	735	590	12	35	30	241~286
30CrMnSi	调质	≤100	纵向	735	590	12	35	35	235~293
		100~300	纵向	685	460	13	35	35	228~269
35CrMnSi	调质	≤100	纵向	785	640	12	35	31	241~293
		100~300	纵向	685	540	12	35	31	223~269
12CrMoV	正火+回火	≤100	纵向	470	245	22	48	39	143~179
		100~300	纵向	430	215	20	40	39	123~167
12Cr1MoV	正火+回火	≤100	纵向	440	245	19	50	39	123~167
		100~300	纵向	430	215	19	48	39	123~167
		300~500	纵向	430	215	18	40	35	123~167
		500~800	纵向	430	215	16	35	31	123~167
24CrMoV	调质	100~300	纵向	735	590	16	—	47	—
		300~500	纵向	685	540	16	—	47	—
35CrMoV	调质	100~200	切样	880	745	12	40	47	—
		200~240	切样	860	705	12	35	47	—
30Cr2MoV	调质	≤150	纵向	830	735	15	50	47	219~277
		150~250	纵向	735	590	16	50	47	219~277
		250~500	纵向	635	440	16	50	47	219~277
28Cr2Mo1V	调质	≤100	纵向	835	735	15	50	47	269~302
		100~300	纵向	735	635	15	40	47	269~302
		300~500	纵向	685	565	14	35	47	269~302
40CrNi	调质	≤100	纵向	735	590	14	45	47	223~277
		100~300	纵向	685	540	13	40	39	207~262
		300~500	纵向	635	440	13	35	39	197~235
		500~800	纵向	615	395	11	30	31	187~229
40CrNiMo	淬火+回火	≤80	纵向	980	835	12	55	78	—
		80~100	纵向	980	835	11	50	74	—
		100~150	纵向	980	835	10	45	70	—
		150~250	纵向	980	835	9	40	66	—
	调质	100~300	纵向	785	640	12	38	39	241~293
		300~500	纵向	685	540	12	33	35	207~262
34CrNi1Mo	调质	≤100	纵向	850	735	15	45	55	277~321
		100~300	纵向	765	636	14	40	47	262~311
		300~500	纵向	685	540	14	35	39	235~277
		500~800	纵向	635	490	14	32	31	212~248
34CrNi3Mo	调质	≤100	纵向	900	785	14	40	55	269~341
		100~300	纵向	850	735	14	38	47	262~321
		300~500	纵向	805	685	13	35	39	241~302
		500~800	纵向	755	590	12	32	32	241~302

（续）

牌号	热处理状态	截面尺寸（直径或厚度）/mm	试样方向	力学性能					
				抗拉强度 R_m /MPa ≥	下屈服强度 R_{eL} /MPa ≥	断后伸长率 A（%）≥	断面收缩率 Z（%）≥	冲击吸收能量 KU /J ≥	硬度 HBW
15Cr2Ni2	渗碳+淬火+回火	≤30	纵向	880	640	9	40	—	—
		30~63	纵向	780	540	10	40	—	—
20Cr2Ni4	调质	试样毛坯尺寸 $\phi15$	纵向	1175	1080	10	45	62	—
17Cr2Ni2Mo	渗碳+淬火+回火	≤30	纵向	1080	790	8	35	—	—
		30~63	纵向	980	690	8	35	—	—
30Cr2Ni2Mo	调质	≤100	纵向	1100	900	10	45	—	—
		100~160	纵向	1000	800	11	50	—	—
		160~250	纵向	900	700	12	50	—	—
		250~500	纵向	830	635	12	—	—	—
		500~1000	纵向	780	590	12	—	—	—
34Cr2Ni2Mo	调质	≤100	纵向	1000	800	11	50	—	—
		100~160	纵向	900	700	12	55	—	—
		160~250	纵向	800	600	13	55	—	—
		250~500	纵向	740	540	14	—	—	—
		500~1000	纵向	690	490	15	—	—	—
15CrNiMoV	调质	100~300	纵向	685	585	15	60	110	190~240
		300~500	纵向	635	535	14	55	100	190~240
34CrNi3MoV	调质	≤100	纵向	900	785	14	40	47	269~321
		100~300	纵向	855	735	14	38	39	248~311
		300~500	纵向	805	685	13	33	31	235~293
		500~800	纵向	735	590	12	30	31	212~262
37CrNi3MoV	调质	≤100	纵向	900	785	13	40	47	269~321
		100~300	纵向	855	735	12	38	39	248~311
		300~500	纵向	805	685	11	33	31	235~293
		500~800	纵向	735	590	10	30	31	212~262
24Cr2Ni4MoV	调质	100~300	纵向	1000	870	12	45	70	—
		300~500	纵向	950	850	13	50	70	—
		500~750	纵向	900	800	15	50	65	—
		750~1000	纵向	850	750	15	50	65	—
18Cr2Ni4W	淬火+回火	≤80	纵向	1180	835	10	45	78	—
		80~100	纵向	1180	835	9	40	74	—
		100~150	纵向	1180	835	8	35	70	—
		150~250	纵向	1180	835	7	30	66	—

表 12-21　锻件用合金结构钢的力学性能允许降低值（GB/T 17107—1997）

力学性能指标	试样方向	酸性平炉及电炉钢		碱性平炉钢					
				1~25t 钢锭锻件			>25t 钢锭锻件		
		锻 造 比		锻 造 比					
		≤5	>5	2~3	>3~5	>5	2~3	>3~5	>5
		力学性能允许降低的百分数(%)							
R_{eL}	切向	5	5	5	5	5	5	5	5
	横向	5	5	10	10	10	10	10	10
R_m	切向	5	5	5	5	5	5	5	5
	横向	5	5	10	10	10	10	10	10
A	切向	25	40	25	30	35	35	40	45
	横向	25	40	25	35	40	40	50	50
Z	切向	20	40	25	30	40	40	40	45
	横向	20	40	30	35	45	45	50	60
KU	切向	25	40	30	30	30	30	40	50
	横向	25	40	35	40	40	40	50	60

12.1.9　冷镦和冷挤压用钢的力学性能

冷镦和冷挤压用钢的力学性能见表 12-22~表 12-24。

表 12-22　热轧状态非热处理型冷镦和冷挤压用钢的力学性能（GB/T 6478—2015）

统一数字代号	牌　号	抗拉强度 R_m/MPa　≤	断面收缩率 Z(%)　≥
U40048	ML04Al	440	60
U40088	ML08Al	470	60
U40108	ML10Al	490	55
U40158	ML15Al	530	50
U40152	ML15	530	50
U40208	ML20Al	580	45
U40202	ML20	580	45

注：表中未列牌号钢材的力学性能按供需双方协议。未规定时，供方报实测值，并在质量证明书中注明。

表 12-23　退火状态冷镦和冷挤压用钢的力学性能（GB/T 6478—2015）

类　　型	统一数字代号	牌　号	抗拉强度 R_m/MPa　≤	断面收缩率 Z(%)　≥
表面硬化型	U40108	ML10Al	450	65
	U40158	ML15Al	470	64
	U40152	ML15	470	64
	U40208	ML20Al	490	63
	U40202	ML20	490	63
	A20204	ML20Cr	560	60
调质型	U40302	ML30	550	59
	U40352	ML35	560	58
	U41252	ML25Mn	540	60
	A20354	ML35Cr	600	60
	A20404	ML40Cr	620	58

（续）

类 型	统一数字代号	牌 号	抗拉强度 R_m/MPa ≤	断面收缩率 Z(%) ≥
含硼调质型	A70204	ML20B	500	64
	A70304	ML30B	530	62
	A70354	ML35B	570	62
	A71204	ML20MnB	520	62
	A71354	ML35MnB	600	60
	A20374	ML37CrB	600	60

注：1. 表中未列牌号钢材的力学性能按供需双方协议。未规定时，供方报实测值，并在质量证明书中注明。

2. 钢材直径大于12mm时，断面收缩率可降低2%（绝对值）。

表12-24 热轧状态非调质型冷镦和冷挤压用钢的力学性能（GB/T 6478—2015）

统一数字代号	牌 号	抗拉强度 R_m/MPa	断后伸长率 A(%) ≥	断面收缩率 Z(%) ≥
L27208	MFT8	630~700	20	52
L27228	MFT9	680~750	18	50
L27128	MFT10	≥800	16	48

12.1.10 优质结构钢冷拉钢材的力学性能

优质结构钢冷拉钢材的交货状态硬度见表12-25，优质结构钢冷拉钢材的力学性能见表12-26。

表12-25 优质结构钢冷拉钢材的交货状态硬度（GB/T 3078—2008）

牌 号	交货状态硬度 HBW ≤		牌 号	交货状态硬度 HBW ≤	
	冷拉、冷拉磨光	退火、光亮退火、高温回火或正火后回火		冷拉、冷拉磨光	退火、光亮退火、高温回火或正火后回火
10	229	179	20Mn2	241	197
15	229	179	35Mn2	255	207
20	229	179	40Mn2	269	217
25	229	179	45Mn2	269	229
30	229	179	50Mn2	285	229
35	241	187	27SiMn	255	217
40	241	207	35SiMn	269	229
45	255	229	42SiMn	—	241
50	255	229	20MnV	229	187
55	269	241	40B	241	207
60	269	241	45B	255	229
65	—	255	50B	255	229
15Mn	207	163	40MnB	269	217
20Mn	229	187	45MnB	269	229
25Mn	241	197	40MnVB	269	217
30Mn	241	197	20SiMnVB	269	217
35Mn	255	207	20CrV	255	217
40Mn	269	217	40CrVA	269	229
45Mn	269	229	45CrVA	302	255
50Mn	269	229	38CrSi	269	255
60Mn	—	255	20CrMnSiA	255	217
65Mn	—	269	25CrMnSiA	269	229

（续）

牌　号	交货状态硬度　HBW ≤		牌　号	交货状态硬度　HBW ≤	
	冷拉、冷拉磨光	退火、光亮退火、高温回火或正火后回火		冷拉、冷拉磨光	退火、光亮退火、高温回火或正火后回火
30CrMnSiA	269	229	40Cr	269	217
35CrMnSiA	285	241	45Cr	269	229
20CrMnTi	255	207	20CrNi	255	207
15CrMo	229	187	40CrNi	—	255
20CrMo	241	197	45CrNi	—	269
30CrMo	269	229	12CrNi2A	269	217
35CrMo	269	241	12CrNi3A	269	229
42CrMo	285	255	20CrNi3A	269	241
20CrMnMo	269	229	30CrNi3(A)	—	255
40CrMnMo	269	241	37CrNi3A	—	269
35CrMoVA	285	255	12Cr2Ni4A	—	255
38CrMoAlA	269	229	20Cr2Ni4A	—	269
15CrA	229	179	40CrNiMoA	—	269
20Cr	229	179	45CrNiMoVA	—	269
30Cr	241	187	18Cr2Ni4WA	—	269
35Cr	269	217	25Cr2Ni4WA	—	269

表 12-26　优质结构钢冷拉钢材的力学性能 （GB/T 3078—2008）

牌　号	冷　拉			退　火		
	抗拉强度 R_m/MPa	断后伸长率 A(%)	断面收缩率 Z(%)	抗拉强度 R_m/MPa	断后伸长率 A(%)	断面收缩率 Z(%)
	≥			≥		
10	440	8	50	295	26	55
15	470	8	45	345	28	55
20	510	7.5	40	390	21	50
25	540	7	40	410	19	50
30	560	7	35	440	17	45
35	590	6.5	35	470	15	45
40	610	6	35	510	14	40
45	635	6	30	540	13	40
50	655	6	30	560	12	40
15Mn	490	7.5	40	390	21	50
50Mn	685	5.5	30	590	10	35
50Mn2	735	5	25	635	9	30

注：根据需方要求，并在合同中注明，钢材可进行力学性能测试，交货状态力学性能应符合表中的规定。表中未列入的牌号，用热处理毛坯制成试样测定力学性能，优质碳素结构钢应符合 GB/T 699 的规定，合金结构钢应符合 GB/T 3077 的规定。

12.2　专用结构钢的力学性能

12.2.1　弹簧钢的力学性能

弹簧钢的热处理和力学性能见表 12-27，弹簧钢的交货状态硬度见表 12-28。

表 12-27 弹簧钢的热处理和力学性能（GB/T 1222—2016）

牌号	热处理制度①			力学性能				
	淬火温度/℃	淬火冷却介质	回火温度/℃	抗拉强度 R_m/MPa	下屈服强度 R_{eL}②/MPa	断后伸长率		断面收缩率 Z（%）
						A（%）	$A_{11.3}$（%）	
				≥				
65	840	油	500	980	785	—	9.0	35
70	830	油	480	1030	835	—	8.0	30
80	820	油	480	1080	930	—	6.0	30
85	820	油	480	1130	980	—	6.0	30
65Mn	830	油	540	980	785	—	8.0	30
70Mn	③	—	—	785	450	8.0		30
28SiMnB	900	水或油	320	1275	1180	—	5.0	25
40SiMnVBE	880	油	320	1800	1680	9.0	—	40
55SiMnVB	860	油	460	1375	1225	—	5.0	30
38Si2	880	水	450	1300	1150	8.0		35
60Si2Mn	870	油	440	1570	1375	—	5.0	20
55CrMn	840	油	485	1225	1080	9.0	—	20
60CrMn	840	油	490	1225	1080	9.0	—	20
60CrMnB	840	油	490	1225	1080	9.0	—	20
60CrMnMo	860	油	450	1450	1300	6.0	—	30
55SiCr	860	油	450	1450	1300	6.0	—	25
60Si2Cr	870	油	420	1765	1570	6.0	—	20
56Si2MnCr	860	油	450	1500	1350	6.0	—	25
52SiCrMnNi	860	油	450	1450	1300	6.0	—	35
55SiCrV	860	油	400	1650	1600	5.0	—	35
60Si2CrV	850	油	410	1860	1665	6.0	—	20
60Si2MnCrV	860	油	400	1700	1650	5.0	—	30
50CrV	850	油	500	1275	1130	10.0	—	40
51CrMnV	850	油	450	1350	1200	6.0	—	30
52CrMnMoV	860	油	450	1450	1300	6.0	—	35
30W4Cr2V④	1075	油	600	1470	1325	7.0	—	40

注：1. 力学性能试验采用直径 10mm 的比例试样，推荐取留有少许加工余量的试样毛坯（一般尺寸为 11~12mm）。
　　2. 对于直径或边长小于 11mm 的棒材，用原尺寸钢材进行热处理。
　　3. 对于厚度小于 11mm 的扁钢，允许采用矩形试样。当采用矩形试样时，断面收缩率不作为验收条件。
① 表中热处理温度允许调整范围为：淬火温度±20℃；回火温度±50℃（28MnSiB 钢，±30℃）。根据需方要求，其他钢回火温度可按±30℃进行。
② 当检测钢材屈服现象不明显时，可用 $R_{p0.2}$ 代替 R_{eL}。
③ 70Mn 的推荐热处理制度为：正火温度 790℃，允许调整范围为±30℃。
④ 30W4Cr2V 除抗拉强度外，其他力学性能检验结果供参考，不作为交货依据。

表 12-28 弹簧钢的交货状态硬度（GB/T 1222—2016）

牌号	交货状态	代码	硬度 HBW ≤
65、70、80	热轧	WHR	285
85、65Mn、70Mn、28SiMnB			302
60Si2Mn、50CrV、55SiMnVB、55CrMn、60CrMn			321
60Si2Cr、60Si2CrV、60CrMnB、55SiCr、30W4Cr2V、40SiMnVBE	热轧	WHR	供需双方协商
	热轧+去应力退火	WHR+A	321
38Si2	热轧	WHR	321
	去应力退火	A	280
	软化退火	SA	217
56Si2MnCr、51CrMnV、55SiCrV、60Si2MnCrV、52SiCrMnNi、52CrMnMoV、60CrMnMo	热轧	WHR	供需双方协商
	去应力退火	A	280
	软化退火	SA	248
所有牌号	冷拉+去应力退火	WCD+A	321
	冷拉	WCD	供需双方协商

12.2.2 渗碳轴承钢的力学性能

渗碳轴承钢材的纵向力学性能见表12-29。

表 12-29 渗碳轴承钢材的纵向力学性能（GB/T 3203—2016）

牌 号	毛坯直径/mm	热处理					力学性能			
		淬火温度/℃		淬火冷却介质	回火温度/℃	回火冷却介质	抗拉强度 R_m/MPa	断后伸长率 A(%)	断面收缩率 Z(%)	冲击吸收能量 KU_2/J
		一次	二次				≥			
G20CrMo	15	860~900	770~810	油	150~200	空气	880	12	45	63
G20CrNiMo	15	860~900	770~810		150~200		1180	9	45	63
G20CrNi2Mo	25	860~900	780~820		150~200		980	13	45	63
G20Cr2Ni4	15	850~890	770~810		150~200		1180	10	45	63
G10CrNi3Mo	15	860~900	770~810		180~200		1080	9	45	63
G20Cr2Mn2Mo	15	860~900	790~830		180~200		1280	9	40	55
G23Cr2Ni2Si1Mo	15	860~900	790~830		150~200		1180	10	40	55

注：表中所列力学性能适用于公称直径小于或等于80mm的钢材。公称直径81~100mm的钢材，允许其断后伸长率、断面收缩率及冲击吸收能量较表中的规定分别降低1%（绝对值）、5%（绝对值）及5%；公称直径101~150mm的钢材，允许其断后伸长率、断面收缩率及冲击吸收能量较表中的规定分别降低3%（绝对值）、15%（绝对值）及15%；公称直径大于150mm的钢材，其力学性能指标由供需双方协商。

12.2.3 高碳铬轴承钢的力学性能

高碳铬轴承钢退火状态的硬度见表12-30。

表 12-30 高碳铬轴承钢退火状态的硬度（GB/T 18254—2016）

统一数字代号	牌号	球化退火硬度 HBW	软化退火硬度 HBW≤
B00151	G8Cr15	179~207	
B00150	GCr15	179~207	
B01150	GCr15SiMn	179~217	245
B03150	GCr15SiMo	179~217	
B02180	GCr18Mo	179~207	

12.2.4 桥梁用结构钢的力学性能

桥梁用结构钢的力学性能见表12-31。

表 12-31 桥梁用结构钢的力学性能（GB/T 714—2015）

牌号	质量等级	拉伸性能[①②]					冲击性能[③]	
		下屈服强度 R_{eL}/MPa ≥			抗拉强度 R_m/MPa	断后伸长率 A(%)	温度/℃	冲击吸收能量 KV_2/J
		厚度≤50mm	厚度>50~100mm	厚度>100~150mm	≥	≥		≥
Q345q	C	345	335	305	490	20	0	120
	D						−20	
	E						−40	
Q370q	C	370	360	—	510	20	0	120
	D						−20	
	E						−40	

（续）

牌号	质量等级	拉伸性能[①][②]					冲击性能[③]	
		下屈服强度 R_{eL}/MPa　≥			抗拉强度 R_m/MPa ≥	断后伸长率 A(%) ≥	温度/℃	冲击吸收能量 KV_2/J ≥
		厚度 ≤50mm	厚度>50~ 100mm	厚度>100~ 150mm				
Q420q	D	420	410	—	540	19	−20	120
	E						−40	
	F						−60	47
Q460q	D	460	450	—	570	18	−20	120
	E						−40	
	F						−60	47
Q500q	D	500	480	—	630	18	−20	120
	E						−40	
	F						−60	47
Q550q	D	550	530	—	660	16	−20	120
	E						−40	
	F						−60	47
Q620q	D	620	580	—	720	15	−20	120
	E						−40	
	F						−60	47
Q690q	D	690	650	—	770	14	−20	120
	E						−40	
	F						−60	47

① 当屈服不明显时，可测量 $R_{p0.2}$ 代替下屈服强度。
② 拉伸试验取横向试样。
③ 冲击试验取纵向试样。

12.2.5　汽轮机叶片用钢的力学性能

汽轮机叶片用钢的热处理及硬度见表 12-32，汽轮机叶片用钢的力学性能见表 12-33。

表 12-32　汽轮机叶片用钢的热处理及硬度（GB/T 8732—2014）

牌号		推荐的热处理		硬度 HBW
新牌号	旧牌号	退火	高温回火	≤
12Cr13	1Cr13	800~900℃,缓冷	700~770℃,快冷	200
20Cr13	2Cr13	800~900℃,缓冷	700~770℃,快冷	223
12Cr12Mo	1Cr12Mo	800~900℃,缓冷	700~770℃,快冷	255
14Cr11MoV	1Cr11MoV	800~900℃,缓冷	700~770℃,快冷	200
15Cr12WMoV	1Cr12W1MoV	800~900℃,缓冷	700~770℃,快冷	223
21Cr12MoV	2Cr12MoV	880~930℃,缓冷	750~770℃,快冷	255
18Cr11NiMoNbVN	2Cr11NiMoNbVN	800~900℃,缓冷	700~770℃,快冷	255
22Cr12NiWMoV	2Cr12NiMo1W1V	860~930℃,缓冷	750~770℃,快冷	255
05Cr17Ni4Cu4Nb	0Cr17Ni4Cu4Nb	740~850℃,缓冷	660~680℃,快冷	361
14Cr12Ni2WMoV	1Cr12Ni2W1Mo1V	860~930℃,缓冷	650~750℃,快冷	287
14Cr12Ni3Mo2VN	1Cr12Ni3Mo2VN	860~930℃,缓冷	650~750℃,快冷	287
14Cr11W2MoNiVNbN	1Cr11MoNiW2VNbN	860~930℃,缓冷	650~750℃,快冷	287

表 12-33　汽轮机叶片用钢的力学性能（GB/T 8732—2014）

牌号		组别	热处理		力学性能					
新牌号	旧牌号		淬火温度/℃	回火温度/℃	规定塑性延伸强度 $R_{p0.2}$/MPa	抗拉强度 R_m/MPa ≥	断后伸长率 A(%) ≥	断面收缩率 Z(%) ≥	冲击吸收能量 KV_2/J ≥	试样硬度 HBW
12Cr13	1Cr13	—	980~1040，油	660~770，空气	≥440	≥620	20	60	35	192~241
20Cr13	2Cr13	I组	950~1020，空气、油	660~770，油、空气、水	≥490	≥665	16	50	27	212~262
20Cr13	2Cr13	II组	980~1030，油	640~720，空气	≥590	≥735	15	50	27	229~277
12Cr12Mo	1Cr12Mo	—	950~1000，油	650~710，空气	≥550	≥685	18	60	78	217~255
14Cr11MoV	1Cr11MoV	I组	1000~1050，空气、油	700~750，空气	≥490	≥685	16	56	27	212~262
14Cr11MoV	1Cr11MoV	II组	1000~1030，油	660~700，空气	≥590	≥735	15	50	27	229~277
15Cr12WMoV	1Cr12W1MoV	I组	1000~1050，油	680~740，空气	≥590	≥735	15	45	27	229~277
15Cr12WMoV	1Cr12W1MoV	II组	1000~1050，油	660~700，空气	≥635	≥785	15	45	27	248~293
18Cr11NiMoNbVN	2Cr11NiMoNbVN	—	≥1090，油	≥640，空气	≥760	≥930	12	32	20	277~331
22Cr12NiWMoV	2Cr12NiMo1W1V	—	980~1040，油	650~750，空气	≥760	≥930	12	32	11	277~311
21Cr12MoV	2Cr12MoV	I组	1020~1070，油	≥650，空气	≥700	900~1050	13	35	20	265~310
21Cr12MoV	2Cr12MoV	II组	1020~1050，油	700~750，空气	590~735	≤930	15	50	27	241~285
14Cr12Ni2WMoV	1Cr12Ni2W1Mo1V	—	1000~1050，油	≥640，空气、二次	≥735	≥920	13	40	48	277~331
14Cr12Ni3Mo2VN[①]	1Cr12Ni3Mo2VN	—	990~1030，油	≥560，空气、二次	≥860	≥1100	13	40	54	331~363
14Cr11W2MoNiVNbN	1Cr11MoNiW2VNbN	—	≥1100，油	≥620，空气	≥760	≥930	14	32	20	277~331
05Cr17Ni4Cu4Nb	0Cr17Ni4Cu4Nb	I	1025~1055℃，油、空冷	645~655℃，4h，空冷	590~800	≥900	16	55	—	262~302
05Cr17Ni4Cu4Nb	0Cr17Ni4Cu4Nb	II	810~820℃，0.5h，空冷（≥14℃/min冷却到室温）	565~575℃，3h，空冷	890~980	950~1020	16	55	—	293~341
05Cr17Ni4Cu4Nb	0Cr17Ni4Cu4Nb	III	油，空冷（≥14℃/min冷却到室温）	600~610℃，5h，空冷	755~890	890~1030	16	55	—	277~321

① 14Cr12Ni3Mo2VN 钢仅在有需求方要求时，可检验 $R_{p0.02} \geq 760$MPa。

12.2.6　涡轮机高温螺栓用钢的力学性能

涡轮机高温螺栓用钢的热处理及硬度见表12-34，涡轮机高温螺栓用钢的纵向力学性能见表12-35、表12-36。

表12-34　涡轮机高温螺栓用钢的热处理及硬度（GB/T 20410—2006）

牌号	推荐的热处理		硬度 HBW10/3000
	退火温度/℃	高温回火温度/℃	≤
35CrMoA	—	690~710,空冷	229
42CrMoA	—	690~710,空冷	217
21CrMoVA	—	690~710,空冷	241
35CrMoVA	—	690~710,空冷	241
40CrMoVA	—	690~710,空冷	269
20Cr1Mo1VA	—	690~730,空冷	241
45Cr1MoVA	—	690~720,空冷	269
20Cr1Mo1V1A	—	690~710,空冷	241
25Cr2MoVA	—	690~710,空冷	241
25Cr2Mo1VA	—	690~710,空冷	241
40Cr2MoVA	—	680~720,空冷	269
18Cr1Mo1VTiB	—	660~700,空冷	248
20Cr1Mo1VTiB	—	660~700,空冷	248
20Cr1Mo1VNbTiB	—	680~720,空冷	255
2Cr12MoV	880~930,缓冷	750~770,空冷	255
2Cr12NiMo1W1V	860~930,缓冷	660~700,空冷	255
2Cr11NiMoNbVN	800~900,缓冷	700~770,空冷	255
2Cr11Mo1VNbN	850~950,缓冷	600~770,空冷	269
1Cr11MoNiW1VNbN	850~950,缓冷	600~770,空冷	255

表12-35　涡轮机高温螺栓用钢的纵向力学性能（Ⅰ）（GB/T 20410—2006）

牌号	淬火温度/℃	回火温度/℃	规定塑性延伸强度 $R_{p0.2}$/MPa	抗拉强度 R_m/MPa	断后伸长率 A(%)	断面收缩率 Z(%)	冲击吸收能量 KU/J	试样硬度 HBW10/3000
			≥					
35CrMoA	850~870 油	550~610 空	590	765	14	45	47	241~285
42CrMoA	850 油	580 水、油	655	795	16	50	50	241~302
21CrMoVA	930~950 油	700~740 空	550	700~850	16	60	63[①]	248~293
35CrMoVA	900 油	630 油或水	930	1080	10	50	71	255~321
40CrMoVA	895 油	≥650 空	720	860	18	50	34[①]	255~321
20Cr1Mo1VA	890~940 油	680~720 空	550	700~850	16	60	69[①]	210~250
45Cr1MoVA	925~955 油	≥650 空	725	825	18	50	34[①]	≤302
20Cr1Mo1V1A	1000 油	700 空	735	835	14	50	47	248~293
25Cr2MoVA	900 油	640 空	785	930	14	55	63	248~293
25Cr2Mo1VA	1040 空	660 空	590	735	16	50	47	248~393

（续）

牌号	淬火温度 /℃	回火温度 /℃	规定塑性延伸强度 $R_{p0.2}$/ MPa	抗拉强度 R_m/ MPa	断后伸长率 A(%)	断面收缩率 Z(%)	冲击吸收能量 KU/J	试样硬度 HBW10/ 3000
				≥				
40Cr2MoVA	860 油	600 油	930	1125	10	45	47	248~293
18Cr1Mo1VTiB	≥980 油、水	680~720 空	685	785	15	50	39	241~302
20Cr1Mo1VTiB	1030~1050 油	680~720 空	685	785	14	50	39	255~302
20Cr1Mo1VNbTiB	1020~1040 油、水	690~730 空	670	785	14	50	39	255~302
2Cr12NiMo1W1V	1020~1050 油	≥650 空	760	930	12	32	11[1]	277~331
2Cr11NiMoNbVN	≥1090 油	≥640 空	760	930	12	32	20[1]	277~331
2Cr11Mo1VNbN	≥1080 油	≥640 空	780	965	15	45	11[1]	291~321
1Cr11MoNiW1VNbN	≥1100 油	≥650 空	765	930	12	32	20[1]	277~331

① 为 V 型缺口。

表 12-36　涡轮机高温螺栓用钢的纵向力学性能（Ⅱ）（GB/T 20410—2006）

牌号	组别	淬火温度 /℃	回火温度 /℃	规定塑性延伸强度 $R_{p0.2}$/ MPa	抗拉强度 R_m/ MPa	断后伸长率 A(%)	断面收缩率 Z(%)	冲击吸收能量 KU/J	试样硬度 HBW10/3000
					≥				
2Cr12MoV	Ⅰ	1020~1070 油	≥650 空	700	900~ 1050	13	35	20	277~311
	Ⅱ	1020~1050 油	700~750 空	590~ 735	≤930	15	50	27	241~285

12.2.7　工业链条用冷拉钢的力学性能

工业链条销轴用冷拉钢的力学性能见表 12-37，工业链条滚子用冷拉钢的力学性能见表 12-38。

表 12-37　工业链条销轴用冷拉钢的力学性能（YB/T 5348—2006）

牌号	抗拉强度 R_m/MPa			
	钢丝		圆钢	
	冷拉	退火	冷拉	退火
20CrMo	550~800	450~700	620~870	490~740
20CrMnMo	550~800	500~750	720~970	575~825
20CrMnTi	650~900	500~750	720~970	575~825

表 12-38　工业链条滚子用冷拉钢的力学性能（YB/T 5348—2006）

牌号	抗拉强度 R_m/MPa			
	钢丝		圆钢	
	≥			
	冷拉	退火	冷拉	退火
08	540	440	440	295
10	540	440	440	295
15	590	490	470	340

12.2.8 无缝气瓶用钢坯的力学性能

无缝气瓶用钢的力学性能见表 12-39。

表 12-39 无缝气瓶用钢的力学性能 (GB 13447—2008)

牌号	试样状态	下屈服强度 $R_{eL}/MPa \geqslant$	抗拉强度 $R_m/MPa \geqslant$	断后伸长率 $A(\%) \geqslant$	断面收缩率 $Z(\%) \geqslant$	冲击吸收能量 $KU/J \geqslant$
34Mn2V	正火	510	745	16	45	55
	调质	550	780	12	45	50
37Mn	正火	350	650	16	—	45
	调质	640	760	16	—	50
30CrMo	调质	785	930	12	50	63
34CrMo	调质	835	980	12	45	63

12.2.9 低温承压设备用合金钢锻件的力学性能

低温承压设备用合金钢锻件的力学性能见表 12-40。

表 12-40 低温承压设备用合金钢锻件的力学性能 (NB/T 47009—2017)

牌号	公称厚度/mm	热处理状态	回火温度/℃ ≥	拉伸性能			冲击性能	
				抗拉强度 R_m/MPa	下屈服强度 R_{eL}/MPa ≥	断后伸长率 $A(\%)$ ≥	试验温度/℃	冲击吸收能量 KV_2/J ≥
16MnD	≤100	淬火+回火	620	480~630	305	20	-45	47
	>100~200			470~620	295			
	>200~300			450~600	275		-40	
20MnMoD	≤300	淬火+回火	620	530~700	370	18	-40	60
	>300~500			510~680	350			
	>500~700			490~660	330		-30	
08MnNiMoVD	≤300	淬火+回火	620	600~760	480	17	-40	80
10Ni3MoVD	≤300	淬火+回火	620	600~760	480	17	-50	80
09MnNiD	≤200	淬火+回火	620	440~590	280	23	-70	60
	>200~300			430~580	270			
08Ni3D	≤300	淬火+回火	620	460~610	260	21	-100	60
06Ni9D	≤125	淬火+回火	620	680~840	550	18	-196	60

注：如屈服现象不明显，屈服强度取 $R_{p0.2}$。

12.3 钢板及钢带的力学性能

12.3.1 低碳钢冷轧钢带的力学性能

低碳钢冷轧钢带的力学性能见表 12-41。

表 12-41 低碳钢冷轧钢带的力学性能 (YB/T 5059—2013)

钢带交货状态	抗拉强度 R_m/MPa	断后伸长率 $A(\%) \geqslant$	硬度 HV
特软(S2)	275~390	30	≤105
软(S)	325~440	20	≤130
半软(S1)	370~490	10	105~155
低冷硬(H1/4)	410~540	4	125~172
冷硬(H)	490~785	不测定	140~230

12.3.2　冷轧低碳钢板及钢带的力学性能

冷轧低碳钢板及钢带的力学性能见表12-42，冷轧低碳钢板及钢带的拉伸应变痕见表12-43。

表 12-42　冷轧低碳钢板及钢带的力学性能（GB/T 5213—2008）

牌号	下屈服强度 R_{eL} [①②]/MPa ≤	抗拉强度 R_m/MPa	断后伸长率[③] A_{80mm}（%）≥	塑性应变比 r_{90}[④] ≥	应变硬化指数 n_{90}[④] ≥
DC01	280[⑤]	270~410	28	—	—
DC03	240	270~370	34	1.3	—
DC04	210	270~350	38	1.6	0.18
DC05	180	270~330	40	1.9	0.20
DC06	170	270~330	41	2.1	0.22
DC07	150	250~310	44	2.5	0.23

注：拉伸试样为 GB/T 228.1 中的 P6 试样，试样方向为横向。

① 无明显屈服时采用 $R_{p0.2}$。当厚度大于 0.50mm 且不大于 0.70mm 时，屈服强度上限值可以增加 20MPa；当厚度不大于 0.50mm 时，屈服强度上限值可以增加 40MPa。

② 经供需双方协商同意，DC01、DC03、DC04 屈服强度的下限值可设定为 140MPa，DC05、DC06 屈服强度的下限值可设定为 120MPa，DC07 屈服强度的下限值可设定为 100MPa。

③ 当厚度大于 0.50mm 且不大于 0.70mm 时，断后伸长率最小值可以降低 2%（绝对值）；当厚度不大于 0.50mm 时，断后伸长率最小值可以降低 4%（绝对值）。

④ r_{90} 值和 n_{90} 值的要求仅适用于厚度不小于 0.50mm 的产品。当厚度大于 2.0mm 时，r_{90} 值可以降低 0.2。

⑤ DC01 的屈服强度上限值的有效期仅为从生产完成之日起 8 天内。

表 12-43　冷轧低碳钢板及钢带的拉伸应变痕（GB/T 5213—2008）

牌　　号	拉伸应变痕
DC01	室温储存条件下，表面质量为 FD 的钢板及钢带自生产完成之日起 3 个月内使用时不应出现拉伸应变痕
DC03	室温储存条件下，钢板及钢带自生产完成之日起 6 个月内使用时不应出现拉伸应变痕
DC04	室温储存条件下，钢板及钢带自生产完成之日起 6 个月内使用时不应出现拉伸应变痕
DC05	室温储存条件下，钢板及钢带自生产完成之日起 6 个月内使用时不应出现拉伸应变痕
DC06	室温储存条件下，钢板及钢带使用时不出现拉伸应变痕
DC07	室温储存条件下，钢板及钢带使用时不出现拉伸应变痕

12.3.3　碳素结构钢冷轧钢带的力学性能

碳素结构钢冷轧钢带的力学性能见表12-44。

表 12-44　碳素结构钢冷轧钢带的力学性能（GB/T 716—1991）

类　　别	抗拉强度 R_m/MPa	断后伸长率 A（%）　≥	硬度 HV
软钢带	275~440	23	≤130
半软钢带	370~490	10	105~145
硬钢带	490~785	—	140~230

12.3.4　碳素结构钢冷轧薄钢板及钢带的力学性能

碳素结构钢冷轧薄钢板及钢带的力学性能见表12-45。

表12-45　碳素结构钢冷轧薄钢板及钢带的力学性能（GB/T 11253—2007）

牌　号	下屈服强度 R_{eL} /MPa ≥	抗拉强度 R_m /MPa	断后伸长率（%）	
			A_{50mm}　≥	A_{80mm}　≥
Q195	195	315~430	26	24
Q215	215	335~450	24	22
Q235	235	370~500	22	20
Q275	275	410~540	20	18

12.3.5　优质碳素结构钢冷轧钢带的力学性能

优质碳素结构钢冷轧钢带的力学性能见表12-46。

表12-46　优质碳素结构钢冷轧钢带的力学性能（GB/T 3522—1983）

牌　号	冷硬钢带（Y）	退火钢带（T）	
	抗拉强度 R_m/MPa	抗拉强度 R_m/MPa	断后伸长率 A（%）≥
15	450~800	320~500	22
20	500~850	320~550	20
25	550~900	350~600	18
30	650~950	400~600	16
35	650~950	400~650	16
40	650~1000	450~700	15
45	700~1050	450~700	15
50	750~1100	450~750	13
55	750~1100	450~750	12
60	750~1150	450~750	12
65	750~1150	450~750	10
70	750~1150	450~750	10

12.3.6　优质碳素结构钢冷轧钢板和钢带的力学性能

优质碳素结构钢冷轧钢板和钢带的力学性能见表12-47。

表12-47　优质碳素结构钢冷轧钢板和钢带的力学性能（GB/T 13237—2013）

牌　号	抗拉强度 $R_m^{①②}$/MPa	以下公称厚度（mm）的断后伸长率 $A_{80mm}^{③}$（$L_0=80mm, b=20mm$）（%）≥					
		≤0.6	>0.6~1.0	>1.0~1.5	>1.5~2.0	>2.0~2.5	>2.5
08Al	275~410	21	24	26	27	28	30
08	275~410	21	24	26	27	28	30
10	295~430	21	24	26	27	28	30
15	335~470	19	21	23	24	25	26
20	355~500	18	20	22	23	24	25
25	375~490	18	20	21	22	23	24
30	390~510	16	18	19	21	21	22
35	410~530	15	16	18	19	19	20
40	430~550	14	15	17	18	18	19
45	450~570	—	14	15	16	16	17

（续）

牌　号	抗拉强度 R_m [①②] /MPa	以下公称厚度（mm）的断后伸长率 A_{80mm} [③] （$L_0=80mm, b=20mm$）（%）≥					
		≤0.6	>0.6~1.0	>1.0~1.5	>1.5~2.0	>2.0~2.5	>2.5
50	470~500	—	—	13	14	14	15
55	490~610	—	—	11	12	12	13
60	510~630	—	—	10	10	10	11
65	530~650	—	—	8	8	8	9
70	550~670	—	—	6	6	6	7

① 拉伸试验取横向试样。

② 在需方同意的情况下，牌号为25、30、35、40、45、50、55、60、65和70的钢板和钢带的抗拉强度上限值允许比规定值提高50MPa。

③ 经供需双方协商，可采用其他标距。

12.3.7　汽车用高强度冷连轧钢板及钢带的力学性能

汽车用高强度冷连轧钢板及钢带（烘烤硬化钢）的力学性能见表12-48，汽车用高强度冷连轧钢板及钢带（双相钢）的力学性能见表12-49，汽车用高强度冷连轧钢板及钢带（高强度无间隙原子钢）的力学性能见表12-50，汽车用高强度冷连轧钢板及钢带（低合金高强度钢）的力学性能见表12-51，汽车用高强度冷连轧钢板及钢带（各向同性钢）的力学性能见表12-52，汽车用高强度冷连轧钢板及钢带（相变诱导塑性钢）的力学性能见表12-53，汽车用高强度冷连轧钢板及钢带（马氏体钢）的力学性能见表12-54。

表 12-48　汽车用高强度冷连轧钢板及钢带（烘烤硬化钢）
的力学性能 （GB/T 20564.1—2017）

牌　号	下屈服强度 R_{eH} [①] /MPa	抗拉强度 R_m /MPa	断后伸长率 A_{80mm} [②] （%）	塑性应变比 r_{90} [③]	应变硬化指数 n_{90} [③]	烘烤硬化值 （BH_2）/MPa
			≥			
CR140BH	140~200	270~340	36	1.8	0.20	30
CR180BH	180~230	290~360	34	1.6	0.17	30
CR220BH	220~270	320~400	32	1.5	0.16	30
CR260BH	260~320	360~440	29	—	—	30
CR300BH	300~360	390~480	26	—	—	30

注：试样为GB/T 228.1中的P6试样（$L_0=80mm$，$b_0=20mm$），试样方向为横向。

① 当屈服现象不明显时，可采用规定塑性延伸强度 $R_{p0.2}$ 代替。

② 厚度不大于0.7mm时，断后伸长率最小值可以降低2%（绝对值）。

③ 厚度不小于1.6mm且小于2.0mm时，r_{90} 值允许降低0.2；厚度不小于2.0mm时，r_{90} 值和 n_{90} 值不做要求。

表 12-49　汽车用高强度冷连轧钢板及钢带（双相钢）的力学性能 （GB/T 20564.2—2017）

牌　号	下屈服强度 R_{eL} [①] /MPa	抗拉强度 R_m/MPa	断后伸长率 A_{80mm} [②]（%）	应变硬化指数 n
			≥	
CR260/450DP	260~340	450	27	0.16
CR290/490DP	290~390	490	24	0.15
CR340/590DP	340~440	590	21	0.14
CR420/780DP	420~550	780	15	—
CR500/780DP	500~650	780	10	—

（续）

牌号	下屈服强度 R_{eL} [1]/MPa	抗拉强度 R_m/MPa	断后伸长率 A_{80mm} [2](%)	应变硬化指数 n
			≥	
CR550/980DP	550~760	980	10	—
CR700/980DP	700~950	980	8	—
CR820/1180DP	820~1150	1180	5	—

注：试样为 GB/T 228.1 中的 P6 试样（$L_0 = 80mm$，$b_0 = 20mm$），试样方向为纵向。
[1] 当屈服现象不明显时，可采用规定塑性延伸强度 $R_{p0.2}$ 代替。
[2] 厚度不大于 0.7mm 时，断后伸长率最小值可以降低 2%（绝对值）。

表 12-50 汽车用高强度冷连轧钢板及钢带（高强度无间隙原子钢）
的力学性能（GB/T 20564.3—2017）

牌 号	下屈服强度 R_{eL} [1]/MPa	抗拉强度 R_m/MPa	断后伸长率 A_{80mm} [2](%)	塑性应变比 r_{90} [3]	应变硬化指数 n_{90} [3]
			≥		
CR180IF	180~240	340	34	1.7	0.19
CR220IF	220~280	360	32	1.5	0.17
CR260IF	260~320	380	28	—	—

注：试样为 GB/T 228.1—2010 中的 P6 试样（$L_0 = 80mm$，$b_0 = 20mm$），试样方向为横向。
[1] 当屈服现象不明显时，可采用规定塑性延伸强度 $R_{p0.2}$ 代替。
[2] 厚度不大于 0.7mm 时，断后伸长率最小值可以降低 2%（绝对值）。
[3] 厚度不小于 1.6mm 且小于 2.0mm 时，r_{90} 值允许降低 0.2；厚度不小于 2.0mm 时，r_{90} 值和 n_{90} 值不做要求。

表 12-51 汽车用高强度冷连轧钢板及钢带（低合金高强度钢）
的力学性能（GB/T 20564.4—2010）

牌 号	规定塑性延伸强度 $R_{p0.2}$ [1][2]/MPa	抗拉强度 R_m/MPa	断后伸长率 A_{80mm} [2][3](%)
			≥
CR260LA	260~330	350~430	26
CR300LA	300~380	380~480	23
CR340LA	340~420	410~510	21
CR380LA	380~480	440~560	19
CR420LA	420~520	470~590	17

[1] 屈服明显时采用 R_{eL}。
[2] 试样为 GB/T 228.1 中的 P6 试样，试样方向为横向。
[3] 当产品公称厚度大于 0.50mm，但小于等于 0.70mm 时，断后伸长率允许下降 2%；当产品公称厚度不大于 0.50mm 时，断后伸长率允许下降 4%。

表 12-52 汽车用高强度冷连轧钢板及钢带（各向同性钢）
的力学性能（GB/T 20564.5—2010）

牌号	规定塑性延伸强度 $R_{p0.2}$ [1]/MPa	抗拉强度 R_m/MPa	断后伸长率 A_{80mm} [2][3](%)	塑性应变比 r_{90} [4]	应变硬化指数 n_{90} [4]
			≥	≤	≥
CR220IS	220~270	300~420	34	1.4	0.18
CR260IS	260~310	320~440	32	1.4	0.17
CR300IS	300~350	340~460	30	1.4	0.16

[1] 屈服明显时采用 R_{eL}。
[2] 试样为 GB/T 228.1 中的 P6 试样，试样方向为横向。
[3] 当产品公称厚度大于 0.50mm，但小于等于 0.70mm 时，断后伸长率允许下降 2%；当产品公称厚度不大于 0.50mm 时，断后伸长率允许下降 4%。
[4] 规定值只适用于 ≥0.5mm 的产品。

表 12-53 汽车用高强度冷连轧钢板及钢带（相变诱导塑性钢）
的力学性能（GB/T 20564.6—2010）

牌号	规定塑性延伸强度 $R_{p0.2}$[①]/MPa	抗拉强度 R_m/MPa	断后伸长率 A_{80mm}[②③](%)	应变硬化指数 n_{90}
			$\geqslant$	
CR380/590TR	380~480	590	26	0.20
CR400/690TR	400~520	690	24	0.19
CR420/780TR	420~580	780	20	0.15
CR450/980TR	450~700	980	14	0.14

① 明显屈服时采用 R_{eL}。
② 试样为 GB/T 228.1 中的 P6 试样，试样方向为横向。
③ 当产品公称厚度大于 0.50mm，但小于等于 0.70mm 时，断后伸长率允许下降 2%；当产品公称厚度不大于 0.50mm 时，断后伸长率允许下降 4%。

表 12-54 汽车用高强度冷连轧钢板及钢带（马氏体钢）的力学性能（GB/T 20564.7—2010）

牌号	规定塑性延伸强度 $R_{p0.2}$[①]/MPa	抗拉强度 R_m/MPa	断后伸长率 A_{80mm}[②](%)
			$\geqslant$
CR500/780MS	500~700	780	3
CR700/900MS	700~1000	900	2
CR700/980MS	700~960	980	2
CR860/1100MS	860~1100	1100	2
CR950/1180MS	950~1200	1180	2
CR1030/1300MS	1030~1300	1300	2
CR1150/1400MS	1150~1400	1400	2
CR1200/1500MS	1200~1500	1500	2

① 屈服明显时采用 R_{eL}。
② 试样为 GB/T 228.1 中的 P6 试样，试样方向为横向。

12.3.8 汽车用低碳加磷高强度冷轧钢板及钢带的力学性能

汽车用低碳加磷高强度冷轧钢板及钢带的力学性能见表 12-55。

表 12-55 汽车用低碳加磷高强度冷轧钢板及钢带的力学性能（YB/T 166—2012）

牌号	下屈服强度 R_{eL}[①]/MPa	抗拉强度 R_m/MPa	断后伸长率 A_{80mm}[②](%)	塑性应变比 r_{90}[③]	应变硬化指数 n_{90}
			$\geqslant$		
CR180P	180~230	280~360	34	1.6	0.12
CR220P	220~270	320~400	32	1.3	0.16
CR260P	260~320	360~440	29	—	—
CR300P	300~360	400~480	26	—	—

① 当无明显屈服点时，R_{eL} 采用 $P_{p0.2}$ 值。
② 当产品厚度小于 0.7mm 时，最小断后伸长率（A_{80mm}）值允许降低 2%。
③ 当产品厚度大于 2.0mm 时，r_{90} 值允许降低 0.2。

12.3.9 全工艺冷轧电工钢晶粒无取向钢带（片）的力学性能

全工艺冷轧电工钢晶粒无取向钢带（片）的力学性能见表 12-56。

表 12-56 全工艺冷轧电工钢晶粒无取向钢带（片）的
力学性能的力学性能（GB/T 2521.1—2016）

牌号	抗拉强度 R_m/MPa	断后伸长率 A_{50mm}（%）
	≥	
35W210	450	10
35W230	450	10
35W250	440	10
35W270	430	11
35W300	420	11
35W360	400	14
35W440	380	16
50W230	450	10
50W250	450	10
50W270	450	10
50W290	440	10
50W310	430	11
50W350	420	11
50W400	400	14
50W470	380	16
50W600	340	21
50W800	300	22
50W1000	290	22
65W310	400	12
65W350	380	14
65W470	360	16
65W530	360	16
65W600	340	22
65W800	300	22

12.3.10 精密焊接钢管用冷连轧钢带的力学性能

精密焊接钢管用冷连轧钢带的力学性能见表 12-57。

表 12-57 精密焊接钢管用冷连轧钢带的力学性能（GB/T 31943—2015）

牌 号	下屈服强度 R_{eL}[1]/MPa	抗拉强度 R_m/MPa ≥	断后伸长率 A_{50mm}[2]（%） ≥
HG1	130~230	270	38
HG2	160~260	270	34

[1] 当屈服现象不明显时采用 $R_{p0.2}$
[2] 试样为 GB/T 228.1 中的 P14 试样，试样方向为纵向。

12.3.11 热连轧低碳钢板及钢带的力学性能

热连轧低碳钢板及钢带的力学性能见表 12-58。

表 12-58 热连轧低碳钢板及钢带的力学性能（GB/T 25053—2010）

牌号	抗拉强度 R_m/MPa	断后伸长率 A_{50mm}（%）						180°弯曲性能 D—弯曲压头直径 a—试样厚度	
		厚度/mm						厚度/mm	
		1.2~<1.6	1.6~<2.0	2.0~<2.5	2.5~<3.2	3.2~<4.0	≥4.0	<3.2	≥3.2
HR1	270~440	≥27	≥29	≥29	≥29	≥31	≥31	$D=0$	$D=a$
HR2	270~420	≥30	≥32	≥33	≥35	≥37	≥39	—	—
HR3	270~400	≥31	≥33	≥35	≥37	≥39	≥41	—	—

（续）

牌号	抗拉强度 R_m/MPa	断后伸长率 A_{50mm}(%)						180°弯曲性能 D—弯曲压头直径 a—试样厚度	
		厚度/mm						厚度/mm	
		1.2~<1.6	1.6~<2.0	2.0~<2.5	2.5~<3.2	3.2~<4.0	≥4.0	<3.2	≥3.2
HR4	270~380	≥37	≥38	≥39	≥39	≥40	≥42	—	—

注：1. 拉伸、弯曲试验取纵向试验。
　　2. 供方如能保证，可不进行弯曲试验。

12.3.12　优质碳素结构钢热轧钢带的力学性能

优质碳素结构钢热轧钢带的力学性能见表 12-59。

表 12-59　优质碳素结构钢热轧钢带的力学性能（GB/T 8749—2008）

牌　号	抗拉强度 R_m/MPa	断后伸长率 A(%)
	≥	
08Al	290	35
08	325	33
10	335	32
15	370	30
20	410	25
25	450	24
30	490	22
35	530	20
40	570	19
45	600	17

12.3.13　优质碳素结构钢热轧厚钢板和钢带的力学性能

优质碳素结构钢热轧厚钢板和钢带的力学性能见表 12-60。

表 12-60　优质碳素结构钢热轧厚钢板和钢带的力学性能（GB/T 711—2017）

牌号	抗拉强度 R_m/MPa	断后伸长率 A(%)	牌号	抗拉强度 R_m/MPa	断后伸长率 A(%)
	≥			≥	
08	325	33	65[1]	695	10
08Al	325	33	70[1]	715	9
10	335	32	20Mn	450	24
15	370	30	25Mn	490	22
20	410	28	30Mn	540	20
25	450	24	35Mn	560	18
30	490	22	40Mn	590	17
35	530	20	45Mn	620	15
40	570	19	50Mn	650	13
45	600	17	55Mn	675	12
50	625	16	60Mn[1]	695	11
55[1]	645	13	65Mn[1]	735	9
60[1]	675	12	70Mn[1]	785	8

[1] 经供需双方协议，单张轧制钢板也可以热轧状态交货，以热处理样坯测定力学性能。

12.3.14　碳素结构钢和低合金结构钢热轧钢带的力学性能

碳素结构钢和低合金结构钢热轧钢带的力学性能见表 12-61。

表 12-61　碳素结构钢和低合金结构钢热轧钢带的力学性能（GB/T 3524—2015）

牌　　号	下屈服强度 R_{eL}/MPa ≥	抗拉强度 R_m/MPa	断后伸长率 A(%)　≥	180°弯曲性能 D—弯曲压头直径 a—试样厚度
Q195	195①	315~430	33	$D=0$
Q215	215	335~450	31	$D=0.5a$
Q235	235	375~500	26	$D=1.0a$
Q275	275	415~540	22	$D=1.5a$
Q345	345	470~630	21	$D=2a$
Q390	390	490~650	20	$D=2a$
Q420	420	520~680	19	$D=2a$
Q460	460	550~720	17	$D=2a$

① 牌号 Q195 的下屈服强度仅供参考，不作为交货条件。

12.3.15　合金结构钢热轧厚钢板的力学性能

合金结构钢热轧厚钢板的力学性能见表 12-62 和表 12-63。

表 12-62　合金结构钢热轧厚钢板的力学性能（Ⅰ）（GB/T 11251—2009）

牌号	抗拉强度 R_m/MPa	断后伸长率 A(%) ≥	硬度　HBW ≤
45Mn2	600~850	13	—
27SiMn	550~800	18	—
40B	500~700	20	—
45B	550~750	18	—
50B	550~750	16	—
15Cr	400~600	21	—
20Cr	400~650	20	—
30Cr	500~700	19	—
35Cr	550~750	18	—
40Cr	550~800	16	—
20CrMnSiA	450~700	21	—
25CrMnSiA	500~700	20	229
30CrMnSiA	550~750	19	229
35CrMnSiA	600~800	16	—

表 12-63　合金结构钢热轧厚钢板的力学性能（Ⅱ）（GB/T 11251—2009）

牌号	试样热处理				抗拉强度 R_m/MPa	断后伸长率 A(%)	冲击吸收能量 KU_2/J
	淬火		回火				
	温度/℃	冷却介质	温度/℃	冷却介质	≥		
25CrMnSiA	850~890	油	450~550	水、油	980	10	39
30CrMnSiA	860~900	油	470~570	油	1080	10	39

12.3.16　合金结构钢薄钢板的力学性能

合金结构钢薄钢板的力学性能见表 12-64。

表 12-64　合金结构钢薄钢板的力学性能（YB/T 5132—2007）

牌　号	抗拉强度 R_m/MPa	断后伸长率 $A_{11.3}$[1]（%）　≥
12Mn2A	390~570	22
16Mn2A	490~635	18
45Mn2A	590~835	12
35B	490~635	19
40B	510~655	18
45B	540~685	16
50B,50BA	540~715	14
15Cr,15CrA	390~590	19
20Cr	390~590	18
30Cr	490~685	17
35Cr	540~735	16
38CrA	540~735	16
40Cr	540~785	14
20CrMnSiA	440~685	18
25CrMnSiA	490~685	18
30CrMnSi,30CrMnSiA	490~735	16
35CrMnSiA	590~785	14

[1] 厚度不大于 0.9mm 的钢板，伸长率仅供参考。

12.3.17　汽车大梁用热轧钢板和钢带的力学性能

汽车大梁用热轧钢板和钢带的力学性能见表 12-65。

表 12-65　汽车大梁用热轧钢板和钢带的力学性能（GB/T 3273—2015）

牌号	拉伸性能		厚度<3.0mm	厚度≥3.0mm	厚度≤12.0mm	厚度>12.0mm
	下屈服强度[1] R_{eL}/MPa	抗拉强度 R_m/MPa	断后伸长率(%)≥ A_{80mm}	A	180°弯曲性能[2] D—弯曲压头直径 a—试样厚度	
370L	245	370~480	23	28	$D=0.5a$	$D=a$
420L	305	420~540	21	26	$D=0.5a$	$D=a$
440L	330	440~570	21	26	$D=0.5a$	$D=a$
510L	355	510~650	20	24	$D=a$	$D=2a$
550L	400	550~700	19	23	$D=a$	$D=2a$
600L	500	600~760	15	18	$D=1.5a$	$D=2a$
650L	550	650~820	13	16	$D=1.5a$	$D=2a$
700L	600	700~880	12	14	$D=2a$	$D=2.5a$
750L	650	750~950	11	13	$D=2a$	$D=2.5a$
800L	700	800~1000	10	12	$D=2a$	$D=2.5a$

注：拉伸试验和弯曲试验采用横向试样。
[1] 当屈服现象不明显时，可采用 $R_{p0.2}$ 代替 R_{eL}。700L、750L、800L 3 个牌号，当厚度大于 8.0mm 时，规定的最小下屈服强度允许下降 20MPa。
[2] 弯曲试样宽度 $b≥35mm$，仲裁试验时试样宽度为 35mm。

12.3.18　汽车车轮用热轧钢板和钢带的力学性能

汽车车轮用热轧钢板和钢带的力学性能见表 12-66。

表 12-66 汽车车轮用热轧钢板和钢带的力学性能（YB/T 4151—2015）

牌　号	拉 伸 性 能				180°弯曲性能[②] D—弯曲压头直径 a—试样厚度
	下屈服强度[①] R_{eL}/MPa ≥	抗拉强度 R_m/MPa	断后伸长率（%）		
			厚度<3mm	厚度≥3mm	
			A_{80mm} ≥	A ≥	
330CL	225	330~430	27	33	$D=0.5a$
380CL	235	380~480	23	28	$D=1a$
440CL	295	440~550	21	26	$D=1a$
490CL	325	490~600	20	24	$D=2a$
540CL	355	540~660	18	22	$D=2a$
590CL	420	590~710	17	20	$D=2a$
650CL	500	650~770	15	18	$D=2a$

注：拉伸试验和弯曲试验采用横向试样。

① 当屈服现象不明显时，可采用 $R_{p0.2}$ 代替 R_{eL}。

② 弯曲试样宽度 $b=35mm$。

12.3.19 汽车用高强度热连轧钢板及钢带的力学性能

汽车用高强度热连轧钢板及钢带（冷成形用高屈服强度钢）的力学性能见表 12-67，汽车用高强度热连轧钢板及钢带（高扩孔钢）的力学性能见表 12-68，汽车用高强度热连轧钢板及钢带（双相钢）的力学性能见表 12-69，汽车用高强度冷连轧钢板及钢带（相变诱导塑性钢）的力学性能见表 12-70，汽车用高强度热连轧钢板及钢带（马氏体钢）的力学性能见表 12-71，汽车用高强度热连轧钢板及钢带（复相钢）的力学性能见表 12-72，汽车用高强度热连轧钢板及钢带（液压成形用钢）的力学性能见表 12-73。

表 12-67 汽车用高强度热连轧钢板及钢带（冷成形用高屈服强度钢）
的力学性能（GB/T 20887.1—2017）

牌号	拉伸性能[①]				弯曲性能[④] D—弯曲压头直径 a—试样厚度
	上屈服强度 R_{eH}[②]/MPa ≥	抗拉强度 R_m/MPa	断后伸长率（%）　≥		
			A_{80mm}[③]	A	
			板厚/mm		
			<3.0	≥3.0	
HR315F	315	390~510	20	26	180°, $D=0a$
HR355F	355	430~550	19	25	180°, $D=0.5a$
HR380F	380	450~590	18	23	180°, $D=0.5a$
HR420F	420	480~620	16	21	180°, $D=0.5a$
HR460F	460	520~670	14	19	180°, $D=1.0a$
HR500F	500	550~700	12	16	180°, $D=1.0a$
HR550F	550	600~760	12	16	180°, $D=1.5a$
HR600F	600	650~820	11	15	180°, $D=1.5a$
HR650F[⑤]	650	700~880	10	14	180°, $D=2.0a$
HR700F[⑤]	700	750~950	10	13	180°, $D=2.0a$
HR900F	900	930~1200	8	9	90°, $D=8a$
HR960F	960	980~1250	7	8	90°, $D=9a$

① 拉伸试验试样方向为纵向。

② 当屈服现象不明显时，可采用规定塑性延伸强度 $R_{p0.2}$ 代替。

③ 试样为 GB/T 228.1 中的 P6 试样（ $L_0=80mm$, $b_0=20mm$ ）。

④ 弯曲试验适用于横向试样，弯曲试样宽度 $b≥35mm$ ，仲裁试验时试样宽度为 35mm。

⑤ 厚度大于 8.0mm 的钢板及钢带，其屈服强度下限允许降低 20MPa。

表 12-68　汽车用高强度热连轧钢板及钢带（高扩孔钢）的力学性能（GB/T 20887.2—2010）

牌号	下屈服强度[①] R_{eL}/MPa	抗拉强度 R_m/MPa ≥	断后伸长率 A_{80mm}(%) ≥	扩孔率(%) ≥
HR300/450HE	300~400	450	24	80
HR440/580HE	440~620	580	14	75
HR600/780HE	600~800	780	12	55

注：拉伸试验试样方向为纵向。

① 无明显屈服时采用 $R_{p0.2}$。经供需双方协商同意，对屈服强度下限值可不做要求。

表 12-69　汽车用高强度热连轧钢板及钢带（双相钢）的力学性能（GB/T 20887.3—2010）

牌号	下屈服强度[①] R_{eL}/MPa	抗拉强度 R_m/MPa ≥	断后伸长率 A_{80mm}(%) ≥	应变硬化指数 n ≥
HR330/580DP	330~470	580	19	0.14
HR450/780DP	450~610	780	14	0.11

注：拉伸试验试样方向为纵向（n 值的试样方向问题，或改为试样方向为纵向）。

① 无明显屈服时采用 $R_{p0.2}$。

表 12-70　汽车用高强度冷连轧钢板及钢带（相变诱导塑性钢）的力学性能（GB/T 20887.4—2010）

牌号	下屈服强度[①] R_{eL}/MPa ≥	抗拉强度 R_m/MPa ≥	断后伸长率 A_{80mm}(%) ≥	应变硬化指数 n(10%~20%) ≥
HR400/590TR	400	590	24	0.19
HR450/780TR	450	780	20	0.15

注：拉伸试验试样为纵向试样。

① 无明显屈服时采用 $R_{p0.2}$。

表 12-71　汽车用高强度热连轧钢板及钢带（马氏体钢）的力学性能（GB/T 20887.5—2010）

牌号	下屈服强度[①] R_{eL}/MPa	抗拉强度 R_m/MPa ≥	断后伸长率 A_{80mm}(%) ≥	180°弯曲性能 D—弯曲压头直径 a—试样厚度
HR900/1200MS	900~1150	1200	5	$D = 8a$
HT1050/1400MS	1050~1250	1400	4	$D = 8a$

注：拉伸试验试样方向为纵向。弯曲试验规定值适用于横向试样。

① 无明显屈服时采用 $R_{p0.2}$。经供需双方协商同意，对屈服强度下限值可不做要求。

表 12-72　汽车用高强度热连轧钢板及钢带（复相钢）的力学性能（GB/T 20887.6—2017）

牌号	下屈服强度 R_{eL}[①] /MPa	抗拉强度 R_m/MPa ≥	断后伸长率 A_{80mm}(%) ≥ 板厚/mm	
			<3.0[②]	≥3.0[③]
HR660/760CP	660~820	760	9	10
HR720/950CP	720~920	950	8	9

① 当屈服现象不明显时，可采用规定塑性延伸强度 $R_{p0.2}$ 代替。

② 试样为 GB/T 228.1 中的 P6 试样（$L_0 = 80mm$，$b_0 = 20mm$），试样方向为纵向。

③ 试样为 GB/T 228.1 中的 P13 试样（$L_0 = 80mm$，$b_0 = 20mm$），试样方向为纵向。

表 12-73　汽车用高强度热连轧钢板及钢带（液压成形用钢）的力学性能（GB/T 20887.7—2017）

牌号	下屈服强度 R_{eL}[①] /MPa	抗拉强度 R_m[②] /MPa	断后伸长率 A_{50mm}(%) （$L_0 = 50mm, b_0 = 25mm$） ≥	应变硬化指数 n
HR270HF	170~260	270~370	40	0.18
HR370HF	225~305	370~470	38	0.16
HR400HF	250~330	400~500	34	0.15
HR440HF	285~385	440~540	32	0.14

注：拉伸试验试样方向为纵向。

① 当屈服现象不明显时，可采用规定塑性延伸强度 $R_{p0.2}$ 代替。

② 抗拉强度上限值仅适用于厚度 2.0~2.5mm。

12.3.20　自行车用热轧碳素钢和低合金钢宽钢带及钢板的力学性能

自行车用热轧碳素钢和低合金钢宽钢带及钢板的力学性能及工艺性能见表12-74。

表12-74　自行车用热轧碳素钢和低合金钢宽钢带及钢板的力学性能及工艺性能（YB/T 5066—2015）

牌号	上屈服强度 R_{eH}/MPa　≥	抗拉强度 R_m/MPa	断后伸长率 A(%)　≥	180°弯曲性能 $b = 2a$
ZQ195	195	—	33	$D = 0.5a$
ZQ215	215	—	31	$D = 1.0a$
ZQ235	235	—	26	$D = 1.5a$
Z06Al	—	≥275	33	$D = 0a$
Z09Al	—	≥295	32	$D = 0a$
Z09Mn	—	≥31	32	$D = 0.5a$
Z13Mn	255	≥420	28	$D = 1.0a$
Z17Mn	275	≥440	26	$D = 1.5a$
Z21Mn		540~635	20	—

注：a 表示试样厚度，b 表示试样宽度，D 表示弯曲压头直径。

12.3.21　石油天然气输送管用宽厚钢板的力学性能

石油天然气输送管用宽厚钢板的力学性能见表12-75。

表12-75　石油天然气输送管用宽厚钢板的力学性能（GB/T 21237—2007）

牌号	规定总延伸强度 $R_{t0.5}$[1] /MPa	抗拉强度 R_m/MPa	屈强比 ≤	断后伸长率(%) ≥		冲击吸收能量 KV(−20℃, 横向)/J ≥	180°弯曲性能 D—弯曲压头直径 a—试样厚度	落锤撕裂试验 (DWTT, −10℃, 横向)
				A	A_{50mm}			
L245	245~445	415~755	0.90	23		80	$D = 2a$	—
L290	290~495	415~755	0.90	22		80	$D = 2a$	—
L320	320~525	435~755	0.90	21		90	$D = 2a$	—
L360	360~530	460~755	0.90	21		90	$D = 2a$	—
L390	390~545	490~755	0.92	19	③	120	$D = 2a$	—
L415	415~565	520~755	0.92	19		120	$D = 2a$	—
L450	450~600	535~755	0.92	18		120	$D = 2a$	两个试样平均值 ≥85%,单个试样值 ≥70%
L485	485~620	570~755	0.92	18		150	$D = 2a$	
L555	555~690	625~825	0.93	18		150	$D = 2a$	
L690[2]	690~840	760~990	0.95	17		150	$D = 2a$	

注：1. 需方在按钢管标准来选用表中的牌号时，应充分考虑制管过程中包辛格效应对屈服强度和屈服比的影响，以保证钢管成品性能符合相应标准的要求。在考虑包辛格效应时，规定的屈服强度数值和屈服比可做相应调整。

2. 在供需双方未规定拉伸试样标距时，试样类型由生产厂在表中选择。当发生争议时，以标距固定为50mm、宽度为38mm的板状拉伸试样进行仲裁。

3. 钢板厚度>25mm时，DWTT试验结果由供需双方协商。

① 若屈服现象明显，$R_{t0.5}$ 可以用 R_{eL} 代替。

② 屈服强度可取 $R_{p0.2}$。

③ $A_{50mm} = 1956 \times S_0^{0.2}/R_m^{0.9}$，式中，$S_0$ 为拉伸试样原始横截面积（mm^2），R_m 为规定的最小抗拉强度（MPa）。

12.3.22　石油天然气输送管用热轧宽钢带的力学性能

石油天然气输送管用热轧宽钢带的力学性能见表12-76和表12-77。

表 12-76　PLS1 钢带的力学性能（GB/T 14164—2013）

牌号	规定总延伸强度 $R_{t0.5}$/MPa ≥	抗拉强度 R_m/MPa ≥	断后伸长率[①]（%）≥		180°弯曲性能 D—弯曲压头直径 a—试样厚度
			A	A_{50mm}	
L175/A25	175	310	27		
L175P/A25P	175	310	27		
L210/A	210	335	25		
L245/B	245	415	21		
L290/X42	290	415	21		
L320/X46	320	435	20	[②]	$D=2a$
L360/X52	360	460	19		
L390/X56	390	490	18		
L415/X60	415	520	17		
L450/X65	450	535	17		
L485/X70	485	570	16		

注：1. 需方在选用表中牌号时，由供需双方协商确定合适的拉伸性能范围，以保证钢管成品拉伸性能符合相应标准要求。

　　2. 表中所列拉伸试样由需方确定试样方向，并应在合同中注明。一般情况下拉伸试样方向为对应钢管横向。

① 在供需双方未规定采用何种标距时，按照定标距检验。当发生争议时，以标距为50mm、宽度为38mm 的试样进行仲裁。

② $A_{50mm}=1940×S_0^{0.2}/R_m^{0.9}$。式中，$S_0$ 为拉伸试样原始横截面积（mm^2）；R_m 为规定的最小抗拉强度（MPa）。

表 12-77　PLS2 钢带的力学性能（GB/T 14164—2013）

牌号	规定总延伸强度[①] $R_{t0.5}$/MPa	抗拉强度 R_m/MPa	屈强比 ≤	断后伸长率[②]（%）≥		180°弯曲性能（横向）D—弯曲压头直径 a—试样厚度
				A	A_{50mm}	
L245R/BR、L245N/BN、L245M/BM	245~450	415~760		21		$D=2a$
L290R/X42R、L290N/X42N、L290M/X42M	290~495	415~760	0.91	21		$D=2a$
L320N/X46N、L320M/X46M	320~525	435~760		20		$D=2a$
L360N/X52N、L360M/X52M	360~530	460~760		19		$D=2a$
L390N/X56N、L390M/X56M	390~545	490~760		18		$D=2a$
L415N/X60N、L415M/X60M	415~565	520~760		17	[④]	$D=2a$
L450M/X65M	450~600	535~760	0.93	17		$D=2a$
L485M/X70M	485~635	570~760		16		$D=2a$
L555M/X80M	555~705	625~825		15		$D=2a$
L625M/X90M	625~775	695~915	0.95[③]			
L690M/X100M	690~840	760~990	0.97[③]	协商		协商
L830M/X120M	830~1050	915~1145	0.99[③]			

注：1. 表中所列拉伸性能，由需方确定试样方向，并应在合同中注明。一般情况下试样方向为对应钢管横向。

　　2. 需方在选用表中牌号时，由供需双方协商确定合适的拉伸性能范围和屈强比要求，以保证钢管成品拉伸性能符合相应标准要求。

① 对于 L625/X90 及以上级别钢带和钢板，$R_{p0.2}$ 适用。

② 在供需双方未规定采用何种标距时，生产方按照定标距检验。以标距为50mm、宽度为38mm 的试样仲裁。

③ 经需方要求，供需双方可协商规定钢带的屈强比。

④ $A_{50mm}=1940×S_0^{0.2}/R_m^{0.9}$。式中，$S_0$ 为拉伸试样原始横截面积（mm^2）；R_m 为规定的最小抗拉强度（MPa）。

12.3.23　连续热镀铝硅合金钢板和钢带的力学性能

连续热镀铝硅合金钢板和钢带的力学性能见表12-78。

12.3.24　连续热镀铝锌合金镀层钢板及钢带的力学性能

连续热镀铝锌合金镀层钢板及钢带的力学性能见表12-79 和表12-80。

表 12-78 连续热镀铝硅合金钢板和钢带的力学性能 （YB/T 167—2000）

基体金属品级		抗拉强度 R_m /MPa	断后伸长率 A_{50mm}（%） $L_0 = 50mm$
代 号	名 称		
01	普通级	—	—
02	冲压级	≤430	≥30
03	深冲级	≤410	≥34
04	超深冲级	≤410	≥40

表 12-79 第一类连续热镀铝锌合金镀层钢板及钢带的力学性能 （GB/T 14978—2008）

牌 号	屈服强度 R_{eL} 或 $R_{p0.2}^{①}$/MPa ≤	抗拉强度 R_m/MPa ≤	断后伸长率 $A_{80mm}^{②}$（%） ≥
DX51D+AZ	—	500	22
DX52D+AZ③	300	420	26
DX53D+AZ	260	380	30
DX54D+AZ	220	350	36

注：拉伸试样为 GB/T 228.1 中的 P6 试样，试样方向为横向。
① 当屈服现象不明显时采用 $R_{p0.2}$，否则采用 R_{eL}。
② 当产品公称厚度大于 0.5mm，但小于等于 0.7mm 时，断后伸长率允许下降 2%；当产品公称厚度不大于 0.5mm 时，断后伸长率允许下降 4%。
③ 屈服强度值仅适用于光整的 FB 级表面的钢板及钢带。

表 12-80 第二类连续热镀铝锌合金镀层钢板及钢带的力学性能 （GB/T 14978—2008）

牌 号	屈服强度 R_{eH} 或 $R_{p0.2}^{①}$/MPa ≥	抗拉强度 R_m/MPa ≥	断后伸长率 $A_{80mm}^{②}$（%）
S250GD+AZ	250	330	19
S280GD+AZ	280	360	18
S300GD+AZ	300	380	17
S320GD+AZ	320	390	17
S350GD+AZ	350	420	16
S550GD+AZ	550	560	—

注：拉伸试样为 GB/T 228.1 中的 P6 试样，试样方向为纵向。
① 当屈服现象不明显时采用 $R_{p0.2}$，否则采用 R_{eH}。
② 当产品公称厚度大于 0.5mm，但小于等于 0.7mm 时，断后伸长率允许下降 2%；当产品公称厚度不大于 0.5mm 时，断后伸长率允许下降 4%。

12.3.25 连续热镀锌钢板及钢带的力学性能

连续热镀锌钢板及钢带的力学性能见表 12-81～表 12-88。

表 12-81 第一类连续热镀锌钢板及钢带的力学性能 （GB/T 2518—2008）

牌 号	下屈服强度 $R_{eL}^{①}$/MPa	抗拉强度 R_m/MPa	断后伸长率 $A_{80mm}^{②}$（%） ≥	塑性应变比 r_{90} ≥	应变硬化指数 n_{90} ≥
DX51D+Z,DX51D+ZF	—	270～500	22	—	—
DX52D+Z,DX52D+ZF③	140～300	270～420	26	—	—
DX53D+Z,DX53D+ZF	140～260	270～380	30	—	—
DX54D+Z	120～220	260～350	36	1.6	0.18
DX54D+ZF			34	1.4	0.18
DX56D+Z	120～180	260～350	39	1.9④	0.21
DX56D+ZF			37	1.7④⑤	0.20⑤

（续）

牌　　号	下屈服强度 R_{eL}[1]/MPa	抗拉强度 R_m/MPa	断后伸长率 A_{80mm}[2](%) ≥	塑性应变比 r_{90} ≥	应变硬化指数 n_{90} ≥
DX57D+Z	120~170	260~350	41	2.1[4]	0.22
DX57D+ZF			39	1.9[4][5]	0.21[5]

注：拉伸试样为 GB/T 228.1 中的 P6 试样，试样方向为横向。

[1] 无明显屈服时采用 $R_{p0.2}$。

[2] 当产品公称厚度大于 0.5mm，但不大于 0.7mm 时，断后伸长率允许下降 2%；当产品公称厚度不大于 0.5mm 时，断后伸长率允许下降 4%。

[3] 屈服强度值仅适用于光整的 FB、FC 级表面的钢板和钢带。

[4] 当产品公称厚度大于 1.5mm 时，r_{90}允许下降 0.2。

[5] 当产品公称厚度大于 0.7mm 时，r_{90}允许下降 0.2，n_{90}允许下降 0.01。

表 12-82　第二类连续热镀锌钢板及钢带的力学性能（GB/T 2518—2008）

牌　　号	下屈服强度 R_{eL}[1]/MPa ≥	抗拉强度[2] R_m/MPa ≥	断后伸长率[3] A_{80mm}(%) ≥
S220GD+Z，S220GD+ZF	220	300	20
S250GD+Z，S250GD+ZF	250	330	19
S280GD+Z，S280GD+ZF	280	360	18
S320GD+Z，S320GD+ZF	320	390	17
S350GD+Z，S350GD+ZF	350	420	16
S550GD+Z，S550GD+ZF	550	560	—

注：拉伸试样为 GB/T 228.1 中的 P6 试样，试样方向为横向。

[1] 无明显屈服时采用 $R_{p0.2}$。

[2] 除 S550GD+Z 和 S550GD+ZF 外，其他牌号的抗拉强度可要求 140MPa 的范围值。

[3] 当产品公称厚度大于 0.5mm，但不大于 0.7mm 时，断后伸长率允许下降 2%；当产品公称厚度不大于 0.5mm 时，断后伸长率允许下降 4%。

表 12-83　第三类连续热镀锌钢板及钢带的力学性能（GB/T 2518—2008）

牌　　号	下屈服强度 R_{eL}[1]/MPa	抗拉强度 R_m/MPa	断后伸长率 A_{80mm}[2](%) ≥	塑性应变比 r_{90}[3] ≥	应变硬化指数 n_{90} ≥
HX180YD+Z	180~240	340~400	34	1.7	0.18
HX180YD+ZF			32	1.5	0.18
HX220YD+Z	220~280	340~410	32	1.5	0.17
HX220YD+ZF			30	1.3	0.17
HX260YD+Z	260~320	380~440	30	1.4	0.16
HX260YD+ZF			28	1.2	0.16

注：拉伸试样为 GB/T 228.1 中的 P6 试样，试样方向为横向。

[1] 无明显屈服时采用 $R_{p0.2}$。

[2] 当产品公称厚度大于 0.5mm，但不大于 0.7mm 时，断后伸长率允许下降 2%；当产品公称厚度不大于 0.5mm 时，断后伸长率允许下降 4%。

[3] 当产品公称厚度大于 1.5mm 时，r_{90}允许下降 0.2。

表 12-84　第四类连续热镀锌钢板及钢带的力学性能（GB/T 2518—2008）

牌　　号	下屈服强度 R_{eL}[1]/MPa	抗拉强度 R_m/MPa	断后伸长率 A_{80mm}[2](%) ≥	塑性应变比 r_{90}[3] ≥	应变硬化指数 n_{90} ≥	烘烤硬化值 BH_2/MPa ≥
HX180BD+Z	180~240	300~360	34	1.5	0.16	30
HX180BD+ZF			32	1.3	0.16	30
HX220BD+Z	220~280	340~400	32	1.2	0.15	30
HX220BD+ZF			30	1.0	0.15	30

（续）

牌 号	下屈服强度 R_{eL}[1]/MPa	抗拉强度 R_m/MPa	断后伸长率 A_{80mm}[2](%) ≥	塑性应变比 r_{90}[3] ≥	应变硬化指数 n_{90} ≥	烘烤硬化值 BH_2/MPa ≥
HX260BD+Z	260~320	360~440	28			30
HX260BD+ZF			26			30
HX300BD+Z	300~360	400~480	26			30
HX300BD+ZF			24			30

注：拉伸试样为 GB/T 228.1 中的 P6 试样，试样方向为横向。

① 无明显屈服时采用 $R_{p0.2}$。

② 当产品公称厚度大于 0.5mm，但不大于 0.7mm 时，断后伸长率允许下降 2%；当产品公称厚度不大于 0.5mm 时，断后伸长率允许下降 4%。

③ 当产品公称厚度大于 1.5mm 时，r_{90} 允许下降 0.2。

表 12-85　第五类连续热镀锌钢板及钢带的力学性能（GB/T 2518—2008）

牌 号	下屈服强度 R_{eL}[1]/MPa	抗拉强度 R_m/MPa	断后伸长率 A_{80mm}[2](%) ≥
HX260LAD+Z	260~330	350~430	26
HX260LAD+ZF			24
HX300LAD+Z	300~380	380~480	23
HX300LAD+ZF			21
HX340LAD+Z	340~420	410~510	21
HX340LAD+ZF			19
HX380LAD+Z	380~480	440~560	19
HX380LAD+ZF			17
HX420LAD+Z	420~520	470~590	17
HX420LAD+ZF			15

注：拉伸试样为 GB/T 228.1 中的 P6 试样，试样方向为横向。

① 无明显屈服时采用 $R_{p0.2}$。

② 当产品公称厚度大于 0.5mm，但不大于 0.7mm 时，断后伸长率允许下降 2%；当产品公称厚度不大于 0.5mm 时，断后伸长率允许下降 4%。

表 12-86　第六类连续热镀锌钢板及钢带的力学性能（GB/T 2518—2008）

牌 号	下屈服强度 R_{eL}[1]/MPa	抗拉强度 R_m/MPa ≥	断后伸长率 A_{80mm}[2](%) ≥	应变硬化指数 n_0 ≥	烘烤硬化值 BH_2/MPa ≥
HC260/450DPD+Z	260~340	450	27	0.16	30
HC260/450DPD+ZF			25		30
HC300/500DPD+Z	300~380	500	23	0.15	30
HC300/500DPD+ZF			21		30
HC340/600DPD+Z	340~420	600	20	0.14	30
HC340/600DPD+ZF			18		30
HC450/780DPD+Z	450~560	780	14		30
HC450/780DPD+ZF			12		30
HC600/980DPD+Z	600~750	980	10		30
HC600/980DPD+ZF			8		30

注：拉伸试样为 GB/T 228.1 中的 P6 试样，试样方向为横向。

① 无明显屈服时采用 $R_{p0.2}$。

② 当产品公称厚度大于 0.5mm，但不大于 0.7mm 时，断后伸长率允许下降 2%；当产品公称厚度不大于 0.5mm 时，断后伸长率允许下降 4%。

表 12-87　第七类连续热镀锌钢板及钢带的力学性能（GB/T 2518—2008）

牌　号	下屈服强度 R_{eL}[1]/MPa	抗拉强度 R_m/MPa ≥	断后伸长率 A_{80mm}[2](%) ≥	应变硬化指数 n_0 ≥	烘烤硬化值 BH_2/MPa ≥
HC430/690TRD+Z	430~550	690	23	0.18	40
HC430/690TRD+ZF			21		40
HC470/780TRD+Z	470~600	780	21	0.16	40
HC470/780TRD+ZF			18		40

注：拉伸试样为 GB/T 228.1 中的 P6 试样，试样方向为横向。

① 无明显屈服时采用 $R_{p0.2}$。

② 当产品公称厚度大于 0.5mm，但不大于 0.7mm 时，断后伸长率允许下降 2%；当产品公称厚度不大于 0.5mm 时，断后伸长率允许下降 4%。

表 12-88　第八类连续热镀锌钢板及钢带的力学性能（GB/T 2518—2008）

牌　号	下屈服强度 R_{eL}[1]/MPa	抗拉强度 R_m/MPa ≥	断后伸长率 A_{80mm}[2](%) ≥	烘烤硬化值 BH_2/MPa ≥
HC350/500CPD+Z	350~500	600	16	30
HC350/500CPD+ZF			14	
HC500/780CPD+Z	500~700	780	10	30
HC500/780CPD+ZF			8	
HC700/980CPD+Z	700~900	980	7	30
HC700/980CPD+ZF			5	

注：拉伸试样为 GB/T 228.1 中的 P6 试样，试样方向为横向。

① 无明显屈服时采用 $R_{p0.2}$。

② 当产品公称厚度大于 0.5mm，但不大于 0.7mm 时，断后伸长率允许下降 2%；当产品公称厚度不大于 0.5mm 时，断后伸长率允许下降 4%。

12.3.26　高强度结构用调质钢板的力学性能

高强度结构用调质钢板的力学性能见表 12-89。

表 12-89　高强度结构用调质钢板的力学性能（GB/T 16270—2009）

牌号	上屈服强度[1] R_{eH}/MPa ≥ 厚度/mm ≤50	>50~100	>100~150	抗拉强度 R_m/MPa 厚度/mm ≤50	>50~100	>100~150	断后伸长率 A(%) ≥	冲击吸收能量 KV_2(纵向)/J 试验温度/℃ 0	-20	-40	-60
Q460C Q460D Q460E Q460F	460	440	400	550~720	500~670		17	47	47	34	34
Q500C Q500D Q500E Q500F	500	480	440	590~770	540~720		17	47	47	34	34
Q550C Q550D Q550E Q550F	550	530	490	640~820	590~770		16	47	47	34	34
Q620C Q620D Q620E Q620F	620	580	560	700~890	650~830		15	47	47	34	34
Q690C Q690D Q690E Q690F	690	650	630	770~940	760~930	710~900	14	47	47	34	34

（续）

牌号	上屈服强度[①] R_{eH}/MPa ≥			抗拉强度 R_m/MPa			断后伸长率 $A(\%)$ ≥	冲击吸收能量 KV_2（纵向）/J			
	厚度/mm			厚度/mm				试验温度/℃			
	≤50	>50~100	>100~150	≤50	>50~100	>100~150		0	−20	−40	−60
Q800C Q800D Q800E Q800F	800	740	—	840~ 1000	800~1000	—	13	34	34	27	27
Q890C Q890D Q890E Q890F	890	830	—	940~ 1100	880~1100	—	11	34	34	27	27
Q960C Q960D Q960E Q960F	960	—	—	980~ 1150	—	—	10	34	34	27	27

注：拉伸试验适用于横向试样，冲击试验适用于纵向试样。

① 当屈服现象不明显时，采用 $R_{p0.2}$。

12.3.27 超高强度结构用热处理钢板的力学性能

超高强度结构用热处理钢板的力学性能见表 12-90。

表 12-90 超高强度结构用热处理钢板的力学性能（GB/T 28909—2012）

牌号	规定塑性延伸强度 $R_{p0.2}/$ MPa ≥	抗拉强度 $R_m/$ MPa		断后伸长率 A （%） ≥	冲击性能	
		≤30mm	>30~50mm		温度/℃	冲击吸收能量 KV_2/J ≥
Q1030D Q1030E	1030	1150~1500	1050~1400	10	−20 −40	27
Q1100D Q1100E	1100	1200~1550		9	−20 −40	27
Q1200D Q1200E	1200	1250~1600		9	−20 −40	27
Q1300D Q1300E	1300	1350~1700		8	−20 −40	27

注：拉伸试验取横向试样，冲击试验取纵向试样。

12.3.28 低焊接裂纹敏感性高强度钢板的力学性能

低焊接裂纹敏感性高强度钢板的力学性能见表 12-91。

表 12-91 低焊接裂纹敏感性高强度钢板的力学性能（YB/T 4137—2013）

牌号	质量 等级	拉伸性能（横向）			弯曲性能（横向）	冲击性能[②]（纵向）	
		上屈服强度 R_{eH}[①] /MPa≥		抗拉强度 R_m /MPa	弯曲180° D—弯曲压头直径 a—试样厚度	温度 /℃	冲击吸收能量 KV_2/J ≥
		厚度/mm					
		≤50	>50~100				
Q460CF	C	460	440	550~710	17	$D=3a$	0	60
	D						−20	
	E						−40	

（续）

牌号	质量等级	上屈服强度 R_{eH}[①] /MPa≥ 厚度/mm ≤50	>50~100	抗拉强度 R_m /MPa	断后伸长率 $A(\%)$ ≥	弯曲180° D—弯曲压头直径 a—试样厚度	温度/℃	冲击吸收能量 KV_2/J ≥
Q500CF	C						0	
	D	500	480	610~770	17	$D=3a$	−20	60
	E						−40	
Q550CF	C						0	
	D	550	530	670~830	16	$D=3a$	−20	60
	E						−40	
Q620CF	C						0	
	D	620	600	710~880	15	$D=3a$	−20	60
	E						−40	
Q690CF	C						0	
	D	690	670	770~940	14	$D=3a$	−20	60
	E						−40	
Q800CF	C						0	
	D	800	协议	880~1050	12	$D=3a$	−20	60
	E						−40	

① 屈服现象不明显时，用非比例延伸强度 $R_{P0.2}$ 来代替 R_{eH}。
② 经供需双方协商并在合同中注明，冲击试验试样方向可为横向以代替纵向。

12.3.29 建筑结构用钢板的力学性能

建筑结构用钢板的力学性能见表 12-92 和表 12-93，对厚度不小于 15mm 的钢板要求厚度方向性能时，其厚度方向性能级别的断面收缩率应符合表 12-94 的规定。

表 12-92 建筑结构用钢板的力学性能（Ⅰ）（GB/T 19879—2005）

牌号	质量等级	下屈服强度 R_{eL}/MPa 6~16	>16~50	>50~100	>100~150	>150~200	抗拉强度 R_m/MPa ≤100	>100~150	>150~200	屈强比 R_{eL}/R_m 6~150	>150~200	断后伸长率 $A(\%)$ ≥	温度/℃	冲击吸收能量 KV_2/J ≥	180°弯曲性能 D—弯曲压头直径 a—试样厚度 钢板厚度/mm ≤16	>16
Q235GJ	B												20			
	C	≥235	235~345	225~335	215~325	—	400~510	380~510		≤0.80	—	23	0	47	$D=2a$	$D=3a$
	D												−20			
	E												−40			
Q345GJ	B												20			
	C	≥345	345~455	335~445	325~435	305~415	490~610	470~610	470~610	≤0.80	≤0.80	22	0	47	$D=2a$	$D=3a$
	D												−20			
	E												−40			
Q390GJ	B												20			
	C	≥390	390~510	380~500	370~490	—	510~660	490~640		≤0.83	—	20	0	47	$D=2a$	$D=3a$
	D												−20			
	E												−40			

（续）

牌号	质量等级	拉伸性能										纵向冲击性能		180°弯曲性能 D—弯曲压头直径 a—试样厚度	
		钢板厚度/mm													
		下屈服强度 R_{eL}/MPa					抗拉强度 R_m/MPa			屈强比 R_{eL}/R_m		断后伸长率 $A(\%)$ ≥	温度 /℃	冲击吸收能量 KV_2/J ≥	钢板厚度/mm
		6~16	>16~50	>50~100	>100~150	>150~200	≤100	>100~150	>150~200	6~150	>150~200				≤16	>16
Q420GJ	B	≥420	420~550	410~540	400~530	—	530~680	510~660	—	≤0.83	—	20	20	47	$D=2a$	$D=3a$
	C												0			
	D												-20			
	E												-40			
Q460GJ	B	≥460	460~600	450~590	440~580	—	570~720	550~720	—	≤0.83	—	18	20	47	$D=2a$	$D=3a$
	C												0			
	D												-20			
	E												-40			

表 12-93 建筑结构用钢板的力学性能和工艺性能 （Ⅱ）（GB/T 19879—2015）

牌号	质量等级	拉伸性能					纵向冲击性能		180°弯曲性能 D—弯曲压头直径 a—试样厚度
		下屈服强度 R_{eL}[1]/MPa		抗拉强度 R_m/MPa	断后伸长率 $A(\%)$ ≥	屈强比 R_{eL}/R_m ≤	温度 /℃	冲击吸收能量 KV_2/J ≥	
		厚度/mm							
		12~20	>20~40						
Q500GJ	C	≥500	500~640	610~770	17	0.85	0	55	$D=3a$
	D						-20	47	
	E						-40	31	
Q550GJ	C	≥550	550~690	670~830	17	0.85	0	55	$D=3a$
	D						-20	47	
	E						-40	31	
Q620GJ	C	≥620	620~770	730~900	17	0.85	0	55	$D=3a$
	D						-20	47	
	E						-40	31	
Q690GJ	C	≥690	690~860	770~940	14	0.85	0	55	$D=3a$
	D						-20	47	
	E						-40	31	

① 如屈服现象不明显，屈服强度取 $R_{p0.2}$。

表 12-94 厚度不小于 15mm 的钢板厚度方向性能级别的断面收缩率 （GB/T 19879—2015）

厚度方向性能级别	断面收缩率 $Z(\%)$ ≥	
	三个试样平均值	单个试样值
Z15	15	10
Z25	25	15
Z35	35	25

12.3.30 建筑用压型钢板的力学性能

建筑用压型钢板的力学性能见表 12-95。

表 12-95 建筑用压型钢板的力学性能 （GB/T 12755—2008）

结构钢强度级别	上屈服强度 R_{eH}[1]/MPa ≥	抗拉强度 R_m/MPa ≥	断后伸长率 $A_{80mm}(\%)$	
			公称厚度/mm	
			≤0.70	>0.70
250	250	330	17	19
280	280	360	16	18

（续）

结构钢强度级别	上屈服强度 R_{eH}[①]/MPa $\geqslant$	抗拉强度 R_m/MPa $\geqslant$	断后伸长率 A_{80mm}（%） 公称厚度/mm	
			≤0.70	>0.70
320	320	390	15	17
350	350	420	14	16
550	550	560	—	—

注：拉伸试样的方向为纵向（延轧制方向）。

① 屈服现象不明显时采用 $R_{p0.2}$。

12.3.31 高层建筑结构用钢板的力学性能

高层建筑结构用钢板的力学性能见表12-96。

表 12-96　高层建筑结构用钢板的力学性能（YB 4104—2000）

牌号	质量等级	下屈服强度 R_{eL}/MPa				抗拉强度 R_m/MPa	断后伸长率 A（%）$\geqslant$	冲击吸收能量（纵向）		180°弯曲性能 D—弯曲压头直径 a—试样厚度	
		6~16 mm	>16~35mm	>35~50mm	>50~100mm			温度/℃	KV/J $\geqslant$	≤16 mm	>16~100mm
Q235GJ	C	≥235	235~345	225~335	215~325	400~510	23	0	34	$D=2a$	$D=3a$
	D							-20			
	E							-40			
Q345GJ	C	≥345	345~455	335~445	325~435	490~610	22	0	34	$D=2a$	$D=3a$
	D							-20			
	E							-40			
Q235GJZ	C	—	235~345	225~335	215~325	400~510	23	0	34	$D=2a$	$D=3a$
	D							-20			
	E							-40			
Q345GJZ	C	—	345~455	335~445	325~435	490~610	22	0	34	$D=2a$	$D=3a$
	D							-20			
	E							-40			

注：Z 为厚度方向性能级别 Z15、Z25、Z35 的缩写，具体在牌号中注明。

12.3.32 建筑用低屈服强度钢板的力学性能

建筑用低屈服强度钢板的力学性能见表12-97。

表 12-97　建筑用低屈服强度钢板的力学性能（GB/T 28905—2012）

牌号	拉伸性能[①②]				冲击性能[④]	
	下屈服强度[③] R_{eL}/MPa	抗拉强度 R_m/MPa	断后伸长率 A_{50mm}（%）$\geqslant$	屈强比 ≤	试验温度/℃	冲击吸收能量 KV_2/J $\geqslant$
LY100	80~120	200~300	50	0.60	0	27
LY160	140~180	220~320	45	0.80	0	27
LY225	205~245	300~400	40	0.80	0	27

① 拉伸试验规定值适用于横向试样。

② 拉伸试样尺寸：厚度≤50mm，采用 $L_o=50mm$，$b=25mm$；厚度>50mm，采用 $L_o=50mm$，$d=14mm$。对于厚度>25~50mm，也可采用 $L_o=50mm$，$d=14mm$，但伸裁时为 $L_o=50mm$，$b=25mm$。

③ 屈服现象不明显时，屈服强度采用 $R_{p0.2}$。

④ 冲击试验规定值适用于纵向试样。

12.3.33 压力容器用调质高强度钢板的力学性能

压力容器用调质高强度钢板的力学性能见表12-98。

表 12-98 压力容器用调质高强度钢板的力学性能 （GB 19189—2011）

牌号	钢板厚度/mm	拉伸性能			冲击性能		180°弯曲性能 D—弯曲压头直径 b—试样宽度 a—试样厚度 b=2a
		屈服强度 R_{eL}[①]/MPa ≥	抗拉强度 R_m/MPa	断后伸长率 A(%) ≥	温度/℃	冲击功吸收能量 KV_2/J ≥	
07MnMoVR	10~60	490	610~730	17	-20	80	D=3a
07MnNiVDR	10~60	490	610~730	17	-40	80	D=3a
07MnNiMoDR	10~50	490	610~730	17	-50	80	D=3a
12MnNiVR	10~60	490	610~730	17	-20	80	D=3a

① 当屈服现象不明显时，采用 $R_{p0.2}$。

12.3.34 锅炉和压力容器用钢板的力学性能

锅炉和压力容器用钢板交货状态的力学性能见表 12-99，锅炉和压力容器用钢板的高温力学性能见表 12-100。

表 12-99 锅炉和压力容器用钢板交货状态的力学性能 （GB 713—2014）

牌号	交货状态	钢板厚度/mm	拉伸性能			冲击性能		180°弯曲性能 D—弯曲压头直径 b—试样宽度 a—试样厚度 b=2a
			抗拉强度 R_m/MPa	下屈服强度 R_{eL}[①]/MPa ≥	断后伸长率 A (%) ≥	温度/℃	冲击功吸收能量 KV_2/J ≥	
Q245R	热轧、控轧或正火	3~16	400~520	245	25	0	34	D=1.5a
		>16~36	400~520	235	25			
		>36~60	400~520	225	25			
		>60~100	390~510	205				D=2a
		>100~150	380~500	185	24			
		>150~250	370~490	175	24			
Q345R		3~16	510~640	345	21	0	41	D=2a
		>16~36	500~630	325	21			
		>36~60	490~620	315	21			D=3a
		>60~100	490~620	305				
		>100~150	480~610	285	20			
		>150~250	470~600	265	20			
Q370R	正火	10~16	530~630	370	20	-20	47	D=2a
		>16~36	530~630	360				
		>36~60	520~620	340				D=3a
		>60~100	510~610	330				
Q420R		10~20	590~720	420	18	-20	60	D=3a
		>20~30	570~700	400				
18MnMoNbR		30~60	570~720	400	18	0	47	D=3a
		>60~100	570~720	390				
13MnNiMoR		30~100	570~720	390	18	0	47	D=3a
		>100~150	570~720	380				
15CrMoR	正火+回火	6~60	450~590	295	19	20	47	D=3a
		>60~100	450~590	275				
		>100~200	440~580	255				
14Cr1MoR		6~100	520~680	310	19	20	47	D=3a
		>100~200	510~670	300				
12Cr2Mo1R		6~200	520~680	310	19	20	47	D=3a

（续）

牌　号	交货状态	钢板厚度/ mm	拉伸性能			冲击性能		180°弯曲性能 D—弯曲压头直径 b—试样宽度 a—试样厚度 b = 2a
			抗拉强度 R_m/MPa	下屈服 强度 R_{eL}[①] /MPa	断后伸 长率 A （%）	温度 /℃	冲击吸 收能量 KV_2/J ≥	
				≥				
12Cr1MoVR	正火+回火	6~60	440~590	245	19	20	47	D = 3a
		>60~100	430~580	235				
12Cr2Mo1VR		6~200	590~760	415	17	-20	60	D = 3a
07Cr2AlMoR		6~36	420~580	260	21	20	47	D = 3a
		>36~60	410~570	250				

① 如屈服现象不明显，可测量 $R_{p0.2}$ 代替 R_{eL}。

表 12-100　锅炉和压力容器用钢板的高温力学性能 （GB 713—2014）

牌　号	厚度/mm	试验温度/℃						
		200	250	300	350	400	450	500
		下屈服强度 R_{eL}[①]/MPa　≥						
Q245R	>20~36	186	167	153	139	129	121	—
	>36~60	178	161	147	133	123	116	—
	>60~100	164	147	135	123	113	106	—
	>100~150	150	135	120	110	105	95	—
	>150~250	145	130	115	105	100	90	—
Q345R	>20~36	255	235	215	200	190	180	—
	>36~60	240	220	200	185	175	165	—
	>60~100	225	205	185	175	165	155	—
	>100~150	220	200	180	170	160	150	—
	>150~250	215	195	175	165	155	145	—
Q370R	>20~36	290	275	260	245	230	—	—
	>36~60	275	260	250	235	220	—	—
	>60~100	265	250	245	230	215	—	—
18MnMoNbR	30~60	360	355	350	340	310	275	—
	>60~100	355	350	345	335	305	270	—
13MnNiMoR	30~100	355	350	345	335	305	—	—
	>100~150	345	340	335	325	300	—	—
15CrMoR	>20~60	240	225	210	200	189	179	174
	>60~100	220	210	196	186	176	167	162
	>100~200	210	199	185	175	165	156	150
14Cr1MoR	>20~200	255	245	230	220	210	195	176
12Cr2Mo1R	>20~200	260	255	250	245	240	230	215
12Cr1MoVR	>20~100	200	190	176	167	157	150	142
12Cr2Mo1VR	>20~200	370	365	360	355	350	340	325
07Cr2AlMoR	>20~60	195	185	175	—	—	—	—

① 如屈服现象不明显，屈服强度取 $R_{p0.2}$。

12.3.35　低温压力容器用钢板的力学性能

低温压力容器用钢板的力学性能见表 12-101。

表 12-101　低温压力容器用钢板的力学性能（GB 3531—2014）

牌　号	交货状态	钢板公称厚度 /mm	拉伸性能			冲击性能		180°弯曲性能 D—弯曲压头直径 b—试样宽度 a—试样厚度 b=2a
			抗拉强度 R_m/MPa	下屈服强度 R_{eL}[①]/MPa	断后伸长度率 A(%)	温度 /℃	冲击吸收能量 KV_2 /J	
					≥		≥	
16MnDR	正火或正火+回火	6~16	490~620	315	21	-40	47	D=2a
		>16~36	470~600	295				D=3a
		>36~60	460~590	285				
		>60~100	450~580	275		-30	47	
		>100~120	440~570	265				
15MnNiDR		6~16	490~620	325	20	-45	60	D=3a
		>16~36	480~610	315				
		>36~60	470~600	305				
15MnNiNbDR		10~16	530~630	370	20	-50	60	D=3a
		>16~36	530~630	360				
		>36~60	520~620	350				
09MnNiDR		6~16	440~570	300	23	-70	60	D=2a
		>16~36	430~560	280				
		>36~60	430~560	270				
		>60~120	420~550	260				
08Ni3DR	正火或正火+回火或淬火+回火	6~60	490~620	320	21	-100	60	D=3a
		>60~100	480~610	300				
06Ni9DR	淬火+回火[②]	5~30	680~820	560	18	-196	100	D=3a
		>30~50			550				

① 当屈服现象不明显时，可测量 $R_{p0.2}$ 代替 R_{eL}。

② 对于厚度不大于 12mm 的钢板可两次正火+回火状态交货。

12.3.36　风力发电塔用结构钢板的力学性能

风力发电塔用结构钢板的力学性能见表 12-102。

表 12-102　风力发电塔用结构钢板的力学性能（GB/T 28410—2012）

牌号	质量 等级	下屈服强度 R_{eL}[①]/MPa≥			抗拉强度 R_m/MPa	断后伸长率 A(%) ≥	冲击吸收能量 KV_2[②]/J ≥	180°弯曲性能 D—弯曲压头直径 a—试样厚度	
		钢板厚度/mm						钢板厚度/mm	
		≤16	>16~40	>40~100				≤16	>16~100
Q235FT	B、C、D	235	225	215	360~510	24[③]	47	D=2a	D=3a
	E						34		
Q275FT	C、D	275	265	255	410~560	21[③]	47		
	E、F						34		
Q345FT	C、D	345	335	325	470~630	21[③]	47		
	E、F						34		
Q420FT	C、D	420	400	390	520~680	19[③]	47		
	E、F						34		
Q460FT	C、D	460	440	420	550~720	17	47		
	E、F						34		

（续）

牌号	质量等级	下屈服强度 R_{eL}[①]/MPa≥			抗拉强度 R_m/MPa	断后伸长率 $A(\%)$ ≥	冲击吸收能量 KV_2[②]/J ≥	180°弯曲性能 D—弯曲压头直径 a—试样厚度	
		钢板厚度/mm						钢板厚度/mm	
		≤16	>16~40	>40~100				≤16	>16~100
Q550FT	D	550	530		670~830	16	47	$D=2a$	$D=3a$
	E						34		
Q620FT	D	620	600		710~880	15	47		
	E						34		
Q690FT	D	690	670		770~940	14	47		
	E						34		

① 当屈服不明显时，可采用 $R_{p0.2}$ 代替 R_{eL}。

② 冲击试验采用纵向试样。不同质量等级对应的冲击试验温度：B—20℃，C—0℃，D—20℃，E——40℃，F——50℃。

③ 当钢板厚度>60mm时，断后伸长率可降低1%。

12.3.37　水电站压力钢管用钢板的力学性能

水电站压力钢管用钢板的力学性能见表12-103。

表 12-103　水电站压力钢管用钢板的力学性能（GB/T 31946—2015）

牌号	质量等级	钢板厚度/mm	拉伸性能			180°弯曲性能 D—弯曲压头直径 b—试样宽度 a—试样厚度 $b=2a$
			下屈服强度[①] R_{eL}/MPa ≥	抗拉强度 R_m/MPa	断后伸长率 $A(\%)$ ≥	
Q345S	C	12~50	345	490~630	20	$D=3a$
	D	>50~100	305			
	E	>100~150	285	480~620		
Q490S	D	12~50	490	610~750	17	$D=3a$
	E	>50~100	470	590~730		
		>100~150	450	570~710		
Q560S	D	12~50	560	690~850	16	$D=3a$
	E	>50~100	540	670~830		
Q690S	D	12~50	690	780~950	15	$D=3a$
	E	>50~100	670	760~930		

① 如屈服现象不明显，可采用 $R_{p0.2}$。

12.4　钢管的力学性能

12.4.1　结构用无缝钢管的力学性能

结构用无缝钢管的力学性能见表12-104和表12-105。

表 12-104　非合金钢无缝钢管的力学性能（GB/T 8162—2008）

牌号	质量等级	抗拉强度 R_m/MPa	下屈服强度 R_{eL}[①]/MPa ≥			断后伸长率 $A(\%)$ ≥	冲击性能	
			壁厚/mm				温度/℃	冲击吸收能量 KV_2/J ≥
			≤16	>16~30	>30			
10	—	≥335	205	195	185	24	—	—
15	—	≥375	225	215	205	22	—	—

（续）

牌号	质量等级	抗拉强度 R_m/MPa	下屈服强度 R_{eL}[①]/MPa ≥			断后伸长率 A(%) ≥	冲击性能	
			壁厚/mm					
			≤16	>16~30	>30		温度/℃	冲击吸收能量 KV_2/J ≥
20	—	≥410	245	235	225	20	—	—
25	—	≥450	275	265	255	18	—	—
35	—	≥510	305	295	285	17	—	—
45	—	≥590	335	325	315	14	—	—
20Mn	—	≥450	275	265	255	20	—	—
25Mn	—	≥490	295	285	275	18	—	—
Q235	A	375~500	235	225	215	25	—	
	B						+20	27
	C						0	
	D						−20	
Q275	A	415~540	275	265	255	22	—	
	B						+20	27
	C						0	
	D						−20	
Q295	A	390~570	295	275	255	22	—	—
	B						+20	34
Q345	A	470~630	345	325	295	20	—	—
	B						+20	
	C						0	34
	D					21	−20	
	E						−40	27
Q390	A	490~650	390	370	350	18	—	—
	B						+20	
	C						0	34
	D					19	−20	
	E						−40	27
Q420	A	520~680	420	400	380	18	—	—
	B						+20	
	C						0	34
	D					19	−20	
	E						−40	27
Q460	C	550~720	460	440	420	17	0	34
	D						−20	
	E						−40	27

① 拉伸试验时，如不能测定屈服强度，可测定规定塑性延伸强度 $R_{p0.2}$ 代替 R_{eL}。

表 12-105　合金钢无缝钢管的力学性能（GB/T 8162—2008）

牌　号	热处理[①]					拉伸性能			钢管退火或高温回火交货状态硬度 HBW ≤
	淬火（正火）			回火		抗拉强度 R_m/MPa ≥	下屈服强度 R_{eL}[②]/MPa ≥	断后伸长率 A(%) ≥	
	温度/℃		冷却介质	温度/℃	冷却介质				
	第一次	第二次							
40Mn2	840	—	水、油	540	水、油	885	735	12	217
45Mn2	840	—	水、油	550	水、油	885	735	10	217
27SiMn	920	—	水	450	水、油	980	835	12	217

（续）

牌　号	热处理[1]					拉 伸 性 能			钢管退火或高温回火交货状态硬度 HBW ≤
	淬火（正火）			回火		抗拉强度 R_m/MPa ≥	下屈服强度 R_{eL}[2]/MPa ≥	断后伸长率 A(%) ≥	
	温度/℃		冷却介质	温度/℃	冷却介质				
	第一次	第二次							
40MnB[3]	850	—	油	500	水、油	980	785	10	207
45MnB[3]	840	—	油	500	水、油	1030	835	9	217
20Mn2B[3][4]	880	—	油	200	水、空	980	785	10	187
20Cr[4][5]	880	800	水、油	200	水、空	835	540	10	179
						785	490	10	179
30Cr	860	—	油	500	水、油	885	685	11	187
35Cr	860	—	油	500	水、油	930	735	11	207
40Cr	850	—	油	520	水、油	980	785	9	207
45Cr	840	—	油	520	水、油	1030	835	9	217
50Cr	830	—	油	520	水、油	1080	930	9	229
38CrSi	900	—	油	600	水、油	980	835	12	255
12CrMo	900	—	空	650	空	410	265	24	179
15CrMo	900	—	空	650	空	440	295	22	179
20CrMo[4][5]	880	—	水、油	500	水、油	885	685	11	197
						845	635	12	197
35CrMo	850	—	油	550	水、油	980	835	12	229
42CrMo	850	—	油	560	水、油	1080	930	12	217
12CrMoV	970	—	空	750	空	440	225	22	241
12Cr1MoV	970	—	空	750	空	490	245	22	179
38CrMoAl[5]	940	—	水、油	640	水、油	980	835	12	229
						930	785	14	229
50CrVA	860	—	油	500	水、油	1275	1130	10	255
20CrMn	850	—	油	200	水、空	930	735	10	187
20CrMnSi[4]	880	—	油	480	水、油	785	635	12	207
30CrMnSi[4][5]	880	—	油	520	水、油	1080	885	8	229
						980	835	10	229
35CrMnSiA[3]	880	—	油	230	水、空	1620	—	9	229
20CrMnTi[4][6]	880	870	油	200	水、空	1080	835	10	217
30CrMnTi[4][6]	880	850	油	200	水、空	1470	—	9	229
12CrNi2	860	780	水、油	200	水、空	785	590	12	207
12CrNi3	860	780	油	200	水、空	930	685	11	217
12Cr2Ni4	860	780	油	200	水、空	1080	835	10	269
40CrNiMoA	850	—	油	600	水、油	980	835	12	269
45CrNiMoVA	860	—	油	460	油	1470	1325	7	269

① 表中所列热处理温度允许调整范围：淬火温度±20℃，低温回火温度±30℃，高温回火温度±50℃。
② 拉伸试验时，如不能测定屈服强度，可测定规定非塑性延伸强度 $R_{p0.2}$ 代替 R_{eL}。
③ 含硼钢在淬火前可先正火，正火温度应不高于其淬火温度。
④ 于 280~320℃ 等温淬火。
⑤ 按需方指定的一组数据交货，当需方未指定时，可按其中任一组数据交货。
⑥ 含铬锰钛钢第一次淬火可用正火代替。

12.4.2　冷拔或冷轧精密无缝钢管的力学性能

冷拔或冷轧精密无缝钢管的力学性能见表 12-106。

表 12-106　冷拔或冷轧精密无缝钢管的力学性能（GB/T 3639—2009）

牌号	交货状态												
	+C[①]		+LC[①]		+SR			+A[②]		+N			
	抗拉强度 R_m/MPa	断后伸长率 A（%）	抗拉强度 R_m/MPa	断后伸长率 A（%）	抗拉强度 R_m/MPa	上屈服强度 R_{eH}/MPa	断后伸长率 A（%）	抗拉强度 R_m/MPa	断后伸长率 A（%）	抗拉强度 R_m/MPa	上屈服强度 R_{eH}[③]/MPa	断后伸长率 A（%）	
	≥												
10	430	8	380	10	400	300	16	335	24	320~450	215	27	
20	550	5	520	8	520	375	12	390	21	440~570	255	21	
35	590	5	550	7	—	—		510	17	≥460	280	21	
45	645	4	630	6	—	—		590	14	≥540	340	18	
Q345B	640	4	580	7	580	450	10	450	22	490~630	355	22	

① 受冷加工变形程度的影响，屈服强度非常接近抗拉强度，因此，推荐计算关系式为：+C 状态：$R_{eH} \geq 0.8R_m$；+LC状态：$R_{eH} \geq 0.7R_m$。

② 推荐下列关系式计算：$R_{eH} \geq 0.5R_m$。

12.4.3　输送流体用无缝钢管的力学性能

输送流体用无缝钢管的力学性能见表 12-107。

表 12-107　输送流体用无缝钢管的力学性能（GB/T 8163—2008）

牌号	质量等级	拉伸性能					冲击性能	
		抗拉强度 R_m/MPa	下屈服强度 R_{eL}[①]/MPa　≥			断后伸长率 A（%）	温度 /℃	冲击吸收能量 KV_2/J　≥
			壁厚/mm					
			≤16	>16~30	>30	≥		
10	—	335~475	205	195	185	24	—	—
20	—	410~530	245	235	225	20	—	—
Q295	A	390~570	295	275	255	22	—	
	B						+20	34
Q345	A	470~630	345	325	295	20	—	
	B						+20	34
	C						0	34
	D					21	−20	34
	E						−40	27
Q390	A	490~650	390	370	350	18	—	
	B						+20	34
	C						0	34
	D					19	−20	34
	E						−40	27
Q420	A	520~680	420	400	380	18	—	
	B						+20	34
	C						0	34
	D					19	−20	34
	E						−40	27
Q460	C	550~720	460	440	420	17	0	34
	D						−20	34
	E						−40	27

① 拉伸试验时，如不能测定屈服强度，可测定规定非塑性延伸强度 $R_{p0.2}$ 代替 R_{eL}。

12.4.4 流体输送用大直径合金结构钢无缝钢管的力学性能

流体输送用大直径合金结构钢无缝钢管的力学性能见表 12-108。

表 12-108 流体输送用大直径合金结构钢无缝钢管的力学性能（YB/T 4331—2013）

牌　号	拉伸性能					冲击吸收能量 KV_2/J		硬度 HBW ≤
	抗拉强度 R_m/MPa	下屈服强度或规定塑性延伸强度 R_{eL} 或 $R_{p0.2}$/MPa	断后伸长率 A(%)		冲击吸收能量			
			纵向	横向	纵向	横向		
	≥							
12CrMo	410~560	205	21	19	40	27	156
15CrMo	440~640	295	21	19	40	27	170
12Cr2Mo	450~600	280	22	20	40	27	163
12Cr1MoV	470~640	255	21	19	40	27	179
12Cr5Mo-I	415~590	205	22	20	40	27	163
12Cr5Mo-NT	480~640	280	20	18	40	27	—
12Cr9Mo-I	460~640	210	20	18	40	27	179
12Cr9Mo-NT	590~740	390	18	16	40	27	—
12Cr1Mo	415~560	205	22	20	40	27	163

12.4.5 流体输送用大直径碳素结构钢无缝钢管的力学性能

流体输送用大直径碳素结构钢无缝钢管的力学性能见表 12-109。

表 12-109 流体输送用大直径碳素结构钢无缝钢管的力学性能（YB/T 4332—2013）

牌号	抗拉强度 R_m/MPa	下屈服强度 R_{eL}/MPa			断后伸长率 A(%)		冲击吸收能量 KV_2/J	
		钢管壁厚/mm						
		≤16	>16~30	>30	纵向	横向	纵向	横向
		≥						
10	335~475	205	195	185	26	24	40	27
20	410~530	245	235	225	24	22	40	27
20Mn	415~560	275	265	255	22	20	40	27
25Mn	485~640	295	285	275	20	18	40	27

12.4.6 机械结构用冷拔或冷轧精密焊接钢管的力学性能

机械结构用冷拔或冷轧精密焊接钢管的力学性能见表 12-110。

表 12-110 机械结构用冷拔或冷轧精密焊接钢管的力学性能（GB/T 31315—2014）

牌号	+C		+LC		+SR			+A		+N		
	抗拉强度 R_m/MPa	断后伸长率 A(%)	抗拉强度 R_m/MPa	断后伸长率 A(%)	抗拉强度 R_m/MPa	下屈服强度[1] R_{eL}/MPa	断后伸长率 A(%)	抗拉强度 R_m/MPa	断后伸长率 A(%)	抗拉强度 R_m/MPa	下屈服强度[1] R_{eL}/MPa	断后伸长率 A(%)
	≥										≥	
Q195	420	6	370	10	370	260	18	290	28	300~400	195	28
Q215	450	6	400	10	400	290	16	300	26	315~430	215	26
Q235	490	6	440	10	440	325	14	315	25	340~480	235	25
Q275	560	5	510	8	510	375	12	390	22	410~550	275	22
Q345	640	4	590	6	590	435	10	450	22	490~630	345	22

① 外径不大于 30mm 且壁厚不大于 3mm 的钢管，其最小屈服强度可降低 10MPa。

12.4.7 结构用耐候焊接钢管的力学性能

结构用耐候焊接钢管的力学性能见表12-111。

表12-111 结构用耐候焊接钢管的力学性能（YB/T 4112—2013）

牌号	下屈服强度 R_{eL}/MPa 壁厚/mm			抗拉强度 R_m/MPa ≥	断后伸长率 $A(\%)$ ≥	焊接接头抗拉强度 R_m/MPa ≥	冲击性能		
	≤16	>16~40	>40~60				质量等级	温度[1]/℃	冲击吸收能量 KV_2/J ≥
	≥								
Q265GNH	265	—	—	410~540	21	410	B	20	47
							C	0	34
Q295GNH	295	—	—	430~560	20	430	B	20	47
							C	0	34
Q310GNH	310	—	—	450~590	20	450	B	20	47
							C	0	34
Q355GNH	355	—	—	490~630	18	490	B	20	47
							C	0	34
Q235NH	235	225	215	360~510	21	360	B	20	47
							C	0	34
Q295NH	295	285	275	430~560	20	430	B	20	47
							C	0	34
Q355NH	355	345	335	490~630	18	490	B	20	47
							C	0	34
Q415NH	415	405	395	520~680	18	520	B	20	47
							C	0	34
Q460NH	460	450	440	570~730	16	570	C	0	34
							D	-20	34

① 根据需方要求，经供需双方协商，并在合同中注明，可以采用其他试验温度。

12.4.8 直缝电焊钢管的力学性能

直缝电焊钢管的力学性能见表12-112。

表12-112 直缝电焊钢管的力学性能（GB/T 13793—2016）

牌号	下屈服强度 R_{eL}[1]/MPa	抗拉强度 R_m/MPa	断后伸长率 $A(\%)$	
			$D \leqslant 168.3mm$	$D > 168.3mm$
	≥			
08、10	195	315	22	
15	215	355	20	
20	235	390	19	
Q195[2]	195	315		
Q215A、Q215B	215	335	15	20
Q235A、Q235B、Q235C	235	370		
Q275A、Q275B、Q275C	275	410	13	18
Q345A、Q345B、Q345C	345	470		
Q390A、Q390B、Q390C	390	490	19	
Q420A、Q420B、Q420C	420	520	19	
Q460C、Q460D	460	550	17	

① 当屈服不明显时，可测量 $R_{p0.2}$ 或 $R_{t0.5}$ 代替下屈服强度。

② Q195 的屈服强度值仅作为参考，不作为交货条件。

12.4.9 冷拔精密单层焊接钢管的力学性能

冷拔精密单层焊接钢管的力学性能见表12-113。

表 12-113 冷拔精密单层焊接钢管的力学性能 （GB/T 24187—2009）

类　别	抗拉强度 R_m/MPa ≥	上屈服强度 R_{eL}[①]/MPa	断后伸长率 A[②](%)　≥
普通钢管(MA)	270	≥180	14
软态钢管(MB)	230	150~220	35

① 当屈服现象不明显时采用 $R_{p0.2}$代替。
② 试样类型为 GB/T 228.1 中的试样编号 S7。

12.4.10　钢制对焊管的力学性能

钢制对焊管的力学性能见表 12-114。

表 12-114　钢制对焊管的力学性能 （GB/T 13401—2017）

材料类别	材料等级	抗拉强度 R_m/MPa	下屈服强度 R_{eL}[①]/MPa	断后伸长率 A[②](%) 纵向	横向	冲击性能 试验温度/℃	冲击吸收能量 KV_2/J	硬度 HBW ≤
碳素钢	CF370	370~550	235	26		—	—	160
	CF415	415	240	20	14	—	—	197
	CF415K	415	240	22	14	20	27	197
	CF485	485	275	20	14	—	—	197
	CF485K	485	275	20	14	20	27	197
合金钢	AF11	415	205	20	14	—	—	197
	AF11G	485	275	20	14	—	—	197
	AF12	415	220	20	14	—	—	197
	AF12G	485	275	20	14	—	—	197
	AF14	470	255	20	14	—	—	197
	AF22	450	280	20	14	—	—	197
	AF22G	520	310	20	14	—	—	197
	AF5	415	205	20	14	—	—	217
	AF5G	520	310	20	14	—	—	217
	AF9	460	210	20	14	—	—	217
	AF9G	520	310	20	14	—	—	217
	AF91	585	415	20	14	—	—	250
低温用钢	LF415K1	415~560	240	22		−20	18	197
	LF415K2	415~585	240	22		−46	18	197
	LF485K2	485~670	275	20		−46	18	197
	LF450K3	450~620	240	21		−100	18	197
	LF680K4	680~865	515	18		−196	27	—
奥氏体 不锈钢	SF304	515	205	30		—	—	201
	SF304L	480	170	30		—	—	201
	SF304H	515	205	30		—	—	201
	SF310	515	205	30		—	—	201
	SF316	515	205	30		—	—	201
	SF316L	480	170	30		—	—	201
	SF316H	515	205	30		—	—	201
	SF321	515	205	30		—	—	201
	SF321H	515	205	30		—	—	201
	SF347	515	205	30		—	—	201
	SF347H	515	205	30		—	—	201

（续）

| 材料类别 | 材料等级 | 抗拉强度 R_m/MPa | 下屈服强度 R_{eL}[1]/MPa | 断后伸长率 A[2]（%） | | 冲击性能 | | 硬度 HBW ≤ |
				纵向	横向	试验温度/℃	冲击吸收能量 KV_2/J	
双相不锈钢	SF2225	620	450	20		—	—	290
	SF2205	655	450	20		—	—	290
	SF2507	800	550	15		—	—	310

注：1. 除标明之外，所示值为最小值。

2. 纵向或横向的断后伸长率分别对应于纵向或横向试样，这并非对纵向和横向都有要求。

① 不锈钢类别的管件采用规定塑性延伸强度 $R_{p0.2}$ 表示；其他材料类别的管件当下屈服强度 R_{eL} 不明显时，采用规定塑性延伸强度 $R_{p0.2}$ 表示。

② 除不锈钢类别以外的其他材料类别的管件，当壁厚小于 8.0mm 时每减薄 0.8mm，纵向伸长率可递减 1.5%，横向伸长率可递减 1.0%（修约到整数）。

12.4.11 建筑结构用冷弯矩形钢管的力学性能

建筑结构用冷弯矩形钢管的力学性能见表 12-115。

表 12-115　建筑结构用冷弯矩形钢管的力学性能（JG/T 178—2005）

产品屈服强度等级	壁厚/mm	规定塑性延伸强度 $R_{p0.2}$/MPa ≥	抗拉强度 R_m/MPa ≥	断后伸长率 A（%）≥	冲击吸收能量（常温）/J ≥
235	4~12	235	375	23	—
	>12~22				27
345	4~12	345	470	21	—
	>12~22				27
390	4~12	390	490	19	—
	>12~22				27

12.4.12 冷拔异型钢管的力学性能

冷拔异型钢管的力学性能见表 12-116。

表 12-116　冷拔异型钢管的力学性能（GB/T 3094—2012）

| 牌号 | 质量等级 | 抗拉强度 R_m/MPa ≥ | 下屈服强度 R_{eL}/MPa ≥ | 断后伸长率 A（%）≥ | 冲击性能 | |
					温度/℃	冲击吸收能量 KV_2/J ≥
10	—	335	205	24	—	—
20	—	410	245	20	—	—
35	—	510	305	17	—	—
45	—	590	335	14	—	—
Q195	—	315~430	195	33	—	—
Q215	A	335~450	215	30	—	—
	B				+20	27
Q235	A	370~500	235	25	—	—
	B				+20	27
	C				0	
	D				−20	

（续）

牌号	质量等级	抗拉强度 R_m/MPa	下屈服强度 R_{eL}/MPa	断后伸长率 A(%)	冲击性能	
					温度/℃	冲击吸收能量 KV_2/J
		≥				≥
Q345	A	470~630	345	20	—	—
	B				+20	
	C				0	34
	D			21	−20	
	E				−40	27
Q390	A	490~650	390	18	—	—
	B				+20	
	C				0	34
	D			19	−20	
	E				−40	27

12.5　盘条的力学性能

12.5.1　低碳钢热轧圆盘条的力学性能

低碳钢热轧圆盘条的力学性能见表 12-117。

表 12-117　低碳钢热轧圆盘条的力学性能（GB/T 701—2008）

牌号	抗拉强度 R_m/MPa ≥	断后伸长率 $A_{11.3}$(%) ≥	180°冷弯性能 D—弯曲压头直径 a—试样直径
Q195	410	30	$D = 0$
Q215	435	28	$D = 0$
Q235	500	23	$D = 0.5a$
Q275	540	21	$D = 1.5a$

12.5.2　冷镦钢热轧盘条的力学性能

冷镦钢热轧盘条的力学性能见表 12-118。

表 12-118　冷镦钢热轧盘条的力学性能（GB/T 28906—2012）

牌号	抗拉强度 R_m/MPa ≤	断面收缩率 Z(%) ≥	牌号	抗拉强度 R_m/MPa ≤	断面收缩率 Z(%) ≥
ML04Al	440	60	ML12	510	52
ML06Al	460	60	ML15Al	530	50
ML08Al	470	60	ML15	530	50
ML10Al	490	55	ML20Al	580	45
ML10	490	55	ML20	580	45
ML12Al	510	52			

12.5.3　非调质冷镦钢热轧盘条的力学性能

非调质冷镦钢热轧盘条的力学性能见表 12-119。

表 12-119 非调质冷镦钢热轧盘条的力学性能 （GB/T 29087—2012）

牌　号	抗拉强度 R_m/MPa	断后伸长率 A(%) ≥	断面收缩率 Z(%) ≥
MFT8	630~700	20	52
MFT9	680~750	18	50
MFT10	≥800	16	48

12.5.4 预应力钢丝及钢绞线用热轧盘条的力学性能

预应力钢丝及钢绞线用热轧盘条的力学性能见表 12-120。

表 12-120 预应力钢丝及钢绞线用热轧盘条的力学性能 （YB/T 146—1998）

牌号	抗拉强度 R_m/MPa	断面收缩率 Z(%)	抗拉强度 R_m/MPa	断面收缩率 Z(%)
	直径 8.0~10.0mm		直径 10.5~13.0mm	
72A	960~1080		940~1060	
72MnA	990~1110		970~1090	
75A				
75MnA	1020~1140		1000~1120	
77A		≥25		≥25
77MnA	1040~1160		1020~1140	
80A				
80MnA	1060~1180		1040~1160	
82A				
82MnA	1080~1200		1060~1180	

12.5.5 桥梁缆索钢丝用热轧盘条的力学性能

桥梁缆索钢丝用热轧盘条的力学性能见表 12-121。

表 12-121 桥梁缆索钢丝用热轧盘条的力学性能 （YB/T 4264—2011）

牌号	抗拉强度 R_m/MPa ≥	断面收缩率 Z(%) ≥
QS77Mn	1130	35
QS82Mn	1180	32
QS87Mn	1230	30
QS92Mn	1280	28

12.5.6 冷轧带肋钢筋用热轧盘条的力学性能

冷轧带肋钢筋用热轧盘条的力学性能见表 12-122。

表 12-122 冷轧带肋钢筋用热轧盘条的力学性能 （GB/T 28899—2012）

牌　号	抗拉强度 R_m/MPa ≥	断后伸长率 $A_{11.3}$[1](%) ≥	180°弯曲性能[2] D—弯曲压头直径 a—试样直径
CRW·Q235	440	26	$D = 0.5a$
CRW·20MnSi CRW·24MnTi	510	17	$D = 3a$
CRW·41MnSiV CRW·60 CRW·65	700	13	$D = 4a$

[1] 当盘条直径大于或等于 12mm 时，断后伸长率降低 1%。
[2] 直径大于 12mm 的盘条，弯曲性能指标由供需双方协商确定。

12.5.7 钢帘线用盘条的力学性能

钢帘线用盘条的力学性能见表12-123。

表 12-123 钢帘线用盘条的力学性能 (GB/T 27691—2017)

牌 号	抗拉强度 R_m/MPa	断面收缩率 Z(%)
LX70A、LX70B	970~1120	≥40
LX80A、LX80B[①]	1070~1220	≥38
LX85B	1100~1280	≥36
LX90B	1150~1350	≥30

注：表中抗拉强度和断面收缩率为自然时效15d后数值。

① 经供需双方协商，并在合同中注明，抗拉强度上限可适当提高。

12.6 钢筋的力学性能

12.6.1 冷轧带肋钢筋的力学性能

冷轧带肋钢筋的力学性能见表12-124。

表 12-124 冷轧带肋钢筋的力学性能 (GB 13788—2017)

分类	牌号	规定塑性延伸强度 $R_{p0.2}$/MPa	抗拉强度 R_m/MPa	$R_m/R_{p0.2}$	断后伸长率(%)		最大力总延伸率 A_{gt}(%)	180°弯曲性能[①]	反复弯曲次数	应力松弛初始应力应相当于公称抗拉强度的70%
					A	A_{100mm}				1000h 松弛率(%)
		≥								≤
普通钢筋混凝土用	CRB550	500	550	1.05	11.0	—	2.5	$D=3d$	—	—
	CRB600H	540	600	1.05	14.0	—	5.0	$D=3d$	—	—
	CRB680H[②]	600	680	1.05	14.0	—	5.0	$D=3d$	4	5
预应力混凝土用	CRB650	585	650	1.05	—	4.0	2.5	—	3	8
	CRB800	720	800	1.05	—	4.0	2.5	—	3	8
	CRB800H	720	800	1.05	—	7.0	4.0	—	4	5

① D 为弯曲压头直径，d 为钢筋公称直径。

② 当该牌号钢筋作为普通钢筋混凝土用钢筋使用时，对反复弯曲和应力松弛不做要求；当该牌号钢筋作为预应力混凝土用钢筋使用时应进行反复弯曲试验代替180°弯曲试验，并检测松弛率。

12.6.2 高延性冷轧带肋钢筋的力学性能

高延性冷轧带肋钢筋的力学性能见表12-125。

表 12-125 高延性冷轧带肋钢筋的力学性能 (YB/T 4260—2011)

牌号	公称直径/mm	规定塑性延伸强度 $R_{p0.2}$/MPa	抗拉强度 R_m/MPa	断后伸长率(%)		最大力总延伸率 A_{gt}(%)	180°弯曲性能[②]	反复弯曲次数	应力松弛初始应力相当于公称抗拉强度的70%
				A[①]	A_{100mm}				1000h 松弛率(%)≤
		≥							
CRB600H	5~12	520	600	14	—	5.0	$D=3d$	—	—
CRB650H	5、6	585	650	—	7	4.0	—	4	5
CRB800H	5	720	800	—	7	4.0	—	4	5

注：力学性能为时效后检验结果。

① 经供需双方协商，也可测量 $A_{11.3}$，其数值应不小于10%。

② D 为弯曲压头直径，d 为钢筋公称直径。反复弯曲试验的弯曲半径为15mm。

12.6.3　超高强度热处理锚杆钢筋的力学性能

超高强度热处理锚杆钢筋的力学性能见表 12-126。

表 12-126　超高强度热处理锚杆钢筋的力学性能 （YB/T 4363—2014）

牌　号	下屈服强度 R_{eL}/MPa	抗拉强度 R_m/MPa	断后伸长率 A(%)	最大力总延伸率 A_{gt}(%)	20℃ 冲击吸收能量 KV_2/J
			≥		
CRMG600 CRMG600L	600	750	19	9.0	90
CRMG700 CRMG700L	700	850	17	7.5	80
CRMG785 CRMG785L	785	930	16	5.5	60
CRMG830 CRMG830L	830	1030	15	4.5	50

12.6.4　钢筋混凝土用余热处理钢筋的力学性能

钢筋混凝土用余热处理钢筋的力学性能见表 12-127。

表 12-127　钢筋混凝土用余热处理钢筋的力学性能 （GB 13014—2013）

牌　号	下屈服强度 R_{eL}/MPa	抗拉强度 R_m/MPa	断后伸长率 A(%)	最大力总延伸率 A_{gt}(%)
			≥	
RRB400	400	540	14	5.0
RRB500	500	630	13	5.0
RRB400W	430	570	16	7.5

注：时效后检验结果。

12.6.5　钢筋混凝土用热轧光圆钢筋的力学性能

钢筋混凝土用热轧光圆钢筋的力学性能见表 12-128。

表 12-128　钢筋混凝土用热轧光圆钢筋的力学性能 （GB 1499.1—2017）

牌　号	下屈服强度 R_{eL}/MPa	抗拉强度 R_m/MPa	断后伸长率 A (%)	最大力总延伸率 A_{gt} (%)	180°弯曲性能[①]
			≥		
HPB300	300	420	25	10.0	$D=d$

① D 为弯芯直径，d 为钢筋公称直径。

12.6.6　钢筋混凝土用热轧带肋钢筋的力学性能

钢筋混凝土用热轧带肋钢筋的力学性能见表 12-129。

表 12-129　钢筋混凝土用热轧带肋钢筋的力学性能 （GB 1499.2—2018）

牌　号	下屈服强度 R_{eL}/MPa	抗拉强度 R_m/MPa	断后伸长率 A(%)	最大力总延伸率 A_{gt}(%)	R_m^o/R_{eL}^o	R_{eL}^o/R_{eL}
			≥		≤	
HRB400 HRBF400	400	540	16	7.5	—	—
HRB400E HRBF400E	400	540	—	9.0	1.25	1.30

（续）

牌　号	下屈服强度 R_{eL}/MPa	抗拉强度 R_m/MPa	断后伸长率 A(%)	最大力总延伸率 A_{gt}(%)	$R^{\circ}_m/R^{\circ}_{eL}$	R°_{eL}/R_{eL}
			≥			≤
HRB500 HRBF500	500	630	15	7.5	—	—
HRB500E HRBF500E			—	9.0	1.25	1.30
HRB600	600	730	14	7.5	—	—

注：R°_m 为钢筋实测抗拉强度，R°_{eL} 为钢筋实测下屈服强度。

12.6.7　钢筋混凝土用耐蚀钢筋的力学性能

钢筋混凝土用耐蚀钢筋的力学性能见表 12-130。

表 12-130　钢筋混凝土用耐蚀钢筋的力学性能（YB/T 4361—2014）

牌号	下屈服强度 R_{eL}/MPa	抗拉强度 R_m/MPa	断后伸长率 A(%)	最大力总延伸率 A_{gt}(%)	$R^{\circ}_m/R^{\circ}_{eL}$	R°_{eL}/R_{eL}
			≥			≤
HRB335a HRB335c	335	455	17	7.5	—	—
HRB400a HRB400c	400	540	16	7.5	—	—
HRB400aE HRB400cE			—	9.0	1.25	1.30
HRB500a HRB500c	500	630	15	7.5	—	—
HRB500aE HRB500cE			—	9.0	1.25	1.30

注：R°_m 为钢筋实测抗拉强度；R°_{eL} 为钢筋实测下屈服强度。

12.6.8　预应力混凝土用螺纹钢筋的力学性能

预应力混凝土用螺纹钢筋的力学性能见表 12-131。

表 12-131　预应力混凝土用螺纹钢筋的力学性能（GB/T 20065—2016）

级别	下屈服强度 R_{eL}[①]/MPa	抗拉强度 R_m/MPa	断后伸长率 A(%)	最大力总延伸率 A_{gt}(%)	应力松弛性能 初始应力	应力松弛性能 1000h 应力松弛率 r(%)
			≥			
PSB785	785	980	8			
PSB830	830	1030	7			
PSB930	930	1080	7	3.5	$0.7R_m$	≤4.0
PSB1080	1080	1230	6			
PSB1200	1200	1330	6			

① 无明显屈服时，用规定塑性延伸强度（$R_{p0.2}$）代替。

12.7　钢棒的力学性能

12.7.1　预应力混凝土用钢棒的力学性能

预应力混凝土用钢棒的力学性能见表 12-132，预应力混凝土用钢棒的伸长特性见表 12-133。

表 12-132　预应力混凝土用钢棒的力学性能（GB/T 5223.3—2017）

表面形状类型	公称直径 /mm	抗拉强度 R_m /MPa ≥	规定塑性延伸强度 $R_{p0.2}$/MPa ≥	弯曲性能		应力松弛性能	
				性能要求	弯曲半径 /mm	初始应力为公称抗拉强度的百分数(%)	1000h 应力松弛率 r(%) ≤
光圆	6	1080	930	反复弯曲不小于4次	15	60	1.0
	7	1230	1080		20	70	2.0
	8	1420	1280		20		
	9				25		
	10				25		
	11	1570	1420	弯曲160°~180°后弯曲处无裂纹	弯曲压头直径为钢棒公称直径的10倍	80	4.5
	12						
	13						
	14						
	15						
	16						
螺旋槽	7.1	1080	930	—		60	1.0
	9.0	1230	1080			70	2.0
	10.7	1420	1280				
	12.6	1570	1420				
	14.0						
螺旋肋	6	1080	930	反复弯曲不小于4次/180°	15		
	7	1230	1080		20		
	8	1420	1280		20		
	9				25		
	10				25		
	11	1570	1420	弯曲160°~180°后弯曲处无裂纹	弯曲压头直径为钢棒公称直径的10倍	80	4.5
	12						
	13						
	14						
	16	1080	930				
	18						
	20	1270	1140				
	22						
带肋钢棒	6	1080	930	—			
	8	1230	1080				
	10	1420	1280				
	12						
	14	1570	1420				
	16						

表 12-133　预应力混凝土用钢棒的伸长特性（GB/T 5223.3—2017）

韧性级别	最大力总延伸率 A_{gt}(%) ≥	断后伸长率$(L_0 = 8D_n)A$(%) ≥
延性 35	3.5	7.0
延性 25	2.5	5.0

注：1. 日常检验可用断后伸长率代替，仲裁试验以最大力总延伸率为准。
　　2. 最大力总延伸率标距 $L_0 = 200mm$。

12.7.2　内燃机气阀用钢及合金棒材的力学性能

内燃机气阀用钢及合金棒材的交货状态及硬度见表 12-134，内燃机气阀用钢及合金棒材的热处理、室温力学性能及硬度见表 12-135，内燃机气阀用钢及合金棒材的高温短时抗拉强度见表 12-136，内燃机气阀用钢及合金棒材的高温短时屈服强度见表 12-137。

表 12-134　内燃机气阀用钢及合金棒材的交货状态及硬度 （GB/T 12773—2008）

类别	牌　号	交货状态	硬度 HBW
马氏体型	40Cr10Si2Mo	退火	≤269
		调质	协商
	42Cr9Si2	退火	≤269
		调质	协商
	45Cr9Si3	退火	≤269
		调质	协商
	51Cr8Si2	退火	≤269
		调质	协商
	80Cr20Si2Ni	退火	≤321
		调质	协商
	85Cr18Mo2V	退火	≤300
		调质	协商
	86Cr18W2VRe	退火	≤300
		调质	协商
奥氏体型	20Cr21Ni12N	固溶	≤300
	33Cr23Ni8Mn3N	固溶	≤360
	45Cr14Ni14W2Mo	固溶	≤295
	50Cr21Mn9Ni4Nb2WN	固溶	≤385
	53Cr21Mn9Ni4N	固溶	≤380
	55Cr21Mn8Ni2N	固溶	≤385
	61Cr21Mn10Mo1V1Nb1N	固溶	≤385
	GH4751	固溶	≤325
	GH4080A	固溶	≤325

表 12-135　内燃机气阀用钢及合金棒材的热处理、室温力学性能及硬度 （GB/T 12773—2008）

类别	牌　号	热处理	规定塑性延伸强度 $R_{p0.2}$/MPa	抗拉强度 R_m/MPa	断后伸长率 A（%）	断面收缩率 Z（%）	硬度	
							HBW	HRC
马氏体型	40Cr10Si2Mo	1000～1050℃油冷+700～780℃空冷	680	880	10	35	266～325	—
	42Cr9Si2	1000～1050℃油冷+700～780℃空冷	590	880	19	50	266～325	—
	45Cr9Si3	1000～1050℃油冷+720～820℃空冷	700	900	14	40	266～325	—
	51Cr8Si2	1000～1050℃油冷+650～750℃空冷	685	885	14	35	≥260	—
	80Cr20Si2Ni	1030～1080℃油冷+700～800℃空冷	680	880	10	15	≥295	—
	85Cr18Mo2V	1050～1080℃油冷+700～820℃空冷	800	1000	7	12	290～325	—
	86Cr18W2VRe	1050～1080℃油冷+700～820℃空冷	800	1000	7	12	290～325	—

（续）

类别	牌　号	热处理	规定塑性延伸强度 $R_{p0.2}$/MPa	抗拉强度 R_m/MPa	断后伸长率 A（%）	断面收缩率 Z（%）	硬度	
							HBW	HRC
奥氏体型	20Cr21Ni12N	1100～1200℃固溶+ 700～800℃空冷	430	820	26	20	—	—
	33Cr23Ni8Mn3N	1150～1200℃固溶+ 780～820℃空冷	550	850	20	30	—	≥25
	45Cr14Ni14W2Mo	1100～1200℃固溶+ 720～800℃空冷	395	785	25	35	—	—
	50Cr21Mn9Ni4Nb2WN	1160～1200℃固溶+ 760～850℃空冷	580	950	12	15	—	≥28
	53Cr21Mn9Ni4N	1140～1200℃固溶+ 760～815℃空冷	580	950	8	10	—	≥28
	55Cr21Mn8Ni2N	1140～1180℃固溶+ 760～815℃空冷	550	900	8	10	—	≥28
	61Cr21Mn10Mo1V1Nb1N	1100～1200℃固溶+ 720～800℃空冷	800	1000	8	10	—	≥32
	GH4751	1100～1150℃固溶+ 840℃×24h 空冷+ 700℃×2h 空冷	750	1100	12	20	—	≥32
	GH4080A	1000～1080℃固溶+ 690～710℃×16h 空冷	725	1100	15	25	—	≥32

表 12-136　内燃机气阀用钢及合金棒材的高温短时抗拉强度（GB/T 12773—2008）

牌　号	热处理状态	高温短时抗拉强度/MPa						
		500℃	550℃	600℃	650℃	700℃	750℃	800℃
马氏体钢								
40Cr10Si2Mo	淬火+回火	550	420	300	220	(130)	—	—
42Cr9Si2	淬火+回火	500	360	240	160	—	—	—
45Cr9Si3	淬火+回火	500	360	250	170	(110)	—	—
51Cr8Si2	淬火+回火	500	360	230	160	(105)	—	—
80Cr20Si2Ni	淬火+回火	550	400	300	230	180	—	—
85Cr18Mo2V	淬火+回火	550	400	300	230	180	(140)	—
86Cr18W2VRe	淬火+回火	550	400	300	230	180	(140)	—
奥氏体钢								
20Cr21Ni12N	固溶+时效	600	550	500	440	370	300	240
33Cr23Ni8Mn3N	固溶+时效	600	570	530	470	400	340	280
45Cr14Ni14W2Mo	固溶+时效	600	550	500	410	350	270	180
50Cr21Mn9Ni4Nb2WN	固溶+时效	680	650	610	550	480	410	340
53Cr21Mn9Ni4N	固溶+时效	650	600	550	500	450	370	300
55Cr21Mn8Ni2N	固溶+时效	640	590	540	490	440	360	290
61Cr21Mn10Mo1V1Nb1N	固溶+时效	800	780	750	680	600	500	400
高温合金								
GH4751	固溶+时效	1000	980	930	850	770	650	510
GH4080A	固溶+时效	1050	1030	1000	930	820	680	500

注：表中数值在括号中列出时，表明该材料不推荐在此温度条件下使用。

表 12-137　内燃机气阀用钢及合金棒材的高温短时屈服强度（GB/T 12773—2008）

牌　　号	热处理状态	高温短时屈服强度/MPa						
		500℃	550℃	600℃	650℃	700℃	750℃	800℃
马氏体钢								
40Cr10Si2Mo	淬火+回火	450	350	260	180	(100)	—	—
42Cr9Si2	淬火+回火	400	300	230	110	—	—	—
45Cr9Si3	淬火+回火	400	300	240	120	(80)	—	—
51Cr8Si2	淬火+回火	400	300	220	110	(75)	—	—
80Cr20Si2Ni	淬火+回火	500	370	280	170	120	—	—
85Cr18Mo2V	淬火+回火	500	370	280	170	120	(80)	—
86Cr18W2VRe	淬火+回火	500	370	280	170	120	(80)	—
奥氏体钢								
20Cr21Ni12N	固溶+时效	250	230	210	200	180	160	130
33Cr23Ni8Mn3N	固溶+时效	270	250	220	210	190	180	170
45Cr14Ni14W2Mo	固溶+时效	250	230	210	190	170	140	100
50Cr21Mn9Ni4Nb2WN	固溶+时效	350	330	310	285	260	240	220
53Cr21Mn9Ni4N	固溶+时效	350	330	300	270	250	230	200
55Cr21Mn8Ni2N	固溶+时效	300	280	250	230	220	200	170
61Cr21Mn10Mo1V1Nb1N	固溶+时效	500	480	450	430	400	380	350
高温合金								
GH4751	固溶+时效	725	710	690	660	650	560	425
GH4080A	固溶+时效	700	650	650	600	600	500	450

注：表中数值在括号中列出时，表示该材料不推荐在此温度条件下使用。

12.7.3　调质汽车曲轴用钢棒的力学性能

调质汽车曲轴用钢棒的力学性能见表 12-138 和表 12-139。

表 12-138　调质汽车曲轴用钢棒的力学性能（Ⅰ）（GB/T 24595—2009）

牌号	推荐热处理工艺			力学性能				
	正火	淬火	回火	下屈服强度 R_{eL}/MPa	抗拉强度 R_m/MPa	断后伸长率 A(%)	断面收缩率 Z(%)	冲击吸收能量 KU_2/J
45	(850±20)℃,空冷	(840±20)℃,油冷	(600±20)℃,油冷	≥355	≥600	≥16	≥40	≥39

注：用于拉伸毛坯制成的试样采用正火处理工艺，用于冲击毛坯制成的试样采用调质处理工艺。

表 12-139　调质汽车曲轴用钢棒的力学性能（Ⅱ）（GB/T 24595—2009）

牌号	推荐热处理工艺		力学性能				
	淬火	回火	规定塑性延伸强度 $R_{p0.2}$/MPa	抗拉强度 R_m/MPa	断后伸长率 A(%)	断面收缩率 Z(%)	冲击吸收能量 KU_2/J
40CrA	(850±15)℃,油冷	(520±50)℃,水冷、油冷	≥785	≥980	≥9	≥45	≥47
42CrMoA	(850±15)℃,油冷	(560±50)℃,水冷、油冷	≥930	≥1080	≥12	≥45	≥63

12.8　钢丝和线材

12.8.1　一般用途低碳钢丝的力学性能

一般用途低碳钢丝的力学性能见表 12-140。

表 12-140 一般用途低碳钢丝的力学性能 （YB/T 5294—2009）

公称直径/mm	抗拉强度 R_m/MPa					弯曲性能 /（次/180°）		断后伸长率 A_{100mm}（%）	
	冷拉钢丝			退火钢丝	镀锌钢丝①	冷拉钢丝		冷拉建筑 用钢丝	镀锌 钢丝
	普通用	制钉用	建筑用			普通用	建筑用		
≤0.30	≤980	—	—			供需 协商	—	—	≥10
>0.30~0.80	≤980	—	—				—	—	
>0.80~1.20	≤980	880~1320	—				—	—	
>1.20~1.80	≤1060	785~1220	—			≥6	—	—	
>1.80~2.50	≤1010	735~1170	—	295~540	295~540		—	—	
>2.50~3.50	≤960	685~1120	≥550				—	—	≥12
>3.50~5.00	≤890	590~1030	≥550			≥4	≥4	≥2	
>5.00~6.00	≤790	540~930	≥550						
>6.00	≤690	—	—						

① 对于先镀后拉的镀锌钢丝的力学性能按冷拉钢丝的力学性能执行。

12.8.2 优质碳素结构钢丝的力学性能

硬态优质碳素结构钢丝的抗拉强度和弯曲性能见表 12-141，软态钢丝优质碳素结构的力学性能见表 12-142。

表 12-141 硬态优质碳素结构钢丝的抗拉强度和弯曲性能 （YB/T 5303—2010）

公称直径/mm	抗拉强度 R_m/MPa ≥					反复弯曲/次 ≥				
	牌号					8~10	15~20	25~35	40~50	55~60
	08、10	15、20	25、30、35	40、45、50	55、60					
0.3~0.8	750	800	1000	1100	1200	—	—	—	—	—
>0.8~1.0	700	750	900	1000	1100	6	6	6	5	5
>1.0~3.0	650	700	800	900	1000	6	6	5	4	4
>3.0~6.0	600	650	700	800	900	5	5	5	4	4
>6.0~10.0	550	600	650	750	800	5	4	3	2	2

表 12-142 软态优质碳素结构钢丝的力学性能 （YB/T 5303—2010）

牌 号	抗拉强度 R_m/MPa	断后伸长率 A（%） ≥	断面收缩率 Z（%） ≥
10	450~700	8	50
15	500~750	8	45
20	500~750	7.5	40
25	550~800	7	40
30	550~800	7	35
35	600~850	6.5	35
40	600~850	6	35
45	650~900	6	30
50	650~900	6	30

12.8.3 合金结构钢丝的力学性能

合金结构钢丝的力学性能见表 12-143。

表 12-143 合金结构钢丝的力学性能 （YB/T 5301—2010）

交货状态	公称尺寸<5.00mm	公称尺寸≥5.00mm
	抗拉强度 R_m/MPa ≤	硬度 HBW ≤
冷拉	1080	302
退火	930	296

12.8.4　热处理型冷镦钢丝的力学性能

表面硬化型钢丝的力学性能见表12-144，调质型碳素钢丝的力学性能见表12-145，调质型合金钢丝的力学性能见表12-146，含硼钢丝的力学性能见表12-147。

表 12-144　表面硬化型钢丝的力学性能（GB/T 5953.1—2009）

牌　　号	公称直径/mm	冷拉+球化退火+轻拉（SALD）			冷拉+球化退火（SA）		
		抗拉强度 R_m/MPa	断面收缩率 Z(%)	硬度 HRB	抗拉强度 R_m/MPa	断面收缩率 Z(%)	硬度 HRB
ML10	≤6.00	420~620	≥55	—	300~450	≥60	≥75
	>6.00~12.00	380~560	≥55	—			
	>12.00~25.00	350~500	≥50	≤81			
ML15 ML15Mn ML18 ML18Mn ML20	≤6.00	440~640	≥55	—	350~500	≥60	≤80
	>6.00~12.00	400~580	≥55	—			
	>12.00~25.00	380~530	≥50	≤83			
ML20Mn ML16CrMn ML20MnA ML22Mn ML15Cr ML20Cr ML18CrMo	≤6.00	440~640	≥55	—	370~520	≥60	≤82
	>6.00~12.00	420~600	≥55	—			
	>12.00~25.00	400~550	≥50	≤85			
ML20CrMoA ML20CrNiMo	≤25.00	480~680	≥45	≤93	420~620	≥58	≤91

注：直径小于3.00mm的钢丝断面收缩率仅供参考。

表 12-145　调质型碳素钢丝的力学性能（GB/T 5953.1—2009）

牌　　号	公称直径/mm	冷拉+球化退火+轻拉（SALD）			冷拉+球化退火（SA）		
		抗拉强度 R_m/MPa	断面收缩率 Z(%)	硬度 HRB	抗拉强度 R_m/MPa	断面收缩率 Z(%)	硬度 HRB
ML25 ML25Mn ML30Mn ML30 ML35	≤6.00	490~690	≥55	—	380~560	≥60	≤86
	>6.00~12.00	470~650	≥55	—			
	>12.00~25.00	450~600	≥50	≤89			
ML40 ML35Mn	≤6.00	550~730	≥55	—	430~580	≥60	≤87
	>6.00~12.00	500~670	≥55	—			
	>12.00~25.00	450~600	≥50	≤89			
ML45 ML42Mn	≤6.00	590~760	≥55	—	450~600	≥60	≤89
	>6.00~12.00	570~720	≥55	—			
	>12.00~25.00	470~620	≥50	≤96			

表 12-146 调质型合金钢丝的力学性能 （GB/T 5953.1—2009）

牌 号	公称直径/mm	冷拉+球化退火+轻拉（SALD）			冷拉+球化退火（SA）		
		抗拉强度 R_m/MPa	硬度 HRB	断面收缩率 Z(%)	抗拉强度 R_m/MPa	断面收缩率 Z(%)	硬度 HRB
ML30CrMnSi	≤6.00	600~750	—	≥50	460~660	≥55	≤93
	>6.00~12.00	580~730	—				
	>12.00~25.00	550~700	≤95				
ML38CrA ML40Cr	≤6.00	530~730	—	≥50	430~600	≥55	≤89
	>6.00~12.00	500~650	—				
	>12.00~25.00	480~630	≤91				
ML30CrMo ML35CrMo	≤6.00	580~780	—	≥40	450~620	≥55	≤91
	>6.00~12.00	540~700	—	≥35			
	>12.00~25.00	500~650	≤92	≥35			
ML42CrMo ML40CrNiMo	≤6.00	590~790	—	≥50	480~730	≥55	≤97
	>6.00~12.00	560~760	—				
	>12.00~25.00	540~690	≤95				

注：直径小于 3.00mm 的钢丝断面收缩率仅供参考。

表 12-147 含硼钢丝的力学性能 （GB/T 5953.1—2009）

牌 号	冷拉+球化退火+轻拉（SALD）			冷拉+球化退火（SA）		
	抗拉强度 R_m/MPa ≤	断面收缩率 Z(%) ≥	硬度 HRB ≤	抗拉强度 R_m/MPa ≤	断面收缩率 Z(%) ≥	硬度 HRB ≤
ML20B	600	55	89	550	65	85
ML28B	620	55	90	570	65	87
ML35B	630	55	91	580	65	88
ML20MnB	630	55	91	580	65	88
ML30MnB	660	55	93	610	65	90
ML35MnB	680	55	94	630	65	91
ML40MnB	680	55	94	630	65	91
ML15MnVB	660	55	93	610	65	90
ML20MnVB	630	55	91	580	65	88
ML20MnTiB	630	55	91	580	65	88

注：直径小于 3.00mm 的钢丝断面收缩率仅供参考。

12.8.5 非热处理型冷镦钢丝的力学性能

冷拉钢丝的力学性能见表 12-148，冷拉+球化退火+轻拉钢丝的力学性能见表 12-149。

表 12-148 冷拉钢丝的力学性能 （GB/T 5953.2—2009）

牌 号	公称直径/mm	抗拉强度 R_m/MPa ≥	断面收缩率 Z(%) ≥	硬度 HRB ≤
ML04Al ML08Al ML10Al	≤3.00	460	50	—
	>3.00~4.00	360	50	—
	>4.00~5.00	330	50	—
	>5.00~25.00	280	50	85
ML15Al ML15	≤3.00	590	50	—
	>3.00~4.00	490	50	—
	>4.00~5.00	420	50	—
	>5.00~25.00	400	50	89

（续）

牌　号	公称直径/mm	抗拉强度 R_m/MPa ≥	断面收缩率 Z(%) ≥	硬度 HRB ≤
ML18MnAl	≤3.00	850	35	—
ML20Al	>3.00~4.00	690	40	—
ML20	>4.00~5.00	570	45	—
ML22MnAl	>5.00~25.00	480	45	97

注：钢丝公称直径大于20mm时，断面收缩率可以降低5%。硬度值仅供参考。

表 12-149　冷拉+球化退火+轻拉钢丝的力学性能 （GB/T 5953.2—2009）

牌　号	抗拉强度 R_m/MPa	断面收缩率 Z(%)　≥	硬度 HRB ≤
ML04Al ML08Al ML10Al	300~450	70	76
ML15Al ML15	340~500	65	81
ML18Mn ML20Al ML20 ML22Mn	450~570	65	90

注：钢丝公称直径大于20mm时，断面收缩率可以降低5%。硬度值仅供参考。

12.8.6　非调质型冷镦钢丝的力学性能

非调质型冷镦钢丝的力学性能见表 12-150。

表 12-150　非调质型冷镦钢丝的力学性能 （GB/T 5953.3—2012）

性能等级	抗拉强度 R_m/MPa ≥	规定塑性延伸强度 $R_{p0.2}$/MPa ≥	断后伸长率 A(%) ≥	断面收缩率 Z(%) ≥	硬度 HRC ≥
MFT8	810	640	12	52	22
MFT9	900	720	10	48	28
MFT10	1040	940	9	48	32

12.8.7　冷拉碳素弹簧钢丝的力学性能

冷拉碳素弹簧钢丝的抗拉强度见表 12-151。

表 12-151　冷拉碳素弹簧钢丝的抗拉强度 （GB/T 4357—2009）

公称直径[1] /mm	抗拉强度 R_m[2]/MPa				
	SL 型	SM 型	DM 型	SH 型	DH[3] 型
0.05					2800~3520
0.06		—			2800~3520
0.07					2800~3520
0.08			2780~3100		2800~3480
0.09			2740~3060		2800~3430
0.10	—	—	2710~3020		2800~3380
0.11			2690~3000		2800~3350
0.12			2660~2960		2800~3320
0.14			2620~2910		2800~3250
0.16			2570~2860		2800~3200

（续）

公称直径[①]	抗拉强度 R_m[②]/MPa				
/mm	SL 型	SM 型	DM 型	SH 型	DH[③] 型
0.18			2530~2820		2800~3160
0.20			2500~2790		2800~3110
0.22		—	2470~2760	—	2770~3080
0.25			2420~2710		2720~3010
0.28			2390~2670		2680~2970
0.30		2370~2650	2370~2650	2660~2940	2660~2940
0.32		2350~2630	2350~2630	2640~2920	2640~2920
0.34		2330~2600	2330~2600	2610~2890	2610~2890
0.36		2310~2580	2310~2580	2590~2890	2590~2890
0.38		2290~2560	2290~2560	2570~2850	2570~2850
0.40		2270~2550	2270~2550	2560~2830	2570~2830
0.43		2250~2520	2250~2520	2530~2800	2570~2800
0.45	—	2240~2500	2240~2500	2510~2780	2570~2780
0.48		2220~2480	2240~2500	2490~2760	2570~2760
0.50		2200~2470	2200~2470	2480~2740	2480~2740
0.53		2180~2450	2180~2450	2460~2720	2460~2720
0.56		2170~2430	2170~2430	2440~2700	2440~2700
0.60		2140~2400	2140~2400	2410~2670	2410~2670
0.63		2130~2380	2130~2380	2390~2650	2390~2650
0.65		2120~2370	2120~2370	2380~2640	2380~2640
0.70		2090~2350	2090~2350	2360~2610	2360~2610
0.80		2050~2300	2050~2300	2310~2560	2310~2560
0.85		2030~2280	2030~2280	2290~2530	2290~2530
0.90		2010~2260	2010~2260	2270~2510	2270~2510
0.95		2000~2240	2000~2240	2250~2490	2250~2490
1.00	1720~1970	1980~2220	1980~2220	2230~2470	2230~2470
1.05	1710~1950	1960~2220	1960~2220	2210~2450	2210~2450
1.10	1690~1940	1950~2190	1950~2190	2200~2430	2200~2430
1.20	1670~1910	1920~2160	1920~2160	2170~2400	2170~2400
1.25	1660~1900	1910~2130	1910~2130	2140~2380	2140~2380
1.30	1640~1890	1900~2130	1900~2130	2140~2370	2140~2370
1.40	1620~1860	1870~2100	1870~2100	2110~2340	2110~2340
1.50	1600~1840	1850~2080	1850~2080	2090~2310	2090~2310
1.60	1590~1820	1830~2050	1830~2050	2060~2290	2060~2290
1.70	1570~1800	1810~2030	1810~2030	2040~2260	2040~2260
1.80	1550~1780	1790~2010	1790~2010	2020~2240	2020~2240
1.90	1540~1760	1770~1990	1770~1990	2000~2220	2000~2220
2.00	1520~1750	1760~1970	1760~1970	1980~2200	1980~2220
2.10	1510~1730	1740~1960	1740~1960	1970~2180	1970~2180
2.25	1490~1710	1720~1930	1720~1930	1940~2150	1940~2150
2.40	1470~1690	1700~1910	1700~1910	1920~2130	1920~2130
2.50	1460~1680	1690~1890	1690~1890	1900~2110	1900~2110
2.60	1450~1660	1670~1880	1670~1880	1890~2100	1890~2110
2.80	1420~1640	1650~1850	1650~1850	1860~2070	1860~2070
3.00	1410~1620	1630~1830	1630~1830	1840~2040	1840~2040
3.20	1390~1600	1610~1810	1610~1810	1820~2020	1820~2020
3.40	1370~1580	1590~1780	1590~1780	1790~1990	1790~1990
3.60	1350~1560	1570~1760	1570~1760	1770~1970	1770~1970

（续）

公称直径[1]/mm	抗拉强度 R_m[2]/MPa				
	SL 型	SM 型	DM 型	SH 型	DH[3] 型
3.80	3140~1540	1550~1740	1550~1740	1750~1950	1750~1950
4.00	1320~1520	1530~1730	1530~1730	1740~1930	1740~1930
4.25	1310~1500	1510~1700	1510~1700	1710~1900	1710~1900
4.50	1290~1490	1500~1680	1500~1680	1690~1880	1690~1880
4.75	1270~1470	1480~1670	1480~1670	1680~1840	1680~1840
5.00	1260~1450	1460~1650	1460~1650	1660~1830	1660~1830
5.30	1240~1430	1440~1630	1440~1630	1640~1820	1640~1820
5.60	1230~1420	1430~1610	1430~1610	1620~1800	1620~1800
6.00	1210~1390	1400~1580	1400~1580	1590~1770	1590~1770
6.30	1190~1380	1390~1560	1390~1560	1570~1750	1570~1750
6.50	1180~1370	1380~1550	1380~1550	1560~1740	1560~1740
7.00	1160~1340	1350~1530	1350~1530	1540~1710	1540~1710
7.50	1140~1320	1330~1500	1330~1500	1510~1680	1510~1680
8.00	1120~1300	1310~1480	1310~1480	1490~1660	1490~1660
8.50	1110~1280	1290~1460	1290~1460	1470~1630	1470~1630
9.00	1090~1260	1270~1440	1270~1440	1450~1610	1450~1610
9.50	1070~1250	1260~1420	1260~1420	1430~1590	1430~1590
10.00	1060~1230	1240~1400	1240~1400	1410~1570	1410~1570
10.50		1220~1380	1200~1380	1390~1550	1390~1550
11.00		1210~1370	1210~1370	1380~1530	1380~1530
12.00	—	1180~1340	1180~1340	1350~1500	1350~1500
12.50		1170~1320	1170~1320	1330~1480	1330~1480
13.00		1160~1310	1160~1310	1320~1470	1320~1470

注：直条定尺钢丝的极限强度最多可能低 10%，矫直和切断作业也会降低扭转值。

① 中间尺寸钢丝抗拉强度值按表中相邻较大钢丝的规定执行。

② 对特殊用途的钢丝，可商定其他抗拉强度。

③ 对直径为 0.08~0.18mm 的 DH 型钢丝，经供需双方协商，其抗拉强度波动值范围可规定为 300MPa。

12.8.8　重要用途碳素弹簧钢丝的力学性能

重要用途碳素弹簧钢丝的抗拉强度见表 12-152。

表 12-152　重要用途碳素弹簧钢丝的抗拉强度（YB/T 5311—2010）

直径/mm	抗拉强度 R_m/MPa			直径/mm	抗拉强度 R_m/MPa		
	E 组	F 组	G 组		E 组	F 组	G 组
0.10	2440~2890	2900~3380	—	0.40	2250~2580	2590~2940	—
0.12	2440~2860	2870~3320	—	0.45	2210~2560	2570~2920	—
0.14	2440~2840	2850~3250	—	0.50	2190~2540	2550~2900	—
0.16	2440~2840	2850~3200	—	0.55	2170~2520	2530~2880	—
0.18	2390~2770	2780~3160	—	0.60	2150~2500	2510~2850	—
0.20	2390~2750	2760~3110	—	0.63	2130~2480	2490~2830	—
0.22	2370~2720	2730~3080	—	0.70	2100~2460	2470~2800	—
0.25	2340~2690	2700~3050	—	0.80	2080~2430	2440~2770	—
0.28	2310~2660	2670~3020	—	0.90	2070~2400	2410~2740	—
0.30	2290~2640	2650~3000	—	1.00	2020~2350	2360~2660	1850~2110
0.32	2270~2620	2630~2980	—	1.20	1940~2270	2280~2580	1820~2080
0.35	2250~2600	2610~2960	—	1.40	1880~2200	2210~2510	1780~2040

（续）

直径/mm	抗拉强度 R_m/MPa			直径/mm	抗拉强度 R_m/MPa		
	E 组	F 组	G 组		E 组	F 组	G 组
1.60	1820~2140	2150~2450	1750~2010	3.50	1500~1760	1710~1970	1470~1710
1.80	1800~2120	2060~2360	1700~1960	4.00	1470~1730	1680~1930	1470~1710
2.00	1790~2090	1970~2250	1670~1910	4.50	1420~1680	1630~1880	1470~1710
2.20	1700~2000	1870~2150	1620~1860	5.00	1400~1650	1580~1830	1420~1660
2.50	1680~1960	1830~2110	1620~1860	5.50	1370~1610	1550~1800	1400~1640
2.80	1630~1910	1810~2070	1570~1810	6.00	1350~1580	1520~1770	1350~1590
3.00	1610~1890	1780~2040	1570~1810	6.50	1320~1550	1490~1740	1350~1590
3.20	1560~1840	1760~2020	1570~1810	7.00	1300~1530	1460~1710	1300~1540

12.8.9 油淬火、回火弹簧钢丝的力学性能

油淬火、回火弹簧钢丝的力学性能见表 12-153 和表 12-154。

表 12-153 静态级和中疲劳级油淬火、回火弹簧钢丝的力学性能（GB/T 18983—2017）

直径范围/mm	抗拉强度 R_m/MPa						断面收缩率 $Z^{①}$（%）≥	
	FDC TDC	FDCrV-A TDCrV-A	FDSiMn TDSiMn	FDSiCr TDSiCr-A	TDSiCr-B	TDSiCr-C	FD	TD
0.50~0.80	1800~2100	1800~2100	1850~2100	2000~2250	—	—	—	
>0.80~1.00	1800~2060	1780~2080	1850~2100	2000~2250	—	—	—	
>1.00~1.30	1800~2010	1750~2010	1850~2100	2000~2250	—	—	45	45
>1.30~1.40	1750~1950	1750~1990	1850~2100	2000~2250	—	—	45	45
>1.40~1.60	1740~1890	1710~1950	1850~2100	2000~2250	—	—	45	45
>1.60~2.00	1720~1890	1710~1890	1820~2000	2000~2250	—	—	45	45
>2.00~2.50	1670~1820	1670~1830	1800~1950	1970~2140	—	—	45	45
>2.50~2.70	1640~1790	1660~1820	1780~1930	1950~2120	—	—	45	45
>2.70~3.00	1620~1770	1630~1780	1760~1910	1930~2100	—	—	45	45
>3.00~3.20	1600~1750	1610~1760	1740~1890	1910~2080	—	—	40	45
>3.20~3.50	1580~1730	1600~1750	1720~1870	1900~2060	—	—	40	45
>3.50~4.00	1550~1700	1560~1710	1710~1860	1870~2030	—	—	40	45
>4.00~4.20	1530~1690	1540~1690	1700~1850	1860~2020	—	—	40	45
>4.20~4.50	1520~1670	1520~1670	1690~1840	1850~2000	—	—	40	45
>4.50~4.70	1510~1660	1510~1660	1680~1830	1840~1990	—	—	40	45
>4.70~5.00	1500~1650	1500~1650	1670~1820	1830~1980	—	—	40	45
>5.00~5.60	1470~1620	1460~1610	1660~1810	1800~1950	—	—	35	40
>5.60~6.00	1460~1610	1440~1590	1650~1800	1780~1930	—	—	35	40
>6.00~6.50	1440~1590	1420~1570	1640~1790	1760~1910	—	—	35	40
>6.50~7.00	1430~1580	1400~1550	1630~1780	1740~1890	—	—	35	40
>7.00~8.00	1400~1550	1380~1530	1620~1770	1710~1860	—	—	35	40
>8.00~9.00	1380~1530	1370~1520	1610~1760	1700~1850	1750~1850	1850~1950	30	35
>9.00~10.00	1360~1510	1350~1500	1600~1750	1660~1810	1750~1850	1850~1950	30	35
>10.00~12.00	1320~1470	1320~1470	1580~1730	1660~1810	1750~1850	1850~1950	30	35
>12.00~14.00	1280~1430	1300~1450	1560~1710	1620~1770	1750~1850	1850~1950	30	35
>14.00~15.00	1270~1420	1290~1440	1550~1700	1620~1770	1750~1850	1850~1950	30	35
>15.00~17.00	1250~1400	1270~1420	1540~1690	1580~1730	1750~1850	1850~1950	30	35

① FDSiMn 和 TDSiMn 直径≤5.00mm 时，Z≥35%；直径>5.00~14.00mm 时，Z≥30%。

表 12-154 高疲劳级油淬火、回火弹簧钢丝的力学性能 (GB/T 18983—2017)

直径范围/mm	抗拉强度 R_m/MPa				断面收缩率 Z(%)
	VDC	VDCrV-A	VDSiCr	VDSiCrV	$\geqslant$
0.50~0.80	1700~2000	1750~1950	2080~2230	2230~2380	—
>0.80~1.00	1700~1950	1730~1930	2080~2230	2230~2380	—
>1.00~1.30	1700~1900	1700~1900	2080~2230	2230~2380	45
>1.30~1.40	1700~1850	1680~1860	2080~2230	2210~2360	45
>1.40~1.60	1670~1820	1660~1860	2050~2180	2210~2360	45
>1.60~2.00	1650~1800	1640~1800	2010~2110	2160~2310	45
>2.00~2.50	1630~1780	1620~1770	1960~2060	2100~2250	45
>2.50~2.70	1610~1760	1610~1760	1940~2040	2060~2210	45
>2.70~3.00	1590~1740	1600~1750	1930~2030	2060~2210	45
>3.00~3.20	1570~1720	1580~1730	1920~2020	2060~2210	45
>3.20~3.50	1550~1700	1560~1710	1910~2010	2010~2160	45
>3.50~4.00	1530~1680	1540~1690	1890~1990	2010~2160	45
>4.00~4.20	1510~1660	1520~1670	1860~1960	1960~2110	45
>4.20~4.50	1510~1660	1520~1670	1860~1960	1960~2110	45
>4.50~4.70	1490~1640	1500~1650	1830~1930	1960~2110	45
>4.70~5.00	1490~1640	1500~1650	1830~1930	1960~2110	45
>5.00~5.60	1470~1620	1480~1630	1800~1900	1910~2060	40
>5.60~6.00	1450~1600	1470~1620	1790~1890	1910~2060	40
>6.00~6.50	1420~1570	1440~1590	1760~1860	1910~2060	40
>6.50~7.00	1400~1550	1420~1570	1740~1840	1860~2010	40
>7.00~8.00	1370~1520	1410~1560	1710~1810	1860~2010	40
>8.00~9.00	1350~1500	1390~1540	1690~1790	1810~1960	35
>9.00~10.00	1340~1490	1370~1520	1670~1770	1810~1960	35

12.8.10 预应力混凝土用钢丝的力学性能

压力管道用冷拉钢丝、消除应力光圆及螺旋肋钢丝的力学性能见表 12-155、表 12-156。

表 12-155 压力管道用冷拉钢丝的力学性能 (GB/T 5223—2014)

公称直径 /mm	公称抗拉强度 R_m/MPa	最大力的特征值 F_m/kN	最大力的最大值 $F_{m,max}$/kN	0.2%屈服力 $F_{p0.2}$/kN $\geqslant$	每 210mm 扭矩的扭转次数 N $\geqslant$	断面收缩率 Z(%) $\geqslant$	氢脆敏感性能负载为 70%最大力时的断裂时间 t/h$\geqslant$	应力松弛性能初始力为最大力 70% 时的 1000h 应力松弛率 r(%) $\leqslant$
4.00		18.48	20.99	13.86	10	35		
5.00		28.86	32.79	21.65	10	35		
6.00	1470	41.56	47.21	31.17	8	30		
7.00		56.57	64.27	42.42	8	30		
8.00		73.88	83.93	55.41	7	30	75	7.5
4.00		19.73	22.24	14.80	10	35		
5.00		30.82	34.75	23.11	10	35		
6.00	1570	44.38	50.03	33.29	8	30		
7.00		60.41	68.11	45.31	8	30		
8.00		78.91	88.96	59.18	7	30		

（续）

公称直径/mm	公称抗拉强度 R_m/MPa	最大力的特征值 F_m/kN	最大力的最大值 $F_{m,max}$/kN	0.2%屈服力 $F_{p0.2}$/kN ≥	每210mm扭矩的扭转次数 N ≥	断面收缩率 Z(%) ≥	氢脆敏感性能负载为70%最大力时的断裂时间 t/h ≥	应力松弛性能初始力为最大力70%时的1000h应力松弛率 r(%) ≤
4.00	1670	20.99	23.50	15.74	10	35	75	7.5
5.00		32.78	36.71	24.59	10	35		
6.00		47.21	52.86	35.41	8	30		
7.00		64.26	71.96	48.20	8	30		
8.00		83.93	93.99	62.95	6	30		
4.00	1770	22.25	24.76	16.69	10	35		
5.00		34.75	38.68	26.06	10	35		
6.00		50.04	55.69	37.53	8	30		
7.00		68.11	75.81	51.08	6	30		

表 12-156　消除应力光圆及螺旋肋钢丝的力学性能（GB/T 5223—2014）

公称直径/mm	公称抗拉强度 R_m/MPa	最大力的特征值 F_m/kN	最大力的最大值 $F_{m,max}$/kN	0.2%屈服力 $F_{p0.2}$/kN ≥	最大力总伸长率（L_0=200mm）A_{gt}(%) ≥	反复弯曲性能		应力松弛性能	
						弯曲次数/（次/180°）≥	弯曲半径 R/mm	初始力相当于实际最大力的百分数(%)	1000h应力松弛率 r(%) ≤
4.00	1470	18.48	20.99	16.22		3	10		
4.80		26.61	30.23	23.35		4	15		
5.00		28.86	32.78	25.32		4	15		
6.00		41.56	47.21	36.47		4	15		
6.25		45.10	51.24	39.58		4	20		
7.00		56.57	64.26	49.64		4	20		
7.50		64.94	73.78	56.99		4	20		
8.00		73.88	83.93	64.84		4	20		
9.00		93.52	106.25	82.07		4	25		
9.50		104.19	118.37	91.44		4	25		
10.00		115.45	131.16	101.32		4	25		
11.00		139.69	158.70	122.59		—	—		
12.00		166.26	188.88	145.90		—	—		
4.00	1570	19.73	22.24	17.37	3.5	3	10	70~80	2.5~4.5
4.80		28.41	32.03	25.00		4	15		
5.00		30.82	34.75	27.12		4	15		
6.00		44.38	50.03	39.06		4	15		
6.25		48.17	54.31	42.39		4	20		
7.00		60.41	68.11	53.16		4	20		
7.50		69.36	78.20	61.04		4	20		
8.00		78.91	88.96	69.44		4	20		
9.00		99.88	112.60	87.89		4	25		
9.50		111.28	125.46	97.93		4	25		
10.00		123.31	139.02	108.51		4	25		
11.00		149.20	168.21	131.30		—	—		
12.00		177.57	200.19	156.26		—	—		
4.00	1670	20.99	23.50	18.47		3	10		

（续）

公称直径 d_n/mm	公称抗拉强度 R_m/MPa	最大力的特征值 F_m/kN	最大力的最大值 $F_{m,max}$/kN	0.2%屈服力 $F_{p0.2}$/kN ≥	最大力总伸长率(L_0 = 200mm) A_{gt}(%)≥	反复弯曲性能		应力松弛性能	
						弯曲次数/(次/180°) ≥	弯曲半径 R/mm	初始力相当于实际最大力的百分数(%)	1000h应力松弛率 r(%)≤
5.00	1670	32.78	36.71	28.85		4	15		
6.00		47.21	52.86	41.54		4	15		
6.25		51.24	57.38	45.09		4	20		
7.00		64.26	71.96	56.55		4	20		
7.50		73.78	82.62	64.93		4	20		
8.00		83.93	93.98	73.86		4	20		
9.00		106.25	118.97	93.50		4	25		
4.00	1770	22.25	24.76	19.58	3.5	3	10	70~80	2.5~4.5
5.00		34.75	38.68	30.58		4	15		
6.00		50.04	55.69	44.03		4	15		
7.00		68.11	75.81	59.94		4	20		
7.50		78.20	87.04	68.81		4	20		
4.00	1860	23.38	25.89	20.57		3	10		
5.00		36.51	40.44	32.13		4	15		
6.00		52.58	58.23	46.27		4	15		
7.00		71.57	79.27	62.98		4	20		

12.8.11 混凝土制品用低碳钢丝的力学性能

混凝土制品用低碳钢丝的力学性能见表12-157。

表12-157 混凝土制品用低碳钢丝的力学性能 (JC/T 540—2006)

级别	公称直径/mm	抗拉强度 R_m/MPa ≥	断后伸长率 A_{100mm}(%) ≥	反复弯曲次数/(次/180°) ≥
甲级	5.0	650	3.0	4.0
		600		
	4.0	700	2.5	
		650		
乙级	3.0、4.0、5.0、6.0	550	2.0	

注：甲级冷拔低碳钢丝作预应力筋用时，如经机械调直则抗拉强度标准值应降低50MPa。

12.8.12 橡胶软管增强用钢丝的力学性能

橡胶软管增强用钢丝的尺寸和性能见表12-158。

表12-158 橡胶软管增强用钢丝的尺寸和性能 (GB/T 11182—2017)

公称直径/mm	抗拉强度 R_m/MPa	扭转值/次 ≥	反复弯曲次数/次 ≥	打结强度率(%) ≥
0.20	2150~2450(LT)	70	125	58
	2450~2750(NT)	70	125	58
	2750~3050(HT)	65	125	56
	3050~3350(ST)	60	110	54
0.25	2150~2450(LT)	70	125	58
	2450~2750(NT)	70	125	58
	2750~3050(HT)	65	105	56

（续）

公称直径/mm	抗拉强度 R_m/MPa	扭转值/次 ≥	反复弯曲次数/次 ≥	打结强度率(%) ≥
0.25	3050~3350(ST)	60	75	54
0.28	2150~2450(LT)	70	125	58
	2450~2750(NT)	70	125	58
	2750~3050(HT)	65	105	56
	3050~3350(ST)	60	75	54
0.295	2150~2450(LT)	65	105	58
	2450~2750(NT)	60	95	58
	2750~3050(HT)	60	85	56
	3050~3350(ST)	50	60	54
0.30	2150~2450(LT)	65	105	58
	2450~2750(NT)	60	95	58
	2750~3050(HT)	60	85	56
	3050~3350(ST)	50	60	54
0.35	2150~2450(LT)	65	60	58
	2450~2750(NT)	60	60	58
	2750~3050(HT)	60	55	56
	3050~3350(ST)	50	50	54
0.38	2150~2450(LT)	65	60	58
	2450~2750(NT)	60	60	58
	2750~3050(HT)	60	55	56
	3050~3350(ST)	50	45	54
0.40	2150~2450(LT)	65	55	58
	2450~2750(NT)	60	55	58
	2750~3050(HT)	60	55	56
	3050~3350(ST)	50	45	54
0.45	2150~2450(LT)	60	45	58
	2450~2750(NT)	60	45	58
	2750~3050(HT)	50	40	56
0.50	2150~2450(LT)	60	40	
	2450~2750(NT)	60	35	55
	2750~3050(HT)	50	30	
0.56	2150~2450(LT)	60	35	
	2450~2750(NT)	60	30	55
	2750~3050(HT)	50	25	
0.60	2150~2450(LT)	60	30	
	2450~2750(NT)	50	25	55
	2750~3050(HT)	40	20	
0.65	2150~2450(LT)	55	25	
	2450~2750(NT)	50	20	55
	2750~3050(HT)	40	18	
0.70	2150~2450(LT)	50	20	
	2450~2750(NT)	50	20	55
	2750~3050(HT)	45	18	
0.75	2150~2450(LT)	50	20	
	2450~2750(NT)	50	20	55
0.78	2150~2450(LT)	40	15	
	2450~2750(NT)	40	15	55
0.80	2150~2450(LT)	40	15	
	2450~2750(NT)	30	15	55

（续）

公称直径/mm	抗拉强度 R_m/MPa	扭转值/次≥	反复弯曲次数/次≥	打结强度率(%)≥
1.00	1770~1860(LT)	25		
	1860~1950(NT)	23	14	
	1950~2150(HT)	20		—
1.20	1770~1860(LT)	25		
	1860~1950(NT)	24	14	
	1950~2150(HT)	23		
1.40	1770~1860(LT)	24		—
	1860~1950(NT)	23	14	
	1950~2150(HT)	22		

12.8.13 六角钢丝的力学性能

冷拉和退火状态六角钢丝和油淬火、回火状态六角钢丝的力学性能见表12-159和表12-160。

表 12-159 冷拉和退火状态六角钢丝的力学性能（YB/T 5186—2006）

牌　号	冷拉状态		退火状态
	抗拉强度 R_m/MPa	断后伸长率 A(%)	抗拉强度 R_m/MPa
	≥		≤
10~20	440	7.5	540
25~35	540	7.0	635
40~50	610	6.0	735
Y12	660	7.0	—
20Cr~40Cr	440	—	715
30CrMnSiA	540	—	795

表 12-160 油淬火、回火状态六角钢丝的力学性能（YB/T 5186—2006）

六角钢丝 对边距离 h/mm	抗拉强度 R_m/MPa			断面收缩率 Z(%)
	65Mn	60Si2Mn	55CrSi	≥
1.6~3.0	1620~1890	1750~2000	1950~2250	40
>3.0~6.0	1460~1750	1650~1890	1780~2080	40
>6.0~10.0	1360~1590	1600~1790	1660~1910	30
>10.0	1250~1470	1540~1730	1580~1810	30

注：断面收缩率仅供参考，不作为交货验收依据。

12.8.14 弹簧垫圈用梯形钢丝的力学性能

弹簧垫圈用梯形钢丝的力学性能见表12-161。

表 12-161 弹簧垫圈用梯形钢丝的力学性能（YB/T 5319—2010）

交货状态	抗拉强度 R_m/MPa	硬度 HBW
退火	590~785	157~217
轻拉	700~900	205~269

12.8.15 预应力混凝土用钢绞线的力学性能

预应力混凝土用1×2结构钢绞线的力学性能见表12-162，预应力混凝土用1×3结构钢绞线的力学性能见表 12-163，预应力混凝土用 1×7 结构钢绞线的力学性能见表 12-164，预应力混凝土用 1×19 结构钢绞线的力学性能见表 12-165。

表 12-162　预应力混凝土用 1×2 结构钢绞线的力学性能（GB/T 5224—2014）

钢绞线结构	钢绞线公称直径/mm	公称抗拉强度 R_m/MPa	整根钢绞线最大力 F_m/kN ≥	整根钢绞线最大力的最大值 $F_{m,max}$/kN ≤	0.2%屈服力 $F_{p0.2}$/kN ≥	最大力总延伸率($L_0 \geq$ 400mm) A_{gt}(%) ≥	应力松弛性能	
							初始负荷相当于实际最大力的百分数(%)	1000h 应力松弛率 r(%) ≤
1×2	8.00	1470	36.9	41.9	32.5	3.5	70~80	2.5~4.5
	10.00		57.8	65.6	50.9			
	12.00		83.1	94.4	73.1			
	5.00	1570	15.4	17.4	13.6			
	5.80		20.7	23.4	18.2			
	8.00		39.4	44.4	34.7			
	10.00		61.7	69.6	54.3			
	12.00		88.7	100	78.1			
	5.00	1720	16.9	18.9	14.9			
	5.80		22.7	25.3	20.0			
	8.00		43.2	48.2	38.0			
	10.00		67.6	75.5	59.5			
	12.00		97.2	108	85.5			
	5.00	1860	18.3	20.2	16.1			
	5.80		24.6	27.2	21.6			
	8.00		46.7	51.7	41.1			
	10.00		73.1	81.0	64.3			
	12.00		105	116	92.5			
	5.00	1960	19.2	21.2	16.9			
	5.80		25.9	28.5	22.8			
	8.00		49.2	54.2	43.3			
	10.00		77.0	84.9	67.8			

表 12-163　预应力混凝土用 1×3 结构钢绞线的力学性能（GB/T 5224—2014）

钢绞线结构	钢绞线公称直径/mm	公称抗拉强度 R_m/MPa	整根钢绞线最大力 F_m/kN ≥	整根钢绞线最大力的最大值 $F_{m,max}$/kN ≤	0.2%屈服力 $F_{p0.2}$/kN ≥	最大力总延伸率($L_0 \geq$ 400mm) A_{gt}(%) ≥	应力松弛性能	
							初始负荷相当于实际最大力的百分数(%)	1000h 应力松弛率 r(%) ≤
1×3	8.60	1470	55.4	63.0	48.8	3.5	70~80	2.5~4.5
	10.80		86.6	98.4	76.2			
	12.90		125	142	110			
	6.20	1570	31.1	35.0	27.4			
	6.50		33.3	37.5	29.3			
	8.60		59.2	66.7	52.1			
	8.74		60.6	68.3	53.3			
	10.80		92.5	104	81.4			
	12.90		133	150	117			
	8.74	1670	64.5	72.2	56.8			
	6.20	1720	34.1	38.0	30.0			
	6.50		36.5	40.7	32.1			

（续）

钢绞线结构	钢绞线公称直径/mm	公称抗拉强度 R_m/MPa	整根钢绞线最大力 F_m/kN ≥	整根钢绞线最大力的最大值 $F_{m,max}$/kN ≤	0.2%屈服力 $F_{p0.2}$/kN ≥	最大力总延伸率(L_0≥400mm) A_{gt}(%) ≥	应力松弛性能 初始负荷相当于实际最大力的百分数(%)	1000h应力松弛率 r(%) ≤
1×3	8.60	1720	64.8	72.4	57.0	3.5	70~80	2.5~4.5
	10.80		101	113	88.9			
	12.90		146	163	128			
	6.20	1860	36.8	40.8	32.4			
	6.50		39.4	43.7	34.7			
	8.60		70.1	77.7	61.7			
	8.74		71.8	79.5	63.2			
	10.80		110	121	96.8			
	12.90		158	175	139			
	6.20	1960	38.8	42.8	34.1			
	6.50		41.6	45.8	36.6			
	8.60		73.9	81.4	65.0			
	10.80		115	127	101			
	12.90		166	183	146			
1×3I	8.70	1570	60.4	68.1	53.2			
		1720	66.2	73.9	58.3			
		1860	71.6	79.3	63.0			

表 12-164　预应力混凝土用 1×7 结构钢绞线的力学性能（GB/T 5224—2014）

钢绞线结构	钢绞线公称直径/mm	公称抗拉强度 R_m/MPa	整根钢绞线最大力 F_m/kN ≥	整根钢绞线最大力的最大值 $F_{m,max}$/kN ≤	0.2%屈服力 $F_{p0.2}$/kN ≥	最大力总延伸率(L_0≥500mm) A_{gt}(%) ≥	应力松弛性能 初始负荷相当于实际最大力的百分数(%)	1000h应力松弛率 r(%) ≤
1×7	15.20 (15.24)	1470	206	234	181	对所有规格	对所有规格	对所有规格
		1570	220	248	194			
		1670	234	262	206			
	9.50 (9.53)	1720	94.3	105	83.0	3.5	70~80	2.5~4.5
	11.10 (11.11)		128	142	113			
	12.70		170	190	150			
	15.20 (15.24)		241	269	212			
	17.80 (17.78)		327	365	288			
	18.90	1820	400	444	352			
	15.70	1770	266	296	234			
	21.60		504	561	444			
	9.50 (9.53)	1860	102	113	89.8			
	11.10 (11.11)		138	153	121			
	12.70		184	203	162			
	15.20 (15.24)		260	288	229			

（续）

钢绞线结构	钢绞线公称直径/mm	公称抗拉强度 R_m/MPa	整根钢绞线最大力 F_m/kN ≥	整根钢绞线最大力的最大值 $F_{m,max}$/kN ≤	0.2%屈服力 $F_{p0.2}$/kN ≥	最大力总延伸率(L_0≥500mm) A_{gt}(%) ≥	初始负荷相当于实际最大力的百分数(%)	1000h应力松弛率 r(%) ≤
1×7	15.70	1860	279	309	246	3.5	70~80	2.5~4.5
	17.80 (17.78)		355	391	311			
	18.90		409	453	360			
	21.60		530	587	466			
	9.50 (9.53)	1960	107	118	94.2			
	11.10 (11.11)		145	160	128			
	12.70		193	213	170			
	15.20 (15.24)		274	302	241			
1×7I	12.70	1860	184	203	162			
	15.20 (15.24)		260	288	229			
(1×7)C	12.70	1860	208	231	183			
	15.20 (15.24)	1820	300	333	264			
	18.00	1720	384	428	338			

表 12-165　预应力混凝土用 1×19 结构钢绞线的力学性能（GB/T 5224—2014）

钢绞线结构	钢绞线公称直径/mm	公称抗拉强度 R_m/MPa	整根钢绞线最大力 F_m/kN ≥	整根钢绞线最大力的最大值 $F_{m,max}$/kN ≤	0.2%屈服力 $F_{p0.2}$/kN ≥	最大力总延伸率(L_0≥500mm) A_{gt}(%) ≥	初始负荷相当于实际最大力的百分数(%)	1000h应力松弛率 r(%) ≤
1×19S (1+9+9)	28.6	1720	915	1021	805	3.5	70~80	2.5~4.5
	17.8	1770	368	410	334			
	19.3		431	481	379			
	20.3		480	534	422			
	21.8		554	617	488			
	28.6		942	1048	829			
	20.3	1810	491	545	432			
	21.8		567	629	499			
	17.8	1860	387	428	341			
	19.3		454	503	400			
	20.3		504	558	444			
	21.8		583	645	513			
1×19W (1+6+6+6)	28.6	1720	915	1021	805			
		1770	942	1048	829			
		1860	990	1096	854			

12.8.16　高强度低松弛预应力热镀锌钢绞线的力学性能

高强度低松弛预应力热镀锌钢绞线的力学性能见表 12-166。

表 12-166　高强度低松弛预应力热镀锌钢绞线的力学性能 （YB/T 152—1999）

公称直径/ mm	强度级别/ MPa	最大负荷 F_b/kN	0.2%屈服力 $F_{p0.2}$/kN	断后伸长率 A(%)	松弛	
					初载为公称负荷 的百分数(%)	1000h 应力 松弛率 r(%)
12.5	1770 1860	164 173	146 154	≥3.5	70	≤2.5
12.9	1770 1860	177 186	158 166			
15.2	1770 1860	246 259	220 230			
15.7	1770 1860	265 279	236 248			

第13章

工模具钢的力学性能

13.1 工模具钢的硬度

刃具模具用非合金钢交货状态的硬度和试样的淬火硬度见表13-1，量具刃具用钢交货状态的硬度和试样的淬火硬度见表13-2，耐冲击工具用钢交货状态的硬度和试样的淬火硬度见表13-3，轧辊用钢交货状态的硬度和试样的淬火硬度见表13-4，冷作模具用钢交货状态的硬度和试样的淬火硬度见表13-5，热作模具用钢交货状态的硬度和试样的淬火硬度见表13-6，塑料模具用钢交货状态的硬度和试样的淬火硬度见表13-7，特殊用途模具用钢交货状态的硬度和试样的淬火硬度见表13-8。

表 13-1　刃具模具用非合金钢交货状态的硬度和试样的淬火硬度（GB/T 1299—2014）

统一数字代号	牌号	退火交货状态的钢材硬度 HBW≤	试样淬火硬度		
			淬火温度/℃	冷却介质	硬度 HRC≥
T00070	T7	187	800～820	水	62
T00080	T8	187	780～800	水	62
T01080	T8Mn	187	780～800	水	62
T00090	T9	192	760～780	水	62
T00100	T10	197	760～780	水	62
T00110	T11	207	760～780	水	62
T00120	T12	207	760～780	水	62
T00130	T13	217	760～780	水	62

表 13-2　量具刃具用钢交货状态的硬度和试样的淬火硬度（GB/T 1299—2014）

统一数字代号	牌号	退火交货状态的钢材硬度 HBW	试样淬火硬度		
			淬火温度/℃	冷却介质	硬度 HRC≥
T31219	9SiCr	197～241①	820～860	油	62
T30108	8MnSi	≤229	800～820	油	60
T30200	Cr06	187～241	780～810	水	64
T31200	Cr2	179～229	830～860	油	62
T31209	9Cr2	179～217	820～850	油	62
T30800	W	187～229	800～830	水	62

① 根据需方要求，并在合同中注明，制造螺纹刃具用钢的硬度为187～229HBW。

表 13-3　耐冲击工具用钢交货状态的硬度和试样的淬火硬度（GB/T 1299—2014）

统一数字代号	牌号	退火交货状态的钢材硬度 HBW	试样淬火硬度		
			淬火温度/℃	冷却介质	硬度 HRC≥
T40294	4CrW2Si	179~217	860~900	油	53
T40295	5CrW2Si	207~255	860~900	油	55
T40296	6CrW2Si	229~285	860~900	油	57
T40356	6CrMnSi2Mo1V[①]	≤229	667℃±15℃ 预热，885℃（盐浴）或 900℃（可控气氛）±6℃ 加热，保温 5~15min 油冷，204℃ 回火		58
T40355	5Cr3MnSiMo1V[①]	≤235	667℃±15℃ 预热，941℃（盐浴）或 955℃（可控气氛）±6℃ 加热，保温 5~15min 油冷，204℃ 回火		56
T40376	6CrW2SiV	≤225	870~910	油	58

注：保温时间指试样达到加热温度后保持的时间。

① 试样在盐浴中保持时间为 5min，在可控气氛中保持时间为 5~15min。

表 13-4　轧辊用钢交货状态的硬度和试样的淬火硬度（GB/T 1299—2014）

统一数字代号	牌号	退火交货状态的钢材硬度 HBW	试样淬火硬度		
			淬火温度/℃	冷却介质	硬度 HRC≥
T42239	9Cr2V	≤229	830~900	空气	64
T42309	9Cr2Mo	≤229	830~900	空气	64
T42319	9Cr2MoV	≤229	880~900	空气	64
T42518	8Cr3NiMoV	≤269	900~920	空气	64
T42519	9Cr5NiMoV	≤269	930~950	空气	64

表 13-5　冷作模具用钢交货状态的硬度和试样的淬火硬度（GB/T 1299—2014）

统一数字代号	牌号	退火交货状态的钢材硬度 HBW	试样淬火硬度		
			淬火温度/℃	冷却介质	硬度 HRC≥
T20019	9Mn2V	≤229	780~810	油	62
T20299	9CrWMn	197~241	800~830	油	62
T21290	CrWMn	207~255	800~830	油	62
T20250	MnCrWV	≤255	790~820	油	62
T21347	7CrMn2Mo	≤235	820~870	空气	61
T21355	5Cr8MoVSi	≤229	1000~1050	油	59
T21357	7CrSiMnMoV	≤235	870~900℃油冷或空冷,150℃±10℃回火空冷		60
T21350	Cr8Mo2SiV	≤255	1020~1040	油或空气	62
T21320	Cr4W2MoV	≤269	960~980 或 1020~1040	油	60
T21386	6Cr4W3Mo2VNb[②]	≤255	1100~1160	油	60
T21836	6W6Mo5Cr4V	≤269	1180~1200	油	60
T21830	W6Mo5Cr4V2[①]	≤255	730~840℃ 预热,1210~1230℃（盐浴或可控气氛）加热，保温 5~15min 油冷,540~560℃回火两次（盐浴或可控气氛），每次 2h		64（盐浴）63（可控气氛）
T21209	Cr8	≤255	920~980	油	63
T21200	Cr12	217~269	950~1000	油	60
T21290	Cr12W	≤255	950~980	油	60
T21317	7Cr7Mo2V2Si	≤255	1100~1150	油或空气	60

（续）

统一数字代号	牌号	退火交货状态的钢材硬度HBW	试样淬火硬度		
			淬火温度/℃	冷却介质	硬度HRC≥
T21318	Cr5Mo1V①	≤255	790℃±15℃预热，940℃（盐浴）或950℃（可控气氛）±6℃加热，保温5~15min 油冷；200℃±6℃回火一次，2h		60
T21319	Cr12MoV	207~255	950~1000	油	58
T21310	Cr12Mo1V1②	≤255	820℃±15℃预热，1000℃（盐浴）±6℃或1010℃（可控气氛）±6℃加热，保温10~20min 空冷，200℃±6℃回火一次，2h		59

注：保温时间指试样达到加热温度后保持的时间。

① 试样在盐浴中保持时间为5min，在可控气氛中保持时间为5~15min。

② 试样在盐浴中保持时间为10min，在可控气氛中保持时间为10~20min。

表13-6 热作模具用钢交货状态的硬度和试样的淬火硬度（GB/T 1299—2014）

统一数字代号	牌号	退火交货状态的钢材硬度HBW	试样淬火硬度		
			淬火温度/℃	冷却介质	硬度HRC
T22345	5CrMnMo	197~241	820~850	油	②
T22505	5CrNiMo	197~241	830~860	油	②
T23504	4Cr Ni4Mo	≤285	840~870	油或空气	②
T23514	4Cr2NiMoV	≤220	910~960	油	②
T23515	5CrNi2MoV	≤255	850~880	油	②
T23535	5Cr2NiMoVSi	≤255	960~1010	油	②
T42208	8Cr3	207~255	850~880	油	②
T23274	4Cr5W2VSi	≤229	1030~1050	油或空气	②
T23273	3Cr2W8V	≤255	1075~1125	油	②
T23352	4Cr5MoSiV①	≤229	790℃±15℃预热，1010℃（盐浴）或1020℃（可控气氛）±6℃加热，保温5~15min油冷，550℃±6℃回火两次回火，每次2h		②
T23353	4Cr5MoSiV1①	≤229	790℃±15℃预热，1000℃（盐浴）或1010℃（可控气氛）±6℃加热，保温5~15min油冷，550℃±6℃回火两次回火，每次2h		②
T23354	4Cr3Mo3SiV①	≤229	790℃±15℃预热，1010℃（盐浴）或1020℃（可控气氛）±6℃加热，保温5~15min油冷，550℃±6℃回火两次回火，每次2h		②
T23355	5Cr4Mo3SiMnVA1	≤255	1090~1120	②	②
T23364	4CrMnSiMoV	≤255	870~930	油	②
T23375	5Cr5WMoSi	≤248	990~1020	油	②
T23324	4Cr5MoWVSi	≤235	1000~1030	油或空气	②
T23323	3Cr3Mo3W2V	≤255	1060~1130	油	②
T23325	5Cr4W5Mo2V	≤269	1100~1150	油	②
T23314	4Cr5Mo2V	≤220	1000~1030	油	②
T23313	3Cr3Mo3V	≤229	1010~1050	油	②
T23314	4Cr5Mo3V	≤229	1000~1030	油或空气	②
T23393	3Cr3Mo3VCo3	≤229	1000~1050	油	②

注：保温时间指试样达到加热温度后保持的时间。

① 试样在盐浴中保持时间为5min；在可控气氛中保持时间为5~15min。

② 根据需方要求，并在合同中注明，可提供实测值。

表 13-7　塑料模具用钢交货状态的硬度和试样的淬火硬度（GB/T 1299—2014）

统一数字代号	牌号	交货状态的钢材硬度		试样淬火硬度		
		退火硬度 HBW≤	预硬化硬度 HRC	淬火温度/℃	冷却介质	硬度 HRC≥
T10450	SM45	热轧交货状态硬度 155~215		—	—	—
T10500	SM50	热轧交货状态硬度 165~225		—	—	—
T10550	SM55	热轧交货状态硬度 170~230		—	—	—
T25303	3Cr2Mo	235	28~36	850~880	油	52
T25553	3Cr2MnNiMo	235	30~36	830~870	油或空气	48
T25344	4Cr2Mn1MoS	235	28~36	830~870	油	51
T25378	8Cr2MnWMoVS	235	40~48	860~900	空气	62
T25515	5CrNiMnMoVSCa	255	35~45	860~920	油	62
T25512	2CrNiMoMnV	235	30~38	850~930	油或空气	48
T25572	2CrNi3MoAl	—	38~43	—	—	—
T25611	1Ni3MnCuMoAl	—	38~42	—	—	—
A64060	06Ni6CrMoVTiAl	255	43~48	850~880℃固溶，油或空冷 500~540℃时效，空冷		实测
A64000	00Ni18Co8Mo5TiAl	协议	协议	805~825℃固溶，空冷 460~530℃时效，空冷		协议
S42023	2Cr13	220	30~36	1000~1050	油	45
S42043	4Cr13	235	30~36	1050~1100	油	50
T25444	4Cr13NiVSi	235	30~36	1000~1030	油	50
T25402	2Cr17Ni2	285	28~32	1000~1050	油	49
T25303	3Cr17Mo	285	33~38	1000~1040	油	46
T25513	3Cr17NiMoV	285	33~38	1030~1070	油	50
S44093	9Cr18	255	协议	1000~1050	油	55
S46993	9Cr18MoV	269	协议	1050~1075	油	55

表 13-8　特殊用途模具用钢交货状态的硬度和试样的淬火硬度（GB/T 1299—2014）

统一数字代号	牌号	交货状态的钢材硬度	试样淬火硬度	
		退火硬度 HBW	热处理制度	硬度 HRC≥
T26377	7Mn15Cr2Al3V2WMo	—	1170~1190℃固溶，水冷 650~700℃时效，空冷	45
S31049	2Cr25Ni20Si2	—	1040~1150℃固溶，水或空冷	①
S51740	0Cr17Ni4Cu4Nb	协议	1020~1060℃固溶，空冷 470~630℃时效，空冷	①
H21231	Ni25Cr15Ti2MoMn	≤300	950~980℃固溶，水或空冷 720+620℃时效，空冷	①
H07718	Ni53Cr19Mo3TiNb	≤300	980~1000℃固溶，水、油或空冷 710~730℃时效，空冷	①

① 根据需方要求，并在合同中注明，可提供实测值。

13.2　工模具钢产品力学性能

13.2.1　碳素工具钢丝的力学性能

　　碳素工具钢丝的热处理及硬度见表 13-9，碳素工具钢丝的抗拉强度见表 13-10。

表 13-9　碳素工具钢丝的热处理及硬度 （YB/T 5322—2010）

牌号	试样热处理制度及淬火硬度			退火硬度 HBW ≤
	淬火温度/℃	淬火冷却介质	硬度 HRC≥	
T7（A）	800~820	水	62	187
T8（A）	780~800			187
T8Mn（A）				187
T9（A）	760~780			192
T10（A）				197
T11（A）				207
T12（A）				207
T13（A）				217

表 13-10　碳素工具钢丝的抗拉强度 （YB/T 5322—2010）

牌　　号	抗拉强度 R_m/MPa	
	退火	冷拉
T7（A）、T8（A）、T8Mn（A）、T9（A）	490~685	≤1080
T10（A）、T11（A）、T12（A）、T13（A）	540~735	

13.2.2　碳素工具钢热轧钢板的硬度

碳素工具钢热轧钢板退火状态的硬度见表 13-11。

表 13-11　碳素工具钢热轧钢板退火状态的硬度 （GB/T 3278—2001）

牌　　号	硬度 HBW　≤
T7、T7A、T8、T8A、T8Mn	207
T9、T9A、T10、T10A	223
T11、T11A、T12、T12A、T13、T13A	229

13.2.3　合金工具钢丝的力学性能

合金工具钢退火钢丝的硬度与试样淬火后的硬度见表 13-12，合金工具钢各级别预硬钢丝的硬度和抗拉强度见表 13-13。

表 13-12　合金工具钢退火钢丝的硬度与试样淬火后的硬度 （YB/T 095—2015）

牌号	退火交货状态钢丝硬度	试样淬火硬度		
	HBW　≤	淬火温度/℃	冷却介质	淬火硬度 HRC　≥
9SiCr	241	820~860	油	62
5CrW2Si	255	860~900	油	55
5SiMoV	241	840~860	盐水	60
5Cr3MnSiMo1V	235	925~955	空	59
Cr12Mo1V1	255	980~1040	油或（空）	62（59）
Cr12MoV	255	1020~1040	油或（空）	61（58）
Cr5Mo1V	255	925~985	空	62
CrWMn	255	820~840	油	62
9CrWMn	255	820~840	油	62
3Cr2W8V	255	1050~1100	油	52
4Cr5MoSiV	235	1000~1030	油	53
4Cr5MoSiVS	235	1000~1030	油	53
4Cr5MoSiV1	235	1020~1050	油	56

注：直径小于 5.0mm 的钢丝不做退火硬度检验，根据需方要求可做拉伸或其他检验，合格范围由双方协商。

表 13-13　合金工具钢各级别预硬钢丝的硬度和抗拉强度（YB/T 095—2015）

级　别	1	2	3	4
洛氏硬度　HRC	35~40	40~45	45~50	50~55
抗拉强度/MPa	1080~1240	1240~1450	1450~1710	1710~2050
维氏硬度[①]　HV	330~380	380~440	440~510	510~600

注：硬度与抗拉强度按 GB/T 1172—1999 表中铬硅锰钢的规定换算，四舍五入取整。

① 维氏硬度（HV）仅供参考，不作为判定依据。

13.2.4　高速工具钢丝的硬度

高速工具钢丝的热处理制度和硬度见表 13-14。

表 13-14　高速工具钢丝的热处理制度和硬度（YB/T 5302—2010）

牌号	交货硬度（退火态）HBW	试样热处理制度及淬火、回火硬度				
		预热温度/℃	淬火温度/℃	淬火冷却介质	回火温度/℃	硬度 HRC　≥
W3Mo3Cr4V2	≤255		1180~1200		540~560	63
W4Mo3Cr4VSi	207~255		1170~1190		540~560	63
W18Cr4V	207~255		1250~1270		550~570	63
W2Mo9Cr4V2	≤255		1190~1210		540~560	64
W6Mo5Cr4V2	207~255		1200~1220		550~570	63
CW6Mo5Cr4V2	≤255	800~900	1190~1210	油	540~560	64
W9Mo3Cr4V	207~255		1200~1220		540~560	63
W6Mo5Cr4V3	≤262		1190~1210		540~560	64
CW6Mo5Cr4V3	≤262		1180~1200		540~560	64
W6Mo5Cr4V2Al	≤269		1200~1220		550~570	65
W6Mo5Cr4V2Co5	≤269		1190~1210		540~560	64
W2Mo9Cr4VCo8	≤269		1170~1190		540~560	66

13.2.5　高速工具钢棒的硬度

高速工具钢棒的硬度表 13-15。

表 13-15　高速工具钢棒的硬度（GB/T 9943—2008）

牌　号	交货硬度[①]（退火态）HBW ≤	试样热处理制度及淬火、回火硬度					
		预热温度/℃	淬火温度/℃		淬火冷却介质	回火温度[②]/℃	硬度[③] HRC ≥
			盐浴炉	箱式炉			
W3Mo3Cr4V2	255		1180~1220	1180~1220		540~560	63
W4Mo3Cr4VSi	255		1170~1190	1170~1190		540~560	63
W18Cr4V	255		1250~1270	1260~1280		550~570	63
W2Mo8Cr4V	255		1180~1220	1180~1220		550~570	63
W2Mo9Cr4V2	255		1190~1210	1200~1220		540~560	64
W6Mo5Cr4V2	255	800~900	1200~1220	1210~1230	油或盐浴	540~560	64
CW6Mo5Cr4V2	255		1190~1210	1200~1220		540~560	64
W6Mo6Cr4V2	262		1190~1210	1190~1210		550~570	64
W9Mo3Cr4V	255		1200~1220	1220~1240		540~560	64
W6Mo5Cr4V3	262		1190~1210	1200~1220		540~560	64
CW6Mo5Cr4V3	262		1180~1200	1190~1210		540~560	64
W6Mo5Cr4V4	269		1200~1220	1200~1220		550~570	64

（续）

牌　　号	交货硬度[1]（退火态）HBW ≤	试样热处理制度及淬火、回火硬度					
		预热温度/℃	淬火温度/℃		淬火冷却介质	回火温度[2]/℃	硬度[3] HRC ≥
			盐浴炉	箱式炉			
W6Mo5Cr4V2Al	269	800~900	1200~1220	1230~1240	油或盐浴	550~570	65
W12Cr4V5Co5	277		1220~1240	1230~1250		540~560	65
W6Mo5Cr4V2Co5	269		1190~1210	1200~1220		540~560	64
W6Mo5Cr4V3Co8	285		1170~1190	1170~1190		550~570	65
W7Mo4Cr4V2Co5	269		1180~1200	1190~1210		540~560	66
W2Mo9Cr4VCo8	269		1170~1190	1180~1200		540~560	66
W10Mo4Cr4V3Co10	285		1220~1240	1220~1240		550~570	66

① 退火+冷拉态的硬度，允许比退火态硬度值增加 50HBW。

② 回火温度为 550~570℃时，回火 2 次，每次 1h；回火温度为 540~560℃时，回火 2 次，每次 2h。

③ 供方若能保证试样淬火、回火硬度，可不检验。

第14章

不锈钢和耐热钢的力学性能

14.1 不锈钢板和不锈钢带的力学性能

14.1.1 不锈钢冷轧钢板和钢带的力学性能

经固溶处理的奥氏体型不锈钢、H1/4 状态的不锈钢、H1/2 状态的不锈钢、H3/4 状态的不锈钢、H 状态的不锈钢、H2 状态的不锈钢、经固溶处理的奥氏体-铁素体型不锈钢、经退火处理的铁素体型不锈钢、经退火处理的马氏体型不锈钢、经固溶处理的沉淀硬化型不锈钢、经沉淀硬化处理的沉淀硬化型不锈钢冷轧钢板和钢带的力学性能见表 14-1～表 14-11。

表 14-1　经固溶处理的奥氏体型不锈钢冷轧钢板和钢带的力学性能 （GB/T 3280—2015）

统一数字代号	牌　号	规定塑性延伸强度 $R_{p0.2}$/MPa	抗拉强度 R_m/MPa	断后伸长率 A[①](%)	硬　　度		
					HBW	HRB	HV
		≥			≤		
S30103	022Cr17Ni7	220	550	45	241	100	242
S30110	12Cr17Ni7	205	515	40	217	95	220
S30153	022Cr17Ni7N	240	550	45	241	100	242
S30210	12Cr18Ni9	205	515	40	201	92	210
S30240	12Cr18Ni9Si3	205	515	40	217	95	220
S30403	022Cr19Ni10	180	485	40	201	92	210
S30408	06Cr19Ni10	205	515	40	201	92	210
S30409	07Cr19Ni10	205	515	40	201	92	210
S30450	05Cr19Ni10Si2CeN	290	600	40	217	95	220
S30453	022Cr19Ni10N	205	515	40	217	95	220
S30458	06Cr19Ni10N	240	550	30	217	95	220
S30478	06Cr19Ni9NbN	345	620	30	241	100	242
S30510	10Cr18Ni12	170	485	40	183	88	200
S30859	08Cr21Ni11Si2CeN	310	600	40	217	95	220
S30908	06Cr23Ni13	205	515	40	217	95	220
S31008	06Cr25Ni20	205	515	40	217	95	220
S31053	022Cr25Ni22Mo2N	270	580	25	217	95	220
S31252	015Cr20Ni18Mo6CuN	310	690	35	223	96	225
S31603	022Cr17Ni12Mo2	180	485	40	217	95	220
S31608	06Cr17Ni12Mo2	205	515	40	217	95	220
S31609	07Cr17Ni12Mo2	205	515	40	217	95	220
S31653	022Cr17Ni12Mo2N	205	515	40	217	95	220
S31658	06Cr17Ni12Mo2N	240	550	35	217	95	220

（续）

统一数字代号	牌 号	规定塑性延伸强度 $R_{p0.2}$/MPa	抗拉强度 R_m/MPa	断后伸长率 A[①](%)	硬 度		
					HBW	HRB	HV
		≥			≤		
S31668	06Cr17Ni12Mo2Ti	205	515	40	217	95	220
S31678	06Cr17Ni12Mo2Nb	205	515	30	217	95	220
S31688	06Cr18Ni12Mo2Cu2	205	520	40	187	90	200
S31703	022Cr19Ni13Mo3	205	515	40	217	95	220
S31708	06Cr19Ni13Mo3	205	515	35	217	95	220
S31723	022Cr19Ni16Mo5N	240	550	40	223	96	225
S31753	022Cr19Ni13Mo4N	240	550	40	217	95	220
S31782	015Cr21Ni26Mo5Cu2	220	490	35	—	90	200
S32168	06Cr18Ni11Ti	205	515	40	217	95	220
S32169	07Cr19Ni11Ti	205	515	40	217	95	220
S32652	015Cr2Ni22Mo8Mn3CuN	430	750	40	250	—	252
S34553	022Cr24Ni17Mo5Mn6NbN	415	795	35	241	100	242
S34778	06Cr18Ni11Nb	205	515	40	201	92	210
S34779	07Cr18Ni11Nb	205	515	40	201	92	210
S38367	022Cr21Ni25Mo7N	310	690	30	—	100	258
S38926	015Cr20Ni25Mo7CuN	295	650	35	—	—	—

① 厚度不大于3mm时使用 A_{50mm} 试样。

表 14-2 H1/4 状态的不锈钢冷轧钢板和钢带的力学性能（GB/T 3280—2015）

统一数字代号	牌 号	规定塑性延伸强度 $R_{p0.2}$/MPa	抗拉强度 R_m/MPa	断后伸长率 A[①](%)		
				厚度 <0.4mm	厚度 0.4~<0.8mm	厚度 ≥0.8mm
				≥		
S30103	022Cr17Ni7	515	825	25	25	25
S30110	12Cr17Ni7	515	860	25	25	25
S30153	022Cr17Ni7N	515	825	25	25	25
S30210	12Cr18Ni9	515	860	10	10	12
S30403	022Cr19Ni10	515	860	8	8	10
S30408	06Cr19Ni10	515	860	10	10	12
S30453	022Cr19Ni10N	515	860	10	10	12
S30458	06Cr19Ni10N	515	860	12	12	12
S31603	022Cr17Ni12Mo2	515	860	8	8	8
S31608	06Cr17Ni12Mo2	515	860	10	10	10
S31658	06Cr17Ni12Mo2N	515	860	12	12	12

① 厚度不大于3mm时使用 A_{50mm} 试样。

表 14-3 H1/2 状态的不锈钢冷轧钢板和钢带的力学性能（GB/T 3280—2015）

统一数字代号	牌 号	规定塑性延伸强度 $R_{p0.2}$/MPa	抗拉强度 R_m/MPa	断后伸长率 A[①](%)		
				厚度 <0.4mm	厚度 0.4~<0.8mm	厚度 ≥0.8mm
				≥		
S30103	022Cr17Ni7	690	930	20	20	20
S30110	12Cr17Ni7	760	1035	15	18	18
S30153	022Cr17Ni7N	690	930	20	20	20
S30210	12Cr18Ni9	760	1035	9	10	10
S30403	022Cr19Ni10	760	1035	5	6	6
S30408	06Cr19Ni10	760	1035	6	7	7

（续）

统一数字代号	牌 号	规定塑性延伸强度 $R_{p0.2}$/MPa	抗拉强度 R_m/MPa	断后伸长率 A[①]（%）		
				厚度<0.4mm	厚度0.4~<0.8mm	厚度≥0.8mm
				≥		
S30453	022Cr19Ni10N	760	1035	6	7	7
S30458	06Cr19Ni10N	760	1035	6	8	8
S30603	022Cr17Ni12Mo2	760	1035	5	6	6
S31608	06Cr17Ni12Mo2	760	1035	6	7	7
S31658	06Cr17Ni12Mo2N	760	1035	6	8	8

① 厚度不大于 3mm 时使用 A_{50mm} 试样。

表 14-4 H3/4 状态的不锈钢冷轧钢板和钢带的力学性能 （GB/T 3280—2015）

统一数字代号	牌 号	规定塑性延伸强度 $R_{p0.2}$/MPa	抗拉强度 R_m/MPa	断后伸长率 A[①]（%）		
				厚度<0.4mm	厚度0.4~<0.8mm	厚度≥0.8mm
				≥		
S30110	12Cr17Ni7	930	1205	10	12	12
S30210	12Cr18Ni9	930	1205	5	6	6

① 厚度不大于 3mm 时使用 A_{50mm} 试样。

表 14-5 H 状态的不锈钢冷轧钢板和钢带的力学性能 （GB/T 3280—2015）

统一数字代号	牌 号	规定塑性延伸强度 $R_{p0.2}$/MPa	抗拉强度 R_m/MPa	断后伸长率 A[①]（%）		
				厚度<0.4mm	厚度0.4~<0.8mm	厚度≥0.8mm
				≥		
S30110	12Cr17Ni7	965	1275	8	9	9
S30210	12Cr18Ni9	965	1275	3	4	4

① 厚度不大于 3mm 时使用 A_{50mm} 试样。

表 14-6 H2 状态的不锈钢冷轧钢板和钢带的力学性能 （GB/T 3280—2015）

统一数字代号	牌 号	规定塑性延伸强度 $R_{p0.2}$/MPa	抗拉强度 R_m/MPa	断后伸长率 A[①]（%）		
				厚度<0.4mm	厚度0.4~<0.8mm	厚度≥0.8mm
				≥		
S30110	12Cr17Ni7	1790	1860	—	—	—

① 厚度不大于 3mm 时使用 A_{50mm} 试样。

表 14-7 经固溶处理的奥氏体-铁素体型不锈钢冷轧钢板和钢带的力学性能 （GB/T 3280—2015）

统一数字代号	牌 号	规定塑性延伸强度 $R_{p0.2}$/MPa	抗拉强度 R_m/MPa	断后伸长率 A[①]（%）	硬 度	
					HBW	HRC
		≥			≤	
S21860	14Cr18Ni11Si4AlTi	—	715	25	—	—
S21953	022Cr19Ni5Mo3Si2N	440	630	25	290	31
S22053	022Cr23Ni5Mo3N	450	655	25	293	31
S22152	022Cr21Mn5Ni2N	450	620	25	—	25
S22153	022Cr21Ni3Mo2N	450	655	25	293	31
S22160	12Cr21Ni5Ti	—	635	20	—	—
S22193	022Cr21Mn3Ni3Mo2N	450	620	25	293	31
S22253	022Cr22Mn3Ni2MoN	450	655	30	293	31
S22293	022Cr22Ni5Mo3N	450	620	25	293	31
S22294	03Cr22Mn5Ni2MoCuN	450	650	30	290	—

（续）

统一数字代号	牌　号	规定塑性延伸强度 $R_{p0.2}$/MPa	抗拉强度 R_m/MPa	断后伸长率 $A^{①}$(%)	硬　度	
					HBW	HRC
		≥			≤	
S22353	022Cr23Ni2N	450	650	30	290	—
S22493	022Cr24Ni4Mn3Mo2CuN	540	740	25	290	—
S22553	022Cr25Ni6Mo2N	450	640	25	295	31
S23043	022Cr23Ni4MoCuN	400	600	25	290	31
S25073	022Cr25Ni7Mo4N	550	795	15	310	32
S25554	03Cr25Ni6Mo3Cu2N	550	760	15	302	32
S27603	022Cr25Ni7Mo4WCuN	550	750	25	270	—

① 厚度不大于 3mm 时使用 A_{50mm} 试样。

表 14-8　经退火处理的铁素体型不锈钢冷轧钢板和钢带的力学性能（GB/T 3280—2015）

统一数字代号	牌　号	规定塑性延伸强度 $R_{p0.2}$/MPa	抗拉强度 R_m/MPa	断后伸长率 $A^{①}$(%)	180°弯曲性能^{②}	硬　度		
						HBW	HRB	HV
		≥				≤		
S11163	022Cr11Ti	170	380	20	D=2a	179	88	200
S11173	022Cr11NbTi	170	380	20	D=2a	179	88	200
S11203	022Cr12	195	360	22	D=2a	183	88	200
S11213	022Cr12Ni	280	450	18	—	180	88	200
S11348	06Cr13Al	170	415	20	D=2a	179	88	200
S11510	10Cr15	205	450	22	D=2a	183	89	200
S11573	022Cr15NbTi	205	450	22	D=2a	183	89	200
S11710	10Cr17	205	420	22	D=2a	183	89	200
S11763	022Cr17Ti	175	360	22	D=2a	183	88	200
S11790	10Cr17Mo	240	450	22	D=2a	183	89	200
S11862	019Cr18MoTi	245	410	20	D=2a	217	96	230
S11863	022Cr18Ti	205	415	22	D=2a	183	89	200
S11873	022Cr18Nb	250	430	18	—	180	88	200
S11882	019Cr18CuNb	205	390	22	D=2a	192	90	200
S11972	019Cr19Mo2NbTi	275	415	20	D=2a	217	96	230
S11973	022Cr18NbTi	205	415	22	D=2a	183	89	200
S12182	019Cr21CuTi	205	390	22	D=2a	192	90	200
S12361	019Cr23Mo2Ti	245	410	20	D=2a	217	96	230
S12362	019Cr23MoTi	245	410	20	D=2a	217	96	230
S12763	022Cr27Ni2Mo4NbTi	450	585	18	D=2a	241	100	242
S12791	008Cr27Mo	275	450	22	D=2a	187	90	200
S12963	022Cr29Mo4NbTi	415	550	18	D=2a	255	25HRC	257
S13091	008Cr30Mo2	295	450	22	D=2a	207	95	220

① 厚度不大于 3mm 时使用 A_{50mm} 试样。
② D 为弯曲压头直径，a 为弯曲试样厚度。

表 14-9　经退火处理的马氏体型不锈钢冷轧钢板和钢带的力学性能（GB/T 3280—2015）

统一数字代号	牌　号	规定塑性延伸强度 $R_{p0.2}$/MPa	抗拉强度 R_m/MPa	断后伸长率 $A^{①}$(%)	180°弯曲性能^{②}	硬　度		
						HBW	HRB	HV
		≥				≤		
S40310	12Cr12	205	485	20	D=2a	217	96	210
S41008	06Cr13	205	415	22	D=2a	183	89	200
S41010	12Cr13	205	450	20	D=2a	217	96	210
S41595	04Cr13Ni5Mo	620	795	15	—	302	32HRC	308

（续）

统一数字代号	牌　号	规定塑性延伸强度 $R_{p0.2}$/MPa	抗拉强度 R_m/MPa	断后伸长率 $A^{①}$(%)	180°弯曲性能^{②}	硬　度		
						HBW	HRB	HV
		≥				≤		
S42020	20Cr13	225	520	18	—	223	97	234
S42030	30Cr13	225	540	18	—	235	99	247
S42040	40Cr13	225	590	15	—	—	—	—
S43120	17Cr16Ni2^{③}	690	880~1080	12	—	262~326	—	—
		1050	1350	10	—	388		
S44070	68Cr17	245	590	15	—	255	25HRC	269
S46050	50Cr15MoV	—	≤850	12	—	280	100	280

① 厚度不大于 3mm 时使用 A_{50mm} 试样。

② D 为弯曲压头直径，a 为弯曲试样厚度。

③ 表列为淬火、回火后的力学性能。

表 14-10　经固溶处理的沉淀硬化型不锈钢冷轧钢板和钢带的力学性能（GB/T 3280—2015）

统一数字代号	牌　号	钢材厚度/mm	规定塑性延伸强度 $R_{p0.2}$/MPa	抗拉强度 R_m/MPa	断后伸长率 $A^{①}$(%)	硬　度	
						HRC	HBW
			≤		≥	≤	
S51380	04Cr13Ni8Mo2Al	0.10~<8.0	—	—	—	38	363
S51290	022Cr12Ni9Cu2NbTi	0.30~8.0	1105	1205	3	36	331
S51770	07Cr17Ni7Al	0.10~<0.30	450	1035	—	—	—
		0.30~8.0	380	1035	20	92HRB	—
S51570	07Cr15Ni7Mo2Al	0.10~<8.0	450	1035	25	100HRB	—
S51750	09Cr17Ni5Mo3N	0.10~<0.30	585	1380	8	30	—
		0.30~8.0	585	1380	12	30	—
S51778	06Cr17Ni7AlTi	0.10~<1.50	515	825	4	32	—
		1.50~8.0	515	825	5	32	—

① 厚度不大于 3mm 时使用 A_{50mm} 试样。

表 14-11　经沉淀硬化处理的沉淀硬化型不锈钢冷轧钢板和钢带的力学性能（GB/T 3280—2015）

统一数字代号	牌　号	钢材厚度/mm	处理温度^{①}/℃	规定塑性延伸强度 $R_{p0.2}$/MPa	抗拉强度 R_m/MPa	断后伸长率 $A^{②}$(%)	硬　度	
							HRC	HBW
				≥				
S51380	04Cr13Ni8Mo2Al	0.10~<0.50	510±6	1410	1515	6	45	—
		0.50~<5.0		1410	1515	8	45	—
		5.0~8.0		1410	1515	10	45	—
		0.10~<0.50	538±6	1310	1380	6	43	—
		0.50~<5.0		1310	1380	8	43	—
		5.0~8.0		1310	1380	10	43	—
S51290	022Cr12Ni9Cu2NbTi	0.10~<0.50	510±6 或 482±6	1410	1525	—	44	—
		0.50~<1.50		1410	1525	3	44	—
		1.50~8.0		1410	1525	4	44	—
S51770	07Cr17Ni7Al	0.10~<0.30	760±15 15±3 566±6	1035	1240	3	38	—
		0.30~<5.0		1035	1240	5	38	—
		5.0~8.0		965	1170	7	38	352
		0.10~<0.30	954±8 −73±6 510±6	1310	1450	1	44	—
		0.30~<5.0		1310	1450	3	44	—
		5.0~8.0		1240	1380	6	43	401

（续）

统一数字代号	牌号	钢材厚度/mm	处理温度[1]/℃	规定塑性延伸强度 $R_{p0.2}$/MPa	抗拉强度 R_m/MPa	断后伸长率 A[2]（%）	硬度 HRC	硬度 HBW
				≥				
S51570	07Cr15Ni7Mo2Al	0.10～<0.30	760±15 15±3 566±6	1170	1310	3	40	—
		0.30～<5.0		1170	1310	5	40	—
		5.0～8.0		1170	1310	4	40	375
		0.10～<0.30	954±8 −73±6 510±6	1380	1550	2	46	—
		0.30～<5.0		1380	1550	4	46	—
		5.0～8.0		1380	1550	4	45	429
		0.10～1.2	冷轧	1205	1380	1	41	—
		0.10～1.2	冷轧+482	1580	1655	1	46	—
S51750	09Cr17Ni5Mo3N	0.10～<0.30	455±8	1035	1275	6	42	
		0.30～<5.0		1035	1275	8	42	
		0.10～<0.30	540±8	1000	1140	6	36	
		0.30～<5.0		1000	1140	8	36	
S51778	06Cr17Ni7AlTi	0.10～<0.80	510±8	1170	1310	3	39	
		0.80～<1.50		1170	1310	4	39	
		1.50～8.0		170	1310	5	39	
		0.10～<0.80	538±8	1105	1240	3	37	
		0.80～<1.50		1105	1240	4	37	
		1.50～8.0		1105	1240	5	37	
		0.10～<0.80	566±8	1035	1170	3	35	
		0.80～<1.50		1035	1170	4	35	
		1.50～8.0		1035	1170	5	35	

① 为推荐性热处理温度，供方应向需方提供推荐性热处理制度。
② 适用于沿宽度方向的试验，垂直于轧制方向且平行于钢板表面。厚度不大于 3mm 时使用 A_{50mm} 试样。

14.1.2　承压设备用不锈钢板和钢带的力学性能

承压设备用经固溶处理的奥氏体型不锈钢板和钢带、经热处理的奥氏体-铁素体型不锈钢板和钢带、经退火处理的铁素体型不锈钢板和钢带室温下的力学性能见表 14-12～表 14-14。

表 14-12　承压设备用经固溶处理的奥氏体型不锈钢板和钢带室温下的力学性能 （GB/T 24511—2017）

数字代号	牌号	规定塑性延伸强度 $R_{p0.2}$/MPa	规定塑性延伸强度 $R_{p1.0}$[1]/MPa	抗拉强度 R_m/MPa	断后伸长率 A[2]（%）	硬度 HBW	硬度 HRB	硬度 HV
		≥				≤		
S30408	06Cr19Ni10	220	250	520	40	201	92	210
S30403	022Cr19Ni10	210	230	490	40	201	92	210
S30409	07Cr19Ni10	220	250	520	40	201	92	210
S30458	06Cr19Ni10N	240	310	550	30	201	92	220
S30478	06Cr19Ni9NbN	275	—	585	30	241	100	242
S30453	022Cr19Ni10N	205	310	515	40	201	92	220
S30908	06Cr23Ni13	205	—	515	40	217	95	220
S31008	06Cr25Ni20	205	240	520	40	217	95	220
S31252	015Cr20Ni18Mo6CuN	310		655	35	223	96	225
S31608	06Cr17Ni12Mo2	220	260	520	40	217	95	220
S31603	022Cr17Ni12Mo2	210	260	490	40	217	95	220

（续）

数字代号	牌号	规定塑性延伸强度 $R_{p0.2}$/MPa	规定塑性延伸强度 $R_{p1.0}$[1]/MPa	抗拉强度 R_m/MPa	断后伸长率 A[2](%)	硬度		
						HBW	HRB	HV
		≥				≤		
S31609	07Cr17Ni12Mo2	220	—	515	40	217	95	220
S31668	06Cr17Ni12Mo2Ti	205	260	520	40	217	95	320
S31658	06Cr17Ni12Mo2N	240	—	550	35	217	95	220
S31653	022Cr17Ni12Mo2N	205	320	515	40	217	95	220
S39042	015Cr21Ni26Mo5Cu2	220	260	490	35	—	90	200
S31708	06Cr19Ni13Mo3	205	260	520	35	217	95	220
S31703	022Cr19Ni13Mo3	205	260	520	40	217	95	220
S32168	06Cr18Ni11Ti	205	250	520	40	217	95	220
S32169	07Cr19Ni11Ti	205	—	515	40	217	95	220
S34778	06Cr18Ni11Nb	205	—	515	40	201	92	210
S34779	07Cr18Ni11Nb	205	—	515	40	201	92	210

① 规定塑性延伸强度 $R_{p1.0}$，仅当需方要求并在合同中注明时才进行检验。

② 厚度不大于 3.00mm 时使用 A_{50mm} 试样。

表 14-13 承压设备用经热处理的奥氏体-铁素体型不锈钢板和
钢带室温下的力学性能（GB/T 24511—2017）

数字代号	牌号		规定塑性延伸强度 $R_{p0.2}$/MPa	抗拉强度 R_m/MPa	断后伸长率 A[1](%)	硬度	
						HBW	HRC
			≥			≤	
S21953	022Cr19Ni5Mo3Si2N		440	630	25	290	31
S22253	022Cr22Ni5Mo3N		450	620	25	293	31
S22053	022Cr23Ni5Mo3N		450	620	25	293	31
S23043	022Cr23Ni4MoCuN		400	600	25	290	32
S25554	03Cr25Ni6Mo3Cu2N		550	760	20	302	32
S25073	022Cr25Ni7Mo4N		550	800	20	310	32
S22294	03Cr22Mn5Ni2MoCuN	厚度≤5.0mm	530	700	30	290	—
		厚度>5.0mm	450	650	30	290	—
S22153	022Cr21Ni3Mo2N	厚度≤5.0mm	485	690	25	293	31
		厚度>5.0mm	450	655	25	293	31

① 厚度不大于 3.00mm 时使用 A_{50mm} 试样。

表 14-14 承压设备用经退火处理的铁素体型不锈钢板
和钢带室温下的力学性能（GB/T 24511—2017）

数字代号	牌号	规定塑性延伸强度 $R_{p0.2}$/MPa	抗拉强度 R_m/MPa	断后伸长率 A[1](%)	硬度			180°弯曲性能[2]
					HBW	HRB	HV	
		≥			≤			
S11348	06Cr13Al	170	415	20	179	88	200	$D=2a$
S11972	019Cr19Mo2NbTi	275	415	20	217	96	230	$D=2a$
S11306	06Cr13	205	415	20	183	89	200	$D=2a$

① 厚度不大于 3.00mm 时使用 A_{50mm} 试样。

② 表中产品的最大厚度为 25.0mm。D 为弯曲压头直径，a 为弯曲试样厚度。

14.1.3 弹簧用不锈钢冷轧钢带的力学性能

弹簧用不锈钢冷轧钢带的力学性能见表 14-15。

表 14-15　弹簧用不锈钢冷轧钢带的力学性能（YB/T 5310—2010）

牌号	交货状态	冷轧、固溶状态			沉淀硬化处理状态		
		规定塑性延伸强度 $R_{p0.2}$/MPa	抗拉强度 R_m/MPa	断后伸长率 A(%)	热处理	规定塑性延伸强度 $R_{p0.2}$/MPa	抗拉强度 R_m/MPa
		≥				≥	
12Cr17Ni7	1/2H	510	930	10	—	—	—
	3/4H	745	1130	5	—	—	—
	H	1030	1320	—	—	—	—
12Cr17Ni7	EH	1275	1570	—	—	—	—
	SEH	1450	1740	—	—	—	—
06Cr19Ni10	1/4H	335	650	10	—	—	—
	1/2H	470	780	6	—	—	—
	3/4H	665	930	3	—	—	—
	H	880	1130	—	—	—	—
07Cr17Ni7Al	固溶	—	1030	20	固溶+565℃时效	960	1140
					固溶+510℃时效	1030	1230
	1/2H	—	1080	5	1/2H+475℃时效	880	1230
	3/4H	—	1180	—	3/4H+475℃时效	1080	1420
	H	—	1420	—	H+475℃时效	1320	1720

14.1.4　不锈钢热轧钢板和钢带的力学性能

经固溶处理的奥氏体型不锈钢、经固溶处理的奥氏体-铁素体型不锈钢、经退火处理的铁素体型不锈钢、经退火处理的马氏体型不锈钢、经固溶处理的沉淀硬化型不锈钢、时效处理后沉淀硬化型不锈钢热轧钢板和钢带的力学性能分别见表 14-16～表 14-21。

表 14-16　经固溶处理的奥氏体型不锈钢热轧钢板和钢带的力学性能（GB/T 4237—2015）

统一数字代号	牌号	规定塑性延伸强度 $R_{p0.2}$/MPa	抗拉强度 R_m/MPa	断后伸长率 A[1](%)	硬度		
					HBW	HRB	HV
		≥			≤		
S30103	022Cr17Ni7	220	550	45	241	100	242
S30110	12Cr17Ni7	205	515	40	217	95	220
S30153	022Cr17Ni7N	240	550	45	241	100	242
S30210	12Cr18Ni9	205	515	40	201	92	210
S30240	12Cr18Ni9Si3	205	515	40	217	95	220
S30403	022Cr19Ni10	180	485	40	201	92	210
S30408	06Cr19Ni10	205	515	40	201	92	210
S30409	07Cr19Ni10	205	515	40	201	92	210
S30450	05Cr19Ni10Si2CeN	290	600	40	217	95	220
S30453	022Cr19Ni10N	205	515	40	217	95	220
S30458	06Cr19Ni10N	240	550	30	217	95	220
S30478	06Cr19Ni9NbN	275	585	30	241	100	242
S30510	10Cr18Ni12	170	485	40	183	88	200
S30859	08Cr21Ni11Si2CeN	310	600	40	217	95	220
S30908	06Cr23Ni13	205	515	40	217	95	220
S31008	06Cr25Ni20	205	515	40	217	95	220
S31053	022Cr25Ni22Mo2N	270	580	25	217	95	220
S31252	015Cr20Ni18Mo6CuN	310	655	35	223	96	225
S31603	022Cr17Ni12Mo2	180	485	40	217	95	220
S31608	06Cr17Ni12Mo2	205	515	40	217	95	220

（续）

统一数字代号	牌　号	规定塑性延伸强度 $R_{p0.2}$/MPa	抗拉强度 R_m/MPa	断后伸长率 $A^{[1]}$(%)	硬　度		
					HBW	HRB	HV
		≥			≤		
S31609	07Cr17Ni12Mo2	205	515	40	217	95	220
S31653	022Cr12Ni12Mo2N	205	515	40	217	95	220
S31658	06Cr17Ni12Mo2N	240	550	35	217	95	220
S31668	06Cr17Ni12Mo2Ti	205	515	40	217	95	220
S31678	06Cr17Ni12Mo2Nb	205	515	30	217	95	220
S31688	06Cr18Ni12Mo2Cu2	205	520	40	187	90	200
S31703	022Cr19Ni13Mo3	205	515	40	217	95	220
S31708	06Cr19Ni13Mo3	205	515	35	217	95	220
S31723	022Cr19Ni16Mo5N	240	550	40	223	96	225
S31753	022Cr19Ni13Mo4N	240	550	40	217	95	220
S31782	015Cr21Ni26Mo5Cu2	220	490	35	—	90	200
S32168	06Cr18Ni11Ti	205	515	40	217	95	220
S32169	07Cr19Ni11Ti	205	515	40	217	95	220
S32652	015Cr24Ni22Mo8Mn3CuN	430	750	40	250	—	252
S34553	022Cr24Ni17Mo5Mn6NbN	415	795	35	241	100	242
S34778	06Cr18Ni11Nb	205	515	40	201	92	210
S34779	07Cr18Ni11Nb	205	515	40	201	92	210
S38367	022Cr21Ni25Mo7N	310	655	30	241	—	—
S38926	015Cr20Ni25Mo7CuN	295	650	35	—	—	—

①　厚度不大于 3mm 时使用 A_{50mm} 试样。

表 14-17　经固溶处理的奥氏体-铁素体型不锈钢热轧钢板和钢带的力学性能
（GB/T 4237—2015）

统一数字代号	牌　号	规定塑性延伸强度 $R_{p0.2}$/MPa	抗拉强度 R_m/MPa	断后伸长率 $A^{[1]}$(%)	硬　度	
					HBW	HRC
		≥			≤	
S21860	14Cr18Ni11Si4AlTi	—	715	25	—	—
S21953	022Cr19Ni5Mo3Si2N	440	630	25	290	31
S22053	022Cr23Ni5Mo3N	450	655	25	293	31
S22152	022Cr21Mn5Ni2N	450	620	25	—	25
S22153	022Cr21Ni3Mo2N	450	655	25	293	31
S22160	12Cr21Ni5Ti	—	635	20	—	—
S22193	022Cr21Mn3Ni3Mo2N	450	620	25	293	31
S22253	022Cr22Mn3Ni2MoN	450	655	30	293	31
S22293	022Cr22Ni5Mo3N	450	620	25	293	31
S22294	03Cr22Mn5Ni2MoCuN	450	650	30	290	—
S22353	022Cr23Ni2N	450	650	30	290	—
S22493	022Cr24Ni4Mn3Mo2CuN	480	680	25	290	—
S22553	022Cr25Ni6Mo2N	450	640	25	295	31
S23043	022Cr23Ni4MoCuN	400	600	25	290	31
S25554	03Cr25Ni6Mo3Cu2N	550	760	15	302	32
S25073	022Cr25Ni7Mo4N	550	795	15	310	32
S27603	022Cr25Ni7Mo4WCuN	550	750	25	270	—

①　厚度不大于 3mm 时使用 A_{50mm} 试样。

表 14-18 经退火处理的铁素体型不锈钢热轧钢板和钢带的力学性能 （GB/T 4237—2015）

统一数字代号	牌 号	规定塑性延伸强度 $R_{p0.2}$/MPa	抗拉强度 R_m/MPa	断后伸长率 A[1]（%）	180°弯曲性能[2]	硬 度		
						HBW	HRB	HV
		≥				≤		
S11163	022Cr11Ti	170	380	20	$D = 2a$	179	88	200
S11173	022Cr11NbTi	170	380	20	$D = 2a$	179	88	200
S11213	022Cr12Ni	280	450	18	$D = 2a$	180	88	200
S11203	022Cr12	195	360	22	$D = 2a$	183	88	200
S11348	06Cr13Al	170	415	20	$D = 2a$	179	88	200
S11510	10Cr15	205	450	22	$D = 2a$	183	89	200
S11573	022Cr15NbTi	205	450	22	$D = 2a$	183	89	200
S11710	10Cr17	205	420	22	$D = 2a$	183	89	200
S11763	022Cr17NbTi	175	360	22	$D = 2a$	183	88	200
S11790	10Cr17Mo	240	450	22	$D = 2a$	183	89	200
S11862	019Cr18MoTi	245	410	20	$D = 2a$	217	96	230
S11863	022Cr18Ti	205	415	22	$D = 2a$	183	89	200
S11873	022Cr18NbTi	250	430	18	—	180	88	200
S11882	019Cr18CuNb	205	390	22	$D = 2a$	192	90	200
S11972	019Cr19Mo2NbTi	275	415	20	$D = 2a$	217	96	230
S11973	022Cr18NbTi	205	415	22	$D = 2a$	183	89	200
S12182	019Cr21CuTi	205	390	22	$D = 2a$	192	90	200
S12361	019Cr23Mo2Ti	245	410	20	$D = 2a$	217	96	230
S12362	019Cr23MoTi	245	410	20	$D = 2a$	217	96	230
S12763	022Cr27Ni2Mo4NbTi	450	585	18	$D = 2a$	241	100	242
S12791	008Cr27Mo	275	450	22	$D = 2a$	187	90	200
S12963	022Cr29Mo4NbTi	415	550	18	$D = 2a$	255	25HRC	257
S13091	008Cr30Mo2	295	450	22	$D = 2a$	207	95	220

① 厚度不大于 3mm 时使用 A_{50mm} 试样。

② D 为弯曲压头直径，a 为弯曲试样厚度。

表 14-19 经退火处理的马氏体型不锈钢热轧钢板和钢带的力学性能 （GB/T 4237—2015）

统一数字代号	牌 号	规定塑性延伸强度 $R_{p0.2}$/MPa	抗拉强度 R_m/MPa	断后伸长率 A[1]（%）	180°弯曲性能[2]	硬 度		
						HBW	HRB	HV
		≥				≤		
S40310	12Cr12	205	485	20	$D = 2a$	217	96	210
S41008	06Cr13	205	415	22	$D = 2a$	183	89	200
S41010	12Cr13	205	450	20	$D = 2a$	217	96	210
S41595	04Cr13Ni5Mo	620	795	15	—	302	32HRC	308
S42020	20Cr13	225	520	18	—	223	97	234
S42030	30Cr13	225	540	18	—	235	99	247
S42040	40Cr13	225	590	15	—	—	—	—
S43120	17Cr16Ni2[3]	690	880~1080	12		262~326		
		1050	1350	10		388		
S44070	68Cr17	245	590	15		255	25HRC	269
S46050	50Cr15MoV	—	≤850	12		280	100	280

① 厚度不大于 3mm 时使用 A_{50mm} 试样。

② D 为弯曲压头直径，a 为弯曲试样厚度。

③ 表列为淬火、回火后的力学性能。

表 14-20　经固溶处理的沉淀硬化型不锈钢热轧钢板和钢带的力学性能（GB/T 4237—2015）

统一数字代号	牌　号	钢材厚度/mm	规定塑性延伸强度 $R_{p0.2}$/MPa	抗拉强度 R_m/MPa	断后伸长率 $A^{①}$(%)	硬　度	
						HRC	HBW
			≤		≥	≤	
S51380	04Cr13Ni8Mo2Al	2.0~102	—	—	—	38	363
S51290	022Cr12Ni9Cu2NbTi	2.0~102	1105	1205	3	36	331
S51770	07Cr17Ni7Al	2.0~102	380	1035	20	92HRB	—
S51570	07Cr15Ni7Mo2Al	2.0~102	450	1035	25	100HRB	—
S51750	09Cr17Ni5Mo3N	2.0~102	585	1380	12	30	
S51778	06Cr17Ni7AlTi	2.0~102	515	825	5	32	

① 厚度不大于 3mm 时使用 A_{50mm} 试样。

表 14-21　时效处理后沉淀硬化型不锈钢热轧钢板和钢带的力学性能（GB/T 4237—2015）

统一数字代号	牌　号	钢材厚度/mm	处理温度^{①}/℃	规定塑性延伸强度 $R_{p0.2}$/MPa	抗拉强度 R_m/MPa	断后伸长率 $A^{②}$(%)	硬　度	
							HRC	HBW
				≥				
S51380	04Cr13Ni8Mo2Al	2~<5	510±5	1410	1515	8	45	—
		5~<16		1410	1515	10	45	—
		16~100		1410	1515	10	45	429
		2~<5	540±5	1310	1380	8	43	—
		5~<16		1310	1380	10	43	—
		16~100		1310	1380	10	43	401
S51290	022Cr12Ni9Cu2NbTi	≥2	480±6 或 510±5	1410	1525	4	44	—
S51770	07Cr17Ni7Al	2~<5	760±15 15±3 566±6	1035	1240	6	38	—
		5~16		965	1170	7	38	352
		2~<5	954±8 −73±6 510±6	1310	1450	4	44	—
		5~16		1240	1380	6	43	401
S51570	07Cr15Ni7Mo2Al	2~<5	760±15 15±3 566±6	1170	1310	5	40	—
		5~16		1170	1310	4	40	375
		2~<5	954±8 −73±6 510±6	1380	1550	4	46	—
		5~16		1380	1550	4	45	429
S51750	09Cr17Ni5Mo3N	2~5	455±10	1035	1275	8	42	—
		2~5	540±10	1000	1140	8	36	—
S51778	06Cr17Ni7AlTi	2~<3	510±10	1170	1310	5	39	—
		≥3		1170	1310	8	39	363
		2~<3	540±10	1105	1240	5	37	—
		≥3		1105	1240	8	38	352
		2~<3	565±10	1035	1170	5	35	—
		≥3		1035	1170	8	36	331

① 推荐性热处理温度，供方应向需方提供推荐性热处理制度。
② 适用于沿宽度方向的试验，垂直于轧制方向且平行于钢板表面。厚度不大于 3mm 时使用 A_{50mm} 试样。

14.2　不锈钢管的力学性能

14.2.1　不锈钢小直径无缝钢管的力学性能

不锈钢小直径无缝钢管的力学性能见表 14-22。

表 14-22　不锈钢小直径无缝钢管的力学性能（GB/T 3090—2000）

牌　号	推荐热处理制度	抗拉强度 R_m/MPa	断后伸长率 A（%）
		≥	
0Cr18Ni9（06Cr19Ni10）	1010~1150℃，急冷	520	35
00Cr19Ni10（022Cr19Ni10）	1010~1150℃，急冷	480	35
0Cr18Ni10Ti（06Cr18Ni11Ti）	920~1150℃，急冷	520	35
0Cr17Ni12Mo2（06Cr17Ni12Mo2）	1010~1150℃，急冷	520	35
00Cr17Ni14Mo2（022Cr17Ni14Mo2）	1010~1150℃，急冷	480	35
1Cr18Ni9Ti	1000~1100℃，急冷	520	35

注：1. 对于外径小于 3.2mm，或壁厚小于 0.30mm 的较小直径和较薄壁厚的钢管断后伸长率不小于 25%。

　　2. 括号内牌号为对应 GB/T 20878—2007 中的牌号。

14.2.2　结构用不锈钢无缝钢管的力学性能

结构用不锈钢无缝钢管的力学性能见表 14-23。

表 14-23　结构用不锈钢无缝钢管的力学性能（GB/T 14975—2012）

组织类型	牌号	推荐热处理制度	抗拉强度 R_m/MPa	规定塑性延伸强度 $R_{p0.2}$/MPa	断后伸长率 A（%）	硬度 HBW/HV/HRB
			≥			≤
奥氏体型	12Cr18Ni9	1010~1150℃，水冷或其他方式快冷	520	205	35	192/200/90
	06Cr19Ni10	1010~1150℃，水冷或其他方式快冷	520	205	35	192/200/90
	022Cr19Ni10	1010~1150℃，水冷或其他方式快冷	480	175	35	192/200/90
	06Cr19Ni10N	1010~1150℃，水冷或其他方式快冷	550	275	35	192/200/90
	06Cr19Ni9NbN	1010~1150℃，水冷或其他方式快冷	685	345	35	—
	022Cr19Ni10N	1010~1150℃，水冷或其他方式快冷	550	245	40	192/200/90
	06Cr23Ni13	1030~1150℃，水冷或其他方式快冷	520	205	40	192/200/90
	06Cr25Ni20	1030~1180℃，水冷或其他方式快冷	520	205	40	192/200/90
	015Cr20Ni18Mo6CuN	≥1150℃，水冷或其他方式快冷	655	310	35	220/230/96
	06Cr17Ni12Mo2	1010~1150℃，水冷或其他方式快冷	520	205	35	192/200/90
	022Cr17Ni12Mo2	1010~1150℃，水冷或其他方式快冷	480	175	35	192/200/90
	07Cr17Ni12Mo2	≥1040℃，水冷或其他方式快冷	515	205	35	192/200/90
	06Cr17Ni12Mo2Ti	1000~1100℃，水冷或其他方式快冷	530	205	35	192/200/90
	022Cr17Ni12Mo2N	1010~1150℃，水冷或其他方式快冷	550	245	40	192/200/90
	06Cr17Ni12Mo2N	1010~1150℃，水冷或其他方式快冷	550	275	35	192/200/90
	06Cr18Ni12Mo2Cu2	1010~1150℃，水冷或其他方式快冷	520	205	35	—
	022Cr18Ni14Mo2Cu2	1010~1150℃，水冷或其他方式快冷	480	180	35	—
	015Cr21Ni26Mo5Cu2	≥1100℃，水冷或其他方式快冷	490	215	35	192/200/90
	06Cr19Ni13Mo3	1010~1150℃，水冷或其他方式快冷	520	205	35	192/200/90
	022Cr19Ni13Mo3	1010~1150℃，水冷或其他方式快冷	480	175	35	192/200/90
	06Cr18Ni11Ti	920~1150℃，水冷或其他方式快冷	520	205	35	192/200/90
	07Cr19Ni11Ti	冷拔（轧）≥1100℃，热轧（挤、扩）≥1050℃，水冷或其他方式快冷	520	205	35	192/200/90
	06Cr18Ni11Nb	980~1150℃，水冷或其他方式快冷	520	205	35	192/200/90
	07Cr18Ni11Nb	冷拔（轧）≥1100℃，热轧（挤、扩）≥1050℃，水冷或其他方式快冷	520	205	35	192/200/90
	16Cr25Ni20Si2	1030~1180℃，水冷或其他方式快冷	520	205	40	192/200/90

（续）

组织类型	牌号	推荐热处理制度	抗拉强度 R_m/MPa	规定塑性延伸强度 $R_{p0.2}$/MPa	断后伸长率 A(%)	硬度 HBW/HV/HRB
			≥			≤
铁素体型	06Cr13Al	780~830℃,空冷或缓冷	415	205	20	207/—/95
	10Cr15	780~850℃,空冷或缓冷	415	240	20	190/—/90
	10Cr17	780~850℃,空冷或缓冷	410	245	20	190/—/90
	022Cr18Ti	780~950℃,空冷或缓冷	415	205	20	190/—/90
	019Cr19Mo2NbTi	800~1050℃,空冷	415	275	20	217/230/96
马氏体型	06Cr13	800~900℃,缓冷或750℃空冷	370	180	22	—
	12Cr13	800~900℃,缓冷或750℃空冷	410	205	20	207/95
	20Cr13	800~900℃,缓冷或750℃空冷	470	215	19	—

14.2.3 流体输送用不锈钢无缝钢管的力学性能

流体输送用不锈钢无缝钢管的力学性能见表12-24。

表14-24 流体输送用不锈钢无缝钢管的力学性能（GB/T 14976—2012）

组织类型	牌号	推荐热处理制度	抗拉强度 R_m/MPa	规定塑性延伸强度 $R_{p0.2}$/MPa	断后伸长率 A(%)
			≥		
奥氏体型	12Cr18Ni9	1010~1150℃,水冷或其他方式快冷	520	205	35
	06Cr19Ni10	1010~1150℃,水冷或其他方式快冷	520	205	35
	022Cr19Ni10	1010~1150℃,水冷或其他方式快冷	480	175	35
	06Cr19Ni10N	1010~1150℃,水冷或其他方式快冷	550	275	35
	06Cr19Ni9NbN	1010~1150℃,水冷或其他方式快冷	685	345	35
	022Cr19Ni10N	1010~1150℃,水冷或其他方式快冷	550	245	40
	06Cr23Ni13	1030~1150℃,水冷或其他方式快冷	520	205	40
	06Cr25Ni20	1030~1180℃,水冷或其他方式快冷	520	205	40
	06Cr17Ni12Mo2	1010~1150℃,水冷或其他方式快冷	520	205	35
	022Cr17Ni12Mo2	1010~1150℃,水冷或其他方式快冷	480	175	35
	07Cr17Ni12Mo2	≥1040℃,水冷或其他方式快冷	515	205	35
	06Cr17Ni12Mo2Ti	1000~1100℃,水冷或其他方式快冷	530	205	35
	06Cr17Ni12Mo2N	1010~1150℃,水冷或其他方式快冷	550	275	35
	022Cr17Ni12Mo2N	1010~1150℃,水冷或其他方式快冷	550	245	40
	06Cr18Ni12Mo2Cu2	1010~1150℃,水冷或其他方式快冷	520	205	35
	022Cr18Ni14Mo2Cu2	1010~1150℃,水冷或其他方式快冷	480	180	35
	06Cr19Ni13Mo3	1010~1150℃,水冷或其他方式快冷	520	205	35
	022Cr19Ni13Mo3	1010~1150℃,水冷或其他方式快冷	480	175	35
	06Cr18Ni11Ti	920~1150℃,水冷或其他方式快冷	520	205	35
	07Cr19Ni11Ti	冷拔(轧)≥1100℃,热轧(挤、扩)≥1050℃,水冷或其他方式快冷	520	205	35
	06Cr18Ni11Nb	980~1150℃,水冷或其他方式快冷	520	205	35
	07Cr18Ni11Nb	冷拔(轧)≥1100℃,热轧(挤、扩)≥1050℃,水冷或其他方式快冷	520	205	35

（续）

组织类型	牌号	推荐热处理制度	抗拉强度 R_m/MPa	规定塑性延伸强度 $R_{p0.2}$/MPa	断后伸长率 $A(\%)$
				≥	
铁素体型	06Cr13Al	780~830℃,空冷或缓冷	415	205	20
	10Cr15	780~850℃,空冷或缓冷	415	240	20
	10Cr17	780~850℃,空冷或缓冷	415	240	20
	022Cr18Ti	780~950℃,空冷或缓冷	415	205	20
	019Cr19Mo2NbTi	800~1050℃,空冷	415	275	20
马氏体型	06Cr13	800~900℃,缓冷或750℃空冷	370	180	22
	12Cr13	800~900℃,缓冷或750℃空冷	415	205	20

14.2.4　锅炉和热交换器用不锈钢无缝钢管的力学性能

锅炉和热交换器用不锈钢无缝钢管的室温力学性能见表14-25。

表 14-25　锅炉和热交换器用不锈钢无缝钢管的室温拉伸性能（GB 13296—2013）

组织类型	牌号	热处理制度	抗拉强度 R_m/MPa	规定塑性延伸强度 $R_{p0.2}$/MPa	断后伸长率 $A(\%)$
				≥	
奥氏体型	12Cr18Ni9	1010~1150℃,急冷	520	205	35
	06Cr19Ni10	1010~1150℃,急冷	520	205	35
	022Cr19Ni10	1010~1150℃,急冷	480	175	35
	07Cr19Ni10	1010~1150℃,急冷	520	205	35
	06Cr19Ni10N	1010~1150℃,急冷	550	240	35
	022Cr19Ni10N	1010~1150℃,急冷	515	205	35
	16Cr23Ni13	1030~1150℃,急冷	520	205	35
	06Cr23Ni13	1030~1150℃,急冷	520	205	35
	20Cr25Ni20	1030~1180℃,急冷	520	205	35
	06Cr25Ni20	1030~1180℃,急冷	520	205	35
	06Cr17Ni12Mo2	1010~1150℃,急冷	520	205	35
	022Cr17Ni12Mo2	1010~1150℃,急冷	480	175	40
	07Cr17Ni12Mo2	≥1040℃,急冷	520	205	35
	06Cr17Ni12Mo2Ti	1000~1100℃,急冷	530	205	35
	06Cr17Ni12Mo2N	1010~1150℃,急冷	550	240	35
	022Cr17Ni12Mo2N	1010~1150℃,急冷	515	205	35
	06Cr18Ni12Mo2Cu2	1010~1150℃,急冷	520	205	35
	022Cr18Ni14Mo2Cu2	1010~1150℃,急冷	480	180	35
	015Cr21Ni26Mo5Cu2	1065~1150℃,急冷	490	220	35
	06Cr19Ni13Mo3	1010~1150℃,急冷	520	205	35
	022Cr19Ni13Mo3	1010~1150℃,急冷	480	175	35
	06Cr18Ni11Ti	920~1150℃,急冷	520	205	35
	07Cr19Ni11Ti	热轧(挤压)≥1050℃,急冷;冷拔(轧)≥1100℃,急冷	520	205	35
	06Cr18Ni11Nb	980~1150℃,急冷	520	205	35
	07Cr18Ni11Nb	热轧(挤压)≥1050℃,急冷;冷拔(轧)≥1100℃,急冷	520	205	35
	06Cr18Ni13Si4	1010~1150℃,急冷	520	205	35

（续）

组织类型	牌 号	热处理制度	抗拉强度 R_m/MPa	规定塑性延伸强度 $R_{p0.2}$/MPa	断后伸长率 A(%)
			≥		
铁素体型	10Cr17	780~850℃,空冷或缓冷	410	245	20
	008Cr27Mo	900~1050℃,急冷	410	245	20
马氏体型	06Cr13	750℃空冷或800~900℃缓冷	410	210	20

注：热挤压钢管的抗拉强度可降低20MPa。

14.2.5 奥氏体-铁素体型双相不锈钢无缝钢管的力学性能

奥氏体-铁素体型双相不锈钢无缝钢管的力学性能见表14-26。

表14-26 奥氏体-铁素体型双相不锈钢无缝钢管的力学性能 （GB/T 21833—2008）

牌 号	热处理制度	拉伸性能			硬度[1]	
		抗拉强度 R_m/MPa	规定塑性延伸强度 $R_{p0.2}$/MPa	断后伸长率 A(%)	HBW	HRC
		≥			≤	
022Cr19Ni5Mo8Si2	980~1040℃,急冷	630	440	30	290	30
022Cr22Ni5Mo3N	1020~1100℃,急冷	620	450	25	290	30
022Cr23Ni4MoCuN	925~1050℃,急冷(D≤25mm)	690	450	25	—	
	925~1050℃,急冷(D>25mm)	600	420	25	290	30
022Cr23Ni5Mo3N	1020~1100℃,急冷	655	485	25	290	30
022Cr24Ni7Mo4CuN	1080~1120℃,急冷	770	550	25	310	—
022Cr25Ni6Mo2N	1050~1100℃,急冷	690	450	25	280	
022Cr25Ni7Mo3WCuN	1020~1100℃,急冷	690	450	25	290	30
022Cr25Ni6Mo4N	1025~1125℃,急冷	800	550	15	300	32
03Cr25Ni6Mo3Cu2N	≥1040℃,急冷	760	550	15	297	31
022Cr25Ni7Mo4WCuN	1100~1140℃,急冷	750	550	25	300	
06Cr26Ni4Mo2	925~955℃,急冷	620	485	20	271	28
12Cr21Ni5Ti	950~1100℃,急冷	590	345	20	—	

[1] 未要求硬度的牌号，只提供实测数据，不作为交货条件。

14.2.6 不锈钢极薄壁无缝钢管的力学性能

不锈钢极薄壁无缝钢管的力学性能见表14-27。

表14-27 不锈钢极薄壁无缝钢管的力学性能 （GB/T 3089—2008）

牌号	抗拉强度 R_m/MPa	断后伸长率 A(%)	牌号	抗拉强度 R_m/MPa	断后伸长率 A(%)
	≥			≥	
06Cr19Ni10	520	35	06Cr17Ni12Mo2Ti	540	35
022Cr19Ni10	440	40	06Cr18Ni11Ti	520	40
022Cr17Ni12Mo2	480	40			

14.2.7 机械结构用不锈钢焊接钢管的力学性能

机械结构用不锈钢焊接钢管的力学性能见表14-28。

表 14-28　机械结构用不锈钢焊接钢管的力学性能（GB/T 12770—2012）

类型	牌号	推荐热处理制度
奥氏体型	12Cr18Ni9	1010~1150℃,水冷或其他方式快冷
	06Cr19Ni10	1010~1150℃,水冷或其他方式快冷
	022Cr19Ni10	1010~1150℃,水冷或其他方式快冷
	06Cr25Ni20	1030~1180℃,水冷或其他方式快冷
	06Cr17Ni12Mo2	1010~1150℃,水冷或其他方式快冷
	022Cr17Ni12Mo2	1010~1150℃,水冷或其他方式快冷
	06Cr18Ni11Ti	920~1150℃,水冷或其他方式快冷
	06Cr18Ni11Nb	980~1150℃,水冷或其他方式快冷
双相钢	022Cr22Ni5Mo3N	1020~1100℃,水冷
	022Cr23Ni5Mo3N	1020~1100℃,水冷
	022Cr25Ni7Mo4N	1025~1125℃,水冷
铁素体型	022Cr18Ti	780~950℃,快冷或缓冷
	019Cr19Mo2NbTi	800~1050℃,快冷
	06Cr13Al	780~830℃,快冷或缓冷
	022Cr11Ti	800~900℃,快冷或缓冷
	022Cr12Ni	700~820℃,快冷或缓冷
马氏体型	06Cr13	750℃,快冷;或800~900℃,缓冷

14.2.8　装饰用焊接不锈钢管的力学性能

装饰用焊接不锈钢管的力学性能见表 14-29。

表 14-29　装饰用焊接不锈风管的力学性能（YB/T 5363—2016）

统一数字代号	牌号	规定塑性延伸强度 $R_{p0.2}$/MPa	抗拉强度 R_m/MPa	断后伸长率 A(%)
		≥		
S30110	12Cr17Ni7	205	515	35
S30408	06Cr19Ni10	205	515	35
S31608	06Cr17Ni12Mo2	205	515	35
S11203	022Cr12	195	360	20
S11863	022Cr18Ti	175	360	20

14.2.9　建筑装饰用不锈钢焊接管材的力学性能

建筑装饰用不锈钢焊接管材的力学性能见表 14-30。

表 14-30　建筑装饰用不锈钢焊接管材的力学性能（JG/T 3030—1995）

牌号		焊后经热处理			焊接态		
		抗拉强度 R_m/MPa	规定塑性延伸强度 $R_{p0.2}$/MPa	断后伸长率 A(%)	抗拉强度 R_m/MPa	规定塑性延伸强度 $R_{p0.2}$/MPa	断后伸长率 A(%)
				≥			
奥氏体型	00Cr19Ni10 (022Cr19Ni10)	480	180	35	480	180	25
	00Cr17Ni14Mo2 (022Cr17Ni12Mo2)						
	0Cr18Ni9 (06Cr19Ni10)						
	1Cr18Ni9 (12Cr18Ni9)	520	210		520	210	
	1Cr18Ni9Ti						
	0Cr17Ni12Mo2 (06Cr17Ni12Mo2)						
铁素体型	1Cr17(10Cr17)	410	210	20	按双方协议		

注：括号内牌号为对应 GB/T 20878—2007 中的牌号。

14.2.10 城镇燃气输送用不锈钢焊接钢管的力学性能

城镇燃气输送用不锈钢焊接钢管的力学性能见表14-31。

表 14-31　城镇燃气输送用不锈钢焊接钢管的力学性能（YB/T 4370—2014）

牌　号	规定塑性延伸强度 $R_{p0.2}$/MPa	抗拉强度 R_m/MPa	断后伸长率 $A(\%)$
	≥		
06Cr19Ni10	210	520	25
022Cr19Ni10	180	480	25
06Cr17Ni12Mo2	210	520	25
022Cr17Ni12Mo2	180	480	25
022Cr18Ti	180	360	20
019Cr19Mo2NbTi	240	410	20
019Cr22CuNbTi	205	390	22

14.2.11 流体输送用不锈钢焊接钢管的力学性能

流体输送用不锈钢焊接钢管的力学性能见表14-32。

表 14-32　流体输送用不锈钢焊接钢管力学性能（GB/T 12771—2008）

牌　号	规定塑性延伸强度 $R_{p0.2}$/MPa	抗拉强度 R_m/MPa	断后伸长率 $A(\%)$	
			热处理状态	非热处理状态
			≥	
12Cr18Ni9	210	520	35	25
06Cr19Ni10	210	520		
022Cr19Ni10	180	480		
06Cr25Ni20	210	520		
06Cr17Ni12Mo2	210	520		
022Cr17Ni12Mo2	180	480		
06Cr18Ni11Ti	210	520		
06Cr18Ni11Nb	210	520		
022Cr18Ti	180	360	20	—
019Cr19Mo2NbTi	240	410		
06Cr13Al	177	410		
022Cr11Ti	275	400	18	—
022Cr12Ni	275	400	18	—
06Cr13	210	410	20	—

14.2.12 锅炉和热交换器用奥氏体不锈钢焊接钢管的力学性能

锅炉和热交换器用奥氏体不锈钢焊接钢管的力学性能见表14-33。

表 14-33　锅炉和热交换器用奥氏体不锈钢焊接钢管的热处理与力学性能（GB/T 24593—2009）

牌号	推荐热处理制度	抗拉强度 R_m/MPa	规定塑性延伸强度 $R_{p0.2}$/MPa	断后伸长率 $A(\%)$	硬度 HRB ≤
		≥			
12Cr18Ni9	≥1040℃,急冷	515	205	35	90
06Cr19Ni10	≥1040℃,急冷	515	205	35	90
022Cr19Ni10	≥1040℃,急冷	485	170	35	90

（续）

牌号	推荐热处理制度	抗拉强度 R_m/MPa	规定塑性延伸强度 $R_{p0.2}$/MPa	断后伸长率 A/（%）	硬度 HRB
		≥	≥	≥	≤
07Cr19Ni10	≥1040℃,急冷	515	205	35	90
06Cr19Ni10N	≥1040℃,急冷	550	240	35	90
022Cr19Ni10N	≥1040℃,急冷	515	205	35	90
10Cr18Ni12	≥1040℃,急冷	515	205	35	90
06Cr23Ni13	≥1040℃,急冷	515	205	35	90
06Cr25Ni20	≥1040℃,急冷	515	205	35	90
06Cr17Ni12Mo2	≥1040℃,急冷	515	205	35	90
022Cr17Ni12Mo2	≥1040℃,急冷	485	170	35	90
06Cr17Ni12Mo2Ti	≥1040℃,急冷	515	205	35	90
06Cr17Ni12Mo2N	≥1040℃,急冷	550	240	35	90
022Cr17Ni12Mo2N	≥1040℃,急冷	515	205	35	90
06Cr19Ni13Mo3	≥1040℃,急冷	515	205	35	90
022Cr19Ni13Mo3	≥1040℃,急冷	515	205	35	90
06Cr18Ni11Ti	≥1040℃,急冷	515	205	35	90
06Cr18Ni11Nb	≥1040℃,急冷	515	205	35	90
07Cr18Ni11Nb	≥1100℃,急冷	515	205	35	90

14.2.13　给水加热器用铁素体不锈钢焊接钢管的力学性能

给水加热器用铁素体不锈钢焊接钢管的力学性能见表 14-34。

表 14-34　给水加热器用铁素体不锈钢焊接钢管的力学性能　（GB/T 30065—2013）

牌　号	抗拉强度 R_m/MPa	规定塑性延伸强度 $R_{p0.2}$/MPa	断后伸长率 A_{50mm}（%）	牌　号	抗拉强度 R_m/MPa	规定塑性延伸强度 $R_{p0.2}$/MPa	断后伸长率 A_{50mm}（%）
	≥	≥	≥		≥	≥	≥
06Cr11Ti	380	170	20	019Cr24Mo2NbTi	410	245	25
019Cr18MoTi	410	245	20	008Cr27Mo	450	275	20
022Cr18Ti	380	170	20	019Cr25Mo4Ni4NbTi	620	515	20
022Cr18NbTi	430	250	18	022Cr27Mo4Ni2NbTi	585	450	20
019Cr19Mo2NbTi	415	275	20	008Cr29Mo4	550	415	20
019Cr22CuNbTi	390	205	22	008Cr29Mo4Ni2	550	415	20
019Cr22Mo	410	245	25	022Cr29Mo4NbTi	515	415	18
019Cr22Mo2	410	245	25				

14.2.14　奥氏体-铁素体型双相不锈钢焊接钢管的力学性能

奥氏体-铁素体型双相不锈钢焊接钢管的力学性能见表 14-35。

表 14-35 奥氏体-铁素体型双相不锈钢焊接钢管的力学性能 (GB/T 21832—2008)

牌　号	推荐热处理制度	拉伸性能			硬度[1]	
		抗拉强度 R_m/MPa	规定塑性延伸强度 $R_{p0.2}$/MPa	断后伸长率 A(%)	HBW	HRC
		≥			≤	
022Cr19Ni5Mo3Si2N	980~1040℃,急冷	630	440	30	290	30
022Cr22Ni5Mo3N	1020~1100℃,急冷	620	450	25	290	30
022Cr23Ni6Mo3N	1020~1100℃,急冷	655	485	25	290	30
022Cr23Ni4MoCuN	925~1050℃,急冷(D≤25mm)	690	450	25	—	—
	925~1050℃,急冷(D>25mm)	600	400	25	290	30
022Cr25Ni6Mo2N	1050~1100℃,急冷	690	450	25	280	—
022Cr25Ni7Mo3WCuN	1020~1100℃,急冷	690	450	25	290	30
03Cr25Ni6Mo3Cu2N	≥1040℃,急冷	760	550	15	297	31
022Cr25Ni7Mo4N	1025~1125℃,急冷	800	550	15	300	32
022Cr25Ni7Mo4WCuN	1100~1140℃,急冷	750	550	25	300	—

① 未要求硬度的牌号,只提供实测数据,不作为交货条件。

14.3　不锈钢棒和不锈钢丝的力学性能

14.3.1　不锈钢棒的力学性能

经固溶处理的奥氏体型不锈钢棒的力学性能见表 14-36,经固溶处理的奥氏体-铁素体型不锈钢棒的力学性能见表 14-37,经退火处理的铁素体型不锈钢棒的力学性能见表 14-38,经热处理的马氏体型不锈钢棒的力学性能见表 14-39,沉淀硬化型不锈钢棒的力学性能见表14-40。

表 14-36　经固溶处理的奥氏体型不锈钢棒的力学性能 (GB/T 1220—2007)

牌　号	规定塑性延伸强度 $R_{p0.2}$[1]/MPa	抗拉强度 R_m/MPa	断后伸长率 A(%)	断面收缩率 Z[2](%)	硬度[1]		
					HBW	HRB	HV
	≥				≤		
12Cr17Mn6Ni5N	275	520	40	45	241	100	253
12Cr18Mn9Ni5N	275	520	40	45	207	95	218
12Cr17Ni7	205	520	40	60	187	90	200
12Cr18Ni9	205	520	40	60	187	90	200
Y12Cr18Ni9	205	520	40	50	187	90	200
Y12Cr18Ni9Se	205	520	40	50	187	90	200
06Cr19Ni10	205	520	40	60	187	90	200
022Cr19Ni10	175	480	40	60	187	90	200
06Cr18Ni9Cu3	175	480	40	60	187	90	200
06Cr19Ni10N	275	550	35	50	217	95	220
06Cr19Ni9NbN	345	685	35	50	250	100	260
022Cr19Ni10N	245	550	40	50	217	95	220
10Cr18Ni12	175	480	40	50	187	90	200
06Cr23Ni13	205	520	40	60	187	90	200
06Cr25Ni20	205	520	40	50	187	90	200
06Cr17Ni12Mo2	205	520	40	60	187	90	200

（续）

牌　号	规定塑性延伸强度 $R_{p0.2}$①/MPa	抗拉强度 R_m/MPa	断后伸长率 $A(\%)$	断面收缩率 Z②$(\%)$	硬度①		
					HBW	HRB	HV
	≥				≤		
022Cr17Ni12Mo2	175	480	40	60	187	90	200
06Cr17Ni12Mo2Ti	205	530	40	55	187	90	200
06Cr17Ni12Mo2N	275	550	35	50	217	95	220
022Cr17Ni12Mo2N	245	550	40	50	217	95	220
06Cr18Ni12Mo2Cu2	205	520	40	60	187	90	200
022Cr18Ni14Mo2Cu2	175	480	40	60	187	90	200
06Cr19Ni13Mo3	205	520	40	60	187	90	200
022Cr19Ni13Mo3	175	480	40	60	187	90	200
03Cr18Ni16Mo5	175	480	40	45	187	90	200
06Cr18Ni11Ti	205	520	40	50	187	90	200
06Cr18Ni11Nb	205	520	40	50	187	90	200
06Cr18Ni13Si4	205	520	40	60	207	95	218

注：表中数值仅适用于直径、边长、厚度或对边距离小于或等于180mm的钢棒；大于180mm的钢棒，可改锻成
　　180mm的样坯检验，或由供需双方协商，规定允许降低其力学性能的数据。

① 规定塑性延伸强度和硬度，仅当需方要求时（合同中注明）才进行测定，且供方可根据钢棒的尺寸或状态任选一
　　种方法测定硬度。

② 扁钢不适用，但需方要求时，由供需双方协商。

表 14-37　经固溶处理的奥氏体-铁素体型不锈钢棒的力学性能（GB/T 1220—2007）

牌　号	规定塑性延伸强度 $R_{p0.2}$①/MPa	抗拉强度 R_m/MPa	断后伸长率 $A(\%)$	断面收缩率 Z②$(\%)$	冲击吸收能量 KU③/J	硬度①		
						HBW	HRB	HV
	≥					≤		
14Cr18Ni11Si4AlTi	440	715	25	40	63	—	—	—
022Cr19Ni5Mo3Si2N	390	590	20	40	—	290	30	300
022Cr22Ni5Mo3N	450	620	25			290		
022Cr23Ni5Mo3N	450	655	25			290		
022Cr25Ni6Mo2N	450	620	20			260		
03Cr25Ni6Mo3Cu2N	550	750	25			290		

注：表中数值仅适用于直径、边长、厚度或对边距离小于或等于180mm的钢棒；大于180mm的钢棒，可改锻成
　　180mm的样坯检验，或由供需双方协商，规定允许降低其力学性能的数据。

① 规定塑性延伸强度和硬度，仅当需方要求时（合同中注明）才进行测定，且供方可根据钢棒的尺寸或状态任选一
　　种方法测定硬度。

② 扁钢不适用，但需方要求时，由供需双方协商。

③ 直径或对边距离小于等于16mm的圆钢、六角钢、八角钢和边长或厚度小于等于12mm的方钢、扁钢不做冲击试验。

表 14-38　经退火处理的铁素体型不锈钢棒的力学性能（GB/T 1220—2007）

牌　号	规定塑性延伸强度 $R_{p0.2}$①/MPa	抗拉强度 R_m/MPa	断后伸长率 $A(\%)$	断面收缩率 Z②$(\%)$	冲击吸收能量 KU③/J	硬度① HBW
	≥					≤
06Cr13Al	175	410	20	60	78	183
022Cr12	195	360	22	60	—	183
10Cr17	205	450	22	50	—	183
Y10Cr17	205	450	22	50	—	183
10Cr17Mo	205	450	22	60	—	183
008Cr27Mo	245	410	20	45		219
008Cr30Mo2	295	450	20	45		228

注：表中数值仅适用于直径、边长、厚度或对边距离小于或等于75mm的钢棒；大于75mm的钢棒，可改锻成75mm
　　的样坯检验，或由供需双方协商，规定允许降低其力学性能的数据。

① 规定塑性延伸强度和硬度，仅当需方要求时（合同中注明）才进行测定，且供方可根据钢棒的尺寸或状态任选一
　　种方法测定硬度。

② 扁钢不适用，但需方要求时，由供需双方协商。

③ 直径或对边距离小于等于16mm的圆钢、六角钢、八角钢和边长或厚度小于等于12mm的方钢、扁钢不做冲击试验。

表 14-39　经热处理的马氏体型不锈钢棒的力学性能 （GB/T 1220—2007）

牌号	组别	经淬火、回火后试样的力学性能							退火后钢棒的硬度
		规定塑性延伸强度 $R_{p0.2}$[①]/MPa	抗拉强度 R_m/MPa	断后伸长率 $A(\%)$	断面收缩率 Z[②]$(\%)$	冲击吸收能量 KU[③]/J	硬度		HBW[①]
							HBW	HRC	≤
		≥							
12Cr12		390	590	25	55	118	170	—	200
06Cr13		345	490	24	60	—			183
12Cr13		345	540	22	55	78	159	—	200
Y12Cr13		345	540	17	45	55	159	—	200
20Cr13		440	640	20	50	63	192	—	223
30Cr13		540	735	12	—	24	217	—	235
Y30Cr13		540	735	8	35	24	217	—	235
40Cr13		—	—	—	—	—	—	50	235
14Cr17Ni2		—	1080	10	—	39	—	—	285
17Cr16Ni2[④]	1	700	900~1050	12	45	25	—	—	295
	2	600	800~950	14					
68Cr17		—	—	—	—	—	—	54	255
85Cr17		—	—	—	—	—	—	56	255
108Cr17		—	—	—	—	—	—	58	269
Y108Cr17		—	—	—	—	—	—	58	269
95Cr18		—	—	—	—	—	—	55	255
13Cr13Mo		490	690	20	60	78	192	—	200
32Cr13Mo		—	—	—	—	—	—	50	207
102Cr17Mo		—	—	—	—	—	—	55	269
90Cr18MoV		—	—	—	—	—	—	55	269

注：表中数值仅适用于直径、边长、厚度或对边距离小于或等于75mm 的钢棒；大于75mm 的钢棒，可改锻成75mm 的样坯检验，或由供需双方协商，规定允许降低其力学性能的数据。

① 规定塑性延伸强度和硬度，仅当需方要求时（合同中注明）才进行测定，且供方可根据钢棒的尺寸或状态任选一种方法测定硬度。

② 扁钢不适用，但需方要求时，由供需双方协商。

③ 直径或对边距离小于等于16mm 的圆钢、六角钢、八角钢和边长或厚度小于等于12mm 的方钢、扁钢不做冲击试验。

④ 17Cr16Ni2 钢的性能组别应在合同中注明，未注明时，由供方自行选择。

表 14-40　沉淀硬化型不锈钢棒的力学性能 （GB/T 1220—2007）

牌号	热处理		规定塑性延伸强度 $R_{p0.2}$/MPa	抗拉强度 R_m/MPa	断后伸长率 $A(\%)$	断面收缩率 Z[①]$(\%)$	硬度[②]	
	类型	组别					HBW	HRC
			≥					
05Cr15Ni5Cu4Nb	固溶处理	0	—	—	—	—	≤363	≤38
	沉淀硬化	480℃时效 1	1180	1310	10	35	≥375	≥40
		550℃时效 2	1000	1070	12	45	≥331	≥35
		580℃时效 3	865	1000	13	45	≥302	≥31
		620℃时效 4	725	930	16	50	≥277	≥28

（续）

牌 号	热处理		规定塑性延伸强度 $R_{p0.2}$/MPa	抗拉强度 R_m/MPa	断后伸长率 $A(\%)$	断面收缩率 $Z^{①}(\%)$	硬度②	
	类型	组别	≥				HBW	HRC
05Cr17Ni4Cu4Nb	固溶处理	0	—	—	—	—	≤363	≤38
	沉淀硬化 480℃时效	1	1180	1310	10	40	≥375	≥40
	550℃时效	2	1000	1070	12	45	≥331	≥35
	580℃时效	3	865	1000	13	45	≥302	≥31
	620℃时效	4	725	930	16	50	≥277	≥28
07Cr17Ni7Al	固溶处理	0	≤380	≤1030	20	—	≤229	—
	沉淀硬化 510℃时效	1	1030	1230	4	10	≥388	—
	565℃时效	2	960	1140	5	25	≥363	—
07Cr15Ni7Mo2Al	固溶处理	0	—	—	—	—	≤269	—
	沉淀硬化 510℃时效	1	1210	1320	6	20	≥388	—
	565℃时效	2	1100	1210	7	25	≥375	—

注：表中数值仅适用于直径、边长、厚度或对边距离小于或等于75mm 的钢棒；大于75mm 的钢棒，可改锻成75mm 的样坯检验，或由供需双方协商，规定允许降低其力学性能的数据。
① 扁钢不适用，但需方要求时，由供需双方协商。
② 供方可根据钢棒的尺寸或状态任选一种方法测定硬度。

14.3.2 奥氏体-铁素体型双相不锈钢棒的力学性能

奥氏体-铁素体型双相不锈钢棒经热处理后的力学性能见表14-41。

表 14-41 奥氏体-铁素体型双相不锈钢棒经热处理后的力学性能 （GB/T 31303—2014）

序号	牌号	规定塑性延伸强度 $R_{p0.2}$/MPa	抗拉强度 R_m/MPa	断后伸长率 $A(\%)$	断面收缩率 $Z(\%)$	硬度 HBW
		≥				≤
1	03Cr21Ni1MoCuN	450	650	30	50	290
2	022Cr19Ni5Mo3Si2N	390	590	20	40	290
3	022Cr23Ni4MoCuN	400	600	25	45	290
4	022Cr20Ni3Mo2N	450	620	25	45	290
5	022Cr22Ni5Mo3N	450	620	25	45	290
6	022Cr23Ni5Mo3N	450	655	25	45	290
7	022Cr24Ni7Mo4CuN	550	770	25	45	310
8	022Cr25Ni6Mo2N	450	620	20	40	280
9	022Cr25Ni7Mo3WCuN	450	690	25	45	290
10	022Cr25Ni7Mo4N	550	800	25	40	310
11	03Cr25Ni6Mo3Cu2N	550	750	25	45	290
12	022Cr25Ni7Mo4WCuN	550	750	25	45	310
13	06Cr26Ni4Mo2	485	620	20	40	271
14	022Cr29Ni5Mo2N	485	690	15	30	290
15	12Cr21Ni5Ti	345	590	20	40	280

注：本表适用于尺寸不大于150mm 的钢棒，尺寸大于150mm 钢棒的力学性能由供需双方协商确定。

14.3.3 不锈钢丝的力学性能

软态、轻拉、冷拉不锈钢丝的力学性能见表14-42～表14-44。

表 14-42　软态不锈钢丝的力学性能 （GB/T 4240—2009）

牌　　　号	公称直径范围/mm	抗拉强度 R_m/MPa	断后伸长率 $A(\%) \geqslant$
12Cr17Mn6Ni5N、12Cr18Mn9Ni5N、12Cr18Ni9、Y12Cr18Ni9、16Cr23Ni13、20Cr25Ni20Si2	0.05~0.10	700~1000	15
	>0.10~0.30	660~950	20
	>0.30~0.60	640~920	20
	>0.60~1.0	620~900	25
	>1.0~3.0	620~880	30
	>3.0~6.0	600~850	30
	>6.0~10.0	580~830	30
	>10.0~16.0	550~800	30
Y06Cr17Mn6Ni6Cu2、Y12Cr18Ni9Cu3、06Cr19Ni9、022Cr19Ni10、10Cr18Ni12、06Cr17Ni12Mo2、06Cr20Ni11、06Cr23Ni13、06Cr25Ni20、06Cr17Ni12Mo2、022Cr17Ni14Mo2、06Cr19Ni13Mo3、06Cr17Ni12Mo2Ti	0.05~0.10	650~930	15
	>0.10~0.30	620~900	20
	>0.30~0.60	600~870	20
	>0.60~1.0	580~850	25
	>1.0~3.0	570~830	30
	>3.0~6.0	550~800	30
	>6.0~10.0	520~770	30
	>10.0~16.0	500~750	30
30Cr13、32Cr13Mo、Y30Cr13、40Cr13、12Cr12Ni2、Y16Cr17Ni2Mo、20Cr17Ni2	1.0~2.0	600~850	10
	>2.0~16.0	600~850	15

注：易切削钢丝和公称直径小于 1.0mm 的钢丝，断后伸长率供参考，不作为判定依据。

表 14-43　轻拉不锈钢丝的力学性能 （GB/T 4240—2009）

牌　　　号	公称尺寸范围/mm	抗拉强度 R_m/MPa
12Cr17Mn6Ni5N、12Cr18Mn9Ni5N、Y06Cr17Mo6Ni6Cu2、12Cr18Ni9、Y12Cr18Ni9、Y12Cr18Ni9Cu3、06Cr19Ni9、022Cr19Ni10、10Cr18Ni12、06Cr20Ni11	0.50~1.0	850~1200
	>1.0~3.0	830~1150
	>3.0~6.0	800~1100
	>6.0~10.0	770~1050
	>10.0~16.0	750~1030
16Cr23Ni13、06Cr23Ni13、06Cr25Ni20、20Cr25Ni20Si2、06Cr17Ni12Mo2、022Cr17Ni14Mo2、06Cr19Ni13Mo3、06Cr17Ni12Mo2Ti	0.50~1.0	850~1200
	>1.0~3.0	830~1150
	>3.0~6.0	800~1100
	>6.0~10.0	770~1050
	>10.0~16.0	750~1030
06Cr13Al、06Cr11Ti、022Cr11Nb、10Cr17、Y10Cr17、10Cr17Mo、10Cr17MoNb	0.30~3.0	530~780
	>3.0~6.0	500~750
	>6.0~16.0	480~730
12Cr13、Y12Cr13、20Cr13	1.0~3.0	600~850
	>3.0~6.0	580~820
	>6.0~16.0	550~800
30Cr13、32Cr13Mo、Y30Cr13、Y16Cr17Ni2Mo	1.0~3.0	650~950
	>3.0~6.0	600~900
	>6.0~16.0	600~850

表 14-44　冷拉不锈钢丝的力学性能 （GB/T 4240—2009）

牌　　　号	公称尺寸范围/mm	抗拉强度 R_m/MPa
12Cr17Mn6Ni5N、12Cr18Mn9Ni5N、12Cr18Ni9、06Cr19Ni9、10Cr18Ni12、06Cr17Ni12Mo2	0.10~1.0	1200~1500
	>1.0~3.0	1150~1450
	>3.0~6.0	1100~1400
	>6.0~12.0	950~1250

14.3.4 冷顶锻用不锈钢丝的力学性能

冷顶锻用不锈钢丝的力学性能见表 14-45 和表 14-46。

表 14-45 冷顶锻用不锈钢丝（软态）的力学性能（GB/T 4232—2009）

牌　号	公称直径/mm	抗拉强度 R_m /MPa	断面收缩率 $Z^{①}$（%）≥	断后伸长率 $A^{①}$（%）≥
ML04Cr17Mn7Ni5CuN	0.80～3.00	700～900	65	20
	>3.00～11.0	650～850	65	30
ML04Cr16Mn8Ni2Cu3N	0.80～3.00	650～850	65	20
	>3.00～11.0	620～820	65	30
ML06Cr19Ni9	0.80～3.00	580～740	65	30
	>3.00～11.0	550～710	65	40
ML06Cr18Ni9Cu2	0.80～3.00	560～720	65	30
	>3.00～11.0	520～680	65	40
ML022Cr18Ni9Cu3	0.80～3.00	480～640	65	30
	>3.0～11.0	450～610	65	40
ML03Cr18Ni12	0.80～3.00	480～640	65	30
	>3.00～11.0	450～610	65	40
ML06Cr17Ni12Mo2	0.80～3.00	560～720	65	30
	>3.00～11.0	500～660	65	40
ML022Cr17Ni13Mo3	0.80～3.00	540～700	65	30
	>3.00～11.0	500～660	65	40
ML03Cr16Ni18	0.80～3.00	480～640	65	30
	>3.00～11.0	440～600	65	40
ML12Cr13	0.80～3.00	440～640	55	—
	>3.00～11.00	400～600	55	15
ML22Cr14NiMo	0.80～3.00	540～780	55	—
	>3.00～11.0	500～740	55	15
ML16Cr17Ni2	0.80～3.00	560～800	55	—
	>3.00～11.0	540～780	55	15

① 直径不大于 3.00mm 的钢丝断面收缩率和断后伸长率仅供参考，不作为判定依据。

表 14-46 冷顶锻用不锈钢丝（轻拉）的力学性能（GB/T 4232—2009）

牌　号	公称直径/mm	抗拉强度 R_m /MPa	断面收缩率 $Z^{①}$（%）≥	断后伸长率 $A^{①}$（%）≥
ML04Cr17Mn7Ni5CuN	0.80～3.00	800～1000	55	15
	>3.00～20.00	750～950	55	20
ML04Cr16Mn8Ni2Cu3N	0.80～3.00	760～960	55	15
	>3.00～20.0	720～920	55	20
ML06Cr19Ni9	0.80～3.00	640～800	55	20
	>3.00～20.0	590～750	55	25
ML06Cr18Ni9Cu2	0.80～3.00	590～760	55	20
	>3.00～20.0	550～710	55	25
ML022Cr18Ni9Cu3	0.80～3.00	520～680	55	20
	>3.00～20.0	480～640	55	25
ML03Cr18Ni12	0.80～3.00	520～680	55	20
	>3.00～20.0	480～640	55	25
ML06Cr17Ni12Mo2	0.80～3.00	600～760	55	20
	>3.00～20.0	550～710	55	25

（续）

牌　号	公称直径/mm	抗拉强度 R_m /MPa	断面收缩率 Z[①]（%） ≥	断后伸长率 A[①]（%） ≥
ML022Cr17Ni13Mo3	0.80~3.00	580~740	55	20
	>3.00~20.0	550~710	55	25
ML03Cr16Ni18	0.80~3.00	520~680	55	20
	>3.0~20.0	480~640	55	25
ML06Cr12Ti	0.80~3.00	≤650	55	—
	>3.00~20.0		55	10
ML06Cr12Nb	0.80~3.00	≤650	55	—
	>3.00~20.0		55	10
ML10Cr15	0.80~3.00	≤700	55	—
	>3.00~20.0		55	10
ML04Cr17	0.80~3.00	≤700	55	—
	>3.00~20.0		55	10
ML06Cr17Mo	0.80~3.00	≤720	55	—
	>3.00~20.0		55	10
ML12Cr13	0.80~3.00	≤740	50	—
	>3.00~20.0		50	10
ML22Cr14NiMo	0.80~3.00	≤780	50	—
	>3.00~20.0		50	10
ML16Cr17Ni2	0.80~3.00	≤850	50	—
	>3.00~20.0		50	10

① 直径小于 3.00mm 的钢丝断面收缩率和断后伸长率仅供参考，不作为判定依据。

14.4　耐热钢板和耐热钢带的力学性能

经固溶处理的奥氏体型耐热钢钢板和钢带的力学性能见表 14-47，经退火处理的铁素体型耐热钢钢板和钢带的力学性能见表 14-48，经退火处理的马氏体型耐热钢钢板和钢带的力学性能见表 14-49，经固溶处理的沉淀硬化型耐热钢钢板和钢带的力学性能见表 14-50，经沉淀硬化处理的耐热钢钢板和钢带的力学性能见表 14-51。

表 14-47　经固溶处理的奥氏体型耐热钢钢板和钢带的力学性能（GB/T 4238—2015）

牌　号	拉 伸 性 能			硬度		
	规定塑性延伸强度 $R_{p0.2}$/MPa	抗拉强度 R_m/MPa	断后伸长率 A[①]（%）	HBW	HRB	HV
	≥			≤		
12Cr18Ni9	205	515	40	201	92	210
12Cr18Ni9Si3	205	515	40	217	95	220
06Cr19Ni10	205	515	40	201	92	210
07Cr19Ni10	205	515	40	201	92	210
05Cr19Ni10Si2CeN	290	600	40	217	95	220
06Cr20Ni11	205	515	40	183	88	200
08Cr21Ni11Si2CeN	310	600	40	217	95	220
16Cr23Ni13	205	515	40	217	95	220
06Cr23Ni13	205	515	40	217	95	220
20Cr25Ni20	205	515	40	217	95	220
06Cr25Ni20	205	515	40	217	95	220
06Cr17Ni12Mo2	205	515	40	217	95	220

（续）

牌　号	拉 伸 性 能			硬度		
	规定塑性延伸强度 $R_{p0.2}$/MPa	抗拉强度 R_m/MPa	断后伸长率 A[1]（%）	HBW	HRB	HV
	≥			≤		
07Cr17Ni12Mo2	205	515	40	217	95	220
06Cr19Ni13Mo3	205	515	35	217	95	220
06Cr18Ni11Ti	205	515	40	217	95	220
07Cr19Ni11Ti	205	515	40	217	95	220
12Cr16Ni35	205	560	—	201	92	210
06Cr18Ni11Nb	205	515	40	201	92	210
07Cr18Ni11Nb	205	515	40	201	92	210
16Cr20Ni14Si2	220	540	40	217	95	220
16Cr25Ni20Si2	220	540	35	217	95	220

① 厚度不大于 3mm 时使用 A_{50mm} 试样。

表 14-48　经退火处理的铁素体型耐热钢钢板和钢带的力学性能（GB/T 4238—2015）

牌　号	拉 伸 性 能			硬度			弯曲性能	
	规定塑性延伸强度 $R_{p0.2}$/MPa	抗拉强度 R_m/MPa	断后伸长率 A[1]（%）	HBW	HRB	HV	弯曲角度	弯曲压头直径 D
	≥			≤				
06Cr13Al	170	415	20	179	88	200	180°	D=2a
022Cr11Ti	170	380	20	179	88	200	180°	D=2a
022Cr11NbTi	170	380	20	179	88	200	180°	D=2a
10Cr17	205	420	22	183	89	200	180°	D=2a
16Cr25N	275	510	20	201	95	210	135°	—

注：a 为钢板和钢带的厚度。

① 厚度不大于 3mm 时使用 A_{50mm} 试样。

表 14-49　经退火处理的马氏体型耐热钢钢板和钢带的力学性能（GB/T 4238—2015）

牌　号	拉 伸 性 能			硬度			弯曲性能	
	规定塑性延伸强度 $R_{p0.2}$/MPa	抗拉强度 R_m/MPa	断后伸长率 A[1]（%）	HBW	HRB	HV	弯曲角度	弯曲压头直径 D
	≥			≤				
12Cr12	205	485	25	217	88	210	180°	D=2a
12Cr13	205	450	20	217	96	210	180°	D=2a
22Cr12NiMoWV	275	510	20	200	95	210	—	a≥3mm，D=a

注：a 为钢板和钢带的厚度。

① 厚度不大于 3mm 时使用 A_{50mm} 试样。

表 14-50　经固溶处理的沉淀硬化型耐热钢钢板和钢带的力学性能（GB/T 4238—2015）

牌　号	钢材厚度 /mm	规定塑性延伸强度 $R_{p0.2}$/MPa	抗拉强度 R_m/MPa	断后伸长率 A[1]（%）	硬　度	
					HRC	HBW
022Cr12Ni9Cu2NbTi	0.30~100	≤1105	≤1205	≥3	≤36	≤331
05Cr17Ni4Cu4Nb	0.4~100	≤1105	≤1255	≥3	≤38	≤363
07Cr17Ni7Al	0.1~<0.3	≤450	≤1035	—	—	—
	0.3~100	≤380	≤1035	≥20	≤92HRB	
07Cr15Ni7Mo2Al	0.10~100	≤450	≤1035	≥25	≤100HRB	
06Cr17Ni7AlTi	0.10~<0.80	≤515	≤825	≥3	≤32	
	0.80~<1.50	≤515	≤825	≥4	≤32	
	1.50~100	≤515	≤825	≥5	≤32	
06Cr15Ni25Ti2MoAlVB[2]	<2	—	≥725	≥25	≤91HRB	≤192
	≥2	≥590	≥900	≥15	≤101HRB	≤248

① 厚度不大于 3mm 时使用 A_{50mm} 试样。

② 时效处理后的力学性能。

表 14-51 经沉淀硬化处理的耐热钢钢板和钢带的力学性能 （GB/T 4238—2015）

牌　　号	钢材厚度 /mm	处理温度[1] /℃	规定塑性延伸强度 $R_{p0.2}$/MPa	抗拉强度 R_m/MPa	断后伸长率 A[2](%)	硬　　度	
			≥			HRC	HBW
022Cr12Ni9Cu2NbTi	0.10~<0.75	510±10 或 480±6	1410	1525	—	≥44	—
	0.75~<1.50		1410	1525	3	≥44	—
	1.50~16		1410	1525	4	≥44	—
05Cr17Ni4Cu4Nb	0.1~<5.0	482±10	1170	1310	5	40~48	—
	5.0~<16		1170	1310	8	40~48	388~477
	16~100		1170	1310	10	40~48	388~477
	0.1~<5.0	496±10	1070	1170	5	38~46	—
	5.0~<16		1070	1170	8	38~47	375~477
	16~100		1070	1170	10	38~47	375~477
	0.1~<5.0	552±10	1000	1070	5	35~43	—
	5.0~<16		1000	1070	8	33~42	321~415
	16~100		1000	1070	12	33~42	321~415
	0.1~<5.0	579±10	860	1000	5	31~40	—
	5.0~<16		860	1000	9	29~38	293~375
	16~100		860	1000	13	29~38	293~375
	0.1~<5.0	593±10	790	965	5	31~40	—
	5.0~<16		790	965	10	29~38	293~375
	16~100		790	965	14	29~38	293~375
	0.1~<5.0	621±10	725	930	8	28~38	—
	5.0~<16		725	930	10	26~36	269~352
	16~100		725	930	16	26~36	269~352
	0.1~<5.0	760±10 621±10	515	790	9	26~36	255~331
	5.0~<16		515	790	11	24~34	248~321
	16~100		515	790	18	24~34	248~321
07Cr17Ni7Al	0.05~<0.30	760±15 15±3 566±6	1035	1240	3	≥38	—
	0.30~<5.0		1035	1240	5	≥38	—
	5.0~16		965	1170	7	≥38	≥352
	0.05~<0.30	954±8 -73±6 510±6	1310	1450	1	≥44	—
	0.30~<5.0		1310	1450	3	≥44	—
	5.0~16		1240	1380	6	≥43	≥401
07Cr15Ni7Mo2Al	0.05~<0.30	760±15 15±3 566±6	1170	1310	3	≥40	—
	0.30~<5.0		1170	1310	5	≥40	—
	5.0~16		1170	1310	5	≥40	≥375
	0.05~<0.30	954±8 -73±6 510±6	1380	1550	2	≥46	—
	0.30~<5.0		1380	1550	4	≥46	—
	5.0~16		1380	1550	4	≥45	≥429
06Cr17Ni7AlTi	0.10~<0.80	510±8	1170	1310	3	≥39	—
	0.80~<1.50		1170	1310	4	≥39	—
	1.50~16		1170	1310	5	≥39	—
	0.10~<0.75	538±8	1105	1240	3	≥37	—
	0.75~<1.50		1105	1240	4	≥37	—
	1.50~16		1105	1240	5	≥37	—
	0.10~<0.75	566±8	1035	1170	3	≥35	—
	0.75~<1.50		1035	1170	4	≥35	—
	1.50~16		1035	1170	5	≥35	—
06Cr15Ni25Ti2MoAlVB	2.0~<8.0	700~760	590	900	15	≥101	≥248

[1] 表中所列为推荐性热处理温度。供方应向需方提供推荐性热处理制度。
[2] 适用于沿宽度方向的试验，垂直于轧制方向且平行于钢板表面。厚度不大于 3mm 时使用 A_{50mm} 试样。

14.5 耐热钢棒的力学性能

奥氏体型耐热钢棒的力学性能见表14-52,经退火的铁素体型耐热钢棒的力学性能见表14-53,经淬火+回火的马氏体型耐热钢棒的力学性能见表14-54,沉淀硬化型耐热钢棒的力学性能见表14-55。

表 14-52 奥氏体型耐热钢棒的力学性能 (GB/T 1221—2007)

牌　　号	热处理状态	规定塑性延伸强度 $R_{p0.2}$[1]/MPa	抗拉强度 R_m/MPa	断后伸长率 A(%)	断面收缩率 Z[2](%)	硬度 HBW[1]
				≥		≤
53Cr21Mn9Ni4N	固溶+时效	560	885	8	—	≥302
26Cr18Mn12Si2N		390	685	35	45	248
22Cr20Mn10Ni2Si2N	固溶处理	390	635	35	45	248
06Cr19Ni10		205	520	40	60	187
22Cr21Ni12N	固溶+时效	430	820	26	20	269
16Cr23Ni13		205	560	45	50	201
06Cr23Ni13		205	520	40	60	187
20Cr25Ni20		205	590	40	50	201
06Cr25Ni20	固溶处理	205	520	40	50	187
06Cr17Ni12Mo2		205	520	40	60	187
06Cr19Ni13Mo3		205	520	40	60	187
06Cr18Ni11Ti		205	520	40	50	187
45Cr14Ni14W2Mo	退火	315	705	20	35	248
12Cr16Ni35		205	560	40	50	201
06Cr18Ni11Nb		205	520	40	50	187
06Cr18Ni13Si4	固溶处理	205	520	40	60	207
16Cr20Ni14Si2		295	590	35	50	187
16Cr25Ni20Si2		295	590	35	50	187

注:53Cr21Mn9Ni4N 和 22Cr21Ni12N 仅适用于直径、边长及对边距离或厚度小于或等于25mm 的钢棒;大于25mm 的钢棒,可改锻成25mm 的样坯检验或由供需双方协商确定允许降低其力学性能的数值。其余牌号仅适用于直径、边长及对边距离或厚度小于或等于180mm 的钢棒。大于180mm 的钢棒,可改锻成180mm 的样坯检验或由供需双方协商确定,允许降低其力学性能数值。

[1] 规定塑性延伸强度和硬度,仅当需方要求时(合同中注明)才进行测定。

[2] 扁钢不适用,但需方要求时,可由供需双方协商确定。

表 14-53 经退火的铁素体型耐热钢棒的力学性能 (GB/T 1221—2007)

牌　　号	热处理状态	规定塑性延伸强度 $R_{p0.2}$[1]/MPa	抗拉强度 R_m/MPa	断后伸长率 A(%)	断面收缩率 Z[2](%)	硬度[1] HBW
				≥		≤
06Cr13Al		175	410	20	60	183
022Cr12	退火	195	360	22	60	183
10Cr17		205	450	22	50	183
16Cr25N		275	510	20	40	201

注:表中数值仅适用于直径、边长及对边距离或厚度小于或等于75mm 的钢棒;大于75mm 的钢棒,可改锻成75mm 的样坯检验或由供需双方协商确定允许降低其力学性能的数值。

[1] 规定塑性延伸强度和硬度,仅当需方要求时(合同中注明)才进行测定。

[2] 扁钢不适用,但需方要求时,由供需双方协商确定。

表 14-54 经淬火+回火的马氏体型耐热钢棒的力学性能 （GB/T 1221—2007）

牌　号	热处理状态	规定塑性延伸强度 $R_{p0.2}$/MPa	抗拉强度 R_m/MPa	断后伸长率 A（%）	断面收缩率 Z[1]（%）	冲击吸收能量 KU[2]/J	经淬火、回火后的硬度 HBW	退火后的硬度 HBW[3] ≤
		≥						
12Cr13	淬火+回火	345	540	22	55	78	159	200
20Cr13		440	640	20	50	63	192	223
14Cr17Ni2		—	1080	10	—	39	—	—
17Cr16Ni2[4]		700	900~1050	12	45	25	—	295
		600	800~950	14				
12Cr5Mo		390	590	18	—	—	—	200
12Cr12Mo		550	685	18	60	78	217~248	255
13Cr13Mo		490	690	18	60	78	192	200
14Cr11MoV		490	685	16	55	47	—	200
18Cr12MoVNbN		685	835	15	30	—	≤321	269
15Cr12WMoV		585	735	15	25	47	—	—
22Cr12NiWMoV		735	885	10	25	—	≤341	269
13Cr11Ni2W2MoV[4]		735	885	15	55	71	269~321	269
		885	1080	12	50	55	311~388	
18Cr11NiMoNbVN		760	930	12	32	20	227~331	255
42Cr9Si2		590	885	19	50	—	—	269
45Cr9Si3		685	930	15	35	—	≥269	—
40Cr10Si2Mo		685	885	10	35	—	—	269
80Cr20Si2Ni		685	885	10	15	8	≥262	321

注：表中数值仅适用于直径、边长及对边距离或厚度小于或等于75mm的钢棒；大于75mm的钢棒，可改锻成75mm的样坯检验或由供需双方协商确定允许降低其力学性能的数值。

① 扁钢不适用，但需方要求时，由供需双方协商确定。

② 直径或对边距离小于等于16mm的圆钢、六角钢、八角钢和边长或厚度小于等于12mm的方钢、扁钢不做冲击试验。

③ 采用750℃退火时，其硬度由供需双方协商。

④ 17Cr16Ni2 和 13Cr11Ni2W2MoV 钢的性能组别应在合同中注明，未注明时，由供方自行选择。

表 14-55 沉淀硬化型耐热钢棒的力学性能 （GB/T 1221—2007）

牌　号	热处理		规定塑料延伸强度 $R_{p0.2}$/MPa	抗拉强度 R_m/MPa	断后伸长率 A（%）	断面收缩率 Z[1]（%）	硬度[2]	
	类型	组别					HBW	HRC
			≥					
05Cr17Ni4Cu4Nb	沉淀硬化	固溶处理 0	—	—	—	—	≤363	≤38
		480℃时效 1	1180	1310	10	40	≥375	≥40
		550℃时效 2	1000	1070	12	45	≥331	≥35
		580℃时效 3	865	1000	13	45	≥302	≥31
		620℃时效 4	725	930	16	50	≥277	≥28
07Cr17Ni7Al	沉淀硬化	固溶处理 0	≤380	≤1030	20	—	≤229	—
		510℃时效 1	1030	1230	4	10	≥388	—
		565℃时效 2	960	1140	5	25	≥363	—
06Cr15Ni25Ti2MoAlVB	固溶+时效		590	900	15	18	≥248	—

注：表中数值仅适用于直径、边长、厚度或对边距离小于等于75mm的钢棒；大于75mm的钢棒，可改锻成75mm的样坯检验，或由供需双方协商，规定允许降低其力学性能的数据。

① 扁钢不适用，但需方要求时，由供需双方协商。

② 供方可根据钢棒的尺寸或状态任选一种方法测定硬度。

14.6　承压设备用不锈钢和耐热钢锻件的力学性能

承压设备用不锈钢和耐热钢锻件的力学性能见表14-56。

表 14-56　承压设备用不锈钢和耐热钢锻件的力学性能（NB/T 47010—2017）

牌号	公称厚度/mm	热处理状态/℃	拉伸性能			硬度 HBW
			抗拉强度 R_m/MPa	规定塑性延伸强度 $R_{p0.2}$/MPa	断后伸长率 $A(\%)$	
			≥			
06Cr13	≤150	A（800~900 缓冷）	410	205	20	110~163
06Cr13Al	≤150	A（800~900 缓冷）	415	170	20	110~160
06Cr19Ni10	≤150	S（1010~1150 快冷）	520	220	35	139~192
	>150~300		500	220	35	131~192
022Cr19Ni10	≤150	S（1010~1150 快冷）	480	210	35	128~187
	>150~300		460	210	35	121~187
07Cr19Ni10	≤150	S（1010~1150 快冷）	520	220	35	≤180[①]
	>150~300		500	220	35	—
022Cr19Ni10N	≤150	S（1010~1150 快冷）	520	205	40	≤201
06Cr19Ni10N	≤150	S（1010~1150 快冷）	550	240	30	≤201
06Cr18Ni11Ti	≤150	S（920~1150 快冷）	520	205	35	139~187
	>150~300		500	205	35	131~187
07Cr19Ni11Ti	≤150	S（1050~1150 快冷）	520	205	40	≤187[①]
06Cr18Ni11Nb	≤150	S（1050~1180 快冷）	520	205	40	≤201
07Cr18Ni11Nb	≤150	S（1050~1180 快冷）	520	205	35	≤187[①]
	>150~300		500	205	35	—
06Cr17Ni12Mo2	≤150	S（1010~1150 快冷）	520	220	35	139~187
	>150~300		500	220	35	131~187
022Cr17Ni12Mo2	≤150	S（1010~1150 快冷）	480	210	35	128~187
	>150~300		460	210	35	121~187
07Cr17Ni12Mo2	≤150	S（1010~1150 快冷）	520	220	35	139~187
	>150~300		500	220	35	131~187
022Cr17Ni12Mo2N	≤150	S（1010~1150 快冷）	520	210	40	≤217
06Cr17Ni12Mo2N	≤150	S（1010~1150 快冷）	550	240	35	≤217
06Cr17Ni12Mo2Ti	≤150	S（1010~1150 快冷）	520	210	35	139~187
	>150~300		500	210	35	131~187
022Cr19Ni13Mo3	≤150	S（1010~1150 快冷）	480	195	35	128~187
	>150~300		460	195	35	121~187
06Cr25Ni20	≤150	S（1030~1180 快冷）	520	205	35	—
	>150~300		500	205	35	—
015Cr21Ni26Mo5Cu2	≤300	S（1050~1180 快冷）	490	220	35	—
015Cr20Ni18Mo6CuN	≤300	S（1150 以上快冷）	650	300	35	—
022Cr19Ni5Mo3Si2N	≤150	S（950~1050 快冷）	590	390	25	—
022Cr22Ni5Mo3N	≤150	S（1020~1100 快冷）	620	450	25	—
022Cr23Ni5Mo3N	≤150	S（1020~1100 快冷）	620	450	25	—
022Cr23Ni4MoCuN	≤150	S（1020~1100 快冷）	600	400	25	—
022Cr25Ni7Mo4N	≤150	S（1020~1100 快冷）	800	550	25	—
03Cr25Ni6Mo3Cu2N	≤150	S（1020~1100 快冷）	760	550	15	—
05Cr17Ni4Cu4Nb	≤200	S（1020~1060 快冷）+Ag（620 空冷）	930	725	15	≥277

① 锅炉受压元件用各级别锻件硬度值（HBW，逐件检验）应符合上述规定。

铝及铝合金的力学性能

15.1　铝合金板材、带材与箔材的力学性能

15.1.1　一般工业用铝及铝合金板材与带材的力学性能

一般工业用铝及铝合金板材与带材的室温力学性能见表 15-1。

表 15-1　一般工业用铝及铝合金板材与带材的室温力学性能（GB/T 3880.2—2012）

牌号	包铝分类	供应状态	试样状态	厚度 t/mm	抗拉强度 R_m/MPa	规定塑性延伸强度 $R_{p0.2}$/MPa	断后伸长率[①](%)		弯曲半径[②]	
							A_{50mm}	A	90°	180°
					≥					
1A97	—	H112	H112	>4.50~80.00	附实测值				—	—
1A93		F		>4.50~150.00					—	—
1A90	—	H112	H112	>4.50~12.50	60	—	21	—	—	—
1A85				>12.50~20.00			—	19	—	—
				>20.00~80.00	附实测值				—	—
		F	—	>4.50~150.00					—	—
1080A	—	O H111	O H111	>0.20~0.50	60~90	15	26	—	0t	0t
				>0.50~1.50			28	—	0t	0t
				>1.50~3.00			31	—	0t	0t
				>3.00~6.00			35	—	0.5t	0.5t
				>6.00~12.50			35	—	0.5t	0.5t
		H12	H12	>0.20~0.50	80~120	55	5	—	0t	0.5t
				>0.50~1.50			6	—	0t	0.5t
				>1.50~3.00			7	—	0.5t	0.5t
				>3.00~6.00			9	—	1.0t	—
		H22	H22	>0.20~0.50	80~120	50	8	—	0t	0.5t
				>0.50~1.50			9	—	0t	0.5t
				>1.50~3.00			11	—	0.5t	0.5t
				>3.00~6.00			13	—	1.0t	—
		H14	H14	>0.20~0.50	100~140	70	4	—	0t	0.5t
				>0.50~1.50			4	—	0.5t	0.5t
				>1.50~3.00			5	—	1.0t	1.0t
				>3.00~6.00			6	—	1.5t	—
		H24	H24	>0.20~0.50	100~140	60	5	—	0t	0.5t
				>0.50~1.50			6	—	0.5t	0.5t
				>1.50~3.00			7	—	1.0t	1.0t
				>3.00~6.00			9	—	1.5t	—

（续）

牌号	包铝分类	供应状态	试样状态	厚度 t/mm	抗拉强度 R_m/MPa	规定塑性延伸强度 $R_{p0.2}$/MPa	断后伸长率[①](%)		弯曲半径[②]	
						$\geqslant$	A_{50mm}	A	90°	180°
1080A	—	H16	H16	>0.20~0.50	110~150	90	2	—	0.5t	1.0t
				>0.50~1.50	110~150	90	2	—	1.0t	1.0t
				>1.50~4.00			3	—	1.0t	1.0t
		H26	H26	>0.20~0.50	110~150	80	3	—	0.5t	—
				>0.50~1.50			3	—	1.0t	—
				>1.50~4.00			4	—	1.0t	—
		H18	H18	>0.20~0.50	125	105	2	—	1.0t	—
				>0.50~1.50			2	—	2.0t	—
				>1.50~3.00			2	—	2.5t	—
		H112	H112	>6.00~12.50	70	—	20	—	—	—
				>12.50~25.00	70	—	—	20	—	—
		F	—	2.50~25.00	—	—	—	—	—	—
1070	—	O	O	>0.20~0.30	55~95	—	15	—	0t	—
				>0.30~0.50			20	—	0t	—
				>0.50~0.80			25	—	0t	—
				>0.80~1.50			30	—	0t	—
				>1.50~6.00		15	35	—	0t	—
				>6.00~12.50			35	—	—	—
				>12.50~50.00			—	30	—	—
		H12	H12	>0.20~0.30	70~100	—	2	—	0t	—
				>0.30~0.50			3	—	0t	—
				>0.50~0.80			4	—	0t	—
				>0.80~1.50			6	—	0t	—
				>1.50~3.00		55	8	—	0t	—
				>3.00~6.00			9	—	0t	—
		H22	H22	>0.20~0.30	70	—	2	—	0t	—
				>0.30~0.50			3	—	0t	—
				>0.50~0.80			4	—	0t	—
				>0.80~1.50			6	—	0t	—
				>1.50~3.00		55	8	—	0t	—
				>3.00~6.00			9	—	0t	—
		H14	H14	>0.20~0.30	85~120	—	1	—	0.5t	—
				>0.30~0.50			2	—	0.5t	—
				>0.50~0.80			3	—	0.5t	—
				>0.80~1.50			4	—	1.0t	—
				>1.50~3.00		65	5	—	1.0t	—
				>3.00~6.00			6	—	1.0t	—
		H24	H24	>0.20~0.30	85	—	1	—	0.5t	—
				>0.30~0.50			2	—	0.5t	—
				>0.50~0.80			3	—	0.5t	—
				>0.80~1.50			4	—	1.0t	—
				>1.50~3.00		65	5	—	1.0t	—
				>3.00~6.00			6	—	1.0t	—

（续）

牌号	包铝分类	供应状态	试样状态	厚度 t/mm	抗拉强度 R_{m}/MPa	规定塑性延伸强度 $R_{p0.2}$/MPa	断后伸长率①(%)		弯曲半径②	
							A_{50mm}	A	90°	180°
					≥					
1070	—	H16	H16	>0.20~0.50	100~135	—	1	—	1.0t	—
				>0.50~0.80			2	—	1.0t	—
				>0.80~1.50		75	3	—	1.5t	—
				>1.50~4.00			4	—	1.5t	—
		H26	H26	>0.20~0.50	100	—	1	—	1.0t	—
				>0.50~0.80			2	—	1.0t	—
				>0.80~1.50		75	3	—	1.5t	—
				>1.50~4.00			4	—	1.5t	—
		H18	H18	>0.20~0.50	120	—	1	—	—	—
				>0.50~0.80			2	—	—	—
				>0.80~1.50			3	—	—	—
				>1.50~3.00			4	—	—	—
		H112	H112	>4.50~6.00	75	35	13	—	—	—
				>6.00~12.50	70	35	15	—	—	—
				>12.50~25.00	60	25	—	20	—	—
				>25.00~75.00	55	15	—	25	—	—
		F		>2.50~150.00	—				—	—
1070A	—	O H111	O H111	>0.20~0.50	60~90	15	23	—	0t	0t
				>0.50~1.50			25	—	0t	0t
				>1.50~3.00			29	—	0t	0t
				>3.00~6.00			32	—	0.5t	0.5t
				>6.00~12.50			35	—	0.5t	0.5t
				>12.50~25.00			—	32	—	—
		H12	H12	>0.20~0.50	80~120	55	5	—	0t	0.5t
				>0.50~1.50			6	—	0t	0.5t
				>1.50~3.00			7	—	0.5t	0.5t
				>3.00~6.00			9	—	1.0t	—
		H22	H22	>0.20~0.50	80~120	50	7	—	0t	0.5t
				>0.50~1.50			8	—	0t	0.5t
				>1.50~3.00			10	—	0.5t	0.5t
				>3.00~6.00			12	—	1.0t	—
		H14	H14	>0.20~0.50	100~140	70	4	—	0t	0.5t
				>0.50~1.50			4	—	0.5t	0.5t
				>1.50~3.00			5	—	1.0t	1.0t
				>3.00~6.00			6	—	1.5t	—
		H24	H24	>0.20~0.50	100~140	60	5	—	0t	0.5t
				>0.50~1.50			6	—	0.5t	0.5t
				>1.50~3.00			7	—	1.0t	1.0t
				>3.00~6.00			9	—	1.5t	—
		H16	H16	>0.20~0.50	110~150	90	2	—	0.5t	1.0t
				>0.50~1.50			2	—	1.0t	1.0t
				>1.50~4.00			3	—	1.0t	1.0t
		H26	H26	>0.20~0.50	110~150	80	3	—	0.5t	—
				>0.50~1.50			3	—	1.0t	—
				>1.50~4.00			4	—	1.0t	—
		H18	H18	>0.20~0.50	125	105	2	—	1.0t	—
				>0.50~1.50			2	—	2.0t	—
				>1.50~3.00			2	—	2.5t	—
		H112	H112	>6.00~12.50	70	20	20	—	—	—
				>12.50~25.00		—	—	20	—	—
		F	—	2.50~150.00	—				—	—

（续）

牌号	包铝分类	供应状态	试样状态	厚度 t/mm	抗拉强度 R_m/MPa	规定塑性延伸强度 $R_{p0.2}$/MPa	断后伸长率[①](%)		弯曲半径[②]	
							A_{50mm}	A	90°	180°
					≥					
1060	—	O	O	>0.20~0.30	60~100	15	15	—	—	—
				>0.30~0.50			18	—	—	—
				>0.50~1.50			23	—	—	—
				>1.50~6.00			25	—	—	—
				>6.00~80.00			25	22	—	—
		H12	H12	>0.50~1.50	80~120	60	6	—	—	—
				>1.50~6.00			12	—	—	—
		H22	H22	>0.50~1.50	80	60	6	—	—	—
				>1.50~6.00			12	—	—	—
		H14	H14	>0.20~0.30	95~135	70	1	—	—	—
				>0.30~0.50			2	—	—	—
				>0.50~0.80			2	—	—	—
				>0.80~1.50			4	—	—	—
				>1.50~3.00			6	—	—	—
				>3.00~6.00			10	—	—	—
		H24	H24	>0.20~0.30	95	70	1	—	—	—
				>0.30~0.50			2	—	—	—
				>0.50~0.80			2	—	—	—
				>0.80~1.50			4	—	—	—
				>1.50~3.00			6	—	—	—
				>3.00~6.00			10	—	—	—
		H16	H16	>0.20~0.30	110~155	75	1	—	—	—
				>0.30~0.50			2	—	—	—
				>0.50~0.80			2	—	—	—
				>0.80~1.50			3	—	—	—
				>1.50~4.00			5	—	—	—
		H26	H26	>0.20~0.30	110	75	1	—	—	—
				>0.30~0.50			2	—	—	—
				>0.50~0.80			2	—	—	—
				>0.80~1.50			3	—	—	—
				>1.50~4.00			5	—	—	—
		H18	H18	>0.20~0.30	125	85	1	—	—	—
				>0.30~0.50			2	—	—	—
				>0.50~1.50			3	—	—	—
				>1.50~3.00			4	—	—	—
		H112	H112	>4.50~6.00	75		10	—	—	—
				>6.00~12.50	75		10	—	—	—
				>12.50~40.00	70		—	18	—	—
				>40.00~80.00	60		—	22	—	—
		F	—	>2.50~150.00		—			—	—

（续）

牌号	包铝分类	供应状态	试样状态	厚度 t/mm	抗拉强度 R_m/MPa	规定塑性延伸强度 $R_{p0.2}$/MPa	断后伸长率①(%) A_{50mm}	断后伸长率①(%) A	弯曲半径② 90°	弯曲半径② 180°
						≥				
1050	—	O	O	>0.20~0.50	60~100	—	15	—	$0t$	—
				>0.50~0.80			20	—	$0t$	—
				>0.80~1.50			25	—	$0t$	—
				>1.50~6.00		20	30	—	$0t$	—
				>6.00~50.00			28	28	—	—
		H12	H12	>0.20~0.30	80~120	—	2	—	$0t$	—
				>0.30~0.50			3	—	$0t$	—
				>0.50~0.80			4	—	$0t$	—
				>0.80~1.50			6	—	$0.5t$	—
				>1.50~3.00		65	8	—	$0.5t$	—
				>3.00~6.00			9	—	$0.5t$	—
		H22	H22	>0.20~0.30	80	—	2	—	$0t$	—
				>0.30~0.50			3	—	$0t$	—
				>0.50~0.80			4	—	$0t$	—
				>0.80~1.50			6	—	$0.5t$	—
				>1.50~3.00		65	8	—	$0.5t$	—
				>3.00~6.00			9	—	$0.5t$	—
		H14	H14	>0.20~0.30	95~130	—	1	—	$0.5t$	—
				>0.30~0.50			2	—	$0.5t$	—
				>0.50~0.80			3	—	$0.5t$	—
				>0.80~1.50			4	—	$1.0t$	—
				>1.50~3.00		75	5	—	$1.0t$	—
				>3.00~6.00			6	—	$1.0t$	—
		H24	H24	>0.20~0.30	95	—	1	—	$0.5t$	—
				>0.30~0.50			2	—	$0.5t$	—
				>0.50~0.80			3	—	$0.5t$	—
				>0.80~1.50			4	—	$1.0t$	—
				>1.50~3.00		75	5	—	$1.0t$	—
				>3.00~6.00			6	—	$1.0t$	—
		H16	H16	>0.20~0.50	120~150	—	1	—	$2.0t$	—
				>0.50~0.80			2	—	$2.0t$	—
				>0.80~1.50		85	3	—	$2.0t$	—
				>1.50~4.00			4	—	$2.0t$	—
		H26	H26	>0.20~0.50	120	—	1	—	$2.0t$	—
				>0.50~0.80			2	—	$2.0t$	—
				>0.80~1.50		85	3	—	$2.0t$	—
				>1.50~4.00			4	—	$2.0t$	—
		H18	H18	>0.20~0.50	130		1	—	—	—
				>0.50~0.80			2	—	—	—
				>0.80~1.50			3	—	—	—
				>1.50~3.00			4	—	—	—

（续）

牌号	包铝分类	供应状态	试样状态	厚度 t/mm	抗拉强度 R_m/MPa	规定塑性延伸强度 $R_{p0.2}$/MPa	断后伸长率[1]（%） A_{50mm}	A	弯曲半径[2] 90°	180°
						≥				
1050	—	H112	H112	>4.50~6.00	85	45	10	—	—	—
				>6.00~12.50	80	45	10	—	—	—
				>12.50~25.00	70	35	—	16	—	—
				>25.00~50.00	65	30	—	22	—	—
				>50.00~75.00	65	30	—	22	—	—
		F	—	>2.50~150.00	—				—	—
1050A	—	O H111	O H111	>0.20~0.50	>65~95	20	20	—	0t	0t
				>0.50~1.50			22	—	0t	0t
				>1.50~3.00			26	—	0t	0t
				>3.00~6.00			29	—	0.5t	0.5t
				>6.00~12.50			35	—	1.0t	1.0t
				>12.50~80.00			—	32	—	—
		H12	H12	>0.20~0.50	>85~125	65	2	—	0t	0.5t
				>0.50~1.50			4	—	0t	0.5t
				>1.50~3.00			5	—	0.5t	0.5t
				>3.00~6.00			7	—	1.0t	1.0t
		H22	H22	>0.20~0.50	>85~125	55	4	—	0t	0.5t
				>0.50~1.50			5	—	0t	0.5t
				>1.50~3.00			6	—	0.5t	0.5t
				>3.00~6.00			11	—	1.0t	1.0t
		H14	H14	>0.20~0.50	>105~145	85	2	—	0t	1.0t
				>0.50~1.50			2	—	0.5t	1.0t
				>1.50~3.00			4	—	1.0t	1.0t
				>3.00~6.00			5	—	1.5t	—
		H24	H24	>0.20~0.50	>105~145	75	3	—	0t	1.0t
				>0.50~1.50			4	—	0.5t	1.0t
				>1.50~3.00			5	—	1.0t	1.0t
				>3.00~6.00			8	—	1.5t	1.5t
		H16	H16	>0.20~0.50	>126~160	100	1	—	0.5t	—
				>0.50~1.50			2	—	1.0t	—
				>1.50~4.00			3	—	1.5t	—
		H26	H26	>0.20~0.50	>126~160	90	2	—	0.5t	—
				>0.50~1.50			3	—	1.0t	—
				>1.50~4.00			4	—	1.5t	—
		H18	H18	>0.20~0.50	135	120	1	—	1.0t	—
				>0.50~1.50	140		2	—	2.0t	—
				>1.50~3.00			2	—	3.0t	—
		H28	H28	>0.20~0.50	140	110	2	—	1.0t	—
				>0.50~1.50			2	—	2.0t	—
				>1.50~3.00			3	—	3.0t	—

（续）

牌号	包铝分类	供应状态	试样状态	厚度 t/mm	抗拉强度 R_m/MPa	规定塑性延伸强度 $R_{p0.2}$/MPa	断后伸长率①（%） A_{50mm}	断后伸长率①（%） A	弯曲半径② 90°	弯曲半径② 180°
					≥					
1050A	—	H19	H19	>0.20~0.50	155	140	1	—	—	—
		H19	H19	>0.50~1.50	150	130		—	—	—
		H19	H19	>1.50~3.00				—	—	—
		H112	H112	>6.00~12.50	75	30	20	—	—	—
		H112	H112	>12.50~80.00	70	25	—	20	—	—
		F	—	2.50~150.00	—				—	—
1145	—	O	O	>0.20~0.50	60~100	—	15	—	—	—
		O	O	>0.50~0.80			20	—	—	—
		O	O	>0.80~1.50			25	—	—	—
		O	O	>1.50~6.00		20	30	—	—	—
		O	O	>6.00~10.00			28	—	—	—
		H12	H12	>0.20~0.30	80~120	—	2	—	—	—
		H12	H12	>0.30~0.50			3	—	—	—
		H12	H12	>0.50~0.80			4	—	—	—
		H12	H12	>0.80~1.50			6	—	—	—
		H12	H12	>1.50~3.00		65	8	—	—	—
		H12	H12	>3.00~4.50			9	—	—	—
		H22	H22	>0.20~0.30	80	—	2	—	—	—
		H22	H22	>0.30~0.50			3	—	—	—
		H22	H22	>0.50~0.80			4	—	—	—
		H22	H22	>0.80~1.50			6	—	—	—
		H22	H22	>1.50~3.00			8	—	—	—
		H22	H22	>3.00~4.50			9	—	—	—
		H14	H14	>0.20~0.30	95~125	—	1	—	—	—
		H14	H14	>0.30~0.50			2	—	—	—
		H14	H14	>0.50~0.80			3	—	—	—
		H14	H14	>0.80~1.50			4	—	—	—
		H14	H14	>1.50~3.00		75	5	—	—	—
		H14	H14	>3.00~4.50			6	—	—	—
		H24	H24	>0.20~0.30	95	—	1	—	—	—
		H24	H24	>0.30~0.50			2	—	—	—
		H24	H24	>0.50~0.80			3	—	—	—
		H24	H24	>0.80~1.50			4	—	—	—
		H24	H24	>1.50~3.00			5	—	—	—
		H24	H24	>3.00~4.50			6	—	—	—
		H16	H16	>0.20~0.50	120~145	—	1	—	—	—
		H16	H16	>0.50~0.80			2	—	—	—
		H16	H16	>0.80~1.50		85	3	—	—	—
		H16	H16	>1.50~4.50			4	—	—	—

（续）

牌号	包铝分类	供应状态	试样状态	厚度 t/mm	抗拉强度 R_m/MPa	规定塑性延伸强度 $R_{p0.2}$/MPa	断后伸长率[①](%)		弯曲半径[②]	
							A_{50mm}	A	90°	180°
					≥					
1145	—	H26	H26	>0.20~0.50	120	—	1	—	—	—
				>0.50~0.80			2	—	—	—
				>0.80~1.50			3	—	—	—
				>1.50~4.50			4	—	—	—
		H18	H18	>0.20~0.50	125	—	1	—	—	—
				>0.50~0.80			2	—	—	—
				>0.80~1.50			3	—	—	—
				>1.50~4.50			4	—	—	—
		H112	H112	>4.50~6.50	85	45	10	—	—	—
				>6.50~12.50	80	45	10	—	—	—
				>12.50~25.00	70	35	—	16	—	—
		F	—	>2.50~150.00	—				—	—
1235	—	O	O	>0.20~1.00	65~105	—	15	—	—	—
		H12	H12	>0.20~0.30	95~130	—	2	—	—	—
				>0.30~0.50			3	—	—	—
				>0.50~1.50			6	—	—	—
				>1.50~3.00			8	—	—	—
				>3.00~4.50			9	—	—	—
		H22	H22	>0.20~0.30	95		3	—	—	—
				>0.30~0.50			3	—	—	—
				>0.50~1.50			6	—	—	—
				>1.50~3.00			8	—	—	—
				>3.00~4.50			9	—	—	—
		H14	H14	>0.20~0.30	115~150	—	1	—	—	—
				>0.30~0.50			2	—	—	—
				>0.50~1.50			3	—	—	—
				>1.50~3.00			4	—	—	—
		H24	H24	>0.20~0.30	115	—	1	—	—	—
				>0.30~0.50			2	—	—	—
				>0.50~1.50			3	—	—	—
				>1.50~3.00			4	—	—	—
		H16	H16	>0.20~0.50	130~165		1	—	—	—
				>0.50~1.50			2	—	—	—
				>1.50~4.00			3	—	—	—
		H26	H26	>0.20~0.50	130		1	—	—	—
				>0.50~1.50			2	—	—	—
				>1.50~4.00			3	—	—	—
		H18	H18	>0.20~0.50	145	—	1	—	—	—
				>0.50~1.50			2	—	—	—
				>1.50~3.00			3	—	—	—
1200	—	O H111	O H111	>0.20~0.50	75~105	25	19	—	0t	0t
				>0.50~1.50			21	—	0t	0t
				>1.50~3.00			24	—	0t	0t
				>3.00~6.00			28	—	0.5t	0.5t
				>6.00~12.50			33	—	1.0t	1.0t
				>12.50~80.00			—	30	—	—

（续）

牌号	包铝分类	供应状态	试样状态	厚度 t/mm	抗拉强度 R_m/MPa	规定塑性延伸强度 $R_{p0.2}$/MPa	断后伸长率[1](%) A_{50mm}	断后伸长率[1](%) A	弯曲半径[2] 90°	弯曲半径[2] 180°
						≥				
1200	—	H12	H12	>0.20~0.50	95~135	75	2	—	0t	0.5t
				>0.50~1.50			4	—	0t	0.5t
				>1.50~3.00			5	—	0.5t	0.5t
				>3.00~6.00			6	—	1.0t	1.0t
		H22	H22	>0.20~0.50	95~135	65	4	—	0t	0.5t
				>0.50~1.50			5	—	0t	0.5t
				>1.50~3.00			6	—	0.5t	0.5t
				>3.00~6.00			10	—	1.0t	1.0t
		H14	H14	>0.20~0.50	105~155	95	1	—	0t	1.0t
				>0.50~1.50			3	—	0.5t	1.0t
				>1.50~3.00	115~155		4	—	1.0t	1.0t
				>3.00~6.00			5	—	1.5t	1.5t
		H24	H24	>0.20~0.50	115~155	90	3	—	0t	1.0t
				>0.50~1.50			4	—	0.5t	1.0t
				>1.50~3.00			5	—	1.0t	1.0t
				>3.00~6.00			7	—	1.5t	—
		H16	H16	>0.20~0.50	120~170	110	1	—	0.5t	—
				>0.50~1.50	130~170	115	2	—	1.0t	—
				>1.50~4.00			3	—	1.5t	—
		H26	H26	>0.20~0.50			2	—	0.5t	—
				>0.50~1.50	130~170	105	3	—	1.0t	—
				>1.50~4.00			4	—	1.5t	—
		H18	H18	>0.20~0.50			1	—	1.0t	—
				>0.50~1.50	150	130	2	—	2.0t	—
				>1.50~3.00			2	—	3.0t	—
		H19	H19	>0.20~0.50			1	—		
				>0.50~1.50	160	140	1	—		
				>1.50~3.00			1	—		
		H112	H112	>6.00~12.50	85	35	16	—	—	—
				>12.50~80.00	80	30	—	16	—	—
		F	—	>2.50~150.00		—			—	—
包铝 2A11、2A11	正常包铝或工艺包铝	O	O	>0.50~3.00	≤225	—	12	—	—	—
				>3.00~10.00	≤235	—	12	—	—	—
			T42[3]	>0.50~3.00	350	185	15	—	—	—
				>3.00~10.00	355	195	15	—	—	—
		T1	T42	>4.50~10.00	355	195	15	—	—	—
				>10.00~12.50	370	215	11	—	—	—
				>12.50~25.00	370	215	—	11	—	—
				>25.00~40.00	330	195	—	8	—	—
				>40.00~70.00	310	195	—	6	—	—
				>70.00~80.00	285	195	—	4	—	—
		T3	T3	>0.50~1.50			15	—	—	—
				>1.50~3.00	375	215	17	—	—	—
				>3.00~10.00			15	—	—	—
		T4	T4	>0.50~3.00	360	185	15	—	—	—
				>3.00~10.00	370	195	15	—	—	—
		F	—	>4.50~150.00		—			—	—

（续）

牌号	包铝分类	供应状态	试样状态	厚度 t/mm	抗拉强度 R_m/MPa	规定塑性延伸强度 $R_{p0.2}$/MPa	断后伸长率[①]（%） A_{50mm}	断后伸长率[①]（%） A	弯曲半径[②] 90°	弯曲半径[②] 180°
包铝 2A12、2A12	正常包铝或工艺包铝	O	O	>0.50~4.50	≤215	—	14	—	—	—
				>4.50~10.00	≤235	—	12	—	—	—
			T42[③]	>0.50~3.00	390	245	15	—	—	—
				>3.00~10.00	410	265	12	—	—	—
		T1	T42	>4.50~10.00	410	265	12	—	—	—
				>10.00~12.50	420	275	7	—	—	—
				>12.50~25.00	420	275	—	7	—	—
				>25.00~40.00	390	255	—	5	—	—
				>40.00~70.00	370	245	—	4	—	—
				>70.00~80.00	345	245	—	3	—	—
		T3	T3	>0.50~1.60	405	270	15	—	—	—
				>1.60~10.00	420	275	15	—	—	—
		T4	T4	>0.50~3.00	405	270	13	—	—	—
				>3.00~4.50	425	275	12	—	—	—
				>4.50~10.00	425	275	12	—	—	—
		F	—	>4.50~150.00	—					
2A14	工艺包铝	O	O	0.50~10.00	≤245	—	10	—	—	—
		T6	T6	0.50~10.00	430	340	5	—	—	—
		T1	T62	>4.50~12.50	430	340	5	—	—	—
				>12.50~40.00	430	340	—	5	—	—
		F	—	>4.50~150.00	—					
包铝 2E12、2E12	正常包铝或工艺包铝	T3	T3	0.80~1.50	405	270	—	15	—	5.0t
				>1.50~3.00	≥420	275	—	15	—	5.0t
				>3.00~6.00	425	275	—	15	—	8.0t
2014	工艺包铝或不包铝	O	O	>0.40~1.50	≤220	≤140	12	—	0t	0.5t
				>1.50~3.00			13	—	1.0t	1.0t
				>3.00~6.00			16	—	1.5t	—
				>6.00~9.00			16	—	2.5t	—
				>9.00~12.50			16	—	4.0t	—
				>12.50~25.00			—	10	—	—
		T3	T3	>0.40~1.50	395	245	14	—	—	—
				>1.50~6.00	400	245	14	—	—	—
		T4	T4	>0.40~1.50	395	240	14	—	3.0t	3.0t
				>1.50~6.00	395	240	14	—	5.0t	5.0t
				>6.00~12.50	400	250	14	—	8.0t	—
				>12.50~40.00	400	250	—	10	—	—
				>40.00~100.00	395	250	—	7	—	—
		T6	T6	>0.40~1.50	440	390	6	—	—	—
				>1.50~6.00	440	390	7	—	—	—
				>6.00~12.50	450	395	7	—	—	—
				>12.50~40.00	460	400	—	6	5.0t	—
				>40.00~60.00	450	390	—	5	7.0t	—
				>60.00~80.00	435	380	—	4	10.0t	—
				>80.00~100.00	420	360	—	4	—	—
				>100.00~125.00	410	350	—	4	—	—
				>125.00~160.00	390	340	—	2	—	—
		F	—	>4.50~150.00	—		—	—	—	—

（续）

牌号	包铝分类	供应状态	试样状态	厚度 t/mm	抗拉强度 R_m/MPa	规定塑性延伸强度 $R_{p0.2}$/MPa	断后伸长率[①](%)		弯曲半径[②]	
							A_{50mm}	A	90°	180°
					≥					
包铝 2014	正常包铝	O	O	>0.50~0.63	≤205	≤95	16	—	—	—
				>0.63~1.00	≤220			—	—	—
				>1.00~2.50	≤205			—	—	—
				>2.50~12.50	≤205			9	—	—
				>12.50~25.00	≤220[④]	—	—	5	—	—
		T3	T3	>0.50~0.63	370	230	14	—	—	—
				>0.63~1.00	380	235	14	—	—	—
				>1.00~2.50	395	240	15	—	—	—
				>2.50~6.30	395	240	15	—	—	—
		T4	T4	>0.50~0.63	370	215	14	—	—	—
				>0.63~1.00	380	220	14	—	—	—
				>1.00~2.50	395	235	15	—	—	—
				>2.50~6.30	395	235	15	—	—	—
		T6	T6	>0.50~0.63	425	370	7	—	—	—
				>0.63~1.00	435	380	7	—	—	—
				>1.00~2.50	440	395	8	—	—	—
				>2.50~6.30	440	395	8	—	—	—
		F	—	>4.50~150.00		—			—	—
包铝 2014A、2014A	正常包铝、工艺包铝或不包铝	O	O	>0.20~0.50	≤235	≤110	—		1.0t	—
				>0.50~1.50			14	—	2.0t	—
				>1.50~3.00			16	—	2.0t	—
				>3.00~6.00			16	—	2.0t	—
		T4	T4	>0.20~0.50	400	225	—		3.0t	—
				>0.50~1.50			13	—	3.0t	—
				>1.50~6.00			14	—	0.5t	—
				>6.00~12.50			14	—		
				>12.50~25.00		250	—	12		
				>25.00~40.00			—	10		
				>40.00~80.00	395		—	7		
		T6	T6	>0.20~0.50	440	380	—		5.0t	—
				>0.50~1.50			6	—	5.0t	—
				>1.50~3.00			7	—	6.0t	—
				>3.00~6.00			8	—	5.0t	—
				>6.00~12.50	460	410	8	—	—	—
				>12.50~25.00	460	410	—	6	—	—
				>25.00~40.00	450	400	—	5	—	—
				>40.00~60.00	430	390	—	5	—	—
				>60.00~90.00	430	390	—	4	—	—
				>90.00~115.00	420	370	—	4	—	—
				>115.00~140.00	410	350	—	4	—	—

（续）

牌号	包铝分类	供应状态	试样状态	厚度 t/mm	抗拉强度 R_m/MPa	规定塑性延伸强度 $R_{p0.2}$/MPa	断后伸长率①(%) A_{50mm}	断后伸长率①(%) A	弯曲半径② 90°	弯曲半径② 180°
						≥				
2024	工艺包铝或不包铝	O	O	>0.40~1.50	≤220	≤140	12	—	0t	0.5t
				>1.50~3.00					1.0t	2.0t
				>3.00~6.00			13		1.5t	3.0t
				>6.00~9.00					2.5t	—
				>9.00~12.00					4.0t	—
				>12.50~25.00		—	—	11	—	—
		T3	T3	>0.40~1.50	435	290	12	11	4.0t	4.0t
				>1.50~3.00	435	290	14		4.0t	4.0t
				>3.00~6.00	440	290	14	—	5.0t	5.0t
				>6.00~12.50	440	290	13		8.0t	—
				>12.50~40.00	430	290		11	—	—
				>40.00~80.00	420	290		8	—	—
				>80.00~100.00	400	285		7	—	—
				>100.00~120.00	380	270		5	—	—
				>120.00~150.00	360	250		5	—	—
		T4	T4	>0.40~1.50	425	275	12	—	—	4.0t
				>1.50~6.00	425	275	14	—	—	5.0t
		T8	T8	>0.40~1.50	460	400	5		—	—
				>1.50~6.00	460	400	6		—	—
				>6.00~12.50	460	400	5		—	—
				>12.50~25.00	455	400		4	—	—
				>25.00~40.00	455	395		4	—	—
		F	—	>4.50~80.00	—				—	—
包铝 2024	正常包铝	O	O	>0.20~0.25	≤205	≤95	10	—	—	—
				>0.25~1.60	≤205	≤95	12	—	—	—
				>1.60~12.50	≤220	≤95	12	—	—	—
				>12.50~45.50	≤220④	—	—	10	—	—
		T3	T3	>0.20~0.25	400	270	10	—	—	—
				>0.25~0.50	405	270	12	—	—	—
				>0.50~1.60	405	270	15	—	—	—
				>1.60~3.20	420	275	15	—	—	—
				>3.20~6.00	420	275	15	—	—	—
		T4	T4	>0.20~0.50	400	245	12	—	—	—
				>0.50~1.60	400	245	15	—	—	—
				>1.60~3.20	420	260	15	—	—	—
		F	—	>4.50~80.00	—				—	—
包铝 2017、2017	正常包铝、工艺包铝或不包铝	O	O	>0.40~1.60	≤215	—	12	—	0.5t	—
				>1.60~2.90					1.0t	—
				>2.90~6.00		≤110			1.5t	—
				>6.00~25.00					—	—

（续）

牌号	包铝分类	供应状态	试样状态	厚度 t/mm	抗拉强度 R_m/MPa	规定塑性延伸强度 $R_{p0.2}$/MPa	断后伸长率① (%) A_{50mm}	A	弯曲半径② 90°	180°
						≥				
包铝 2017、2017		O	T42③	>0.40~0.50	355	195	12	—	—	—
				>0.50~1.60			15		—	—
				>1.60~2.90			17		—	—
				>2.90~6.50			15		—	—
				>6.50~25.00		185	12		—	—
		T3	T3	>0.40~0.50	375	215	12		1.5t	—
				>0.50~1.60			15		2.5t	—
				>1.60~2.90			17		3t	—
				>2.90~6.00			15		3.5t	—
		T4	T4	>0.40~0.50	355	195	12		1.5t	—
				>0.50~1.60			15		2.5t	—
				>1.60~2.90			17		3t	—
				>2.90~6.00			15		3.5t	—
		F	—	>4.50~150.00		—			—	—
包铝 2017A、2017A	正常包铝、工艺包铝或不包铝	O	O	0.40~1.50	≤225	≤145	12	—	0.5t	0.5t
				>1.50~3.00			14		1.0t	1.0t
				>3.00~6.00			13		1.5t	—
				>6.00~9.00			13		2.5t	—
				>9.00~12.50			13		4.0t	—
				>12.50~25.00			—	12	—	—
		T4	T4	0.40~1.50	390	245	14	—	3.0t	3.0t
				>1.50~6.00		245	15		5.0t	5.0t
				>6.00~12.50		260	13		8.0t	—
				>12.50~40.00		250	—	12	—	—
				>40.00~60.00	385	245	—	12	—	—
				>60.00~80.00	370		—	7	—	—
				>80.00~120.00	360	240	—	6	—	—
				>120.00~150.00	350		—	4	—	—
				>150.00~180.00	330	220	—	2	—	—
				>180.00~200.00	300	200	—	2	—	—
包铝 2219、2219	正常包铝、工艺包铝或不包铝	O	O	>0.50~12.50	≤220	≤110	12	—	—	—
				>12.50~50.00	≤220④	≤110④	—	10	—	—
		T81	T81	>0.50~1.00	340	255	6	—	—	—
				>1.00~2.50	380	285	7		—	—
				>2.50~6.30	400	295	7		—	—
		T87	T87	>1.00~2.50	395	315	6		—	—
				>2.50~6.30	415	330	6		—	—
				>6.30~12.50	415	330	7		—	—

（续）

牌号	包铝分类	供应状态	试样状态	厚度 t/mm	抗拉强度 R_m/MPa	规定塑性延伸强度 $R_{p0.2}$/MPa	断后伸长率[①](%) A_{50mm}	断后伸长率[①](%) A	弯曲半径[②] 90°	弯曲半径[②] 180°
						$\geqslant$				
3A21	—	O	O	>0.20~0.80	100~150	—	19	—	—	—
				>0.80~4.50			23	—	—	—
				>4.50~10.00			21	—	—	—
		H14	H14	>0.80~1.30	145~215	—	6	—	—	—
				>1.30~4.50			6	—	—	—
		H24	H24	>0.20~1.30	145	—	6	—	—	—
				>1.30~4.50			6	—	—	—
		H18	H18	>0.20~0.50	185	—	1	—	—	—
				>0.50~0.80			2	—	—	—
				>0.80~1.30			3	—	—	—
				>1.30~4.50			4	—	—	—
		H112	H112	>4.50~10.00	110	—	16	—	—	—
				>10.00~12.50	120		16	—	—	—
				>12.50~25.00	120	—	—	16	—	—
				>25.00~80.00	110		—	16	—	—
		F	—	>4.50~150.00	—					
3102	—	H18	H18	>0.20~0.50	160	—	3	—	—	—
				>0.50~3.00			2	—	—	—
3003	—	O H111	O H111	>0.20~0.50	95~135	35	15	—	0t	0t
				>0.50~1.50			17	—	0t	0t
				>1.50~3.00			20	—	0t	0t
				>3.00~6.00			23	—	1.0t	1.0t
				>6.00~12.50			24	—	1.5t	—
				>12.50~50.00			—	23	—	—
		H12	H12	>0.20~0.50	120~160	90	3	—	0t	1.5t
				>0.50~1.50			4	—	0.5t	1.5t
				>1.50~3.00			5	—	1.0t	1.5t
				>3.00~6.00			6	—	1.0t	—
		H22	H22	>0.20~0.50	120~160	80	6	—	0t	1.0t
				>0.50~1.50			7	—	0.5t	1.0t
				>1.50~3.00			8	—	1.0t	1.0t
				>3.00~6.00			9	—	1.0t	—
		H14	H14	>0.20~0.50	145~195	125	2	—	0.5t	2.0t
				>0.50~1.50			2	—	1.0t	2.0t
				>1.50~3.00			3	—	1.0t	2.0t
				>3.00~6.00			4	—	2.0t	—
		H24	H24	>0.20~0.50	145~195	115	4	—	0.5t	1.5t
				>0.50~1.50			4	—	1.0t	1.5t
				>1.50~3.00			5	—	1.0t	1.5t
				>3.00~6.00			6	—	2.0t	—

（续）

牌号	包铝分类	供应状态	试样状态	厚度 t/mm	抗拉强度 R_m/MPa	规定塑性延伸强度 $R_{p0.2}$/MPa	断后伸长率[1]（%） A_{50mm}	断后伸长率[1]（%） A	弯曲半径[2] 90°	弯曲半径[2] 180°
						≥				
3003	—	H16	H16	>0.20~0.50	170~210	150	1	—	1.0t	2.5t
				>0.50~1.50			2	—	1.5t	2.5t
				>1.50~4.00			2	—	2.0t	2.5t
		H26	H26	>0.20~0.50	170~210	140	2	—	1.0t	2.0t
				>0.50~1.50			3	—	1.5t	2.0t
				>1.50~4.00			3	—	2.0t	2.0t
		H18	H18	>0.20~0.50	190	170	1		1.5t	—
				>0.50~1.50			2		2.5t	—
				>1.50~3.00			2		3.0t	—
		H28	H28	>0.20~0.50	190	160	2		1.5t	—
				>0.50~1.50			2		2.5t	—
				>1.50~3.00			3		3.0t	—
		H19	H19	>0.20~0.50	210	180	1		—	—
				>0.50~1.50			2		—	—
				>1.50~3.00			2		—	—
		H112	H112	>4.50~12.50	115	70	10		—	—
				>12.50~80.00	100	40	—	18	—	—
		F	—	>2.50~150.00	—				—	—
3103	—	O H111	O H111	>0.20~0.50	90~130	35	17	—	0t	0t
				>0.50~1.50			19	—	0t	0t
				>1.50~3.00			21	—	0t	0t
				>3.00~6.00			24	—	1.0t	1.0t
				>6.00~12.50			28	—	1.5t	1.0t
				>12.50~50.00			—	25	—	—
		H12	H12	>0.20~0.50	115~155	85	3	—	0t	1.5t
				>0.50~1.50			4	—	0.5t	1.5t
				>1.50~3.00			5	—	1.0t	1.5t
				>3.00~6.00			6	—	1.0t	—
		H22	H22	>0.20~0.50	115~155	75	6	—	0t	1.0t
				>0.50~1.50			7	—	0.5t	1.0t
				>1.50~3.00			8	—	1.0t	1.0t
				>3.00~6.00			9	—	1.0t	—
		H14	H14	>0.20~0.50	140~180	120	2	—	0.5t	2.0t
				>0.50~1.50			2	—	1.0t	2.0t
				>1.50~3.00			3	—	1.0t	2.0t
				>3.00~6.00			4	—	2.0t	—
		H24	H24	>0.20~0.50	140~180	110	4	—	0.5t	1.5t
				>0.50~1.50			4	—	1.0t	1.5t
				>1.50~3.00			5	—	1.0t	1.5t
				>3.00~6.00			6	—	2.0t	—

（续）

牌号	包铝分类	供应状态	试样状态	厚度 t/mm	抗拉强度 R_m/MPa	规定塑性延伸强度 $R_{p0.2}$/MPa	断后伸长率[1]（%） A_{50mm}	A	弯曲半径[2] 90°	180°
3013	—	H16	H16	>0.20~0.50	160~200	145	1	—	1.0t	2.5t
				>0.50~1.50			2	—	1.5t	2.5t
				>1.50~4.00			2	—	2.0t	2.5t
				>4.00~6.00			2	—	1.5t	2.0t
		H26	H26	>0.20~0.50	160~200	135	2	—	1.0t	2.0t
				>0.50~1.50			3	—	1.5t	2.0t
				>1.50~4.00			3	—	2.0t	2.0t
		H18	H18	>0.20~0.50	185	165	1	—	1.5t	—
				>0.50~1.50			2	—	2.5t	—
				>1.50~3.00			2	—	3.0t	—
		H28	H28	>0.20~0.50	185	155	2	—	1.5t	—
				>0.50~1.50			2	—	2.5t	—
				>1.50~3.00			3	—	3.0t	—
		H19	H19	>0.20~0.50	200	175	1	—	—	—
				>0.50~1.50			2	—	—	—
				>1.50~3.00			2	—	—	—
		H112	H112	>4.50~12.50	110	70	10	—	—	—
				>12.50~80.00	95	40	—	18	—	—
		F	—	>20.00~80.00		—			—	—
3004	—	O H111	O H111	>0.20~0.50	155~200	60	13	—	0t	0t
				>0.50~1.50			14	—	0t	0t
				>1.50~3.00			15	—	0t	0.5t
				>3.00~6.00			16	—	1.0t	1.0t
				>6.00~12.50			16	—	2.0t	—
				>12.50~50.00			—	14	—	—
		H12	H12	>0.20~0.50	190~240	155	2	—	0t	1.5t
				>0.50~1.50			3	—	0.5t	1.5t
				>1.50~3.00			4	—	1.0t	2.0t
				>3.00~6.00			5	—	1.5t	—
		H22 H32	H22 H32	>0.20~0.50	190~240	145	4	—	0t	1.0t
				>0.50~1.50			5	—	0.5t	1.0t
				>1.50~3.00			6	—	1.0t	1.5t
				>3.00~6.00			7	—	1.5t	—
		H14	H14	>0.20~0.50	220~265	180	1	—	0.5t	2.5t
				>0.50~1.50			2	—	1.0t	2.5t
				>1.50~3.00			2	—	1.5t	2.5t
				>3.00~6.00			3	—	2.0t	—
		H24 H34	H24 H34	>0.20~0.50	220~265	170	3	—	0.5t	2.0t
				>0.50~1.50			4	—	1.0t	2.0t
				>1.50~3.00			4	—	1.5t	2.0t

（续）

牌号	包铝分类	供应状态	试样状态	厚度 t/mm	抗拉强度 R_m/MPa	规定塑性延伸强度 $R_{p0.2}$/MPa	断后伸长率[①](%) A_{50mm}	A	弯曲半径[②] 90°	180°
						≥				
3004	—	H16	H16	>0.20~0.50	240~285	200	1	—	1.0t	3.5t
				>0.50~1.50			1	—	1.5t	3.5t
				>1.50~4.00			2	—	2.5t	—
		H26 H36	H26 H36	>0.20~0.50	240~285	190	3	—	1.0t	3.0t
				>0.50~1.50			3	—	1.5t	3.0t
				>1.50~3.00			3	—	2.5t	—
		H18	H18	>0.20~0.50	260	230	1	—	1.5t	—
				>0.50~1.50			1	—	2.5t	—
				>1.50~3.00			2	—	—	—
		H28 H38	H28 H38	>0.20~0.50	260	220	2	—	1.5t	—
				>0.50~1.50			3	—	2.5t	—
		H19	H19	>0.20~0.50	270	240	1	—	—	—
				>0.50~1.50			1	—	—	—
		H112	H112	>4.50~12.50	160	60	7	—	—	—
				>12.50~40.00			—	6	—	—
				>40.00~80.00			—	6	—	—
		F	—	>2.50~80.00		—			—	—
3014	—	O H111	O H111	>0.20~0.50	155~195	—	10	—	0t	0t
				>0.50~0.80			14	—	0t	0t
				>0.80~1.30		60	16	—	0.5t	0.5t
				>1.30~3.00			18	—	0.5t	0.5t
		H12 H32	H12 H32	>0.50~0.80	195~245	—	3	—	0.5t	0.5t
				>0.80~1.30		145	4	—	1.0t	1.0t
				>1.30~3.00			5	—	1.0t	1.0t
		H22	H22	>0.50~0.80	195	—	3	—	0.5t	0.5t
				>0.80~1.30			4	—	1.0t	1.0t
				>1.30~3.00			5	—	1.0t	1.0t
		H14 H34	H14 H34	>0.20~0.50	225~265	—	1	—	1.0t	1.0t
				>0.50~0.80			3	—	1.5t	1.5t
				>0.80~1.30		175	3	—	1.5t	1.5t
				>1.30~3.00			4	—	1.5t	1.5t
		H24	H24	>0.20~0.50	225	—	1	—	1.0t	1.0t
				>0.50~0.80			3	—	1.5t	1.5t
				>0.80~1.30			3	—	1.5t	1.5t
				>1.30~3.00			4	—	1.5t	1.5t
		H16 H36	H16 H36	>0.20~0.50	245~285	—	1	—	2.0t	2.0t
				>0.50~0.80			2	—	2.0t	2.0t
				>0.80~1.30		195	3	—	2.5t	2.5t
				>1.30~3.00			4	—	2.5t	2.5t

（续）

牌号	包铝分类	供应状态	试样状态	厚度 t/mm	抗拉强度 R_{m}/MPa	规定塑性延伸强度 $R_{p0.2}$/MPa	断后伸长率① (%)		弯曲半径②	
							A_{50mm}	A	90°	180°
					≥					
3104	—	H26	H26	>0.20~0.50	245	—	1	—	2.0t	2.0t
				>0.50~0.80			2	—	2.0t	2.0t
				>0.80~1.30			3	—	2.5t	2.5t
				>1.30~3.00			4	—	2.5t	2.5t
		H18 H38	H18 H38	>0.20~0.50	265	215	1	—	—	—
		H28	H28	>0.20~0.50	265	—	1	—	—	—
		H19 H29 H39	H19 H29 H39	>0.20~0.50	275	—	1	—	—	—
		F	—	>2.50~80.00	—				—	—
3005	—	O H111	O H111	>0.20~0.50	115~165	45	12	—	0t	0t
				>0.50~1.50			14	—	0t	0t
				>1.50~3.00			16	—	0.5t	1.0t
				>3.00~6.00			19	—	1.0t	—
		H12	H12	>0.20~0.50	145~195	125	3	—	0t	1.5t
				>0.50~1.50			4	—	0.5t	1.5t
				>1.50~3.00			4	—	1.0t	2.0t
				>3.00~6.00			5	—	1.5t	—
		H22	H22	>0.20~0.50	145~195	110	5	—	0t	1.0t
				>0.50~1.50			5	—	0.5t	1.0t
				>1.50~3.00			6	—	1.0t	1.5t
				>3.00~6.00			7	—	1.5t	—
		H14	H14	>0.20~0.50	170~215	150	1	—	0.5t	2.5t
				>0.50~1.50			2	—	1.0t	2.5t
				>1.50~3.00			2	—	1.5t	—
				>3.00~6.00			3	—	2.0t	—
		H24	H24	>0.20~0.50	170~215	130	4	—	0.5t	1.5t
				>0.50~1.50			4	—	1.0t	1.5t
				>1.50~3.00			4	—	1.5t	—
		H16	H16	>0.20~0.50	195~240	175	1	—	1.0t	—
				>0.50~1.50			2	—	1.5t	—
				>1.50~4.00			2	—	2.5t	—
		H26	H26	>0.20~0.50	195~240	160	3	—	1.0t	—
				>0.50~1.50			3	—	1.5t	—
				>1.50~3.00			3	—	2.5t	—
		H18	H18	>0.20~0.50	220	200	1	—	1.5t	—
				>0.50~1.50			2	—	2.5t	—
				>1.50~3.00			2	—	—	—
		H28	H28	>0.20~0.50	220	190	2	—	1.5t	—

（续）

牌号	包铝分类	供应状态	试样状态	厚度 t/mm	抗拉强度 R_m/MPa	规定塑性延伸强度 $R_{p0.2}$/MPa	断后伸长率[①](%)		弯曲半径[②]	
							A_{50mm}	A	90°	180°
					≥					
3005	—	H28	H28	>0.50~1.50	220	190	2	—	2.5t	—
				>1.50~3.00			3	—		
		H19	H19	>0.20~0.50	235	210	1	—	—	—
				>0.50~1.50	235	210	1	—	—	—
		F	—	>2.50~80.00						
4007	—	H12	H12	>0.20~0.50	140~180	110	4	—	—	—
				>0.50~1.50			4	—	—	—
				>1.50~3.00			5	—	—	—
		F	—	2.50~6.00		110	—	—	—	—
4015	—	O H111	O H111	>0.20~3.00	≤150	45	20	—		
		H12	H12	>0.20~0.50	120~175	90	4	—		
				>0.50~3.00			4	—		
		H14	H14	>0.20~0.50	150~200	120	2	—		
				>0.50~3.00			3	—		
		H16	H16	>0.20~0.50	170~220	150	1	—		
				>0.50~3.00			2	—		
		H18	H18	>0.20~3.00	200~250	180	1	—		
5A02	—	O	O	>0.50~1.00	165~225	—	17	—	—	—
				>1.00~10.00			19	—	—	—
		H14 H24 H34	H14 H24 H34	>0.50~1.00	235	—	4	—	—	—
				>1.00~4.50			6	—	—	—
		H18	H18	>0.50~1.00	265	—	3	—	—	—
				>1.00~4.50			4	—	—	—
		H112	H112	>4.50~12.50	175	—	7	—	—	—
				>12.50~25.00	175		—	7	—	—
				>25.00~80.00	155		—	6	—	—
		F	—	>4.50~150.00		—				
5A03	—	O	O	>0.50~4.50	195	100	16	—	—	—
		H14 H24 H34	H14 H24 H34	>0.50~4.50	225	195	8	—	—	—
		H112	H112	>4.50~10.00	185	80	16	—	—	—
				>10.00~12.50	175	70	13	—	—	—
				>12.50~25.00	175	70	—	13	—	—
				>25.00~50.00	165	60	—	12	—	—
		F	—	>4.50~150.00		—				
5A05	—	O	O	0.50~4.50	275	145	16	—	—	—
		H112	H112	>4.50~10.00	275	125	16	—	—	—
				>10.00~12.50	265	115	14	—	—	—
				>12.50~25.00	265	115	—	14	—	—
				>25.00~50.00	255	105	—	13	—	—

（续）

牌号	包铝分类	供应状态	试样状态	厚度 t/mm	抗拉强度 R_m/MPa	规定塑性延伸强度 $R_{p0.2}$/MPa	断后伸长率[①](%) A_{50mm}	A	弯曲半径[②] 90°	180°
						⩾				
5A05	—	F	—	>4.50~150.00		—		—	—	—
3105	—	O H111	O H111	>0.20~0.50	100~155	40	14	—	—	0t
				>0.50~1.50			15	—	—	0t
				>1.50~3.00			17	—	—	0.5t
		H12	H12	>0.20~0.50	130~180	105	3	—	—	1.5t
				>0.50~1.50			4	—	—	1.5t
				>1.50~3.00			4	—	—	1.5t
		H22	H22	>0.20~0.50	130~180	105	6	—	—	—
				>0.50~1.50			6	—	—	—
				>1.50~3.00			7	—	—	—
		H14	H14	>0.20~0.50	150~200	130	2	—	—	2.5t
				>0.50~1.50			2	—	—	2.5t
				>1.50~3.00			2	—	—	2.5t
		H24	H24	>0.20~0.50	150~200	120	4	—	—	2.5t
				>0.50~1.50			4	—	—	2.5t
				>1.50~3.00			5	—	—	2.5t
		H16	H16	>0.20~0.50	175~225	160	1	—	—	—
				>0.50~1.50			2	—	—	—
				>1.50~3.00			2	—	—	—
		H26	H26	>0.20~0.50	175~225	150	3	—	—	—
				>0.50~1.50			3	—	—	—
				>1.50~3.00			3	—	—	—
		H18	H18	>0.20~3.00	195	180	1	—	—	—
		H28	H28	>0.20~1.50	195	170	2	—	—	—
		H19	H19	>0.20~1.50	215	190	1	—	—	—
		F	—	>2.50~80.00						
4006	—	O	O	>0.20~0.50	95~130	40	17	—	—	0t
				>0.50~1.50			19	—	—	0t
				>1.50~3.00			22	—	—	0t
				>3.00~6.00			25	—	—	1.0t
		H12	H12	>0.20~0.50	120~160	90	4	—	—	1.5t
				>0.50~1.50			4	—	—	1.5t
				>1.50~3.00			5	—	—	1.5t
		H14	H14	>0.20~0.50	140~180	120	3	—	—	2.0t
				>0.50~1.50			3	—	—	2.0t
				>1.50~3.00			3	—	—	2.0t
		F	—	2.50~6.00	—	—	—	—	—	—
4007	—	O H111	O H111	>0.20~0.50	110~150	45	15	—	—	—
				>0.50~1.50			16	—	—	—
				>1.50~3.00			19	—	—	—

（续）

牌号	包铝分类	供应状态	试样状态	厚度 t/mm	抗拉强度 R_m/MPa	规定塑性延伸强度 $R_{p0.2}$/MPa	断后伸长率[①](%)		弯曲半径[②]	
							A_{50mm}	A	90°	180°
					≥					
4007	—	O	O	>3.00~6.00	110~150	45	21	—	—	—
		H111	H111	>6.00~12.50			25	—	—	—
5A06	工艺包铝或不包铝	O	O	0.50~4.50	315	155	16	—	—	—
		H112	H112	>4.50~10.00	315	155	16	—	—	—
				>10.00~12.50	305	145	12	—	—	—
				>12.50~25.00	305	145	—	12	—	—
				>25.00~50.00	295	135	—	6	—	—
		F	—	>4.50~150.00	—				—	—
5005、5005A	—	O H111	O H111	>0.20~0.50	100~145	35	15	—	0t	0t
				>0.50~1.50			19	—	0t	0t
				>1.50~3.00			20	—	0t	0.5t
				>3.00~6.00			22	—	1.0t	1.0t
				>6.00~12.50			24	—	1.5t	—
				>12.50~50.00			—	20	—	—
		H12	H12	>0.20~0.50	125~165	95	2	—	0t	1.0t
				>0.50~1.50			2	—	0.5t	1.0t
				>1.50~3.00			4	—	1.0t	1.5t
				>3.00~6.00			5	—	1.0t	—
		H22 H32	H22 H32	>0.20~0.50	125~165	80	4	—	0t	1.0t
				>0.50~1.50			5	—	0.5t	1.0t
				>1.50~3.00			6	—	1.0t	1.5t
				>3.00~6.00			8	—	1.0t	—
		H14	H14	>0.20~0.50	145~185	120	2	—	0.5t	2.0t
				>0.50~1.50			2	—	1.0t	2.0t
				>1.50~3.00			3	—	1.0t	2.5t
				>3.00~6.00			4	—	2.0t	—
		H24 H34	H24 H34	>0.20~0.50	145~185	110	3	—	0.5t	1.5t
				>0.50~1.50			4	—	1.0t	1.5t
				>1.50~3.00			5	—	1.0t	2.0t
				>3.00~6.00			6	—	2.0t	—
		H16	H16	>0.20~0.50	165~205	145	1	—	1.0t	—
				>0.50~1.50			2	—	1.5t	—
				>1.50~3.00			3	—	2.0t	—
				>3.00~4.00			3	—	2.5t	—
		H26 H36	H26 H36	>0.20~0.50	165~205	135	2	—	1.0t	—
				>0.50~1.50			3	—	1.5t	—
				>1.50~3.00			4	—	2.0t	—
				>3.00~4.00			4	—	2.5t	—
		H18	H18	>0.20~0.50	185	165	1	—	1.5t	—
				>0.50~1.50			2	—	2.5t	—
				>1.50~3.00			2	—	3.0t	—

（续）

牌号	包铝分类	供应状态	试样状态	厚度 t/mm	抗拉强度 R_m/MPa	规定塑性延伸强度 $R_{p0.2}$/MPa	断后伸长率[①](%)		弯曲半径[②]	
							A_{50mm}	A	90°	180°
					≥					
5005、5005A	—	H28 H38	H28 H38	>0.20~0.50	185	160	1	—	1.5t	—
				>0.50~1.50			2	—	2.5t	—
				>1.50~3.00			3	—	3.0t	—
		H19	H19	>0.20~0.50	205	185	1	—	—	—
				>0.50~1.50			2	—	—	—
				>1.50~3.00			2	—	—	—
		H112	H112	>6.00~12.50	115	—	8	—	—	—
				>12.50~40.00	105		—	10	—	—
				>40.00~80.00	100		—	16	—	—
		F	—	>2.5~150.00	—				—	—
5040	—	H24 H34	H24 H34	0.80~1.80	220~260	170	6	—	—	—
		H26 H36	H26 H36	1.00~2.00	240~280	205	5	—	—	—
5049	—	O H111	O H111	>0.20~0.50	190~240	80	12	—	0t	0.5t
				>0.50~1.50			14	—	0.5t	0.5t
				>1.50~3.00			16	—	1.0t	1.0t
				>3.00~6.00			18	—	1.0t	1.0t
				>6.00~12.50			18	—	2.0t	—
				>12.50~100.00			—	17	—	—
		H12	H12	>0.20~0.50	220~270	170	4	—	—	—
				>0.50~1.50			5	—	—	—
				>1.50~3.00			6	—	—	—
				>3.00~6.00			7	—	—	—
		H22 H32	H22 H32	>0.20~0.50	220~270	130	7	—	0.5t	1.5t
				>0.50~1.50			8	—	1.0t	1.5t
				>1.50~3.00			10	—	1.5t	2.0t
				>3.00~6.00			11	—	1.5t	—
		H14	H14	>0.20~0.50	240~280	190	3	—	—	—
				>0.50~1.50			3	—	—	—
				>1.50~3.00			4	—	—	—
				>3.00~6.00			4	—	—	—
		H24 H34	H24 H34	>0.20~0.50	240~280	160	6	—	1.0t	2.5t
				>0.50~1.50			6	—	1.5t	2.5t
				>1.50~3.00			7	—	2.0t	2.5t
				>3.00~6.00			8	—	2.5t	—
		H16	H16	>0.20~0.50	265~305	220	2	—	—	—
				>0.50~1.50			3	—	—	—
				>1.50~3.00			3	—	—	—
				>3.00~6.00			3	—	—	—

（续）

牌号	包铝分类	供应状态	试样状态	厚度 t/mm	抗拉强度 R_m/MPa	规定塑性延伸强度 $R_{p0.2}$/MPa	断后伸长率[①](%) A_{50mm}	A	弯曲半径[②] 90°	180°
						≥				
5049	—	H26 H36	H26 H36	>0.20~0.50	265~305	190	4	—	1.5t	—
				>0.50~1.50			4	—	2.0t	—
				>1.50~3.00			5	—	3.0t	—
				>3.00~6.00			6	—	3.5t	—
		H18	H18	>0.20~0.50	290	250	1	—	—	—
				>0.50~1.50			2	—	—	—
				>1.50~3.00			2	—	—	—
		H28 H38	H28 H38	>0.20~0.50	290	230	3	—	—	—
				>0.50~1.50			3	—	—	—
				>1.50~3.00			4	—	—	—
		H112	H112	6.00~12.50	210	100	12	—	—	—
				>12.50~25.00	200	90	—	10	—	—
				>25.00~40.00	190	80	—	12	—	—
				>40.00~80.00	190	80	—	14	—	—
5449	—	O H111	O H111	>0.50~1.50	190~240	80	14	—	—	—
				>1.50~3.00			16	—	—	—
		H22	H22	>0.50~1.50	220~270	130	8	—	—	—
				>1.50~3.00			10	—	—	—
		H24	H24	>0.50~1.50	240~280	160	6	—	—	—
				>1.50~3.00			7	—	—	—
		H26	H26	>0.50~1.50	265~305	190	4	—	—	—
				>1.50~3.00			5	—	—	—
		H28	H28	>0.50~1.50	290	230	3	—	—	—
				>1.50~3.00			4	—	—	—
5050	—	O H111	O H111	>0.20~0.50	130~170	45	16	—	0t	0t
				>0.50~1.50			17	—	0t	0t
				>1.50~3.00			19	—	0t	0.5t
				>3.00~6.00			21	—	1.0t	—
				>6.00~12.50			20	—	2.0t	—
				>12.50~50.00			—	20	—	—
		H12	H12	>0.20~0.50	155~195	130	2	—	0t	—
				>0.50~1.50			2	—	0.5t	—
				>1.50~3.00			4	—	1.0t	—
		H22 H32	H22 H32	>0.20~0.50	155~195	110	4	—	0t	1.0t
				>0.50~1.50			5	—	0.5t	1.0t
				>1.50~3.00			7	—	1.0t	1.5t
				>3.00~6.00			10	—	1.5t	—
		H14	H14	>0.20~0.50	175~215	150	2	—	0.5t	—
				>0.50~1.50			2	—	1.0t	—
				>1.50~3.00			3	—	1.5t	—
				>3.00~6.00			4	—	2.0t	—

（续）

牌号	包铝分类	供应状态	试样状态	厚度 t/mm	抗拉强度 R_m/MPa	规定塑性延伸强度 $R_{p0.2}$/MPa	断后伸长率[①]（%）		弯曲半径[②]	
							A_{50mm}	A	90°	180°
					≥					
5050	—	H24 H34	H24 H34	>0.20~0.50	175~215	135	3	—	0.5t	1.5t
				>0.50~1.50			4	—	1.0t	1.5t
				>1.50~3.00			5	—	1.5t	2.0t
				>3.00~6.00			8	—	2.0t	—
		H16	H16	>0.20~0.50	195~235	170	1	—	1.0t	
				>0.50~1.50			2	—	1.5t	
				>1.50~3.00			2	—	2.5t	
				>3.00~4.00			3	—	3.0t	
		H26 H36	H26 H36	>0.20~0.50	195~235	160	2	—	1.0t	
				>0.50~1.50			3	—	1.5t	
				>1.50~3.00			4	—	2.5t	
				>3.00~4.00			6	—	3.0t	
		H18	H18	>0.20~0.50	220	190	1	—	1.5t	
				>0.50~1.50			2	—	2.5t	
				>1.50~3.00			2	—	—	
		H28 H38	H28 H38	>0.20~0.50	220	180	1	—	1.5t	
				>0.50~1.50			2	—	2.5t	
				>1.50~3.00			3	—	—	
		H112	H112	6.00~12.50	140	55	12	—	—	
				>12.50~40.00			—	10	—	
				>40.00~80.00			—	10	—	
		F	—	2.50~80.00		—				
5251	—	O H111	O H111	>0.20~0.50	160~200	60	13	—	0t	0t
				>0.50~1.50			14	—	0t	0t
				>1.50~3.00			16	—	0.5t	0.5t
				>3.00~6.00			18	—	1.0t	—
				>6.00~12.50			18	—	2.0t	—
				>12.50~50.00			—	18	—	—
		H12	H12	>0.20~0.50	190~230	150	3	—	0t	2.0t
				>0.50~1.50			4	—	1.0t	2.0t
				>1.50~3.00			5	—	1.0t	2.0t
				>3.00~6.00			8	—	1.5t	—
		H22 H32	H22 H32	>0.20~0.50	190~230	120	4	—	0t	1.5t
				>0.50~1.50			6	—	1.0t	1.5t
				>1.50~3.00			8	—	1.0t	1.5t
				>3.00~6.00			10	—	1.5t	—
		H14	H14	>0.20~0.50	210~250	170	2	—	0.5t	2.5t
				>0.50~1.50			2	—	1.5t	2.5t
				>1.50~3.00			3	—	1.5t	2.5t
				>3.00~6.00			4	—	2.5t	—

（续）

牌号	包铝分类	供应状态	试样状态	厚度 t/mm	抗拉强度 R_m/MPa	规定塑性延伸强度 $R_{p0.2}$/MPa	断后伸长率[1]（%）		弯曲半径[2]	
							A_{50mm}	A	90°	180°
					≥					
5251	—	H24 H34	H24 H34	>0.20~0.50	210~250	140	3	—	0.5t	2.0t
				>0.50~1.50			5	—	1.5t	2.0t
				>1.50~3.00			6	—	1.5t	2.0t
				>3.00~6.00			8	—	2.5t	—
		H16	H16	>0.20~0.50	230~270	200	1	—	1.0t	3.5t
				>0.50~1.50			2	—	1.5t	3.5t
				>1.50~3.00			3	—	2.0t	3.5t
				>3.00~4.00			3	—	3.0t	
		H26 H36	H26 H36	>0.20~0.50	230~270	170	3	—	1.0t	3.0t
				>0.50~1.50			4	—	1.5t	3.0t
				>1.50~3.00			5	—	2.0t	3.0t
				>3.00~4.00			7	—	3.0t	—
		H18	H18	>0.20~0.50	255	230	1	—	—	—
				>0.50~1.50			2	—	—	—
				>1.50~3.00			2	—	—	—
		H28 H38	H28 H38	>0.20~0.50	255	200	2	—	—	—
				>0.50~1.50			3	—	—	—
				>1.50~3.00			3	—	—	—
		F	—	2.50~80.00	—				—	—
5052	—	O H111	O H111	>0.20~0.50	170~215	65	12	—	0t	0t
				>0.50~1.50			14	—	0t	0t
				>1.50~3.00			16		0.5t	0.5t
				>3.00~6.00			18	—	1.0t	
				>6.00~12.50	165~215		19	—	2.0t	—
				>12.50~80.00			—	18	—	—
		H12	H12	>0.20~0.50	210~260	160	4	—	—	—
				>0.50~1.50			5	—	—	—
				>1.50~3.00			6	—	—	—
				>3.00~6.00			8	—	—	—
		H22 H32	H22 H32	>0.20~0.50	210~260	130	5	—	0.5t	1.5t
				>0.50~1.50			6	—	1.0t	1.5t
				>1.50~3.00			7	—	1.5t	1.5t
				>3.00~6.00			10	—	1.5t	—
		H14	H14	>0.20~0.50	230~280	180	3	—	—	—
				>0.50~1.50			3	—	—	—
				>1.50~3.00			4	—	—	—
				>3.00~6.00			4	—	—	—
		H24 H34	H24 H34	>0.20~0.50	230~280	150	4	—	0.5t	2.0t
				>0.50~1.50			5	—	1.5t	2.0t
				>1.50~3.00			6	—	2.0t	2.0t
				>3.00~6.00			7	—	2.5t	—

（续）

牌号	包铝分类	供应状态	试样状态	厚度 t/mm	抗拉强度 R_m/MPa	规定塑性延伸强度 $R_{p0.2}$/MPa	断后伸长率[①] （%）		弯曲半径[②]	
							A_{50mm}	A	90°	180°
					≥					
5052	—	H16	H16	>0.20~0.50	250~300	210	2	—	—	—
				>0.50~1.50			3	—	—	—
				>1.50~3.00			3	—	—	—
				>3.00~6.00			3	—	—	—
		H26 H36	H26 H36	>0.20~0.50	250~300	180	3	—	1.5t	—
				>0.50~1.50			4	—	2.0t	—
				>1.50~3.00			5	—	3.0t	—
				>3.00~6.00			6	—	3.5t	—
		H18	H18	>0.20~0.50	270	240	1	—	—	—
				>0.50~1.50			2	—	—	—
				>1.50~3.00			2	—	—	—
		H28 H38	H28 H38	>0.20~0.50	270	210	3	—	—	—
				>0.50~1.50			3	—	—	—
				>1.50~3.00			3	—	—	—
		H112	H112	>6.00~12.50	190	80	7	—	—	—
				>12.50~40.00	170	70	—	10	—	—
				>40.00~80.00	170	70	—	14	—	—
		F	—	>2.50~150.00		—			—	—
5154A	—	O H111	O H111	>0.20~0.50	215~275	85	12	—	0.5t	0.5t
				>0.50~1.50			13	—	0.5t	0.5t
				>1.50~3.00			15	—	1.0t	1.0t
				>3.00~6.00			17	—	1.5t	—
				>6.00~12.50			18	—	2.5t	—
				>12.50~50.00			—	16	—	—
		H12	H12	>0.20~0.50	250~305	190	3	—	—	—
				>0.50~1.50			4	—	—	—
				>1.50~3.00			5	—	—	—
				>3.00~6.00			6	—	—	—
		H22 H32	H22 H32	>0.20~0.50	250~305	180	5	—	0.5t	1.5t
				>0.50~1.50			6	—	1.0t	1.5t
				>1.50~3.00			7	—	2.0t	2.0t
				>3.00~6.00			8	—	2.5t	—
		H14	H14	>0.20~0.50	270~325	220	2	—	—	—
				>0.50~1.50			3	—	—	—
				>1.50~3.00			3	—	—	—
				>3.00~6.00			4	—	—	—
		H24 H34	H24 H34	>0.20~0.50	270~325	200	4	—	1.0t	2.5t
				>0.50~1.50			5	—	2.0t	2.5t
				>1.50~3.00			6	—	2.5t	3.0t
				>3.00~6.00			7	—	3.0t	—

（续）

牌号	包铝分类	供应状态	试样状态	厚度 t/mm	抗拉强度 R_m/MPa	规定塑性延伸强度 $R_{p0.2}$/MPa	断后伸长率[①]（%）		弯曲半径[②]	
						≥	A_{50mm}	A	90°	180°
5154A	—	H26 H36	H26 H36	>0.20~0.50	290~345	230	3	—	—	—
				>0.50~1.50			3	—	—	—
				>1.50~3.00			4	—	—	—
				>3.00~6.00			5	—	—	—
		H18	H18	>0.20~0.50	310	270	1	—	—	—
				>0.50~1.50			1	—	—	—
				>1.50~3.00			1	—	—	—
		H28 H38	H28 H38	>0.20~0.50	310	250	3	—	—	—
				>0.50~1.50			3	—	—	—
				>1.50~3.00			3	—	—	—
		H19	H19	>0.20~0.50	330	285	1	—	—	—
				>0.50~1.50			1	—	—	—
		H112	H112	6.00~12.50	220	125	8	—	—	—
				>12.50~40.00	215	90	—	9	—	—
				>40.00~80.00	215	90	—	13	—	—
		F	—	2.50~80.00	—		—		—	—
5454	—	O H111	O H111	>0.20~0.50	215~275	85	12	—	0.5t	0.5t
				>0.50~1.50			13	—	0.5t	0.5t
				>1.50~3.00			15	—	1.0t	1.0t
				>3.00~6.00			17	—	1.5t	—
				>6.00~12.50			18	—	2.5t	—
				>12.50~80.00			—	16	—	—
		H12	H12	>0.20~0.50	250~305	190	3	—	—	—
				>0.50~1.50			4	—	—	—
				>1.50~3.00			5	—	—	—
				>3.00~6.00			6	—	—	—
		H22 H32	H22 H32	>0.20~0.50	250~305	180	5	—	0.5t	1.5t
				>0.50~1.50			6	—	1.0t	1.5t
				>1.50~3.00			7	—	2.0t	2.0t
				>3.00~6.00			8	—	2.5t	—
		H14	H14	>0.20~0.50	270~325	220	2	—	—	—
				>0.50~1.50			3	—	—	—
				>1.50~3.00			3	—	—	—
				>3.00~6.00			4	—	—	—
		H24 H34	H24 H34	>0.20~0.50	270~325	200	4	—	1.0t	2.5t
				>0.50~1.50			5	—	2.0t	2.5t
				>1.50~3.00			6	—	2.5t	3.0t
				>3.00~6.00			7	—	3.0t	—
		H26 H36	H26 H36	>0.20~1.50	290~345	230	3	—	—	—
				>1.50~3.00			4	—	—	—
				>3.00~6.00			5	—	—	—

（续）

牌号	包铝分类	供应状态	试样状态	厚度 t/mm	抗拉强度 R_m/MPa	规定塑性延伸强度 $R_{p0.2}$/MPa	断后伸长率[①]（%）		弯曲半径[②]	
							A_{50mm}	A	90°	180°
					≥					
5454	—	H28 H38	H28 H38	>0.20~3.00	310	250	3	—	—	—
		H112	H112	6.00~12.50	220	125	8	—	—	—
				>12.50~40.00	215	90	—	9	—	—
				>40.00~120.00			—	13	—	—
		F	—	>4.50~150.00		—				
5754	—	O H111	O H111	>0.20~0.50	190~240	80	12	—	0t	0.5t
				>0.50~1.50			14	—	0.5t	0.5t
				>1.50~3.00			16	—	1.0t	1.0t
				>3.00~6.00			18	—	1.0t	1.0t
				>6.00~12.50			18	—	2.0t	—
				>12.50~100.00			—	17	—	—
		H12	H12	>0.20~0.50	220~270	170	4	—	—	—
				>0.50~1.50			5	—	—	—
				>1.50~3.00			6	—	—	—
				>3.00~6.00			7	—	—	—
		H22 H32	H22 H32	>0.20~0.50	220~270	130	7	—	0.5t	1.5t
				>0.50~1.50			8	—	1.0t	1.5t
				>1.50~3.00			10	—	1.5t	2.0t
				>3.00~6.00			11	—	1.5t	—
		H14	H14	>0.20~0.50	240~280	190	3	—	—	—
				>0.50~1.50			3	—	—	—
				>1.50~3.00			4	—	—	—
				>3.00~6.00			4	—	—	—
		H24 H34	H24 H34	>0.20~0.50	240~280	160	6	—	1.0t	2.5t
				>0.50~1.50			6	—	1.5t	2.5t
				>1.50~3.00			7	—	2.0t	2.5t
				>3.00~6.00			8	—	2.5t	—
		H16	H16	>0.20~0.50	265~305	220	2	—	—	—
				>0.50~1.50			3	—	—	—
				>1.50~3.00			3	—	—	—
				>3.00~6.00			3	—	—	—
		H26 H36	H26 H36	>0.20~0.50	265~305	190	4	—	1.5t	—
				>0.50~1.50			4	—	2.0t	—
				>1.50~3.00			5	—	3.0t	—
				>3.00~6.00			6	—	3.5t	—
		H18	H18	>0.20~0.50	290	250	1	—	—	—
				>0.50~1.50			2	—	—	—
				>1.50~3.00			2	—	—	—
		H28 H38	H28 H38	>0.20~0.50	290	230	3	—	—	—
				>0.50~1.50			3	—	—	—

（续）

牌号	包铝分类	供应状态	试样状态	厚度 t/mm	抗拉强度 R_m/MPa	规定塑性延伸强度 $R_{p0.2}$/MPa	断后伸长率① (%)		弯曲半径②	
					≥		A_{50mm}	A	90°	180°
5754	—	H28 H38	H28 H38	>1.50~3.00	290	230	4	—	—	—
		H112	H112	6.00~12.50	190	100	12	—	—	—
				>12.50~25.00	190	90	—	10	—	—
				>25.00~40.00	190	80	—	12	—	—
				>40.00~80.00	190	80	—	14	—	—
		F	—	>4.50~150.00	—				—	—
5082	—	H18 H38	H18 H38	>0.20~0.50	335	—	1	—	—	—
		H19 H39	H19 H39	>0.20~0.50	355	—	1	—	—	—
		F	—	>4.50~150.00	—				—	—
5182	—	O H111	O H111	>0.20~0.50	255~315	110	11	—	—	1.0t
				>0.50~1.50	255~315	110	12	—	—	1.0t
				>1.50~3.00	255~315	110	13	—	—	1.0t
		H19	H19	>0.20~1.50	380	320	1	—	—	—
5083	—	O H111	O H111	>0.20~0.50	275~350	125	11	—	0.5t	1.0t
				>0.50~1.50	275~350	125	12	—	1.0t	1.0t
				>1.50~3.00	275~350	125	13	—	1.0t	1.5t
				>3.00~6.30	275~350	125	15	—	1.5t	—
				>6.30~12.50	275~350	125	16	—	2.5t	—
				>12.50~50.00	270~345	115	—	15	—	—
				>50.00~80.00	270~345	115	—	14	—	—
				>80.00~120.00	260	110	—	12	—	—
				>120.00~200.00	255	105	—	12	—	—
		H12	H12	>0.20~0.50	315~375	250	3	—	—	—
				>0.50~1.50	315~375	250	4	—	—	—
				>1.50~3.00	315~375	250	5	—	—	—
				>3.00~6.00	315~375	250	6	—	—	—
		H22 H32	H22 H32	>0.20~0.50	305~380	215	5	—	0.5t	2.0t
				>0.50~1.50	305~380	215	6	—	1.5t	2.0t
				>1.50~3.00	305~380	215	7	—	2.0t	3.0t
				>3.00~6.00	305~380	215	8	—	2.5t	—
		H14	H14	>0.20~0.50	340~400	280	2	—	—	—
				>0.50~1.50	340~400	280	3	—	—	—
				>1.50~3.00	340~400	280	3	—	—	—
				>3.00~6.00	340~400	280	3	—	—	—
		H24 H34	H24 H34	>0.20~0.50	340~400	250	4	—	1.0t	—
				>0.50~1.50	340~400	250	5	—	2.0t	—
				>1.50~3.00	340~400	250	6	—	2.5t	—
				>3.00~6.00	340~400	250	7	—	3.5t	—

（续）

牌号	包铝分类	供应状态	试样状态	厚度 t/mm	抗拉强度 R_m/MPa	规定塑性延伸强度 $R_{p0.2}$/MPa	断后伸长率[1]（%） A_{50mm}	断后伸长率[1]（%） A	弯曲半径[2] 90°	弯曲半径[2] 180°
						≥				
5083	—	H16	H16	>0.20~0.50	360~420	300	1	—	—	—
				>0.50~1.50			2	—	—	—
				>1.50~3.00			2	—	—	—
				>3.00~4.00			2	—	—	—
		H26 H36	H26 H36	>0.20~0.50	360~420	280	2	—	—	—
				>0.50~1.50			3	—	—	—
				>1.50~3.00			3	—	—	—
				>3.00~4.00			3	—	—	—
		H116 H321	H116 H321	1.50~3.00	305	215	8	—	2.0t	—
				>3.00~6.00			10	—	2.5t	—
				>6.00~12.50			12	—	4.0t	—
				>12.50~40.00			—	10	—	—
				>40.00~80.00	285	200	—	10	—	—
		H112	H112	>6.00~12.50	275	125	12	—	—	—
				>12.50~40.00	275	125	—	10	—	—
				>40.00~80.00	270	115	—	10	—	—
				>80.00~120.00	260	110	—	10	—	—
		F	—	>80.00~150.00		—			—	—
5383	—	O H111	O H111	>0.20~0.50	290~360	145	11	—	0.5t	1.0t
				>0.50~1.50			12	—	1.0t	1.0t
				>1.50~3.00			13	—	1.0t	1.5t
				>3.00~6.00			15	—	1.5t	—
				>6.00~12.50			16	—	2.5t	—
				>12.50~50.00			—	15	—	—
				>50.00~80.00	285~355	135	—	14	—	—
				>80.00~120.00	275	130	—	12	—	—
				>120.00~150.00	270	125	—	12	—	—
		H22 H32	H22 H32	>0.20~0.50	305~380	220	5	—	0.5t	2.0t
				>0.50~1.50			6	—	1.5t	2.0t
				>1.50~3.00			7	—	2.0t	3.0t
				>3.00~6.00			8	—	2.5t	—
		H24 H34	H24 H34	>0.20~0.50	340~400	270	4	—	1.0t	—
				>0.50~1.50			5	—	2.0t	—
				>1.50~3.00			6	—	2.5t	—
				>3.00~6.00			7	—	3.5t	—
		H116 H321	H116 H321	1.50~3.00	305	220	8	—	2.0t	3.0t
				>3.00~6.00			10	—	2.5t	—
				>6.00~12.50			12	—	4.0t	—
				>12.50~40.00			—	10	—	—
				>40.00~80.00	285	205	—	10	—	—

（续）

牌号	包铝分类	供应状态	试样状态	厚度 t/mm	抗拉强度 R_m/MPa	规定塑性延伸强度 $R_{p0.2}$/MPa	断后伸长率[①]（%）		弯曲半径[②]	
							A_{50mm}	A	90°	180°
						≥				
5383	—	H112	H112	6.00~12.50	290	145	12	—	—	—
				>12.50~40.00			—	10		
				>40.00~80.00	285	135	—	10	—	—
5086	—	O H111	O H111	>0.20~0.50	240~310	100	11	—	0.5t	1.0t
				>0.50~1.50			12	—	1.0t	1.0t
				>1.50~3.00			13	—	1.0t	1.0t
				>3.00~6.00			15	—	1.5t	1.5t
				>6.00~12.50			17	—	2.5t	—
				>12.50~150.00			—	16	—	—
		H12	H12	>0.20~0.50	275~335	200	3	—	—	—
				>0.50~1.50			4	—	—	—
				>1.50~3.00			5	—	—	—
				>3.00~6.00			6	—	—	—
		H22 H32	H22 H32	>0.20~0.50	275~335	185	5	—	0.5t	2.0t
				>0.50~1.50			6	—	1.5t	2.0t
				>1.50~3.00			7	—	2.0t	2.0t
				>3.00~6.00			8	—	2.5t	—
		H14	H14	>0.20~0.50	300~360	240	2	—	—	—
				>0.50~1.50			3	—	—	—
				>1.50~3.00			3	—	—	—
				>3.00~6.00			3	—	—	—
		H24 H34	H24 H34	>0.20~0.50	300~360	220	4	—	1.0t	2.5t
				>0.50~1.50			5	—	2.0t	2.5t
				>1.50~3.00			6	—	2.5t	2.5t
				>3.00~6.00			7	—	3.5t	—
		H16	H16	>0.20~0.50	325~385	270	1	—	—	—
				>0.50~1.50			2	—	—	—
				>1.50~3.00			2	—	—	—
				>3.00~4.00			2	—	—	—
		H26 H36	H26 H36	>0.20~0.50	325~385	250	2	—	—	—
				>0.50~1.50			3	—	—	—
				>1.50~3.00			3	—	—	—
				>3.00~4.00			3	—	—	—
		H18	H18	>0.20~0.50	345	290	1	—	—	—
				>0.50~1.50			1	—	—	—
				>1.50~3.00			1	—	—	—
		H116 H321	H116 H321	1.50~3.00	275	195	8	—	2.0t	2.0t
				>3.00~6.00			9	—	2.5t	—
				>6.00~12.50			10	—	3.5t	—
				>12.50~50.00			—	9	—	—

（续）

牌号	包铝分类	供应状态	试样状态	厚度 t/mm	抗拉强度 R_m/MPa	规定塑性延伸强度 $R_{p0.2}$/MPa	断后伸长率[①]（%）		弯曲半径[②]	
							A_{50mm}	A	90°	180°
					≥					
5086	—	H112	H112	>6.00~12.50	250	105	8	—	—	—
				>12.50~40.00	240	105	—	9	—	—
				>40.00~80.00	240	100	—	12	—	—
		F	—	>4.50~150.00	—	—	—	—	—	—
6A02	—	O	O	>0.50~4.50	≤145	—	21	—	—	—
				>4.50~10.00			16	—	—	—
			T62[⑤]	>0.50~4.50	295	—	11	—	—	—
				>4.50~10.00			8	—	—	—
		T4	T4	>0.50~0.80	195	—	19	—	—	—
				>0.80~2.90			21	—	—	—
				>2.90~4.50			19	—	—	—
				>4.50~10.00	175		17	—	—	—
		T6	T6	>4.50~4.50	295	—	11	—	—	—
				>4.50~10.00			8	—	—	—
		T1	T62[⑥]	>4.50~12.50	295	—	8	—	—	—
				>12.50~25.00			—	7	—	—
				>25.00~40.00	285		—	6	—	—
				>40.00~80.00	275		—	6	—	—
			T42[⑥]	>4.50~12.50	175	—	17	—	—	—
				>12.50~25.00			—	14	—	—
				>25.00~40.00			—	12	—	—
				>40.00~80.00	165		—	10	—	—
		F	—	>4.50~150.00						
6061	—	O	O	0.40~1.50	≤150	≤85	14	—	0.5t	1.0t
				>1.50~3.00			16	—	1.0t	1.0t
				>3.00~6.00			19	—	1.0t	—
				>6.00~12.50			16	—	2.0t	—
				>12.50~25.00			—	16	—	—
		T4	T4	0.40~1.50	205	110	12	—	1.0t	1.5t
				>1.50~3.00			14	—	1.5t	2.0t
				>3.00~6.00			16	—	3.0t	—
				>6.00~12.50			18	—	4.0t	—
				>12.50~40.00			—	15	—	—
				>40.00~80.00			—	14	—	—
		T6	T6	0.40~1.50	290	240	6	—	2.5t	—
				>1.50~3.00			7	—	3.5t	—
				>3.00~6.00			10	—	4.0t	—
				>6.00~12.50			9	—	5.0t	—
				>12.50~40.00			—	8	—	—
				>40.00~80.00			—	6	—	—
				>80.00~100.00			—	5	—	—
		F	—	>2.50~150.00	—					

（续）

牌号	包铝分类	供应状态	试样状态	厚度 t/mm	抗拉强度 R_m/MPa	规定塑性延伸强度 $R_{p0.2}$/MPa	断后伸长率[①]（%） A_{50mm}	A	弯曲半径[②] 90°	180°
						≥				
6016	—	T4	T4	0.40~3.00	170~250	80~140	24	—	0.5t	0.5t
		T6	T6	0.40~3.00	260~300	180~260	10	—	—	—
6063	—	O	O	0.50~5.00	≤130	—	20	—	—	—
				>5.00~12.50			15	—	—	—
				>12.50~20.00			—	15	—	—
			T62[⑤]	0.50~5.00	230	180	—	8	—	—
				>5.00~12.50	220	170	—	6	—	—
				>12.50~20.00	220	170	6		—	—
		T4	T4	0.50~5.00	150	—	10	—	—	—
				5.00~10.00	130		10	—	—	—
		T6	T6	0.50~5.00	240	190	8	—	—	—
				>5.00~10.00	230	180	8	—	—	—
6082	—	O	O	0.40~1.50	≤150	≤85	14	—	0.5t	1.0t
				>1.50~3.00			16	—	1.0t	1.0t
				>3.00~6.00			18	—	1.5t	—
				>6.00~12.50			17	—	2.5t	—
				>12.50~25.00	≤155	—	—	16	—	—
		T4	T4	0.40~1.50	205	110	12	—	1.5t	3.0t
				>1.50~3.00			14	—	2.0t	3.0t
				>3.00~6.00			15	—	3.0t	—
				>6.00~12.50			14	—	4.0t	—
				>12.50~40.00			—	13	—	—
				>40.00~80.00			—	12	—	—
		T6	T6	0.40~1.50	310	260	6	—	2.5t	—
				>1.50~3.00			7	—	3.5t	—
				>3.00~6.00			10	—	4.5t	—
				>6.00~12.50	300	255	9	—	6.0t	—
		F	—	>4.50~150.00		—			—	—
包铝 7A04、包铝 7A09、7A04、7A09	正常包铝或工艺包铝	O	O	0.50~10.00	≤245	—	11	—	—	—
		O	T62[⑤]	0.50~2.90	470	390	7	—	—	—
				>2.90~10.00	490	410		—	—	—
		T6	T6	0.50~2.90	480	400		—	—	—
				>2.90~10.00	490	410		—	—	—
		T1	T62	>4.50~10.00	490	410		—	—	—
				>10.00~12.50	490	410	4	—	—	—
				>12.50~25.00				—	—	—
				>25.50~40.00			3	—	—	—
		F	—	>4.50~150.00		—			—	—
7020	—	O	O	0.4~1.50	≤220	≤140	12	—	2.0t	—
				>1.50~3.00			13	—	2.5t	—

（续）

牌号	包铝分类	供应状态	试样状态	厚度 t/mm	抗拉强度 R_m/MPa	规定塑性延伸强度 $R_{p0.2}$/MPa	断后伸长率[①]（%）		弯曲半径[②]	
							A_{50mm}	A	90°	180°
					≥					
7020	—	O	O	>3.00~6.00	≤220	≤140	15	—	3.5t	—
				>6.00~12.50			12	—	5.0t	—
		T4[⑦]	T4[⑦]	0.40~1.50	320	210	11	—	—	—
				>1.50~3.00			12	—	—	—
				>3.00~6.00			13	—	—	—
				>6.00~12.50			14	—	—	—
		T6	T6	0.40~1.50	350	280	7	—	3.5t	—
				>1.50~3.00			8	—	4.0t	—
				>3.00~6.00			10	—	5.5t	—
				>6.00~12.50			10	—	8.0t	—
				>12.50~40.00			—	9	—	—
				>40.00~100.00	340	270	—	8	—	—
				>100.00~150.00			—	7	—	—
				>150.00~175.00	330	260	—	6	—	—
				>175.00~200.00			—	5	—	—
7021	—	T6	T6	1.50~3.00	400	350	7	—	—	—
				>3.00~6.00			6	—	—	—
7022	—	T6	T6	3.00~12.50	450	370	8	—	—	—
				>12.50~25.00			—	8	—	—
				>25.00~50.00			—	7	—	—
				>50.00~100.00	430	350	—	5	—	—
				>100.00~200.00	410	330	—	3	—	—
7075	工艺包铝或不包铝	O	O	0.40~0.80	≤275	≤145	—	—	0.5t	1.0t
				>0.80~1.50			—	—	1.0t	2.0t
				>1.50~3.00			10	—	1.0t	3.0t
				>3.00~6.00			—	—	2.5t	—
				>6.00~12.50			—	—	4.0t	—
				>12.50~75.00		—	—	9	—	—
		O	T62[⑤]	0.40~0.80	525	460	6	—	—	—
				>0.80~1.50	540	460	6	—	—	—
				>1.50~3.00	540	470	7	—	—	—
				>3.00~6.00	545	475	8	—	—	—
				>6.00~12.50	540	460	8	—	—	—
				>12.50~25.00	540	470	—	6	—	—
				>25.00~50.00	530	460	—	5	—	—
				>50.00~60.00	525	440	—	4	—	—
				>60.00~75.00	495	420	—	4	—	—
		T6	T6	0.40~0.80	525	460	6	—	4.5t	—
				>0.80~1.50	540	460	6	—	5.5t	—
				>1.50~3.00	540	470	7	—	6.5t	—

（续）

牌号	包铝分类	供应状态	试样状态	厚度 t/mm	抗拉强度 R_m/MPa	规定塑性延伸强度 $R_{p0.2}$/MPa	断后伸长率[1] (%) A_{50mm}	A	弯曲半径[2] 90°	180°
					≥					
7075	工艺包铝或不包铝	T6	T6	>3.00~6.00	545	475	8	—	8.0t	—
				>6.00~12.50	540	460	8	—	12.0t	—
				>12.50~25.00	540	470	—	6	—	—
				>25.00~50.00	530	460	—	5	—	—
				>50.00~60.00	525	440	—	4	—	—
		T76	T76	>1.50~3.00	500	425	7	—	—	—
				>3.00~6.00	500	425	8	—	—	—
				>6.00~12.50	490	415	7	—	—	—
		T73	T73	>1.50~3.00	460	385	7	—	—	—
				>3.00~6.00	460	385	8	—	—	—
				>6.00~12.50	475	390	7	—	—	—
				>12.50~25.00	475	390	—	6	—	—
				>25.00~50.00	475	390	—	5	—	—
				>50.00~60.00	455	360	—	5	—	—
				>60.00~80.00	440	340	—	5	—	—
				>80.00~100.00	430	340	—	5	—	—
		F	—	>6.00~50.00	—				—	—
包铝 7075	正常包铝	O	O	>0.39~1.60	≤275	≤145	10	—	—	—
				>1.60~4.00			10	—	—	—
				>4.00~12.50			10	—	—	—
				>12.50~50.00	—	—	—	9	—	—
		O	T62[5]	>0.39~1.00	505	435	7	—	—	—
				>1.00~1.60	515	445	8	—	—	—
				>1.60~3.20	515	445	8	—	—	—
				>3.20~4.00	515	445	8	—	—	—
				>4.00~6.30	525	455	8	—	—	—
				>6.30~12.50	525	455	9	—	—	—
				>12.50~25.00	540	470	—	6	—	—
				>25.00~50.00	530	460	—	5	—	—
				>50.00~60.00	525	440	—	4	—	—
		T6	T6	>0.39~1.00	505	435	7	—	—	—
				>1.00~1.60	515	445	8	—	—	—
				>1.60~3.20	515	445	8	—	—	—
				>3.20~4.00	515	445	8	—	—	—
				>4.00~6.30	525	455	8	—	—	—
		T76	T76	>3.10~4.00	470	390	8	—	—	—
				>4.00~6.30	485	405	8	—	—	—
		F	—	>6.00~100.00	—				—	—
包铝 7475	正常包铝	O	O	>1.00~1.60	≤250	≤140	10	—	—	2.0t
				>1.60~3.20	≤260	≤140	10	—	—	3.0t
				>3.20~4.80	≤260	≤140	10	—	—	4.0t

（续）

牌号	包铝分类	供应状态	试样状态	厚度 t/mm		抗拉强度 R_m/MPa	规定塑性延伸强度 $R_{p0.2}$/MPa	断后伸长率[①] (%)		弯曲半径[②]	
								A_{50mm}	A	90°	180°
						≥					
包铝 7475	正常包铝	O	O	>4.80~6.50		≤270	≤145	10	—	—	4.0t
		T761[⑧]	T761[⑧]	1.00~1.60		455	379	9	—	—	6.0t
				>1.60~2.30		469	393	9	—	—	7.0t
				>2.30~3.20		469	393	9	—	—	8.0t
				>3.20~4.80		469	393	9	—	—	9.0t
				>4.80~6.50		483	414	9	—	—	9.0t
7475	工艺包铝或不包铝	T6	T6	>0.35~6.00		515	440	9	—	—	—
		T76 T761[⑧]	T76 T761[⑧]	1.00~1.60	纵向	490	420	9			6.0t
					横向	490	415	9			
				>1.60~2.30	纵向	490	420	9			7.0t
					横向	490	415	9			
				>2.30~3.20	纵向	490	420	9			8.0t
					横向	490	415	9			
				>3.20~4.80	纵向	490	420	9			9.0t
					横向	490	415	9			
				>4.80~6.50	纵向	490	420	9			9.0t
					横向	490	415	9			
8A06	—	O	O	>0.20~0.30		≤110	—	16	—	—	—
				>0.30~0.50				21	—	—	—
				>0.50~0.80				26	—	—	—
				>0.80~10.00				30	—	—	—
		H14 H24	H14 H24	>0.20~0.30		100	—	1	—	—	—
				>0.30~0.50				3	—	—	—
				>0.50~0.80				4	—	—	—
				>0.80~1.00				5	—	—	—
				>1.00~4.50				6	—	—	—
		H18	H18	>0.20~0.30		135	—	1	—	—	—
				>0.30~0.80				2	—	—	—
				>0.80~4.50				3	—	—	—
		H112	H112	>4.50~10.00		70	—	19	—	—	—
				>10.00~12.50		80	—	19	—	—	—
				>12.50~25.00		80	—	—	19	—	—
				>25.00~80.00		65	—	—	16	—	—
		F	—	>2.50~150							
8011	—	H14	H14	>0.20~0.50		125~165	—	2	—	—	—
		H24	H24	>0.20~0.50		125~165	—	3	—	—	—
		H16	H16	>0.20~0.50		130~185	—	1	—	—	—
		H26	H26	>0.20~0.50		130~185	—	1	—	—	—
		H18	H18	0.20~0.50		165	—	1	—	—	—

（续）

牌号	包铝分类	供应状态	试样状态	厚度 t/mm	抗拉强度 R_m/MPa	规定塑性延伸强度 $R_{p0.2}$/MPa	断后伸长率[①]（%） A_{50mm}	A	弯曲半径[②] 90°	180°
						≥				
8011A	—	O H111	O H111	>0.20~0.50	85~130	30	19	—	—	—
				>0.50~1.50			21	—	—	—
				>1.50~3.00			24	—	—	—
				>3.00~6.00			25	—	—	—
				>6.00~12.50			30	—	—	—
		H22	H22	>0.20~0.50	105~145	90	4	—	—	—
				>0.50~1.50			5	—	—	—
				>1.50~3.00			6	—	—	—
		H14	H14	>0.20~0.50	120~170	110	1	—	—	—
				>0.50~1.50	125~165		3	—	—	—
				>1.50~3.00			3	—	—	—
				>3.00~6.00			4	—	—	—
		H24	H24	>0.20~0.50	125~165	100	3	—	—	—
				>0.50~1.50			4	—	—	—
				>1.50~3.00			5	—	—	—
				>3.00~6.00			6	—	—	—
		H16	H16	>0.20~0.50	140~190	130	1	—	—	—
				>0.50~1.50	145~185		2	—	—	—
				>1.50~4.00			3	—	—	—
		H26	H26	>0.20~0.50	145~185	120	2	—	—	—
				>0.50~1.50			3	—	—	—
				>1.50~4.00			4	—	—	—
		H18	H18	>0.20~0.50	160	145	1	—	—	—
				>0.50~1.50	165		2	—	—	—
				>1.50~3.00			2	—	—	—
8079	—	H14	H14	>0.20~0.50	125~175	—	2	—	—	—

① 当 A_{50mm} 和 A 两栏均有数值时，A_{50mm} 适用于厚度不大于 12.5mm 的板材，A 适用于厚度大于 12.5mm 的板材。

② 对表中既有 90°弯曲也有 180°弯曲的产品，当需方未指定采用 90°弯曲或 180°弯曲时，弯曲半径由供方任选一种。

③ 对于 2A11、2A12、2017 合金的 O 状态板材，需要 T42 状态的性能值时，应在订货单（或合同）中注明，未注明时，不检测该性能。

④ 厚度>12.50~25.00mm 的 2014、2024、2219 合金 O 状态的板材，其拉伸试样由芯材机加工得到，不得有包铝层。

⑤ 对于 6A02、6063、7A04、7A09 和 7075 合金的 O 状态板材，需要 T62 状态的性能值时，应在订货单（或合同）中注明，未注明时，不检测该性能。

⑥ 对于 6A02 合金 T1 状态的板材，当需方未注明需要 T62 或 T42 状态的性能时，由供方任选一种。

⑦ 应尽量避免订购 7020 合金 T4 状态的产品。T4 状态产品的性能是在室温下自然时效 3 个月后才能达到规定的稳定的力学性能，将淬火后的试样在 60~65℃ 的条件下持续 60h 后也可以得到近似的自然时效性能值。

⑧ T761 状态专用于 7475 合金薄板和带材，与 T76 状态的定义相同，是在固溶处理后进行人工过时效以获得良好的抗剥落腐蚀性能的状态。

15.1.2 铝及铝合金花纹板的力学性能

铝及铝合金花纹板的力学性能见表 15-2。

表 15-2 铝及铝合金花纹板的力学性能（GB/T 3618—2006）

花纹代号	牌号	状态	抗拉强度 R_m /MPa	规定塑性延伸强度 $R_{p0.2}$/MPa	断后伸长度 A_{50mm}（%）	弯曲系数
					≥	
1号、9号	2A12	T4	≥405	255	10	—
2号、4号 6号、9号	2A11	H234、H194	≥215	—	3	—
4号、8号、9号	3003	H114、H234	≥120	—	4	4
		H194	≥140	—	3	8
3号、4号、5号、 8号、9号	1XXX	H114	≥80	—	4	2
		H194	≥100	—	3	6
3号、7号	5A02、 5052	O	≤150	—	14	3
2号、3号		H114	≥180	—	3	3
2号、4号、7号、 8号、9号		H194	≥195	—	3	8
3号	5A43	O	≤100	—	15	2
		H114	≥120	—	4	4
7号	6061	O	≤150	—	12	—

注：计算截面面积所用的厚度为底板厚度。

15.1.3 铝合金预拉伸板的力学性能

铝合金预拉伸板的室温拉伸性能见表 15-3。对于厚度为 12.70~81.00mm 的 7150 合金的

表 15-3 铝合金预拉伸板的室温拉伸性能（GB/T 29503—2013）

牌号	供应状态	试样状态	厚度[①]/mm	取样方向	抗拉强度 R_m/MPa	规定塑性延伸强度 $R_{p0.2}$/MPa	断后伸长率（%） A_{50mm}	A
							≥	
2014 2A14	T451	T451	6.30~12.50	横向	400	250	14	—
			>12.50~25.00	横向	400	250	—	12
			>25.00~50.00	横向	400	250	—	10
			>50.00~80.00	横向	395	250	—	7
	T651	T651	6.30~12.50	横向	460	405	7	—
			>12.50~25.00	横向	460	405	—	5
			>25.00~50.00	横向	460	405	—	3
			>50.00~60.00	横向	450	400	—	1
			>60.00~80.00	横向	435	395	—	1
			>80.00~100.00	横向	405	380	—	
2017	T351	T351	6.30~12.50	横向	375	215	12	—
			>12.50~50.00	横向	375	215	—	12
			>50.00~80.00	横向	355	195	—	11
			>80.00~100.00	横向	355	195	—	10
	T451	T451	6.30~12.50	横向	355	195	12	—
			>12.50~50.00	横向	355	195	—	12
			>50.00~80.00	横向	355	195	—	11
			>80.00~100.00	横向	355	195	—	10
2024 2A12	T351	T351	6.30~12.50	横向	440	290	12	—
			>12.50~25.00	横向	435	290	—	7
			>25.00~40.00	横向	425	290	—	6
			>40.00~50.00	横向	425	290	—	5
			>50.00~80.00	横向	415	290	—	3
			>80.00~100.00	横向	395	285	—	3

（续）

牌号	供应状态	试样状态	厚度[①]/mm	取样方向	抗拉强度 R_m/MPa	规定塑性延伸强度 $R_{p0.2}$/MPa	断后伸长率（%） A_{50mm}	断后伸长率（%） A
						≥		
2024 2A12	T851	T851	6.30~12.50	横向	460	400	5	—
			>12.50~25.00	横向	455	400	—	4
			>25.00~40.00	横向	455	395	—	4
2219	T351	T351	6.30~12.50	横向	315	195	10	—
			>12.50~50.00	横向	315	195	—	9
			>50.00~80.00	横向	305	195	—	9
			>80.00~100.00	横向	290	185	—	8
			>100.00~130.00	横向	275	180	—	8
			>130.00~150.00	横向	270	170	—	7
	T851	T851	6.30~12.50	横向	425	315	8	—
			>12.50~25.00	横向	425	315	—	7
			>25.00~50.00	横向	425	315	—	6
			>50.00~80.00	横向	425	310	—	5
			>80.0~100.00	横向	415	305	—	4
			>100.00~130.00	横向	405	295	—	4
			>130.00~150.00	横向	395	290	—	3
6061	T451	T451	6.30~12.50	横向	205	110	18	—
			>12.50~25.00	横向	205	110	—	16
			>25.00~80.00	横向	205	110	—	14
	T651	T651	6.30~12.50	横向	290	240	10	—
			>12.50~25.00	横向	290	240	—	8
			>25.00~50.00	横向	290	240	—	7
			>50.00~100.00	横向	290	240	—	5
			>100.00~150.00	横向	275	240	—	5
6082	T451	T451	6.30~12.50	横向	205	110	14	—
			>12.50~40.00	横向	205	110	—	13
			>40.00~80.00	横向	205	110	—	12
	T651	T651	6.30~12.50	横向	300	255	9	—
			>12.50~60.00	横向	295	240	—	8
			>60.00~100.00	横向	295	240	—	7
			>100.00~150.00	横向	275	240	—	6
			>150.00~175.00	横向	275	230	—	4
			>175.00~200.00	横向	260	220	—	2
7075 7A04 7A09	T651	T651	6.30~12.50	横向	540	460	9	—
			>12.50~25.00	横向	540	470	—	6
			>25.00~50.00	横向	530	460	—	5
			>50.00~60.00	横向	525	440	—	4
			>60.00~80.00	横向	495	420	—	4
			>80.00~90.00	横向	490	400	—	4
			>90.00~100.00	横向	460	370	—	2
7075	T7351	T7351	6.30~12.50	横向	475	390	7	—
			>12.50~25.00	横向	475	390	—	6
			>25.00~50.00	横向	475	390	—	5
			>50.00~60.00	横向	455	360	—	5
			>60.00~80.00	横向	440	340	—	5

（续）

牌号	供应状态	试样状态	厚度[①]/mm	取样方向	抗拉强度 R_m/MPa	规定塑性延伸强度 $R_{p0.2}$/MPa	断后伸长率（%）	
							A_{50mm}	A
					≥			
7075	T7651	T7651	6.30~12.50	横向	495	420	8	—
			>12.50~25.00	横向	490	415	—	5
7050	T7451	T7451	6.50~12.50	纵向	510	440	10	—
				横向	510	440	9	—
			>12.50~51.00	纵向	510	440	—	10
				横向	510	440	—	9
			>51.00~76.00	纵向	505	435	—	9
				横向	505	435	—	8
				高向	470	405	—	3
			>76.00~102.00	纵向	495	425	—	9
				横向	495	425	—	6
				高向	470	400	—	3
			>102.00~127.00	纵向	490	420	—	9
				横向	490	420	—	5
				高向	460	395	—	3
			>127.00~152.00	纵向	485	415	—	8
				横向	485	415	—	4
				高向	460	395	—	3
			>152.00~178.00	纵向	475	405	—	7
				横向	475	405	—	4
				高向	455	385	—	3
			>178.00~200.00	纵向	470	400	—	6
				横向	470	400	—	4
				高向	450	380	—	3
	T7651	T7651	6.35~12.50	纵向	525	455	9	—
				横向	525	455	8	—
			>12.50~25.40	纵向	525	455	—	9
				横向	525	455	—	8
			>25.40~38.10	纵向	530	460	—	9
				横向	530	460	—	8
			>38.10~50.80	纵向	525	455	—	9
				横向	525	455	—	8
			>50.80~76.20	纵向	525	455	—	8
				横向	525	455	—	7
				高向	480	415	—	1.5
7150	T7751	T7751	6.35~12.69	纵向	550	510	8	—
				横向	550	510	8	—
			12.70~19.04	纵向	570	530	—	8
				横向	570	525	—	8
			19.05~38.10	纵向	580	540	—	8
				横向	580	530	—	8
			>38.10~81.00	纵向	565	525	—	7
				横向	565	515	—	6
				高向	530	460	—	1

① 厚度超出表中规定范围时，力学性能附实测结果交货。

T7751 状态板材，当订货单（或合同）中注明检验纵向室温压缩屈服强度时，其板材的纵向压缩屈服强度应符合表 15-4 规定。对于 7050 合金的 T7451 状态、T7651 状态的板材和 7150 合金的 T7751 状态的板材，当订货单（或合同）中注明检验断裂韧度时，其平面应变断裂韧度应符合表 15-5 的规定。

表 15-4　铝合金预拉伸板的室温压缩性能（GB/T 29503—2013）

厚度/mm	压缩屈服强度/MPa ≥
12.70~19.04	525
19.05~38.10	530
>38.10~81.00	515

表 15-5　铝合金预拉伸板的平面应变断裂韧度（GB/T 29503—2013）

牌号	供应状态	厚度/mm	平面应变断裂韧度 K_{IC}/MPa·m$^{1/2}$ ≥		
			L-T	T-L	S-L
7050	T7451[①]	>12.00~51.00	32	27	—
		>51.00~76.00	30	26	23
		>76.00~102.00	28	25	23
		>102.00~127.00	27	24	23
		>127.00~152.00	26	24	23
		>152.00~178.00	25	23	23
		>178.00~203.00	25	23	23
7050	T7651	25.40~50.80	28	26	—
		>50.80~76.20	26	25	22
7150	T7751	12.70~19.04	报实测数值		
		>19.05~25.40	22.0	19.8	—
		>25.40~38.10	24.2	22.0	—
		>38.10~81.0	23.1	20.9	—

①　厚度不大于 23.00mm 的板材，当出现 K_{IC}、有效 K_Q 无法测出时，报实测 K_Q 值。

15.1.4　铝及铝合金彩色涂层板与带的力学性能

铝及铝合金彩色涂层板与带的力学性能见表 15-6。

15.1.5　铝及铝合金铸轧带的力学性能

铝及铝合金铸轧带的力学性能见表 15-7。

15.1.6　铝及铝合金深冲用板与带的力学性能

铝及铝合金深冲用板与带的力学性能见表 15-8。

表 15-6　铝及铝合金彩色涂层板与带的力学性能（YS/T 431—2009）

牌号	状态	厚度 t /mm	抗拉强度 R_m/MPa	规定塑性延伸强度 $R_{p0.2}$/MPa	断后伸长率 A_{50mm}（%）	弯曲半径 180°	弯曲半径 90°
				≥			
1050	H12	>0.2~0.3	80~120	—	2	—	0t
		>0.3~0.5	80~120	—	3	—	0t
		>0.5~0.8	80~120	—	4	—	0t
		>0.8~1.5	80~120	65	6	—	0.5t
		>1.5~1.8	80~120	65	8	—	0.5t
	H22	>0.2~0.3	80~120	—	2	—	0t
		>0.3~0.5	80~120	—	3	—	0t
		>0.5~0.8	80~120	—	4	—	0t
		>0.8~1.5	80~120	65	6	—	0.5t
		>1.5~1.8	80~120	65	8	—	0.5t
	H14	>0.2~0.3	95~130	—	1	—	0.5t
		>0.3~0.5	95~130	—	2	—	0.5t
		>0.5~0.8	95~130	—	3	—	0.5t
		>0.8~1.5	95~130	75	4	—	1.0t
		>1.5~1.8	95~130	75	5	—	1.0t
	H24	>0.2~0.3	95~130	—	1	—	0.5t
		>0.3~0.5	95~130	—	2	—	0.5t
		>0.5~0.8	95~130	—	3	—	0.5t
		>0.8~1.5	95~130	75	4	—	1.0t
		>1.5~1.8	95~130	75	5	—	1.0t
	H16	>0.2~0.5	120~150	—	1	—	2.0t
		>0.5~0.8	120~150	85	2	—	2.0t
		>0.8~1.5	120~150	85	3	—	2.0t
		>1.5~1.8	120~150	85	4	—	2.0t
	H26	>0.2~0.5	120~150	—	1	—	2.0t
		>0.5~0.8	120~150	85	2	—	2.0t
		>0.8~1.5	120~150	85	3	—	2.0t
		>1.5~1.8	120~150	85	4	—	2.0t
	H18	>0.2~0.5	130	—	1	—	—
		>0.5~0.8	130	—	2	—	—
		>0.8~1.5	130	—	3	—	—
		>1.5~1.8	130	—	4	—	—
1100	H12	>0.2~0.5	95~130	75	3	—	0t
		>0.5~1.5	95~130	75	5	—	0t
		>1.5~1.8	95~130	75	8	—	0t
	H22	>0.2~0.5	95~130	75	3	—	0t
		>0.5~1.5	95~130	75	5	—	0t
		>1.5~1.8	95~130	75	8	—	0t
	H14	>0.2~0.3	110~145	95	1	—	0t
		>0.3~0.5	110~145	95	2	—	0t
		>0.5~1.5	110~145	95	3	—	0t
		>1.5~1.8	110~145	95	5	—	0t
	H24	>0.2~0.3	110~145	95	1	—	0t
		>0.3~0.5	110~145	95	2	—	0t
		>0.5~1.5	110~145	95	3	—	0t
		>1.5~1.8	110~145	95	5	—	0t
	H16	>0.2~0.3	130~165	115	1	—	2t
		>0.3~0.5	130~165	115	2	—	2t
		>0.5~1.5	130~165	115	3	—	2t
		>1.5~1.8	130~165	115	4	—	2t

（续）

牌号	状态	厚度 t /mm	抗拉强度 R_m/MPa	规定塑性延伸强度 $R_{p0.2}$/MPa	断后伸长率 A_{50mm}（%）	弯曲半径 180°	弯曲半径 90°
				$\geqslant$			
1100	H26	>0.2~0.3	130~165	115	1	—	2t
		>0.3~0.5	130~165	115	2	—	2t
		>0.5~1.5	130~165	115	3	—	2t
		>1.5~1.8	130~165	115	4	—	2t
	H18	>0.2~0.5	150	—	1	—	—
		>0.5~1.5	150	—	2	—	—
		>1.5~1.8	150	—	4	—	—
3003	H12	>0.2~0.5	120~160	90	3	1.5t	0t
		>0.5~1.5	120~160	90	4	1.5t	0.5t
		>1.5~1.8	120~160	90	5	1.5t	1.0t
	H22	>0.2~0.5	120~160	80	6	1.0t	0t
		>0.5~1.5	120~160	80	7	1.0t	0.5t
		>1.5~1.8	120~160	80	8	1.0t	1.0t
	H14	>0.2~0.5	145~185	125	2	2.0t	0.5t
		>0.5~1.5	145~185	125	2	2.0t	1.0t
		>1.5~1.8	145~185	125	3	2.0t	1.0t
	H24	>0.2~0.5	145~185	115	4	1.5t	0.5t
		>0.5~1.5	145~185	115	4	2.0t	1.0t
		>1.5~1.8	145~185	115	5	1.5t	1.0t
	H16	>0.2~0.5	170~210	150	1	2.5t	1.0t
		>0.5~1.5	170~210	150	2	2.5t	1.5t
		>1.5~1.8	170~210	150	2	2.5t	2.0t
	H26	>0.2~0.5	170~210	140	2	2.0t	1.0t
		>0.5~1.5	170~210	140	3	2.0t	1.5t
		>1.5~1.8	170~210	140	3	2.0t	2.0t
	H18	>0.2~0.5	190	170	1	—	1.5t
		>0.5~1.5	190	170	2	—	2.5t
		>1.5~1.8	190	170	2	—	3.0t
3004	H12	>0.2~0.5	190~240	155	2	1.5t	0t
		>0.5~1.5	190~240	155	3	1.5t	0.5t
		>1.5~1.8	190~240	155	4	2.0t	1.0t
	H22	>0.2~0.5	190~240	145	4	1.0t	0t
		>0.5~1.5	190~240	145	5	1.0t	0.5t
		>1.5~1.8	190~240	145	6	1.5t	1.0t
	H14	>0.2~0.5	220~265	180	1	2.5t	0.5t
		>0.5~1.5	220~265	180	2	2.5t	1.0t
		>1.5~1.8	220~265	180	2	2.5t	1.5t
	H24	>0.2~0.5	220~265	170	3	2.0t	0.5t
		>0.5~1.5	220~265	170	4	2.0t	1.0t
		>1.5~1.8	220~265	170	4	2.0t	1.5t
	H16	>0.2~0.5	240~285	200	1	3.5t	1.0t
		>0.5~1.5	240~285	200	1	3.5t	1.5t
		>1.5~1.8	240~285	200	2	—	2.5t
	H26	>0.2~0.5	240~285	190	3	3.0t	1.0t
		>0.5~1.5	240~285	190	3	3.0t	1.5t
		>1.5~1.8	240~285	190	3	—	2.5t
	H18	>0.2~0.5	260	230	1	—	1.5t
		>0.5~1.5	260	230	1	—	2.5t
		>1.5~1.8	260	230	2	—	—
3005	H12	>0.2~0.5	145~195	125	3	1.5t	0t
		>0.5~1.5	145~195	125	4	1.5t	0.5t
		>1.5~1.8	145~195	125	4	2.0t	1.0t

（续）

牌号	状态	厚度 t /mm	抗拉强度 R_m/MPa	规定塑性延伸强度 $R_{p0.2}$/MPa	断后伸长率 A_{50mm}（%）	弯曲半径 180°	弯曲半径 90°
				≥			
3005	H22	>0.2~0.5	145~195	110	5	1.0t	0t
		>0.5~1.5	145~195	110	5	1.0t	0.5t
		>1.5~1.8	145~195	110	6	1.5t	1.0t
	H14	>0.2~0.5	170~215	150	1	2.5t	0.5t
		>0.5~1.5	170~215	150	2	2.5t	1.0t
		>1.5~1.8	170~215	150	2	—	1.5t
	H24	>0.2~0.5	170~215	130	4	1.5t	0.5t
		>0.5~1.5	170~215	130	4	1.5t	1.0t
		>1.5~1.8	170~215	130	4	—	1.5t
	H16	>0.2~0.5	195~240	175	1	—	1.0t
		>0.5~1.5	195~240	175	2	—	1.5t
		>1.5~1.8	195~240	175	2	—	2.5t
	H26	>0.2~0.5	195~240	160	3	—	1.0t
		>0.5~1.5	195~240	160	3	—	1.5t
		>1.5~1.8	195~240	160	3	—	2.5t
	H18	>0.2~0.5	220	200	1	—	1.5t
		>0.5~1.5	220	200	2	—	2.5t
		>1.5~1.8	220	200	2	—	—
3104	H12	>0.2~0.5	190~240	155	2	—	0t
		>0.5~1.5	190~240	155	3	—	0.5t
		>1.5~1.8	190~240	155	4	—	1.0t
	H22	>0.2~0.5	190~240	145	4	—	0t
		>0.5~1.5	190~240	145	5	—	0.5t
		>1.5~1.8	190~240	145	6	—	1.0t
	H14	>0.2~0.5	220~265	180	1	—	0t
		>0.5~1.5	220~265	180	2	—	0.5t
		>1.5~1.8	220~265	180	2	—	1.0t
	H24	>0.2~0.5	220~265	170	3	—	0.5t
		>0.5~1.5	220~265	170	4	—	1.0t
		>1.5~1.8	220~265	170	4	—	1.5t
	H16	>0.2~0.5	240~285	200	1	—	1.0t
		>0.5~1.5	240~285	200	1	—	1.5t
		>1.5~1.8	240~285	200	2	—	2.5t
	H26	>0.2~0.5	240~285	190	3	—	1.0t
		>0.5~1.5	240~285	190	3	—	1.5t
		>1.5~1.8	240~285	190	3	—	2.5t
	H18	>0.2~0.5	260	230	1	—	1.5t
		>0.5~1.5	260	230	1	—	2.5t
		>1.5~1.8	260	230	2	—	—
3105	H12	>0.2~0.5	130~180	105	3	1.5t	—
		>0.5~1.5	130~180	105	4	1.5t	—
		>1.5~1.8	130~180	105	4	1.5t	—
	H22	>0.2~0.5	130~180	105	6	—	—
		>0.5~1.5	130~180	105	6	—	—
		>1.5~1.8	130~180	105	7	—	—
	H14	>0.2~0.5	150~200	130	2	2.5t	—
		>0.5~1.5	150~200	130	2	2.5t	—
		>1.5~1.8	150~200	130	2	2.5t	—
	H24	>0.2~0.5	150~200	120	4	2.5t	—
		>0.5~1.5	150~200	120	4	2.5t	—
		>1.5~1.8	150~200	120	5	2.5t	—
	H16	>0.2~0.5	175~225	160	1	—	—
		>0.5~1.5	175~225	160	2	—	—
		>1.5~1.8	175~225	160	2	—	—

（续）

牌号	状态	厚度 t /mm	抗拉强度 R_m/MPa	规定塑性延伸强度 $R_{p0.2}$/MPa	断后伸长率 A_{50mm}（%）	弯曲半径 180°	弯曲半径 90°
				≥			
3105	H26	>0.2~0.5	175~225	150	3	—	—
		>0.5~1.5	175~225	150	3	—	—
		>1.5~1.8	175~225	150	3	—	—
	H18	>0.2~0.5	195	180	1	—	—
		>0.5~1.5	195	180	1	—	—
		>1.5~1.8	195	180	1	—	—
5005	H12	>0.2~0.5	125~165	95	2	1.0t	0t
		>0.5~1.5	125~165	95	2	1.0t	0.5t
		>1.5~1.8	125~165	95	4	1.5t	1.0t
	H22	>0.2~0.5	125~165	80	4	1.0t	0t
		>0.5~1.5	125~165	80	5	1.0t	0.5t
		>1.5~1.8	125~165	80	6	1.5t	1.0t
	H14	>0.2~0.5	145~185	120	2	2.0t	0.5t
		>0.5~1.5	145~185	120	2	2.0t	1.0t
		>1.5~1.8	145~185	120	3	2.5t	1.0t
	H24	>0.2~0.5	145~185	110	3	1.5t	0.5t
		>0.5~1.5	145~185	110	4	1.5t	1.0t
		>1.5~1.8	145~185	110	5	2.0t	1.0t
	H16	>0.2~0.5	165~205	145	1	—	1.0t
		>0.5~1.5	165~205	145	2	—	1.5t
		>1.5~1.8	165~205	145	3	—	2.0t
	H26	>0.2~0.5	165~205	135	2	—	1.0t
		>0.5~1.5	165~205	135	3	—	1.5t
		>1.5~1.8	165~205	135	4	—	2.0t
	H18	>0.2~0.5	185	165	1	—	1.5t
		>0.5~1.5	185	165	2	—	2.5t
		>1.5~1.8	185	165	2	—	3.0t
5050	H12	>0.2~0.5	155~195	130	2	—	0t
		>0.5~1.5	155~195	130	2	—	0.5t
		>1.5~1.6	155~195	130	4	—	1.0t
	H22	>0.2~0.5	155~195	110	4	1.0t	0t
		>0.5~1.5	155~195	110	5	1.0t	0.5t
		>1.5~1.8	155~195	110	7	1.5t	1.0t
	H14	>0.2~0.5	175~215	150	2	—	0.5t
		>0.5~1.5	175~215	150	2	—	1.0t
		>1.5~1.8	175~215	150	3	—	1.5t
	H24	>0.2~0.5	175~215	135	3	1.5t	0.5t
		>0.5~1.5	175~215	135	4	1.5t	1.0t
		>1.5~1.8	175~215	135	5	2.0t	1.5t
	H16	>0.2~0.5	195~235	170	1	—	1.0t
		>0.5~1.5	195~235	170	2	—	1.5t
		>1.5~1.8	195~235	170	2	—	2.5t
	H26	>0.2~0.5	195~235	160	2	—	1.0t
		>0.5~1.5	195~235	160	3	—	1.5t
		>1.5~1.8	195~235	160	4	—	2.5t
	H18	>0.2~0.5	220	190	1	—	1.5t
		>0.5~1.5	220	190	2	—	2.5t
		>1.5~1.8	220	190	2	—	—
5052	H12	>0.2~0.5	210~260	160	4	—	—
		>0.5~1.5	210~260	160	5	—	—
		>1.5~1.8	210~260	160	6	—	—
	H22	>0.2~0.5	210~260	130	5	1.5t	0.5t
		>0.5~1.5	210~260	130	6	1.5t	1.0t
		>1.5~1.8	210~260	130	7	1.5t	1.5t
	H14	>0.2~0.5	230~280	180	3	—	—
		>0.5~1.5	230~280	180	3	—	—
		>1.5~1.8	230~280	180	4	—	—

（续）

牌号	状态	厚度 t /mm	抗拉强度 R_m/MPa	规定塑性延伸强度 $R_{p0.2}$/MPa	断后伸长率 A_{50mm}（%）	弯曲半径 180°	弯曲半径 90°
				≥			
5052	H24	>0.2~0.5	230~280	150	4	2.0t	0.5t
		>0.5~1.5	230~280	150	5	2.0t	1.5t
		>1.5~1.8	230~280	150	6	2.0t	2.0t
	H16	>0.2~0.5	250~300	210	2	—	—
		>0.5~1.5	250~300	210	3	—	—
		>1.5~1.8	250~300	210	3	—	—
	H26	>0.2~0.5	250~300	180	3	—	1.5t
		>0.5~1.5	250~300	180	4	—	2.0t
		>1.5~1.8	250~300	180	5	—	3.0t
	H18	>0.2~0.5	270	240	1	—	—
		>0.5~1.5	270	240	2	—	—
		>1.5~1.8	270	240	2	—	—

表 15-7　铝及铝合金铸轧带的力学性能（YS/T 90—2008）

牌号	铸轧带边部厚度/mm	抗拉强度 R_m/MPa	断后伸长率 A_{50mm}（%）　≥
1070	5.0~10.0	60~115	30
1060	5.0~10.0	60~115	25
1050	5.0~10.0	65~120	25
1145	5.0~10.0	70~120	25
1235	5.0~10.0	70~125	25
1100	5.0~10.0	90~150	25
3003	5.0~10.0	115~170	15
3004	5.0~10.0	155~230	10
3005	5.0~10.0	145~200	10
3102	5.0~10.0	80~130	20
3105	5.0~10.0	120~175	15
5005	5.0~10.0	120~175	15
5052	5.0~10.0	200~250	15
8006	5.0~10.0	130~200	20
8011A	5.0~10.0	90~150	20
8011	5.0~10.0	105~160	20
8079	5.0~10.0	100~155	15

表 15-8　铝及铝合金深冲用板与带的力学性能（YS/T 688—2009）

牌号	状态	厚度/mm	抗拉强度 R_m/MPa	规定塑性延伸强度 $R_{p0.2}$/MPa	断后伸长率 A_{50mm}（%）
				≥	
1070 1070A 1060	O	>0.20~0.30	55~95	—	17
		>0.30~0.50			20
		>0.50~0.80			25
		>0.80~1.30		15	30
		>1.30~2.00			35
	H12 H22	>0.20~0.30	70~130		4
		>0.30~0.50			6
		>0.50~0.80			8
		>0.80~1.30		55	10
		>1.30~2.00			12

（续）

牌号	状态	厚度/mm	抗拉强度 R_m/MPa	规定塑性延伸强度 $R_{p0.2}$/MPa	断后伸长率 A_{50mm}（%）
				≥	
1070 1070A 1060	H14 H24	>0.20~0.30	85~140	—	1
		>0.30~0.50			2
		>0.50~0.80			3
		>0.80~1.30		65	4
		>1.30~2.00			5
	H16 H26	>0.20~0.30	95~150	75	1
		>0.30~0.50			1
		>0.50~0.80			2
		>0.80~1.30			3
		>1.30~2.00			4
1050	O	>0.20~0.30	60~100	—	17
		>0.30~0.50			20
		>0.50~0.80			25
		>0.80~1.30		20	30
		>1.30~2.00			35
1035	O	>0.20~0.50	60~105	—	25
		>0.50~2.00			30
1100 1200	O	>0.20~0.30	75~110	25	15
		>0.30~0.50			20
		>0.50~0.80			28
		>0.80~1.30			30
		>1.30~2.00			35
	H12 H22	>0.20~0.30	95~130	75	2
		>0.30~0.50			3
		>0.50~0.80			4
		>0.80~1.30			6
		>1.30~2.00			8
	H14 H24	>0.20~0.30	110~150	95	1
		>0.30~0.50			2
		>0.50~0.80			3
		>0.80~1.30			4
		>1.30~2.00			5
	H16 H26	>0.20~0.50	130~165	115	1
		>0.50~0.80			2
		>0.80~1.30			3
		>1.30~2.00			4
2A12	O	>0.50~4.00	≤220	—	14
3003	O	>0.20~0.50	95~130	35	18
		>0.50~0.80			20
		>0.80~1.30			23
		>1.30~2.00			25
	H12 H22	>0.20~0.30	120~160	90	2
		>0.30~0.50			3
		>0.50~0.80			4
		>0.80~1.30	120~160	90	5
		>1.30~2.00			6

（续）

牌号	状态	厚度/mm	抗拉强度 R_m/MPa	规定塑性延伸强度 $R_{p0.2}$/MPa	断后伸长率 A_{50mm}(%)
				≥	
3003	H14 H24	>0.20~0.30	140~190	125	1
		>0.30~0.50			2
		>0.50~0.80			3
		>0.80~1.30			4
		>1.30~2.00			5
3005	O	>0.20~0.50	115~165	45	18
		>0.50~1.30			20
		>1.30~2.00			22
5005	O	>0.20~0.50	100~145	35	15
		>0.50~0.80			16
		>0.80~1.30			19
		>1.30~2.00			20
5A02	O	>0.20~0.50	165~225	65	15
		>0.50~0.80			17
		>0.80~1.30			18
		>1.30~2.00			19
	H12 H22 H32	>0.20~0.50	215~265	130	5
		>0.50~0.80			7
		>0.80~1.30			8
		>1.30~2.00			9
	H14 H24 H34	>0.20~0.50	235~285	—	3
		>0.50~0.80			4
		>0.80~1.30			4
		>1.30~2.00			6
5052	O	>0.20~0.30	170~215	65	13
		>0.30~0.50			15
		>0.50~0.80			17
		>0.80~1.30			18
		>1.30~2.00			19
	H12 H22 H32	>0.20~0.50	215~265	130	4
		>0.50~0.80			5
		>0.80~1.30			5
		>1.30~2.00			7
	H14 H24 H34	>0.20~0.50	235~285	150	3
		>0.50~0.80			4
		>0.80~1.30			4
		>1.30~2.00	235~285	150	6
5A43	O	>0.50~4.00	98	—	20
	H14		118	—	8
	H18		196	—	3
5A66	O	>0.20~4.00	118	—	18
	H24	>0.20~2.00	150~225	—	12

（续）

牌号	状态	厚度/mm	抗拉强度 R_m/MPa	规定塑性延伸强度 $R_{p0.2}$/MPa	断后伸长率 A_{50mm}（%）
				≥	
8A06	O	>0.20~0.50	59~108	—	25
		>0.50~2.00			30
8011 8011A	O	>0.20~0.30	80~110	30	15
		>0.30~0.50			20
		>0.50~0.80			25
		>0.80~1.30			30
		>1.30~2.00			35
	H12 H22	>0.20~0.30	95~130	—	2
		>0.30~0.50			3
		>0.50~0.80			4
		>0.80~1.30			6
		>1.30~2.00			8
	H14 H24	>0.20~0.30	120~160	100	1
		>0.30~0.50			2
		>0.50~0.80			3
		>0.80~1.30			4
		>1.30~2.00			5
	H16 H26	>0.20~0.50	140~180	—	1
		>0.50~0.80			2
		>0.80~1.30			3
		>1.30~2.00			4

15.1.7 汽车用铝合金板的力学性能

汽车用铝合金板的室温横向拉伸性能见表15-9，汽车用铝合金板的拉伸应变硬化指数见表15-10，汽车用铝合金板的塑性应变比见表15-11。

表 15-9 汽车用铝合金板的室温横向拉伸性能 （YS/T 725—2010）

牌号	供应状态	试样状态	厚度/mm	抗拉强度 R_m/MPa	规定塑性延伸强度 $R_{p0.2}$/MPa	断后伸长率 A_{80mm}（%）	平均各向异性		屈强比 $R_{p0.2}/R_m$
							抗拉强度平均各向异性	规定塑性延伸强度平均各向异性	
6016	T61	T61	0.70~0.90	≥190	≤130	≥24	≤0.20		≤0.55
		T64	0.70~0.90	≥220	≥160	≥14			—
6181A	T61	T61	1.20~2.00	≥200	≤140	≥23	≤0.20		≤0.60
			>2.00~2.50	≥220	≥160	≥22	≤0.20		≤0.60
		T64	2.25~2.50	≥240	≥200	≥12			—

表 15-10 汽车用铝合金板的拉伸应变硬化指数 （YS/T 725—2010）

牌号	供货状态	试样状态	厚度/mm	拉伸应变硬化指数 n		
				0°	45°	90°
				≥		
6016	T61	T61	0.70~0.90	0.26	0.26	0.26
6181A	T61	T61	1.20~2.00	0.26	0.26	0.26
			>2.00~2.50	0.26	0.26	0.26

表 15-11 汽车用铝合金板的塑性应变比 （YS/T 725—2010）

牌号	供货状态	试样状态	厚度/mm	塑性应变比 r		
				0°	45°	90°
				≥		
6016	T61	T61	0.70~0.90	0.65	0.45	0.60
6181A	T61	T61	1.20~2.00	0.55	0.40	0.50
			>2.00~2.50	0.55	0.40	0.50

15.1.8　铝及铝合金箔的力学性能

铝及铝合金箔的室温力学性能见表15-12。

表5-12　铝及铝合金箔的室温力学性能（GB/T 3198—2010）

牌号	状态	厚度 t/mm	抗拉强度 R_m/MPa	断后伸长率(%) ≥	
				A_{50mm}	A_{100mm}
1050、1060、1070、1100、1145、1200、1235	O	0.0045~<0.0060	40~95	—	—
		0.0060~0.0090	401~100	—	—
		>0.0090~0.0250	40~105	—	1.5
		>0.0250~0.0400	50~105	—	2.0
		>0.0400~0.0900	55~105	—	2.0
		>0.0900~0.1400	60~115	12	—
		>0.1400~0.2000	60~115	15	—
1050、1060、1070、1100、1145、1200、1235	H22	0.0045~0.0250	—	—	—
		>0.0250~0.0400	90~135	—	2
		>0.0400~0.0900	90~135	—	3
		>0.0900~0.1400	90~135	4	—
		>0.1400~0.2000	90~135	6	—
	H14、H24	0.0045~0.0250	—	—	—
		>0.0250~0.0400	110~160	—	2
		>0.0400~0.0900	110~160	—	3
		>0.0900~0.1400	110~160	4	—
		>0.1400~0.2000	110~160	6	—
	H16、H26	0.0045~0.0250	—	—	—
		>0.0250~0.0900	125~180	—	1
		>0.0900~0.2000	125~180	2	—
	H18	0.0045~0.0060	≥115	—	—
		>0.0060~0.2000	≥140	—	—
	H19	>0.0060~0.2000	≥150	—	—
2A11	O	0.0300~0.0490	≤195	1.5	—
		>0.0490~0.2000	≤195	3.0	—
	H18	0.0300~0.0490	≥205	—	—
		>0.0490~0.2000	≥215	—	—
2A12	O	0.0300~0.0490	≤195	1.5	—
		>0.0490~0.2000	≤205	3.0	—
	H18	0.0300~0.0490	≥225	—	—
		>0.0490~0.2000	≥245	—	—
3003	O	0.0090~0.0120	80~135	—	—
		>0.0120~0.2000	80~140	—	—
	H22	0.0200~0.0500	90~130	—	3.0
		>0.0500~0.2000	90~130	10.0	—
	H14	0.0300~0.2000	140~170	—	—
	H24	0.0300~0.2000	140~170	1.0	—
	H16	0.1000~0.2000	≥180	—	—
	H26	0.1000~0.2000	≥180	1.0	—
	H18	0.0100~0.2000	≥190	1.0	—
	H19	0.0180~0.1000	≥200	—	—
3A21	O	0.0300~0.0400	85~140	—	3.0
	H22	>0.0400~0.2000	85~140	8.0	—
	H24	0.1000~0.2000	130~180	1.0	—
	H18	0.0300~0.2000	≥190	0.5	—

（续）

牌号	状态	厚度 t/mm	抗拉强度 R_m/MPa	断后伸长率(%) ≥	
				A_{50mm}	A_{100mm}
5A02	O	0.0300~0.0490	≤195	—	—
		0.0500~0.2000	≤195	4.0	—
	H16	0.0500~0.2000	≤195	4.0	—
	H16、H26	0.1000~0.2000	≥255	—	—
	H18	0.0200~0.2000	≥265	—	—
5052	O	0.0300~0.2000	175~225	4	—
	H14、H24	0.0500~0.2000	250~300	—	—
	H16、H26	0.1000~0.2000	≥270	—	—
	H18	0.0500~0.2000	≥275	—	—
	H19	0.1000~0.2000	≥285	1	—
8006	O	0.0060~0.0090	80~135	—	1
		>0.0090~0.0250	85~140	—	2
		>0.0250~0.040	85~140	—	3
		>0.040~0.0900	90~140	—	4
		>0.0900~0.1400	110~140	15	—
		>0.1400~0.200	110~140	20	—
	H22	0.0350~0.0900	120~150	5.0	—
		>0.0900~0.1400	120~150	15	—
		>0.1400~0.2000	120~150	20	—
	H24	0.0350~0.0900	125~150	5.0	—
		>0.0900~0.1400	125~155	15	—
		>0.1400~0.2000	125~155	18	—
	H26	0.0900~0.1400	130~160	10	—
		0.1400~0.2000	130~160	12	—
	H18	0.0060~0.0250	≥140	—	—
		>0.0250~0.0400	≥150	—	—
		>0.0400~0.0900	≥160	—	1
		>0.0900~0.2000	≥160	0.5	—
8011 8011A 8079	O	0.0060~0.0090	50~100	—	0.5
		>0.0090~0.0250	55~100	—	1
		>0.0250~0.0400	55~110	—	4
		>0.0400~0.0900	60~120	—	4
		>0.0900~0.1400	60~120	13	—
		>0.1400~0.2000	60~120	15	—
	H22	0.0350~0.0400	90~150	—	1.0
		>0.0400~0.0900	90~150	—	2.0
		>0.0900~0.1400	90~150	5	—
		>0.1400~0.2000	90~150	6	—
	H24	0.0350~0.0400	120~170	2	—
		>0.0400~0.0900	120~170	3	—
		>0.0900~0.1400	120~170	4	—
		>0.1400~0.2000	120~170	5	—
	H26	0.0350~0.0090	140~190	1	—
		>0.0900~0.2000	140~190	2	—
	H18	0.0350~0.2000	≥160	—	—
	H19	0.0350~0.2000	≥170	—	—

15.2 铝及铝合金管材的力学性能

15.2.1 铝及铝合金拉（轧）制无缝管的力学性能

铝及铝合金拉（轧）制无缝管的力学性能见表 15-13。

表 15-13 铝及铝合金拉（轧）制无缝管的室温纵向力学性能（GB/T 6893—2010）

牌号	状态	壁厚/mm		抗拉强度 R_m/MPa	规定塑性延伸强度 $R_{p0.2}$/MPa	断后伸长率（%）		
						全截面试样	其他试样	
						A_{50mm}	A_{50mm}	A
					≥			
1035 1050A	O	所有		60~95	—	—	22	25
1050	H14	所有		100~135	70	—	5	6
1060 1070A	O	所有		60~95	—	—	—	—
1070	H14	所有		85	70	—	—	—
1100	O	所有		70~105	—	—	16	20
1200	H14	所有		110~145	80	—	4	5
2A11	O	所有		≤245	—		10	
	T4	外径 ≤22	≤1.5	375	195		13	
			>1.5~2.0				14	
			>2.0~5.0				—	
		外径 >22~50	≤1.5	390	225		12	
			>1.5~5.0				13	
		>50	所有				11	
2017	O	所有		≤245	≤125	17	16	16
	T4	所有		375	215	13	12	12
2A12	O	所有		≤245	—		10	
	T4	外径 ≤22	≤2.0	410	225		13	
			>2.0~5.0				—	
		外径 >22~50	所有	420	275		12	
		>50	所有	420	275		10	
2A14	T4	外径 ≤22	1.0~2.0	360	205		10	
			>2.0~5.0	360	205		—	
		外径 >22	所有	360	205		10	
2024	O	所有		≤240	≤140	—	10	12
	T4	0.63~1.2		440	290	12	10	—
		>1.2~5.0		440	290	14	10	—
3003	O	所有		95~130	35	—	20	25
	H14	所有		130~165	110	—	4	6
3A21	O	所有		≤135	—		—	
	H14	所有		135	—		—	
	H18	外径<60，壁厚 0.5~5.0		185	—		—	
		外径≥60，壁厚 2.0~5.0		175	—		—	
	H24	外径<60，壁厚 0.5~5.0		145	—		8	
		外径≥60，壁厚 2.0~5.0		135	—		8	

（续）

牌号	状态	壁厚/mm	抗拉强度 R_m/MPa	规定塑性延伸强度 $R_{p0.2}$/MPa	断后伸长率（%）全截面试样 A_{50mm}	其他试样 A_{50mm}	其他试样 A
				≥			
5A02	O	所有	≤225	—	—		
	H14	外径≤55，壁厚≤2.5	225	—	—		
		其他所有	195	—	—		
5A03	O	所有	175	80	15		
	H34	所有	215	125	8		
5A05	O	所有	215	90	15		
	H32	所有	245	145	8		
5A06	O	所有	315	145	15		
5052	O	所有	170~230	65	—	17	20
	H14	所有	230~270	180	—	4	5
5056	O	所有	≤315	100	16		
	H32	所有	305	—	—		
5083	O	所有	270~350	110	—	14	16
	H32	所有	280	200	—	4	6
5754	O	所有	180~250	80	—	14	16
6A02	O	所有	≤155	—	14		
	T4	所有	205	—	14		
	T6	所有	305	—	8		
6061	O	所有	≤150	≤110	14		16
	T4	所有	205	110	14		16
	T6	所有	290	240	8		10
6063	O	所有	≤130	—	15		20
	T6	所有	220	190	8		10
7A04	O	所有	≤265	—	8		
7020	T6	所有	350	280	8		10
8A06	O	所有	≤120	—	20		
	H14	所有	100	—	5		

15.2.2　铝及铝合金热挤压无缝圆管的力学性能

铝及铝合金热挤压无缝圆管的室温纵向力学性能见表 15-14。

表 15-14　铝及铝合金热挤压无缝圆管的室温纵向力学性能（GB/T 4437.1—2015）

牌号	供应状态	试样状态	壁厚/mm	抗拉强度 R_m /MPa	规定塑性延伸强度 $R_{p0.2}$ /MPa	断后伸长率（%） A_{50mm}	A
				≥			
1100	O	O	所有	75~105	20	25	22
1200	H112	H112	所有	75	25	25	22
	F	—	所有	—	—	—	—
1035	O	O	所有	60~100		25	23
1050A	O、H111	O、H111	所有	60~100	20	25	23
	H112	H112	所有	60	20	25	23
	F	—	所有	—	—	—	—
1060	O	O	所有	60~95	15	25	22
	H112	H112	所有	60		25	22
1070A	O	O	所有	60~95		25	22
	H112	H112	所有	60	20	25	22
2014	O	O	所有	≤205	≤125	12	10
	T4、T4510、	T4、T4510、	所有	345	240	12	10
	T4511	T4511	所有	345	240	12	10

（续）

牌号	供应状态	试样状态	壁厚/mm	抗拉强度 R_m /MPa	规定塑性延伸强度 $R_{p0.2}$ /MPa	断后伸长率（%）	
						A_{50mm}	A
				≥			
2014	T1[①]	T42	所有	345	200	12	10
		T62	≤18.00	415	365	7	6
			>18	415	365	—	6
	T6、T6510、T6511	T6、T6510、T6511	≤12.50	415	365	7	6
			12.50~18.00	440	400	—	6
			>18.00	470	400	—	6
2017	O	O	所有	≤245	≤125	16	16
	T4	T4	所有	345	215	12	12
	T1	T42	所有	335	195	12	—
2024	O	O	全部	≤240	≤130	12	10
	T3、T3510、T3511	T3、T3510、T3511	≤6.30	395	290	10	—
			>6.30~18.00	415	305	10	9
			>18.00~35.00	450	315	—	9
			>35.00	470	330	—	7
	T4	T4	≤18.00	395	260	12	10
			>18.00	395	260	—	9
	T1	T42	≤18.00	395	260	12	10
			>18.00~35.00	395	260	—	9
			>35.00	395	260	—	7
	T81、T8510、T8511	T81、T8510、T8511	>1.20~6.30	440	385	4	—
			>6.30~35.00	455	400	5	4
			>35.00	455	400	—	4
2219	O	O	所有	≤220	≤125	12	10
	T31、T3510、T3511	T31、T3510、T3511	≤12.50	290	180	14	12
			>12.50~80.00	310	185	—	12
	T1	T62	≤25.00	370	250	6	5
			>25.00	370	250	—	5
	T81、T8510、T8511	T81、T8510、T8511	≤80.00	440	290	6	5
2A11	O	O	所有	≤245	—	—	10
	T1	T1	所有	350	195	—	10
2A12	O	O	所有	≤245	—	—	10
	T1	T42	所有	390	255	—	10
	T4	T4	所有	390	255	—	10
2A14	T6	T6	所有	430	350	6	—
2A50	T6	T6	所有	380	250	—	10
3003	O	O	所有	95~130	35	25	22
	H112	H112	≤1.60	95	35	—	—
			>1.60	95	35	25	22
	F	F	所有	—	—	—	—
包铝 3003	O	O	所有	90~125	30	25	22
	H112	H112	所有	90	30	25	22
	F	F	所有	—	—	—	—
3A21	H112	H112	所有	≤165	—	—	—
5051A	O、H111	O、H111	所有	150~200	60	16	18
	H112	H112	所有	150	60	14	16
	F	—	所有	—	—	—	—

（续）

牌号	供应状态	试样状态	壁厚/mm	抗拉强度 R_m /MPa	规定塑性延伸强度 $R_{p0.2}$ /MPa	断后伸长率(%) A_{50mm}	A
					≥		
5052	O	O	所有	170~240	70	15	17
	H112	H112	所有	170	70	13	15
	F	—	所有	—	—	—	—
5083	O	O	所有	270~350	110	14	12
	H111	H111	所有	275	165	12	10
	H112	H112	所有	270	110	12	10
	F	—	所有	—	—	—	—
5154	O	O	所有	205~285	75	—	—
	H112	H112	所有	205	75	—	—
5454	O	O	所有	215~285	85	14	12
	H111	H111	所有	230	130	12	10
	H112	H112	所有	215	85	12	10
5456	O	O	所有	285~365	130	14	12
	H111	H111	所有	290	180	12	10
	H112	H112	所有	285	130	12	10
5086	O	O	所有	240~315	95	14	12
	H111	H111	所有	250	145	12	10
	H112	H112	所有	240	95	12	10
	F	—	所有	—	—	—	—
5A02	H112	H112	所有	225	—	—	—
5A03	H112	H112	所有	175	70	—	15
5A05	H112	H112	所有	225	110	—	15
5A06	H112、O	H112、O	所有	315	145	—	15
6005	T1	T1	≤12.50	170	105	16	14
	T5	T5	≤3.20	260	240	8	—
			3.20~25.00	260	240	10	9
6005A	T1	T1	≤6.30	170	100	15	—
	T5	T5	≤6.30	260	215	7	—
			6.30~25.00	260	215	9	8
	T61	T61	≤6.30	260	240	8	—
			6.30~25.00	260	240	10	9
6105	T1	T1	≤12.50	170	105	16	14
	T5	T5	≤12.50	260	240	8	7
6041	T5、T6511	T5、T6511	10.00~50.00	310	275	10	9
6042	T5、T5511	T5、T5511	10.00~12.50	260	240	10	—
			12.50~50.00	290	240	—	9
6061	O	O	所有	≤150	≤110	16	14
	T1[②]	T1	≤16.00	180	95	16	14
		T42	所有	180	85	16	14
		T62	≤6.30	260	240	8	—
			>6.30	260	240	10	9
	T4、T4510、T4511	T4、T4510、T4511	所有	180	110	16	14
	T51	T51	≤16.00	240	205	8	7
	T6、T6510、T6511	T6、T6510、T6511	≤6.30	260	240	8	—
			>6.30	260	240	10	9
	F	—	所有	—	—	—	—

（续）

牌号	供应状态	试样状态	壁厚/mm	抗拉强度 R_m /MPa	规定塑性延伸强度 $R_{p0.2}$ /MPa	断后伸长率（%）	
					≥	A_{50mm}	A
6351	O、H111	O、H111	≤25.00	≤160	≤110	12	14
	T4	T4	≤19.00	220	130	16	14
	T6	T6	≤3.20	290	255	8	—
			>3.20~25.00	290	255	10	9
6162	T5、T5510、T5511	T5、T5510、T5511	≤25.00	255	235	7	6
	T6、T6510、T6511	T6、T6510、T6511	≤6.30	260	240	8	—
			>6.30~12.50	260	240	10	9
6262	T6、T6511	T6、T6511	所有	260	240	10	9
6063	O	O	所有	≤130	—	18	16
	T1[③]	T1	≤12.50	115	60	12	10
			>12.50~25.00	110	55	—	10
		T42	≤12.50	130	70	14	12
			>12.50~25.00	125	60	—	12
	T4	T4	≤12.50	130	70	14	12
			>12.50~25.00	125	60	—	12
	T5	T5	≤25.00	175	130	6	8
	T52	T52	≤25.00	150~205	110~170	8	7
	T6	T6	所有	205	170	10	9
	T66	T66	≤25.00	245	200	8	10
	F	—	所有	—	—	—	—
6064	T6、T6511	T6、T6511	10.00~50.00	260	240	10	9
6066	O	O	所有	≤200	≤125	16	14
	T4、T4510、T4511	T4、T4510、T4511	所有	275	170	14	12
	T1[①]	T42	所有	275	165	14	12
		T62	所有	345	290	8	7
	T6、T6510、T6511	T6、T6510、T6511	所有	345	310	8	7
6082	O、H111	O、H111	≤25.00	≤160	≤110	12	14
	T4	T4	≤25.00	205	110	12	14
	T6	T6	≤5.00	290	250	6	8
			>5.00~25.00	310	260	8	10
6A02	O	O	所有	≤145	—	—	17
	T4	T4	所有	205	—	—	14
	T1	T62	所有	295	—	—	8
	T6	T6	所有	295	—	—	8
7050	T76510	T76510	所有	545	475	7	—
	T73511	T73511	所有	485	415	8	7
	T74511	T74511	所有	505	435	7	—
7075	O、H111	O、H111	≤10.00	≤275	≤165	10	10
	T1	T62	≤6.30	540	485	7	—
			>6.30~12.50	560	505	7	6
			>12.50~70.00	560	495	—	6
	T6、T6510、T6511	T6、T6510、T6511	≤6.30	540	485	7	—
			>6.30~12.50	560	505	7	6
			>12.50~70.00	560	495	—	6

（续）

牌号	供应状态	试样状态	壁厚/mm	抗拉强度 R_m /MPa	规定塑性延伸强度 $R_{p0.2}$ /MPa	断后伸长率(%) A_{50mm}	断后伸长率(%) A
				≥			
7075	T73、T73510、T73511	T73、T73510、T73511	1.60~6.30	470	400	5	7
			>6.30~35.00	485	420	6	8
			>35.00~70.00	475	405	—	8
7178	O	O	所有	≤275	≤165	10	9
	T6、T6510、T6511	T6、T6510、T6511	≤1.60	565	525	—	—
			>1.60~6.30	580	525	5	—
			>6.30~35.00	600	540	5	4
			>35.00~60.00	580	515	—	4
			>60.00~80.00	565	490	—	4
	T1	T62	≤1.60	545	505	—	—
			>1.60~6.30	565	510	5	—
			>6.30~35.00	595	530	5	4
			>35.00~60.00	580	515	—	4
			>60.00~80.00	565	490	—	4
7A04	T1	T62	≤80	530	400	—	5
7A09	T6	T6	≤80	530	400	—	5
7B05	O	O	≤12.00	245	145	12	—
	T4	T4	≤12.00	305	195	11	—
	T6	T6	≤6.00	325	235	10	—
			>6.00~12.00	335	225	10	—
7A15	T1	T62	≤80	470	420	—	6
	T6	T6	≤80	470	420	—	6
8A06	H112	H112	所有	≤120	—	—	20

① T1 状态供货的管材，由供需双方商定提供 T42 或 T62 试样状态的性能，并在订货单（或合同）中注明，未注明时提供 T42 试样状态的性能。

② T1 状态供货的管材，由供需双方商定提供 T1 或 T42、T62 试样状态的性能，并在订货单（或合同）中注明，未注明时提供 T1 试样状态的性能。

③ T1 状态供货的管材，由供需双方商定提供 T1 或 T42 试样状态的性能，并在订货单（或合同）中注明，未注明时提供 T1 试样状态的性能。

15.2.3 铝及铝合金热挤压有缝管的力学性能

铝及铝合金热挤压有缝管的室温纵向力学性能见表 15-15。

表 15-15 铝及铝合金热挤压有缝管的室温纵向力学性能（GB/T 4437.2—2017）

牌号	供应状态	试样状态	壁厚/mm	抗拉强度 R_m /MPa	规定塑性延伸强度 $R_{p0.2}$ /MPa	断后伸长率(%) A	断后伸长率(%) A_{50mm}
						≥	
1070A、1060	O	O	所有	60~95	≥15	22	20
	H112	H112	所有	≥60	≥15	22	20
1050A、1035	O	O	所有	60~95	≥20	25	23
	H112	H112	所有	≥60	≥20	25	23
1100	O	O	所有	75~105	≥20	22	20
	H112	H112	所有	≥75	≥20	22	20
1200	H112	H112	所有	≥75	≥25	20	18

（续）

牌号	供应状态	试样状态	壁厚/mm	抗拉强度 R_m/MPa	规定塑性延伸强度 $R_{p0.2}$/MPa	断后伸长率（%）	
						A	A_{50mm}
						≥	
2A11	O	O	所有	≤245	—	12	10
	T1、T4	T42、T4	≤10.00	≥335	≥190	—	10
			>10.00~20.00	≥335	≥200	10	8
			>20.00~50.00	≥365	≥210	10	—
2017	O	O	所有	≤245	≤125	16	16
	T1、T4	T42、T4	≤12.50	≥345	≥215	—	12
			>12.50~100.00	≥345	≥195	12	—
2A12	O	O	所有	≤245	—	12	10
	T1、T4	T42、T4	≤5.00	≥390	≥295	—	8
			>5.00~10.00	≥410	≥295	—	8
			>10.00~20.00	≥420	≥305	10	8
			>20.00~50.00	≥440	≥315	10	8
2024	O	O	所有	≤250	≤150	12	10
	T3、T3510、T3511	T3、T3510、T3511	≤15.00	≥395	≥290	8	6
			>15.00~50.00	≥420	≥290	8	—
3003	O	O	所有	95~135	≥35	25	20
	H112	H112	所有	≥95	≥35	25	20
5A02	H112	H112	所有	≤245	—	12	10
5052	H112	H112	所有	≥170	≥70	15	13
	O	O	所有	175~230	≥70	17	15
5A03	H112	H112	所有	≥180	≥80	12	10
5A05	H112	H112	所有	≥255	≥130	15	13
5A06	O、H112	O、H112	所有	≥315	≥160	15	13
5083	O	O	所有	≥270	≥110	12	10
	H112	H112	所有	≥270	≥125	12	10
5454	O	O	≤25.00	200~275	≥85	18	16
	H112	H112	≤25.00	≥200	≥85	16	14
5086	O	O	所有	240~320	≥95	18	15
	H112	H112	所有	≥240	≥95	12	10
6A02	O	O	所有	≤145	—	17	—
	T4	T4	所有	≥205	—	14	—
	T1、T6	T62、T6	所有	≥295	≥230	10	8
6101	T6	T6	≥3.00~7.00	≥195	≥165	—	10
			>7.00~17.00	≥195	≥165	12	10
			>17.00~30.00	≥175	≥145	14	—
6101B	T6	T6	≤15.00	≥215	≥160	8	6
	T7	T7	≤15.00	≥170	≥120	12	10
6005A	T1	T1	≤6.30	≥170	≥100	—	15
6005A、6005	T5	T5	≤6.30	≥250	≥200	—	7
			>6.30~25.00	≥250	≥200	8	7
	T6	T6	≤5.00	≥270	≥225	—	6
			>5.00~10.00	≥260	≥215	—	6
6105	T6	T6	≤3.20	≥250	≥240	—	8
			>3.20~25.00	≥250	≥240	—	10
6351	T6	T6	≤5.00	≥290	≥250	8	6
			>5.00~25.00	≥300	≥255	10	8

（续）

牌号	供应状态	试样状态	壁厚/mm	抗拉强度 R_m/MPa	规定塑性延伸强度 $R_{p0.2}$/MPa	断后伸长率（%）	
						A	A_{50mm}
						$\geq$	
6060	T5	T5	≤ 15.00	≥ 160	≥ 120	8	6
	T6	T6	≤ 15.00	≥ 190	≥ 150	8	6
	T66	T66	≤ 15.00	≥ 215	≥ 160	8	6
6061	T4	T4	≤ 25.00	≥ 180	≥ 110	15	13
	T5	T5	≤ 16.00	≥ 240	≥ 205	9	7
	T6	T6	≤ 5.00	≥ 260	≥ 240	8	6
			$>5.00\sim 25.00$	≥ 260	≥ 240	10	8
6063	T1	T1	≤ 12.50	≥ 120	≥ 60	—	12
			$>12.50\sim 25.00$	≥ 110	≥ 55	—	12
	T4	T4	≤ 10.00	≥ 130	≥ 65	12	10
			$>10.00\sim 25.00$	≥ 125	≥ 60	12	10
	T5	T5	≤ 25.00	≥ 175	≥ 130	8	6
	T6	T6	≤ 25.00	≥ 215	≥ 170	10	8
6063A	T5	T5	≤ 25.00	≥ 200	≥ 160	7	5
	T6	T6	≤ 25.00	≥ 230	≥ 190	7	5
6082	T4	T4	≤ 25.00	≥ 205	≥ 110	14	12
	T6	T6	≤ 5.00	≥ 290	≥ 250	—	6
			$>5.00\sim 25.00$	≥ 310	≥ 260	10	8
7003	T6	T6	≤ 10.00	≥ 350	≥ 290	—	8
			$>10.00\sim 25.00$	≥ 340	≥ 280	10	8

15.2.4 铝及铝合金连续挤压管的力学性能

铝及铝合金连续挤压管的力学性能见表 15-16。

表 15-16 铝及铝合金连续挤压管的力学性能（GB/T 20250—2006）

牌 号	室温纵向拉伸性能		硬度 HV
	抗拉强度 R_m/MPa	断后伸长率 A_{50mm}（%）	
		$\geq$	
1070、1070A、1060、1050	60	27	20
1100	75	28	25
3003	95	25	30

15.3 铝及铝合金棒材和杆材的力学性能

15.3.1 一般工业用铝及铝合金拉制棒的力学性能

一般工业用铝及铝合金拉制棒的室温纵向力学性能见表 15-17。

表 15-17　一般工业用铝及铝合金拉制棒的室温纵向力学性能 （YS/T 624—2007）

牌号	状态	直径或厚度/mm	抗拉强度 R_m/MPa	规定塑性延伸强度 $R_{p0.2}$/MPa	断后伸长率(%)	
					A	A_{50mm}
				≥		
1060	O	≤100	55	15	22	25
	H18	≤10	110	90	—	—
	F	≤100	—	—	—	—
1100	O	≤30	75~105	20	22	25
	H18	≤10	150	—	—	—
	F	≤100	—	—	—	—
2014	O	≤100	≤240	—	10	12
	T4、T351	≤100	380	220	12	16
	T6、T651	≤100	450	380	7	8
	F	≤100	—	—	—	—
2024	O	≤100	≤240	—	14	16
	T4	≤12.5	425	310	—	10
	T4、T351	>12.5~100	425	290	9	—
	F	≤100	—	—	—	—
3003	O	≤50	95~130	35	22	25
	H14	≤10	140	—	—	—
3003	H18	≤10	185	—	—	—
	F	≤100	—	—	—	—
5052	O	≤50	170~220	65	22	25
	H14	≤30	235	180	5	—
	H18	≤10	265	220	2	—
	F	≤100	—	—	—	—
6061	T6	≤100	290	240	9	10
	F	≤100	—	—	—	—
7075	O	≤100	≤275	—	9	10
	T6、T651	≤100	530	455	6	7
	F	≤100	—	—	—	—

15.3.2　铝及铝合金挤压棒的力学性能

铝及铝合金挤压方棒的力学性能见表 15-18。当需方对 2A11、2A12、2A14、2A50、6A02、7A04、7A09 铝合金挤压棒材抗拉强度有更高要求时，应在合同（或订货单）中加注"高强"字样，其室温纵向力学性能应符合表 15-19 的规定。对于 2A02、2A16 合金棒材，当在合同（或订货单）中注明做高温持久试验时，其高温持久纵向拉伸力学性能应符合表 15-20 的规定。

表 15-18　铝及铝合金挤压方棒的力学性能 （GB/T 3191—2010）

牌号	供货状态	试样状态	直径（方棒、六角棒指内切圆直径）/mm	抗拉强度 R_m/MPa	规定塑性延伸强度 $R_{p0.2}$/MPa	断后伸长率(%)	
						A	A_{50mm}
				≥			
1070A	H112	H112	≤150.00	55	15	—	—
1060	O	O	≤150.00	60~95	15	22	—
	H112	H112		60	15	22	—
1050A	H112	H112	≤150.00	65	20	—	—
1350	H112	H112	≤150.00	60	—	25	—
1200	H112	H112	≤150.00	75	20	—	—
1035、	O	O	≤150.00	60~120	—	25	—
8A06	H112	H112		60	—	25	—
2A02	T1、T6	T62、T6	≤150.00	430	275	10	—

（续）

牌号	供货状态	试样状态	直径(方棒、六角棒指内切圆直径)/mm	抗拉强度 R_m/MPa	规定塑性延伸强度 $R_{p0.2}$/MPa	断后伸长率(%)	
						A	A_{50mm}
				≥			
2A06	T1、T6	T62、T6	≤22.00	430	285	10	—
			>22.00~100.00	440	295	9	—
			>100.00~150.00	430	285	10	—
2A11	T1、T4	T42、T4	≤150.00	370	215	12	—
2A12	T1、T4	T42、T4	≤22.00	390	255	12	—
			>22.00~150.00	420	255	12	—
2A13	T1、T4	T42、T4	≤22.00	315	—	4	—
			>22.00~150.00	345	—	4	—
2A14	T1、T6、T6511	T62、T6、T6511	≤22.00	440	—	10	—
			>22.00~150.00	450	—	10	—
2014、2014A	T4、T4510、T4511	T4、T4510、T4511	≤25.00	370	230	13	11
			>25.00~75.00	410	270	12	—
			>75.00~150.00	390	250	10	—
			>150.00~200.00	350	230	8	—
2014、2014A	T6、T6510、T6511	T6、T6510、T6511	≤25.00	415	370	6	5
			>25.00~75.00	460	415	7	—
			>75.00~150.00	465	420	7	—
			>150.00~200.00	430	350	6	—
			>200.00~250.00	420	320	5	—
2A16	T1、T6、T6511	T62、T6、T6511	≤150.00	355	235	8	—
2017	T4	T42、T4	≤120.00	345	215	12	—
2017A	T4、T4510、T4511	T4、T4510、T4511	≤25.00	380	260	12	10
			>25.00~75.00	400	270	10	—
			>75.00~150.00	390	260	9	—
			>150.00~200.00	370	240	8	—
			>200.00~250.00	360	220	7	—
2024	O	O	≤150.00	≤250	≤150	12	10
	T3、T3510、T3511	T3、T3510、T3511	≤50.00	450	310	8	6
			>50.00~100.00	440	300	8	—
			>100.00~200.00	420	280	8	—
			>200.00~250.00	400	270	8	—
2A50	T1、T6	T62、T6	≤150.00	355	—	12	—
2A70、2A80、2A90	T1、T6	T62、T6	≤150.00	355	—	8	—
3102	H112	H112	≤250.00	80	30	25	23
3003	O	O	≤250.00	95~130	35	25	20
	H112	H112		90	30	25	20
3103	O	O	≤250.00	95	35	25	20
	H112	H112		95~135	35	25	20
3A21	O	O	≤150.00	≤165	—	20	20
	H112	H112		90	—	20	—
4A11、4032	T1	T62	100.00~200.00	360	290	2.5	2.5
5A02	O	O	≤150.00	≤225	—	10	—
	H112	H112		170	70	—	—

（续）

牌号	供货状态	试样状态	直径（方棒、六角棒指内切圆直径）/mm	抗拉强度 R_m/MPa	规定塑性延伸强度 $R_{p0.2}$/MPa	断后伸长率（%）	
						A	A_{50mm}
				≥			
5A03	H112	H112	≤150.00	175	80	13	13
5A05	H112	H112	≤150.00	265	120	15	15
5A06	H112	H112	≤150.00	315	155	15	15
5A12	H112	H112	≤150.00	370	185	15	15
5052	H112	H112	≤250.00	170	70	—	—
	O	O		170~230	70	17	15
5005、5005A	H112	H112	≤200.00	100	40	18	16
	O	O	≤60.00	100~150	40	18	16
5019	H112	H112	≤200.00	250	110	14	12
	O	O	≤200.00	250~320	110	15	13
5049	H112	H112	≤250.00	180	80	15	15
5251	H112	H112	≤250.00	160	60	16	14
	O	O		160~220	60	17	15
5154A、5454	H112	H112	≤250.00	200	85	16	16
	O	O		200~275	85	18	18
5754	H112	H112	≤150.00	180	80	14	12
			>150.00~250.00	180	70	13	—
	O	O	≤150.00	180~250	80	17	15
5083	O	O	≤200.00	270~350	110	12	10
	H112	H112		270	125	12	10
5086	O	O	≤250.00	240~320	95	18	15
	H112	H112	≤200.00	240	95	12	10
6101A	T6	T6	≤150.00	200	170	10	10
6A02	T1、T6	T62、T6	≤150.00	295	—	12	12
6005、6005A	T5	T5	≤25.00	260	215	8	—
	T6	T6	≤25.00	270	225	10	8
			>25.00~50.00	270	225	8	—
			>50.00~100.00	260	215	8	—
6110A	T5	T5	≤120.00	380	360	10	8
	T6	T6	≤120.00	410	380	10	8
6351	T4	T4	≤150.00	205	110	14	12
	T6	T6	≤20.00	295	250	8	6
			>20.00~75.00	300	255	8	—
			>75.00~150.00	310	260	8	—
			>150.00~200.00	280	240	6	—
			>200.00~250.00	270	200	6	—
6060	T4	T4	≤150.00	120	60	16	14
	T5	T5		160	120	8	6
	T6	T6		190	150	8	6
6061	T6	T6	≤150.00	260	240	9	
	T4	T4		180	110	14	
6063	T4	T4	≤150.00	130	65	14	12
			>150.00~200.00	120	65	12	
	T5	T5	≤200.00	175	130	8	6
	T6	T6	≤150.00	215	170	10	8
			>150.00~200.00	195	160	10	—

（续）

牌号	供货状态	试样状态	直径(方棒、六角棒指内切圆直径)/mm	抗拉强度 R_m/MPa	规定塑性延伸强度 $R_{p0.2}$/MPa	断后伸长率(%)	
						A	A_{50mm}
				≥			
6063A	T4	T4	≤150.00	150	90	12	10
			>150.00~200.00	140	90	10	—
	T5	T5	≤200.00	200	160	7	5
	T6	T6	≤150.00	230	190	7	5
			>150.00~200.00	220	160	7	—
6463	T4	T4	≤150.00	125	75	14	12
	T5	T5		150	110	8	6
	T6	T6		195	160	10	8
6082	T6	T6	≤20.00	295	250	8	6
			>20.00~150.00	310	260	8	—
			>150.00~200.00	280	240	6	—
			>200.00~250.00	270	200	6	—
7003	T5	T5	≤250.00	310	260	10	8
	T6	T6	≤50.00	350	290	10	8
			>50.00~150.00	340	280	10	8
7A04、7A09	T1、T6	T62、T6	≤22.00	490	370	7	—
			>22.00~150.00	530	400	6	—
7A15	T1、T6	T62、T6	≤150.00	490	420	6	—
7005	T6	T6	≤50.00	350	290	10	8
			>50.00~150.00	340	270	10	—
7020	T6	T6	≤50.00	350	290	10	8
			>50.00~150.00	340	275	10	—
7021	T6	T6	≤40.00	410	350	10	8
7022	T6	T6	≤80.00	490	420	7	5
			>80.00~200.00	470	400	7	—
7049A	T6、T6510、T6511	T6、T6510、T6511	≤100.00	610	530	5	4
			>100.00~125.00	560	500	5	—
			>125.00~150.00	520	430	5	—
			>150.00~180.00	450	400	3	—
7075	O	O	≤200.00	≤275	≤165	10	8
	T6、T6510、T6511	T6、T6510、T6511	≤25.00	540	480	7	5
			>25.00~100.00	560	500	7	—
			>100.00~150.00	530	470	6	—
			>150.00~250.00	470	400	5	—

15.3.3　铝及铝合金挤压扁棒（板）的力学性能

铝及铝合金挤压扁棒（板）的力学性能见表15-21。

表 15-19 室温纵向力学性能 (GB/T 3191—2010)

牌号	供货状态	试样状态	棒材直径（方棒、六角棒内切圆直径）/mm	抗拉强度 R_m/MPa	规定塑性延伸强度 $R_{p0.2}$/MPa	断后伸长率 A(%)
				≥		
2A11	T1、T4	T42、T4	20.00~120.00	390	245	8
2A12	T1、T4	T42、T4	20.00~120.00	440	305	8
6A02	T1、T6	T62、T6	20.00~120.00	305	—	8
2A50	T1、T6	T62、T6	20.00~120.00	380	—	10
2A14	T1、T6	T62、T6	20.00~120.00	460		8
7A04、7A09	T1、T6	T62、T6	20.00~100.00	550	450	6
			>100.00~120.00	530	430	6

表 15-20 高温持久纵向力学性能 (GB/T 3191—2010)

牌号	温度/℃	应力/MPa	保温时间/h
2A02	270±3	64	100
		78[1]	50[1]
2A16	300±3	69	100

[1] 2A02 合金棒材，78MPa 应力，保温 50h 的试验结果不合格时，以 64MPa 应力，保温 100h 的试验结果作为高温持久纵向拉伸力学性能是否合格的最终判定依据。

表 15-21 铝及铝合金挤压扁棒（板）的力学性能 (YS/T 439—2012)

牌号	供应状态	试样状态	厚度/mm	抗拉强度 R_m/MPa	规定塑性延伸强度 $R_{p0.2}$/MPa	断后伸长率(%) A	断后伸长率(%) A_{50mm}
				≥			
1070A	H112	H112	≤150.00	60	15	25	23
1070	H112	H112	≤150.00	60	15	—	—
1060	H112	H112	≤150.00	60	15	25	23
1050A	H112	H112	≤150.00	60	20	25	23
	O/H111	O/H111	≤150.00	60~95	20	25	23
1050	H112	H112	≤150.00	60	20	—	—
1350	H112	H112	≤150.00	60	—	25	23
1035	H112	H112	≤150.00	70	20	—	—
1100	O	O	≤150.00	75~105	20	25	23
	H112	H112	≤150.00	75	20	25	23
1200	H112	H112	≤150.00	75	25	20	18
2017	O	O	≤150.00	≤245	≤125	16	16
2017A	O/H111	O/H111	≤150.00	≤250	≤135	12	10
	T4	T4	≤25.00	380	260	12	10
	T3510	T3510	>25.00~75.00	400	270	10	—
	T3511	T3511	>75.00~150.0	390	260	9	—
2014 2014A	O/H111	O/H111	≤150.00	≤250	≤135	12	10
	T4	T4	≤25.00	370	230	13	11
	T3510	T3510	>25.00~75.00	410	270	12	—
	T3511	T3511	>75.00~150.00	390	250	10	—

（续）

牌号	供应状态	试样状态	厚度/mm	抗拉强度 R_m/MPa	规定塑性延伸强度 $R_{p0.2}$/MPa	断后伸长率（%）	
						A	A_{50mm}
					$\geqslant$		
2024	O/H111	O/H111	≤150.00	≤250	≤150	12	10
	T3 T3510 T3511	T3 T3510 T3511	≤50.00	450	310	8	6
			>50.00~100.00	440	300	8	—
			>100.00~150.00	420	280	8	—
	T4	T4	≤6.00	390	295	—	12
			>6.00~19.00	410	305	12	12
			>19.00~38.00	450	315	10	—
	T8 T8510 T8511	T8 T8510 T8511	≤150.00	455	380	5	4
2A11	H112、T4	T4	≤120.00	370	215	12	12
2A12	H112、T4	T4	≤120.00	390	255	12	12
2A14	H112、T6	T6	≤120.00	430	—	8	8
2A50	H112、T6	T6	≤120.00	355	—	12	12
2A70 2A80 2A90	H112、T6	T6	≤120.00	355	—	8	8
3102	H112	H112	≤150.00	80	30	25	23
3003	H112	H112	≤150.00	95	35	25	20
3103	O/H111	O/H111	≤150.00	95~135	35	25	20
3A21	H112	H112	≤120.00	≤165	—	20	20
5005 5005A	H112	H112	≤100.00	100	40	18	16
	O/H111	O/H111	≤60.00	100~150	40	18	16
5019	H112	H112	≤150.00	250	110	14	12
	O/H111	O/H111	≤150.00	250~320	110	15	13
5049	H112	H112	≤150.00	180	80	15	13
5051A	H112	H112	≤150.00	150	50	16	14
	O/H111	O/H111	≤150.00	150~200	50	18	16
5251	H112	H112	≤150.00	160	60	16	14
	O/H111	O/H111	≤150.00	160~220	60	17	15
5052	H112	H112	≤150.00	170	70	15	13
	O/H111	O/H111	≤150.00	170~230	70	17	15
5454 5154A	H112	H112	≤150.00	200	85	16	14
	O/H111	O/H111	≤150.00	200~275	85	18	16
5754	H112	H112	≤150.00	180	80	14	12
	O/H111	O/H111	≤150.00	180~250	80	17	15
5083	H112	H112	≤150.00	270	125	12	10
	O/H111	O/H111	≤150.00	270	110	12	10
5086	H112	H112	≤150.00	240	95	12	10
	O/H111	O/H111	≤150.00	240~320	95	18	15
5A02	H112	H112	≤150.00	≤225	—	10	10
5A03	H112	H112	≤150.00	175	80	13	13
5A05	H112	H112	≤120.00	265	120	15	15
5A06	H112	H112	≤120.00	315	155	15	15
5A12	H112	H112	≤120.00	370	185	15	15

（续）

牌号	供应状态	试样状态	厚度/mm	抗拉强度 R_m/MPa	规定塑性延伸强度 $R_{p0.2}$/MPa	断后伸长率（%） A	A_{50mm}
					≥		
6101	T6	T6	≤12.00	200	172	—	—
6101A	T6	T6	≤150.00	200	170	10	8
6101B	T6	T6	≤15.00	215	160	8	6
6005 6005A	T6	T6	≤25.00	270	225	10	8
			>25.00~50.00	270	225	8	—
			>50.00~100.00	260	215	8	—
6110A	T5	T5	≤120.00	380	360	10	8
	T6	T6	≤150.00	410	380	10	8
6023	T6 T8510 T8511	T6 T8510 T8511	≤150.00	320	270	10	8
6351	O/H111	O/H111	≤150.00	≤160	≤110	14	12
	T4	T4	≤150.00	205	110	14	12
	T6	T6	≤20.00	295	250	8	6
			>20.00~75.00	300	255	8	—
			>75.00~150.00	310	260	8	—
6060	T4	T4	≤150.00	120	60	16	14
	T5	T5	≤150.00	160	120	8	6
	T6	T6	≤150.00	190	150	8	6
6360	T4	T4	≤150.00	110	50	16	14
	T5	T5	≤150.00	150	110	8	6
	T6	T6	≤150.00	185	140	8	6
6061	O/H111	O/H111	≤150.00	≤150	≤110	16	14
	T4	T4	≤150.00	180	110	15	13
	T6、T8511	T6、T8511	≤150.00	260	240	8	6
6261	O/H111	O/H111	≤100.00	≤170	≤120	14	12
	T4	T4	≤100.00	180	100	14	12
	T6	T6	≤20.00	290	245	8	7
			>20.00~100.00	290	245	8	—
6262	T6	T6	≤150.00	260	240	10	8
6262A	T6	T6	≤150.00	260	240	10	8
6063	O/H111	O/H111	≤150.00	≤130	—	18	16
	T4	T4	≤150.00	130	65	14	12
	T5	T5	≤150.00	175	130	8	6
	T6	T6	≤150.00	215	170	10	8
6063A	O/H111	O/H111	≤150.00	≤150	—	16	14
	T4	T4	≤150.00	150	90	12	10
	T5	T5	≤150.00	200	160	7	5
	T6	T6	≤150.00	230	190	7	5
6463	T4	T4	≤150.00	125	75	14	12
	T5	T5	≤150.00	150	110	8	6
	T6	T6	≤150.00	195	160	10	8
6065	T6	T6	≤150.00	260	240	10	8
6081	T6	T6	≤150.00	275	240	8	6

（续）

牌号	供应状态	试样状态	厚度/mm	抗拉强度 R_m/MPa	规定塑性延伸强度 $R_{p0.2}$/MPa	断后伸长率(%)	
						A	A_{50mm}
				≥			
6082	O/H111	O/H111	≤150.00	≤160	≤110	14	12
	T4	T4	≤150.00	205	110	14	12
	T6	T6	≤20.00	295	250	8	6
			>20.00~150.00	310	260	8	—
6182	T4	T4	≤150.00	205	110	12	10
	T6	T6	9.00~100.00	360	330	9	7
			>100.00~150.00	330	300	8	6
6A02	H112、T6	T6	≤120.00	295	—	12	12
7003	T5	T5	≤150.00	310	260	10	8
	T6	T6	≤50.00	350	290	10	8
			>50.00~150.00	340	280	10	8
7005	T6	T6	≤50.00	350	290	10	8
			>50.00~150.00	340	270	10	—
7108	T6	T6	≤100.00	310	260	10	8
7108A	T6	T6	≤150.00	310	260	12	10
7020	T6	T6	≤50.00	350	290	10	8
			>50.00~150.00	340	275	10	—
7021	T6	T6	≤40.00	410	350	10	8
7022	T6 T8510 T8511	T6 T8510 T8511	≤80.00	490	420	7	5
			>80.00~150.00	470	400	7	—
7049A	T6 T8510 T8511	T6 T8510 T8511	≤100.00	610	530	5	4
			>100.00~125.00	560	500	5	—
			>125.00~150.00	520	430	5	—
7075	O/H111	O/H111	≤150.00	≤275	≤165	10	8
	T6 T8510 T8511	T6 T8510 T8511	≤25.00	540	480	7	5
			>25.00~100.00	560	500	7	—
			>100.00~150.00	530	470	6	—
7A04 7A09	H112、T6	T6	≤22.00	490	370	7	7
			>22.00~120.00	530	400	6	—
8A06	H112	H112	≤150.00	70	—	10	10

15.4　铝及铝合金丝材和线材的力学性能

15.4.1　精铝丝的力学性能

精铝丝的力学性能见表15-22。

15.4.2　半导体器件键合用铝丝的力学性能

半导体器件键合用铝丝的力学性能见表15-23和表15-24。

表 15-22　精铝丝的力学性能（GB/T 22643—2008）

牌号	状态	直径/mm	抗拉强度 R_m/MPa	断后伸长率 A（%）
1B99、1C99		≥0.8	≥88	≥0.5
1A99、1A97、1A93、1A90	H18	0.20～1.00	150～220	≥0.5
		>1.00～1.50	140～200	≥0.5
		>1.50～2.00	140～180	≥1
		>2.00～3.00	120～160	≥1
		>3.00	120～160	≥1

表 15-23　第一类半导体器件键合用铝丝的力学性能（YS/T 641—2007）

线径/μm	断后伸长率[①]（%）		拉伸最大力/10^{-2}N					
			Al-R/Al-R CR			Al-H11/Al-H11 CR		
	最小值	波动范围	最小值	最大值	波动范围	最小值	最大值	波动范围
100±4	0.5	3	90	130	30	—	—	—
125±5	1	4	—	—	—	50	90	30
125±5	5	4	80	120	30	—	—	—
150±5	1	6	—	—	—	80	120	30
150±5	5	6	130	170	30	—	—	—
175±6	1	6	—	—	—	100	160	40
175±6	10	6	170	230	40	—	—	—
200±6	1	8	—	—	—	150	230	60
200±6	10	8	230	330	80	—	—	—
250±6	5	8	—	—	—	200	300	80
250±6	10	8	320	480	100	—	—	—
300±6	5	10	—	—	—	280	400	100
300±6	10	10	450	650	150	—	—	—
375±7	5	10	—	—	—	450	650	150
375±7	10	10	700	900	150	—	—	—
400±7	5	10	—	—	—	500	700	150
400±7	10	10	800	1000	150	—	—	—
450±8	5	10	—	—	—	650	850	150
450±8	10	10	1150	1450	200	—	—	—
500±8	5	10	—	—	—	850	1100	180
500±8	10	10	1400	1800	300	—	—	—

① 100μm 铝丝断后伸长率波动范围为 3%，同一批产品断后伸长率为 1%～4% 或 0.5%～3.5% 等，差值为 3%。

表 15-24　第二类半导体器件键合用铝丝的力学性能（YS/T 641—2007）

线径/μm	断后伸长率(%)			拉伸最大力/10^{-2}N		
	最小值	最大值	波动范围	最小值	最大值	波动范围
50±2	0.5	2.5	2	48	—	20
75±2	7	12	4	40	80	30
100±4	7	12	4	100	150	40
125±5	7	12	4	150	200	40
200±6	10	16	5	400	475	50
375±7	10	20	8	1200	1500	100

15.4.3 铝及铝合金拉制圆线的力学性能

铝及铝合金拉制圆线的力学性能见表 15-25，铝及铝合金拉制圆线的弯曲性能见表 15-26，铝及铝合金拉制圆线的抗剪强度见表 15-27。

表 15-25 铝及铝合金拉制圆线的力学性能（GB/T 3195—2016）

牌号	试样状态	直径/mm	抗拉强度 R_m/MPa	规定塑性延伸强度 $R_{p0.2}$/MPa	断后伸长率（%）A_{200mm}	断后伸长率（%）A
1350	O	9.50~12.70	60~100	—	—	—
	H12、H22		80~120	—	—	—
	H14、H24		100~140	—	—	—
	H16、H26		115~155	—	—	—
	H19	1.20~2.00	≥160	—	≥1.2	—
		>2.00~2.50	≥175	—	≥1.5	—
		>2.50~3.50	≥160	—		—
		>3.50~5.30	≥160	—	≥1.8	—
		>5.30~6.50	≥155	—	≥2.2	—
1100	O	1.60~25.00	≤110	—	—	—
	H14		110~145	—	—	—
1A50	O	0.80~1.00	≥75	—	≥10.0	—
		>1.00~2.00		—	≥12.0	—
		>2.00~3.00		—	≥15.0	—
		>3.00~5.00		—	≥18.0	—
	H19	0.80~1.00	≥160	—	≥1.0	—
		>1.00~1.50	≥155	—	≥1.2	—
		>1.50~3.00		—	≥1.5	—
		>3.00~4.00	≥135	—		—
		>4.00~5.00		—	≥2.0	—
2017	O	1.60~25.00	≤240	—	—	—
	H13		205~275	—	—	—
	T4		≥380	≥220	—	≥10
2024	O	1.60~25.00	≤240	—	—	—
	H13		220~290	—	—	—
	T42	1.60~3.20	≥425	—	—	—
		>3.20~25.00	≥425	≥275	—	≥9
2117	O	1.60~25.00	≤175	—	—	—
	H15		190~240	—	—	—
	H13		170~220	—	—	—
	T4		≥260	≥125	—	≥16
2219	O	1.60~25.00	≤220	—	—	—
	H13		190~260	—	—	—
	T4		≥380	≥240	—	≥5
3003	O	1.60~25.00	≤130	—	—	—
	H14		140~180	—	—	—
5052	O		≤220	—	—	—
5056	O		≤320	—	—	—
5154 5154A 5154C	O	0.10~0.50	≤220	—	≥6	—
	H38	>0.10~0.16	≥290	—	≥3	—
		>0.16~0.50	≥310	—	≥3	—

（续）

牌号	试样状态	直径/mm	抗拉强度 R_m/MPa	规定塑性延伸强度 $R_{p0.2}$/MPa	断后伸长率（%）A_{200mm}	断后伸长率（%）A
6061	O	1.60~25.00	≤155	—	—	—
	H13		150~210	—	—	—
	T6		≥290	≥240	—	≥9
7050	O		≤275	—	—	—
	H13		235~305	—	—	—
	T7		≥485	≥400	—	≥9
8017		0.20~1.00	98~159	—	≥10	—
8030	O	>1.00~3.00		—	≥12	—
8076		>3.00~5.00		—	≥15	—
8130		0.20~1.00	≥185	—	≥1.0	—
8176	H19	>1.00~3.00		—	≥1.2	—
8177		>3.00~5.00		—	≥1.5	—
8C05	O	0.30~2.50	170~190	—		—
	H14		191~219	—		—
	H18		220~249	—	≥3.0	—
8C12	O	0.30~2.50	250~259	—		—
	H14		260~269	—		—
	H18		270~289	—		—

表 15-26 铝及铝合金拉制圆线的弯曲性能（GB/T 3195—2016）

牌号	试样状态	直径/mm	弯曲次数/次 ≥
1A50	H19	1.50~4.00	7
		>4.00~5.00	6

表 15-27 铝及铝合金拉制圆线的抗剪强度（GB/T 3195—2016）

牌号	试样状态	直径/mm	抗剪强度 τ_b/MPa ≥	牌号	试样状态	直径/mm	抗剪强度 τ_b/MPa ≥
1035	H14	3.00~20.00	60	2B16	T6	1.60~4.50	270
2A01	T4	1.60~4.50	185			4.50~8.00	
		>4.50~10.00				800~10.00	
		>10.00~20.00		3A21	H14	1.60~10.00	80
2A04	H14	1.60~5.50	—			>10.00~20.00	—
		>5.50~10.00		5A02		1.60~10.00	115
	T4	1.60~5.00	275			>10.00~20.00	—
		>5.00~6.00		5A05	H18	0.80~7.00	165
		>6.00~8.00	265	5B05	H12	1.60~10.00	155
		>8.00~20.00				>10.00~20.00	—
2A10	T4	1.60~4.50	245	5A06	H12	1.60~10.00	165
		>4.50~8.00				>10.00~20.00	—
		>8.00~10.00	235	6061	T6	1.60~20.00	170
		>8.00~20.00		7A03	H14	1.60~8.00	—
2017	T4	1.60~25.00	225			>8.00~10.00	
2024	T42		255			>10.00~20.00	
2117	T4	1.60~25.00	180		T6	1.60~4.50	285
2219	T6		205			>4.50~8.00	
2B11[a]	T4	1.60~4.50	235			>8.00~10.00	
		>4.50~10.00				>10.00~20.00	
		>10.00~20.00		7050	T7	1.60~25.00	270
2B12[a]	T4	1.60~4.50	265				
		>4.50~8.00					
		>8.00~10.00					
		>10.00~20.00					

15.4.4 铸轧铝及铝合金线坯的力学性能

铸轧铝及铝合金线坯的力学性能见表15-28。

表15-28 铸轧铝及铝合金线坯的力学性能（YS/T 848—2012）

牌　号	状态	抗拉强度 R_m/MPa	断后伸长率 A_{100mm}（%）$\geqslant$
1A99			
1B99	H14	60～75	18
1C99			
1A97		65～80	21
1B97			
1B95	O	35～65	35
1A93		70～90	17
1B93		60～90	15
1A90	H14	80～95	15
1B90		60～90	15
1A85		75～90	14
1100	F	75～105	17
1120		140～170	8
1350	O	60～80	40
	H12	95～110	20
	H13	105～130	14
	H14	115～130	14
3003	F	120～220	13
	O	95～120	20
4043A	O	100～140	—
4047A		125～180	—
5005	H14	165～210	20
5050	F	160～220	19
5052		180～260	17
5087	F	290～360	—
	O	290～350	—
5183	F、O	280～350	—
5356	F	260～320	—
	O	260～310	—
5154	O	210～285	13
	H36	290～335	11
5154C	O	220～270	14
	H36	280～330	11
6060	F	120～190	—
	T4	155～210	14
6061	F	120～200	—
	O	90～140	—
	T4	220～280	10
6101		150～200	17
6160	T4	160～190	11
6201		160～220	21
8025	H14	100～130	16

15.5 一般工业用铝及铝合金挤压型材的力学性能

一般工业用铝及铝合金热挤压型材的室温力学性能见表15-29。

表15-29 一般工业用铝及铝合金热挤压型材的室温力学性能（GB/T 6892—2015）

牌号	状态	厚壁/mm	抗拉强度 R_m/MPa	规定塑性延伸强度 $R_{p0.2}$/MPa	断后伸长率[1]（%）		硬度（参考值）HBW
					A	A_{50mm}	
					$\geqslant$		
1060	O	—	60～95	15	22	20	—
	H112	—	60	15	22	20	—
1350	H112	—	60	—	25	23	20
1050A	H112	—	60	20	25	23	20
1100	O	—	75～105	20	22	20	—
	H112	—	75	20	22	20	—
1200	H112	—	75	25	20	18	23
2A11	O	—	≤245	—	12	10	—
	T4	≤10.00	335	190	—	10	—
		>10.00～20.00	335	200	10	8	—
		>20.00～50.00	365	210	10	—	—

（续）

牌号	状态	厚壁/mm	抗拉强度 R_m/MPa	规定塑性延伸强度 $R_{p0.2}$/MPa	断后伸长率[①]（%） A	断后伸长率[①]（%） A_{50mm}	硬度（参考值）HBW
					≥	≥	
2A12	O	—	≤245	—	12	10	—
	T4	≤5.00	390	295	—	8	—
		>5.00~10.00	410	295	—	8	—
		>10.00~20.00	420	305	10	8	—
		>20.00~50.00	440	315	10	—	—
2A14 2014A	O、H111	—	≤250	≤135	12	10	45
	T4 T4510 T4511	≤25.00	370	230	11	10	110
		>25.00~75.00	410	270	10	—	110
	T6 T6510 T6511	≤25.00	415	370	7	5	140
		>25.00~75.00	460	415	7	—	140
2024	O、H111	—	≤250	≤150	12	10	47
	T3 T3510 T3511	≤15.00	395	290	8	6	120
		>15.00~50.00	420	290	8	—	120
	T8 T8510 T8511	≤50.00	455	380	5	4	130
2017	O	—	≤245	≤125	16	16	—
	T4	≤12.50	345	215	—	12	—
		>12.50~100.00	345	195	12	—	—
2017A	T4 T4510 T4511	≤30.00	380	260	10	8	105
3A21	O、H112	—	≤185	—	16	14	—
3003	H112	—	95	35	25	20	30
3103	H112	—	95	35	25	20	28
5A02	O、H112	—	≤245	—	12	10	—
5A03	O、H112	—	180	80	12	10	—
5A05	O、H112	—	255	130	15	13	—
5A06	O、H112	—	315	160	15	13	—
5005 5005A	O、H111	≤20.00	100~150	40	20	18	30
	H112	—	100	40	18	16	30
5019	H112	≤30.00	250	110	14	12	65
5051A	H112	—	150	60	16	14	40
5251	H112	—	160	60	16	14	45
5052	H112	—	170	70	15	13	47
5154A	H112	≤25.00	200	85	16	14	55
5454	H112	≤25.00	200	85	16	14	60
5754	H112	≤25.00	180	80	14	12	47
5083	H112	—	270	125	12	10	70
5086	H112	—	240	95	12	10	65
6A02	T4	—	180	—	12	10	—
	T6	—	295	230	10	8	—
6101A	T6	≤50.00	200	170	10	8	70
6101B	T6	≤15.00	215	160	8	6	70
6005	T1	≤12.50	170	100	—	11	—
	T5	≤6.30	250	200	—	7	—
		>6.30~25.00	250	200	8	7	—
	T4	≤25.00	180	90	15	13	50
	T6	实心型材 ≤5.00	270	225	—	6	90
		实心型材 >5.00~10.00	260	215	—	6	85
		实心型材 >10.00~25.00	250	200	8	6	85
		空心型材 ≤5.00	255	215	—	6	85
		空心型材 >5.00~15.00	250	200	8	6	85

（续）

牌号	状态	厚壁/mm		抗拉强度 R_m/MPa	规定塑性延伸强度 $R_{p0.2}$/MPa	断后伸长率[①]（%）		硬度（参考值）HBW
						A	A_{50mm}	
					≥			
6005A	T5	≤6.30		250	200	—	7	—
		>6.30~25.00		250	200	8	7	—
	T4	≤25.00		180	90	15	13	50
	T6	实心型材	≤5.00	270	225	—	6	90
			>5.00~10.00	260	215	—	6	85
			>10.00~25.00	250	200	8	6	85
		空心型材	≤5.00	255	215	—	6	85
			>5.00~15.00	250	200	8	6	85
6106	T6	≤10.00		250	200	—	6	75
6008	T4	≤10.00		180	90	15	13	50
	T6	实心型材	≤5.00	270	225	—	6	90
			>5.00~10.00	260	215	—	6	85
		空心型材	≤5.00	255	215	—	6	85
			>5.00~10.00	250	200	—	6	85
6351	O	—		≤160	≤110	14	12	35
	T4	≤25.00		205	110	14	12	67
	T5	≤5.00		270	230	—	6	90
	T6	≤5.00		290	250	—	6	95
		>5.00~25.00		300	255	10	8	95
6060	T4	≤25.00		120	60	16	14	50
	T5	≤5.00		160	120	—	6	60
		>5.00~25.00		140	100	8	6	60
	T6	≤3.00		190	150	—	6	70
		>3.00~25.00		170	140	8	6	70
	T66[②]	≤3.00		215	160	—	6	75
		>3.00~25.00		195	150	8	6	75
6360	T4	≤25.00		110	50	16	14	40
	T5	≤25.00		150	110	8	6	50
	T6	≤25.00		185	140	8	6	60
	T66[②]	≤25.00		195	150	8	6	65
6061	T4	≤25.00		180	110	15	13	65
	T5	≤16.00		240	205	9	7	—
	T6	≤5.00		260	240	—	7	95
		>5.00~25.00		260	240	10	8	95
6261	O	—		≤170	≤120	14	12	—
	T4	≤25.00		180	100	14	12	—
	T5	≤5.00		270	230	—	7	—
		>5.00~25.00		260	220	9	8	—
		>25.00~50.00		250	210	9	—	—
	T6	实心型材	≤5.00	290	245	—	7	100
			>5.00~10.00	280	235	—	7	100
		空心型材	≤5.00	290	245	—	7	100
			>5.00~10.00	270	230	—	8	100
6063	T4	≤25.00		130	65	14	12	50
	T5	≤3.00		175	130	—	6	65
		>3.00~25.00		160	110	7	5	65
	T6	≤10.00		215	170	—	6	75
		>10.00~25.00		195	160	8	6	75
	T66[②]	≤10.00		245	200	—	6	80
		>10.00~25.00		225	180	8	6	80
6063A	T4	≤25.00		150	90	12	10	50
	T5	≤10.00		200	160	—	5	75
		>10.00~25.00		190	150	6	4	75
	T6	≤10.00		230	190	—	5	80
		>10.00~25.00		220	180	5	4	80

（续）

牌号	状态	厚壁/mm	抗拉强度 R_m/MPa	规定塑性延伸强度 $R_{p0.2}$/MPa	断后伸长率[①]（%）		硬度（参考值）HBW
					A	A_{50mm}	
					≥		
6463	T4	≤50.00	125	75	14	12	46
	T5	≤50.00	150	110	8	6	60
	T6	≤50.00	195	160	10	8	74
6463A	T1	≤12.00	115	60	—	10	—
	T5	≤12.00	150	110	—	6	—
	T6	≤3.00	205	170	—	6	—
		>3.00~12.00	205	170	—	8	—
6081	T6	≤25.00	275	240	8	6	95
6082	O、H111	—	≤160	≤110	14	12	35
	T4	≤25.00	205	110	14	12	70
	T5	≤5.00	270	230	—	6	90
	T6	≤5.00	290	250	—	6	95
		>5.00~25.00	310	260	10	8	95
7A04	O	—	≤245	—	10	8	—
	T6	≤10.00	500	430	—	4	—
		>10.00~20.00	530	440	6	4	—
		>20.00~50.00	560	460	6	—	—
7003	T5	—	310	260	10	8	—
	T6	≤10.00	350	290	—	8	110
		>10.00~25.00	340	280	10	8	110
7005	T5	≤25.00	345	305	10	8	—
	T6	≤40.00	350	290	10	8	110
7020	T6	≤40.00	350	290	10	8	110
7021	T6	≤20.00	410	350	10	8	120
7022	T6 T6510 T6511	≤30.00	490	420	7	5	133
7049A	T6 T6510 T6511	≤30.00	610	530	5	4	170
7075	T6 T6510 T6511	≤25.00	530	460	6	4	150
		>25.00~60.00	540	470	6		150
	T73 T73510 T73511	≤25.00	485	420	7	5	135
	T76 T76510 T76511	≤6.00	510	440	—	5	—
		>6.00~50.00	515	450	6	5	—
7178	T6 T6510 T6511	≤1.60	565	525	—	—	—
		>1.60~6.00	580	525	—	3	—
		>6.00~35.00	600	540	4	3	—
		>35.00~60.00	595	530	4	—	—
	T76 T76510 T76511	>3.00~6.00	525	455	—	5	—
		>6.00~25.00	530	460	6	5	—

① 如无特殊要求或说明，A 适用于壁厚大于 12.5mm 的型材，A_{50mm} 适用于壁厚不大于 12.5mm 的型材。壁厚不大于 1.6mm 的型材不要求断后伸长率，如有要求，可供需双方协商并在订货单（或合同）中注明。

② 固溶处理后人工时效，通过工艺控制使力学性能达到本表要求的特殊状态。

15.6 一般工业用铝及铝合金锻件的力学性能

一般工业用铝及铝合金模锻件的力学性能见表 15-30，一般工业用铝及铝合金自由锻件的力学性能见表 15-31。

表 15-30 一般工业用铝及铝合金模锻件的力学性能（YS/T 479—2005）

牌号	供应状态	厚度/mm	顺流线试样的拉伸性能				非流线试样的拉伸性能				硬度 HBW
			抗拉强度 R_m/MPa	规定塑性延伸强度 $R_{p0.2}$/MPa	断后伸长率（%）		抗拉强度 R_m/MPa	规定塑性延伸强度 $R_{p0.2}$/MPa	断后伸长率（%）		
					A_{50mm}	A			A_{50mm}	A	
						≥					
1100	H112	≤100	75	30	18	16	—	—	—	—	20
2014	T4	≤100	380	205	11	9	—	—	—	—	100
	T6	≤25	450	385	6	5	440	380	3	2	125
		>25~50	450	385	6	5	440	380	2	1	125
		>50~80	450	380	6	5	435	370	2	1	125
		>80~100	435	380	6	5	435	370	2	1	125
2025	T6	≤100	360	230	11	9	—	—	—	—	100
2219	T6	≤100	400	260	8	7	385	250	4	3	100
3003	H112	≤100	95	35	18	16	—	—	—	—	25
4032	T6	≤100	360	290	3	2	—	—	—	—	115
5083	O	≤80	270	110	16	14	270	110	12	10	—
	H111	≤100	290	150	14	12	270	140	12	10	—
	H112	≤100	275	125	16	14	270	110	14	12	—
6061	T6	≤100	260	240	7	6	260	240	5	4	80
6066	T6	≤100	345	310	8	7	—	—	—	—	100
6151	T6	≤100	305	255	10	9	305	255	6	5	90
7049	T73	≤25	495	425	7	6	490	420	3	2	135
		>25~50	495	425	7	6	485	415	3	2	135
		>50~80	490	420	7	6	485	415	3	2	135
		>80~100	490	420	7	6	485	415	2	1	135
		>100~130	485	415	7	6	470	400	2	1	135
7050	T74	≤50	495	425	7	6	470	385	5	4	135
		>50~100	490	420	7	6	460	380	4	3	135
		>100~130	485	415	7	6	455	370	3	2	135
		>130~150	485	405	7	6	455	370	3	3	135
7075	T6	≤25	515	440	7	6	490	420	3	2	135
		>25~50	510	435	7	6	490	420	3	2	135
		>50~80	510	435	7	6	485	415	3	2	135
		>80~100	505	435	7	6	485	415	2	1	135
	T73	≤80	455	385	7	6	425	365	3	2	125
		>80~100	440	380	7	6	420	360	2	1	125
	T7352	≤80	455	385	7	6	425	350	3	2	125
		>80~100	440	365	7	6	420	340	2	1	125
7175	T74	≤80	525	455	7	6	490	425	4	3	—
	T7452	≤80	505	435	7	6	470	380	4	3	—
	T7454	≤80	515	450	7	6	485	420	4	3	—

表 15-31　一般工业用铝及铝合金自由锻件的力学性能（YS/T 479—2005）

牌号	供应状态	厚度/mm	纵向			长横向			短横向（高向）		
			抗拉强度 R_m/MPa	规定塑性延伸强度 $R_{p0.2}$/MPa	断后伸长率 A（%）	抗拉强度 R_m/MPa	规定塑性延伸强度 $R_{p0.2}$/MPa	断后伸长率 A（%）	抗拉强度 R_m/MPa	规定塑性延伸强度 $R_{p0.2}$/MPa	断后伸长率 A（%）
			≥								
2014	T6	≤50	450	385	7	450	385	2	—	—	—
		>50~80	440	385	7	440	380	2	425	380	1
		>80~100	435	380	7	435	380	2	420	370	1
		>100~130	425	370	6	425	370	1	415	365	—
		>130~150	420	365	6	420	365	1	405	365	—
		>150~180	415	360	5	415	360	1	400	360	—
		>180~200	405	350	5	405	350	1	395	350	—
	T652	≤50	450	385	7	450	385	2	—	—	—
		>50~80	440	385	7	440	380	2	425	360	1
		>80~100	435	380	7	435	380	2	420	350	1
		>100~130	425	370	6	425	370	1	415	345	—
		>130~150	420	365	6	420	365	1	405	345	—
		>150~180	415	360	5	415	360	1	400	340	—
		>180~200	405	350	5	405	350	1	395	330	—
2219	T6	≤100	400	275	5	380	255	3	365	240	1
	T852	≤100	425	345	5	425	340	3	415	315	2
5083	O	≤80	270	110	14	270	110	12	—	—	—
	H111	≤100	290	150	12	270	140	10	—	—	—
	H112	≤100	275	125	14	270	110	12	—	—	—
6061	T6、T652	≤100	260	240	9	260	240	7	255	230	4
		>100~200	255	235	7	255	235	5	240	220	3
7049	T73	>50~80	490	420	8	490	405	3	475	400	2
		>80~100	475	405	7	475	395	2	460	385	1
		>100~130	460	385	6	460	385	2	455	380	1
	T7352	>25~80	490	405	8	490	395	3	475	385	2
		>80~100	475	395	7	475	370	2	460	365	1
		>100~130	460	370	6	460	365	2	455	350	1
7050	T7452	≤50	495	435	8	490	420	4	—	—	—
		>50~80	495	425	8	485	415	4	460	380	3
		>80~100	490	420	8	485	405	4	460	380	3
		>100~130	485	415	8	475	400	3	455	370	2

（续）

牌号	供应状态	厚度/mm	纵向			长横向			短横向（高向）		
			抗拉强度 R_m/MPa	规定塑性延伸强度 $R_{p0.2}$/MPa	断后伸长率 A（%）	抗拉强度 R_m/MPa	规定塑性延伸强度 $R_{p0.2}$/MPa	断后伸长率 A（%）	抗拉强度 R_m/MPa	规定塑性延伸强度 $R_{p0.2}$/MPa	断后伸长率 A（%）
			≥								
7050	T7452	>130~150	475	405	8	470	385	4	455	365	2
		>150~180	470	400	8	460	370	3	450	350	2
		>180~200	460	395	8	455	360	3	440	345	2
7075	T6	≤50	510	435	8	505	420	3	—	—	—
		>50~80	505	420	8	490	405	3	475	400	2
		>80~100	490	415	—	485	400	2	470	395	1
		>100~130	475	400	6	470	385	2	455	385	1
		>130~150	470	385	5	455	380	2	450	380	1
	T652	≤50	510	435	8	505	420	3	—	—	—
		>50~80	505	420	8	490	405	3	475	395	1
		>80~100	490	415	7	485	400	2	470	385	—
		>100~130	475	400	6	470	385	2	455	380	—
		>130~150	470	385	5	455	380	2	450	370	—
7075	T73	≤80	455	385	6	440	370	3	420	360	2
		>80~100	440	380	6	435	365	2	415	350	1
		>100~130	425	365	6	420	350	2	400	345	1
		>130~150	420	350	5	405	345	2	395	340	1
	T7352	≤80	455	370	6	440	360	3	420	345	2
		>80~100	440	365	6	435	345	2	415	330	1
		>100~130	425	350	6	420	330	2	400	315	1
		>130~150	420	340	5	405	315	2	395	305	1
7175	T74	≤80	505	435	8	490	415	4	475	415	3
		>80~100	490	420	8	485	400	4	470	395	3
		>100~130	470	395	7	460	385	4	455	380	3
		>130~150	450	370	7	440	360	4	435	360	3
	T7452	≤80	490	420	8	475	400	4	460	370	3
		>80~100	470	395	8	460	380	4	450	350	3
		>100~130	450	370	7	440	360	4	435	340	3
		>130~150	435	350	7	420	340	4	415	315	1

15.7 铝及铝合金铸造产品的力学性能

15.7.1 耐热高强韧铸件用铝合金锭的力学性能

耐热高强韧铸件用铝合金锭的力学性能见表 15-32。

表 15-32 耐热高强韧铸件用铝合金锭的力学性能（GB/T 29434—2012）

试样状态	室温拉伸性能		高温（350℃）拉伸性能		硬度 HBW	冲击吸收能量 KU_2/J
	抗拉强度 R_m/MPa	断后伸长率 A（%）	抗拉强度 R_m/MPa	断后伸长率 A（%）		
	≥					
T5	450	8	130	6	125	6.5
T6	490	2.5	130	6	140	3.0

15.7.2 铸造铝合金的力学性能

铸造铝合金的力学性能见表 15-33。

表 15-33　铸造铝合金的力学性能（GB/T 1173—2013）

种类	牌号	代号	铸造方法	状态	抗拉强度 R_m/MPa	断后伸长率 A(%)	硬度 HBW
					≥		
Al-Si 合金	ZAlSi7Mg	ZL101	S、J、R、K	F	155	2	50
			S、J、R、K	T2	135	2	45
			JB	T4	185	4	50
			S、R、K	T4	175	4	50
			J、JB	T5	205	2	60
			S、R、K	T5	195	2	60
			SB、RB、KB	T5	195	2	60
			SB、RB、KB	T6	225	1	70
			SB、RB、KB	T7	195	2	60
			SB、RB、KB	T8	155	3	55
	ZAlSi7MgA	ZL101A	S、R、K	T4	195	5	60
			J、JB	T4	225	5	60
			S、R、K	T5	235	4	70
			SB、RB、KB	T5	235	4	70
			J、JB	T5	265	4	70
			SB、RB、KB	T6	275	2	80
			J、JB	T6	295	3	80
	ZAlSi12	ZL102	SB、JB、RB、KB	F	145	4	50
			J	F	155	2	50
			SB、JB、RB、KB	T2	135	4	50
			J	T2	145	3	50
	ZAlSi9Mg	ZL104	S、R、J、K	F	150	2	50
			J	T1	200	1.5	65
			SB、RB、KB	T6	230	2	70
			J、JB	T6	240	2	70
	ZAlSi5Cu1Mg	ZL105	S、J、R、K	T1	155	0.5	65
			S、R、K	T5	215	1	70
			J	T5	235	0.5	70
			S、R、K	T6	225	0.5	70
			S、J、R、K	T7	175	1	65
	ZAlSi5Cu1MgA	ZL105A	SB、R、K	T5	275	1	80
			J、JB	T5	295	2	80

（续）

种类	牌号	代号	铸造方法	状态	抗拉强度 R_m/MPa	断后伸长率 A(%)	硬度 HBW
					≥		
Al-Si 合金	ZAlSi8Cu1Mg	ZL106	SB	F	175	1	70
			JB	T1	195	1.5	70
			SB	T5	235	2	60
			JB	T5	255	2	70
			SB	T6	245	1	80
			JB	T6	265	2	70
			SB	T7	225	2	60
			JB	T7	245	2	60
	ZAlSi7Cu4	ZL107	SB	F	165	2	65
			SB	T6	245	2	90
			J	F	195	2	70
			J	T6	275	2.5	100
	ZAlSi12Cu2Mg1	ZL108	J	T1	195	—	85
			J	T6	255	—	90
	ZAlSi12Cu1Mg1Ni1	ZL109	J	T1	195	0.5	90
			J	T6	245	—	100
	ZAlSi5Cu6Mg	ZL110	S	F	125	—	80
			J	F	155	—	80
			S	T1	145	—	80
			J	T1	165	—	90
	ZAlSi9Cu2Mg	ZL111	J	F	205	1.5	80
			SB	T6	255	1.5	90
			J、JB	T6	315	2	100
	ZAlSi7Mg1A	ZL114A	SB	T5	290	2	85
			J、JB	T5	310	3	95
	ZAlSi5Zn1Mg	ZL115	S	T4	225	4	70
			J	T4	275	6	80
			S	T5	275	3.5	90
			J	T5	315	5	100
	ZAlSi8MgBe	ZL116	S	T4	255	4	70
			J	T4	275	6	80
			S	T5	295	2	85
			J	T5	335	4	90
	ZAlSi7Cu2Mg	ZL118	SB、RB	T6	290	1	90
			JB	T6	305	2.5	105
Al-Cu 合金	ZAlCu5Mg	ZL201	S、J、R、K	T4	295	8	70
			S、J、R、K	T5	335	4	90
			S	T7	315	2	80
	ZAlCu5MgA	ZL201A	S、J、R、K	T5	390	8	100
	ZAlCu10	ZL202	S、J	F	104	—	50
			S、J	T6	163	—	100
	ZAlCu4	ZL203	S、R、K	T4	195	6	60
			J	T4	205	6	60
			S、R、K	T5	215	3	70
			J	T5	225	3	70

（续）

种类	牌号	代号	铸造方法	状态	抗拉强度 R_m/MPa	断后伸长率 A（%）	硬度 HBW
					≥		
Al-Cu合金	ZAlCu5MnCdA	ZL204A	S	T5	440	4	100
	ZAlCu5MnCdVA	ZL205A	S	T5	440	7	100
			S	T6	470	3	120
			S	T7	460	2	110
	ZAlR5Cu3Si2	ZL207	S	T1	165	—	75
			J	T1	175	—	75
Al-Mg合金	ZAlMg10	ZL301	S、J、R	T4	280	9	60
	ZAlMg5Si	ZL303	S、J、R、K	F	143	1	55
	ZAlMg8Zn1	ZL305	S	T4	290	8	90
Al-Zn合金	ZAlZn11Si7	ZL401	S、R、K	T1	195	2	80
			J	T1	245	1.5	90
	ZAlZn6Mg	ZL402	J	T1	235	4	70
			S	T1	220	4	65

15.7.3 铝合金压铸件的力学性能

铝合金压铸件的力学性能见表 15-34。

表 15-34 铝合金压铸件的力学性能（GB/T 15114—2009）

牌号	代号	抗拉强度 R_m/MPa	断后伸长率 A_{50mm}（%）	硬度 HBW
			≥	
YZAlSi10Mg	YL101	200	2.0	70
YZAlSi12	YL102	220	2.0	60
YZAlSi10	YL104	220	2.0	70
YZAlSi9Cu4	YL112	320	3.5	85
YZAlSi11Cu3	YL113	230	1.0	80
YZAlSi17Cu5Mg	YL117	220	<1.0	—
YZAlMg5Si1	YL302	220	2.0	70

15.8 铝及铝合金导体的力学性能

铝及铝合金导体的力学性能见表 15-35。

表 15-35 铝及铝合金导体的力学性能（YS/T 454—2003）

牌号	状态	板厚或壁厚/mm	抗拉强度 R_m/MPa	规定塑性延伸强度 $R_{p0.2}$/MPa	断后伸长率 A（%）
					≥
1060		10.00~25.00	60	25	15
		>25.00~40.00	55	20	20
1R35	H112	10.00~25.00	65	25	15
		>25.00~40.00	60	20	20
1350		10.00~25.00	70	25	—
		>25.00~40.00	60	20	—
3003	H16	3.00~6.00	165	145	4
		>6.00~15.00			—
6101	T6、T6511	3.00~15.00	200	170	8
	T10		175	155	—
6063	T6、T6511	3.00~15.00	205	175	8
	T10		180	160	—
6R05	T6、T6511	3.00~15.00	210	180	8
	T10		185	165	—

镁及镁合金的力学性能

16.1 镁及镁合金加工产品的力学性能

16.1.1 镁及镁合金板材与带材的力学性能

镁及镁合金板材的室温力学性能见表 16-1。

表 16-1 镁及镁合金板材的室温力学性能 （GB/T 5154—2010）

牌号	状态	板材厚度 /mm	抗拉强度 R_m/MPa	规定塑性延伸强度 $R_{p0.2}$/MPa	规定塑性压缩强度 $R_{pc0.2}$/MPa	断后伸长率（%）A	断后伸长率（%）A_{50mm}
					≥		
M2M	O	0.80~3.00	190	110	—	—	6.0
		>3.00~5.00	180	100	—	—	5.0
		>5.00~10.00	170	90	—	—	5.0
	H112	8.00~12.50	200	90	—	—	4.0
		>12.50~20.00	190	100	—	4.0	—
		>20.00~70.00	180	110	—	4.0	—
AZ40M	O	0.80~3.00	240	130	—	—	12.0
		>3.00~10.00	230	120	—	—	12.0
	H112	8.00~12.50	230	140	—	—	10.0
		>12.50~20.00	230	140	—	8.0	—
		>20.00~70.00	230	140	70	8.0	—
AZ41M	H18	0.40~0.80	290	—	—	—	2.0
	O	0.50~3.00	250	150	—	—	12.0
		>3.00~5.00	240	140	—	—	12.0
		>5.00~10.00	240	140	—	—	10.0
	H112	8.00~12.50	240	140	—	—	10.0
		>12.50~20.00	250	150	—	6.0	—
		>20.00~70.00	250	140	80	10.0	—
AZ31B	O	0.40~3.00	225	150	—		12.0
		>3.00~12.50	225	140	—		12.0
		>12.50~70.00	225	140	—	10.0	
	H24	0.40~8.00	270	200	—		6.0
		>8.00~12.50	255	165	—		8.0
		>12.50~20.00	250	150	—	8.0	
		>20.00~70.00	235	125	—	8.0	
	H26	6.30~10.00	270	186	—		6.0
		>10.00~12.50	265	180	—		6.0
		>12.50~25.00	255	160	—	6.0	
		>25.00~50.00	240	150	—	5.0	

（续）

牌号	状态	板材厚度 /mm	抗拉强度 R_m/MPa	规定塑性延伸 强度 $R_{p0.2}$/MPa	规定塑性压缩强度 $R_{pc0.2}$/MPa	断后伸长率（%）	
						A	A_{50mm}
			≥				
AZ31B	H112	8.00~12.50	230	140			10.0
		>12.50~20.00	230	140		8.0	
		>20.00~32.00	230	140	70	8.0	
		>32.00~70.00	230	130	60	8.0	
ME20M	H18	0.40~0.80	260	—	—	—	2.0
	H24	>0.80~3.00	250	160	—	—	8.0
		>3.00~5.00	240	140	—	—	7.0
		>5.00~10.00	240	140	—	—	6.0
	O	0.40~3.00	230	120	—	—	12.0
		>3.00~10.00	220	110	—	—	10.0
	H112	8.00~12.50	220	110	—	—	10.0
		>12.50~20.00	210	110	—	10.0	—
		>20.00~32.00	210	110	70	7.0	—
		>32.00~70.00	200	90	50	6.0	—

16.1.2 镁合金热挤压无缝管的力学性能

镁合金热挤压无缝管的力学性能见表 16-2。

表 16-2 镁合金热挤压无缝管的力学性能（YS/T 697—2009）

牌号	状态	抗拉强度 R_m/MPa	规定塑性延伸强度 $R_{p0.2}$/MPa	断后伸长率 A（%）
		≥		
AZ31B	F	220	140	10
AZ61A	F	260	150	10
ZK61S	F	275	195	4
	T5	315	260	4

16.1.3 镁合金热挤压管材的力学性能

镁合金热挤压管材的力学性能见表 16-3。

表 16-3 镁合金热挤压管材的力学性能（YS/T 495—2005）

牌号	状态	管材壁厚/mm	抗拉强度 R_m /MPa	规定塑性延伸强度 $R_{p0.2}$/MPa	断后伸长率 A（%）
			≥		
AZ31B	H112	0.70~6.30	220	140	8
		>6.30~20.00	220	140	4
AZ61A	H112	0.70~20.00	250	110	7
M2S	H112	0.70~20.00	195	—	2
ZK61S	H112	0.70~20.00	275	195	5
	T5	0.70~6.30	315	260	4
		2.50~30.00	305	230	4

注：壁厚<1.60mm 的管材不要求规定非塑性延伸强度。

16.1.4 镁合金热挤压棒材的力学性能

镁合金挤压棒材的室温纵向力学性能见表16-4。

表 16-4 镁合金挤压棒材的室温纵向力学性能 （GB/T 5155—2013）

牌号	状态	棒材直径（方棒、六角棒内切圆直径）/mm	抗拉强度 R_m /MPa	规定塑性延伸强度 $R_{p0.2}$ /MPa	断后伸长率 A （%）
			≥		
AZ31B	H112	≤130	220	140	7.0
AZ40M	H112	≤100	245	—	6.0
		>100~130	245	—	5.0
AZ41M	H112	≤130	250	—	5.0
AZ61A	H112	≤130	260	160	6.0
AZ61M	H112	≤130	265	—	8.0
AZ80A	H112	≤60	295	195	6.0
		>60~130	290	180	4.0
	T5	≤60	325	205	4.0
		>60~130	310	205	2.0
ME20M	H112	≤50	215	—	4.0
		>50~100	205	—	3.0
		>100~130	195	—	2.0
ZK61M	T5	≤100	315	245	6.0
		>100~130	305	235	6.0
ZK61S	T5	≤130	310	230	5.0

注：直径大于130mm的棒材力学性能附实测结果。

16.1.5 镁合金热挤制矩形棒材的力学性能

镁合金热挤制矩形棒材的力学性能见表16-5。

表 16-5 镁合金热挤制矩形棒材的力学性能 （YS/T 588—2006）

牌号	供应状态	公称厚度/mm	截面面积/mm²	抗拉强度 R_m/MPa	规定塑性延伸强度 $R_{p0.2}$ /MPa	断后伸长率 A(%)
				≥		
AZ31B	H112	≤6.30	所有	240	145	7
AZ61A	H112	≤6.30	所有	260	145	8
AZ80A	H112	≤6.30	所有	295	195	9
	T5	≤6.30	所有	325	205	4
M1A	H112	≤6.30	所有	205	—	2
ZK40A	T5	所有	≤3200	275	255	4
ZK60A	H112	所有	≤3200	295	215	5
	T5	所有	≤3200	310	250	4

16.1.6 镁合金热挤压型材的力学性能

镁合金热挤压型材的力学性能见表16-6。

表 16-6 镁合金热挤压型材的力学性能 （GB/T 5156—2013）

牌号	供货状态	产品类型	抗拉强度 R_m/MPa	规定塑性延伸强度 $R_{p0.2}$/MPa	断后伸长率 A(%)	硬度 HBW
			≥			
AZ31B	H112	实心型材	220	140	7.0	—
		空心型材	220	110	5.0	—
AZ40M	H112	型材	240	—	5.0	—
AZ41M	H112	型材	250	—	5.0	45
AZ61A	H112	实心型材	260	160	6.0	—
		空心型材	250	110	7.0	—
AZ61M	H112	型材	265	—	8.0	50
AZ80A	H112	型材	295	195	4.0	—
	T5	型材	310	215	4.0	—
ME20M	H112	型材	225	—	10.0	40
ZK61M	T5	型材	310	245	7.0	60
ZK61S	T5	型材	310	230	5.0	—

注：1. AZ31B、AZ61A、AZ80A 的力学性能仅供参考。

2. 截面面积大于 140cm² 的型材力学性能附实测结果。

16.1.7 镁合金锻件的力学性能

镁合金锻件的力学性能见表 16-7。

表 16-7 镁合金锻件的力学性能 （GB/T 26637—2011）

牌号	状态	抗拉强度 R_m ≥		规定塑性延伸强度 $R_{p0.2}$ ≥		断后伸长率 A(%) ≥
		MPa	ksi	MPa	ksi	
AZ31B	F	234	34.0	131	19.0	6
AZ61A	F	262	38.0	152	22.0	6
AZ80A	F	290	42.0	179	26.0	5
AZ80A	T5	290	42.0	193	28.0	2
ZK60A 模锻件[①]	T5	290	42.0	179	26.0	7
ZK60A 模锻件[①]	T6	296	43.0	221	32.0	4

注：为保证与本表的一致性，每一抗拉强度值和屈服强度值都应修正至 0.7MPa（0.1ksi），每一伸长率值都应修正至最接近 0.5%，且应按照 ASTM E29 中的圆整方法进行修正。

① 只适用于厚度不大于 76mm（3in）的模锻件。自由锻件的抗拉强度要求可以降低，但需供需双方协商。

16.2 镁合金铸造产品的力学性能

16.2.1 铸造镁合金的力学性能

铸造镁合金的力学性能见表 16-8，砂型单铸镁合金的高温力学性能见表 16-9。

表 16-8 铸造镁合金的力学性能 （GB/T 1177—1991）

牌号	代号	热处理状态	抗拉强度 R_m/MPa	规定塑性延伸强度 $R_{p0.2}$/MPa	断后伸长率 A（%）
			≥		
ZMgZn5Zr	ZM1	T1	235	140	5
ZMgZn4RE1Zr	ZM2	T1	200	135	2
ZMgRE3ZnZr	ZM3	F	120	85	1.5
		T2	120	85	1.5

（续）

牌号	代号	热处理状态	抗拉强度 R_m/MPa	规定塑性延伸强度 $R_{p0.2}$/MPa	断后伸长率 A（%）
				≥	
ZMgRE3Zn2Zr	ZM4	T1	140	95	2
ZMgAl8Zn	ZM5	F	145	75	2
		T4	230	75	6
		T6	230	100	2

表 16-9　砂型单铸镁合金的高温力学性能（GB/T 1177—1991）

牌号	代号	热处理状态	抗拉强度/MPa　≥	
			200℃	250℃
ZMgZn4RE1Zr	ZM2	T1	110	—
ZMgRE3ZnZr	ZM3	F	—	110
ZMgRE3Zn2Zr	ZM4	T1	—	100
ZMgRE2ZnZr	ZM6	T6	—	145

16.2.2　镁合金铸件的力学性能

根据承受载荷的大小，镁合金铸件分为Ⅰ、Ⅱ、Ⅲ三类，也可根据铸件表面面积分为小型铸件、中型铸件、大型铸件和超大型铸件。镁合金铸件切取试样的力学性能见表 16-10。

表 16-10　镁合金铸件切取试样的力学性能

牌　号	代号	取样部位	铸造方法	取样部位厚度/mm	热处理状态	抗拉强度 R_m/MPa		规定塑性延伸强度 $R_{p0.2}$/MPa		断后伸长率 A（%）	
						平均值	最小值	平均值	最小值	平均值	最小值
ZMgZn5Zr	ZM1	无规定	S、J	无规定	T1	205	175	120	100	2.5	—
ZMgZn4RE1Zr	ZM2		S		T1	165	145	100	—	1.5	—
ZMgRE3ZnZr	ZM3		S、J		T2	105	90	—	—	1.5	1.0
ZMgRE3Zn2Zr	ZM4		S		T1	120	100	90	80	2.0	1.0
ZMgAl8Zn	ZM5	Ⅰ类铸件指定部位	S	≤20	T4	175	145	70	60	3.0	1.5
					T6	175	145	90	80	1.5	1.0
				>20	T4	160	125	70	60	2.0	1.0
					T6	160	125	90	80	1.0	—
			J	无规定	T4	180	145	70	60	3.5	2.0
					T6	180	145	90	80	2.0	1.0
		Ⅰ类铸件非指定部位；Ⅱ类铸件	S	≤20	T4	165	130	—	—	2.5	1.5
					T6	165	130	—	—	1.0	—
				>20	T4	150	120	—	—	1.5	—
					T6	150	120	—	—	1.0	—
			J		T4	170	135	—	—	2.5	1.5
					T6	170	135	—	—	1.0	—
					T6	180	150	120	100	2.0	1.0
ZMgRE2ZnZr	ZM6	无规定	S、J	无规定	T4	220	190	110	—	4.0	3.0
					T6	235	205	135	—	2.5	1.5
ZMgZn8AgZr	ZM7	Ⅰ类铸件指定部位	S		T4	205	180	—	—	3.0	2.0
					T6	230	190	—	—	2.0	—
		Ⅰ类铸件非指定部位；Ⅱ类铸件			T4	180	150	70	60	2.0	—
ZMgAl10Zn	ZM10	无规定	S、J		T6	180	150	110	90	0.5	—

注：1. 当铸件某一部分的两个主要散热面在砂芯中成形时，按砂型铸件的性能指标。
　　2. 平均值是指铸件上三根试样的平均值。最小值是指三根试样中允许有一根低于平均值但不低于最小值。

16.2.3 镁合金压铸件的力学性能

镁合金压铸件的力学性能见表 16-11。

表 16-11 镁合金压铸件的力学性能（GB/T 25747—2010）

序号	牌 号	代号	抗拉强度 R_m /MPa	规定塑性延伸强度 $R_{p0.2}$/MPa	断后伸长率 A_{50mm} （%）	硬度 HBW
1	YZMgAl2Si	YM102	230	120	12	55
2	YZMgAl2Si(B)	YM103	231	122	13	55
3	YZMgAl4Si(A)	YM104	210	140	6	55
4	YZMgAl4Si(B)	YM105	210	140	6	55
5	YZMgAl4Si(S)	YM106	210	140	6	55
6	YZMgAl2Mn	YM202	200	110	10	58
7	YZMgAl5Mn	YM203	220	130	8	62
8	YZMgAl6Mn(A)	YM204	220	130	8	62
9	YZMgAl6Mn	YM205	220	130	8	62
10	YZMgAl8Zn1	YM302	230	160	3	63
11	YZMgAl9Zn1(A)	YM303	230	160	3	63
12	YZMgAl9Zn1(B)	YM304	230	160	3	63
13	YZMgAl9Zn1(D)	YM305	230	160	3	63

注：表中未特殊说明的数值均为最小值。

铜及铜合金的力学性能

17.1 铜及铜合金板材、带材与箔材的力学性能

17.1.1 铜及铜合金板的力学性能

铜及铜合金板的力学性能见表17-1。

表 17-1 铜及铜合金板的力学性能 （GB/T 2040—2017）

牌号	状态	拉伸性能			硬度	
		厚度/mm	抗拉强度 R_m /MPa	断后伸长率 $A_{11.3}$ （%）	厚度 /mm	维氏硬度 HV
T2、T3 TP1、TP2 TU1、TU2	M20	4~14	≥195	≥30	—	—
	O60	0.3~10	≥205	≥30	≥0.3	≤70
	H01		215~295	≥25		60~95
	H02		245~345	≥8		80~110
	H04		295~395	—		90~120
	H06		≥350	—		≥110
TFe0.1	O60	0.3~5	255~345	≥30	≥0.3	≤100
	H01		275~375	≥15		90~120
	H02		295~430	≥4		100~130
	H04		335~470	≥4		110~150
TFe2.5	O60	0.3~5	≥310	≥20	≥0.3	≤120
	H02		365~450	≥5		115~140
	H04		415~500	≥2		125~150
	H06		460~515	—		135~155
TCd1	H04	0.5~10	≥390	—	—	—
TQCr0.5 TCr0.5-0.2-0.1	H04	—	—	—	0.5~15	≥100
H95	O60	0.3~10	≥215	≥30	—	—
	H04		≥320	≥3		—
H90	O60	0.3~10	≥245	≥35	—	—
	H02		330~440	≥5		—
	H04		≥390	≥3		—
H85	O60	0.3~10	≥260	≥35	≥0.3	≤85
	H02		305~380	≥15		80~115
	H04		≥350	≥3		≥105

（续）

牌号	状态	拉伸性能			硬度	
		厚度/mm	抗拉强度 R_m /MPa	断后伸长率 $A_{11.3}$ （%）	厚度 /mm	维氏硬度 HV
H80	O60	0.3~10	≥265	≥50	—	—
	H04		≥390	≥3		
H70、H68	M20	4~14	≥290	≥40	—	—
H70 H68 H66 H65	O60	0.3~10	≥290	≥40	≥0.3	≤90
	H01		325~410	≥35		85~115
	H02		355~440	≥25		100~130
	H04		410~540	≥10		120~160
	H06		520~620	≥3		150~190
	H08		≥570	—		≥180
H63 H62	M20	4~14	≥290	≥30	—	—
	O60	0.3~10	≥290	≥35	≥0.3	≤95
	H02		350~470	≥20		90~130
	H04		410~630	≥10		125~165
	H06		≥585	≥2.5		≥155
H59	M20	4~14	≥290	≥25	≥0.3	—
	O60	0.3~10	≥290	≥10		—
	H04		≥410	≥5		≥130
HPb59-1	M20	4~14	≥370	≥18	—	—
	O60	0.3~10	≥340	≥25		
	H02		390~490	≥12		
	H04		≥440	≥5		
HPb60-2	H04	—	—	—	0.5~2.5	165~190
					2.6~10	—
	H06	—	—	—	0.5~1.0	≥180
HMn58-2	O60	0.3~10	≥380	≥30	—	—
	H02		440~610	≥25		
	H04		≥585	≥3		
HSn62-1	M20	4~14	≥340	≥20	—	—
	O60	0.3~10	≥295	≥35		
	H02		350~400	≥15		
	H04		≥390	≥5		
HSn88-1	H02	0.4~2	370~450	≥14	0.4~2	110~150
HMn55-3-1	M20	4~15	≥490	≥15	—	—
HMn57-3-1	M20	4~8	≥440	≥10	—	—
HAl60-1-1	M20	4~15	≥440	≥15	—	—
HAl67-2.5	M20	4~15	≥390	≥15	—	—
HAl66-6-3-2	M20	4~8	≥685	≥3	—	—
HNi65-5	M20	4~15	≥290	≥35	—	—

（续）

牌号	状态	拉伸性能			硬度	
		厚度/mm	抗拉强度 R_m /MPa	断后伸长率 $A_{11.3}$ （%）	厚度 /mm	维氏硬度 HV
QSn6.5-0.1	M20	9~14	≥290	≥38	—	—
	O60	0.2~12	≥315	≥40	≥0.2	≤120
	H01	0.2~12	390~510	≥35		110~155
	H02	0.2~12	490~610	≥8		150~190
	H04	0.2~3	590~690	≥5		180~230
		>3~12	540~690	≥5		180~230
	H06	0.2~5	635~720	≥1		200~240
	H08	0.2~5	≥690	—		≥210
QSn6.5-0.4 QSn7-0.2	O60	0.2~12	≥295	≥40	—	—
	H04		540~690	≥8		
	H06		≥665	≥2		
QSn4-3 QSn4-0.3	O60	0.2~12	≥290	≥40	—	—
	H04		540~690	≥3		
	H06		≥635	≥2		
QSn8-0.3	O60	0.2~5	≥345	≥40	≥0.2	≤120
	H01		390~510	≥35		100~160
	H02		490~610	≥20		150~205
	H04		590~705	≥5		180~235
	H06		≥685	—		≥210
QSn4-4-2.5 QSn4-4-4	O60	0.8~5	≥290	≥35	≥0.8	—
	H01		390~490	≥10		
	H02		420~510	≥9		
	H04		≥635	≥5		
QMn1.5	O60	0.5~5	≥205	≥30	—	—
QMn5	O60	0.5~5	≥290	≥30	—	—
	H04		≥440	≥3		
QAl5	O60	0.4~12	≥275	≥33	—	—
	H04		≥585	≥2.5		
QAl7	H02	0.4~12	585~740	≥10	—	—
	H04		≥635	≥5		
QAl9-2	O60	0.4~12	≥440	≥18	—	—
	H04		≥585	≥5		
QAl9-4	H04	0.4~12	≥585	—	—	—
QSi3-1	O60	0.5~10	≥340	≥40	—	—
	H04		585~735	≥3		
	H06		≥685	≥1		
B5	M20	7~14	≥215	≥20	—	—
	O60	0.5~10	≥215	≥30		
	H04		≥370	≥10		
B19	M20	7~14	≥295	≥20	—	—
	O60	0.5~10	≥290	≥25		
	H04		≥390	≥3		
BFe10-1-1	M20	7~14	≥275	≥20	—	—
	O60	0.5~10	≥275	≥25		
	H04		≥370	≥3		

（续）

牌号	状态	拉伸性能			硬度	
		厚度/mm	抗拉强度 R_m /MPa	断后伸长率 $A_{11.3}$ （%）	厚度 /mm	维氏硬度 HV
BFe30-1-1	M20	7 ~ 14	≥345	≥15	—	—
	O60	0.5 ~ 10	≥370	≥20		
	H04		≥530	≥3		
BMn3-12	O60	0.5 ~ 10	≥350	≥25	—	—
BMn40-1.5	O60	0.5 ~ 10	390 ~ 590	—		
	H04		≥590	—		
BAl6-1.5	H04	0.5 ~ 12	≥535	≥3	—	—
BAl13-3	TH04	0.5 ~ 12	≥635	≥5	—	—
BZn15-20	O60	0.5 ~ 10	≥340	≥35		
	H02		440 ~ 570	≥5		
	H04		540 ~ 690	≥1.5		
	H06		≥640	≥1		
BZn18-17	O60	0.5 ~ 5	≥375	≥20	≥0.5	—
	H02		440 ~ 570	≥5		120 ~ 180
	H04		≥540	≥3		≥150
BZn18-26	H02	0.25 ~ 2.5	540 ~ 650	≥13	0.5 ~ 2.5	145 ~ 195
	H04		645 ~ 750	≥5		190 ~ 240

注：1. 超出表中规定厚度范围的板材，其性能指标由供需双方协商。

2. 表中的"—"，表中没有统计数据，如果需方要求该性能，其性能指标由供需双方协商。

3. 维氏硬度试验力由供需双方协商。

17.1.2 铜及铜合金带的力学性能

铜及铜合金带的力学性能见表 17-2。

表 17-2 铜及铜合金带的力学性能 （GB/T 2059—2017）

牌号	状态	拉伸性能			维氏硬度 HV
		厚度 /mm	抗拉强度 R_m /MPa	断后伸长率 $A_{11.3}$ （%）	
TU1、TU2 T2、T3 TP1、TP2	O60	>0.15	≥195	≥30	≤70
	H01		215 ~ 295	≥25	60 ~ 95
	H02		245 ~ 345	≥8	80 ~ 110
	H04		295 ~ 395	≥3	90 ~ 120
	H06		≥350	—	≥110
TCd1	H04	≥0.2	≥390	—	—
H95	O60	≥0.2	≥215	≥30	—
	H04		≥320	≥3	
H90	O60	≥0.2	≥245	≥35	
	H02		330 ~ 440	≥5	—
	H04		≥390	≥3	
H85	O60	≥0.2	≥260	≥40	≤85
	H02		305 ~ 380	≥15	80 ~ 115
	H04		≥350	—	≥105
H80	O60	≥0.2	≥265	≥50	—
	H04		≥390	≥3	

（续）

牌号	状态	拉伸性能			维氏硬度 HV
		厚度 /mm	抗拉强度 R_m /MPa	断后伸长率 $A_{11.3}$ （%）	
H70、H68 H66、H65	O60	≥0.2	≥290	≥40	≤90
	H01		325~410	≥35	85~115
	H02		355~460	≥25	100~130
	H04		410~540	≥13	120~160
	H06		520~620	≥4	150~190
	H08		≥570	—	≥180
H63、H62	O60	≥0.2	≥290	≥35	≤95
	H02		350~470	≥20	90~130
	H04		410~630	≥10	125~165
	H06		≥585	≥2.5	≥155
H59	O60	≥0.2	≥290	≥10	—
	H04		≥410	≥5	≥130
HPb59-1	O60	≥0.2	≥340	≥25	—
	H02		390~490	≥12	
HPb59-1	H04	≥0.2	≥440	≥5	—
	H06	≥0.32	≥590	≥3	
HMn58-2	O60	≥0.2	≥380	≥30	—
	H02		440~610	≥25	
	H04		≥585	≥3	
HSn62-1	H04	≥0.2	390	≥5	—
QAl5	O60	≥0.2	≥275	≥33	—
	H04		≥585	≥2.5	
QAl7	H02	≥0.2	585~740	≥10	—
	H04		≥635	≥5	
QAl9-2	O60	≥0.2	≥440	≥18	—
	H04		≥585	≥5	
	H06		≥880	—	
QAl9-4	H04	≥0.2	≥635	—	—
QSn4-3 QSn4-0.3	O60	>0.15	≥290	≥40	—
	H04		540~690	≥3	
	H06		≥635	≥2	
QSn6.5-0.1	O60	>0.15	≥315	≥40	≤120
	H01		390~510	≥35	110~155
	H02		490~610	≥10	150~190
	H04		590~690	≥8	180~230
	H06		635~720	≥5	200~240
	H08		≥690	—	≥210
QSn7-0.2 QSn6.5-0.4	O60	>0.15	≥295	≥40	—
	H04		540~690	≥8	
	H06		≥665	≥2	
QSn8-0.3	O60	>0.15	≥345	≥45	≤120
	H01		390~510	≥40	100~160
	H02		490~610	≥30	150~205
	H04		590~705	≥12	180~235
	H06		685~785	≥5	210~250
	H08		≥735	—	≥230

（续）

牌号	状态	拉伸性能			维氏硬度 HV
		厚度 /mm	抗拉强度 R_m /MPa	断后伸长率 $A_{11.3}$ (%)	
QSn4-4-2.5 QSn4-4-4	O60	≥0.8	≥290	≥35	—
	H01		390~490	≥10	—
	H02		420~510	≥9	—
	H04		≥490	≥5	—
QMn1.5	O60	≥0.2	≥205	≥30	
QMn5	O60	≥0.2	≥290	≥30	
	H04		≥440	≥3	
QSi3-1	O60	>0.15	≥370	≥45	
	H04		635~785	≥5	
	H06		735	≥2	
B5	O60	≥0.2	≥215	≥32	
	H04		≥370	≥10	
B19	O60	≥0.2	≥290	≥25	
	H04		≥390	≥3	
BFe10-1-1	O60	≥0.2	≥275	≥25	—
	H04		≥370	≥3	
BFe30-1-1	O60	≥0.2	≥370	≥23	
	H04		≥540	≥3	
BMn3-12	O60	≥0.2	≥350	≥25	
BMn40-1.5	O60	≥0.2	390~590	—	
	H04		≥635	—	
BAl6-1.5	H04	≥0.2	≥600	≥5	
BAl13-3	TH04	≥0.2	实测值		
BZn15-20	O60	>0.15	≥340	≥35	—
	H02		440~570	≥5	
	H04		540~690	≥1.5	
	H06		≥640	≥1	
BZn18-18	O60	≥0.2	≥385	≥35	≤105
	H01		400~500	≥20	100~145
	H02		460~580	≥11	130~180
	H04		≥545	≥3	≥165
BZn18-17	O60	≥0.2	≥375	≥20	
	H02		440~570	≥5	120~180
	H04		≥540	≥3	≥150
BZn18-26	H01	≥0.2	≥475	≥25	≤165
	H02		540~650	≥11	140~195
	H04		≥645	≥4	≥190

注：1. 超出表中规定厚度范围的带材，其性能指标由供需双方协商。

2. 表中的"—"，表示没有统计数据，如果需方要求该性能，其性能指标由供需双方协商。

3. 维氏硬度的试验力由供需双方协商。

17.1.3　铜及铜合金箔的力学性能

铜及铜合金箔的力学性能见表17-3。

表 17-3　铜及铜合金箔的力学性能（GB/T 5187—2008）

牌　号	状态	抗拉强度 R_m/MPa	断后伸长率 A(%)	硬度　HV
T1、T2、T3 TU1、TU2	M	≥205	≥30	≤70
	Y_4	215~275	≥25	60~90
	Y_2	245~345	≥8	80~110
	Y	≥295	—	≥90
H68、H65、H62	M	≥290	≥40	≤90
	Y_4	325~410	≥35	85~115
	Y_2	340~460	≥25	100~130
	Y	400~530	≥13	120~160
	T	450~600		150~190
	TY	≥500	—	≥180
QSn6.5-0.1 QSn7-0.2	Y	540~690	≥6	170~200
	T	≥650	—	≥190
QSn8-0.3	T	700~780	≥11	210~240
	TY	735~835	—	230~270
QSi3-1	Y	≥635	≥5	—
BZn15-20	M	≥340	≥35	
	Y_2	440~570	≥5	—
	Y	≥540	≥1.5	
BZn18-18 BZn18-26	Y_2	≥525	≥8	180~210
	Y	610~720	≥4	190~220
	T	≥700	—	210~240
BMn40-1.5	M	390~590	—	—
	Y	≥635		

17.2　铜及铜合金管材的力学性能

17.2.1　铜及铜合金毛细管的力学性能

普通级铜及铜合金毛细管的力学性能见表 17-4。

表 17-4　普通级铜及铜合金毛细管的力学性能（GB/T 1531—2009）

牌　号	状　态	抗拉强度 R_m/MPa	断后伸长率 A(%)	硬度　HV
TP2、T2、TP1	M	≥205	≥40	—
	Y_2	245~370	—	—
	Y	≥345	—	—
H96	M	≥205	≥42	45~70
	Y	≥320	—	≥90
H90	M	≥220	≥42	40~70
	Y	≥360	—	≥95
H85	M	≥240	≥43	40~70
	Y_2	≥310	≥18	75~105
	Y	≥370	—	≥100
H80	M	≥240	43	40~70
	Y_2	≥320	25	80~115
	Y	≥390	—	≥110

（续）

牌　号	状　态	抗拉强度 R_m/MPa	断后伸长率 A(%)	硬度 HV
H70、H68	M	≥280	43	50～80
	Y_2	≥370	18	90～120
	Y	≥420	—	≥110
H65	M	≥290	43	50～80
	Y_2	≥370	18	85～115
	Y	≥430	—	≥105
H63、H62	M	≥300	43	55～85
	Y_2	≥370	18	70～105
	Y	≥440	—	≥110
QSn4-0.3 QSn6.5-0.1	M	≥325	30	≥90
	Y	≥490	—	≥120

17.2.2　铜及铜合金拉制管的力学性能

纯铜和高铜管的力学性能见表 17-5，黄铜和白铜管的力学性能见表 17-6。

表 17-5　纯铜和高铜管的力学性能（GB/T 1527—2017）

牌号	状态	壁厚 mm	拉伸性能		硬度	
			抗拉强度 R_m /MPa≥	断后伸长率 A (%)≥	维氏硬度 HV[2]	布氏硬度 HBW[3]
T2、T3、TU1、TU2、TP1、TP2	O60	所有	200	41	40～65	35～60
	O50	所有	220	40	45～75	40～70
	H02[1]	≤15	250	20	70～100	65～95
	H04[1]	≤6	290	—	95～130	90～125
		>6～10	265	—	75～110	70～105
		>10～15	250	—	70～100	65～95
	H06[1]	≤3mm	360	—	≥110	≥105
TCr1	TH04	5～12	375	11	—	—

① H02、H04 状态壁厚>15mm 的管材与 H06 状态壁厚>3mm 的管材，其性能由供需双方协商确定。
② 维氏硬度的试验力由供需双方协商确定，软化退火（O60）状态的维氏硬度试验适用于壁厚≥1mm 的管材。
③ 布氏硬度试验仅适用于壁厚≥5mm 的管材，壁厚<5mm 的管材布氏硬度试验供需双方协商确定。

表 17-6　黄铜和白铜管的力学性能（GB/T 1527—2017）

牌号	状态	拉伸性能		硬度	
		抗拉强度 R_m /MPa≥	断后伸长率 A (%)≥	维氏硬度[1] HV	布氏硬度[2] HBW
H95	O60	205	42	45～70	40～65
	O50	220	35	50～75	45～70
	O82	260	18	75～105	70～100
	HR04	320	—	≥95	≥90
H90	O60	220	42	45～75	40～70
	O50	240	35	50～80	45～75
	O82	300	18	75～105	70～100
	HR04	360	—	≥100	≥95
H85、HAs85-0.05	O60	240	43	45～75	40～70
	O50	260	35	50～80	45～75
	O82	310	18	80～110	75～105
	HR04	370	—	≥105	≥100

（续）

牌号	状态	拉伸性能		硬度	
		抗拉强度 R_m /MPa≥	断后伸长率 A （%）≥	维氏硬度[①] HV	布氏硬度[②] HBW
H80	O60	240	43	45～75	40～70
	O50	260	40	55～85	50～80
	O82	320	25	85～120	80～115
	HR04	390	—	≥115	≥110
H70、H68、HAs70-0.05、HAs68-0.04	O60	280	43	55～85	50～80
	O50	350	25	85～120	80～115
	O82	370	18	95～135	90～130
	HR04	420	—	≥115	≥110
H65、HPb66-0.5、HAs65-0.04	O60	290	43	55～85	50～80
	O50	360	25	80～115	75～110
	O82	370	18	90～135	85～130
	HR04	430	—	≥110	≥105
H63、H62	O60	300	43	60～90	55～85
	O50	360	25	75～110	70～105
	O82	370	18	85～135	80～130
	HR04	440	—	≥115	≥110
H59、HPb59-1	O60	340	35	75～105	70～100
	O50	370	20	85～115	80～110
	O82	410	15	100～130	95～125
	HR04	470	—	≥125	≥120
HSn70-1	O60	295	40	60～90	55～85
	O50	320	35	70～100	65～95
	O82	370	20	85～135	80～130
	HR04	455	—	≥110	≥105
HSn62-1	O60	295	35	60～90	55～85
	O50	335	30	75～105	70～100
	O82	370	20	85～110	80～105
	HR04	455	—	≥110	≥105
HPb63-0.1	O82	353	20	—	110～165
BZn15-20	O60	295	35	—	—
	O82	390	20	—	—
	HR04	490	8	—	—
BFe10-1-1	O60	290	30	75～110	70～105
	O82	310	12	≥105	≥100
	H80	480	8	≥150	≥145
BFe30-1-1	O60	370	35	85～120	80～115
	O82	480	12	≥135	≥130

① 维氏硬度的试验力由供需双方协商确定，软化退火（O60）状态的维氏硬度试验仅适用于壁厚≥0.5mm的管材。

② 布氏硬度试验仅适用于壁厚≥3mm的管材，壁厚<3mm的管材布氏硬度试验供需双方协商确定。

17.2.3　铜及铜合金散热管的力学性能

铜及铜合金散热管的力学性能见表17-7。

表 17-7　铜及铜合金散热管的力学性能 （GB/T 8891—2013）

牌号	状态	抗拉强度 R_m/MPa ≥	断后伸长率 A(%) ≥
T2	拉拔硬（H80）	295	—
TU0	轻拉（H55）	250	20
	拉拔硬（H80）	295	—
H95	拉拔硬（H80）	320	—
H90	轻拉（H55）	300	18
H85	轻拉（H55）	310	18
H80	轻拉（H55）	320	25
H68、HAs68-0.01、H65、H63	轻软退火（O50）	350	25
HSn70-1	软化退火（O60）	295	40

17.2.4　铜合金连铸管的力学性能

铜合金连铸管的力学性能见表17-8。

表 17-8　铜合金连铸管的力学性能 （YS/T 962—2014）

牌　号	状态	抗拉强度 R_m/MPa≥	规定塑性延伸强度/MPa≥		断后伸长率(%)≥		硬度 HBW≥
			$R_{p0.5}$	$R_{p0.2}$	A_{50mm}	A	
ZCuAl11Fe4Ni1（C95400）	M07	585	220	—	12	—	170
	TQ30	655	310	—	10	—	190
ZCuAl10Fe3（C95220）	M07	540	—	200	—	15	110
	TQ30	860	—	655	—	2	262
ZCuAl11Fe4Ni4Mn3（C95500）	M07	655	290	—	10	—	190
	TQ30	755	425	—	8	—	210
ZCuAl9Fe4Ni4Mn1（C95800）	M07	585	240	—	18	—	150
ZCuAl11Ni5Fe3（C63000）	M07	540	—	200	—	10	120
ZCuZn40Pb1	M07	280	—	120	—	20	90
ZCuZn28Al8Fe4Mn5	M07	600	—	300	—	18	160
ZCuAl10Fe4Ni4	M07	600	—	210	—	8	180
	TQ30	700	—	350	—	6	200
ZCuAl9Fe4	M07	450	—	170	—	15	110
ZCuSn6.5P0.1	M07	200	—	120	—	30	75
ZCuSn5Zn5Pb5（C83600）	M07	250	130	—	15	—	64
ZCuSn3Zn6Pb6（C83800）	M07	205	95	—	16	—	60
ZCuSn3Zn8Pb7（C84400）	M07	205	100	—	16	—	60
ZCuSn6Zn6Pb3	M07	195	—	—	—	10	64
ZCuSn3Zn11Pb4	M07	215	—	—	—	10	60

17.2.5　铜及铜合金 U 型管的力学性能

铜及铜合金 U 型管的室温力学性能见表17-9。

表 17-9　铜及铜合金 U 型管的室温力学性能 （YS/T 911—2013）

牌　号	代　号	状　态	抗拉强度 R_m/MPa ≥	规定塑性延伸强度 $R_{p0.2}$/MPa≥	断后伸长率 A (%)≥
TP2	C12200	O60	205	60	40
		H55	250	205	15
HSn70-1	T45000	O61	295	105	42
HSn72-1	C44300				
HAl77-2	C68700	O61	345	125	50

（续）

牌　　号	代　　号	状　　态	抗拉强度 R_m/MPa ≥	规定塑性延伸强度 $R_{p0.2}$/MPa≥	断后伸长率 A（％）≥
BFe10-1-1	T70590	O61	290	105	30
BFe30-1-0.7 BFe30-1-1	C71500 T71510	O61	370	125	30

17.2.6　铜及铜合金无缝高翅片管的力学性能

铜及铜合金无缝高翅片管的硬度见表 17-10。

表 17-10　铜及铜合金无缝高翅片管的硬度（YS/T 865—2013）

牌　　号	状　　态	硬度 HV
T2、TP1、TP2	O60	<80
	H90	≥80
BFe10-1-1	O60	<140
	H90	≥150
BFe30-1-1	O60	<110
	H90	≥120

注：需方如有其他要求，由供需双方协定。

17.2.7　无缝铜水管和铜气管的力学性能

无缝铜水管和铜气管的力学性能见表 17-11。

表 17-11　无缝铜水管和铜气管的力学性能（GB/T 18033—2017）

牌号	状态	公称外径 /mm	抗拉强度/MPa ≥	断后伸长率 A（％）≥	硬度 HV5
TP1 TP2 TU1 TU2 TU3	H80	≤100	315	3	>100
		>100~200	295		
		>200	255		>80
	H58	—	250	—	>75
	H55	≤67	250	30	75~100
		>67~159	250	20	
	O60 O50	≤108	205	40	40~75

注：维氏硬度仅供选择性试验。

17.3　铜及铜合金棒材与线材的力学性能

17.3.1　铜及铜合金挤制棒的力学性能

铜及铜合金挤制棒的力学性能见表 17-12。

表 17-12　铜及铜合金挤制棒的力学性能（YS/T 649—2007）

牌　　号	直径（或对边距）/mm	抗拉强度 R_m/MPa≥	断后伸长率 A（％）≥	硬度 HBW
T2、T3、TU1、TU2、TP2	≤120	186	40	—
H96	≤80	196	35	—

（续）

牌　　号	直径(或对边距)/mm	抗拉强度 R_m/MPa≥	断后伸长率 A(%)≥	硬度 HBW
H80	≤120	275	45	—
H68	≤80	295	45	—
H62	≤160	295	35	—
H59	≤120	295	30	—
HPb59-1	≤160	340	17	—
HSn62-1	≤120	365	22	—
HSn70-1	≤75	245	45	—
HMn58-2	≤120	395	29	—
HMn55-3-1	≤75	490	17	—
HMn57-3-1	≤70	490	16	—
HFe58-1-1	≤120	295	22	—
HFe59-1-1	≤120	430	31	—
HAl60-1-1	≤120	440	20	—
HAl66-6-3-2	≤75	735	8	—
HAl67-2.5	≤75	395	17	—
HAl77-2	≤75	245	45	—
HNi56-3	≤75	440	28	—
HSi80-3	≤75	295	28	—
QAl9-2	≤45	490	18	110~190
	>45~160	470	24	—
QAl9-4	≤120	540	17	110~190
	>120	450	13	
QAl10-3-1.5	≤16	610	9	130~190
	>16	590	13	
QAl10-4-4 QAl10-5-5	≤29	690	5	170~260
	>29~120	635	6	
	>120	590	6	
QAl11-6-6	≤28	690	4	—
	>28~50	635	5	—
QSi1-3	≤80	490	11	—
QSi3-1	≤100	345	23	—
QSi3.5-3-1.5	40~120	380	35	—
QSn4-0.3	60~120	280	30	—
QSn4-3	40~120	275	30	—
QSn6.5-0.1、 QSn6.5-0.4	≤40	355	55	
	>40~100	345	60	
	>100	315	64	
QSn7-0.2	40~120	355	64	≥70
QCd1	20~120	196	38	≤75
QCr0.5	20~160	230	35	—
BZn15-20	≤80	295	33	
BFe10-1-1	≤80	280	30	
BFe30-1-1	≤80	345	28	
BAl13-3	≤80	685	7	
BMn40-1.5	≤80	345	28	

注：直径大于 50mm 的 QAl10-3-1.5 棒材，当断后伸长率 A 不小于 16%时，其抗拉强度可不小于 540MPa。

17.3.2 铜及铜合金拉制棒的力学性能

铜及铜合金拉制棒的力学性能见表 17-13 和表 17-14。

表 17-13 铜及铜合金拉制圆形棒、方形棒和六角形棒的力学性能 (GB/T 4423—2007)

牌　　号	状态	直径(或对边距) /mm	抗拉强度 R_m/MPa ≥	断后伸长率 A(%) ≥	硬度 HBW
T2　T3	Y	3~40	275	10	—
		>40~60	245	12	—
		>60~80	210	16	—
	M	3~80	200	40	—
TU1、TU2、TP2	Y	3~80	—	—	—
H96	Y	3~40	275	8	—
		>40~60	245	10	—
		>60~80	205	14	—
	M	3~80	200	40	—
H90	Y	3~40	330	—	—
H80	Y	3~40	390	—	—
	M	3~40	275	50	—
H68	Y_2	3~12	370	18	—
		>12~40	315	30	—
		>40~80	295	34	—
	M	13~35	295	50	—
H65	Y	3~40	390	—	—
	M	3~40	295	44	—
H62	Y_2	3~40	370	18	—
		>40~80	335	24	—
HPb61-1	Y_2	3~20	390	11	—
HPb59-1	Y_2	3~20	420	12	—
		>20~40	390	14	—
		>40~80	370	19	—
HPb63-0.1、 H63	Y_2	3~20	370	18	—
		>20~40	340	21	—
HPb63-3	Y	3~15	490	4	—
		>15~20	450	9	—
		>20~30	410	12	—
	Y_2	3~20	390	12	—
		>20~60	360	16	—
HSn62-1	Y	4~40	390	17	—
		>40~60	360	23	—
HMn58-2	Y	4~12	440	24	—
		>12~40	410	24	—
		>40~60	390	29	—
HFe58-1-1	Y	4~40	440	11	—
		>40~60	390	13	—
HFe59-1-1	Y	4~12	490	17	—
		>12~40	440	19	—
		>40~60	410	22	—
QAl9-2	Y	4~40	540	16	—
QAl9-4	Y	4~40	580	13	—
QAl10-3-1.5	Y	4~40	630	8	—

（续）

牌　　号	状态	直径(或对边距)/mm	抗拉强度 R_m/MPa ≥	断后伸长率 A(%) ≥	硬度 HBW
QSi3-1	Y	4~12	490	13	—
		>12~40	470	19	—
QSi1.8	Y	3~15	500	15	—
QSn6.5-0.1、QSn6.5-0.4	Y	3~12	470	13	—
		>12~25	440	15	—
		>25~40	410	18	—
QSn7-0.2	Y	4~40	440	19	130~200
	T	4~40	—	—	≥180
QSn4-0.3	Y	4~12	410	10	—
		>12~25	390	13	—
		>25~40	355	15	—
QSn4-3	Y	4~12	430	14	—
		>12~25	370	21	—
		>25~35	335	23	—
		>35~40	315	23	—
QCd1	Y	4~60	370	5	≥100
	M	4~60	215	36	≤75
QCr0.5	Y	4~40	390	6	—
	M	4~40	230	40	—
QZr0.2、QZr0.4	Y	3~40	294	6	≥130
BZn15-20	Y	4~12	440	6	
		>12~25	390	8	
		>25~40	345	13	
	M	3~40	295	33	
BZn15-24-1.5	T	3~18	590	3	
	Y	3~18	440	5	
	M	3~18	295	30	
BFe30-1-1	Y	16~50	490	—	
	M	16~50	345	25	
BMn40-1.5	Y	7~20	540	6	—
		>20~30	490	8	—
		>30~40	440	11	—

表 17-14　铜及铜合金拉制矩形棒的力学性能（GB/T 4423—2007）

牌　　号	状　　态	高度/mm	抗拉强度 R_m/MPa ≥	断后伸长率 A(%) ≥
T2	M	3~80	196	36
	Y	3~80	245	9
H62	Y_2	3~20	335	17
		>20~80	335	23
HPb59-1	Y_2	5~20	390	12
		>20~80	375	18
HPb63-3	Y_2	3~20	380	14
		>20~80	365	19

17.3.3 易切削铜合金棒的力学性能

易切削铜合金棒的力学性能见表17-15。

表 17-15　易切削铜合金棒的力学性能 （GB/T 26306—2010）

牌　号	状态	直径（或对边距）/mm	抗拉强度 R_m/MPa	断后伸长率 A(%)
			≥	
HPb57-4、HPb58-2、HPb58-3	Y_2	3~20	350	10
		>20~40	330	15
		>40~80	315	20
	Y	3~20	380	8
		>20~40	350	12
		>40~80	320	15
HPb59-1、HPb59-2、HPb60-2	Y_2	3~20	420	12
		>20~40	390	14
		>40~80	370	19
	Y	3~20	480	5
		>20~40	460	7
		>40~80	440	10
HPb59-3、HPb60-3、HPb62-3、HPb63-3	Y_2	3~20	390	12
		>20~40	360	15
		>40~80	330	20
	Y	3~20	490	6
		>20~40	450	9
		>40~80	410	12
HBi59-1、HBi60-2、HBi60-1.3、HMg60-1、HSi75-3	Y_2	3~20	350	10
		>20~40	330	12
		>40~80	320	15
HBi60-0.5-0.01、HBi60-0.8-0.01、HBi60-1.1-0.01	Y_2	5~20	400	20
		>20~40	390	22
		>40~60	380	25
HSb60-0.9、HSb61-0.8-0.5	Y_2	4~12	390	8
		>12~25	370	10
		>25~80	300	18
	Y	4~12	480	4
		>12~25	450	6
		>25~40	420	10
QSn4-4-4	Y_2	4~12	430	12
		>12~20	400	15
	Y	4~12	450	5
		>12~20	420	7
HSi80-3	Y_2	4~80	295	28
QTe0.3、QTe0.5、QTe0.5-0.008、QS0.4、QPb1	Y_2	4~80	260	8
	Y	4~80	330	4

注：矩形棒按短边长分档。

17.3.4 再生铜及铜合金棒的力学性能

再生铜及铜合金棒的力学性能见表17-16。

表17-16 再生铜及铜合金棒的力学性能 （GB/T 26311—2010）

表17-16 再生铜及铜合金棒的力学性能 （GB/T 26311—2010）

牌号	状态	抗拉强度 R_m/MPa	断后伸长率 $A(\%)$	牌号	状态	抗拉强度 R_m/MPa	断后伸长率 $A(\%)$
		≥	≥			≥	≥
RT3	M	≥205	≥40	RHPb57-3	Z	≥250	—
	Y	≥315	—		R	—	—
RHPb59-2	Z	≥250	—		Y_2	≥320	≥5
	R	≥360	≥12	RHPb56-4	Z	≥250	—
	Y_2	≥360	≥10		R	—	—
RHPb58-2	Z	≥250	—		Y_2	≥320	≥5
	R	≥360	≥7	RHPb62-2-0.1	R	≥250	≥22
	Y_2	≥320	≥5		Y_2	≥300	≥20

注：本表规定之外的状态或牌号，性能由供需双方协商确定。

17.3.5 铍青铜棒的力学性能

铍青铜棒的力学性能见表17-17，铍青铜棒时效处理后的力学性能见表17-18。

表17-17 铍青铜棒的力学性能 （YS/T 334—2009）

牌 号	状态	直径/mm	抗拉强度 R_m/MPa	规定塑性延伸强度 $R_{p0.2}$/MPa≥	断后伸长率 $A(\%)$ ≥	硬度 HRB
QBe2	R	20~120	450~700	140	10	≥45
QBe1.9	M	5~120	400~600	140	30	45~85
QBe1.9-0.1	Y_2	5~40	550~700	450	10	≥78
QBe1.7	Y	5~10	660~900	520	5	≥88
C17000		>10~25	620~860	520	5	
C17200						
C17300		>25	590~830	510	5	
QBe0.6-2.5	M	5~120	≥240	—	20	20~50
QBe0.4-1.8	R	20~120				
QBe0.3-1.5	Y	5~40	≥440	—	5	60~80

表17-18 铍青铜棒时效处理后的力学性能 （YS/T 334—2009）

牌 号	状态	直径/mm	抗拉强度 R_m/MPa	规定塑性延伸强度 $R_{p0.2}$/MPa≥	断后伸长率 $A(\%)$ ≥	硬 度 HRC	硬 度 HRB
QBe1.7	TF00	5~120	1000~1310	860	—	32~39	—
C17000	TH04	5~10	1170~1450	990	—	34~41	—
		>10~25	1130~1410	960	—	34~41	—
		>25	1100~1380	930	—	33~40	—
QBe2	TF00	5~120	1100~1380	890	2	35~42	—
QBe1.9	TH04	5~10	1200~1550	1100	1	37~45	—
QBe1.9-0.1		>10~25	1150~1520	1050	1	36~44	—
C17200		>25	1120~1480	1000	1	35~44	—
C17300							
QBe0.6-2.5	TF00	5~120	690~895	—	6	—	92~100
QBe0.4-1.8	TH04	5~40	760~965	—	3	—	95~102
QBe0.3-1.5							

17.3.6 铜及铜合金线的力学性能

铜及铜合金圆形线的室温纵向力学性能见表17-19。

表 17-19　铜及铜合金圆形线的室温纵向力学性能（GB/T 21652—2017）

牌号	状态	直径（或对边距）/mm	抗拉强度 R_m /MPa	断后伸长率（%）	
				A_{100mm}	A
TU0 TU1 TU2	O60	0.05~8.0	195~255	≥25	—
	H04	0.05~4.0	≥345	—	—
		>4.0~8.0	≥310	≥10	—
T2 T3	O60	0.05~0.3	≥195	≥15	—
		>0.3~1.0	≥195	≥20	—
		>1.0~2.5	≥205	≥25	—
		>2.5~8.0	≥205	≥30	—
	H02	0.05~8.0	255~365	—	—
	H04	0.05~2.5	≥380	—	—
		>2.5~8.0	≥365	—	—
TCd1	O60	0.1~6.0	≥275	≥20	—
	H04	0.1~0.5	590~880	—	—
		>0.5~4.0	490~735	—	—
		>4.0~6.0	470~685	—	—
TMg0.2	H04	1.5~3.0	≥530	—	—
TMg0.5	H04	1.5~3.0	≥620	—	—
		>3.0~7.0	≥530	—	—
H95	O60	0.05~12.0	≥220	≥20	—
	H02	0.05~12.0	≥340	—	—
	H04	0.05~12.0	≥420	—	—
H90	O60	0.05~12.0	≥240	≥20	—
	H02	0.05~12.0	≥385	—	—
	H04	0.05~12.0	≥485	—	—
H85	O60	0.05~12.0	≥280	≥20	—
	H02	0.05~12.0	≥455	—	—
	H04	0.05~12.0	≥570	—	—
H80	O60	0.05~12.0	≥320	≥20	—
	H02	0.05~12.0	≥540	—	—
	H04	0.05~12.0	≥690	—	—
H70 H68 H66	O60	0.05~0.25	≥375	≥18	—
		>0.25~1.0	≥355	≥25	—
		>1.0~2.0	≥335	≥30	—
		>2.0~4.0	≥315	≥35	—
		>4.0~6.0	≥295	≥40	—
		>6.0~13.0	≥275	≥45	—
		>13.0~18.0	≥275	—	≥50
	H00	0.05~0.25	≥385	≥18	—
		>0.25~1.0	≥365	≥20	—
		>1.0~2.0	≥350	≥24	—
		>2.0~4.0	≥340	≥28	—
		>4.0~6.0	≥330	≥33	—
		>6.0~8.5	≥320	≥35	—
	H01	0.05~0.25	≥400	≥10	—
		>0.25~1.0	≥380	≥15	—
		>1.0~2.0	≥370	≥20	—
		>2.0~4.0	≥350	≥25	—
		>4.0~6.0	≥340	≥30	—
		>6.0~8.5	≥330	≥32	—

（续）

牌号	状态	直径（或对边距）/mm	抗拉强度 R_m /MPa	断后伸长率（%）	
				A_{100mm}	A
H70 H68 H66	H02	0.05~0.25	≥410	—	—
		>0.25~1.0	≥390	≥5	—
		>1.0~2.0	≥375	≥10	—
		>2.0~4.0	≥355	≥12	—
		>4.0~6.0	≥345	≥14	—
		>6.0~8.5	≥340	≥16	—
	H03	0.05~0.25	540~735	—	—
		>0.25~1.0	490~685	—	—
		>1.0~2.0	440~635	—	—
		>2.0~4.0	390~590	—	—
		>4.0~6.0	345~540	—	—
		>6.0~8.5	340~520	—	—
	H04	0.05~0.25	735~930	—	—
		>0.25~1.0	685~885	—	—
		>1.0~2.0	635~835	—	—
		>2.0~4.0	590~785	—	—
		>4.0~6.0	540~785	—	—
		>6.0~8.5	490~685	—	—
	H06	0.1~0.25	≥800	—	—
		>0.25~1.0	≥780	—	—
		>1.0~2.0	≥750	—	—
		>2.0~4.0	≥720	—	—
		>4.0~6.0	≥690	—	—
H65	O60	0.05~0.25	≥335	≥18	—
		>0.25~1.0	≥335	≥24	—
		>1.0~2.0	≥315	≥28	—
		>2.0~4.0	≥305	≥32	—
		>4.0~6.0	≥295	≥35	—
		≥6.0~13.0	≥285	≥40	—
	H00	0.05~0.25	≥350	≥10	—
		>0.25~1.0	≥340	≥15	—
		>1.0~2.0	≥330	≥20	—
		>2.0~4.0	≥320	≥25	—
		>4.0~6.0	≥310	≥28	—
		>6.0~13.0	≥300	≥32	—
	H01	0.05~0.25	≥370	≥6	—
		>0.25~1.0	≥360	≥10	—
		>1.0~2.0	≥350	≥12	—
		>2.0~4.0	≥340	≥18	—
		>4.0~6.0	≥330	≥22	—
		>6.0~13.0	≥320	≥28	—
	H02	0.05~0.25	≥410	—	—
		>0.25~1.0	≥400	≥4	—
		>1.0~2.0	≥390	≥7	—
		>2.0~4.0	≥380	≥10	—
		>4.0~6.0	≥375	≥13	—
		>6.0~13.0	≥360	≥15	—

（续）

牌号	状态	直径（或对边距）/mm	抗拉强度 R_m/MPa	断后伸长率（%）	
				A_{100mm}	A
H65	H03	0.05~0.25	540~735	—	—
		>0.25~1.0	490~685	—	—
		>1.0~2.0	440~635	—	—
		>2.0~4.0	390~590	—	—
		>4.0~6.0	375~570	—	—
		>6.0~13.0	370~550	—	—
	H04	0.05~0.25	685~885	—	—
		>0.25~1.0	635~835	—	—
		>1.0~2.0	590~785	—	—
		>2.0~4.0	540~735	—	—
		>4.0~6.0	490~685	—	—
		>6.0~13.0	440~635	—	—
	H06	0.05~0.25	≥830	—	—
		>0.25~1.0	≥810	—	—
		>1.0~2.0	≥800	—	—
		>2.0~4.0	≥780	—	—
H63 H62	O60	0.05~0.25	≥345	≥18	—
		>0.25~1.0	≥335	≥22	—
		>1.0~2.0	≥325	≥26	—
		>2.0~4.0	≥315	≥30	—
		>4.0~6.0	≥315	≥34	—
		>6.0~13.0	≥305	≥36	—
	H00	0.05~0.25	≥360	≥8	—
		>0.25~1.0	≥350	≥12	—
		>1.0~2.0	≥340	≥18	—
		>2.0~4.0	≥330	≥22	—
		>4.0~6.0	≥320	≥26	—
		>6.0~13.0	≥310	≥30	—
	H01	0.05~0.25	≥380	≥5	—
		>0.25~1.0	≥370	≥8	—
		>1.0~2.0	≥360	≥10	—
		>2.0~4.0	≥350	≥15	—
		>4.0~6.0	≥340	≥20	—
		>6.0~13.00	≥330	≥25	—
	H02	0.05~0.25	≥430	—	—
		>0.25~1.0	≥410	≥4	—
		>1.0~2.0	≥390	≥7	—
		>2.0~4.0	≥375	≥10	—
		>4.0~6.0	≥355	≥12	—
		>6.0~13.0	≥350	≥14	—
	H03	0.05~0.25	590~785	—	—
		>0.25~1.0	540~735	—	—
		>1.0~2.0	490~685	—	—
		>2.0~4.0	440~635	—	—
		>4.0~6.0	390~590	—	—
		>6.0~13.0	360~560	—	—

（续）

牌号	状态	直径（或对边距）/mm	抗拉强度 R_m/MPa	断后伸长率（%） A_{100mm}	A
H63 H62	H04	0.05~0.25	785~980	—	—
		>0.25~1.0	685~885	—	—
		>1.0~2.0	635~835	—	—
		>2.0~4.0	590~785	—	—
		>4.0~6.0	540~735	—	—
		>6.0~13.0	490~685	—	—
	H06	0.05~0.25	≥850	—	—
		>0.25~1.0	≥830	—	—
		>1.0~2.0	≥800	—	—
		>2.0~4.0	≥770	—	—
HB90-0.1	H04	1.0~12.0	≥500	—	—
HPb63-3	O60	0.5~2.0	≥305	≥32	—
		>2.0~4.0	≥295	≥35	—
		>4.0~6.0	≥285	≥35	—
	H02	0.5~2.0	390~610	≥3	—
		>2.0~4.0	390~600	≥4	—
		>4.0~6.0	390~590	≥4	—
	H04	0.5~6.0	570~735	—	—
HPb62-0.8	H02	0.5~6.0	410~540	≥12	—
	H04	0.5~6.0	450~560	—	—
HPb59-1	O60	0.5~2.0	≥345	≥25	—
		>2.0~4.0	≥335	≥28	—
		>4.0~6.0	≥325	≥30	—
	H02	0.5~2.0	390~590	—	—
		>2.0~4.0	390~590	—	—
		>4.0~6.0	375~570	—	—
	H04	0.5~2.0	490~735	—	—
		>2.0~4.0	490~685	—	—
		>4.0~6.0	440~635	—	—
HPb61-1	H02	0.5~2.0	≥390	≥8	—
		>2.0~4.0	≥380	≥10	—
		>4.0~6.0	≥375	≥15	—
		>6.0~8.5	≥365	≥15	—
	H04	0.5~2.0	≥520	—	—
		>2.0~4.0	≥490	—	—
		>4.0~6.0	≥465	—	—
		>6.0~8.5	≥440	—	—
HPb59-3	H02	1.0~2.0	≥385	—	—
		>2.0~4.0	≥380	—	—
		>4.0~6.0	≥370	—	—
		>6.0~10.0	≥360	—	—
	H04	1.0~2.0	≥480	—	—
		>2.0~4.0	≥460	—	—
		>4.0~6.0	≥435	—	—
		>6.0~10.0	≥430	—	—

（续）

牌号	状态	直径（或对边距）/mm	抗拉强度 R_m/MPa	断后伸长率（%）	
				A_{100mm}	A
HSn60-1 HSn62-1	O60	0.5~2.0	≥315	≥15	—
		>2.0~4.0	≥305	≥20	—
		>4.0~6.0	≥295	≥25	—
	H04	0.5~2.0	590~835	—	—
		>2.0~4.0	540~785	—	—
		>4.0~6.0	490~735	—	—
HMn62-13	O60	0.5~6.0	400~550	≥25	—
	H01	0.5~6.0	450~600	≥18	—
	H02	0.5~6.0	500~650	≥12	—
	H03	0.5~6.0	550~700	—	—
	H04	0.5~6.0	≥650	—	—
QSn4-3	O60	0.1~1.0	≥350	≥35	—
		>1.0~8.5		≥45	—
	H01	0.1~1.0	460~580	≥5	—
		>1.0~2.0	420~540	≥10	—
		>2.0~4.0	400~520	≥20	—
		>4.0~6.0	380~480	≥25	—
		>6.0~8.5	360~450	≥25	—
	H02	0.1~1.0	500~700	—	—
		>1.0~2.0	480~680	—	—
		>2.0~4.0	450~650	—	—
		>4.0~6.0	430~630	—	—
		>6.0~8.5	410~610	—	
	H03	0.1~1.0	620~820	—	—
		>1.0~2.0	600~800	—	—
		>2.0~4.0	560~760	—	—
		>4.0~6.0	540~740	—	—
		>6.0~8.5	520~720	—	—
	H04	0.1~1.0	880~1130	—	—
		>1.0~2.0	860~1060	—	—
		>2.0~4.0	830~1030	—	—
		>4.0~6.0	780~980	—	—
QSn5-0.2 QSn4-0.3 QSn6.5-0.1 QSn6.5-0.4 QSn7-0.2 QSi3-1	O60	0.1~1.0	≥350	≥35	—
		>1.0~8.5	≥350	≥45	—
	H01	0.1~1.0	480~680	—	—
		>1.0~2.0	450~650	≥10	—
		>2.0~4.0	420~620	≥15	—
		>4.0~6.0	400~600	≥20	—
		>6.0~8.5	380~580	≥22	—
	H02	0.1~1.0	540~740	—	—
		>1.0~2.0	520~720	—	—
		>2.0~4.0	500~700	≥4	—
		>4.0~6.0	480~680	≥8	—
		>6.0~8.5	460~660	≥10	—

（续）

牌号	状态	直径（或对边距）/mm	抗拉强度 R_m /MPa	断后伸长率（%）	
				A_{100mm}	A
QSn5-0.2 QSn4-0.3 QSn6.5-0.1 QSn6.5-0.4 QSn7-0.2 QSi3-1	H03	0.1~1.0	750~950	—	—
		>1.0~2.0	730~920	—	—
		>2.0~4.0	710~900	—	—
		>4.0~6.0	690~880	—	—
		>6.0~8.5	640~860	—	—
	H04	0.1~1.0	880~1130	—	—
		>1.0~2.0	860~1060	—	—
		>2.0~4.0	830~1030	—	—
		>4.0~6.0	780~980	—	—
		>6.0~8.5	690~950	—	—
QSn8-0.3	O60	0.1~8.5	365~470	≥30	—
	H01	0.1~8.5	510~625	≥8	—
	H02	0.1~8.5	655~795	—	—
	H03	0.1~8.5	780~930	—	—
	H04	0.1~8.5	860~1035	—	—
QSi3-1	O60	>8.5~13.0	≥350	≥45	—
		>13.0~18.0		—	≥450
	H01	>8.5~13.0	380~580	≥22	—
		>13.0~18.0		—	≥26
QSn15-1-1	O60	0.5~1.0	≥365	≥28	—
		>1.0~2.0	≥360	≥32	—
		>2.0~4.0	≥350	≥35	—
		>4.0~6.0	≥345	≥36	—
	H01	0.5~1.0	630~780	≥25	—
		>1.0~2.0	600~750	≥30	—
		>2.0~4.0	580~730	≥32	—
		>4.0~6.0	550~700	≥35	—
	H02	0.5~1.0	770~910	≥3	—
		>1.0~2.0	740~880	≥6	—
		>2.0~4.0	720~850	≥8	—
		>4.0~6.0	680~810	≥10	—
	H03	0.5~1.0	800~930	≥1	—
		>1.0~2.0	780~910	≥2	—
		>2.0~4.0	750~880	≥2	—
		>4.0~6.0	720~850	≥3	—
	H04	0.5~1.0	850~1080	—	—
		>1.0~2.0	840~980	—	—
		>2.0~4.0	830~960	—	—
		>4.0~6.0	820~950	—	—
QSn4-4-4	H02	0.1~6.0	≥360	≥8	—
		>6.0~8.5		≥12	—
	H04	0.1~6.0	≥420	—	—
		>6.0~8.5		≥10	—
QCr4.5-2.5-0.6	O60	0.5~6.0	400~600	≥25	—
	TH04、TF00	0.5~6.0	550~850	—	—
QAl7	H02	1.0~6.0	≥550	≥8	—
	H04	1.0~6.0	≥600	≥4	—

（续）

牌号	状态	直径（或对边距）/mm	抗拉强度 R_m /MPa	断后伸长率（%）A_{100mm}	A
QAl9-2	H04	0.6~1.0	≥580	—	—
		>1.0~2.0		≥1	—
		>2.0~5.0		≥2	—
		>5.0~6.0	≥530	≥3	—
B19	O60	0.1~0.5	≥295	≥20	—
		>0.5~6.0		≥25	—
	H04	0.1~0.5	590~880	—	—
		>0.5~6.0	490~785	—	—
BFe10-1-1	O60	0.1~1.0	≥450	≥15	—
		>1.0~6.0	≥400	≥18	—
	H04	0.1~1.0	≥780	—	—
		>1.0~6.0	≥650	—	—
BFe30-1-1	O60	0.1~0.5	≥345	≥20	—
		>0.5~6.0		≥25	—
	H04	0.1~0.5	685~980	—	—
		>0.5~6.0	590~880	—	—
BMn3-12	O60	0.05~1.0	≥440	≥12	—
		>1.0~6.0	≥390	≥20	—
	H04	0.05~1.0	≥785	—	—
		>1.0~6.0	≥685	—	—
BMn40-1.5	O60	0.05~0.20	≥390	≥15	—
		>0.20~0.50		≥20	—
		>0.50~6.0		≥25	—
	H04	0.05~0.20	685~980	—	—
		>0.20~0.50	685~880	—	—
		>0.50~6.0	635~835	—	—
BZn9-29 BZn12-24 BZn12-26	O60	0.1~0.2	≥320	≥15	—
		>0.2~2.5		≥20	—
		>0.5~2.0		≥25	—
		>2.0~8.0		≥30	—
	H00	0.1~0.2	400~570	≥12	—
		>0.2~0.5	380~550	≥16	—
		>0.5~2.0	360~540	≥22	—
		>2.0~8.0	340~520	≥25	—
	H01	0.1~0.2	420~620	≥6	—
		>0.2~0.5	400~600	≥8	—
		>0.5~2.0	380~590	≥12	—
		>2.0~8.0	360~570	≥18	—
	H02	0.1~0.2	480~680	—	—
		>0.2~0.5	460~640	≥6	—
		>0.5~2.0	440~630	≥9	—
		>2.0~8.0	420~600	≥12	—
	H03	0.1~0.2	550~800	—	—
		>0.2~0.5	530~750	—	—
		>0.5~2.0	510~730	—	—
		>2.0~8.0	490~630	—	—

（续）

牌号	状态	直径（或对边距）/mm	抗拉强度 R_m /MPa	断后伸长率（%）	
				A_{100mm}	A
BZn9-29 BZn12-24 BZn12-26	H04	0.1~0.2	680~880	—	—
		>0.2~0.5	630~820	—	—
		>0.5~2.0	600~800	—	—
		>2.0~8.0	580~700	—	—
	H06	0.5~4.0	≥720	—	—
BZn15-20 BZn18-20	O60	0.1~0.2	≥345	≥15	—
		>0.2~0.5		≥20	—
		>0.5~2.0		≥25	—
		>2.0~8.0		≥30	—
		>8.0~13.0		≥35	—
		>13.0~18.0		—	≥40
	H00	0.1~0.2	450~600	≥12	—
		>0.2~0.5	435~570	≥15	—
		>0.5~2.0	420~550	≥20	—
		>2.0~8.0	410~520	≥24	—
	H01	0.1~0.2	470~660	≥10	—
		>0.2~0.5	460~620	≥12	—
		>0.5~2.0	440~600	≥14	—
		>2.0~8.0	420~570	≥16	—
	H02	0.1~0.2	510~780	—	—
		>0.2~0.5	490~735	—	—
		>0.5~2.0	440~685	—	—
		>2.0~8.0	440~635	—	—
	H03	0.1~0.2	620~860	—	—
		>0.2~0.5	610~810	—	—
		>0.5~2.0	595~760	—	—
		>2.0~8.0	580~700	—	—
	H04	0.1~0.2	735~980	—	—
		>0.2~0.5	735~930	—	—
		>0.5~2.0	635~880	—	—
		>2.0~8.0	540~785	—	—
	H06	0.5~1.0	≥750	—	—
		>1.0~2.0	≥740	—	—
		>2.0~4.0	≥730	—	—
BZn22-16 BZn25-18	O60	0.1~0.2	≥440	≥12	—
		>0.2~0.5		≥16	—
		>0.5~2.0		≥23	—
		>2.0~8.0		≥28	—
	H00	0.1~0.2	500~680	≥10	—
		>0.2~0.5	490~650	≥12	—
		>0.5~2.0	470~630	≥15	—
		>2.0~8.0	460~600	≥18	—
	H01	0.1~0.2	540~720	—	—
		>0.2~0.5	520~690	≥6	—
		>0.5~2.0	500~670	≥8	—
		>2.0~8.0	480~650	≥10	—

（续）

牌号	状态	直径（或对边距）/mm	抗拉强度 R_m /MPa	断后伸长率（%）	
				A_{100mm}	A
BZn22-16 BZn25-18	H02	0.1~0.2	640~830	—	—
		>0.2~0.5	620~800	—	—
		>0.5~2.0	600~780	—	—
		>2.0~8.0	580~760	—	—
	H03	0.1~0.2	660~880	—	—
		>0.2~0.5	640~850	—	—
		>0.5~2.0	620~830	—	—
		>2.0~8.0	600~810	—	—
	H04	0.1~0.2	750~990	—	—
		>0.2~0.5	740~950	—	—
		>0.5~2.0	650~900	—	—
		>2.0~8.0	630~860	—	—
	H06	0.1~1.0	≥820	—	—
		>1.0~2.0	≥810	—	—
		>2.0~4.0	≥800	—	—
BZn40-20	O60	1.0~6.0	500~650	≥20	—
	H01	1.0~6.0	550~700	≥8	—
	H02	1.0~6.0	600~850	—	—
	H03	1.0~6.0	750~900	—	—
	H04	1.0~6.0	800~1000	—	—
BZn12-37-1.5	H02	0.5~9.0	600~700	—	—
	H04	0.5~9.0	650~750	—	—

注：表中的"—"，表示没有统计数据，如果需方要求该性能，其性能指标由供需双方协商。

17.3.7 易切削铜合金线的力学性能

易切削铜合金线的室温纵向力学性能见表17-20。

表 17-20 易切削铜合金线的室温纵向力学性能（GB/T 26048—2010）

牌号	状态	直径（或对边距）/mm	抗拉强度 R_m /MPa	断后伸长率 A_{100mm}（%）
			≥	
HPb59-1、 HPb60-2	Y_2	0.5~2.0	450	8
		>2.0~4.0	430	8
		>4.0~12.0	420	10
	Y	0.5~2.0	530	—
		>2.0~4.0	520	—
		>4.0~12.0	500	—
HPb59-3	Y_2	0.5~2.0	385	8
		>2.0~4.0	380	8
		>4.0~6.0	370	8
		>6.0~12.0	360	10
	Y	0.5~2.0	480	—
		>2.0~4.0	460	—
		>4.0~6.0	435	—
		>6.0~12.0	430	—

（续）

牌号	状态	直径(或对边距)/mm	抗拉强度 R_{m} /MPa	断后伸长率 $A_{100\mathrm{mm}}$ (%)
			≥	≥
HPb63-3、 HPb62-3	Y_2	0.5~2.0	420	3
		>2.0~4.0	410	4
		>4.0~12.0	400	4
	Y	0.5~12.0	430	—
HSb60-0.9	Y_2	0.5~12.0	380	10
	Y	0.5~12.0	380	5
HSb61-0.8-0.5	Y_2	0.5~12.0	380	8
	Y	0.5~12.0	400	5
HBi60-1.3、 HSi61-0.6	Y_2	0.5~12.0	350	8
	Y	0.5~12.0	400	5
QSn4-4-4	Y_2	0.5~2.0	480	4
		>2.0~4.0	450	6
		>4.0~12.0	430	8
	Y	0.5~2.0	520	—
		>2.0~4.0	500	—
		>4.0~12.0	450	—
QTe0.5-0.02、 QPb1、QTe0.5	Y_2	0.5~12	260	6
	Y	0.5~12	330	4

注：经供需双方协议可供应其状态和性能的线材，具体要求应在合同中注明。

17.3.8　铜及铜合金扁线的力学性能

铜及铜合金扁线的力学性能见表 17-21。

表 17-21　铜及铜合金扁线的力学性能 （GB/T 3114—2010）

牌号	状态	对边距/mm	抗拉强度 R_{m}/MPa	断后伸长率 $A_{100\mathrm{mm}}$(%)
				≥
T2、TU1、TP2	M	0.5~15.0	175	25
	Y	0.5~15.0	325	—
H62	M	0.5~15.0	295	25
	Y_2	0.5~15.0	345	10
	Y	0.5~15.0	460	—
H68、H65	M	0.5~15.0	245	28
	Y_2	0.5~15.0	340	10
	Y	0.5~15.0	440	—
H70	M	0.5~15.0	275	32
	Y_2	0.5~15.0	340	15
H80、H85、H90B	M	0.5~15.0	240	28
	Y_2	0.5~15.0	330	6
	Y	0.5~15.0	485	—
HPb59-3	Y_2	0.5~15.0	380	15
HPb62-3	Y_2	0.5~15.0	420	8
HSb60-0.9	Y_2	0.5~12.0	330	10
HSb61-0.8-0.5	Y_2	0.5~12.0	380	8
HBi60-1.3	Y_2	0.5~12.0	350	8

（续）

牌号	状态	对边距/mm	抗拉强度 R_m/MPa	断后伸长率 A_{100mm}（%）
			≥	≥
QSn6.5-0.1、	M	0.5~12.0	370	30
QSn6.5-0.4、	Y_2	0.5~12.0	390	10
QSn7-0.2、QSn5-0.2	Y	0.5~12.0	540	—
QSn4-3、QSi3-1	Y	0.5~12.0	735	—
BZn15-20、BZn18-20、	M	0.5~15.0	345	25
BZn22-18	Y_2	0.5~15.0	550	—
QCr1-0.18、QCr1	CYS CSY	0.5~15.0	400	10

注：经双方协商可供其他力学性能的扁线，具体要求应在合同中注明。

17.4 铜及铜合金铸造产品的力学性能

17.4.1 铸造铜及铜合金的力学性能

铸造铜及铜合金的室温力学性能见表 17-22。

表 17-22 铸造铜及铜合金的室温力学性能（GB/T 1176—2013）

牌　号	铸造方法	抗拉强度 R_m/MPa ≥	规定塑性延伸强度 $R_{p0.2}$/MPa ≥	断后伸长率 A（%）≥	硬度 HBW ≥
ZCu99	S	150	40	40	40
ZCuSn3Zn8Pb6Ni1	S	175	—	8	60
	J	215	—	10	70
ZCuSn3Zn11Pb4	S、R	175	—	8	60
	J	215	—	10	60
ZCuSn5Pb5Zn5	S、J、R	200	90	13	60[①]
	Li、La	250	100	13	65[①]
ZCuSn10P1	S、R	220	130	3	80[①]
	J	310	170	2	90[①]
	Li	330	170	4	90[①]
	La	360	170	6	90[①]
ZCuSn10Pb5	S	195	—	10	70
	J	245	—	10	70
ZCuSn10Zn2	S	240	120	12	70[①]
	J	245	140	6	80[①]
	Li、La	270	140	7	80[①]
ZCuPb9Sn5	La	230	110	11	60
ZCuPb10Sn10	S	180	80	7	65[①]
	J	220	140	5	70[①]
	Li、La	220	110	6	70[①]
ZCuPb15Sn8	S	170	80	5	60[①]
	J	200	100	6	65[①]
	Li、La	220	100	8	65[①]
ZCuPb17Sn4Zn4	S	150	—	5	55
	J	175	—	7	60

（续）

牌　号	铸造方法	抗拉强度 R_m/MPa≥	规定塑性延伸强度 $R_{p0.2}$/MPa≥	断后伸长率 A(%)≥	硬度 HBW≥
ZCuPb20Sn5	S	150	60	5	45[①]
	J	150	70	6	55[①]
	La	180	80	7	55[①]
ZCuPb30	J	—	—	—	25
ZCuAl8Mn13Fe3	S	600	270	15	160
	J	650	280	10	170
ZCuAl8Mn13Fe3Ni2	S	645	280	20	160
	J	670	310	18	170
ZCuAl8Mn14Fe3Ni2	S	735	280	15	170
ZCuAl9Mn2	S、R	390	150	20	85
	J	440	160	20	95
ZCuAl8Be1Co1	S	647	280	15	160
ZCuAl9Fe4Ni4Mn2	S	630	250	16	160
ZCuAl10Fe4Ni4	S	539	200	5	155
	J	588	235	5	166
ZCuAl10Fe3	S	490	180	13	100[①]
	J	540	200	15	110[①]
	Li、La	540	200	15	110[①]
ZCuAl10Fe3Mn2	S、R	490		15	110
	J	540	—	20	120
ZCuZn38	S	295	95	30	60
	J	295	95	30	70
ZCuZn21Al5Fe2Mn2	S	608	275	15	160
ZCuZn25Al6Fe3Mn3	S	725	380	10	160[①]
	J	740	400	7	170[①]
	Li、La	740	400	7	170[①]
ZCuZn26Al4Fe3Mn3	S	600	300	18	120[①]
	J	600	300	18	130[①]
	Li、La	600	300	18	130[①]
ZCuZn31Al2	S、R	295	—	12	80
	J	390	—	15	90
ZCuZn35Al2Mn2Fe2	S	450	170	20	100[①]
	J	475	200	18	110[①]
	Li、La	475	200	18	110[①]
ZCuZn38Mn2Pb2	S	245	—	10	70
	J	345	—	18	80
ZCuZn40Mn2	S、R	345	—	20	80
	J	390	—	25	90
ZCuZn40Mn3Fe1	S、R	440	—	18	100
	J	490	—	15	110
ZCuZn33Pb2	S	180	70	12	50[①]
ZCuZn40Pb2	S、R	220	95	15	80[①]
	J	280	120	20	90[①]
ZCuZn16Si4	S、R	345	180	15	90
	J	390	—	20	100
ZCuNi10Fe1Mn1	S、J、Li、La	310	170	20	100
ZCuNi30Fe1Mn1	S、J、Li、La	415	220	20	140

① 参考值。

17.4.2 铜及铜合金铸棒的力学性能

铜及铜合金铸棒的力学性能见表 17-23。

表 17-23 铜及铜合金铸棒的力学性能 (YS/T 759—2011)

牌号	抗拉强度 R_m/MPa≥	规定塑性延伸强度 $R_{p0.2}$/MPa≥	断后伸长率 $A(\%)$ ≥	硬度 HBW ≥
ZT2	供实测值			
ZHMn59-2-2	220	—	8	58
ZHPb60-1.5-0.5	200	—	10	65
ZHSi75-3	450	—	15	105
ZHSi62-0.6	350	—	20	95
ZHBi62-2-1	330	—	15	85
ZQSn4-4-2.5	供实测值			
ZQSn4-4-4	供实测值			
ZQSn5-5-5	250	100	13	64
ZQSn6.5-0.1	200	120	35	75
ZQSn10-2	270	140	7	80
ZQBi3-10(C89325)	207	83	15	50
ZQBi5-6(C89320)	241	124	15	50
ZQPb15-8	140	—	10	—

17.4.3 压铸铜合金的力学性能

压铸铜合金的力学性能见表 17-24。

表 17-24 压铸铜合金的力学性能 (GB/T 15116—1994)

牌 号	代号	抗拉强度 R_m/MPa ≥	断后伸长率 $A(\%)$ ≥	硬度 HBW ≥
YZCuZn40Pb	YT40-1 铅黄铜	300	6	85
YZCuZn16Si4	YT16-4 硅黄铜	345	25	85
YZCuZn30Al3	YT30-3 铝黄铜	400	15	110
YZCuZn35Al2Mn2Fe	YT35-2-2-1 铝锰铁黄铜	475	3	130

注: 杂质总和中不含镍。

锌、钛、镍及其合金的力学性能

18.1 锌及锌合金铸造产品的力学性能

铸造锌合金的力学性能见表18-1。

表 18-1　铸造锌合金的力学性能（GB/T 1175—1997）

牌　　号	代　号	铸造方法及状态	抗拉强度 R_m /MPa　≥	断后伸长率 A （％）　≥	硬度 HBW ≥
ZZnAlCu1Mg	ZA4-1	JF	175	0.5	80
ZZnAl4Cu3Mg	ZA4-3	SF	220	0.5	90
		JF	240	1	100
ZZnAl6Cu1	ZA6-1	SF	180	1	80
		JF	220	1.5	80
ZZnAl8Cu1Mg	ZA8-1	SF	250	1	80
		JF	225	1	85
ZZnAl9Cu2Mg	ZA9-2	SF	275	0.7	90
		JF	315	1.5	105
ZZnAl11Cu1Mg	ZA11-1	SF	280	1	90
		JF	310	1	90
ZZnAl11Cu5Mg	ZA11-5	SF	275	0.5	80
		JF	295	1.0	100
ZZnAl27Cu2Mg	ZA27-2	SF	400	3	110
		ST3	310	8	90
		JF	420	1	110

注：J—金属型铸造；F—铸态；S—砂型铸造；T3—均匀化处理。

18.2 钛及钛合金的力学性能

18.2.1 钛及钛合金板的力学性能

钛及钛合金板的室温横向力学性能见表18-2，钛及钛合金板的高温力学性能见表18-3。

表 18-2　钛及钛合金板的室温横向力学性能（GB/T 3621—2007）

牌号	状态	板材厚度 /mm	抗拉强度 R_m/MPa	规定塑性延伸强度 $R_{p0.2}$/MPa	断后伸长率 A（％）≥
TA1	M	0.3~25.0	≥240	140~310	30
TA2	M	0.3~25.0	≥400	275~450	25

（续）

牌号		状态	板材厚度 /mm	抗拉强度 R_m/MPa	规定塑性延伸强度 $R_{p0.2}$/MPa	断后伸长率 A(%) $\geqslant$
TA3		M	0.3~25.0	$\geqslant 500$	380~550	20
TA4		M	0.3~25.0	$\geqslant 580$	485~655	20
TA5		M	0.5~1.0	$\geqslant 685$	$\geqslant 585$	20
			>1.0~2.0			15
			>2.0~5.0			12
			>5.0~10.0			12
TA6		M	0.8~1.5	$\geqslant 685$	—	20
			>1.5~2.0			15
			>2.0~5.0			12
			>5.0~10.0			12
TA7		M	0.8~1.5	735~930	$\geqslant 685$	20
			1.6~2.0			15
			>2.0~5.0			12
			>5.0~10.0			12
TA8		M	0.8~10	$\geqslant 400$	275~450	20
TA8-1		M	0.8~10	$\geqslant 240$	140~310	24
TA9		M	0.8~10	$\geqslant 400$	275~450	20
TA9-1		M	0.8~10	$\geqslant 240$	140~310	24
TA10	A类	M	0.8~10.0	$\geqslant 485$	$\geqslant 345$	18
	B类	M	0.8~10.0	$\geqslant 345$	$\geqslant 275$	25
TA11		M	5.0~12.0	$\geqslant 895$	$\geqslant 825$	10
TA13		M	0.5~2.0	540~770	460~570	18
TA15		M	0.8~1.8	930~1130	$\geqslant 855$	12
			>1.8~4.0			10
			>4.0~10.0			8
TA17		M	0.5~1.0	685~835	—	25
			1.1~2.0			15
			2.1~4.0			12
			4.1~10.0			10
TA18		M	0.5~2.0	590~735	—	25
			>2.0~4.0			20
			>4.0~10.0			15
TB2		ST	1.0~3.5	$\leqslant 980$	—	20
		STA		1320		8
TB5		ST	0.8~1.75	705~945	690~835	12
			>1.75~3.18			10
TB6		ST	1.0~5.0	$\geqslant 1000$	—	6
TB8		ST	0.3~0.6	825~1000	795~965	6
			>0.6~2.5			8
TC1		M	0.5~1.0	590~735	—	25
			>1.0~2.0			25
			>2.0~5.0			20
			>5.0~10.0			20
TC2		M	0.5~1.0	$\geqslant 685$	—	25
			>1.0~2.0			15
			>2.0~5.0			12
			>5.0~10.0			12

（续）

牌号	状态	板材厚度 /mm	抗拉强度 R_m/MPa	规定塑性延伸强度 $R_{p0.2}$/MPa	断后伸长率 $A(\%) \geqslant$
TC3	M	0.8~2.0	≥880		12
		>2.0~5.0			10
		>5.0~10.0			10
TC4	M	0.8~2.0	≥895	≥830	12
		>2.0~5.0			10
		>5.0~10.0			10
		>10.0~25.0			8
TC4ELI	M	0.8~25.0	≥860	≥795	10

注：1. 厚度不大于 0.64mm 的板材，断后伸长率按实测值。

　　2. 正常供货按 A 类，B 类适应于复合板复材，当需方要求并在合同中注明时，按 B 类供货。

表 18-3　钛及钛合金板的高温力学性能（GB/T 3621—2007）

牌号	板材厚度/mm	试验温度/℃	抗拉强度/MPa ≥	持久强度（100h）/MPa ≥
TA6	0.8~10	350	420	390
		500	340	195
TA7	0.8~10	350	490	440
		500	440	195
TA11	5.0~12	425	620	—
TA15	0.8~10	500	635	440
		550	570	440
TA17	0.5~10	350	420	390
		400	390	360
TA18	0.5~10	350	340	320
		400	310	280
TC1	0.5~10	350	340	320
		400	310	295
TC2	0.5~10	350	420	390
		400	390	360
TC3、TC4	0.8~10	400	590	540
		500	440	195

18.2.2　钛及钛合金带与箔的力学性能

钛及钛合金带与箔的室温纵向力学性能见表 18-4。

表 18-4　钛及钛合金带与箔的室温纵向力学性能（GB/T 3622—2012）

牌号		状态	产品厚度 /mm	拉伸性能		断后伸长率 $A_{50mm}(\%) \geqslant$		弯曲性能	
				抗拉强度 R_m/MPa≥	规定塑性延伸 $R_{p0.2}$/MPa	Ⅰ级	Ⅱ级	弯曲角度	弯曲压头直径
TA1		M	0.10~<0.50	240	140~310	24	40	105°	3t
TA8-1			0.50~<2.00				35		
TA9-1			2.00~4.75				—		4t
TA2			0.10~<0.50	345	275~450	20	30		4t
TA8			0.50~<2.00				25		
TA9			2.00~4.75				—		5t
TA3			0.10~<2.00	450	380~550	18	—		4t
			2.00~4.75						5t
TA4			0.30~<2.00	550	485~655	15	—		5t
			2.00~4.75						6t
TA10[①]	A 类		0.10~<2.00	485	345	18	—		4t
			2.00~4.75						5t
	B 类		0.10~<2.00	345	275	25	—		4t
			2.00~4.75						5t

注：t 为板材名义厚度。

① 合同（或订货单）中未注明时按 A 类供货。B 类适用于复合板复材，仅当需方要求并在合同（或订货单）中注明时，按 B 类供货。

18.2.3 钛及钛合金无缝管的力学性能

钛及钛合金无缝管的室温力学性能见表 18-5。

表 18-5 钛及钛合金无缝管的室温力学性能（GB/T 3624—2010）

牌号	状态	抗拉强度 R_m/MPa ≥	规定塑性延伸强度 $R_{p0.2}$/MPa	断后伸长率 $A_{50\,mm}$（%）≥
TA1		240	140~310	24
TA2		400	275~450	20
TA3		500	380~550	18
TA8	M	400	275~450	20
TA8-1		240	140~310	24
TA9		400	275~450	20
TA9-1		240	140~310	24
TA10		460	≥300	18

18.2.4 钛及钛合金焊接管的力学性能

钛及钛合金焊接管的室温力学性能见表 18-6。

表 18-6 钛及钛合金焊接管的室温力学性能（GB/T 26057—2010）

牌号	状态	抗拉强度 R_m/MPa ≥	规定塑性延伸强度 $R_{p0.2}$/MPa	断后伸长率 $A_{50\,mm}$（%）≥
TA1		240	140~310	24
TA2		400	275~450	20
TA3		500	380~550	18
TA8	M	400	275~450	20
TA8-1		240	140~310	24
TA9		400	275~450	20
TA9-1		240	140~310	24
TA10		483	≥345	18

18.2.5 钛及钛合金挤压管的力学性能

钛及钛合金挤压管的室温力学性能见表 18-7。

表 18-7 钛及钛合金挤压管的室温力学性能（GB/T 26058—2010）

牌号	状态	抗拉强度 R_m/MPa	断后伸长率 A（%）
TA1		≥240	≥24
TA2		≥400	≥20
TA3	R	≥450	≥18
TA9		≥400	≥20
TA10		≥485	≥18

18.2.6 钛及钛合金棒的力学性能

钛及钛合金棒的室温纵向力学性能见表 18-8，钛及钛合金棒的高温纵向力学性能见表 18-9。

表 18-8 钛及钛合金棒的室温纵向力学性能（GB/T 2965—2007）

牌号	抗拉强度 R_m/MPa≥	规定塑性延伸强度 $R_{p0.2}$/MPa≥	断后伸长率 A(%)≥	断面收缩率 Z(%)≥	备注
TA1	240	140	24	30	
TA2	400	275	20	30	
TA3	500	380	18	30	
TA4	580	485	15	25	
TA5	685	585	15	40	
TA6	685	585	10	27	
TA7	785	680	10	25	
TA9	370	250	20	25	
TA10	485	345	18	25	
TA13	540	400	16	35	
TA15	885	825	8	20	
TA19	895	825	10	25	
TB2	≤980	820	18	40	淬火性能
	1370	1100	7	10	时效性能
TC1	585	460	15	30	
TC2	685	560	12	30	
TC3	800	700	10	25	
TC4	895	825	10	25	
TC4ELI	830	760	10	15	
TC6[1]	980	840	10	25	
TC9	1060	910	9	25	
TC10	1030	900	12	25	
TC11	1030	900	10	30	
TC12	1150	1000	10	25	

① TC6 棒材测定普通退火状态的性能，当需方要求并在合同中注明时，才测定等温退火状态的性能。

表 18-9 钛及钛合金棒的高温纵向力学性能（GB/T 2965—2007）

牌号	试验温度/℃	抗拉强度 /MPa≥	持久强度/MPa ≥		
			100h	50h	35h
TA6	350	420	390	—	—
TA7	350	490	440	—	—
TA15	500	570	—	470	—
TA19	480	620	—	—	480
TC1	350	345	325	—	—
TC2	350	420	390	—	—
TC4	400	620	570	—	—
TC6	400	735	665	—	—
TC9	500	785	590	—	—
TC10	400	835	785	—	—
TC11[1]	500	685	—	—	640
TC12	500	700	590	—	—

① TC11 钛合金棒材持久强度不合格时，允许再按 500℃ 的 100h 持久强度 ≥590MPa 进行检验，检验合格则该批棒材的持久强度合格。

18.2.7 钛及钛合金丝的力学性能

钛及钛合金丝热处理后的室温力学性能见表 18-10。

表 18-10　钛及钛合金丝热处理后的室温力学性能（GB/T 3623—2007）

牌　　号	直径/mm	抗拉强度 R_m/MPa	断后伸长率 A[1]（%）≥
TA1	4.0~7.0	≥240	24
TA2		≥400	20
TA3		≥500	18
TA4		≥580	15
TA1	0.1~4.0	≥240	15
TA2		≥400	12
TA3		≥500	10
TA4		≥580	8
TA1-1	1.0~7.0	295~470	30
TC4ELI	1.0~7.0	≥860	10
TC4	1.0~2.0	≥925	8
	>2.0~7.0	≥895	10

① 直径小于 2.0mm 的丝材的断后伸长率不满足要求时可按实测值报出。

18.2.8 钛及钛合金锻件的力学性能

钛及钛合金锻件的力学性能见表 18-11。

表 18-11　钛及钛合金锻件的力学性能（GB/T 25137—2010）

牌号	抗拉强度[1] ≥		下屈服强度[1] ≥		断后伸长率[1]（4d）（%） ≥	断面收缩率[1]（%） ≥
	MPa	（ksi）	MPa	（ksi）		
F-1	240	（35）	138	（20）	24	30
F-2	345	（50）	275	（40）	20	30
F-2H[2][3]	400	（58）	275	（40）	20	30
F-3	450[10]	（65）[10]	380	（55）	18	30
F-4	550[10]	（80）[10]	483	（70）	15	25
F-5	895	（130）	828	（120）	10	25
F-6	828	（120）	795	（115）	10	25
F-7	345	（50）	275	（40）	20	30
F-7H[2][3]	400	（58）	275	（40）	20	30
F-9	828	（120）	759	（110）	10	25
F-9[4]	620	（90）	483	（70）	15	25
F-11	240	（35）	138	（20）	24	30
F-12	483	（70）	345	（50）	18	25
F-13	275	（40）	170	（25）	24	30
F-14	410	（60）	275	（40）	20	30
F-15	483	（70）	380	（55）	18	25
F-16	345	（50）	275	（40）	20	30
F-16H[2][3]	400	（58）	275	（40）	20	30
F-17	240	（35）	138	（20）	24	30

（续）

牌号	抗拉强度[1] ≥		下屈服强度[1] ≥		断后伸长率[1] (4d)(%) ≥	断面收缩率[1](%) ≥
	MPa	(ksi)	MPa	(ksi)		
F-18	620	(90)	483	(70)	15	25
F-18[4]	620	(90)	483	(70)	12	20
F-19[5]	793	(115)	759	(110)	15	25
F-19[6]	930	(135)	897~1096	(130~159)	10	20
F-19[7]	1138	(165)	1104~1276	(160~185)	5	20
F-20[5]	793	(115)	759	(110)	15	25
F-20[6]	930	(135)	897~1096	(130~159)	10	20
F-20[7]	1138	(165)	1104~1276	(160~185)	5	20
F-21[5]	793	(115)	759	(110)	15	35
F-21[6]	966	(140)	897~1096	(130~159)	10	30
F-21[7]	1172	(170)	1104~1276	(169~185)	8	20
F-23	828	(120)	759	(110)	10	25
F-23[4]	828	(120)	759	(110)	7.5[8]、6.0[9]	25
F-24	895	(130)	828	(120)	10	25
F-25	895	(130)	828	(120)	10	25
F-26	345	(50)	275	(40)	20	30
F-26H[2][3]	400	(58)	275	(40)	20	30
F-27	240	(35)	138	(20)	24	30
F-28	620	(90)	483	(70)	15	25
F-28[4]	620	(90)	483	(70)	12	20
F-29	828	(120)	759	(110)	10	25
F-29[4]	828	(120)	759	(110)	7.5[8]、6.0[9]	15
F-30	345	(50)	275	(40)	20	30
F-31	450	(65)	380	(55)	18	30
F-32	689	(100)	586	(85)	10	25
F-33	345	(50)	275	(40)	20	30
F-34	450	(65)	380	(55)	18	30
F-35	895	(130)	828	(120)	5	20
F-36	450	(65)	410~655	(60~95)	10	—
F-37	345	(50)	215	(31)	20	30
F-38	895	(130)	794	(115)	10	25

① 表中性能数据适用于截面面积不大于1935mm²（3in²）的锻件，截面面积大于1935mm²（3in²）的锻件性能由供需双方商定。

② 该材料与相应数字牌号的差别是其最小抗拉强度要求更高。F-2H、F-7H、F-16H和F-26H牌号材料主要用于压力容器。

③ H牌号材料是应压力容器行业协会（美国）的要求而补充的。该协会对牌号为2、7、16和26商用材料5200份测试报告进行了研究，其中99%以上最小抗拉强度大于400MPa（58ksi）。

④ β转变组织状态材料的性能。

⑤ 固溶处理状态材料的性能。

⑥ 固溶+时效处理状态——中等强度（取决于时效温度）。

⑦ 固溶+时效处理状态——高强度（取决于时效温度）。

⑧ 适用于截面或壁厚小于25.4mm（1.0in）的产品。

⑨ 适用于截面或壁厚不大于25.4mm（1.0in）的产品。

⑩ F-3和F-4的抗拉强度进行了修正。

18.2.9　钛及钛合金铸件的力学性能

钛及钛合金铸件附铸试样的室温力学性能见表18-12。

表 18-12　钛及钛合金铸件附铸试样的室温力学性能（GB/T 6614—2014）

代号	牌号	抗拉强度 R_m/MPa ≥	规定塑性延伸强度 $R_{p0.2}$/MPa≥	断后伸长度 A(%) ≥	硬度 HBW ≥
ZTA1	ZTi1	345	275	20	210
ZTA2	ZTi2	440	370	13	235
ZTA3	ZTi3	540	470	12	245
ZTA5	ZTiAl4	590	490	10	270
ZTA7	ZTiAl5Sn2.5	795	725	8	335
ZTA9	ZTiPd0.2	450	380	12	235
ZTA10	ZTiMo0.3Ni0.8	483	345	8	235
ZTA15	ZTiAl6Zr2Mo1V1	885	785	5	—
ZTA17	ZTiAl4V2	740	660	5	—
ZTB32	ZTiMo32	795	—	2	260
ZTC4	ZTiAl6V4	835(895)	765(825)	5(6)	365
ZTC21	ZTiAl6Sn4.5Nb2Mo1.5	980	850	5	350

注：括号内的性能指标是氧含量控制较高时测得的。

18.2.10　钛及钛合金饼和环的力学性能

钛及钛合金饼和环的室温力学性能见表18-13，钛及钛合金饼和环的高温力学性能见表18-14。

表 18-13　钛及钛合金饼和环的室温力学性能（GB/T 16598—2013）

牌号	抗拉强度 R_m/MPa ≥	规定塑性延伸强度 $R_{p0.2}$/MPa ≥	断后伸长率 A(%) ≥	断面收缩率 Z(%) ≥
TA1	240	140	24	30
TA2	400	275	20	30
TA3	500	380	18	30
TA4	580	485	15	25
TA5	685	585	15	40
TA7	785	680	10	25
TA9	370	250	20	25
TA10	485	345	18	25
TA13	540	400	16	35
TA15	885	825	8	20
TC1	585	460	15	30
TC2	685	560	12	30
TC4	895	825	10	25
TC11	1030	900	10	30

表 18-14　钛及钛合金饼和环的高温力学性能（GB/T 16598—2013）

牌　号	试验温度/℃	抗拉强度 R_m/MPa ≥	持久强度/MPa　≥		
			σ_{100h}	σ_{50h}	σ_{35h}
TA7	350	490	440	—	—
TA15	500	570	—	470	—
TC1	350	345	325	—	—

续表

牌　　号	试验温度/℃	抗拉强度 R_m/MPa	持久强度/MPa　≥		
		≥	σ_{100h}	σ_{50h}	σ_{35h}
TC2	350	420	390	—	—
TC4	400	620	570	—	—
TC11	500	685		—	640[①]

① TC11 钛合金产品持久强度不合格时，允许按 500℃的 100h 持久强度 σ_{100h}≥590MPa 进行检验，检验合格则该批产品的持久强度合格。

18.3　镍及镍合金的力学性能

18.3.1　镍及镍合金板的力学性能

镍及镍合金板的力学性能见表 18-15。

表 18-15　镍及镍合金板的力学性能（GB/T 2054—2013）

牌号	状态	厚度/mm	抗拉强度 R_m/MPa≥	规定塑性延伸强度[①] $R_{p0.2}$/MPa≥	断后伸长率 A_{50mm}(%)≥	硬度	
						HV	HRB
N4、N5 NW4-0.15 NW4-0.1 NW4-0.07	M	≤1.5[②]	345	80	35	—	—
		>1.5	345	80	40	—	—
	R[③]	>4	345	80	30	—	—
	Y	≤2.5	490	—	2	—	—
N6、N7 DN[⑤]、NSi0.19 NMg0.1	M	≤1.5[②]	380	100	35	—	—
		>1.5	380	100	40	—	—
	R	>4	380	135	30	—	—
	Y[④]	>1.5	620	480	2	188～215	90～95
		≤1.5	540	—	2	—	—
	Y_2[④]	>1.5	490	290	20	147～170	69～85
NCu28-2.5-1.5	M	—	440	160	35	—	—
	R[③]	>4	440		25	—	—
	Y_2[④]	—	570		6.5	157～188	82～90
NCu30 （N04400）	M	—	485	195	35	—	—
	R[③]	>4	515	260	25	—	—
	Y_2[④]	—	550	300	25	157～188	82～90
NS1101（N08800）	R	所有规格	550	240	25	—	—
NS1101（N08800）	M	所有规格	520	205	30	—	—
NS1102（N08810）	M	所有规格	450	170	30	—	—
NS1402（N08825）	M	所有规格	586	241	30	—	—
NS3102 （NW6600、N06600）	M	0.1～100	550	240	30	—	≤88[⑥]
	Y	<6.4	860	620	2	—	—
	Y_2	<6.4	—	—	—	—	93～98
NS3304（N10276）	ST	所有规格	690	283	40	—	≤100
NS3306（N06625）	ST	所有规格	690	276	30	—	—

① 厚度≤0.5mm 板材的规定塑性延伸强度不做考核。

② 厚度<1.0mm 用于制作换热器的 N4 和 N6 薄板力学性能报实测数据。

③ 热轧板材可在最终热轧前做一次热处理。

④ 硬态及半硬态供货的板材性能，以硬度作为验收依据，需方要求时，可提供拉伸性能。提供拉伸性能时，不再进行硬度测试。

⑤ 仅适用于电真空器件用板。

⑥ 仅适用于薄板和带材，且用于深冲成形时的产品要求。用户要求并在合同中注明时进行检测。

18.3.2 镍及镍合金带的力学性能

镍及镍合金带的室温力学性能见表 18-16。

表 18-16 镍及镍合金带的室温力学性能（GB/T 2072—2007）

牌　号	厚度/mm	状态	抗拉强度 R_m/MPa≥	规定塑性延伸强度 $R_{p0.2}$/MPa≥	断后伸长率(%)≥ $A_{11.3}$	断后伸长率(%)≥ A_{50mm}
N4、NW4-0.15、NW4-0.1、NW4-0.07	0.25~1.2	软态(M)	345	—	30	—
		硬态(Y)	490	—	2	—
N5	0.25~1.2	软态(M)	350	85	—	35
N7	0.25~1.2	软态(M)	380	105	—	35
		硬态(Y)	620	480	—	2
N6、DN、NMg0.1、NSi0.19	0.25~1.2	软态(M)	392	—	30	—
		硬态(Y)	539	—	2	—
NCu28-2.5-1.5	0.5~1.2	软态(M)	441	—	25	—
		半硬态(Y₂)	568	—	6.5	—
NCu30	0.25~1.2	软态(M)	480	195	25	—
		半硬态(Y₂)	550	300	25	—
		硬态(Y)	680	620	2	—
NCu40-2-1	0.25~1.2	软态(M) 半硬态(Y₂) 硬态(Y)	报实测	—	报实测	—

18.3.3 镍及镍合金管的力学性能

镍及镍合金管的室温力学性能见表 18-17。

表 18-17 镍及镍合金管的室温力学性能（GB/T 2882—2013）

牌号	壁厚/mm	状态	抗拉强度 R_m/MPa ≥	规定塑性延伸强度 $R_{p0.2}$/MPa	断后伸长率(%)≥ A	断后伸长率(%)≥ A_{50mm}
N4、N2、DN	所有规格	M	390	—	35	—
		Y	540	—	—	—
N6	<0.90	M	390	—	—	35
		Y	540	—	—	—
	≥0.90	M	370	—	35	—
		Y₂	450	—	—	12
		Y	520	—	6	—
		Y₀	460	—	—	—
N7(N02200)、N8	所有规格	M	380	105	—	35
		Y₀	450	275	—	15
N5(N02201)	所有规格	M	345	80	—	35
		Y₀	415	205	—	15
NCu30(N04400)	所有规格	M	480	195	—	35
		Y₀	585	380	—	15
NCu28-2.5-1.5 NCu40-2-1 NSi0.19 NMg0.1	所有规格	M	440	—	—	20
		Y₂	540	—	6	—
		Y	585	—	3	—
NCr15-8(N06600)	所有规格	M	550	240	—	30

注：1. 外径小于 18mm，壁厚小于 0.90mm 的硬（Y）态镍及镍合金管材的断后伸长率值仅供参考。
　　2. 供农用飞机做喷头用的 NCu28-2.5-1.5 合金硬状态管材，其抗拉强度不小于 645MPa，断后伸长率不小于 2%。

18.3.4 镍及镍铜合金棒的力学性能

镍及镍合金棒的室温力学性能见表18-18。

表 18-18 镍及镍合金棒的室温纵向力学性能（GB/T 4435—2010）

牌号	状态	直径/mm	抗拉强度 R_m/MPa≥	断后伸长率 $A(\%)$≥
N4、N5、N6、N7、N8	Y	3~20	590	5
		>20~30	540	6
		>30~65	510	9
	M	3~30	380	34
		>30~65	345	34
	R	32~60	345	25
		>60~254	345	20
NCu28-2.5-1.5	Y	3~15	665	4
		>15~30	635	6
		>30~65	590	8
	Y_2	3~20	590	10
		>20~30	540	12
	M	3~30	440	20
		>30~65	440	20
	R	>6~254	390	25
NCu30-3-0.5	Y	3~20	1000	15
		>20~40	965	17
		>40~65	930	20
	R	6~254	实测	实测
	M	3~65	895	20
NCu40-2-1	Y	3~20	635	4
		>20~40	590	5
	M	3~40	390	25
	R	6~254	实测	实测
NMn5	M	3~65	345	40
	R	32~254	345	40
NCu30	R	76~152	550	30
		>152~254	515	30
	M	3~65	480	35
	Y	3~15	700	8
	Y_2	3~15	580	10
		>15~30	600	20
		>30~65	580	20
NCu35-1.5-1.5	R	6~254	实测	实测

18.3.5 镍及镍合金线的力学性能

镍及镍合金线的力学性能见表18-19。

表 18-19 镍及镍合金线的力学性能 （GB/T 21653—2008）

牌号	状态	直径(或对边距)/mm	抗拉强度 R_m/MPa	断后伸长率 A_{100mm}(%) ≥
N6、N8	Y_2	0.10~0.50	780~980	—
		>0.50~1.00	685~835	—
		>1.00~10.00	540~685	—
	M	0.03~0.20	≥420	15
		>0.20~0.50	≥390	20
		>0.50~1.00	≥370	20
		>1.00~10.00	≥340	25
N5	M	>0.30~0.45	≥340	20
		>0.45~10.0	≥340	25
N7	Y	>0.03~3.20	≥540	—
		>3.20~10.0	≥460	—
	M	>0.30~0.45	≥380	20
		>0.45~10.0	≥380	25
NCu28-2.5-1.5、NCu30	Y	0.05~3.20	≥770	—
		>3.20~10.0	≥690	—
	M	0.05~0.45	≥480	20
		>0.45~10.0	≥480	25
NCu40-2-1	Y	0.1~10.0	≥635	—
	M	0.1~1.0	≥440	10
		>1.0~5.0	≥440	15
		>5.0~10.00	≥390	25
NMn3[①]	Y	0.5~6.0	≥685	—
	M		≤640	20
NMn5[①]	Y	0.5~6.0	≥735	—
	M		≤735	18
NCu30-3-0.5	CYS[②]	0.5~7.0	≥900	—
NMg0.1、NSi0.19、NSi3、DN	Y	0.03~0.09	880~1325	—
		>0.09~0.50	830~1080	—
		>0.50~1.00	735~980	—
		>1.00~6.00	640~885	—
		>6.00~10.00	585~835	—
	Y_2	0.10~0.50	780~980	—
		>0.50~1.00	685~835	—
		>1.00~10.00	540~685	—
	M	0.03~0.20	≥420	15
		>0.20~0.50	≥390	20
		>0.50~1.00	≥370	20
		>1.00~10.00	≥340	25

① 用于火花塞的镍锰合金线材的抗拉强度应为 735~935MPa。

② 推荐的固溶处理为最低温度 980℃，水淬火。稳定化和沉淀热处理为 590~610℃，8~16h，冷却速度为 8~15℃/h，炉冷至 480℃，空冷。另一种方法是，炉冷至 535℃，在 535℃保温 6h，炉冷至 480℃，保温 8h，空冷。

特殊合金的力学性能

19.1 高温合金的力学性能

19.1.1 高温合金冷轧板的力学性能

高温合金冷轧板的力学性能见表 19-1，高温合金冷轧板的高温持久性能见表 19-2。

表 19-1 高温合金冷轧板的力学性能（GB/T 14996—2010）

牌号	检验试样状态	试验温度/℃	抗拉强度 R_m/MPa	规定塑性延伸强度 $R_{p0.2}$/MPa	断后伸长率 $A(\%)$
GH1035	交货状态	室温	≥590	—	≥35.0
		700	≥345	—	≥35.0
GH1131[①②]	交货状态	室温	≥735	—	≥34.0
		900	≥180	—	≥40.0
		1000	≥110	—	≥43.0
GH1140	交货状态	室温	≥635	—	≥40.0
		800	≥225	—	≥40.0
GH2018	交货状态＋时效（800℃±10℃，保温16h，空冷）	室温	≥930	—	≥15.0
		800	≥430	—	≥15.0
GH2132[①]	交货状态＋时效（700~720℃，保温12~16h，空冷）	室温	≥880	—	≥20.0
		650	≥735	—	≥15.0
		550	≥785	—	≥16.0
GH2302	交货状态	室温	≥685	—	≥30.0
	交货状态＋时效（800℃±10℃，保温16h，空冷）	800	≥540	—	≥6.0
GH3030	交货状态	室温	≥685	—	≥30.0
		700	≥295	—	≥30.0
GH3039	交货状态	室温	≥735	—	≥40.0
		800	≥245	—	≥40.0
GH3044	交货状态	室温	≥735	—	≥40.0
		900	≥196	—	≥30.0
GH3128	交货状态	室温	≥735	—	≥40.0
	交货状态＋固溶（1200℃±10℃，空冷）	950	≥175	—	≥40.0
GH4033	交货状态＋时效（750℃±10℃，保温4h，空冷）	室温	≥885	—	≥13.0
		700	≥685	—	≥13.0

（续）

牌号	检验试样状态		试验温度 /℃	抗拉强度 R_m/MPa	规定塑性延伸强度 $R_{p0.2}$/MPa	断后伸长率 A(%)
GH4099	交货状态		室温	≤1130	—	≥35.0
	交货状态+时效（900℃±10℃，保温 5h，空冷）		900	≥295	—	≥23.0
GH4145	厚度≤0.60mm	交货状态	室温	≤930	≤515	≥30.0
	厚度>0.60mm			≤930	≤515	≥35.0
	厚度 0.50～4.0mm	交货状态+时效（730℃±10℃，保温 8h，炉冷到 620℃±10℃，保温>10h，空冷）		≥1170	≥795	≥18.0

① GH2132、GH1131 高温瞬时拉伸性能检验只做一个温度，如合同中不注明时，供方应分别按 650℃和 900℃检验。

② GH1131 的 1000℃瞬时拉伸性能只适用于厚度不小于 2.0mm 的板材。

表 19-2　高温合金冷轧板材的高温持久性能（GB/T 14996—2010）

牌号	试样状态及热处理制度	组别	板材厚度 /mm	试验温度 /℃	试验应力 /MPa	试验时间 /h≥	断后伸长率 $A^{[3]}$(%)
GH2132[1]	交货状态+时效（710℃±10℃，保温 12～16h，空冷）	—	所有	550	588	100	实测
				650	392	100	实测
GH2302	交货状态+时效（800℃±10℃，保温 16h，空冷）	—	所有	800	215	100	实测
GH3128[2]	交货状态+固溶（1200℃±10℃，空冷）	I	>1.2	950	54	23	实测
			≤1.2			20	
		II[1]	≤1.0	950	39	100	实测
			1.0～<1.5			80	
			≥1.5			70	
GH4099	交货状态		0.8～4.0	900	98	30	≥10

① GH2132 高温持久性能只做一个温度，如合同中不注明时，供方按 650℃进行。

② GH3128 合金初次检验按 I 组进行，I 组检验不合格时可按 II 组重新检验（试样不加倍）。

③ GH3128 每 10 炉提供一炉断后伸长率的实测数据；GH 2132、GH2302 每 5 炉提供一炉断后伸长率的实测数据。

19.1.2　高温合金热轧板的力学性能

高温合金热轧板的力学性能见表 19-3。

表 19-3　高温合金热轧板的力学性能（GB/T 14995—2010）

新牌号	原牌号	检验试样状态	试验温度 /℃	抗拉强度 R_m/MPa	断后伸长率 A(%)	断面收缩率 Z(%)
					≥	
GH1035	GH35	交货状态	室温	590	35.0	实测
			700	345	35.0	实测
GH1131[1]	GH131	交货状态	室温	735	34.0	实测
			900	180	40.0	实测
			1000	110	43.0	实测

（续）

新牌号	原牌号	检验试样状态	试验温度/℃	抗拉强度 R_m/MPa	断后伸长率 A(%)	断面收缩率 Z(%)
				≥		
GH1140	GH140	交货状态	室温	635	40.0	45.0
			800	245	40.0	50.0
GH2018	GH18	交货状态+时效（800℃±10℃，保温16h,空冷）	室温	930	15.0	实测
			800	430	15.0	实测
GH2132[②]	GH132	交货状态+时效（700~720℃，保温12~16h,空冷）	室温	880	20.0	实测
			650	735	15.0	实测
			550	785	16.0	实测
GH2302	GH302	交货状态	室温	685	30.0	实测
		交货状态+时效（800℃±10℃，保温16h,空冷）	800	540	6.0	实测
GH3030	GH30	交货状态	室温	685	30.0	实测
			700	295	30.0	实测
GH3039	GH39	交货状态	室温	735	40.0	45.0
			800	245	40.0	50.0
GH3044	GH44	交货状态	室温	735	40.0	实测
			900	185	30.0	实测
GH3128	GH128	交货状态	室温	735	40.0	实测
		交货状态+固溶（1200℃±10℃，空冷）	950	175	40.0	实测
GH4099	GH99	交货状态+时效（900℃±10℃，保温5h,空冷）	900	295	23.0	—

① 高温拉伸试验可由供方任选一组温度，若合同未注明时，按900℃进行检验。
② 高温拉伸试验可由供方任选一组温度，若合同未注明时，按650℃进行检验。

19.1.3 一般用途高温合金管的力学性能

一般用途高温合金管的热处理和室温力学性能见表19-4，一般用途高温合金管的热处理和高温力学性能见表19-5。

表19-4 一般用途高温合金管的热处理和高温力学性能（GB/T 15062—2008）

牌号	交货状态推荐热处理工艺	室温拉伸性能		
		抗拉强度 R_m/MPa	规定塑性延伸强度 $R_{p0.2}$/MPa	断后伸长率 A(%)
		≥		
GH1140	1050~1080℃,水冷	590	—	35
GH3030	980~1020℃,水冷	590	—	35
GH3039	1050~1080℃,水冷	635	—	35
GH3044	1120~1210℃,空冷	685	—	30
GH3536	1130~1170℃,≤30min 保温,快冷	690	310	25

19.1.4 高温合金冷拉棒的力学性能

高温合金冷拉棒的力学性能见表19-6，高温合金冷拉棒交货状态下的硬度见表19-7。

表 19-5　一般用途高温合金管的热处理和室温力学性能 （GB/T 15062—2008）

牌号	交货状态 + 时效热处理工艺	管材壁厚 /mm	高温拉伸性能			
			温度 /℃	抗拉强度 R_m/MPa	规定塑性延伸强度 $R_{p0.2}$/MPa	断后伸长率 A(%)
				≥		
GH4163	交货状态+时效：（800℃±10℃）×8h,空冷	<0.5	780	540	—	—
		≥0.5		540	400	9

表 19-6　高温合金冷拉棒的力学性能 （GB/T 14994—2008）

牌号	瞬时拉伸性能					室温冲击吸收能量 /J	硬度 HBW	高温持久性能			
	试验温度 /℃	抗拉强度 R_m/ MPa	规定塑性延伸强度 $R_{p0.2}$/ MPa	断后伸长率 A (%)	断面收缩率 Z (%)			试验温度 /℃	持久强度 σ/ MPa	时间 /h	断后伸长率 A (%)
			≥								≥
GH1040	800	295	—	—	—	—	—	—	—	—	—
GH2063	室温	835	590	15	20	27	811～276	650	375 (345)	35 (100)	—
GH2132[①]	室温	900	590	15	20	—	341～247	650	450 (390)	23 (100)	5 (3)
GH2696	室温	1250	1050	10	35	—	302～229	600	570	实测	
		1300	1100	10	30	24	229～143			实测	
		980	685	10	12	24	341～285			50	
		930	635	10	12	—	341～285			50	
GH3030	室温	685	—	30	—	—	—	—	—	—	—
GH4033	700	685	—	15	20	—	—	700	430 (410)	60 (80)	—
GH4080A	室温	1000	620	20	—	—	≥285	750	340	30	—
GH4090	650	820	590	8	—	—	—	870	140	30	—
GH4169[②]	室温	1270	1030	12	15	—	≥345	650	690	23	4
	650	1000	860	12	15	—					

① GH2132 合金若热处理性能不合格，则可调整时效温度至不高于760℃，保温16h，重新检验。GH2132 合金高温持久试验拉至23h试样不断，则可采用逐渐增加应力的方法进行：间隔 8～16h，以 35MPa 递增加载。如果试样断裂时间小于48h，断后伸长率 A 应不小于5%；如果断裂时间大于48h，断后伸长率 A 应不小于3%。

② GH4169 合金高温持久试验 23h 后试样不断，可采用逐渐增加应力的方法进行，23h 后，每间隔 8～16h，以 35MPa 递增加载至断裂，试验结果应符合表中的规定。

表 19-7　高温合金冷拉棒材交货状态下的硬度 （GB/T 14994—2008）

交货状态	牌号	硬度 HBW	交货状态	牌号	硬度 HBW
固溶处理	GH2036	302	固溶处理	GH4090	320
	GH2132	201	冷拉态	GH4080A	365
	GH4080A	325		GH4090	351

19.1.5　转动部件用高温合金热轧棒的力学性能

转动部件用高温合金热轧棒热处理后的室温力学性能见表 19-8。

表 19-8 转动部件用高温合金热轧棒热处理后的室温力学性能（GB/T 14993—2008）

牌号	热处理工艺	组别	拉伸性能 试验温度/℃	抗拉强度 R_m/MPa ≥	规定塑性延伸强度 $R_{p0.2}$/MPa ≥	断后伸长率 A (%) ≥	断面收缩率 Z (%) ≥	冲击吸收能量 KU/J ≥	高温持久性能 试验温度/℃	持久强度 σ/MPa	时间/h ≥	室温硬度 HBW
GH2130	(1180℃±10℃，保温2h，空冷)+(1050℃±10℃，保温4h，空冷)+(800℃±10℃，保温16h，空冷)	I	800	665	—	3	8	—	850	195	40	269~341
		II							800	245	100	
GH2150A	(1000~1130℃，保温2~3h，油冷)+(780~830℃，保温5h，空冷)+(650~730℃，保温16h，空冷)	—	20	1130	685	12	14.0	27	600	785	60	293~363
GH4033①	(1180℃±10℃，保温8h，空冷)+(700℃±10℃，保温16h，空冷)	I	700	685	—	15	20.0		700	430	60	255~321
		II								410	80	
GH4037②	(1180℃±10℃，保温2h，空冷)+(1050℃±10℃，保温4h，缓冷)+(800℃±10℃，保温16h，空冷)	I	800	665	—	5.0	8.0		850	196	50	269~341
		II							800	245	100	
GH4049③	(1200℃±10℃，保温2h，空冷)+(1050℃±10℃，保温4h，空冷)+(850℃±10℃，保温8h，空冷)	I	900	570	—	7.0	11.0		900	245	40	302~363
		II								215	80	
GH4133B	(1180℃±10℃，保温8h，空冷)+(750℃±10℃，保温16h，空冷)	I	20	1060	735	16	18.0	31	750	392	50	262~352
		II	750	750	实测	12	16.0	—	750	345	50	262~352

注：1. GH4033、GH4049 合金的高温持久性能组别复验时采用。
2. 需方在要求时应在合同中注明 GH2130、GH4037 合金的高温持久性能检验组别，如合同不注明则由供方任意选择。
3. 订货时应注明 GH4133B 合金的力学性能检验组别，不注明时按 I 组供货。
4. 直径小于 20mm 棒材的力学性能指标按表中规定，直径小于 16mm 棒材的冲击性能，直径小于 14mm 棒材的持久性能，直径小于 10mm 棒材的高温拉伸性能，在中同环上取样做试验。

① 直径 45~55mm 棒材，硬度为 255~311HBW，高温持久性能每 10 炉应有一根拉至断裂，实测断后伸长率和断面收缩率。
② 每 5~30 炉取一个高温持久试样按 I 组条件拉断，实测断后伸长率和断面收缩率。
③ 每 10~20 炉取一个高温持久试样按 II 组条件拉断，如 200h 没断，则一次加力至 245MPa 拉断，实测断后伸长率和断面收缩率。

19.1.6 冷镦用高温合金冷拉丝的力学性能

固溶交货冷镦用高温合金冷拉丝的热处理和室温力学性能见表 19-9，冷镦用高温合金冷拉丝试样的时效热处理和力学性能见表 19-10。

表 19-9 固溶交货冷镦用高温合金冷拉丝的热处理和室温力学性能 （YB/T 5249—2012）

牌号	热处理工艺	硬度 HV	抗拉强度 R_m/MPa	断后伸长率 A(%)
GH3030	980~1020℃,水(空)冷	—	≤785	≥30
GH2036	1130~1150℃,水冷	≤273	—	—
GH2132	980~1000℃,水(油)冷	≤194	—	—
GH1140	1050~1080℃,空冷	—	≤735	≥40

表 19-10 冷镦用高温合金冷拉丝试样的时效热处理工艺和力学性能 （YB/T 5249—2012）

牌号	热处理工艺	瞬时拉伸性能(室温)				硬度(室温)HV	持久性能,650℃		
		抗拉强度 R_m/MPa	规定塑性延伸强度 $R_{p0.2}$/MPa	断后伸长率 A(%)	断面收缩率 Z(%)		应力/MPa	断裂时间/h	断后伸长率 A(%)
GH2036	交货状态+650~670℃,14~16h,再升温至 770~800℃,保温 10~12h,空冷	≥835	实测	≥15	≥20	217~281	343	≥100	—
GH2132①	交货状态+700~720℃,16h,空冷 Ⅰ	≥900	实测	≥15	≥20	260~360	450	≥23	≥5
	Ⅱ	≥930	—	≥18	≥40	260~360	392	100	—

注：冷拉状态交货的合金丝先按表 19-24 进行固溶处理，然后按本表规定处理，并测定力学性能。
① GH2132 合金丝，如果需方要求Ⅱ组性能，应在合同中注明，未注明时按Ⅰ组要求。

19.1.7 高温合金环件毛坯的力学性能

高温合金环件毛坯的力学性能见表 19-11。

表 19-11 高温合金环件毛坯的力学性能 （YB/T 5352—2006）

新牌号	原牌号	热处理工艺	瞬时拉伸性能					室温冲击韧度 a_K/(J/cm²) ≥	室温硬度 HBW	高温持久性能		
			试验温度/℃	抗拉强度 R_m/MPa	下屈服强度 R_{eL}/MPa	断后伸长率 A(%)	断面收缩率 Z(%)			试验温度/℃	应力/MPa	时间/h ≥
				≥								
GH1140	GH140	1080℃,空冷	室温	617	—	40	45			—	—	—
			800	245		40	50					
GH2036	GH36	1140℃ 或 1130℃ 保温 1h20min,水冷；650~670℃ 保温14~16h 升温至 770~800℃ 保温 14~20h,空冷	室温	833	588	15	20	29.4	277~311	650	372	35
											343	100
GH2132	GH132	980~990℃ 保温 1~2h,油冷；710~720℃ 保温 16h,空冷	室温	931	617	20	30	29.4	255~321	650	392	100
			650	735	—	15	—					

（续）

新牌号	原牌号	热处理工艺	试验温度/℃	瞬时拉伸性能 抗拉强度 R_m/MPa	下屈服强度 R_{eL}/MPa	断后伸长率 A(%)	断面收缩率 Z(%)	室温冲击韧度 a_K/(J/cm²) ≥	室温硬度 HBW	试验温度/℃	高温持久性能 应力/MPa	时间/h ≥
				≥								
GH2135	GH135	1140℃保温4h,空冷;830℃保温8h,空冷;650℃保温16h,空冷	室温	882	588	13	16	29.4	255~321	750	343	50
				804	588	10	13	—			294	100
GH3030	GH30	980~1020℃,空冷	室温	637	—	30						
			700			30						
GH4033	GH33	1080℃保温8h,空冷;750℃保温16h,空冷	室温	882	588	13	16	29.4	255~321	750	343	50
				804	588	10	13	29.4			294	100

注：GH2036合金的1130℃固溶温度仅适用于电炉+电渣工艺生产的产品。

19.1.8 高温合金锻制圆饼的力学性能

高温合金锻制圆饼的力学性能见表19-12。

表19-12 高温合金锻制圆饼的力学性能（YB/T 5351—2006）

新牌号	原牌号	热处理工艺	试验温度/℃	瞬时拉伸性能 抗拉强度 R_m/MPa	下屈服强度 R_{eL}/MPa	断后伸长率 A(%)	断面收缩率 Z(%)	室温冲击韧度 a_K/(J/cm²) ≥	室温硬度 HBW	试验温度/℃	高温持久性能 应力/MPa	时间/h ≥
				≥								
GH2036	GH36	1140℃或1130℃保温1h20min,水冷+650~670℃保温14~16h,然后升温至770~800℃保温14~20h,空冷	室温	833	588	15.0	20.0	29.4	277~311	650	372	35
											343	100
GH2132	GH132	980~1000℃保温1~2h,油冷+700~720℃保温12~16h,空冷	室温	931	617	20.0	40.0	29.4	255~321	650	392	100
			650	735	—	15.0	20.0					
GH2135	GH135	1140℃保温4h,空冷+830℃保温8h+650℃保温16h,空冷	室温	882	588	13.0	16.0	29.4	255~321	750	294	100
				804	588	10.0	13.0				343	50
GH2136	GH136	980℃保温1h,油冷+720℃保温16h,空冷	室温	931	686	15.0	20.0		255~323	650	392	100
										700	294	100
GH4033	GH33	1080℃保温8h,空冷+750℃保温16h,空冷	室温	882	588	13	16	29.4	255~321	750	294	100
				804	588	10	13				343	50
GH4133	GH33A	1080℃保温8h,空冷+750℃保温16h,空冷	室温	1058	735	16.0	18.0	39.2	285~363	750	294	100
											343	50

19.1.9 铸造高温合金母合金的力学性能

铸造高温合金母合金的力学性能见表 19-13。

表 19-13　铸造高温合金母合金的力学性能（YB/T 5248—1993）

新牌号	原牌号	试样状态	拉伸性能					持久性能			
			试验温度/℃	抗拉强度 R_m /MPa	规定塑性延伸强度 $R_{p0.2}$ /MPa	断后伸长率 A (%)	断面收缩率 Z (%)	试验温度/℃	应力/MPa	时间/h	断后伸长率 A(%)
				≥							≥
K211	K11	900℃保温 5h,空冷						800	137	(100)	—
									118	(200)	—
K213	K13	1100℃保温 4h,空冷	700	627	—	6.0	10.0	700	490	40	
			或 750	588	—	4.0	8.0	或 750	372	80	
K214	K14	1100℃保温 5h,空冷				—		850	245	60	
K232	K32	1100℃保温 3~5h,空冷;800℃保温 16h,空冷	20	688		4.0	6.0	750	392	50	
K273		铸态	650	490		5.0	—	650	421	80	
K401	K1	1120℃保温 10h,空冷						850	245	60	
K403	K3	(1210±10)℃保温 4h,空冷;或铸态	800	784		2.0	3.0	750	647	50	—
								975	196	40	—
K405	K5	铸态	900	637	—	6.0	8.0	750	686	45	—
									或 706	23	—
								900	314	80	—
								或 950	216	80	—
									或 235	23	—
K406	K6	(980±10)℃保温 5h,空冷	800	666	—	4.0	8.0	850	245	100	—
									或 274	50	—
K409	K9	(1080±10)℃保温 4h,空冷;(900±10)℃,保温 10h,空冷						760	588	23	—
								980	202	30	—
K412	K12	1150℃保温 7h,空冷						800	245	40	—
K417 K417G	K17 K17G	铸态	900	637	—	6.0	8.0	900	314	70	—
								或 950	235	40	—
K418	K18	铸态	20	755	688	3.0	—	750	686	30	2.5
								750	608	40	(3.0)
			或 800	755	—	4.0	6.0	或 800	490	45	(3.0)
K419	K19	铸态			—	—	—	750	686	45	—
								950	255	80	—
K438	K38	1120℃保温 2h,空冷,800℃保温 24h,空冷	800	784	—	3.0	3.0	815	421	70	—
								850	363	70	—
K640	K40	铸态	—	—	—	—	—	816	207	15	6.0

注：1. 表中带有"或"的条件是选择的条件，即检验时可任选一组。

2. 表中括号中的数值作为积累数据，不作为判废依据。

19.2 耐蚀合金的力学性能

19.2.1 耐蚀合金冷轧板的室温力学性能

耐蚀合金冷轧板的室温力学性能见表19-14。

表 19-14 耐蚀合金冷轧板的室温力学性能（YB/T 5354—2012）

序号	统一数字代号	新牌号	旧牌号	推荐的热处理温度/℃	抗拉强度 R_m/MPa	规定塑性延伸强度 $R_{p0.2}$/MPa	断后伸长率 A(%)
						≥	
1	H08800	NS1101	NS111	1000~1060	520	205	30
2	H08810	NS1102	NS112	1100~1170	450	170	30
3	H08811	NS1104[①]	—	1120~1170	450	170	30
4	H01301	NS1301	NS131	1160~1210	590	240	30
5	H01401	NS1401	NS141	1000~1050	540	215	35
6	H08825	NS1402	NS142	940~1050	586	241	30
7	H08020	NS1403	NS143	980~1010	551	241	30
8	H03101	NS3101	NS311	1050~1100	570	245	40
9	H06600	NS3102	NS312	1000~1050	550	240	30
10	H03103	NS3103	NS313	1100~1160	550	195	30
11	H03104	NS3104	NS314	1080~1130	520	195	35
12	H08800	NS3201	NS321	1140~1190	690	310	40
13	H10665	NS3202	NS322	1040~1090	760	350	40
14	H03301	NS3301	NS331	1050~1100	540	195	35
15	H03303	NS3303	NS333	1160~1210	690	315	30
16	H10276	NS3304	NS334	1150~1200	690	283	40
17	H06455	NS3305	NS335	1050~1100	690	276	40
18	H06625	NS3306	NS336	1100~1150	690	276	30

① NS1104 合金的力学性能只适用于厚度不小于 2.92mm 的冷轧板。

19.2.2 耐蚀合金冷轧带的力学性能

耐蚀合金冷轧带的力学性能见表19-15。

表 19-15 耐蚀合金冷轧带的力学性能（YB/T 5355—2012）

序号	统一数字代号	新牌号	旧牌号	状态	抗拉强度 R_m/MPa	规定塑性延伸强度 $R_{p0.2}^{①}$/MPa	断后伸长率 $A^{②}$(%)	硬度 HRB
						≥		
1	H08800	NS1101	NS111	固溶	520	205	30	—
2	H08810	NS1102	NS112	固溶	450	170	30	—
3	H08811	NS1104[③]	—	固溶	450	170	30	—
4	H01402	NS1402	NS142	固溶	586	241	30	≤95
5	H08825	NS1403	NS143	固溶	551	241	30	≤217HV
6	H08020	NS1404	NS144	固溶	650	276	40	—
7	H03101	NS3101	NS311	固溶	570	245	45	—
				1/2H	805	—	10	—

（续）

序号	统一数字代号	新牌号	旧牌号	状态	抗拉强度 R_m/MPa	规定塑性延伸强度 $R_{p0.2}^{①}$/MPa	断后伸长率 $A^{②}$(%)	硬度 HRB
						≥		
8	H06600	NS3102	NS312	固溶	550	240	30	—
				1/4H	—	—	—	88~94
				1/2H	—	—	—	93~98
9	H06690	NS3105	NS315	3/4H	—	—	—	97HRB~25HRC
				H	860	620	2	
10	H10001	NS3201	NS321	固溶	795	345	45	≤100④
11	H10665	NS3202	NS322	固溶	760	350	40	≤100④
12	H03303	NS3303	NS333	固溶	690	315	30	—
13	H10276	NS3304	NS334	固溶	690	285	30	≤100④
14	H06625	NS3306	NS336	退火	830	415	30	
				固溶	690	276	30	
15	H08800	NS3308	NS338	固溶	690	310	45	≤100④

注：厚度不大于 0.10mm 的带材，只提供力学性能实测数据，不作为考核依据。

① 仅当需方要求时（在合同中注明）才测定。

② 厚度小于 0.25mm 时不适用。

③ NS1104 合金只适用于厚度不小于 2.92mm。

④ 硬度值仅供参考。

19.2.3 耐蚀合金热轧板的力学性能

耐蚀合金热轧板的室温力学性能与耐蚀合金冷轧板相同，见表 19-16。

表 19-16 耐蚀合金热轧板的室温力学性能

序号	统一数字代号	新牌号	旧牌号	推荐的热处理温度/℃	抗拉强度 R_m/MPa	规定塑性延伸强度 $R_{p0.2}$/MPa	断后伸长率 A(%)
						≥	
1	H08800	NS1101	NS111	1000~1060	520	205	30
2	H08810	NS1102	NS112	1100~1170	450	170	30
3	H08811	NS1104①	—	1120~1170	450	170	30
4	H01301	NS1301	NS131	1160~1210	590	240	30
5	H01401	NS1401	NS141	1000~1050	540	215	35
6	H08825	NS1402	NS142	940~1050	586	241	30
7	H08020	NS1403	NS143	980~1010	551	241	30
8	H03101	NS3101	NS311	1050~1100	570	245	40
9	H06600	NS3102	NS312	1000~1050	550	240	30
10	H03103	NS3103	NS313	1100~1160	550	195	30
11	H03104	NS3104	NS314	1080~1130	520	195	35
12	H08800	NS3201	NS321	1140~1190	690	310	40
13	H10665	NS3202	NS322	1040~1090	760	350	40
14	H03301	NS3301	NS331	1050~1100	540	195	35
15	H03303	NS3303	NS333	1160~1210	690	315	30
16	H10276	NS3304	NS334	1150~1200	690	283	40
17	H06455	NS3305	NS335	1050~1100	690	276	40
18	H06625	NS3306	NS336	1100~1150	690	276	30

① NS1104 合金的力学性能只适用于厚度不小于 2.92mm 的冷轧板。

19.2.4 耐蚀合金棒的力学性能

耐蚀合金棒的固溶处理温度和力学性能见表 19-17 和表 19-18。

表 19-17 耐蚀合金棒的固溶处理温度和力学性能（GB/T 15008—2008）

牌号	推荐的固溶处理温度/℃	抗拉强度 R_m/MPa	规定塑性延伸强度 $R_{p0.2}$/MPa	断后伸长率 A(%)
			≥	
NS111	1000~1060	515	205	30
NS112	1100~1170	450	170	30
NS113	1000~1050	515	205	30
NS131	1150~1200	590	240	30
NS141	1000~1050	540	215	35
NS142	1000~1050	590	240	30
NS143	1000~1050	540	215	35
NS311	1050~1100	570	245	40
NS312	1000~1050	550	240	30
NS313	1100~1150	550	195	30
NS314	1080~1120	520	195	35
NS315	1000~1050	550	240	30
NS321	1140~1190	690	310	40
NS322	1040~1090	760	350	40
NS331	1050~1100	540	195	35
NS332	1160~1210	735	295	30
NS333	1160~1210	690	315	30
NS334	1150~1200	690	285	40
NS335	1050~1100	690	275	40
NS336	1100~1150	690	275	30
NS341	1050~1100	590	195	40

表 19-18 NS411 的固溶处理温度和力学性能（GB/T 15008—2008）

牌号	推荐的固溶处理温度/℃	抗拉强度 R_m/MPa	规定塑性延伸强度 $R_{p0.2}$/MPa	断后伸长率 A(%)	冲击吸收能量 KU/J	硬度 HRC
				≥		
NS411	1080~1100(水冷)，750~780(8h,空冷)，620~650(8h,空冷)	910	690	20	≥80	≥32

19.2.5 耐蚀合金锻件的力学性能

耐蚀合金锻件的力学性能见表 19-19。

表 19-19 耐蚀合金锻件的力学性能（YB/T 5264—1993）

牌号	推荐热处理温度/℃	抗拉强度 R_m/MPa	规定塑性延伸强度 $R_{p0.2}$/MPa	断后伸长率 A(%)
			≥	
NS111	1000~1060	515	205	30
NS112	1100~1170	450	170	30
NS131	1150~1200	590	240	30
NS335	1020~1120	650	240	40

参 考 文 献

[1]　桂立丰，曹用涛. 机械工程材料测试手册：力学卷 [M]. 沈阳：辽宁科学技术出版社，2001.

[2]　束德林. 工程材料力学性能 [M]. 2 版. 北京：机械工业出版社，2015.

[3]　张明. 力学测试技术基础 [M]. 北京：国防工业出版社，2008.

[4]　刘鸿文. 材料力学实验 [M]. 北京：高等教育出版社，2006.

[5]　龙伟民，刘胜新. 材料力学性能测试手册 [M]. 北京：机械工业出版社，2014.

[6]　刘胜新. 实用金属材料手册 [M]. 2 版. 北京：机械工业出版社，2017.

[7]　李成栋，赵梅，刘光启，等. 金属材料速查手册 [M]. 北京：化学工业出版社，2018.

[8]　彭瑞东. 材料力学性能 [M]. 北京：机械工业出版社，2018.

[9]　王学武. 金属力学性能 [M]. 北京：机械工业出版社，2017.

[10]　沙桂英. 材料的力学性能 [M]. 北京：北京理工大学出版社，2015.

[11]　乔生儒，张程煜，王泓. 材料的力学性能 [M]. 西安：西北工业大学出版社，2015.

[12]　时海芳，任鑫. 材料力学性能 [M]. 北京：北京大学出版社，2015.

[13]　刘瑞堂，刘锦云. 金属材料力学性能 [M]. 哈尔滨：哈尔滨工业大学出版社，2015.

[14]　王克杰，方健，周立富. 钢铁材料力学与工艺性能标准试样图集及加工工艺汇编 [M]. 北京：冶金工业出版社，2014.

[15]　那顺桑. 金属材料力学性能 [M]. 北京：冶金工业出版社，2011.

[16]　机械工业理化检验人员技术培训和资格鉴定委员会. 力学性能试验 [M]. 北京：中国质检出版社，2008.